北京高等教育精品教材
BEIJING GAODENG JIAOYU JINGPIN JIAOCAI

工程振动基础

（第3版）

邢誉峰　编著

北京航空航天大学出版社

内 容 简 介

本书系统地论述了振动力学的理论和分析方法，重点强调线性和非线性振动的基本概念和基本分析方法的理论基础、优点、不足以及适用性。

绪论中介绍了振动现象、振动的基本概念和振动分析的主要任务。第 1 章、第 2 章和第 3 章分别叙述了单自由度系统的自由振动、受迫振动和多自由度系统的振动。第 4 章和第 5 章分别介绍了连续系统振动和线性系统振动的近似分析方法。第 6 章和第 7 章分别介绍了非线性系统的振动及其定量分析方法，并简要介绍了混沌振动现象。第 8 章和第 9 章分别介绍了自激振动、参数共振和振动问题的稳定性理论。第 10 章介绍了随机振动及虚拟激励分析方法。

本书可以作为工程力学、航空工程、机械工程和土木工程等工程专业的教材，也可以作为相关工程技术人员的参考书。

图书在版编目(CIP)数据

工程振动基础 / 邢誉峰编著. -- 3 版. -- 北京 ：
北京航空航天大学出版社，2020.11

ISBN 978-7-5124-3410-3

Ⅰ. ①工… Ⅱ. ①邢… Ⅲ. ①工程振动学 Ⅳ.
①TB123

中国版本图书馆 CIP 数据核字(2020)第 232450 号

工程振动基础(第 3 版)

邢誉峰　编著

策划编辑　陈守平　　责任编辑　陈守平

*

北京航空航天大学出版社出版发行

北京市海淀区学院路 37 号(邮编 100191)　http://www.buaapress.com.cn

发行部电话：(010)82317024　传真：(010)82328026

读者信箱：bhpress@263.net　邮购电话：(010)82316936

北京建宏印刷有限公司印装　各地书店经销

*

开本：787×1092　1/16　印张：22.5　字数：590 千字

2020 年 11 月第 3 版　2023 年 4 月第 2 次印刷

ISBN 978-7-5124-3410-3　定价：79.00 元

若本书有倒页、脱页、缺页等印装质量问题，请与本社发行部联系调换。联系电话：(010)82317024

第 3 版序言

振动问题在航空航天、土木、高铁、船舶和汽车等领域愈来愈受到重视。振动力学理论、方法及其模拟技术已经成为工程技术人员必备的知识。

在航空航天、机械、土木等领域所设专业的本科生和研究生的培养方案中，振动力学是一门重要的专业基础课程。教育部高等学校力学类专业教学指导委员会认定振动力学是核心课程，并对其教材进行建设。这门课程要求学生掌握振动力学的基本理论及其分析方法，并具备用振动力学理论和模拟技术来分析和解决工程中振动问题的能力。

在前两版的基础上，第 3 版对全书内容进行了修订和补充，完善了振动力学知识体系，体现了振动力学的最新研究成果。主要修订和补充内容如下：

第 1 章中补充了确定等效刚度的势能等效方法和单位位移方法、确定等效质量的动能等效方法，介绍了相互垂直方向的两个简谐振动合成的李萨如图形。

第 2 章中补充了用傅里叶级数逼近周期方波时存在的吉布斯现象、一般周期激励和任意激励的频谱图以及两种激励产生的位移响应的频谱图，介绍了任意激励作用下系统响应分析的拉普拉斯变换方法。

第 3 章中补充了形成质量矩阵的单位加速度方法，介绍了零频、高频和重频现象以及获得对应重频的彼此正交模态向量的施密特方法，给出了非比例阻尼情况的主振动和位移响应曲线图，提供了亏损系统的简单算例以便于读者理解广义模态理论。

第 4 章中以列表形式补充了欧拉-伯努利梁的固有模态，详细介绍了铁木辛柯梁的固有振动，给出了简支、对边简支矩形薄板固有振动的纳维解和莱维解，简单介绍了 2009 年本书作者提出的求解其他边界情况矩形薄板固有模态的分离变量方法。

第 5 章中补充了有限单元容许位移函数的构造原则，介绍了单元刚度矩阵、质量矩阵和载荷列向量的性质。

第 6 章中补充了非线性系统的亚谐波振动和超谐波振动。

第 7 章中补充了近几年提出的对非线性系统具有无条件稳定性的两分步时间积分方法，改写了伪弧长方法。

第 10 章中补充了概率分布函数和概率密度函数的性质。

限于水平，书中不足或错误之处恳请读者指正。

作　者

2020 年 9 月

第 2 版序言

在《工程振动基础》一书出版 7 年后，作者了解到北京航空航天大学和兄弟院校师生及其他读者在书店已经难以买到该书的情况。在与工程技术人员接触过程中，他们经常提及的问题是振动控制、阻尼模拟、随机振动特性的分析方法和工程非线性振动现象等，而这些方面的资料又很有限。第 2 版正是为了满足这些要求和促进工程振动教学工作更好地开展而编写的。

在第 1 版的基础上，做了如下增补和修订工作：

第 1 章中补充了阻尼材料和结构阻尼的处理方法。

第 2 章中增加了一节来简单讨论转子动力学的基本内容。

第 3 章中增加了商用软件中阻尼的处理方法。

第 4 章中增加了工程中常用的剪切梁振动理论。在有限元商用软件中，默认的梁单元是剪切梁单元；增加了动力学参数修改的基础理论，包括固有振动频率的灵敏度和瑞利约束定理。

第 5 章中增加了一节来介绍固有振动频率求解方法中用到的关键技术，如 Sturm 序列性质、特征值平移技术和离散系统的瑞利约束定理等。对线性系统的求解方法进行了总结。

第 6 章的开篇对非线性振动现象进行了分类总结。

第 7 章中增加了一节来介绍非线性振动问题的数值分析方法，包括 Runge - Kutta 法、Newmark 法和伪弧长法等。

第 9 章中增加了一节来简单介绍刚硬翼段振动稳定性问题。

第 10 章中的大部分内容均进行了改写，还增加了两部分内容：给出了虚拟激励方法原理和使用方法；给出了用商用软件计算响应功率谱密度函数（PSD）的方法。

本书为各章补充了具有技巧性、启发性的习题及答案。

在第 2 版编写过程中，中科院力学所申仲翰研究员提供了素材，还得到了赵弘阳、刘滢滢、唐慧和金晶等同学的帮助，作者谨表示衷心的感谢。

限于水平，书中若有不足或错误之处，恳请读者指正。

作　者

2011 年 3 月

序　　言

随着工程技术的发展，振动问题在各个工程领域愈来愈受到重视。传统的静强度、静刚度等结构设计和分析方法已经不能满足许多工程的需要，航空航天工程尤其如此。由于航空航天结构主要承受动力工况，如运载、变轨和姿态调整以及着陆冲击等，而且具有低频和密频等动态特性，因此动态分析已经是航空航天结构设计工作中的重点；而振动主被动控制也成为其动力学设计的主要问题之一。振动测试设备和数据分析方法的发展，如非接触激光测振仪器和小波方法的发展等，使许多动力学实验及其分析成为可能。计算机科学的迅猛发展也为复杂振动问题的数值模拟和处理提供了有效的工具。因此，振动力学理论及其分析技术已经逐渐成为工程技术人员必备的知识。

在航空航天、机械、土建和水利等领域所设专业的本科生和研究生的教学中，振动力学是一门重要的专业基础课程。这门课程要求学生掌握振动力学的基本理论及其分析方法，并能够初步用理论和数值模拟技术研究和解决工程中存在的振动问题。

全书除绪论和附录外共 10 章。绪论主要介绍了振动现象的工程背景、振动力学的基本概念和振动分析的主要任务。这样安排的主要目的是使学生对整个振动力学的内容有一个宏观的感性认识，为以后学习具体内容打下基础。前 5 章为关于线性振动理论及其分析方法的基本知识，主要包括：单自由度系统的自由振动和受迫振动、多自由度系统的振动、连续系统的振动以及线性振动的近似分析方法。基本知识部分在详细介绍基本概念和基本方法的基础上，重点强调线性系统的模态叠加方法。第 5 章介绍几种线性振动的近似分析方法。后 5 章为高等动力学的部分基本内容，主要包括：非线性振动及其分析方法、混沌振动、自激振动和参数共振、振动问题的稳定性理论以及随机振动。这部分内容仍然侧重于各有关内容的基本物理现象、基本概念和基本方法。

全书各章附有复习思考题，以强化基本概念、基本方法和基本理论；还附有适量的习题，以加深对内容的理解和运用，并附习题答案。前 5 章的大部分内容和第 6 章的前 3 节内容适用于工程力学有关专业的本科生；后 5 章主要适用于研究生。对于航空工程专业的本科生，需要学习第 8 章介绍的自激振动。本书可以作为工程力学、航空工程等专业的课程——“振动力学”的教材，也可以作为从事与振动有关工作的工程技术人员的参考书。

本书编写过程中，突出和强调了以下几个方面的内容。

1. 基本概念

为了描述力学系统振动的基本理论和分析方法，必然要定义和利用许多基本概念，比如与系统位形有关的概念：坐标、广义坐标、约束、自由度、系统的平衡位置和坐标原点等；与系统固有振动特性有关的概念：固有振动、固有频率和固有振型等；由作用于系统扰动的类型而定义的系统响应：自由振动、受迫振动、自激振动和参数共振等；从各种不同角度定义的系统名称：确定性系统和随机系统、线性系统和非线性系统、自伴随系统和非自伴随系统、时变系统和时不变系统、保守系统和非保守系统、亏损系统和非亏损系统、完整系统和非完整系统、定常系统和非定常系统等。

在详细检索考证的基础上，本书对各个概念给予准确的定义，对各种理论的基本假设和实用范围作出明确的介绍。作者将这种思想贯穿于本书编写的全过程。

2. 基本方法

系统振动微分方程的建立及其现代数值求解方法是振动分析的首要问题。本书对常用方法的基本原理、应用技术以及应用范畴进行重点介绍,希望学生和阅读本书的工程技术人员能真正掌握有关知识。

3. 基本理论

在实模态理论体系之下,对无阻尼和具有比例阻尼的线性系统的振动问题进行分析;在复模态理论体系之下,分析非比例阻尼和非对称线性系统。对于非线性振动,重点讨论与线性系统截然不同的振动特征和基本分析方法。本书主要内容自成体系,便于学生学习和自学者阅读。

4. 工程实例

举出工程中的实例,尤其是侧重于以国防工业中存在的振动问题来说明各种振动系统和振动现象。这有利于读者理解和接受有关知识。

5. 精选习题

通过精选丰富的复习思考题和习题,启发读者深入思考基本概念、基本方法和基本理论,并提高对振动理论的综合运用能力。

6. 扩展内容

引入了混沌振动、分叉现象等内容,以反映近代非线性振动力学的发展,扩大学生的知识面。

编写本书的指导思想,即"定义准确、用词规范、行文精练和深入浅出",是由诸德超教授制定的,并且诸德超教授制定了本书的主要章节结构。本书绪论由邢誉峰和诸德超编写,第7章由程伟、邢誉峰编写,第10章由李敏编写,其余8章由邢誉峰编写。全书由邢誉峰统稿;除第10章外,其余各章的复习思考题和习题由邢誉峰编写。本书的编写工作得到了各方面的支持和鼓励,吸取了国内外振动力学教材编写的许多宝贵经验。书中的大部分图形由作者的学生钱志英、张军徽绘制。本书承蒙北京航空航天大学陈桂彬教授、张世基教授的审阅并提出了许多宝贵意见,作者谨表示衷心的感谢。限于水平,书中若有不足之处,恳请读者指正。

作　者

2004年1月

目　　录

绪　论

0.1 振动现象

振动是自然界和工程界普遍存在的现象。**振动**是指描述系统状态的参量(如位移、电压)在其基准值上下交替变化的过程。大至宇宙,小至原子,无不存在振动。声、光和热等多种形式的物理现象中都包含振动。人们的日常生活中充满着振动现象,比如心脏的跳动、耳膜和声带的振动以及声音的产生、传播和接收等。

通常振动是指机械振动,即机械(力学)系统中的振动。电磁振动习惯称为**振荡**。构成力学系统的基本要素包括惯性元件、弹性元件和阻尼元件。惯性元件(如质量)储存系统的动能,弹性元件(如弹簧)储存系统的势能,而阻尼元件则消耗系统的能量。振动的作用具有双重性。振动的消极方面是:影响仪器设备功能,降低机械设备的工作精度,加剧构件磨损,甚至引起结构疲劳破坏。如大气紊流和其他振源都会使飞机等飞行器产生振动,这种振动会降低乘坐的舒适性,且可引起机载仪表工作不正常;输电线的舞动;1940 年美国塔科马海峡吊桥(Tacoma Narrows Bridge)在中速风载作用下,因桥身发生扭转振动和上下振动造成坍塌事故;1972 年日本海南的一台 66×10^4 kW 汽轮发电机组,在试车过程中发生异常振动而全机毁坏;步兵在操练时,不能正步通过桥梁,以防发生共振现象造成桥梁坍塌。振动的积极方面是:有许多利用振动的设备和工艺,如振动传输、振动研磨、振动筛选、振动沉桩和振动消除结构内应力等。此外,电磁振荡也是通信、广播、电视、雷达等工作的基础。

随着现代科学技术的发展,飞行器设计、船舶设计、土建设计、机械设计等现代工程设计对振动问题的解决提出了更高、更严格的要求。尤其在飞行器设计中,振动问题的解决显得更为重要。飞行器在起飞、着陆以及整个飞行过程中,都会产生振动现象。因此,在飞机等飞行器的设计、研究和试飞过程中,振动是必须要解决的主要问题之一。飞行器还存在另外一种振动现象,称为动不稳定,如飞机机翼和尾翼的颤振,直升机的“地面共振”等。一旦发生这类突发性的振动,常导致灾难性事故。**颤振**是指弹性结构在均匀气流中由于受到空气动力、弹性力和惯性力的耦合作用而发生的自激振动。

虽然实际振动问题千差万别,但解决的途径却具有一般规律,如图 0.1-1 所示。为了解决实际问题,首先要对实际工程结构的特点和工程要求进行分析,抓住结构的主要力学特性,形成待解决问题的物理模型;然后选择适当的坐标系和坐标,根据力学基本定律建立系统的数学模型;最后根据定量和定性方法求解振动微分方程。对于实际工程振动问题,一般不能得到精确解,而是通过数值方法求出近似解。结果分析和试验验证也是解决工程问题的重要环节之一,既要从理论上分析数值模拟结果的合理性,又要将其与实验测试分析结果进行比较,只有二者的吻合程度满足工程要求,振动问题的解决才算告一段落;否则就要修改模型,甚至修改物理模型,检查实验工作的可信度和改善实验技术,重新开始上述有关工作,找出问题的症结,直至最后解决问题。

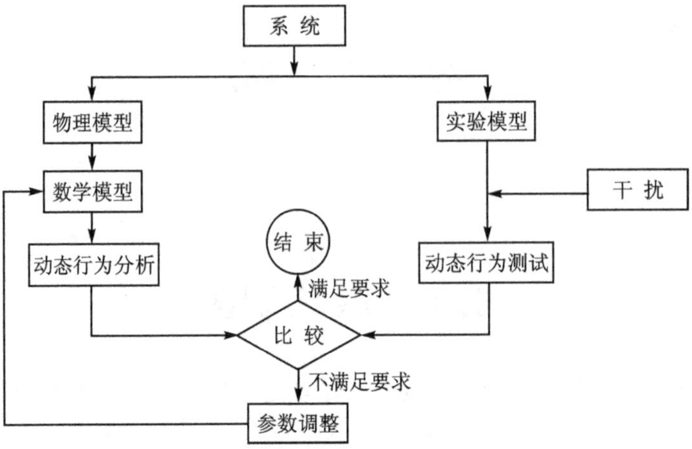

图 0.1-1 解决振动问题的途径

0.2 振动力学的基本概念

力学系统能够发生振动,必须具有弹性和惯性。**弹性**是指物体恢复原始大小和形状(位形)的能力;**惯性**是指物体具有保持运动速度不变的能力。由于弹性,系统偏离其平衡位置时,会引起恢复力,促使系统返回原来的位形;由于惯性,系统在返回平衡位置的过程中积累了动能,又使系统越过平衡位置向另外一侧运动。由于系统弹性和惯性的相互作用,才引起系统的振动。

为了描述系统在空间的位置和形状,必须要用到坐标。在数学和物理学的各个分支中,坐标的名称是不同的。在力学中,通常把用来确定一几何实体(点、线、面等)在空间位置的一组数中的任何一个称为**坐标**,并且当坐标连续变化时,位置也随着连续变化,反之亦然。**坐标系**是指确定空间一点相对某参考体的位置所选用的坐标系统,是由被选定在参考体上的原点和标明长度的一条或几条坐标轴组成的。常用的坐标系有笛卡儿直角坐标系、平面极坐标系、柱坐标系和球坐标系等,笛卡儿直角坐标系是最常用和几何意义最直观的坐标系。确定一个质点在直角坐标系中的位置需要3个坐标(x,y,z),在平面内则需要2个坐标(x,y)。图0.2-1所示为一个两节复摆系统(**摆**就是能够产生摆动的一种装置)。2个摆锤可以简化成质量为m_1和m_2的质点(**质点**是具有质量而不计尺寸效应的物体;**质量**是量度物体惯性大小的物理量)。在直角坐标系中,为了描述复摆的位形,需要4个坐标,即(x_1,y_1)和(x_2,y_2)。如果摆长不能改变,则有下列关系成立,即

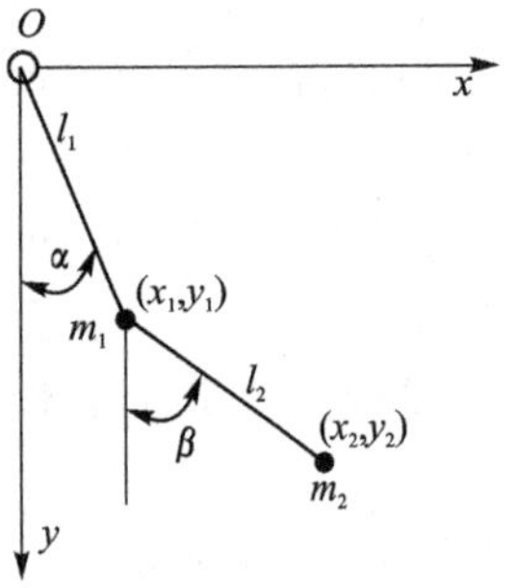

图 0.2-1 两节复摆系统

$$x_1^2+y_1^2=l_1^2$$

$$(x_2-x_1)^2+(y_2-y_1)^2=l_2^2$$

这就相当于在坐标之间存在两个约束,因此系统的独立坐标数为4-2=2。描述系统位形需要的独立坐标数称为**自由度**。因此该复摆系统具有两个自由度。

约束是与自由度密切相关的另外一个重要概念。**约束**是指对质点的位置和速度预先施加的几何学或运动学的限制。只限制系统位置的约束称为**几何约束**。有限约束包含几何约束和含时几何约束；若还限制运动速度，而且这个限制不能通过积分转化为位置的有限约束形式，则称为**运动约束**或**微分约束**。**理想约束**又称不作功约束，即约束力在其作用点虚位移上所作功之和为零的约束。如车轮在路面上作纯滚动，因接触面没有相对位移，故接触点的约束力不作功。约束方程中不显含时间 t 的约束为**定常约束**，否则为**非定常约束**；约束方程中不显含速度的约束为**完整约束(有限约束)**，否则为**非完整约束(微分约束)**。约束限制质点的自由运动，即改变各质点的运动状态，故约束对质点有作用力，称为**约束反力**。约束的数学表达式称为**约束方程**。力学系统及其包含约束方程的类型列入表 0.2-1 中。

表 0.2-1　力学系统及其包含约束方程的类型

系统名称	系统包含约束方程的类型
完整系统	几何约束方程和含时几何约束方程
非完整系统	至少包含一个不可积分的微分约束方程
定常系统	约束方程都不包含时间
非定常系统	至少包含一个含时约束方程

在建立系统运动微分方程时，还经常用到一种具有更广泛意义的坐标——广义坐标。通常意义下的相互独立的坐标都可以作为广义坐标。广义坐标之间必须是线性无关的，即它们之间必须是相互独立的。实际上，用两个摆角 α 和 β 就可以完全确定图 0.2-1 所示系统的位置，显然二者之间相互独立，因此 α 和 β 就是广义坐标。广义坐标 α 和 β 与直角坐标 (x_1, y_1) 和 (x_2, y_2) 之间具有如下变换关系：

$$x_1 = l_1 \sin\alpha,\quad y_1 = l_1 \cos\alpha$$

$$x_2 = l_1 \sin\alpha + l_2 \sin\beta,\quad y_2 = l_1 \cos\alpha + l_2 \cos\beta$$

也可以通过前面的关系用直角坐标 (x_1, y_1) 和 (x_2, y_2) 来表示广义坐标 α 和 β。显然，用广义坐标 α 和 β 确定摆的位置比较简单。值得注意的是，一般意义下的广义坐标通常不具有直观的几何含义和明确的物理意义。

力学系统独立坐标的数目和广义坐标的数目相同，因此**自由度**也是指系统的广义坐标数目。完整系统的自由度等于广义坐标的数目，而非完整系统的自由度等于广义坐标的数目减去非完整约束(微分约束)方程的数目。

对能够产生振动的力学系统可以从不同角度进行分类。

① **线性系统**和**非线性系统**：质量特性与运动状态(位移和速度)无关，弹性力和阻尼力与系统状态变量呈线性关系的系统称为线性系统；否则，为非线性系统。描述线性系统的数学模型为线性微分方程，描述非线性系统的数学模型为非线性微分方程。

② **离散系统**和**连续系统**：离散系统是指由彼此分离的有限个质点或质量块、弹簧和阻尼器构成的系统。离散系统具有有限个自由度。描述离散系统的数学模型为常微分方程。最基本也是最简单的离散系统就是单自由度系统。连续系统是指由弦、杆、轴、梁、板和壳等弹性连续体构成的系统，其质量、弹性和阻尼特性及状态变量由连续分布的函数来表示，因此具有无穷多个自由度。描述连续系统的数学模型为偏微分方程。在连续系统中的连续体的边界上，也可以具有弹簧、集中质量和阻尼器等元件。

③ **定常系统**和**非定常系统**：系统特性参数不随时间变化，并且约束方程中不显含时间的

系统称为定常系统,也称时不变系统;否则,为非定常系统,也称时变系统。火箭在飞行过程中,其质量特性是随时间变化的,因此它是一种典型的时变系统。

④ **自治系统**和**非自治系统**:系统数学模型中不显含时间的系统称为自治系统;显含时间的系统称为非自治系统。

⑤ **确定性系统**和**随机系统**:系统特性可以由时间的确定性函数给出的系统称为确定性系统;无法用确定性函数而须用概率统计方法定量描述其特性的系统称为随机系统。

⑥ **保守系统**和**非保守系统**:机械能(包括动能和势能)守恒的力学系统称为保守系统;否则,为非保守系统。也可以按如下方式定义:在保守力和理想定常完整约束作用下的力学系统为保守系统;在保守力和非理想约束作用下的力学系统,以及在保守力和非保守力共同作用下的力学系统称为非保守系统。如果作用于质点的场力所作的功只与质点的起始和终止位置有关,而与质点的运动路径无关,则称该场力为**有势力**或**保守力**。重力、万有引力和弹性力等都是保守力,而摩擦力、流体粘滞力为非保守力。**场力**是指大小和方向单一地取决于质点位置的力。

⑦ **自伴随系统**和**非自伴随系统**:系统微分方程组的系数矩阵全部是对称的振动系统称为自伴随系统,即原方程和伴随方程是等价的。系数矩阵至少有一个是非对称的振动系统称为非自伴随系统,此时系统的伴随方程与原方程是不等价的。在线性代数中,一个算子若与它的共轭转置相同,则该算子称为自伴随算子。欧氏空间中自伴随算子的矩阵为实对称矩阵。在线弹性系统中,功的互等定理保证了系统微分方程系数矩阵的对称性,因此线弹性系统是自伴随系统。但在包含陀螺效应的线弹性系统中,由于与科氏力(Coriolis force)有关的矩阵为反对称矩阵,因此这类系统不是自伴随系统。

⑧ **亏损振动系统**和**非亏损振动系统**:对于具有 n 个自由度的振动系统,一般具有 n 个特征值和 n 个特征向量,这种系统称为非亏损系统。如果特征向量的个数少于特征值的个数,那么这种系统称为亏损系统。亏损系统一定是非保守系统。

力学系统的振动可以按激励和响应的类型以及系统类型进行分类。

(1) 按激励类型分

① **自由振动**:系统受初始扰动后不再受外界激励时所作的振动。无阻尼系统自由振动的重要特征是在振动过程中系统的动能和势能不断互相转换,系统的总机械能守恒。无阻尼线性系统的自由振动通常是系统所有主振动的线性叠加。有阻尼系统的自由振动则表现为衰减运动,其运动特征由阻尼的大小控制。

② **受迫振动**:系统在随时间变化的激励作用下产生的振动。旋转机械工作时因转子不平衡而引起的振动,建筑物因地震或风载等引起的振动,阵风或跑道不平度引起的飞机振动等,都是受迫振动的实例。

③ **自激振动**:由系统自身运动使输入的恒定能源产生交变性作用引起的振动,简称为自振。自激振动中,维持振动的交变激励是由振动本身产生或控制的,系统运动停止,激励立即消失。能够产生自振的系统称为自振系统。弦乐器和钟表是常见的自振系统。弦乐器中非振动能量来自拉动的弓,通过弦与弓之间的干摩擦力的特殊性质而激发弦的振动;钟表系统中的能量来自上紧的卷簧,通过擒纵机构维持摆的振动。飞机颤振、车辆蛇形运动和金属加工时的切削振动也都是自激振动。

④ **参数共振**:由于系统的参数随时间周期变化而引起的大幅度振动。支点作铅垂振动的单摆就是参数激励的系统。

(2) 按响应类型分

① **固有振动**：无阻尼多自由度线性系统中的单频率振动，也称**主振动**。固有振动的频率和形态仅取决于系统的固有特性，而与外界因素无关。主振动中各坐标以相同频率(系统的某一阶固有频率)作简谐振动，且相位彼此相同或相反。n 个自由度的无阻尼系统有 n 个主振动。

② **简谐振动**：描述系统运动状态的物理量是随时间按正弦或余弦变化的运动过程。简谐振动是单自由度无阻尼系统微幅自由振动的抽象模型。悬挂在弹簧下端物体的振动可以看作是简谐振动。

③ **周期振动**：描述系统运动状态的物理量重复振动一次所需的最短时间，称为**周期**。具有周期的振动称为**周期振动**；无法重复过去变化的振动称为**非周期振动**。钟表中摆的振动为周期振动；钢琴弦受冲击后的衰减运动是非周期振动。

④ **混沌振动**：发生在确定性非线性系统中的貌似随机而对初始条件十分敏感的无规则且长期行为难以预测的运动。支点作水平运动的单摆在一定条件下，可以产生混沌振动。

⑤ **随机振动**：无法用确定性函数，须用概率统计方法定量描述其运动规律统计特性的振动。如车辆行进中的颠簸和飞机在跑道上的滑跑等都属于随机振动。

(3) 按系统类型分

① **线性振动**：常参量系统中构件的弹性服从胡克定律，运动时受到与速度成正比的阻尼力作用的振动。叠加原理适用于线性振动，即当有多个激励同时作用于线性系统时，系统的响应等于各激励单独作用时所引起响应的简单叠加。

② **非线性振动**：恢复力与位移不成线性比例或阻尼力与速度不成线性比例的系统的振动。一般地说，不能用线性微分方程描述的振动为非线性振动。对于非线性系统，叠加原理已经不适用。物理上可以实现的自激振动和混沌振动都是非线性振动。

③ **确定性振动**：响应为时间的确定性函数，如简谐振动、周期振动都为确定性振动。确定性振动包含线性确定性振动和非线性确定性振动。

④ **随机振动**：前面已经有关于随机振动的定义。随机系统产生的振动一定是随机振动，确定性系统在随机激励作用下产生的振动也是随机振动。随机振动包含线性随机振动和非线性随机振动。

0.3　振动力学分析的主要任务

振动力学分析的主要任务是讨论系统的激励(输入)、响应(输出)和系统固有特性(物理参数)三者之间的关系，见图 0.3－1。**激励**是指系统的外来扰动，又称干扰。系统受多个信号构成的激励称为**多输入**；系统只受一个信号的激励称为**单输入**。激励按物理量分，有力、压力、位移、速度和加速度等。

图 0.3－1　激励、系统和响应三者的关系

凸凹不平的路面对车辆的作用为位移激励或速度、加速度激励；大气湍流对飞行器、高层建筑物的作用为力或压力激励。激励按数学性质分，有确定性和随机性两类。确定性激励又有简谐、周期性和非周期性之分；随机性激励按平稳、非平稳、正态、非正态的不同组合又分为许多类型。**响应**是指系统受外来扰动(激励)后的反应。系统含有多个响应信号称为**多输出**；系统

只有一个响应信号称为**单输出**。动强度设计常用应力响应;振动设计常用位移、速度、加速度或应变等响应;控制设计常用位移、转角、速度和压力等响应。振动分析工作主要包括以下3方面内容。

响应分析:已知激励和系统特性,求系统的响应,为结构强度设计和刚度设计提供依据。

系统识别:已知激励和响应来确定系统的固有参数。

环境预测:已知系统参数和响应来确定激励,即识别系统的振动环境特性。

实际振动问题往往是非常复杂的,可能同时包括分析、识别和设计等有关内容。

振动分析的一个首要问题是建立系统的数学模型。表达系统力学特性的数学方程称为系统的数学模型。为了建立系统的数学模型,要对系统进行简化,忽略一些次要因素,突出它的主要力学性能,然后根据力学原理建立描述系统力学特性的数学模型。建立数学模型是进行振动分析的关键性步骤,它决定了振动分析的正确性和精度,又决定了振动分析的可行性和繁简程度。

本书将主要介绍振动力学分析的基本理论和分析方法。本书的主要内容和特色在于:在模态理论体系之下叙述线性振动的基本理论和分析方法,强调基本概念的准确定义、基本方法的原理、基本理论的前提和应用范围;以单自由度非线性系统为主,介绍非线性振动特性及其分析的基本方法,着重讲述基本概念以及与线性系统振动的区别。

第 1 章　单自由度线性系统的自由振动

只需要一个坐标就可以完全确定其几何位置的系统称为**单自由度系统**。单自由度系统是最简单、最基本的离散系统。实际工程中的一些简单振动系统通常可以简化为单自由度系统。它具有一般振动系统所具有的特征，如单摆摆锤的运动。对单自由度系统动态特性的研究，不但可以说明描述系统振动的重要概念，如频率和振幅等，还可以为今后学习多自由度系统振动的分析方法打下基础。**自由振动**是指系统受初始扰动后不再受外界激励时所作的振动。初始扰动也称为初始条件，通常是指施加给系统的初始位移和初始速度。自由振动分析的主要任务是确定系统在给定初始条件下的响应。本章讨论线性单自由度系统的自由振动，对直观的相平面定性分析方法进行简单介绍。

1.1　无阻尼系统的自由振动

无阻尼系统只包含惯性元件和弹性元件，是一种理想化的系统。这种系统实际上并不存在，但分析这种理想化的系统有助于认识一般系统的特性，因此先来讨论这种系统。

图 1.1－1 给出一个无阻尼质点-弹簧系统。该系统由质量为 m 的重物（惯性元件）和刚度为 k 的无质量弹簧（弹性元件）组成。这里不考虑重物的尺寸效应，因此下面用质点来表示这一类重物。为了描述图 1.1－1 所示系统的位置，选用如图所示的单轴坐标系。坐标原点可以选在质点的静平衡位置或弹簧未变形时质点的位置，用 x 表示质点在任意时刻在该坐标系中的坐标，并且向下为正。在系统运动过程中，x 是时间 t 的函数，也被称为质点的位移函数。**位移**是描述质点运动的物理量之一，连接质点运动的先后两位置的有向线段就是位移。由于只需要一个空间坐标 x 就可以完全确定如图 1.1－1 所示系统中的质点在任意时刻的位置，因此该系统是单自由度系统。

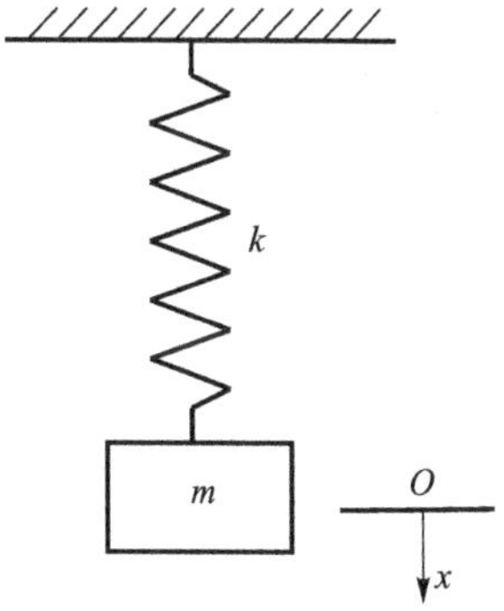

图 1.1－1　质点-弹簧系统

1.1.1　振动微分方程的建立方法

下面分别用牛顿(Newton)第二定律、拉格朗日(Lagrange)方程和能量守恒定律来建立系统的运动微分方程。

1. 牛顿第二定律

牛顿第二定律又称运动定律，其内容是：物体动量的变化率与施加的外力成正比，并与外力方向相同，或叙述为作用在质点上的力等于质点质量与其加速度的乘积。牛顿力学侧重的是力、动量等,这些量都具有矢量性质。对图1.1-1所示系统,选质点的静平衡位置为坐标原点,质点与坐标原点O的距离为x,也就是质点的坐标为x时,作用在质点上的弹簧力为

$$F_s=-k(x+\delta_{st}) \tag{1.1-1}$$

式中:$\delta_{st}=mg/k$表示弹簧在重物作用下的静伸长;负号"-"表示力F_s始终与$x+\delta_{st}$的方向相反。F_s的作用始终是试图使弹簧恢复原长,因此通常称其为**弹性恢复力**。根据牛顿第二定律有

$$mg+F_s=m\ddot{x} \tag{1.1-2}$$

即

$$m\ddot{x}+kx=0 \tag{1.1-3}$$

式中:"·"表示变量对时间t的一阶导数。方程(1.1-3)就是图1.1-1所示单自由度无阻尼系统的自由振动微分方程,它是一个二阶线性常系数齐次微分方程。

为了使系统产生自由振动,需要给系统一个初始扰动,也就是系统应该具有一个非零的初始状态。初始扰动也就是初始条件,通常由$t=0$时刻的位移和速度来表示,即

$$\left.\begin{aligned}x(0)&=x_0\\ \dot{x}(0)&=\dot{x}_0\end{aligned}\right\} \tag{1.1-4}$$

2. 拉格朗日方程

拉格朗日方程中用到的广义坐标通常不要求具有明确的方向和物理含义。对于复杂系统,用拉格朗日方程来建立系统的运动微分方程更具有优越性。拉格朗日方程为

$$\frac{\mathrm{d}}{\mathrm{d}t}\left(\frac{\partial T}{\partial \dot{q}_j}\right)-\frac{\partial T}{\partial q_j}+\frac{\partial V}{\partial q_j}-Q_j=0 \qquad (j=1,\cdots,n) \tag{1.1-5}$$

式中:n为系统自由度数;q_j为第j个广义坐标;V为系统势能;T为系统动能;Q_j为与广义坐标q_j对应的广义力,包括阻尼力和外加激振力等。

用拉格朗日方程来建立系统振动微分方程时,不但要写出系统的势能和动能表达式,而且要考虑由阻尼力和外加激振力等非保守力构成的广义力。对图1.1-1所示系统,若把坐标x的原点选在质点的静平衡位置,并选择质点m的坐标x为广义坐标,则系统的动能为

$$T=\frac{1}{2}m\dot{x}^2 \tag{1.1-6}$$

若将静平衡位置选为零势能点,则系统的势能为

$$V=\frac{1}{2}k(x+\delta_{st})^2-\frac{1}{2}k\delta_{st}^2-mgx \tag{1.1-7a}$$

在静平衡位置有$mg=k\delta_{st}$,故上式可以简化为

$$V=\frac{1}{2}kx^2 \tag{1.1-7b}$$

为了简单起见,通常略去中间步骤,而直接写出系统的势能表达式(1.1-7b)。但值得注意的是,式(1.1-7a)或式(1.1-7b)是以静平衡位置作为势能零点的。若改变势能零点所在的位置,则势能的表达式是要改变的。比如,若选弹簧未变形时质点的位置作为势能零点,则系统势能的表达式为

$$V=\frac{1}{2}k(x+\delta_{st})^2-mg(x+\delta_{st})$$

由于系统中没有阻尼和激振力,因此广义力为零。将式(1.1-7b)和式(1.1-6)代入方

程(1.1-5),同样可以得到系统振动微分方程(1.1-3)。

用拉格朗日方法建立完整系统振动微分方程的优点包括 3 个方面:

① 广义坐标的个数通常比直角坐标的个数少,故拉格朗日方程的个数比直角坐标系下的牛顿方程的个数少,即系统振动微分方程的个数少,更易于求解;

② 动能 T 和势能 V 都是标量,比力的矢量关系更容易表达,因此比较容易列出方程;

③ 根据约束条件对广义坐标作适当的选择,可以简化力学问题的运算,并且不必考虑约束力。

3. 能量方法

若系统是无阻尼的,没有能量耗散,也不会提供额外的能量,则系统的机械能是守恒的。机械能守恒定律的数学表达式为

$$T+V=\text{常数} \tag{1.1-8}$$

或

$$\frac{\mathrm{d}}{\mathrm{d}t}(T+V)=0 \tag{1.1-9}$$

还可以将机械能守恒定律表示成另外一种形式:

$$T_{\max}=V_{\max} \tag{1.1-10}$$

即系统动能的最大值 $T_{\max}$(此时系统势能为零)等于势能的最大值(此时系统动能为零)。根据式(1.1-9)可以建立保守系统自由振动微分方程。由式(1.1-10)可以求得系统振动频率,见例 1.1-2。式(1.1-9)和式(1.1-10)构成了用机械能守恒定律分析无阻尼自由振动的理论基础。

将式(1.1-6)和式(1.1-7)代入式(1.1-9)得

$$(m\ddot{x}+kx)\dot{x}=0 \tag{1.1-11}$$

因为 $\dot{x}$ 是不恒等于零的,所以同样推得方程(1.1-3)。

1.1.2　振动微分方程的求解与振动特性分析

下面通过直接求解微分方程的方法来分析图 1.1-1 所示系统的自由振动。设方程(1.1-3)的特解具有如下形式:

$$x(t)=C\mathrm{e}^{\lambda t} \tag{1.1-12}$$

式中:C 和 λ 为常数。将式(1.1-12)代入方程(1.1-3)得

$$(m\lambda^2+k)C\mathrm{e}^{\lambda t}=0$$

由于系统的振动位移不恒等于零,因此有

$$m\lambda^2+k=0 \tag{1.1-13}$$

这个关于 λ 的代数方程就是方程(1.1-3)的特征方程。由此解得特征根为

$$\lambda=\pm \mathrm{i}\omega_0 \tag{1.1-14}$$

式中 $\mathrm{i}=\sqrt{-1}$,而

$$\omega_0=\sqrt{\frac{k}{m}} \tag{1.1-15}$$

为一正实数,它是系统振动的**固有角频率**,简称固有频率。得到了特征根之后,就可以得到方程(1.1-3)的通解为

$$x(t)=C_1\mathrm{e}^{\mathrm{i}\omega_0 t}+C_2\mathrm{e}^{-\mathrm{i}\omega_0 t} \tag{1.1-16}$$

式中:C_1 和 C_2 是待定常数,由初始条件来确定。式(1.1-16)是自由振动的复数表示法,这种复数表示法比较适合于理论推导。通解(1.1-16)还可以用三角函数来表示。

根据欧拉(Euler)公式有

$$\mathrm{e}^{\mathrm{i}\omega_0 t}=\cos\omega_0 t+\mathrm{i}\sin\omega_0 t$$

$$\mathrm{e}^{-\mathrm{i}\omega_0 t}=\cos\omega_0 t-\mathrm{i}\sin\omega_0 t$$

将它们代入式(1.1-16)中,整理得

$$x(t)=(C_1+C_2)\cos\omega_0 t+\mathrm{i}(C_1-C_2)\sin\omega_0 t$$

由于质点的振动位移是一个真实的物理量,因此上式右边两项只能是实数,即 C_1 和 C_2 必须是一对共轭复数,由此得到

$$x(t)=C\cos\omega_0 t+D\sin\omega_0 t \tag{1.1-17}$$

或

$$x(t)=A\sin(\omega_0 t+\theta) \tag{1.1-18}$$

式中:C 与 D 或 A 与 θ 为待定常数,都由初始条件来确定。通过分析式(1.1-18)可以得到如下无阻尼振动的特性。

① 无阻尼自由振动是简谐振动。表示简谐振动的三要素是:振幅(A)、固有频率(ω_0)和初相位(θ)。**振幅**是指系统作简谐振动时,描述振动状态的物理量(通常指位移)偏离平衡位置的最大值。把 $\omega_0 t+\theta$ 称为系统振动的相位。**相位**是指物理量(位移等)随时间作简谐变化时,任意时刻对应的角变量。$t=0$ 时对应的相位就是**初相位**,它是相对时间坐标原点而言的。相位的单位是度和弧度,分别记为(°)和 rad。

简谐振动是一种最简单的等幅周期振动。位移振幅具有长度量纲,单位通常是米,记为 m;周期具有时间量纲,单位通常是秒,记为 s。简谐振动的周期定义为

$$T=\frac{2\pi}{\omega_0} \tag{1.1-19}$$

在振动分析中,经常用到另外一个与周期对偶的概念——**频率**,定义为

$$f=\frac{1}{T}$$

它表示系统在单位时间内作简谐振动的次数,单位为赫兹(Hertz),记为 Hz。

② 固有频率 ω_0 由式(1.1-15)来确定,只与质量 m 和刚度 k 有关,与其他外界因素,如外力等无关。**固有频率**为线性系统固有振动的频率,单位通常是弧度每秒,记为 rad/s。对于单自由度系统,固有频率和自由振动频率相同;而对于多自由度系统,固有频率和自由振动频率通常是不同的。对于单自由度系统,与固有频率对应的固有周期由式(1.1-19)定义,即:

$$T=\frac{2\pi}{\omega_0}=2\pi\sqrt{\frac{m}{k}} \tag{1.1-20}$$

固有频率和固有周期描述了系统的固有振动特征。系统刚度愈大,固有频率愈高,固有周期愈短;系统质量愈大,固有频率愈低,固有周期愈长。它们是由质量和刚度确定的。

③ 无阻尼自由振动的振幅 A 和初相位 θ 是由初始条件来决定的。这说明一个系统产生振动时,它的振幅和初相位因初始条件的不同而不同,它们不是系统的固有特性。对于确定的初始条件,系统的振幅是一个常数。这说明此时系统作等幅振动。

简谐振动还可以用一个旋转矢量来表示,如图 1.1-2 所示。旋转矢量的模为 A,旋转矢

量的角速度为 ω_0，因此也称 ω_0 为系统的**固有圆频率**。这种简谐振动的几何表示法的特点是直观。

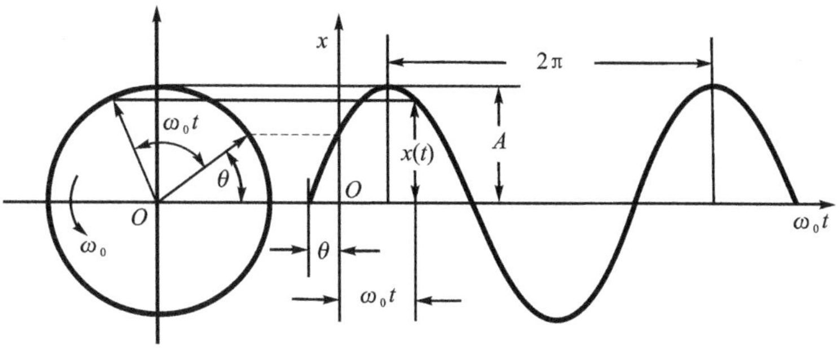

图 1.1－2　简谐振动的几何表示法

下面来分析由初始扰动引起的系统自由振动响应的振幅和初相位。初始扰动由式(1.1－4)表示。将式(1.1－17)代入式(1.1－4)得待定系数如下：

$$C = x_0,\quad D = \frac{\dot{x}_0}{\omega_0}$$

这样就得到了初始扰动引起的自由振动响应的时间历程，即

$$x(t) = x_0 \cos \omega_0 t + \frac{\dot{x}_0}{\omega_0} \sin \omega_0 t \tag{1.1-21}$$

又可以将上式转换成式(1.1－18)的形式，此时振幅和初相位分别是

$$A = \sqrt{x_0^2 + \left(\frac{\dot{x}_0}{\omega_0}\right)^2} \tag{1.1-22}$$

$$\theta = \arccos \frac{\dot{x}_0}{A\omega_0} \tag{1.1-23}$$

当然也可以将式(1.1－18)直接代入初始条件表达式(1.1－4)，得到上面的振幅 A 和初始相位 θ。

若把式(1.1－16)代入式(1.1－4)，可以得到系数 C_1 和 C_2：

$$C_1 = x_0 - \frac{\dot{x}_0}{\omega_0}\mathrm{i}$$

$$C_2 = x_0 + \frac{\dot{x}_0}{\omega_0}\mathrm{i}$$

由此可以看出 C_1 和 C_2 是一对共轭复数，将它们代入式(1.1－16)，可以得到用复数形式表示的系统无阻尼自由振动响应，即

$$x(t) = \left(x_0 - \frac{\dot{x}_0}{\omega_0}\mathrm{i}\right)\mathrm{e}^{\mathrm{i}\omega t} + \left(x_0 + \frac{\dot{x}_0}{\omega_0}\mathrm{i}\right)\mathrm{e}^{-\mathrm{i}\omega t} \tag{1.1-24}$$

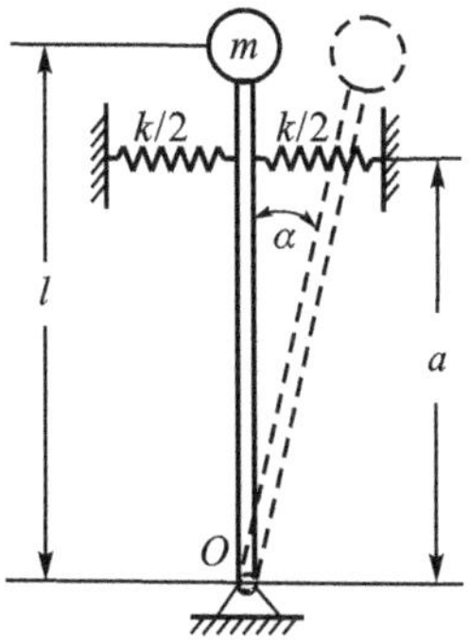

图 1.1－3　刚性杆件-弹簧系统

例 1.1－1　图 1.1－3 所示的是长度为 l 的刚性杆件，在 O 点铰支，自由端固定一质量为 m 的小球。在距离铰支端 a 处，由两个刚度系数为 $k/2$ 的弹簧将刚性杆件支持在铅垂面内。求该系统的固有频率和在铅垂面内作稳定微

幅振动的条件。忽略刚性杆件和弹簧的质量。

解:这是一个单自由度系统,选杆件的摆角 α 作为广义坐标来描述系统的位形。过 O 的铅垂线是 $\alpha=0$ 的位置。由于系统作微幅振动,因此小球偏离平衡位置的水平距离为

$$\delta_{球}=l\tan\alpha\approx l\alpha$$

弹簧的伸长量为

$$\delta_{弹簧}\approx a\alpha$$

根据动量矩定律,对 O 点取矩得系统振动的微分方程为

$$ml^2\ddot{\alpha}=mg\delta_{球}-k\delta_{弹簧}a$$

即

$$ml^2\ddot{\alpha}+(ka^2-mgl)\alpha=0$$

则系统的固有频率为

$$\omega_0=\sqrt{\frac{g}{l}\left(\frac{ka^2}{mgl}-1\right)}$$

为了维持系统在平衡位置作稳定的微幅振动,要求系统固有频率 ω_0 必须为实数,因此有

$$\frac{ka^2}{mgl}>1$$

这就是系统作稳定微幅振动的条件。

由于该系统是保守系统,因此还可以用机械能守恒定律来建立系统振动微分方程。小球的动能为

$$T=\frac{1}{2}m(l\dot{\alpha})^2$$

小球下降的距离为

$$\Delta=l(1-\cos\alpha)\approx\frac{1}{2}l\alpha^2$$

故系统的势能为

$$V=\frac{1}{2}k(a\alpha)^2-\frac{1}{2}mgl\alpha^2$$

将系统动能和势能代入式(1.1-9)得

$$[ml^2\ddot{\alpha}+(ka^2-mgl)\alpha]\dot{\alpha}=0$$

由于 $\dot{\alpha}$ 不恒等于零,因此可以得到系统的微分方程为

$$ml^2\ddot{\alpha}+(ka^2-mgl)\alpha=0$$

当然,还可以应用拉格朗日方程(1.1-5)来建立系统振动微分方程。

例 1.1-2 图 1.1-4 所示是一个重量为 W 的回转体,关于对称轴的转动惯量为 J,回转体轴颈的半径为 r。将回转体放置在曲率半径为 R 的轨道上。若此回转体只作纯滚动而不滑动,试求回转体在轨道最低点附近作微幅振动的固有频率。

解:在例 1.1-1 中,用机械能守恒定律建立了系统振动微分方程。下面直接应用能量守恒定律来确定系统的固有频率。

选用回转体的摆角 α 作为广义坐标来描述系统的运动,选过 O 的铅垂线为 $\alpha=0$ 的位置,也就是静平衡位置。回转体作平面运动,其质心的速度为 $(R-r)\dot{\alpha}$,转动角速度为 $(R-r)\dot{\alpha}/r$。回转体的动能包括转动动能和质心移动动能两部分,即

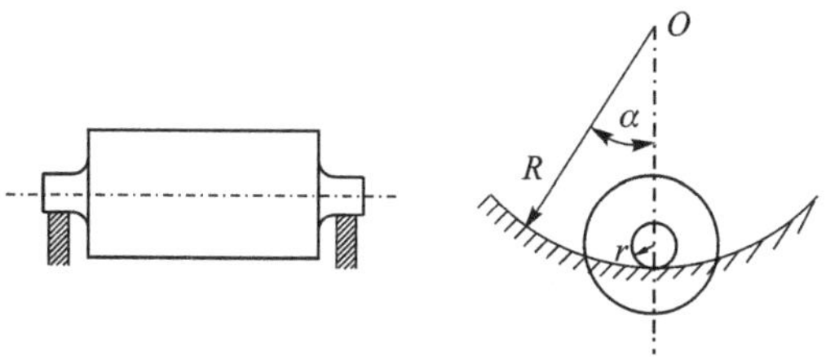

图 1.1-4　回转体

$$T=\frac{1}{2}\frac{W}{g}(R-r)^2\dot{\alpha}^2+\frac{1}{2}J\left(\frac{R-r}{r}\right)^2\dot{\alpha}^2 \tag{a}$$

该系统的自由振动是简谐振动，即

$$\alpha(t)=A\sin(\omega_0 t+\theta) \tag{b}$$

在静平衡位置上，势能为零，动能达到最大值。将式(b)代入式(a)得

$$T_{max}=T_0\omega_0^2 \tag{c}$$

式中：

$$T_0=\frac{1}{2}\left[\frac{W}{g}(R-r)^2+J\left(\frac{R-r}{r}\right)^2\right]A^2$$

称为动能系数。

回转体在作微幅摆振的过程中，其质心升高的高度为

$$h=(R-r)(1-\cos\alpha)\approx\frac{1}{2}(R-r)\alpha^2$$

则回转体的势能为

$$V=\frac{1}{2}W(R-r)\alpha^2$$

在最大偏离平衡位置上，动能为零，势能达到最大值。将式(b)代入上式得势能最大值为

$$V_{max}=\frac{1}{2}W(R-r)A^2 \tag{d}$$

根据式(1.1-10)给出的机械能守恒定律，可以得到系统的固有频率为

$$\omega_0^2=\frac{V_{max}}{T_0} \tag{e}$$

即系统固有频率的平方等于势能的最大值与动能系数的比值。上式右端项被称为**瑞利商**(Rayleigh Quotient)。由式(e)可以得到回转体作微幅振动的固有频率为

$$\omega_0=\sqrt{\frac{Wr^2}{(R-r)\left(\frac{Wr^2}{g}+J\right)}}$$

值得指出的是，瑞利商是求解无阻尼系统固有频率的一般方法，它适用于离散系统和连续系统。

1.1.3　等效刚度和等效质量

质量可以忽略的弹性杆件等可以简化为弹簧。下面先给出串联弹簧和并联弹簧的等效刚度，再以两个例子来说明确定连续系统等效质量和等效刚度的不同方法。

等效刚度可以通过势能等效和单位位移方法来实现。在势能等效方法中,先选定广义位移坐标 q,等效系统的势能为 $kq^2/2$,其中 k 为等效刚度,然后令等效系统的势能与原系统的势能相等即可以求得等效刚度 k。在单位位移方法中,等效刚度是能够在选定的坐标方向产生单位位移而在此坐标方向施加的力。

等效质量可以通过动能等效和单位加速度方法来实现。在动能等效方法中,等效系统的动能为 $m\dot{q}^2/2$,其中 m 为等效刚度,然后令等效系统的动能与原系统的动能相等即可以求得等效质量 m。在单位加速度方法中,等效质量是能够在选定的坐标方向产生单位加速度而在此坐标方向施加的力。

1. 两个弹簧串联

如图 1.1-5 所示,两个刚度分别为 k_1 和 k_2 的弹簧串联,下面用两种方法来求串联弹簧系统的等效刚度 k。

方法 1:单位位移方法

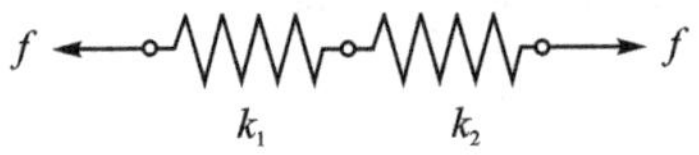

图 1.1-5 两个弹簧串联

在载荷 f 的作用下,串联弹簧两端的相对位移 Δ 等于两个弹簧各自的相对变形 Δ_1 和 Δ_2 之和,即

$$\Delta = \Delta_1 + \Delta_2 \tag{1.1-25}$$

由于两个弹簧串联,因此作用在每个弹簧两端的力都等于载荷 f,因此有

$$\Delta = \frac{f}{k},\ \Delta_1 = \frac{f}{k_1},\ \Delta_2 = \frac{f}{k_2} \tag{1.1-26}$$

当串联弹簧两端的相对位移 $\Delta = 1$ 时,施加的力 f 就是待求的等效刚度 k。把式(1.1-26)代入式(1.1-25)得

$$k = f = \frac{k_1 k_2}{k_1 + k_2} \tag{1.1-27}$$

所以串联弹簧的等效刚度小于每个弹簧的刚度。可以这样理解:在载荷 f 作用下,弹簧 1 的伸长量 Δ_1 和弹簧 2 的伸长量 Δ_2 都小于等效弹簧的伸长量 Δ,因此等效刚度 k 小于 k_1 和 k_2;或者说,在相同载荷作用下,弹簧的伸长量越大,其刚度越小。

方法 2:势能等效方法

等效弹簧的变形能等于各个弹簧变形能之和,即

$$\frac{1}{2}k\Delta^2 = \frac{1}{2}k_1\Delta_1^2 + \frac{1}{2}k_2\Delta_2^2 \tag{1.1-28}$$

把式(1.1-26)代入式(1.1-28)同样可得式(1.1-27)。

2. 两个弹簧并联

如图 1.1-6 所示,两个刚度为 k_1 和 k_2 的弹簧并联,下面也用两种方法来确定该并联弹簧系统的等效刚度 k。

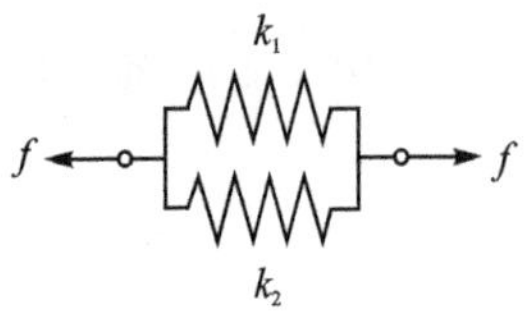

图 1.1-6 两个弹簧并联

方法 1:单位位移方法

并联弹簧的各自恢复力 f_1 和 f_2 之和等于作用在它们两端的载荷 f,即

$$f = f_1 + f_2 \tag{1.1-29}$$

由于两个弹簧并联,因此各个弹簧的伸长量都相等,即

$$f = k\Delta,\quad f_1 = k_1\Delta,\quad f_2 = k_2\Delta \tag{1.1-30}$$

若并联弹簧系统两端的相对位移 $\Delta=1$，则施加的力 f 就是等效刚度 k。把式(1.1－30)代入式(1.1－29)得

$$k=f=k_1+k_2 \tag{1.1-31}$$

所以并联弹簧的等效刚度是各个弹簧的刚度之和，其含义是：使两个并联弹簧和单个弹簧产生相等的伸长量，前者需要的力更大。

方法 2：能量等效方法

等效弹簧的变形能等于各个弹簧变形能之和，即

$$\frac{1}{2}k\Delta^2=\frac{1}{2}k_1\Delta^2+\frac{1}{2}k_2\Delta^2 \tag{1.1-32}$$

由此可得式(1.1－31)。

总之，弹性元件的串联降低了刚度，并联提高了刚度。这与电学中电阻串联变大和并联电阻变小的结论是相反的。但阻尼器串联后总阻尼系数变小、并联后总阻尼系数变大，这与总刚度系数(等效刚度系数)的变化规律是相同的。

对于拉压杆、扭转轴、弯曲梁和圆形薄板等简单结构，若只关心其简单形式的振动，可以将它们等效为单自由度系统。在等效过程中，通常是以结构件在集中静载荷或均匀分布静载荷作用下的变形作为振动型式(简称为振型，参见第 3 章和第 4 章)。根据振型，可以用动能等效的方法求等效质量，用势能等效的方法求等效刚度。也可以通过求解在单位载荷作用下载荷作用点的位移来确定等效刚度，这时等效刚度是该位移的倒数。

例 1.1－3　图 1.1－7 所示的是在自由端附有集中质量 m 的悬臂梁，梁的长度为 l，截面抗弯刚度为 EI。把梁的质量等效到自由端，则该系统等效为单自由度系统，求其固有频率。

解： 先求等效刚度。

方法 1：单位力方法

设在梁的自由端作用单位剪力，根据材料力学可得梁的挠度函数为

$$w(\eta)=\frac{1}{6EI}\eta^2(3l-\eta) \tag{a}$$

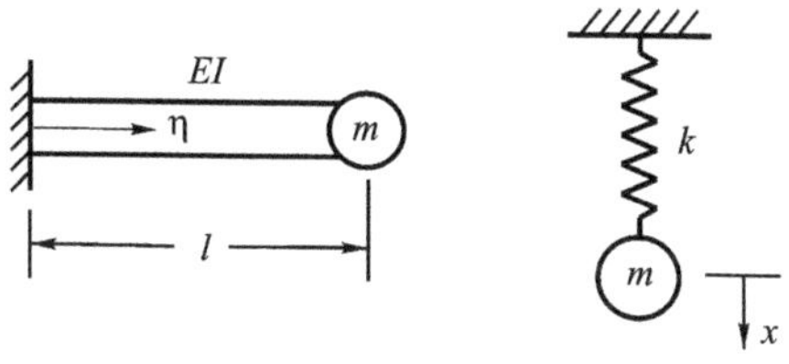

图 1.1－7　质量-悬臂梁系统

其中 η 是梁的轴向坐标，其原点在固支端。令 $\eta=l$ 可得自由端的挠度 x 为

$$x=w(l)=\frac{l^3}{3EI} \tag{b}$$

根据刚度系数的定义，可得悬臂梁自由端的刚度系数为

$$k=\frac{1}{w(l)}=\frac{3EI}{l^3} \tag{c}$$

方法 2：势能等效

根据式(b)可把式(a)改写成如下形式：

$$w(\eta)=\frac{x}{2l^3}\eta^2(3l-\eta) \tag{d}$$

上式相当于用自由端的挠度 x 来表示梁的挠度函数 w。梁的应变能函数为

$$V=\frac{1}{2}\int_0^l EI\left(\frac{\mathrm{d}^2w}{\mathrm{d}\eta^2}\right)^2\mathrm{d}\eta \tag{e}$$

把式(d)代入式(e)并令其等于等效质量-弹簧系统的势能，得

$$V=\frac{1}{2}\left(\frac{3EI}{l^3}\right)x^2=\frac{1}{2}kx^2 \tag{f}$$

由此可见,由势能等效方法得到的等效刚度系数与式(c)中的相同。如果不考虑梁的质量,则等效单自由度系统的固有频率为

$$\omega_0=\sqrt{\frac{3EI}{ml^3}} \tag{g}$$

下面用动能等效方法来确定悬臂梁的等效质量。设梁质量的体密度为 ρ,横截面积为 A。规定式(d)中的挠度函数在振动过程的任何时刻都成立。梁的速度函数为

$$\dot{w}(\eta,t)=\frac{\dot{x}}{2l^3}\eta^2(3l-\eta)$$

于是梁的动能函数为

$$T=\frac{1}{2}\int_0^l \rho A\dot{w}^2(\eta,t)\,\mathrm{d}\eta=\frac{1}{2}\left(\frac{33}{140}\rho Al\right)\dot{x}^2 \tag{h}$$

式中圆括弧内的就是梁的等效集中质量。因此,考虑梁质量贡献的固有频率为

$$\omega_0=\sqrt{\frac{3EI}{l^3\left(m+\frac{33}{140}\rho Al\right)}} \tag{i}$$

上面是把分布质量等效到悬臂梁的自由端。理论上,可以把梁的分布质量等效到任意位置,如梁的中点。下面仍然采用挠度函数(a),来确定此时的悬臂等效刚度和等效质量。

把式(a)用梁中点挠度 $w(l/2)$ 来表示,即

$$w(\eta)=\frac{8w(l/2)}{5l^3}\eta^2(3l-\eta),\text{其中 } w(l/2)=\frac{5l^3}{48EI} \tag{j}$$

中点的速度为

$$\dot{w}(\eta)=\frac{8\dot{w}(l/2)}{5l^3}\eta^2(3l-\eta) \tag{k}$$

于是根据能量等效方法可以得到悬臂梁的等效刚度和等效集中质量为

$$k=\left(\frac{16}{5}\right)^2\times\frac{3EI}{l^3},\ m_{\text{等效}}=\left(\frac{16}{5}\right)^2\times\frac{33}{140}\rho Al \tag{l}$$

由此可见,与等效位置选在自由端的等效刚度和等效集中质量相比,虽然二者都变大,但比值不变,参考式(f)、式(h)和式(l)。此结论成立的前提是:两种情况采用的梁的挠度函数是相同的,如式(a)所示。

上面这种确定悬臂梁的等效刚度和等效质量的方法也适用于其他边界条件的梁,但选用的挠度函数需要根据梁的边界条件来确定。此外,该方法还适用于连续杆、轴、矩形和圆形板等。

例 1.1-4 图 1.1-8 所示是质量-弹簧系统。试用能量方法考虑弹簧质量对系统固有频率的影响。

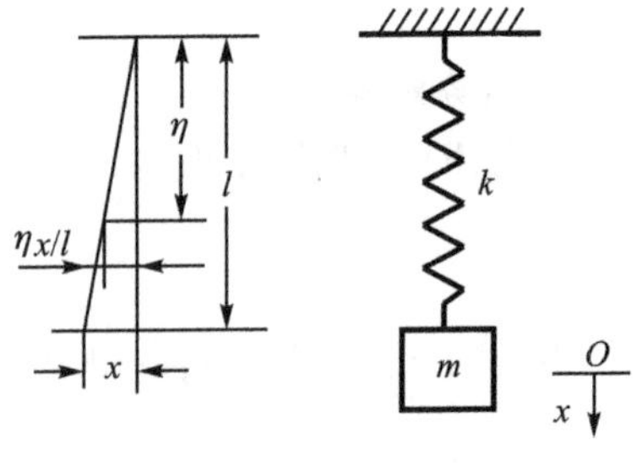

图 1.1-8 质量-弹簧系统

解:考虑了弹簧质量,则系统的动能除了包括集中质量的动能外,还要包括弹簧的动能。根据材料力学,均匀直杆在自由端受拉伸载荷作用产生的静位移沿杆长是线性分布的,类似地,这里认为弹簧的位移分布也是线性的。但动位移的分布不同于静位移分

布，故这种假设的弹簧位移分布规律是近似的。

设弹簧的长度为 l，线质量为 ρ。将坐标原点选在系统处于静平衡时集中质量所在的位置，弹簧端点的位移是 x，则距离固支端 η 处的速度为 $\eta\dot{x}/l$，这样就可以计算出弹簧的动能为

$$T_s=\int_0^l \frac{1}{2}\rho\left(\frac{\eta}{l}\dot{x}\right)^2 \mathrm{d}\eta=\frac{\rho l}{6}\dot{x}^2 \tag{a}$$

系统的总动能为

$$T=\frac{1}{2}m\dot{x}^2+\frac{\rho l}{6}\dot{x}^2=\frac{1}{2}\left(m+\frac{\rho l}{3}\right)\dot{x}^2$$

系统的势能为

$$V=\frac{1}{2}kx^2 \tag{b}$$

令系统的自由振动响应为式(1.1-18)，因此根据机械能守恒定律表达式(1.1-10)可以得到系统的固有频率为

$$\omega_0=\sqrt{\frac{k}{m+\dfrac{\rho l}{3}}} \tag{c}$$

由此可见，应用能量方法可以考虑弹簧等弹性元件质量对系统固有振动特性的影响。从式(c)可以看出，忽略弹簧质量会使计算的固有频率偏高。

1.1.4　李萨如图形

前面介绍的无阻尼单自由度系统的自由振动是简谐振动(或简谐波)，图 2.1-2 给出了简谐振动曲线。下面介绍由两个相互垂直方向的简谐振动合成的图形，即**李萨如**(Lissajous)**图形**或李萨如曲线。考虑如下两个简谐波

$$x=A\sin\omega_1 t \tag{1.1-33}$$

$$y=B\sin(\omega_2 t+\theta) \tag{1.1-34}$$

由这两个简谐波形成的图形位于直角坐标$(x,\ y)$平面内的矩形$[-A,A]\times[-B,B]$域内。李萨如图形的特征取决于两个简谐波的频率比和相位差。下面分两种情况进行讨论，参见表 1.1-1。

情况 1：$\omega_1=\omega_2$

若 $\theta=0$，则曲线是沿着 $y=(B/A)x$ 方向的线段；若 $\theta=\pi$，曲线是沿着 $y=-(B/A)x$ 方向的线段；若 $\theta=\pi/2$，曲线是一个椭圆，其长轴和短轴与坐标轴重合；当 θ 是其他值时，曲线是斜置的椭圆。

情况 2：$\omega_1\neq\omega_2$

当 ω_1/ω_2 为无理数时，两个方向简谐波周期的最小公倍数为无穷大，或合成振动的周期为无穷大，此时李萨如图形是非封闭曲线。随着时间的不断增加，曲线将遍布整个定义域$[-A,A]\times[-B,B]$，或称曲线在该区域内稠密。

当频率比 ω_1/ω_2 为有理数时，李萨如图形是闭合的曲线，此时可以从一个完整周期内的曲线推知频率比。因为在一个完整周期内，闭合曲线在一个方向上达到峰值的次数与该方向上的频率成正比。因此，只要知道闭合曲线在两个方向出现峰值的次数，二者比值即为两个方向上的频率比。另外，若给定一个频率比，闭合曲线的形状则取决于两个相互垂直简谐波的相

位差。

总之,根据李萨如图形可以识别出两个简谐波的频率比与相位差;如果已知一个简谐波的频率,根据李萨如图形可以确定另外一个频率。

表 1.1-1 李萨如图形

ω_1/ω_2	θ = 0	$\pi/4$	$\pi/2$	$3\pi/4$	π
1∶1	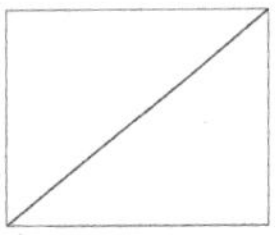	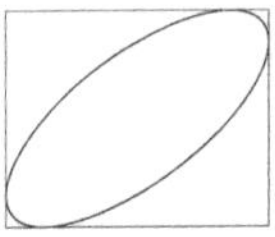	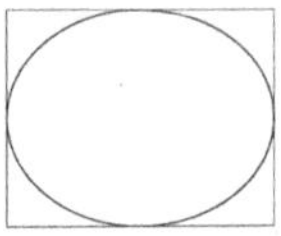	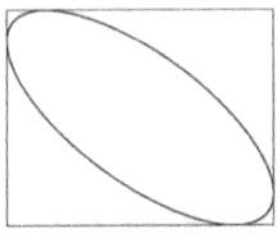	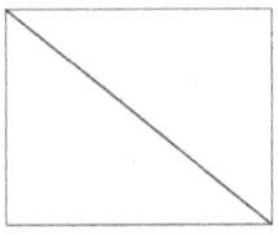
1∶2	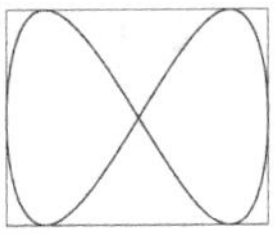	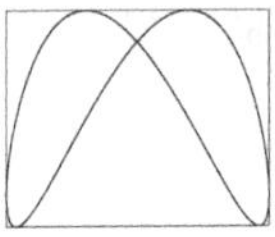	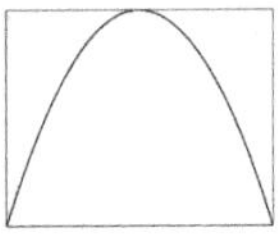	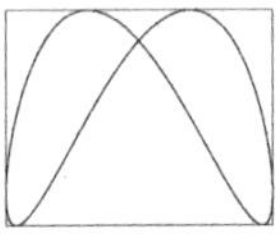	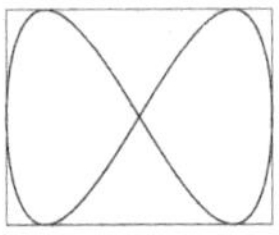
1∶3	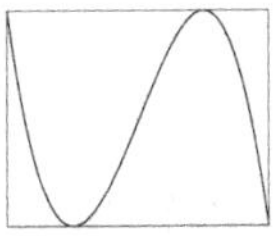	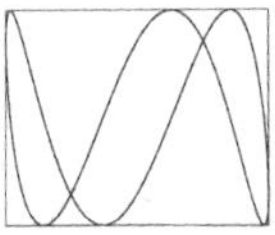	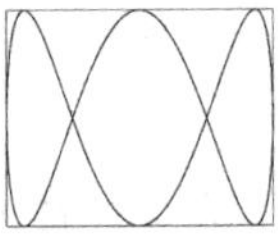	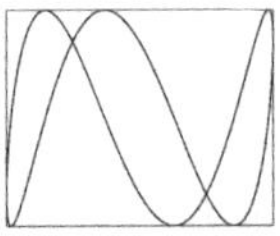	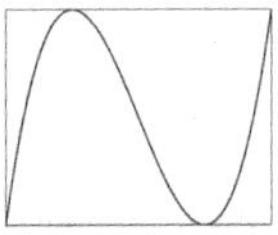
2∶3	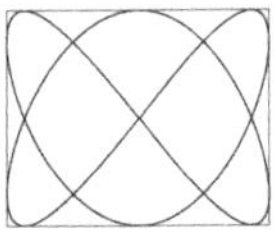	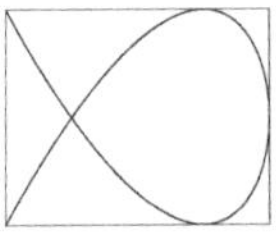	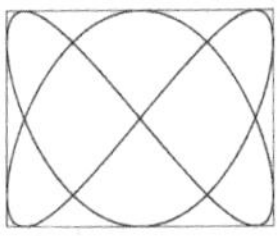	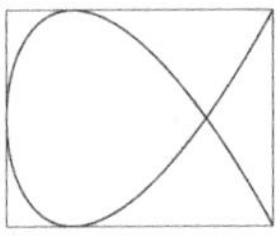	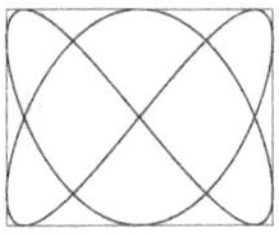

1.2 粘性阻尼系统的自由振动

上面讨论的无阻尼系统是一种理想化的系统,实际系统总是有阻尼的。阻尼的性质通常比较复杂,它可能是位移、速度以及其他因素的函数。阻尼消耗系统的能量,可以用于抑制振动水平、延长疲劳寿命、降低噪声水平和提高系统稳定性等。工程中常用的阻尼模型是粘性阻尼,这类阻尼力 F_d 与速度的大小成正比,其方向与速度的方向相反,即

$$F_d = -c\dot{x} \tag{1.2-1}$$

式中:c 为粘性阻尼系数。

1.2.1 运动微分方程的建立与求解

图 1.2-1 所示是一个含有粘性阻尼的质点-弹簧系统。根据牛顿定律或拉格朗日方程可以得到质点运动微分方程为

$$m\ddot{x} + c\dot{x} + kx = 0 \tag{1.2-2}$$

它是线性齐次二阶常微分方程,其特解具有形式

$$x = Ce^{\lambda t}$$

将它代入方程(1.2-2)得

$$(m\lambda^2 + c\lambda + k)Ce^{\lambda t} = 0 \tag{1.2-3}$$

由于系统的振动位移不恒等于零，因此有

$$m\lambda^2 + c\lambda + k = 0 \tag{1.2-4}$$

上式就是方程(1.2-2)的特征方程，解之得特征根为

$$\lambda_{1,2} = -\xi\omega_0 \pm \mathrm{i}\omega_0\sqrt{1-\xi^2} \tag{1.2-5}$$

式中：

$$\xi = \frac{c}{2m\omega_0} \tag{1.2-6}$$

被称为**阻尼率**，量纲为 1。阻尼率不同，系统将发生不同性质的运动。下面分别讨论不同的情况。

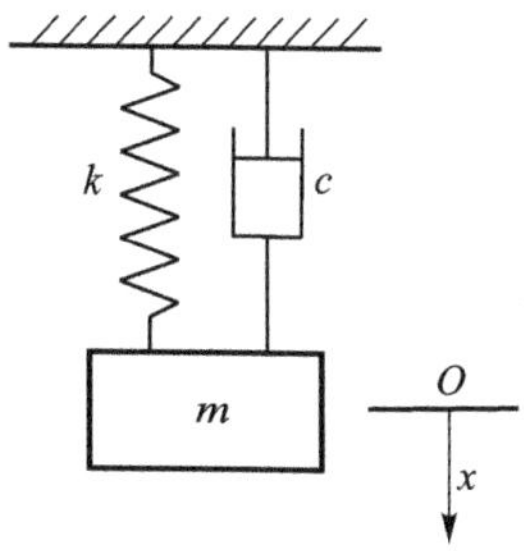

图 1.2-1 含有粘性阻尼的质点-弹簧系统

① $\xi<1$ 为欠阻尼状态，特征根 λ 为一对共轭复数，此时方程(1.2-2)的通解为

$$x(t) = \mathrm{e}^{-\xi\omega_0 t}(C_1\cos\omega_d t + C_2\sin\omega_d t) \tag{1.2-7}$$

式中：C_1 和 C_2 为将由初始条件确定的待定常数，而

$$\omega_d = \omega_0\sqrt{1-\xi^2} \tag{1.2-8}$$

为考虑阻尼时系统的固有频率。式(1.2-7)又可以改写为

$$x(t) = A\mathrm{e}^{-\xi\omega_0 t}\sin(\omega_d t + \theta) \tag{1.2-9}$$

式中：A 和 θ 是待定系数，分别称为初始振幅和初相位，由初始条件来确定。

下面用初始条件来确定式(1.2-7)中的待定系数，进而分析初始扰动引起的系统响应。设图 1.2-1 所示系统的初始位移和初始速度分别为 x_0 和 $\dot{x}_0$，参见式(1.1-4)。将它们代入式(1.2-7)解得

$$C_1 = x_0,\quad C_2 = \frac{\dot{x}_0 + \xi\omega_0 x_0}{\omega_d}$$

则初始扰动引起的位移响应为

$$x(t) = \mathrm{e}^{-\xi\omega_0 t}\left(x_0\cos\omega_d t + \frac{\dot{x}_0 + \xi\omega_0 x_0}{\omega_d}\sin\omega_d t\right) \tag{1.2-10}$$

它又可以写成式(1.2-9)的形式，其中初始振幅和初相位分别为

$$A = \sqrt{x_0^2 + \left(\frac{\dot{x}_0 + \xi\omega_0 x_0}{\omega_d}\right)^2} \tag{1.2-11a}$$

$$\theta = \arccos\frac{\dot{x}_0 + \xi\omega_0 x_0}{\omega_d A} \tag{1.2-11b}$$

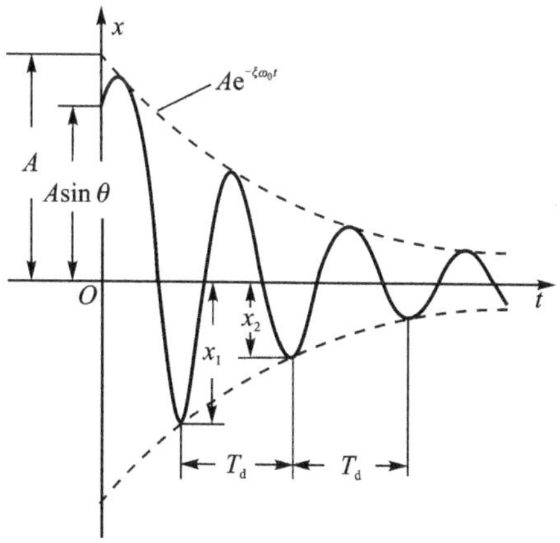

图 1.2-2 衰减振动

将式(1.2-9)或式(1.2-10)位移的时间历程绘制在图 1.2-2 上，可以直观看出它是一个在系统平衡位置附近的衰减振动。**衰减振动**是指系统受初始扰动后不再受外界激励作用，因受到阻尼力造成能量损失而振幅渐减的振动，也称为**阻尼振动**。振幅随时间衰减的规律是 $A\mathrm{e}^{-\xi\omega_0 t}$。

② $\xi=1$ 为临界阻尼状态，由式(1.2-5)可知，特征方程的解为一对重根，即

$$\lambda_{1,2} = -\omega_0$$

此时振动方程(1.2-2)的通解为

$$x(t)=(C_1+C_2t)e^{-\omega_0 t} \tag{1.2-12}$$

式中:C_1 和 C_2 为待定系数,由初始条件确定。显然,式(1.2-12)代表的是非往复的衰减运动,已经不具有振动特性。

③ $\xi>1$ 为过阻尼状态,此时特征方程(1.2-4)的根为两个不相等的负实数,即

$$\lambda_{1,2}=-\xi\omega_0\pm\omega_0\sqrt{\xi^2-1}$$

此时方程(1.2-2)的通解是

$$x(t)=C_1e^{\lambda_1 t}+C_2e^{\lambda_2 t} \tag{1.2-13}$$

由初始条件可以确定其中的两个待定系数 C_1 和 C_2。式(1.2-13)表示的是按指数衰减的两个运动之和,同样不具有振动特性。在电器仪表中,常利用临界阻尼或过阻尼抑制仪表指针振动。

1.2.2 阻尼振动特性分析

从上述分析可以看出,阻尼的大小将直接决定系统的运动是否具有振动特性。临界阻尼状态就是系统是否振动的分界线,当 $\xi<1$ 时系统是振动的,当 $\xi\geqslant1$ 时系统就不作振动了。把 $\xi=1$ 时对应的粘性阻尼系数定义为**临界阻尼系数**,用 c_c 来表示。由式(1.2-6)有

$$c_c=2m\omega_0=2\sqrt{mk} \tag{1.2-14}$$

由此可知,临界阻尼系数可以看作是系统的一个固有参数,由系统的质量特性和刚度特性来确定。结合式(1.2-14)与式(1.2-6),可得阻尼率的另外一种定义形式:

$$\xi=\frac{c}{c_c} \tag{1.2-15}$$

即阻尼率可以表示为粘性阻尼系数和临界粘性阻尼系数之比,故通常也称 ξ 为**阻尼比**。

一般情况下,结构的阻尼是比较小的,多数属于欠阻尼情况。下面来分析系统在欠阻尼情况下的振动特性。

① 质点在相邻两次以相同方向通过平衡位置的时间间隔是相等的,但由于此时系统作振幅衰减振动,严格来讲,这种衰减振动并不是周期振动。但习惯上仍然将上述时间间隔称为“周期”,不妨用 T_d 来表示。根据式(1.2-9)可以推得该周期为

$$T_d=\frac{2\pi}{\omega_d} \tag{1.2-16}$$

式中:ω_d 由式(1.2-8)决定,它是与周期 T_d 相应的固有频率。为了与无阻尼情况的固有周期和固有频率相区别,有时将 T_d 和 ω_d 分别称为**自然周期**和**自然频率**。显然自然频率小于固有频率,自然周期大于固有周期。

② 有阻尼自由振动振幅衰减的速率取决于 $\xi\omega_0$,可以用对数衰减率 δ 来描述振幅衰减的情况。**对数衰减率**δ 定义为经过一个自然周期任意相邻两个振幅之比的自然对数,即

$$\delta=\ln\frac{x_1}{x_2}=\ln\frac{Ae^{-\xi\omega_0 t}}{Ae^{-\xi\omega_0(t+T_d)}} \tag{1.2-17}$$

式中:x_1、x_2 为相邻的两个振幅,参见图1.2-2。式(1.2-17)可以进一步简化为

$$\delta=\xi\omega_0T_d=\frac{2\pi\xi}{\sqrt{1-\xi^2}} \tag{1.2-18}$$

从上式可以得到用 δ 表示阻尼率的关系式，即

$$\xi = \frac{\delta}{\sqrt{(2\pi)^2 + \delta^2}} \tag{1.2-19}$$

对于微小阻尼的情况，δ 是一个小量，上式可以近似地写为

$$\xi = \frac{\delta}{2\pi} \tag{1.2-20}$$

根据实验测出振幅的对数衰减率 δ，就可以由式(1.2-19)或式(1.2-20)得到阻尼率 ξ。这是实际测量阻尼的一种方法。

综上所述，有阻尼系统自由振动的特性取决于特征方程(1.2-4)的根的特性；对于欠阻尼情况，它的根是一对共轭复数，参见式(1.2-5)。不难看出，特征根 λ 具有频率量纲，故称之为**复频率**。它的实部是一个负数，表示了振幅衰减的快慢；虚部总是共轭成对地出现，表示了系统振动的频率，因此特征根 λ 反映了全部振动特性。

例 1.2-1　一个重量为 W 的薄板，用刚度系数为 k 的弹簧将薄板吊在空中并使之自由振动，测得其振动周期为 T_1。如图 1.2-3 所示，把薄板完全置于液体中，测得其振动周期为 T_2。液体的阻力为 $2SC_f v$，其中 $2S$、C_f 和 v 分别为板的两面的面积、摩擦系数和振动速度。不计板的厚度和空气阻力，试根据测定结果确定摩擦系数 C_f。

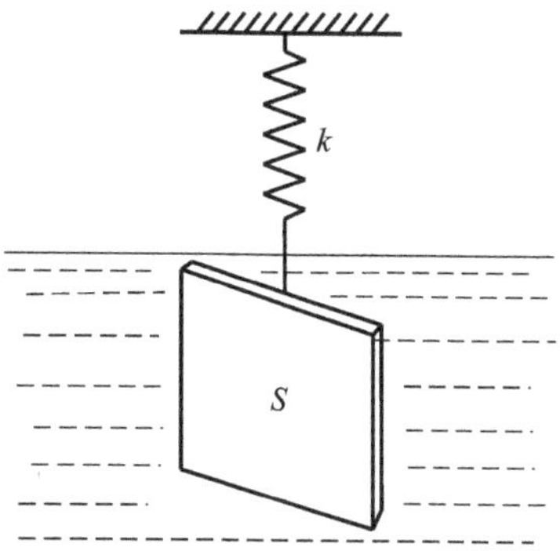

图 1.2-3　弹簧-薄板系统

解：薄板在空气中振动的微分方程为

$$\frac{W}{g}\ddot{x} + kx = 0$$

其固有频率是 $\omega_0 = \sqrt{kg/W}$，由此可知系统振动周期为

$$T_1 = \frac{2\pi}{\omega_0} \tag{a}$$

薄板在液体中的振动微分方程为

$$\frac{W}{g}\ddot{x} + 2SC_f\dot{x} + kx = 0$$

式中：$2SC_f$ 相当于粘性阻尼系数 c，则阻尼率

$$\xi = \frac{cg}{2W\omega_0} = SC_f\sqrt{\frac{g}{Wk}} \tag{b}$$

阻尼系统振动的固有频率为

$$\omega_d = \omega_0\sqrt{1-\xi^2}$$

与其对应的振动周期为

$$T_2 = \frac{2\pi}{\omega_d} = \frac{2\pi}{\omega_0\sqrt{1-\xi^2}} \tag{c}$$

根据式(a)和式(c)得阻尼率为

$$\xi = \sqrt{1 - \left(\frac{T_1}{T_2}\right)^2}$$

根据阻尼率和摩擦系数的关系式(b)得摩擦系数为

$$C_f=\frac{\sqrt{Wk/g}}{S}\sqrt{1-\left(\frac{T_1}{T_2}\right)^2}$$

1.3 阻尼材料和等效粘性阻尼

随着社会的发展和科技的进步,机械设备趋于高速、高效和自动化,其引起的振动、噪声和疲劳断裂问题亦越来越突出。振动和噪声限制了设备性能的提高,破坏了设备运行的稳定性和可靠性,并污染环境,因此减振降噪、改善人机环境是重要的工程问题。虽然已有多种解决工程中振动和噪声问题的方法,但阻尼技术还是控制共振和噪声的最有效方法。

衡量阻尼大小的参数包括损耗因子 $\tan\theta$(θ 为应变滞后于应力的相位角)、半功率带宽与共振频率的比值、对数衰减率 δ 和品质因数 Q 的倒数等。

一般来说,阻尼材料可分为粘弹性阻尼材料、智能型阻尼材料、金属类阻尼材料和阻尼复合材料。

① 粘弹性阻尼材料兼有粘性液体损耗能量的特性和弹性固体材料储存能量的特性,这类材料一般都是高分子材料。损耗因子 $\tan\theta$ 在 1.1~2.0 之间,使用温度在 −55~120 ℃之间。粘弹性阻尼材料的刚度、强度和抗蠕变性差,不能作为结构材料使用,只有与其他结构材料复合形成一定的阻尼结构后才能发挥作用。粘弹性阻尼材料容易老化,其阻尼性能受温度影响大,其动态力学性能不具备可控性。

② 智能型阻尼材料包括压电阻尼材料和电流变流体,其最大特点是损耗因子可控。压电阻尼材料的工作原理是:当声波或振动能等传递到压电材料(如 PZT)时,由于压电效应而转化为电能,在材料内部产生交流电压,使振动发生衰减而达到阻尼效果。压电阻尼材料产生的电荷量与材料所受力的大小成比例。压电材料用量愈多,虽然材料的减振效果愈好,但材料的脆性愈高。

电流变流体是由油质基液中加入的微小多孔性固体颗粒组成的易受电场影响的特殊流体,它的最大特点是能够根据所施加电场的变化在很短的时间内改变其表观粘度,其损耗因子可在几毫秒内由 0 急剧增至 15~18。流体状态可由液体变为半固体甚至固体,且各种状态改变是可逆的。

③ 高阻尼合金的阻尼性能远大于一般金属材料并且耐高温,用其制造机械设备或仪器的构件,可以从振源和噪声源入手达到减振降噪的目的。这种减振降噪方法具有工艺简便、适用范围广等特点,是一种有效的阻尼技术。金属材料阻尼通常包括热弹性阻尼、磁性阻尼、粘性阻尼和缺陷阻尼等。阻尼合金在减振降噪方面有广阔的应用前景,但已有阻尼合金的损耗因子仅为 0.01~0.15,比粘弹性材料小 1~2 个数量级,还不能满足高阻尼场合的要求。

④ 阻尼复合材料包括聚合物基阻尼复合材料和金属基阻尼复合材料。聚合物基阻尼复合材料具有一定的力学强度和较高的损耗因子。一般来说,阻尼复合材料的阻尼来源于基体和复合相的固有阻尼、复合材料的界面滑动以及界面处的位错运动。

阻尼材料不仅种类多而且力学特性也是比较复杂的。除了粘性阻尼之外,其他形式的常用阻尼基本都不是线性的,如不锈钢丝网减振器具有干摩擦阻尼,硅油具有平方阻尼等,这些阻尼性质和数学模型比粘性阻尼复杂得多。为了分析方便,工程上常将其他各类阻尼简化为等效粘性阻尼,这也使得粘性阻尼系统的数学模型具有更广泛的适用范围。等效的原则是:

令非粘性阻尼在一个周期内耗散的能量与粘性阻尼在同一周期内耗散的能量相等，从而求出等效粘性阻尼系数 c_{eq}。

1. 粘性阻尼在一周期内耗散的能量

设系统的简谐振动规律为 $x = A\sin\omega t$，粘性阻尼在该简谐振动的一个周期内耗散的能量，也就是粘性阻尼力在一个周期内做功的大小。该功为

$$W_d = \oint F_d \mathrm{d}x = -\int_0^T c\dot{x}^2 \mathrm{d}t = -c\omega^2 A^2\int_0^T \cos^2\omega t\,\mathrm{d}t = -\pi c\omega A^2 \tag{1.3-1}$$

2. 等效粘性阻尼系数 c_{eq} 的确定

(1) 平方阻尼

物体在低粘度流体介质中高速运动时遇到的阻尼力近似与速度平方成正比，即

$$F_s = -c_s\dot{x}^2 \operatorname{sgn}\dot{x} \tag{1.3-2}$$

式中：c_s 为阻尼系数；$\operatorname{sgn}\dot{x}$ 为符号函数，定义为

$$\operatorname{sgn}\dot{x} = \begin{cases} 1 & (\dot{x} > 0) \\ 0 & (\dot{x} = 0) \\ -1 & (\dot{x} < 0) \end{cases} \tag{1.3-3}$$

平方阻尼在一个周期内耗散的能量等于在运动方向不变的半个周期内耗散的能量乘以 2，则

$$W_s = \oint F_s \mathrm{d}x = -2\int_{-T/4}^{T/4} c_s\dot{x}^3 \mathrm{d}t = -2c_s\omega^3 A^3\int_{-T/4}^{T/4}\cos^3\omega t\,\mathrm{d}t = -\frac{8}{3}c_s\omega^2 A^3 \tag{1.3-4}$$

令 $W_d = W_s$ 和 $c = c_{eq}$ 得

$$\pi c_{eq}\omega A^2 = \frac{8}{3}c_s\omega^2 A^3$$

由此可以得到平方阻尼的等效粘性阻尼系数为

$$c_{eq} = \frac{8}{3\pi}c_s\omega A \tag{1.3-5}$$

(2) 干摩擦阻尼

干摩擦阻尼遵循库仑(Coulomb)定律，即干摩擦力与两物体间的正压力 N 成正比，与运动方向相反，即

$$F_f = -\mu N \operatorname{sgn}\dot{x} \tag{1.3-6}$$

式中：μ 为干摩擦系数，是一种动摩擦系数。当运动方向不变时，干摩擦力为常数，所作的功等于摩擦力与运动距离的乘积，因此干摩擦力在一个周期内耗散的能量为

$$W_f = -4\mu NA \tag{1.3-7}$$

令 $W_d = W_f$，得干摩擦阻尼的等效粘性阻尼系数为

$$c_{eq} = \frac{4\mu N}{\pi\omega A} \tag{1.3-8}$$

(3) 结构阻尼

由于材料是非完全弹性的，在变形过程中，由材料内部摩擦引起的阻尼称为**结构阻尼**，其物

理特征是材料的应力-应变关系存在滞后环,即加载与卸载的路径不重合,如图1.3-1所示。

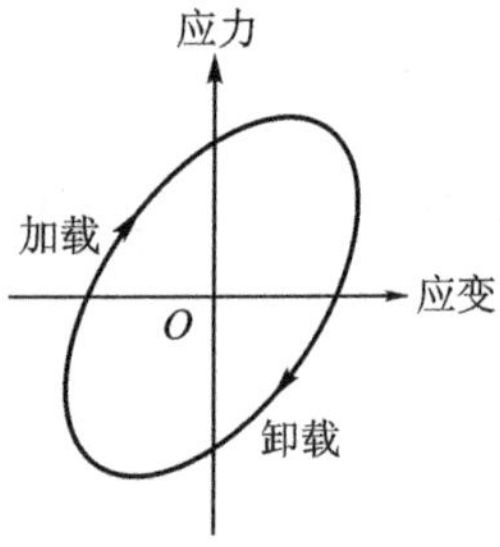

图1.3-1

对于单自由度系统,令复数形式的简谐振动为 $x=Ae^{i\omega t}$,则结构阻尼力的形式为

$$F_{st}=-igkx=-\frac{gk}{\omega}\dot{x} \tag{1.3-9}$$

式中:i为虚数单位,g 为结构阻尼因子(量纲为1,对于金属结构为0.01~0.08),kx 相当于内力。式(1.3-9)的物理含义是:结构阻尼力的大小与内力成正比,其方向与速度方向相反。把式(1.3-9)与粘性阻尼力公式(1.2-1)相比可知,结构阻尼的等效粘性阻尼系数为

$$c_{eq}=\frac{gk}{\omega} \tag{1.3-10}$$

结构阻尼系统的自由振动微分方程为

$$m\ddot{x}+(ig+1)kx=0 \tag{1.3-11}$$

令 $x=e^{\lambda t}$,其中 $\lambda=a\pm ib$,代入式(1.3-11)得

$$m(a^2-b^2)+k+i(kg\pm 2mab)=0$$

令上式实部和虚部分别等于0,可以解出 a 和 b。注意到当 $g=0$ 时,固有频率应为 $b=\omega_0=\sqrt{k/m}$;而当 $g>0$ 时,物理上的衰减振动要求 $a<0$。因此有意义的根是

$$a=-\omega_0\sqrt{\frac{\sqrt{1+g^2}-1}{2}},\quad b=\pm\omega_0\sqrt{\frac{\sqrt{1+g^2}+1}{2}} \tag{1.3-12}$$

当结构阻尼 $g<1$ 时,有

$$\sqrt{1+g^2}\approx 1+\frac{1}{2}g^2$$

因此式(1.3-13)可简化为

$$a=-\frac{g}{2}\omega_0,\quad b=\pm\omega_0\sqrt{1+\left(\frac{g}{2}\right)^2} \tag{1.3-13}$$

即

$$\lambda_{1,2}=-\frac{g}{2}\omega_0\pm\omega_0\sqrt{1+\left(\frac{g}{2}\right)^2} \tag{1.3-14}$$

于是可以得到满足初始条件(1.1-4)的自由振动响应为

$$x=e^{-\frac{1}{2}g\omega_0 t}\left(x_0\cos\omega_d t+\frac{\dot{x}_0+\frac{1}{2}g\omega_0 x_0}{\omega_d}\sin\omega_d t\right) \tag{1.3-15}$$

式中:考虑结构阻尼的固有振动频率为

$$\omega_d=\omega_0\sqrt{1+\left(\frac{g}{2}\right)^2} \tag{1.3-16}$$

与式(1.2-8)比较可知,粘性阻尼降低系统的固有振动频率,而结构阻尼使系统的固有振动频率升高,不存在临界结构阻尼。把式(1.2-5)与式(1.3-14)进行比较可知,阻尼率 ξ 与结构阻尼因子 g 的关系为

$$g = 2\xi \tag{1.3-17}$$

下面从另外一个角度来理解式(1.3-17)的含义。

根据式(1.3-10)和粘性阻尼率定义式(1.2-6)有

$$c_{eq} = \frac{gk}{\omega} = 2m\xi\omega_0 \tag{1.3-18}$$

即

$$g = 2\xi\frac{\omega}{\omega_0} \tag{1.3-19}$$

由此可以看出,只有当系统受到频率为 ω 的简谐激励作用并且发生共振($\omega=\omega_0$)时,式(1.3-17)才成立。关于共振等概念,参见第 2 章。

1.4　相平面方法

前面几节主要是通过力学原理建立单自由度系统的运动方程,求出方程的通解,然后得到针对给定初始条件的动态响应,这是一种定量分析方法。实际上,还可以从定性角度来分析系统解的特征。本节介绍的相平面方法就是一种主要的定性分析方法。**相空间**是用广义坐标和广义动量联合表示的多维空间,二维相空间就是**相平面**。

1.4.1　相平面、相轨迹与奇点

具有单位质量的单自由度系统振动方程的一般形式为

$$\ddot{x} + f(x,\dot{x},t) = 0 \tag{1.4-1}$$

如果上述方程中不显含时间变量 t,那么对应的系统称为**自治系统**,此时方程(1.4-1)变为

$$\ddot{x} + f(x,\dot{x}) = 0 \tag{1.4-2}$$

换句话说,由 $f(x,\dot{x})$体现的自治系统的弹性和阻尼特性是与时间无关的,移动时间坐标的原点或尺度都不会改变系统的特性。若 $f(x,\dot{x})$是 x 和 $\dot{x}$ 的线性函数,则方程(1.4-2)表示的系统是一个线性自治系统。

系统在给定时间内的运动状态可以由位移 x 和速度 $\dot{x}$ 来描述,因此 x 和 $\dot{x}$ 被称为系统的**状态变量**。方程(1.4-2)可以用状态变量转换成两个联立的一阶微分方程,即

$$\left.\begin{aligned}\dot{x} &= y\\ \dot{y} &= -f(x,y)\end{aligned}\right\} \tag{1.4-3}$$

由式(1.1-4)表示的初始条件也相应地改变为

$$\left.\begin{aligned}x(0) &= x_0\\ y(0) &= y_0\end{aligned}\right\} \tag{1.4-4}$$

方程(1.4-3)可以变成另外一种不含时间微分的形式,即

$$\frac{\mathrm{d}y}{\mathrm{d}x} = -\frac{f(x,y)}{y} \tag{1.4-5}$$

以 x 和 y 为直角坐标建立的(x,y)平面就是单自由度系统的相平面。与系统运动状态一一对应的相平面上的点称为**相点**,或称为**代表点**,每一个相点对应一个确定的时刻。力学系统的运动状态可以由相点在相平面上随时间变化的曲线来描述,该曲线被称为**相轨迹**。方程(1.4-5)就是相轨迹方程。相轨迹的初始点对应系统运动的初始条件,对应不同初始条件的相轨迹组成相轨

迹簇。如果不需要确切地了解每个指定时刻的相点位置,也就是系统的运动状态,而只要求定性了解系统在不同初始条件下的运动全貌,那么了解相轨迹簇的几何特征已经足够。在图 1.4-1 中,绘制了两条相轨迹:实线对应的初始条件是(x_0, y_0),因此这条相轨迹就从相点(x_0, y_0)出发,然后顺时针趋于坐标原点;虚线表示的相轨迹对应另外一个初始条件,它以同样的方式趋于坐标原点。愈接近坐标原点,两条相轨迹就愈靠近。如图 1.4-1 所示,相轨迹具有如下 4 个基本特征:

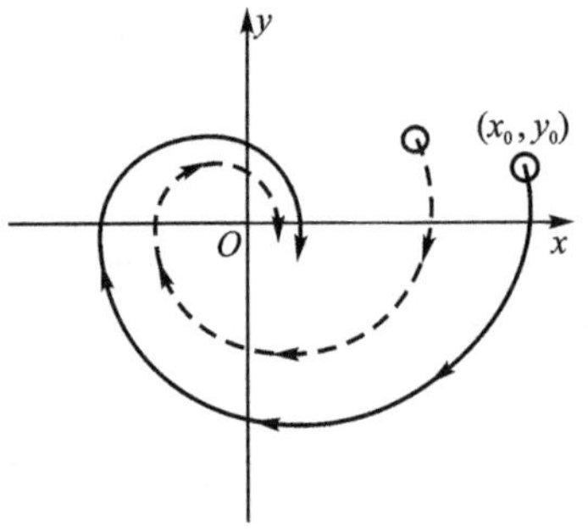

图 1.4-1 相轨迹示意图

① 相轨迹的走向总是顺时针方向。根据 $\mathrm{d}x = y\mathrm{d}t$ 可以判断:在 x 轴的上半平面($y>0$),随着时间的推移,相点从左向右移动;在 x 轴的下半平面($y<0$),相点从右向左移动。

② 在横坐标轴 x 上,$y=0$,从式(1.4-5)可以推得 $\mathrm{d}y/\mathrm{d}x=\infty$,因此相轨迹总是与 x 轴正交。

③ 相轨迹通过 y 轴的斜率可以是正、负或零。

④ 若方程的解是唯一的,则每一条相轨迹都是系统微分方程的一个解,相平面上的每一点只有一条相轨迹通过,即相轨迹在相平面上不相交,只在奇点处相遇。

相平面内使相轨迹方程(1.4-5)的右端项的分子和分母同时为零的点称为相轨迹的**奇点**,即奇点的位置完全由微分方程的右端项决定,而与其积分常数无关。一般来说有 4 种奇点,它们是结点、鞍点、焦点和中心。所有相轨迹通过的奇点称为**结点**;有两条相轨迹相交的奇点称为**鞍点**;所有相轨迹以螺旋线方式汇聚在一起的奇点称为**焦点**;闭合相轨迹的中心称为**中心**奇点。

根据奇点定义可知,在奇点处,$\mathrm{d}y/\mathrm{d}x$ 不存在或不确定,并且奇点坐标(x_s, y_s)一定满足下面的联立方程:

$$\left.\begin{array}{l} y_s = 0 \\ f(x_s, y_s) = 0 \end{array}\right\} \tag{1.4-6}$$

因此奇点一定分布在横坐标 x 轴上。根据奇点定义还可以知道,在奇点处$(\dot{x}, \ddot{x})=(0,0)$,即奇点处的速度和加速度都为零,因此相点需要经过无限长时间才能达到奇点,并且奇点也就是相平面上的系统的静平衡点,它代表动力学系统的静平衡状态。奇点可以是稳定的,也可以是不稳定的,奇点的稳定性也就是系统静平衡状态的稳定性。在 4 种奇点中,中心是稳定的,鞍点是不稳定的;而焦点和结点既可以是稳定的,也可以是不稳定的。

1.4.2 保守系统自由振动

机械能守恒的系统称为**保守系统**。无阻尼单自由度自由振动系统就是一个简单的保守系统。为了有助于理解相平面方法,首先用相平面方法研究该保守系统。无阻尼单自由度保守系统振动方程为

$$\ddot{x} + f(x) = 0 \tag{1.4-7}$$

上式乘以 $\dot{x}$ 并对时间积分有

$$\int_0^t \ddot{x}\dot{x}\,\mathrm{d}t + \int_0^t f(x)\dot{x}\,\mathrm{d}t = \int_{\dot{x}_0}^{\dot{x}} \dot{x}\,\mathrm{d}\dot{x} + \int_{x_0}^{x} f(x)\,\mathrm{d}x =$$

$$\frac{1}{2}\dot{x}^2 - \frac{1}{2}\dot{x}_0^2 + V(x) - V(x_0) = 0$$

令 $y=\dot{x}$，可以将上式变为

$$\frac{1}{2}y^2+V(x)=E \tag{1.4-8}$$

式中：$f(x)$的原函数$V(x)$表示系统的势能；E为系统的总机械能。它们分别是

$$V(x)=\int_0^x f(x)\mathrm{d}x,\quad E=\frac{1}{2}y_0^2+V(x_0) \tag{1.4-9}$$

显然，式(1.4-8)就是保守系统的机械能守恒定律。从式(1.4-8)可以容易地求出 y，即

$$y=\pm\sqrt{2[E-V(x)]} \tag{1.4-10}$$

从式(1.4-10)可知，保守系统的相轨迹是关于 x 轴对称的，相轨迹的特征完全取决于系统势能函数$V(x)$的性质。

从式(1.4-6)可以推得，位于 x 轴上的奇点始终满足条件

$$f(x)=0\quad 即\quad V'(x)=0 \tag{1.4-11}$$

因此，还可以根据势能$V(x)$的二阶导数的正负来判断奇点的稳定性。根据式(1.4-9)有

$$V''(x_s)=f'(x_s)\begin{cases}>0 & (奇点稳定)\\ <0 & (奇点不稳定)\end{cases} \tag{1.4-12}$$

例1.4-1　判断线性保守系统相轨迹奇点的稳定性。

解：线性保守系统的弹性恢复力和位移是线性关系，即

$$f(x)=sx \tag{a}$$

式中：s是系统的刚度，它可以大于零，也可以小于零，即系统刚度可以是正的，也可以是负的。若没有特殊说明，则表示系统具有正刚度。从式(a)可以得到势能函数为

$$V(x)=\frac{1}{2}sx^2 \tag{b}$$

结合式(1.4-8)可以推得相轨迹方程为

$$y^2+sx^2=2E \tag{c}$$

① $s>0$的情况。此时方程(c)为椭圆方程，因此相轨迹是椭圆曲线，如图1.4-2(a)所示。变化初始条件，E就随着改变，也就可以画出一系列的封闭相轨迹。由式(1.4-11)和相轨迹曲线可知，相轨迹簇的奇点是坐标原点，并且奇点为中心，故奇点是稳定的，也就是说系统是稳定的。系统作简谐振动，并且具有一个静平衡位置。下面考虑其振幅和周期。

令 $s=\omega_0^2$，这相当于系统质量 $m=1$，根据式(1.4-9)有

$$E=\frac{1}{2}(y_0^2+\omega_0^2x_0^2)$$

在式(c)中，令 $y=0$，可以求得简谐振动的振幅为

$$A=\sqrt{\frac{2E}{\omega_0^2}}=\sqrt{x_0^2+\frac{y_0^2}{\omega_0^2}} \tag{d}$$

上式与式(1.1-22)完全相同($y=\dot{x}$)。

从式(1.4-3)可知，$\dot{x}=y$，即 $\mathrm{d}x/y=\mathrm{d}t$。对该

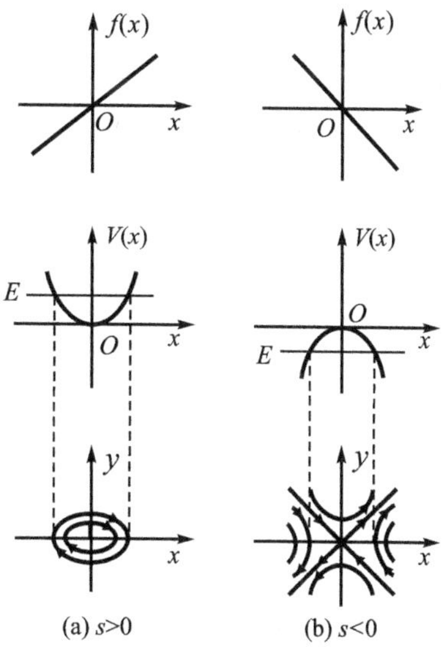

图1.4-2　线性保守系统的相轨迹

式沿着封闭的相轨迹进行积分,就可以得到振动周期,即

$$T=\oint \mathrm{d}t=\oint \frac{1}{y}\mathrm{d}x=\oint \frac{1}{\sqrt{2[E-V(x)]}}\mathrm{d}x=$$

$$\frac{1}{\omega_0}\oint \frac{1}{\sqrt{A^2-x^2}}\mathrm{d}x=$$

$$\frac{4}{\omega_0}\int_0^A \frac{1}{\sqrt{A^2-x^2}}\mathrm{d}x=\frac{2\pi}{\omega_0}$$

② $s<0$ 的情况。此时系统具有负刚度,恢复力变为排斥力。从式(c)可知,若 $E\neq 0$,则系统相轨迹为双曲线;若 $E=0$,则系统相轨迹为两条直线 $y=\pm\sqrt{|s|}\,x$,如图1.4-2(b)所示。坐标原点是奇点,其类型为鞍点,因此奇点是不稳定的,也就是说系统的静平衡状态是不稳定的。

1.4.3 非保守系统自由振动

力学系统中可能会存在各种各样的阻尼,因此系统的总机械能不再守恒,描述系统运动的微分方程也就不同于无阻尼系统,不能再用绘制保守系统相轨迹的方法来绘制非保守系统的相轨迹。下面介绍绘制非保守系统相轨迹的方法,其中有些方法也适用于保守系统。

阻尼系统相轨迹的常用绘制方法包括等倾线方法、Jacobsen 的 Delta 方法、李纳(Liénard)方法和 Pell 方法等。李纳方法适用于具有线性恢复力和某些非线性阻尼的自治系统;Pell 方法适合含有非线性恢复力和非线性阻尼力的自治系统。具有非线性阻尼力和线性恢复力的系统是比较简单和常见的非线性系统,如第8章介绍的自激系统,因此这里只介绍等倾线方法和李纳方法。

(1) 等倾线方法

相轨迹方程(1.4-5)表明了相轨迹切线斜率 $\mathrm{d}y/\mathrm{d}x$ 与状态变量 x、y 的关系。把切线斜率相同的点连接起来形成的曲线称为**等倾线**。从方程(1.4-5)易知等倾线方程为

$$f(x,y)+by=0 \tag{1.4-13}$$

式中:b 为已知的相轨迹切线斜率,不同的 b 值表示不同的相轨迹切线斜率。因此,用等倾线方法作系统相轨迹图即确定方程解的步骤可以归纳如下:

第1步　在感兴趣的相平面区域,给定不同的 b 值,画出若干等倾线;

第2步　在等倾线上画出小线段,其斜率为 b;

第3步　根据已经确定的斜率,利用外推方法画出相轨迹。

例1.4-2　设单位质量物体上作用的恢复力和阻尼力分别为 $-kx$ 和 $-cy$,则有

$$f(x,y)=kx+cy \tag{a}$$

式中:$k>0$,$c>0$。试用等倾线方法画出系统的相轨迹。

解:该系统的等倾线方程为

$$-\frac{f(x,y)}{y}=b \tag{b}$$

即

$$kx+(c+b)y=0 \tag{c}$$

从式(b)和式(c)可知,$b=\infty$ 和 $b=-c$ 分别对应 x 轴与 y 轴,而 $b=0$ 对应的线为零斜率等倾线,它位于第Ⅱ、Ⅳ象限。在这些等倾线上,根据对应的斜率 b 画出小线段,然后利用外推

法就可以画出该系统的相轨迹。图 1.4－3(a)所示的相轨迹对应的阻尼系数 c 比较小(欠阻尼情况)，相轨迹是围绕坐标原点无限旋转而逐渐趋于坐标原点的螺旋线，这时奇点(0,0)是稳定的焦点，系统作如图 1.2－2 所示的衰减振动。若 c 较大(过阻尼情况)，则相轨迹尚未完成绕奇点转动一周就接近奇点，这类奇点称为稳定结点，如图 1.4－3(b)所示。此时系统作衰减的非往复运动。

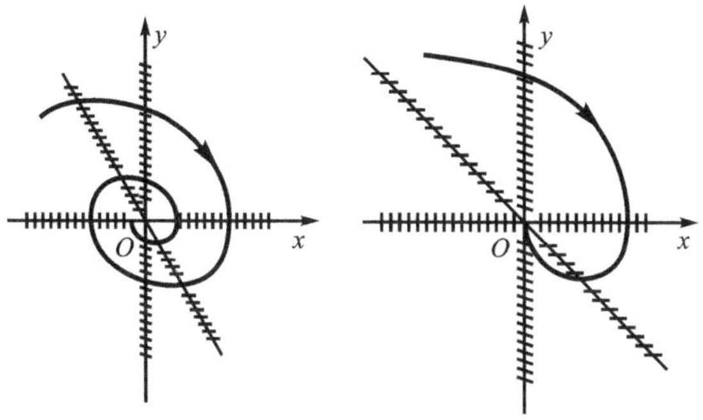

(a) 欠阻尼　　(b) 过阻尼

图 1.4－3　阻尼系统的稳定焦点与结点

阻尼系统的阻尼系数通常为正数。若 c 为负数，则意味着系统的总机械能不但不耗散，相反还不断地从外界吸取能量，这种特殊系统具有负阻尼。若利用等倾线方法作图，则零斜率等倾线位于第Ⅰ、Ⅲ象限，这时奇点(0,0)为不稳定焦点和不稳定结点，即负阻尼系统的静平衡状态是不稳定的，如图 1.4－4 所示。

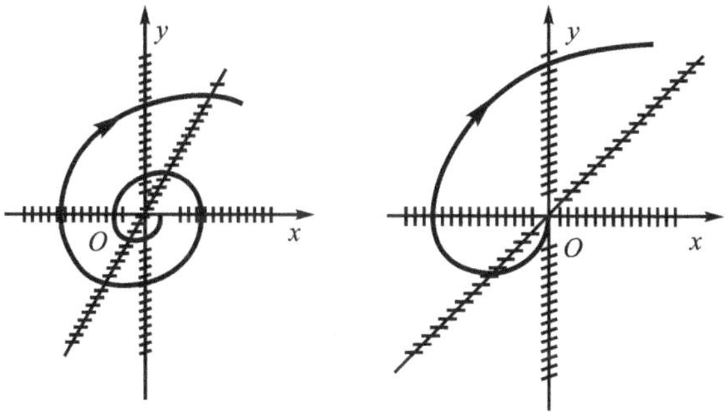

(a) 欠阻尼　　(b) 过阻尼

图 1.4－4　阻尼系统的不稳定焦点与结点

(2) 李纳方法

考虑如下自治方程：

$$\ddot{x}+\phi(\dot{x})+x=0 \tag{1.4-14}$$

式中：$\phi(\dot{x})$是给定的非线性阻尼力。令 $y=\dot{x}$，将方程(1.4－14)变成如下形式：

$$\frac{\mathrm{d}y}{\mathrm{d}x}=-\frac{\phi(y)+x}{y} \tag{1.4-15}$$

用李纳方法绘制相轨迹的具体实施步骤如下(见图 1.4－5)：

第 1 步　画出零斜率等倾线，$x=-\phi(y)$；

第 2 步　过相平面上的任意一个相点 $P(x,y)$作 x 轴的平行线，与零斜率等倾线相交于 Q 点，与 y 轴交于 R 点。过 Q 点作 y 轴的平行线与 x 轴交于 S 点。连接 P 点和 S 点，过 P

点作 PS 的垂线 PT,则沿着 PT 的箭头方向就是由式(1.4-15)确定的相轨迹切线方向。下面简单说明其理由。

从图 1.4-5 可以看出,$QR=-\phi(y)$,$QS=y$,$PR=x$,因此

$$\tan(\angle QSP)=\frac{PQ}{QS}=\frac{PR-QR}{QS}=\frac{x+\phi(y)}{y} \tag{1.4-16}$$

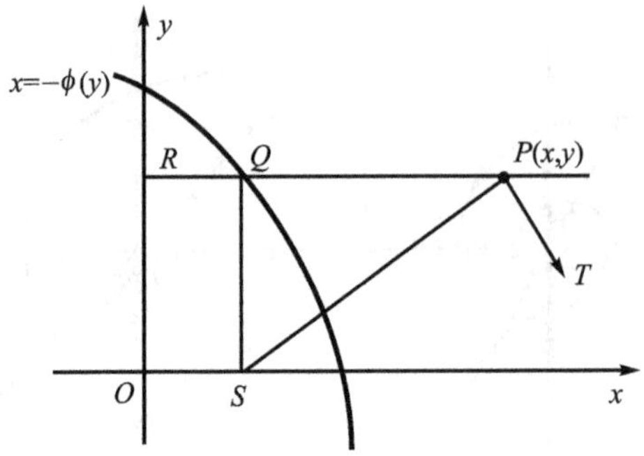

图 1.4-5 李纳方法

而 PT 的斜率为

$$\tan(\pi-\angle QSP)=-\tan(\angle QSP) \tag{1.4-17}$$

在 $y>0$ 的半平面内,随着时间的推移,相点从左向右移动,因此根据式(1.4-16)和式(1.4-17)可知,沿着 PT 的箭头方向就是由式(1.4-15)确定的相轨迹切线方向。

例 1.4-3 试用李纳方法讨论具有干摩擦系统的振动特征。

解:设系统具有单位质量,线性弹簧的刚度系数为 1。摩擦阻尼由式(1.3-6)定义,即

$$\phi(y)=B\,\mathrm{sgn}\,(y) \tag{a}$$

其中 $B=\mu N$。设相轨迹的初始点为$(a_0,0)$(弹簧最大拉伸位置),然后画出两条零斜率辅助线 $x=-B$ 和 $x=B$,用李纳作图法依次确定各个相点,结果发现:在 x 轴的下半平面,相轨迹是以$(B,0)$为圆心的半圆,与 x 轴的交点为$(-a_1,0)$(弹簧最大压缩位置);在 x 轴的上半平面,相轨迹是以$(-B,0)$为圆心的半圆,与 x 轴的交点为$(a_2,0)$,以此类推,如图 1.4-6 所示。

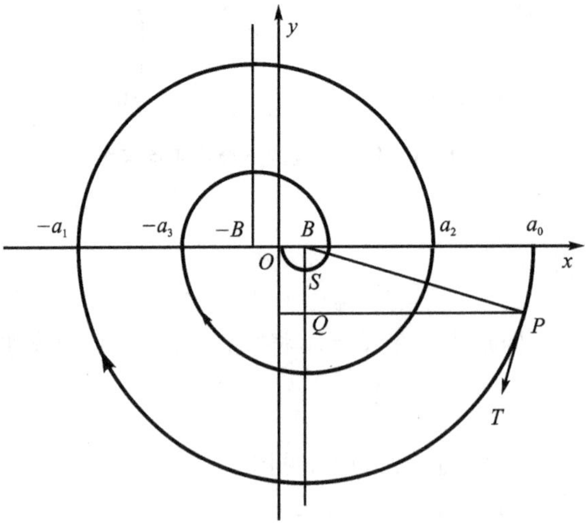

图 1.4-6 干摩擦质点-弹簧系统的相轨迹

$a_0, a_1, \cdots, a_n$ 的关系为

$$a_1 = a_0 - 2B, \quad a_2 = a_1 - 2B, \quad \cdots, \quad a_n = a_{n-1} - 2B \tag{b}$$

上式就是振幅的递减规律。

从图 1.4-6 可以看出，具有干摩擦阻尼的质点-弹簧系统的相轨迹为由半径递减的半圆组成的螺旋线，直到 $a_n < B$，相点停止运动，这时弹簧的线性恢复力小于最大干摩擦力，系统保持静止平衡。因此 x 轴上的区间 $(-B, B)$ 内的每个点都是奇点，这些奇点构成干摩擦的死区，相点在死区停止的位置完全取决于初始相点 $(a_0, 0)$ 的位置。a_0 变化，相当于系统的初始势能变化，相点停止的位置也就跟着变化。由于粘性阻尼不存在死区，因此在测量仪器仪表中加入润滑油，将干摩擦阻尼转化为粘性阻尼，可以消除由干摩擦引起的零点漂移现象。

复习思考题

1-1　若将坐标原点选择在弹簧未伸长时重物的位置，试建立如图 1.1-1 所示系统的自由振动微分方程。

1-2　达朗伯原理是如何叙述的？如何用该原理建立系统振动微分方程？

1-3　如何利用虚位移原理建立系统振动微分方程？

1-4　若给定初始加速度和速度，如何求解方程(1.1-3)？

1-5　调整哪些参数可以改变系统响应的相位、振幅和频率？

1-6　频率相同、不同或相近的两个简谐振动相加构成什么样的振动？

1-7　阻尼对自由振动响应的初始相位、振幅和振动频率的影响是什么？

1-8　试用任意两个振幅的比值来表示对数衰减率。

1-9　试举例说明工程结构系统中阻尼作用的利弊。

1-10　试用等倾线方法和李纳方法作出保守系统的相轨迹。

1-11　能够直接把具有干摩擦的阻尼系统转换为无阻尼系统求解吗？（提示：相轨迹特征是由多个半圆组成的，每个半圆对应的运动过程可以看成是一个简谐振动。）

习　题

1-1　下列运动是否为周期振动？若是，求出其周期。

① $x(t) = 8\sin^2 6t$；

② $x(t) = \tan^2 t$；

③ $x(t) = \cos 3t + 6\sin 3.5t$；

④ $x(t) = 8\sin 4t + 6\sin^2 2.4t$。

1-2　求 $x_1 = 5e^{i(\omega t + 30^\circ)}$ 与 $x_2 = 7e^{i(\omega t + 90^\circ)}$ 的合成运动 x，并且求 x 与 x_1 的相位差。

1-3　求合成运动 $x = x_1 + x_2 + x_3$。式中：

$$x_1 = \sin\left(\omega t + \frac{\pi}{4}\right), \quad x_2 = 4\sin\left(\omega t + \frac{\pi}{2}\right), \quad x_3 = 5\sin\left(\omega t + \frac{3\pi}{4}\right)$$

1-4　在图 1.1 所示的系统中，质量 m 只作上下振动，求其固有频率。质量 m 位于弹簧 k_3 与 k_4 中央，弹簧 k_3 位于弹簧 k_1 与 k_2 中央，忽略刚性棒的质量和惯性矩。

1-5 用3根长度均为l的细线将一质量为m、半径为r的刚性圆板吊在天花板上,3根细线与板的连接点等分圆板的圆周,如图1.2所示。

① 求圆板围绕其垂直中心线作回转运动的固有频率。

② 求圆板仅作水平横向振动(不旋转)的固有频率。

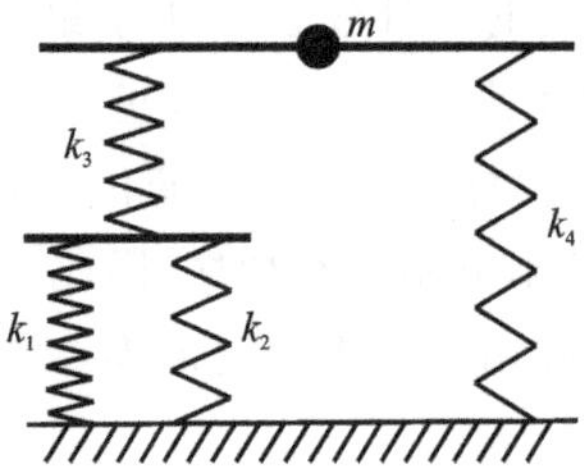

图1.1 习题1-4用图

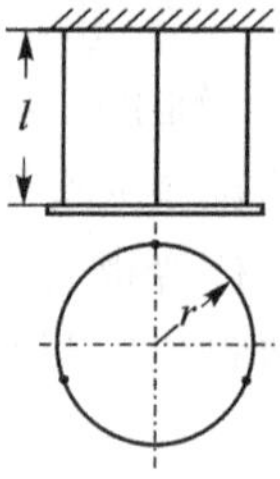

图1.2 习题1-5用图

1-6 半径为R的均质半圆柱体,在水平面内只作滚动而不滑动的微摆动,如图1.3所示,求其固有频率。

1-7 图1.4所示的均质圆柱体半径为R,质量为m,作无滑动的微幅摆动。求其固有频率。

1-8 建立图1.5所示系统的运动微分方程,并求其固有频率。

1-9 图1.6所示的是质量m与弹簧k组成的振动系统。质量M以速度v撞击该系统,撞击之前系统处于静止状态。碰撞时间小于系统固有周期,并且弹性恢复系数为e。求两质量至少发生两次碰撞的条件。

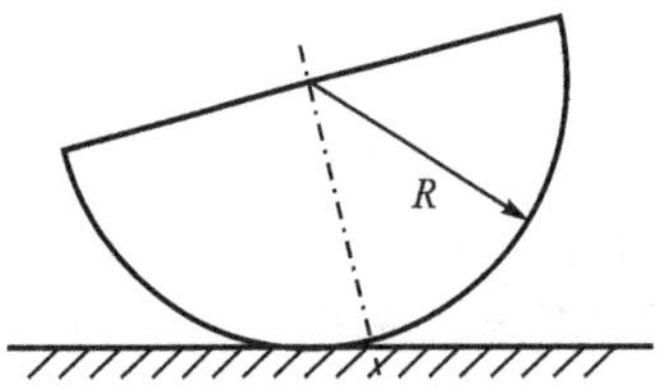

图1.3 习题1-6用图

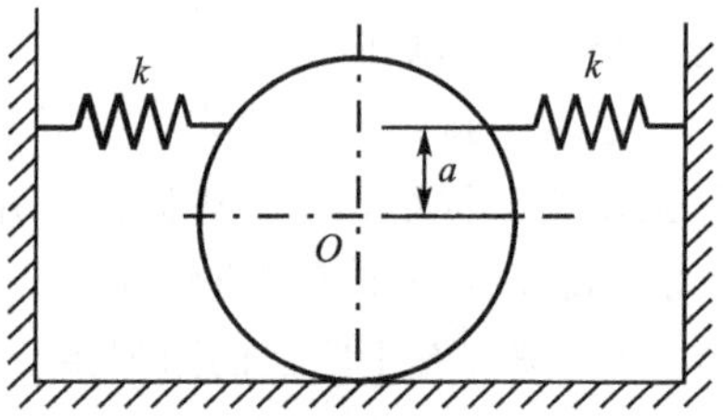

图1.4 习题1-7用图

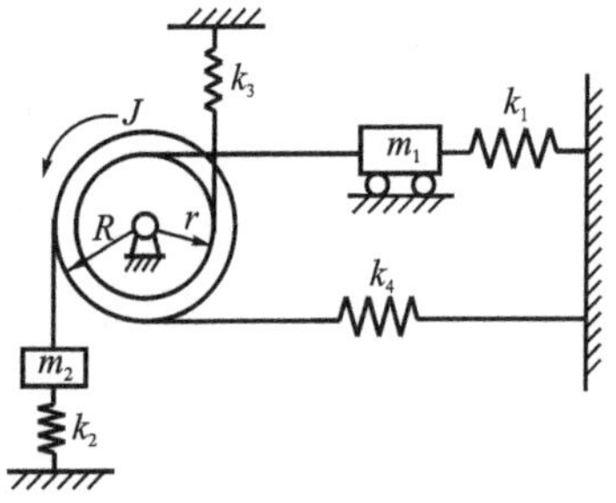

图1.5 习题1-8用图

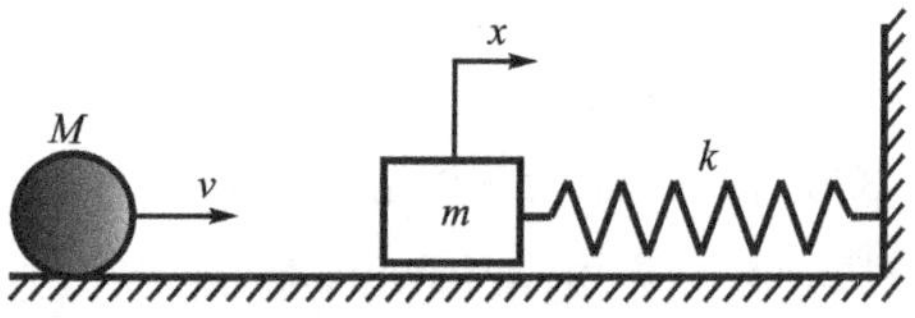

图1.6 习题1-9用图

1-10 图1.7所示的是梁与重物构成的系统,梁的弯曲刚度$EI=30\times10^4\ \mathrm{Nm^2}$,重物的重量为$W=2.7\times10^3$ N,$l_1=2$ m,$l_2=1$ m。梁的质量忽略不计,试求系统的固有频率。

1-11 质量为m、长为l的均质杆和弹簧k及阻尼器c构成振动系统,如图1.8所示。建立系统运动微分方程,并给出系统存在自由振动的条件。

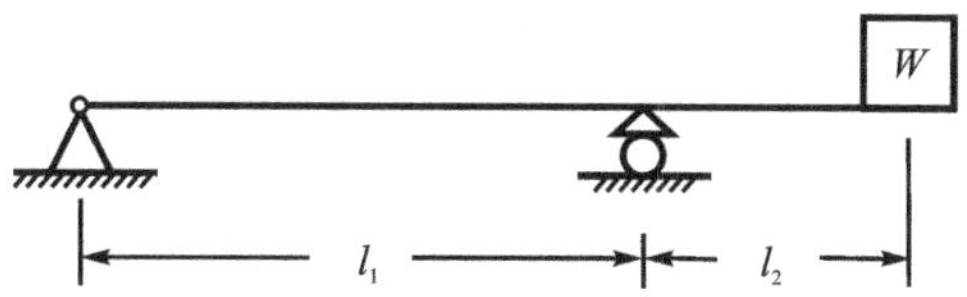

图 1.7　习题 1-10 用图

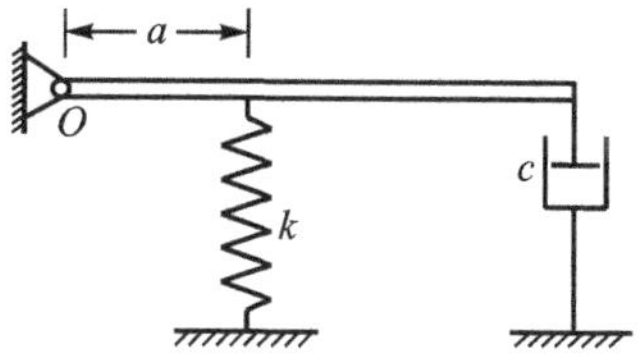

图 1.8　习题 1-11 用图

1-12　建立图 1.9 所示系统的运动微分方程，并给出系统存在振动的条件。已知质量的初始位移 x_0 和初始速度 v_0，弹簧的初始伸长为 a。求系统的动态响应。

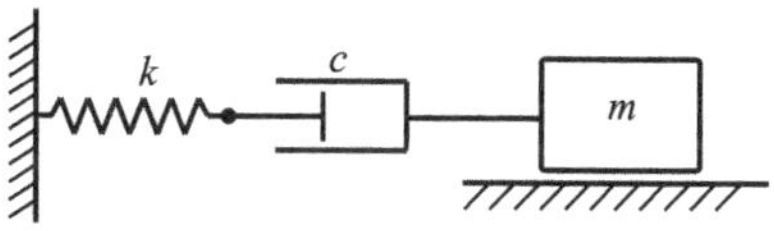

图 1.9　习题 1-12 用图

1-13　如图 1.10 所示，弹簧 2 的刚度系数 $k_2=k$，弹簧 1 的刚度系数为 $k_1=k(1+\varepsilon x_1^2)$，$\varepsilon>0$ 为硬弹簧，$\varepsilon<0$ 为软弹簧。用能量守恒定律建立系统的运动微分方程。

1-14　如图 1.11 所示，一个均匀刚性连杆，其质量和长度分别为 m 和 L。当连杆在水平位置时，两个弹簧都没有变形。① 用虚位移原理和最小总势能原理确定静平衡位置；② 利用牛顿运动定律和拉格朗日方程建立系统的运动微分方程；③ 求在静平衡位置附近系统作微幅振动的频率。

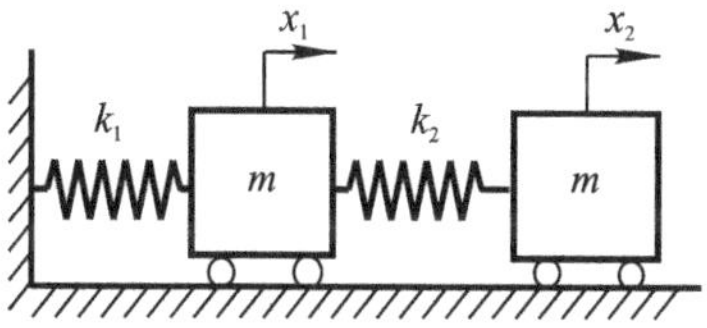

图 1.10　习题 1-13 用图

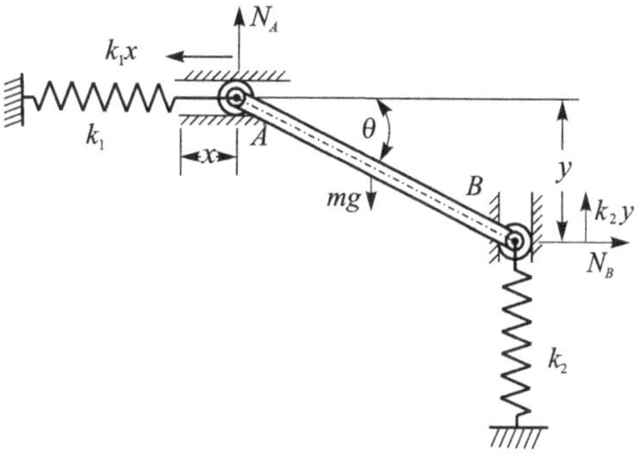

图 1.11　习题 1-14 用图

1-15　如图 1.12 所示，用两根相同的刚性杆把两个相同的刚性圆板销接在一起。每个刚性杆和圆板的质量都是 m，圆板的半径为 R，圆板上两个销接点的距离为 r。圆板在水平基础上只滚动而不滑动。若圆板在其静平衡位置附近作微幅运动，求系统的固有频率。

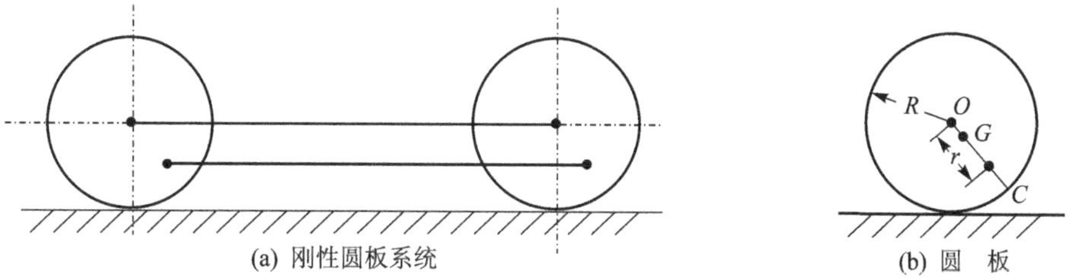

图 1.12　习题 1-15 用图

1-16 图 1.13 所示为质点-弹簧系统,两对弹簧的刚度系数分别为 $k_1=1$ 和 $k_2=2$。为了让该系统在平面内任何方向的等效弹簧刚度都相同,需要增加一对弹簧。试设计这对弹簧的刚度系数 k_3 和角度,并求出该等效刚度。经过质量的水平线为弹簧对角度的基准线。

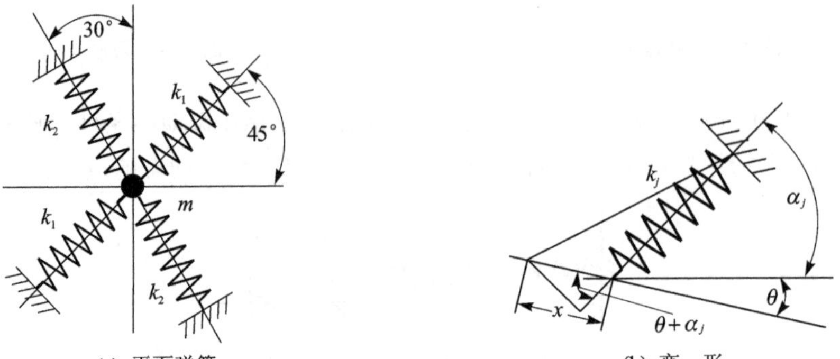

(a) 平面弹簧　　　　(b) 变　形

图 1.13　习题 1-16 用图

1-17 图 1.14 所示为直升机转子,刚性转动中心以角速度 Ω 转动。当旋转翼作上下微幅振动时,旋转翼可以视为刚体,求旋转翼作上下微幅振动的固有频率。翼的质量为 M,通过其重心 G 关于翼垂直轴的转动惯量为 J_G,不考虑重力的影响。

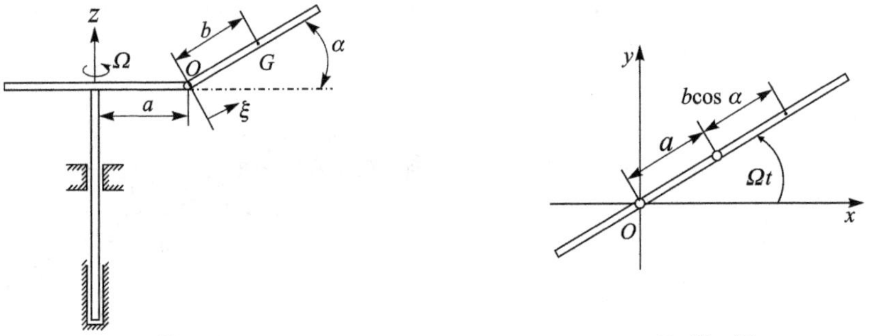

(a) 转　子　　　　(b) 俯　视

图 1.14　习题 1-17 用图

1-18 图 1.15 所示为瓦特(Watt)调速机,系统的参数为 M、k、m、l 和 a。系统静止时弹簧使飞球臂的倾角 θ 为 30°。当系统转速为 Ω 时,θ 为 45°,忽略套筒 M 的转动惯量。

① 用其他参数来表示弹簧的刚度系数 k;

② 计算出系统静止($\Omega=0$)时的固有频率;

③ 计算出系统以速度 Ω 转动时的固有频率。

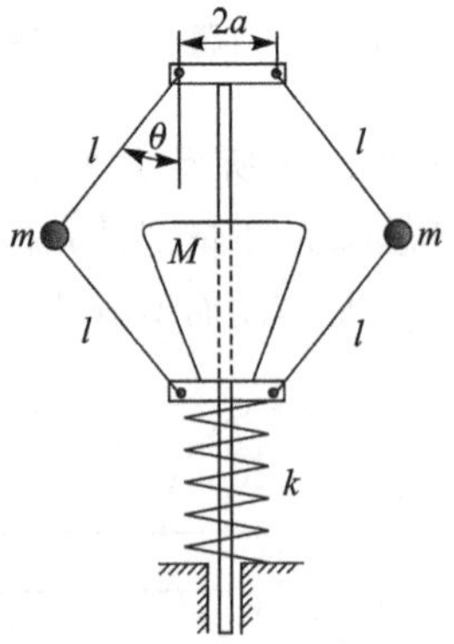

图 1.15　习题 1-18 用图

第 2 章　单自由度线性系统的受迫振动

受迫振动是指系统在随时间变化的激励作用下产生的振动。作用在系统上的激励通常包括位移激励和力激励。凸凹不平的路面对车辆的作用、跑道不平对飞机的作用以及地震对各种建筑物的作用都可以看作是位移激励。所谓位移激励是指基础对结构系统的作用是随时间变化的位移,因此常常将位移激励称为**基础激励**。旋转机械(如安装在飞机上的涡轮发动机)工作时因转子不平衡对系统(如飞机)的作用、风载对建筑物的作用以及直升机旋翼系统对机身的作用等都可以看作是力激励。所谓**力激励**是指振源对结构系统的作用是随时间而变化的力(激振力)。本章主要讨论线性系统在简谐激励、一般周期激励和非周期激励作用下的响应,讨论隔振、减振和测振仪器设计的原理。

2.1　简谐激励作用下的响应

随时间按正弦或余弦变化的激振力称为**简谐激励**。工程上许多激励可以看成是简谐激励,如不平衡转子产生的离心惯性力等。一般周期力可以展开为傅里叶(Fourier)级数,从而变成不同频率简谐激励叠加的形式。而非周期激振力可以用傅里叶变换将其转换成简谐分量和的形式。因此简谐激励是最基本的激励形式,并且在简谐激励作用下受迫振动的分析方法简便,物理概念清晰。这里首先讨论简谐激励作用下系统的受迫振动。

考虑图 2.1-1 所示的质量-弹簧-阻尼器构成的单自由度系统,它受到激振力 $f(t)$ 的作用。取系统的静平衡位置为坐标原点,过原点铅垂向下的轴为坐标轴 x。根据第 1 章介绍的牛顿运动定律或拉格朗日方程,可以得到单自由度系统的受迫振动微分方程,即

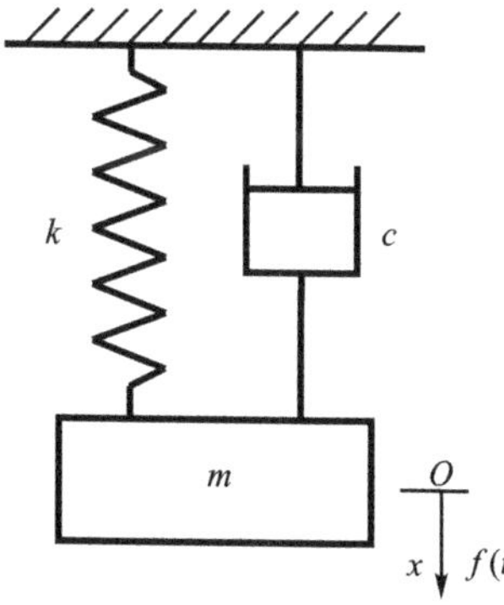

图 2.1-1　受迫振动系统

$$m\ddot{x}+c\dot{x}+kx=f(t) \tag{2.1-1}$$

式中:m 为系统的质量;k 为弹簧的刚度;c 为阻尼器的阻尼系数。若 $f(t)$ 是简谐激励,采用复数分析方法,可以把 $f(t)$ 写成如下形式:

$$f(t)=F_0\mathrm{e}^{\mathrm{i}\omega t}$$

式中:F_0 为简谐激振力的幅值,简称力幅;ω 为简谐激励的频率,简称激振频率。$f(t)$ 的实部和虚部分别与余弦激励 $F_0\cos\omega t$ 和正弦激励 $F_0\sin\omega t$ 相对应。于是方程(2.1-1)变为

$$m\ddot{x}+c\dot{x}+kx=F_0\mathrm{e}^{\mathrm{i}\omega t} \tag{2.1-2}$$

式中:位移 x 为复变量,其实部和虚部分别对应余弦激励和正弦激励的位移响应。系统数学

模型(2.1-2)中显含时间 t,系统为**非自治系统**。将方程(2.1-2)两边同时除以 m,可以将其转换成如下形式:

$$\ddot{x}+2\xi\omega_0\dot{x}+\omega_0^2x=B\omega_0^2e^{i\omega t} \tag{2.1-3}$$

式中:$\xi=c/2m\omega_0$ 为阻尼比;$\omega_0=\sqrt{k/m}$ 为无阻尼系统的固有频率;$B=F_0/k$ 为系统在力幅 F_0 作用下产生的静位移。根据常微分方程理论,非齐次微分方程(2.1-3)的全解 x 包含对应齐次方程的通解 $x_1(t)$ 和非齐次方程本身的特解 $x_2(t)$,即

$$x(t)=x_1(t)+x_2(t) \tag{2.1-4}$$

根据第 1 章内容可知,在小阻尼($\xi<1$)情况下,齐次方程的通解为

$$x_1(t)=e^{-\xi\omega_0t}(C_1\cos\omega_dt+C_2\sin\omega_dt) \tag{2.1-5}$$

式中:$\omega_d=\omega_0\sqrt{1-\xi^2}$ 为阻尼系统的固有频率;C_1 和 C_2 为积分常数。式(2.1-5)表示的振动为衰减振动,它在振动开始后的短暂时间内趋于零。阻尼越大,这种振动衰减得越快,称该振动响应为**暂态响应**。根据方程(2.1-3)右端项的形式,可以设其特解为

$$x_2(t)=Xe^{i\omega t} \tag{2.1-6}$$

式中:X 为特解的幅值。将式(2.1-6)代入方程(2.1-3)得

$$X=H(\omega)F_0 \tag{2.1-7}$$

式中:$H(\omega)$ 为激励频率的复函数,称为**复频响应函数**。它具有如下形式:

$$H(\omega)=\frac{1}{k(1-\bar{\omega}^2+2i\xi\bar{\omega})} \tag{2.1-8}$$

式中:$\bar{\omega}=\omega/\omega_0$ 为频率比。还可以将上式变成另外一种形式:

$$H(\omega)=\frac{1}{k}\frac{1-\bar{\omega}^2-2i\xi\bar{\omega}}{(1-\bar{\omega}^2)^2+(2\xi\bar{\omega})^2}=\frac{1}{k}\beta e^{-i\theta} \tag{2.1-9}$$

式中:

$$\beta(\omega)=\frac{1}{\sqrt{(1-\bar{\omega}^2)^2+(2\xi\bar{\omega})^2}} \tag{2.1-10}$$

$$\theta(\omega)=\arccos\frac{1-\bar{\omega}^2}{\sqrt{(1-\bar{\omega}^2)^2+(2\xi\bar{\omega})^2}} \tag{2.1-11}$$

θ 表示响应和激励之间的相位差。综合式(2.1-6)、式(2.1-7)和式(2.1-9)得到

$$x_2(t)=B\beta e^{i(\omega t-\theta)} \tag{2.1-12}$$

它表示系统在简谐激振力作用下产生的等幅周期振动,因此也将其称为**稳态响应**。值得指出的是,稳态响应的振幅和相位是与阻尼相关的,参见式(2.1-10)和式(2.1-11)。将式(2.1-5)和式(2.1-12)代入式(2.1-4),得到非齐次方程(2.1-3)的通解为

$$x=e^{-\xi\omega_0t}(C_1\cos\omega_dt+C_2\sin\omega_dt)+B\beta e^{i(\omega t-\theta)} \tag{2.1-13}$$

下面详细分析正弦激励单独作用的情况。此时有

$$f(t)=F_0\sin\omega t$$

系统在该激励作用下的动态响应就是式(2.1-13)右端第一项加上右端第二项的虚部,不妨仍然用 x 来表示,即

$$x=e^{-\xi\omega_0t}(C_1\cos\omega_dt+C_2\sin\omega_dt)+B\beta\sin(\omega t-\theta) \tag{2.1-14}$$

设初始条件($t=0$ 时刻的位移和速度)为

$$x(0)=x_0,\quad \dot{x}(0)=\dot{x}_0 \tag{2.1-15}$$

将式(2.1－14)代入式(2.1－15)，得到

$$C_1 = x_0 + B\beta\sin\theta$$

$$C_2 = \frac{\dot{x}_0 + \xi\omega_0 x_0 + B\beta(\xi\omega_0\sin\theta - \omega\cos\theta)}{\omega_d}$$

将系数 C_1 和 C_2 代回式(2.1－14)得到在正弦激励作用下系统的动态响应为

$$x(t) = e^{-\xi\omega_0 t}\left(x_0\cos\omega_d t + \frac{\dot{x}_0 + \xi\omega_0 x_0}{\omega_d}\sin\omega_d t\right) + B\beta e^{-\xi\omega_0 t}\left(\sin\theta\cos\omega_d t + \frac{\xi\omega_0\sin\theta - \omega\cos\theta}{\omega_d}\sin\omega_d t\right) + B\beta\sin(\omega t - \theta) \tag{2.1-16}$$

上式右端第一项表示由初始条件引起的衰减自由振动，其振幅由初始条件确定；第二项表示由简谐激励引起的伴随自由振动，它与初始条件无关，也是衰减振动；第三项表示由简谐激励引起的稳态响应，它与激振力有相同的频率，但振幅和初相位与初始条件无关。前两项都是暂态响应。在振动的初始(过渡)阶段，系统在简谐激励作用下的响应是这三项振动合成的复杂振动；经过一段时间之后，系统就只有稳态响应了，见图 2.1－2。因此，在分析系统的受迫振动响应时，通常只考虑它的稳态响应。

2.1.1　受迫振动的过渡阶段

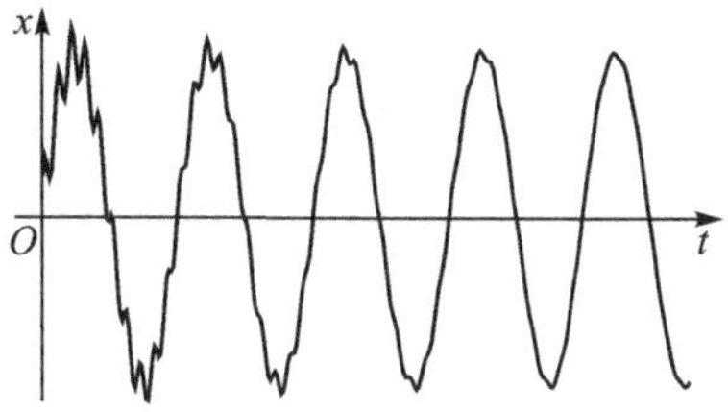

图 2.1－2　受迫振动

受迫振动过渡阶段时间的长短主要取决于阻尼的大小。如果系统固有频率较低或阻尼较小，暂态振动的衰减速度就会很慢，过渡期就会很长。过渡阶段的振动是暂态振动和稳态振动的叠加。过渡阶段结束后，系统就只作稳态振动了，如图 2.1－2 所示。下面讨论阻尼比 $\xi=0$ 的情况。此时响应和激励之间的相位差 $\theta=0$，参见式(2.1－11)。根据式(2.1－16)得

$$x(t) = x_0\cos\omega_0 t + \frac{\dot{x}_0}{\omega_0}\sin\omega_0 t + \frac{B}{1-\bar{\omega}^2}(\sin\omega t - \bar{\omega}\sin\omega_0 t) \tag{2.1-17}$$

若初始条件为零，则上式变为

$$x(t) = \frac{B}{1-\bar{\omega}^2}(\sin\omega t - \bar{\omega}\sin\omega_0 t) \tag{2.1-18}$$

由上式可以看出，即使初始条件为零，也存在与稳态振动相伴的自由振动。但是，实际系统都存在阻尼，上式右端的伴随运动实际上是逐步衰减的暂态振动。随着时间的推移，它逐渐趋于零，可以忽略不计。

若激振力频率 ω 与系统固有频率 ω_0 非常接近，可以令 $\bar{\omega}=1+2\varepsilon$，即 $\omega=\omega_0+2\varepsilon\omega_0$，其中 ε 为一小量，则式(2.1－18)变为

$$x(t) \approx -\frac{B}{2\varepsilon}\sin(\varepsilon\omega_0 t)\cos\omega_0 t \tag{2.1-19}$$

这相当于振幅变化规律为 $(B/2\varepsilon)\sin\varepsilon\omega_0 t$、周期为 $2\pi/\omega_0$ 的简谐振动，如图 2.1－3 所示。这

种在激振力频率与系统固有频率接近时发生的特殊现象称为“**拍**”,其周期为 $\pi/(\varepsilon\omega_0)$。由于实际振动系统总是存在阻尼的,自由振动将会随着时间逐步衰减,因此拍现象只能发生在振动的过渡阶段。

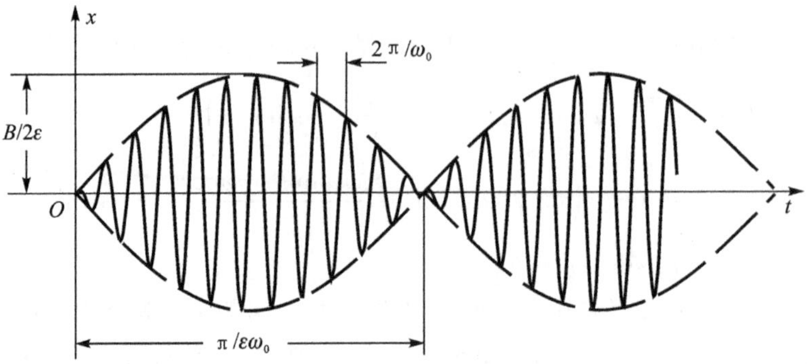

图 2.1-3　拍现象

当小量 ε 趋近于零时,式(2.1-19)可以写为

$$x(t)\approx-\frac{1}{2}B\omega_0 t\cos\omega_0 t=\frac{1}{2}B\omega_0 t\sin\left(\omega_0 t-\frac{\pi}{2}\right)\tag{2.1-20}$$

此时 x 表示的是振幅随着时间逐渐增大的振动过程,这种现象为**共振**现象。从式(2.1-20)可以看出,共振时位移在相位上比激振力滞后 $\pi/2$。下面将进一步讨论这一重要的振动现象。

2.1.2　稳态响应的特征

从式(2.1-12)或式(2.1-16)可以直接得到在正弦激励作用下系统的稳态响应

$$x(t)=A\sin(\omega t-\theta)\tag{2.1-21}$$

式中:$A=B\beta$,即 $\beta=A/B$。β 是简谐位移响应的振幅 A 与简谐激振力的力幅作用下的静位移 B 的比值,它表示了振动位移幅值比静位移放大的倍数,因此 β 被称为位移**振幅动力放大因数**。从式(2.1-21)可以看出稳态响应具有如下特性:系统在简谐激振力作用下的稳态响应也是简谐振动,振动的频率等于激振力的频率。位移响应的振幅 A 是由阻尼比 ξ、频率比 $\bar{\omega}$ 和静位移 B 共同确定的常数。位移响应滞后于激振力,二者之间的相位差 θ 则是由阻尼比和频率比所决定的,参见式(2.1-11)。

系统在简谐激励作用下的响应幅值随着激励频率而变化的曲线称为**幅频曲线**,也称**振幅频谱图**,表示幅频特性,即响应幅值随着激励频率而变化的特性;而相位差随着激励频率而变化的曲线称为**相频曲线**,也称**相位频谱图**,表示相频特性,即响应与激励之间的相位差随着激励频率变化的特性。对于讨论的单自由度系统,幅频特性由式(2.1-10)表示,相频特性由式(2.1-11)表示。下面结合式(2.1-10)、式(2.1-11)、幅频曲线和相频曲线来进一步详细讨论幅频特性和相频特性。首先以 $\bar{\omega}$ 作为横坐标,以 β 和 θ 分别作为纵坐标画出幅频曲线和相频曲线,如图 2.1-4 和图 2.1-5 所示。如果横轴 $\bar{\omega}$ 改用对数坐标,则得到的幅频和相频特曲线称为**伯德(Bode)图**。

① $\lim\limits_{\bar{\omega}\to 0}\beta(\omega)=1,\lim\limits_{\bar{\omega}\to 0}\theta(\omega)=0$。这表明当激励频率远小于系统固有频率时,质点位移振幅等于弹簧静变形,即 $A=B$,位移响应与激振力之间的相位差为零,即同相,系统呈现静态特性。

② $\lim\limits_{\bar{\omega}\to\infty}\beta(\omega)=0$，$\lim\limits_{\bar{\omega}\to\infty}\theta(\omega)=\pi$。这表明当激励频率远大于系统固有频率时，位移振幅等于零，即 $A=0$，此时位移响应与激振力反相。

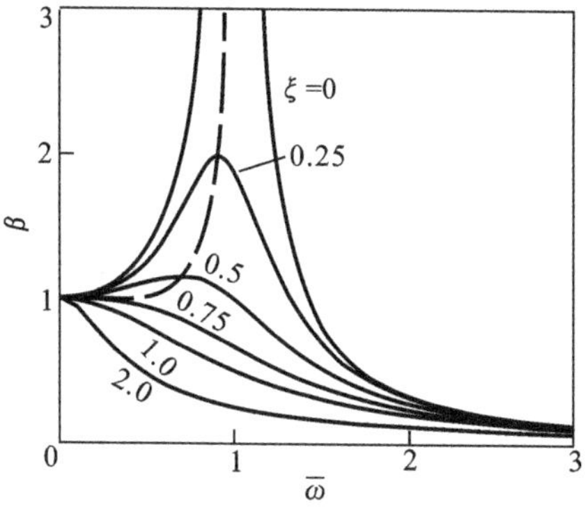

图 2.1-4　粘性阻尼系统的幅频曲线

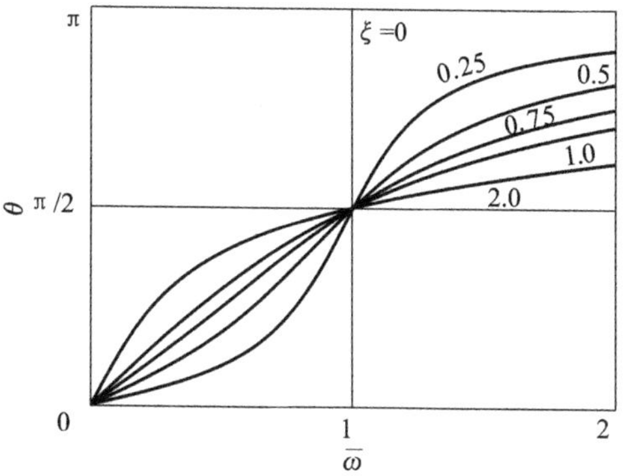

图 2.1-5　粘性阻尼系统的相频曲线

③ 在简谐激励系统中，当激励频率接近固有频率时，响应(通常指位移响应)振幅达到极大值的现象，称为**共振现象**。对应位移振幅极大值的频率为位移共振频率，不妨用 ω_r 来表示。对于单自由度系统，可以直接通过 $d\beta/d\bar{\omega}=0$ 求得位移共振频率为

$$\omega_r=\omega_0\sqrt{1-2\xi^2} \tag{2.1-22}$$

由上式可知，有阻尼系统的位移共振频率 ω_r 小于固有频率 ω_0 和 ω_d。对应位移共振频率的动力放大因数为

$$\beta=\frac{1}{2\xi\sqrt{1-\xi^2}} \tag{2.1-23}$$

同理，对应速度振幅和加速度振幅极大值的频率分别称为速度共振频率和加速度共振频率。速度共振频率等于系统的固有频率 ω_0，而加速度共振频率 $\omega_0/\sqrt{1-2\xi^2}>\omega_0$。为了统一起见，可以定义激励频率等于固有频率时是系统的共振点，也就是当 $\omega_r=\omega_0$ 时，系统发生共振。当系统发生共振时，也就是当 $\omega_r=\omega_0$ 时，对应共振的位移动力放大因数 $\beta=1/2\xi$，位移和激励之间的相位差 $\theta=\pi/2$。

在共振频率处，系统将发生剧烈的振动，参见图 2.1-4。共振作用具有双重性。如飞行器在飞行过程中就要避免出现共振现象，以避免失事。振动问题是保证飞机飞行的安全、可靠和舒适所必须解决的问题。但有些情况则是利用共振，例如通常的共振实验方法就是利用较小的激振力使系统产生较大振动的一种实验方法，利用共振实验方法可以测得系统的固有频率和模态等；再例如落砂机、压路机也是利用共振为生产服务的。

④ 系统发生剧烈振动不仅仅是在共振点(对应共振频率)处，而是在共振点附近的一个区域内，这个区域称为**共振区**。在共振区内，阻尼对振幅的影响显著。阻尼减小时，响应的振幅急剧增大；系统没有阻尼时，共振频率 ω_r 等于系统的固有频率 ω_0，此时共振点的振幅为无穷大。由此可见阻尼对响应振幅影响的剧烈程度。当阻尼较大时，即使在共振区域，振幅的变化也比较平缓，参见图 2.1-4。由式(2.1-22)可知，当 $\xi>1/\sqrt{2}$ 时，振幅不存在极值。把 $\bar{\omega}=1$ 时的动力放大因数称为系统的**品质因数**，记为 Q，其值为

$$Q=\beta\big|_{\bar{\omega}=1}=\frac{1}{2\xi} \tag{2.1-24}$$

品质因数反映了系统阻尼的强弱程度和共振区域内振幅变化的剧烈程度。

取与$\beta=Q/\sqrt{2}$对应的两个频率点ω_1和ω_2,如图2.1-6所示。根据式(1.3-1)可知,对应上述两个频率点,粘性阻尼在一个周期内消耗的能量为$\pi c\omega_0(BQ)^2/2$,恰好是共振($\omega_r=\omega_0$)时阻尼在一个周期内所消耗能量$\pi c\omega_0(BQ)^2$的一半,因此称ω_1和ω_2为系统的半功率点;对应的$\Delta\omega=\omega_2-\omega_1$称为系统的**半功率带宽**。通常认为对应半功率带宽的区域为系统的共振区。

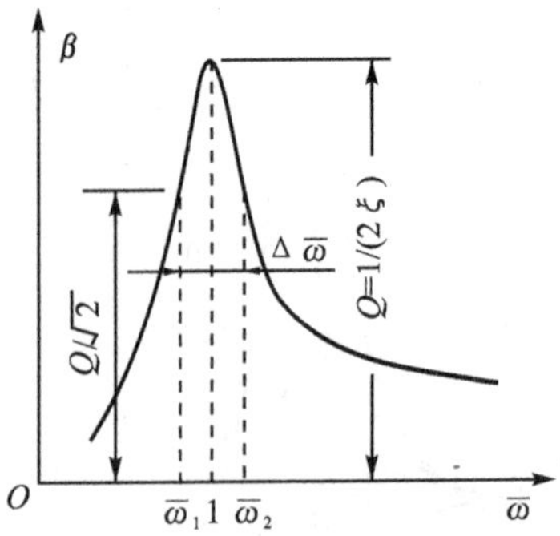

图 2.1-6　半功率带宽

对应半功率点,根据式(2.1-10)和式(2.1-24)有如下关系:

$$\frac{1}{2\xi\sqrt{2}}=\frac{1}{\sqrt{(1-\bar{\omega}^2)^2+(2\xi\bar{\omega})^2}}$$

当$\xi\ll1$时,由上式可以近似地解得$\bar{\omega}_1=1-\xi$,$\bar{\omega}_2=1+\xi$,因此有

$$Q=\frac{\omega_0}{\Delta\omega} \tag{2.1-25}$$

或

$$\xi=\frac{\Delta\bar{\omega}}{2} \tag{2.1-26}$$

式中:$\Delta\bar{\omega}=\bar{\omega}_2-\bar{\omega}_1$。若由实验测得的幅频曲线定出半功率带宽,就可以根据上式得到系统的阻尼比。

⑤ 用动力学平衡方程的旋转矢量图进行分析。

分析动态响应幅频特性和相频特性的一般方法是:令$\bar{\omega}\ll1$(低频段)、$\bar{\omega}=1$(共振点)和$\bar{\omega}\gg1$(高频段),根据式(2.1-10)和式(2.1-11)分别研究稳态响应的振幅和相位差随着激励频率变化的规律。还可以研究三个频段的激励矢量、弹簧恢复力矢量、阻尼力矢量和惯性力矢量的平衡关系及它们幅值的相对大小。从稳态响应

$$x(t)=B\beta\sin(\omega t-\theta)$$

可以看出,位移滞后于激励$F_0\sin\omega t$的角度为θ;弹簧恢复力

$$-kx(t)=-kB\beta\sin(\omega t-\theta)$$

与位移的相位相反;阻尼力

$$-c\dot{x}(t)=c\omega B\beta\sin(\omega t-\theta-\pi/2)$$

比位移滞后$\pi/2$;惯性力

$$-m\ddot{x}(t)=m\omega^2B\beta\sin(\omega t-\theta)$$

与位移同相。这些力是平衡的,因此在平面上构成封闭的矢量图,参见图2.1-7。

当$\bar{\omega}\ll1$时,$\theta\to0$,阻尼力幅值$cB\beta\omega$与惯性力幅值$mB\beta\omega^2$都比较小,弹簧恢复力$kB\beta$主要与外力F_0平衡;

当$\bar{\omega}=1$时,β比较大,$\theta=\pi/2$,外力用于克服阻尼力,惯性力和弹簧恢复力平衡;

当$\bar{\omega}\gg1$时,β比较小,$\theta\to\pi$,惯性力比较大,外力主要用于克服惯性力。

只要作用在系统上的激励是周期的(如周期基础激励和一般周期激励),都可以用这种方法来分析系统稳态响应的幅频特性和相频特性。

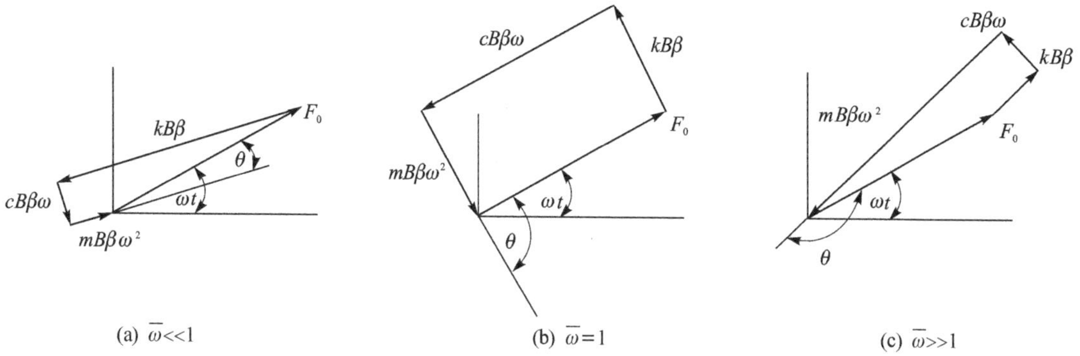

图 2.1-7　动力学平衡方程的旋转矢量图

⑥ 下面讨论简谐激励在稳态位移响应上做的功。设简谐激励为 $f(t)=F_0\sin\omega t$，式(2.1-21)给出了位移稳态响应表达式。简谐激励在一个周期内作的功为

$$
\begin{aligned}
W &= \oint f\,\mathrm{d}x = \int_0^{\frac{2\pi}{\omega}} f\dot{x}\,\mathrm{d}t \\
&= \omega F_0 A\int_0^{\frac{2\pi}{\omega}} \sin\omega t\cos(\omega t-\theta)\,\mathrm{d}t \\
&= \omega F_0 A\left\{\cos\theta\int_0^{\frac{2\pi}{\omega}}\sin\omega t\cos\omega t\,\mathrm{d}t+\sin\theta\int_0^{\frac{2\pi}{\omega}}\sin^2\omega t\,\mathrm{d}t\right\} \\
&= \pi F_0 A\sin\theta = \pi A\left(\frac{Ak}{\beta}\right)(2\beta\xi\bar{\omega}) = \pi c\omega A^2
\end{aligned}
\qquad (2.1-27)
$$

从式(2.1-11)可知，对于无阻尼系统，除了共振点之外，相位差 θ 等于 0 或 π，这说明对于无阻尼系统，在一个周期内简谐力在稳态位移响应上做的功等于零；而对于粘性阻尼系统，每一个周期内简谐力做的功都不等于零，且与式(1.3-1)给出的阻尼力做的功的大小相等，以维持稳态响应。从式(1.3-1)还可以看出，振动频率越高，一个周期内阻尼耗散的能量越大，因此与低频振动相比，高频振动更容易被阻尼衰减。

2.2　基础简谐激励作用下的响应

受迫振动并不总是由激振力引起的，基础的简谐振动同样会引起系统发生振动。如地震引起建筑物的振动和飞机机身振动引起机上安装仪表的振动，都属于这种情况。

下面来分析图 2.2-1 所示的单自由度系统在基础简谐激励作用下产生的受迫振动。已知基础的振动规律为

$$y = Y_0\sin\omega t \qquad (2.2-1)$$

式中：Y_0 为基础简谐振动的振幅，ω 为其振动频率。

为了建立系统振动的微分方程，选择系统在 $y=0$ 时的静平衡位置为坐标原点，坐标轴 x 铅垂向下为正，并且 x 和 y 分别为质量和基础的绝对位移，则系统运动微分方程为

$$m\ddot{x}+c(\dot{x}-\dot{y})+k(x-y)=0 \qquad (2.2-2)$$

或

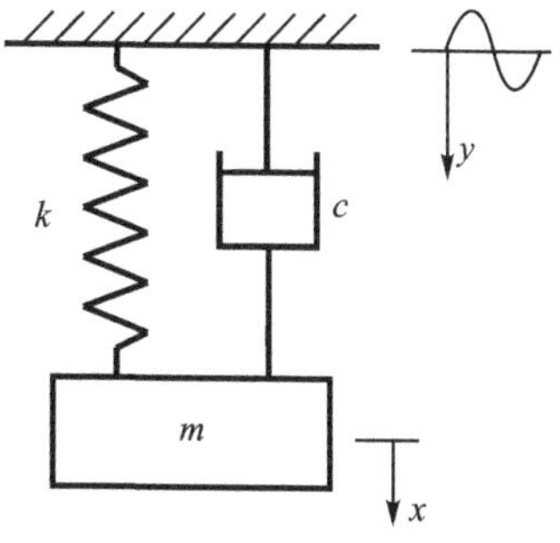

图 2.2-1　基础简谐激励

$$m\ddot{x}+c\dot{x}+kx=c\dot{y}+ky \tag{2.2-3}$$

将式(2.2-1)代入上式,得基础简谐激励作用下受迫振动的绝对运动微分方程为

$$m\ddot{x}+c\dot{x}+kx=Y_0(c\omega\cos\omega t+k\sin\omega t) \tag{2.2-4}$$

引入系统特性参数:$\omega_0=\sqrt{k/m}$,阻尼比 $\xi=c/2m\omega_0$,则方程(2.2-4)可以改写为

$$\ddot{x}+2\xi\omega_0\dot{x}+\omega_0^2x=Y_0\omega_0^2\sqrt{1+(2\xi\bar{\omega})^2}\sin(\omega t+\alpha) \tag{2.2-5}$$

式中:

$$\alpha=\arccos\frac{1}{\sqrt{1+(2\xi\bar{\omega})^2}} \tag{2.2-6}$$

式中:$\bar{\omega}=\omega/\omega_0$ 为基础激励频率与无阻尼系统固有频率的比值。比较式(2.2-5)与式(2.1-3)可以看出,二者在形式上完全相同,故其解法也相同。由于阻尼的存在,系统的暂态响应很快就衰减到可以忽略不计了,因此这里不予考虑。下面只分析方程(2.2-5)的稳态解。根据方程(2.2-5)右端项的形式,可以将其稳态解写为

$$x=A\sin(\omega t-\theta) \tag{2.2-7}$$

将上式代入方程(2.2-5)可以解得

$$A=Y_0\sqrt{\frac{1+(2\xi\bar{\omega})^2}{(1-\bar{\omega}^2)^2+(2\xi\bar{\omega})^2}} \tag{2.2-8}$$

$$\theta=\arccos\frac{1-\bar{\omega}^2}{\sqrt{(1-\bar{\omega}^2)^2+(2\xi\bar{\omega})^2}}-\alpha \tag{2.2-9}$$

式中:A 为绝对受迫振动的振幅;θ 为受迫振动滞后于基础振动的相位差。为了便于分析,引入量纲为 1 的参数 T_A,其定义为

$$T_A=\frac{A}{Y_0} \tag{2.2-10}$$

它是受迫振动振幅 A 与基础振动振幅 Y_0 之比,称之为**绝对运动传递率**。由式(2.2-8)可得

$$T_A=\sqrt{\frac{1+(2\xi\bar{\omega})^2}{(1-\bar{\omega}^2)^2+(2\xi\bar{\omega})^2}}\xlongequal{\bar{\omega}=1}\sqrt{1+Q^2} \tag{2.2-11}$$

根据式(2.2-11)和式(2.2-9)可以作出基础简谐激振时系统的幅频曲线和相频曲线,也就是 T_A 和 θ 分别与 $\bar{\omega}$ 的关系曲线,见图 2.2-2 和图 2.2-3。从图中可以看出,当激励频率 ω 远小于系统固有频率 ω_0,即 $\bar{\omega}\ll1$ 时,$T_A\approx1$,$\theta\approx0$。这说明系统的绝对振动接近于基础振动,

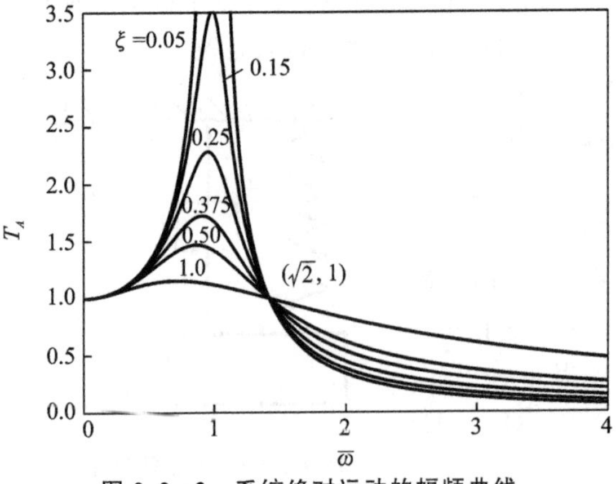

图 2.2-2　系统绝对运动的幅频曲线

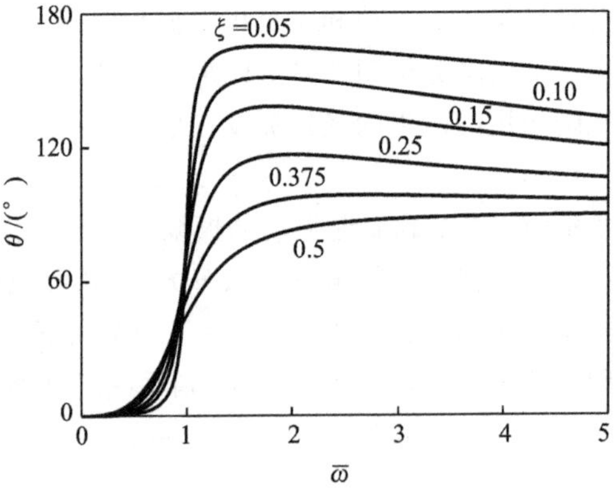

图 2.2-3　系统绝对运动的相频曲线

即它们的振幅近似相等，并且它们之间没有相对运动。在共振点 $\bar{\omega}=1$ 附近，T_A 取极大值。虽然阻尼不同，幅频曲线不同，但当 $\bar{\omega}=\sqrt{2}$ 时，$T_A=1$，与阻尼无关；当 $\bar{\omega}>\sqrt{2}$，即当 $\omega>\sqrt{2}\,\omega_0$ 时，有 $T_A<1$。这说明系统绝对振动的振幅小于基础振动的振幅。这个特点可以用来指导隔振系统的设计。

分析系统在简谐激励作用下的受迫振动，有时也需要了解系统相对于基础的运动，也就是它们之间的相对运动。下面用 z 来表示系统相对于基础的位移，即

$$z=x-y \tag{2.2-12}$$

将上式代入方程(2.2-2)，整理得

$$m\ddot{z}+c\dot{z}+kz=-m\ddot{y} \tag{2.2-13}$$

将式(2.2-1)代入方程(2.2-13)得

$$m\ddot{z}+c\dot{z}+kz=mY_0\omega^2\sin\omega t \tag{2.2-14}$$

方程(2.2-14)可以写为

$$\ddot{z}+2\xi\omega_0\dot{z}+\omega_0^2 z=Y_0\omega^2\sin\omega t \tag{2.2-15}$$

方程(2.2-15)的稳态解为

$$z(t)=A\sin(\omega t-\theta) \tag{2.2-16}$$

式中：A 和 θ 的表达式为

$$A=\frac{Y_0\bar{\omega}^2}{\sqrt{(1-\bar{\omega}^2)^2+(2\xi\bar{\omega})^2}}=\beta\bar{\omega}^2Y_0 \tag{2.2-17}$$

$$\theta=\arccos\frac{1-\bar{\omega}^2}{\sqrt{(1-\bar{\omega}^2)^2+(2\xi\bar{\omega})^2}} \tag{2.2-18}$$

式中：β 与式(2.1-10)定义的相同，为位移放大因数；式(2.2-18)与式(2.1-11)相同。为了便于分析，引入量纲为 1 的参数 T_R，其定义为

$$T_R=\frac{A}{Y_0} \tag{2.2-19}$$

它是相对振动振幅 A 与基础振动振幅 Y_0 之比，称之为**相对运动传递率**。根据式(2.2-17)可得

$$T_R=\frac{\bar{\omega}^2}{\sqrt{(1-\bar{\omega}^2)^2+(2\xi\bar{\omega})^2}}=\beta\bar{\omega}^2 \tag{2.2-20}$$

根据式(2.2-20)和式(2.2-18)，可以作出基础简谐激振时系统相对位移的幅频曲线和相频曲线，也就是 T_R 和 θ 分别与 $\bar{\omega}$ 的关系曲线，见图 2.2-4 和图 2.2-5。许多测试传感器是按照基础激励相对运动传递率的幅频特性曲线和相频特性曲线来设计的。

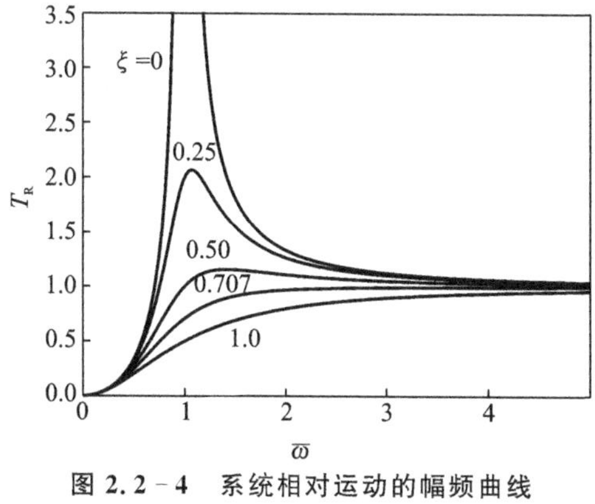

图 2.2-4　系统相对运动的幅频曲线

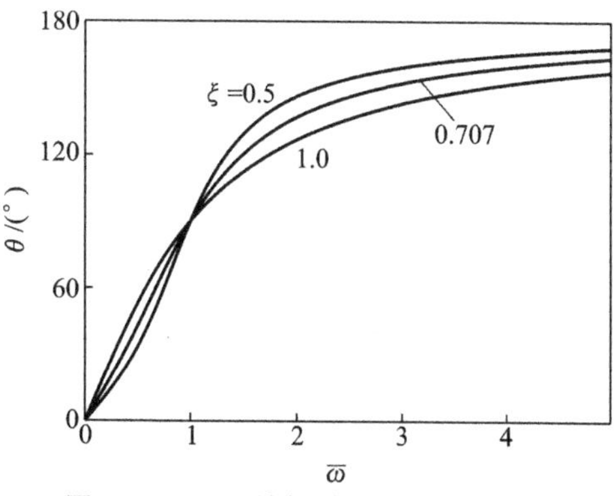

图 2.2-5　系统相对运动的相频曲线

2.3 一般周期激励作用下的响应

2.2小节介绍了在基础简谐激励作用下系统的响应,但在工程中经常遇到的激励形式是非简谐的一般周期力和任意激振力。这一节将要讨论的是单自由度系统在一般周期力作用下产生的受迫振动。

2.3.1 傅里叶级数展开方法

由数学分析理论可知,如果周期函数 $f(t)=f(t+T)$ 在一个周期区间 $[0,T]$ 内分段单调连续,则它可以展开成如下傅里叶级数:

$$f(t)=\frac{a_0}{2}+\sum_{n=1}^{\infty}(a_n\cos n\omega t+b_n\sin n\omega t) \tag{2.3-1}$$

式中:$\omega=2\pi/T$ 为周期激励的基频;a_0、a_n 和 b_n 的表达式为

$$a_0=\frac{2}{T}\int_0^T f(t)\mathrm{d}t \tag{2.3-2a}$$

$$a_n=\frac{2}{T}\int_0^T f(t)\cos n\omega t\,\mathrm{d}t \tag{2.3-2b}$$

$$b_n=\frac{2}{T}\int_0^T f(t)\sin n\omega t\,\mathrm{d}t \tag{2.3-2c}$$

于是,一般周期力 $f(t)$ 就被分解成无穷个频率为基频整数倍的谐波叠加的形式。描述线性系统的微分方程是线性的,它的解(包括稳态响应和暂态响应)具有可叠加性。这是线性系统的重要特征,称之为线性系统的**叠加原理**。根据线性系统的叠加原理,系统在一般周期力作用下的稳态响应就是其各次谐波分量单独作用下的稳态响应的叠加。因此,只要求出各个谐波分量作用下系统的稳态响应,把它们叠加在一起,就得到了在这个一般周期力作用下系统的稳态响应。

为了便于分析,通常将式(2.3-1)改写为

$$f(t)=f_0+\sum_{n=1}^{\infty}f_n\sin(n\omega t+\alpha_n) \tag{2.3-3}$$

式中:f_0 为常力分量,f_n 和 α_n 分别为 n 次谐波分量的幅值和初相位,它们分别是

$$f_0=\frac{a_0}{2} \tag{2.3-4a}$$

$$f_n=\sqrt{a_n^2+b_n^2} \tag{2.3-4b}$$

$$\alpha_n=\arccos\frac{b_n}{\sqrt{a_n^2+b_n^2}} \tag{2.3-4c}$$

因此,在一般周期力作用下,系统的振动微分方程是

$$m\ddot{x}+c\dot{x}+kx=f_0+\sum_{n=1}^{\infty}f_n\sin(n\omega t+\alpha_n) \tag{2.3-5}$$

方程(2.3-5)的解包含两部分:一部分是齐次方程的通解,由于阻尼的存在,它表示的动态响应为暂态响应;另一部分是方程的特解,它构成了系统的稳态响应。根据方程(2.3-5)右端项的形式,其特解具有如下形式:

$$x = \frac{f_0}{k} + \sum_{n=1}^{\infty} x_n \tag{2.3-6}$$

式中：x_n 为在 $f(t)$ 的 n 次谐波分量 $f_n \sin(n\omega t + \alpha_n)$ 作用下系统的稳态响应，即

$$x_n = A_n \sin(n\omega t + \alpha_n - \theta_n) \tag{2.3-7}$$

式中：

$$A_n = B_n \beta_n \tag{2.3-8}$$

$$\theta_n = \arccos \frac{1 - \bar{\omega}_0^2}{\sqrt{(1-\bar{\omega}_n^2)^2 + (2\xi\bar{\omega}_n)^2}} \tag{2.3-9}$$

式中：$\bar{\omega}_n = n\omega/\omega_0$；$B_n = f_n/k$ 是系统在力幅 f_n 作用下产生的静位移，而

$$\beta_n = \frac{1}{\sqrt{(1-\bar{\omega}_n^2)^2 + (2\xi\bar{\omega}_n)^2}} \tag{2.3-10}$$

它表示系统在 $f(t)$ 的 n 次谐波分量作用下的位移振幅动力放大系数。这样式(2.1-52)就可以写为

$$x = \frac{f_0}{k} + \sum_{n=1}^{\infty} B_n \beta_n \sin(n\omega t + \alpha_n - \theta_n) \tag{2.3-11}$$

式(2.3-11)就是系统在一般周期力 $f(t)$ 作用下产生的稳态响应，并且具有如下特性：

① 系统的稳态响应是系统在激振力的各次谐波分量分别作用下产生的稳态响应的叠加。

② 系统的稳态响应是周期振动，其周期等于激振力的周期 T；值得强调的是，一般的简谐振动之和不是周期振动。

③ 在稳态响应的成分中，频率靠近系统固有频率 ω_0（$\bar{\omega}_n$ 接近 1）的那些谐波引起的位移振幅放大系数比较大，因而它们在稳态响应中是主要成分；偏离系统固有频率的谐波的位移振幅放大系数比较小，它们在稳态响应中是次要成分。因此系统可以看作是一个放大器和滤波器，放大了靠近系统固有频率的那些谐波响应，抑制了偏离固有频率的谐波响应。

这种将周期函数如这里讨论的周期激振力展开为傅里叶级数的分析方法称为**谐波分析方法**。

从式(2.3-4b)和式(2.3-4c)可以看出，各次谐波幅值 f_n 和初相位 α_n 都是谐波频率 $n\omega$ 的函数。$f_n \sim n\omega$ 图谱即为各次谐波振幅的频谱图，$\alpha_n \sim n\omega$ 为相位频谱图，它们都由离散的垂直 $n\omega$ 轴的线段组成，见 2.3.2 节。由式(2.3-8)和式(2.3-9)可以得到位移响应的振幅频谱图 $A_n \sim n\omega$ 和相位频谱图 $\theta_n \sim n\omega$，它们也包含无限条离散的谱线。虽然周期力和周期位移响应都包含无穷项级数，但通常选用有限项就可以得到满足精度要求的结果，见 2.3.2 节。

傅里叶级数展开公式(2.3-1)还可以写成如下复数形式：

$$f(t) = \sum_{n=-\infty}^{\infty} f_n e^{in\omega t} \tag{2.3-12}$$

其中 f_n 是个复数，其模和幅角分别为

$$|f_n| = \frac{1}{2}\sqrt{a_n^2 + b_n^2} \tag{2.3-13}$$

$$\arg f_n = \arctan \frac{-b_n}{a_n} \tag{2.3-14}$$

振幅频谱图为 $|f_n| \sim n\omega$，相位频谱图为 $\arg f_n \sim n\omega$。在振幅频谱图中，谱线对称分布在正负频率域内，谱线的长度是式(2.3-4b)中的一半，但各条谱线长度的比值关系不变。

2.3.2 吉布斯现象

当周期力函数 $f(t)$存在不连续点时,傅里叶级数在间断点存在**吉布斯**(Gibbs)**现象**。下面以图2.3-1所示的周期方波为例进行说明,该方波在一个周期内的定义为

$$f(t)=\begin{cases}F_0 & 0<t<\dfrac{T}{2}\\ -F_0 & \dfrac{T}{2}<t<T\end{cases} \tag{2.3-15}$$

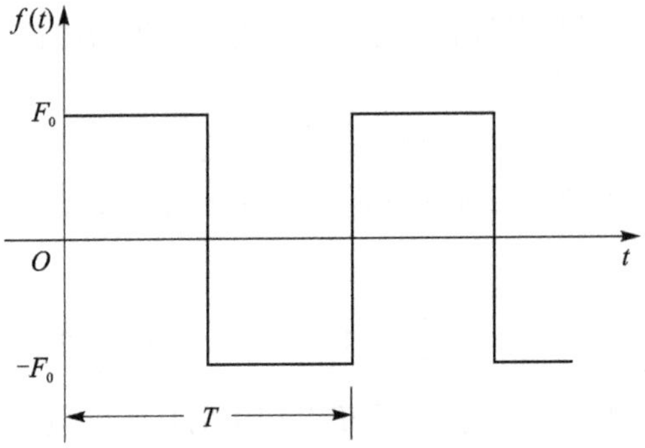

图2.3-1 周期方波

根据式(2.3-1)把 $f(t)$展开为傅里叶级数,其系数为

$$a_0=\frac{2}{T}\int_0^T f(t)\mathrm{d}t=0 \tag{2.3-16a}$$

$$a_n=\frac{2}{T}\int_0^T f(t)\cos n\omega t\,\mathrm{d}t=0 \tag{2.3-16b}$$

$$b_n=\frac{2}{T}\int_0^T f(t)\sin n\omega t\,\mathrm{d}t=\begin{cases}\dfrac{4F_0}{n\pi} & n=1,3,5,\cdots\\ 0 & n=2,4,6,\cdots\end{cases} \tag{2.3-16c}$$

$$f_n=b_n \tag{2.3-16d}$$

因此,周期方波的傅里叶级数为

$$f(t)=\frac{4F_0}{\pi}\sum_{n=1,3,5,\cdots}^{\infty}\frac{1}{n}\sin n\omega t=\frac{4F_0}{\pi}\sum_{j=1}^{\infty}\frac{1}{2j-1}\sin(2j-1)\omega t \tag{2.3-17}$$

令 $T=1$,图2.3-2给出了前1项、2项和10项对方波的贡献。从图中可以看出,随着选取项数的增加,距离不连续点最近的合成波形峰值向不连续点逐渐压缩,但是对任何有限的项数,该峰值大小几乎保持不变,该现象称为**吉布斯现象**。

图2.3-3给出了周期方波振幅的频谱图,从中可以看出相邻谱线之间的距离为 2ω,且随着阶次的升高,各阶次谐波的贡献以 $1/n$ 方式逐渐减小。若周期 T 增大,则基频 $\omega=2\pi/T$ 变小,图2.3-3中的谱线变密。若 T 趋于无穷大,则频谱图由离散的谱线变成连续的频谱图,这也就是2.4节介绍的非周期激励的频谱图特性。

例2.3-1 分析单自由度系统在图2.3-1所示周期方波激励作用下的周期位移响应。系统固有频率 $\omega_0=80$,阻尼比 $\xi=0.01$,激励的周期 $T=1$。

解:位移周期响应为

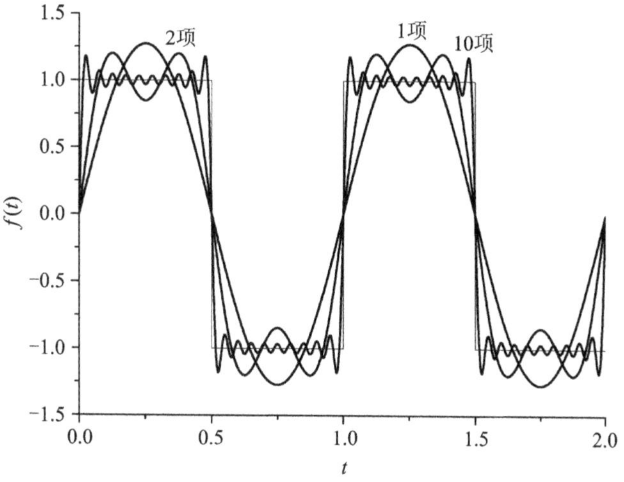

图 2.3-2　不同项数傅里叶级数对方波的模拟

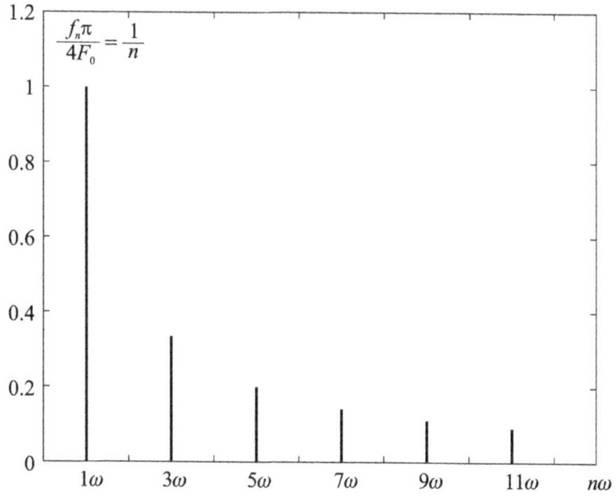

图 2.3-3　周期方波激励的频谱图

$$x(t)=\sum_{n=1,3,5,\cdots}^{\infty} x_n \sin(n\omega t-\theta_n) \tag{a}$$

式中

$$x_n=B_n\beta_n,\quad B_n=\frac{4F_0}{kn\pi}$$

$$\theta_n=\arccos\left(\frac{1-\bar{\omega}_n^2}{\sqrt{(1-\bar{\omega}_n^2)^2+(2\xi\bar{\omega}_n)^2}}\right) \tag{b}$$

式中

$$\bar{\omega}_n=\frac{n\omega}{\omega_0}=\frac{2\pi n}{\omega_0 T}$$

无因次位移幅频函数为

$$\frac{x_n k\pi}{4F_0}=\frac{1}{n}\beta_n \tag{c}$$

式中 $n=1,3,5,\cdots$。由式(a)可以得到无因次周期位移响应为

$$\frac{x(t)k\pi}{4F_0}=\sum_{n=1,3,5,\cdots}^{\infty}\frac{1}{n}\beta_n\sin(n\omega t-\theta_n) \tag{d}$$

图2.3-4给出在周期方波作用下,位移响应的频谱图,其中 $\omega=2\pi$,因此 $13\omega=81.68$ 接近固有频率 ω_0。从图2.3-4中可以看出,低次谐波(如第1个谱线对应的谐波)和靠近固有频率的谐波成分(如第7个谱线对应的谐波)对响应的贡献较大。图2.3-5给出了无因次周期位移响应的时间历程,从图中可以看出位移响应的周期与激励周期 T 相同,并且在一个周期内,响应有13个峰值。

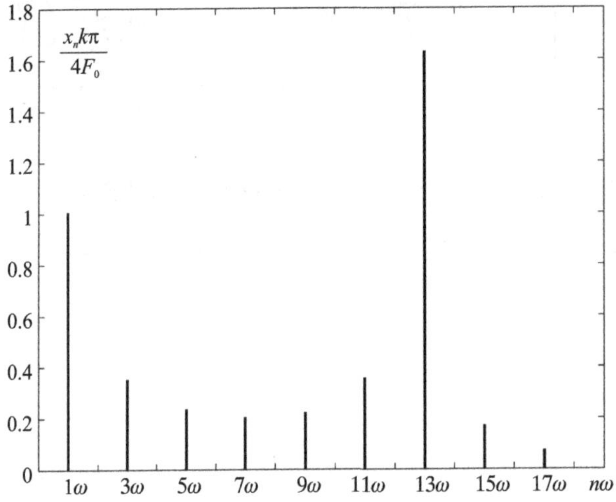

图2.3-4 位移响应的频谱图

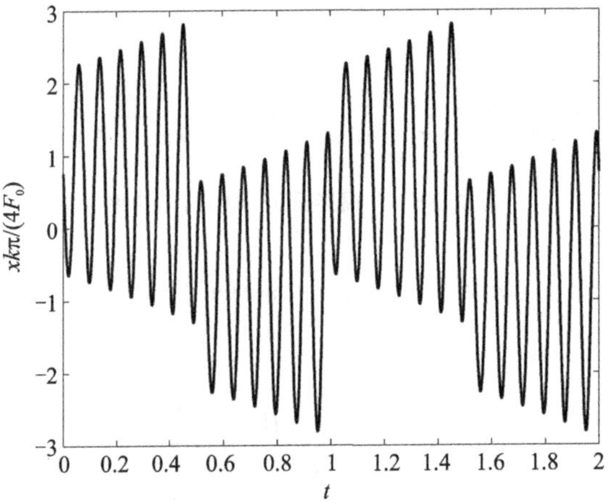

图2.3-5 周期位移响应

2.4 任意激励作用下的响应

系统在周期激励作用下产生强迫振动,由于系统存在阻尼,因此强迫振动中的自由振动成分随时间迅速衰减到可以忽略的程度,因此前面讨论的内容主要是系统的稳态振动,也就是稳

态响应。

在许多工程问题中，如地震、载重汽车的突然装载和导弹的发射等，系统受到的激励都不是周期性的，而是任意的时间函数或脉冲激励。在这种激励作用下，系统不产生稳态振动，而只产生瞬态振动。激励停止作用后，系统将作自由振动。

求解任意激励响应的方法主要有卷积法、傅里叶变换法和拉普拉斯(Laplace)变换法。这里将分别介绍这 3 种方法。

2.4.1　脉冲激励作用下的响应

一个任意激励可以看成是一系列脉冲激励的叠加，因此系统在任意激励作用下的响应就可以看成是由不同时刻脉冲激励作用下的脉冲响应的叠加。单位脉冲激励可以用单位脉冲函数来表示。单位脉冲函数又称为狄拉克(Dirac)δ 函数，其定义如下：

$$\delta(t)=\begin{cases}\infty & (t=0)\\ 0 & (t\neq 0)\end{cases}\tag{2.4-1}$$

$$\int_{-\infty}^{\infty}\delta(t)\,\mathrm{d}t=1$$

δ 函数的量纲是其中变量 t 量纲的倒数，且具有如下性质：

$$\delta(t-\tau)=\begin{cases}\infty & (t=\tau)\\ 0 & (t\neq \tau)\end{cases}\tag{2.4-2}$$

$$\int_{-\infty}^{\infty}\delta(t-\tau)\,\mathrm{d}t=1$$

$$\int_{-\infty}^{\infty}\delta(t-\tau)f(t)\,\mathrm{d}t=f(\tau)\tag{2.4-3}$$

系统在单位脉冲激励作用下的振动微分方程为

$$m\ddot{x}+c\dot{x}+kx=I_0\delta(t)\tag{2.4-4}$$

其中 I_0 为单位冲量。将上式中各项乘以 $\mathrm{d}t$ 并进行简单地整理，得到如下形式：

$$m\,\mathrm{d}\dot{x}+c\,\mathrm{d}x+kx\,\mathrm{d}t=\delta(t)\,\mathrm{d}t\tag{2.4-5}$$

设单位脉冲激励作用之前系统处于静止状态，即初始速度和位移皆为零。在单位脉冲激励作用的瞬间，由于作用时间等于零，位移来不及变化，但速度可以发生突变，这样上式中的 $x=0$，$\mathrm{d}x=0$，因此有

$$m\,\mathrm{d}\dot{x}=\delta(t)\,\mathrm{d}t\tag{2.4-6}$$

将上式进行积分，得到速度的增量为 $1/m$，式(2.4-6)也就是**冲量定理**。脉冲激励作用结束后，系统的位移和速度分别为

$$x(0)=0,\quad \dot{x}(0)=\frac{1}{m}\tag{2.4-7}$$

所以脉冲激励作用结束后，以式(2.4-7)为初始条件，系统作自由振动。该暂态响应称为**脉冲响应**，其振动规律为式(1.2-7)，即

$$x(t)=\mathrm{e}^{-\xi\omega_0 t}(C_1\cos\omega_{\mathrm{d}}t+C_2\sin\omega_{\mathrm{d}}t)$$

根据初始条件(2.4-7)，可以确定其中的待定系数，因此有

$$x(t)=\frac{1}{m\omega_{\mathrm{d}}}\mathrm{e}^{-\xi\omega_0 t}\sin\omega_{\mathrm{d}}t\qquad(t>0)\tag{2.4-8}$$

下面引入**脉冲响应函数**的概念。它是在单位脉冲激励作用下系统产生的脉冲位移响应，

通常用 $h(t)$ 表示,因此式(2.4-8)表示的就是脉冲响应函数,即

$$h(t)=\frac{1}{m\omega_{d}}e^{-\xi\omega_{0}t}\sin\omega_{d}t \qquad (t>0) \tag{2.4-9}$$

脉冲响应函数是在 $t=0$ 时刻系统受单位脉冲激励的作用产生的响应;对于 $t<0$ 时刻,系统的响应为零。若单位脉冲激励不是作用在 $t=0$ 时刻,而是作用在 $t=\tau$ 时刻,则系统的脉冲响应在滞后时间间隔 τ 之后发生,此时系统的脉冲响应函数为

$$h(t-\tau)=\frac{1}{m\omega_{d}}e^{-\xi\omega_{0}(t-\tau)}\sin\omega_{d}(t-\tau) \qquad (t>\tau) \tag{2.4-10}$$

上式给出 $t>\tau$ 时刻系统的脉冲响应;而当 $t<\tau$ 时,系统的脉冲响应为零。

由式(2.4-10)给出的暂态响应就是系统在 $t=\tau$ 时刻受单位脉冲激励 $I_0\delta(t)$ 作用而产生的响应。由于

$$\lim_{\varepsilon\to 0}\int_{\tau}^{\tau+\varepsilon}I_0\delta(t-\tau)\mathrm{d}t=1 \tag{2.4-11}$$

因此系统在 $t=\tau$ 时刻受任意脉冲激励 $I\delta(t)$(I 为任意冲量)作用而产生的位移响应可以用脉冲位移响应函数表示为

$$x(t)=I\times h(t-\tau) \tag{2.4-12}$$

2.4.2 卷积法

任意激励 $f(t)$ 的作用可以分解为一系列脉冲激励作用的叠加,如图 2.4-1 所示。在 $t=\tau$ 至 $t=\tau+\mathrm{d}\tau$ 这个微小时间间隔内,对应的脉冲激励产生的冲量为 $I(\tau)=f(\tau)\mathrm{d}\tau$。在这个脉冲作用下,根据式(2.4-12)可知系统产生的响应是

$$\mathrm{d}x(t)=f(\tau)h(t-\tau)\mathrm{d}\tau \tag{2.4-13}$$

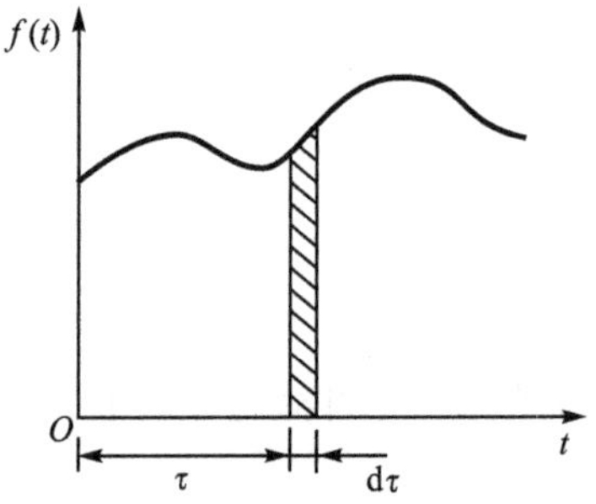

图 2.4-1 任意激励 $f(t)$

根据线性系统的叠加原理,系统在任意激励作用下的响应等于系统在 $0\leqslant\tau\leqslant t$ 区间内所有脉冲激励作用下产生响应的总和,也就是

$$x(t)=\int_{0}^{t}f(\tau)h(t-\tau)\mathrm{d}\tau \tag{2.4-14a}$$

这个公式称为**杜哈梅**(Duhamel)**积分**,在数学上称之为 $f(t)$ 与 $h(t)$ 的卷积,因而这种确定在一般激励作用下系统响应的方法称为**卷积法**。根据卷积的性质,式(2.4-14a)还可以写成如下形式:

$$x(t)=\int_{0}^{t}f(t-\tau)h(\tau)\mathrm{d}\tau \tag{2.4-14b}$$

式(2.4-14)就是在零初始条件下,在任意激励作用下系统产生的位移响应。若初始条件不为零,则需要叠加上由初始扰动引起的系统的响应,即

$$x(t)=e^{-\xi\omega_{0}t}(C_1\cos\omega_{d}t+C_2\sin\omega_{d}t)+\int_{0}^{t}f(\tau)h(t-\tau)\mathrm{d}\tau \tag{2.4-15}$$

例 2.4-1 求无阻尼质量弹簧系统在图 2.4-2 所示的阶跃力作用下的位移响应。假设初始条件等于零。

解:图 2.4-2 所示阶跃力的数学表达形式为

$$f(t)=\begin{cases}F_0 & (0\leqslant t\leqslant T)\\ 0 & (t>T)\end{cases} \tag{a}$$

当 $t\leqslant T$ 时，根据式(2.4-14)得系统的位移响应为

$$x(t)=\frac{1}{m\omega_0}\int_0^t F_0\sin\omega_0(t-\tau)\mathrm{d}\tau=$$

$$\frac{F_0}{m\omega_0^2}(1-\cos\omega_0 t) \tag{b}$$

当 $t=T$ 时，阶跃激励的作用结束，从式(b)可以直接得到此时系统的位移和速度为

$$x(T)=\frac{F_0}{m\omega_0^2}(1-\cos\omega_0 T),\quad \dot{x}(T)=\frac{F_0}{m\omega_0}\sin\omega_0 T \tag{c}$$

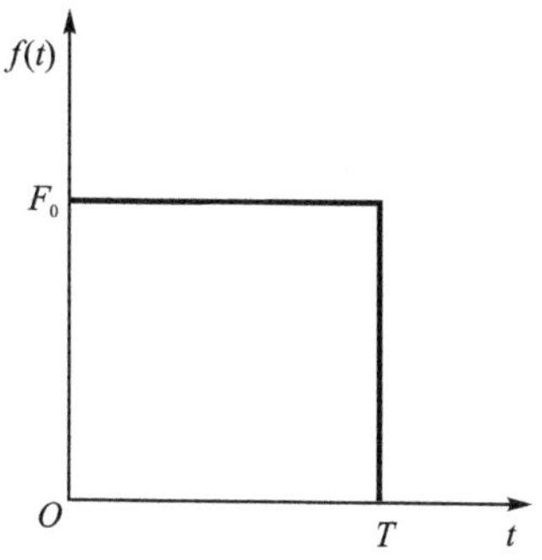

图 2.4-2　阶跃力

当 $t>T$ 时，系统的动态响应就是以式(c)为初始条件的自由振动响应，即

$$x(t)=C\cos\omega_0 t+D\sin\omega_0 t \tag{d}$$

根据初始条件式(c)，确定出式(d)中的待定系数为

$$C=x(T)\cos\omega_0 T-\frac{\dot{x}(T)}{\omega_0}\sin\omega_0 T$$

$$D=x(T)\sin\omega_0 T+\frac{\dot{x}(T)}{\omega_0}\cos\omega_0 T$$

将 C 和 D 代入式(d)得 $t>T$ 时系统的动态响应为

$$x(t)=\frac{F_0}{m\omega_0^2}[\cos\omega_0(t-T)-\cos\omega_0 t] \tag{e}$$

还可以通过把式(b)中的积分上限 t 换成 T 来计算 $t>T$ 时刻的动态响应。

式(e)中 $F_0/(m\omega_0^2)=F_0/k$ 可以看成是弹簧静伸缩量。当 $T\geqslant\pi/\omega_0$ 且 $(\cos\omega_0 t)|_{t=\pi/\omega_0}=-1$ 时，弹簧动态伸缩量幅值为 $x_{\max}=2F_0/k$，它是静伸缩量的两倍。也就是说动载荷幅值可以是静载荷的两倍。在有冲击载荷和阶跃载荷作用环境时，工程结构设计的安全系数选为 2 的根据也在于此。

2.4.3　傅里叶变换法

用于分析系统在任意激励作用下产生的动态响应的卷积方法是一种时域分析方法，也可以借助傅里叶变换法在频域内讨论任意激励和响应的关系。

任意非周期激励 $f(t)$ 的周期可以视为无穷大，其频谱函数 $F(\omega)$ 为连续分布。它们之间的关系为

$$F(\omega)=\int_{-\infty}^{\infty}f(t)\mathrm{e}^{-\mathrm{i}\omega t}\mathrm{d}t \tag{2.4-16}$$

上式就是傅里叶正变换，它把时间域内的激振力变换到频率内，变成频率 ω 的函数。傅里叶正变换的对偶变换——傅里叶逆变换为

$$f(t)=\frac{1}{2\pi}\int_{-\infty}^{\infty}F(\omega)\mathrm{e}^{\mathrm{i}\omega t}\mathrm{d}\omega \tag{2.4-17}$$

它把频域内的激振力又变换到时域内，使之又成为时间的函数。式(2.4-16)和式(2.4-17)被称为**傅里叶变换对**，它们使任意函数在时间域和频率域互相转换。傅里叶变换具有许多重要的性质，具体的细节可以参见有关积分变换的书籍。在附录 B 中，表 B.1 和表 B.2 分别给

出了与振动分析有关的傅里叶变换性质和公式。用式(2.4-16)对方程(2.1-1)中的$f(t)$进行傅里叶变换得到$F(\omega)$,然后再用$F(\omega)$来表达$f(t)$,即

$$f(t)=\frac{1}{2\pi}\int_{-\infty}^{\infty}F(\omega)e^{i\omega t}d\omega$$

于是,在时间域内$f(t)$的作用就可以看成在频率域内一系列分量$F(\omega)e^{i\omega t}d\omega$作用的叠加。由于线性系统具有叠加原理,因此可以分别对每一个频率分量$F(\omega)e^{i\omega t}d\omega$的作用进行分析。当考虑频率分量$F(\omega)e^{i\omega t}d\omega$的作用时,它的位移响应就可以写成$X(\omega)e^{i\omega t}d\omega$的形式。将激励分量$F(\omega)e^{i\omega t}d\omega$和对应的响应分量$X(\omega)e^{i\omega t}d\omega$一起代入方程(2.1-1),得到下面的关系:

$$X(\omega)=\frac{1}{k-m\omega^2+ic\omega}F(\omega) \tag{2.4-18}$$

令

$$H(\omega)=\frac{1}{k-m\omega^2+ic\omega} \tag{2.4-19}$$

式中:$H(\omega)$为位移复频响应函数,简称为频响函数,参见式(2.1-8)。式(2.4-18)可以改写为

$$X(\omega)=H(\omega)F(\omega) \tag{2.4-20}$$

上式给出了频率域内激振力与位移响应之间的关系。也可以根据此式来定义系统的频响函数,即系统的**频响函数**等于响应的傅里叶变换与激振力的傅里叶变换之比。利用傅里叶逆变换,将得到的对应每一个频率的响应分量$X(\omega)e^{i\omega t}d\omega$进行叠加,就得到系统在时域内的响应

$$x(t)=\frac{1}{2\pi}\int_{-\infty}^{\infty}H(\omega)F(\omega)e^{i\omega t}d\omega \tag{2.4-21}$$

用傅里叶变换分析系统响应的步骤是:首先对$f(t)$作傅里叶变换得到频谱函数$F(\omega)$,然后将$F(\omega)$乘以系统的频响函数$H(\omega)$,再对$F(\omega)H(\omega)$进行傅里叶逆变换,就得到了系统的响应。值得注意的是,与卷积法相同,利用傅里叶变换得到的时域响应也不包含初始条件引起的自由振动成份。可以证明,脉冲响应函数和频响函数恰好构成傅里叶变换对,即

$$H(\omega)=\int_{-\infty}^{\infty}h(t)e^{-i\omega t}dt \tag{2.4-22}$$

$$h(t)=\frac{1}{2\pi}\int_{-\infty}^{\infty}H(\omega)e^{i\omega t}d\omega \tag{2.4-23}$$

例2.4-2 设系统的初始条件等于零,用傅里叶变换方法求无阻尼质量-弹簧系统在图2.4-2所示的阶跃力作用下的动态响应。

解:图2.4-2所示的阶跃力的定义为

$$f(t)=\begin{cases}F_0 & (0\leqslant t\leqslant T)\\ 0 & (t>T)\end{cases} \tag{a}$$

作傅里叶变换得

$$F(\omega)=\int_0^T F_0e^{-i\omega t}dt=\frac{F_0}{i\omega}(1-e^{-i\omega T}) \tag{b}$$

它是一个复数。无阻尼单自由度系统的频响函数为

$$H(\omega)=\frac{1}{k-m\omega^2} \tag{c}$$

根据式(2.4-20)得位移响应的傅里叶变换为

$$X(\omega)=\frac{F_0}{k}\cdot\frac{\omega_0^2}{\mathrm{i}\omega(\omega_0^2-\omega^2)}(1-\mathrm{e}^{-\mathrm{i}\omega T})=$$
$$\frac{F_0}{k}\cdot\left[\frac{1}{\mathrm{i}\omega}+\frac{1}{2\mathrm{i}(\omega_0-\omega)}-\frac{1}{2\mathrm{i}(\omega_0+\omega)}\right](1-\mathrm{e}^{-\mathrm{i}\omega T}) \tag{d}$$

式中：$\omega_0=\sqrt{k/m}$。查附录表 B-2 可得式(d)的傅里叶逆变换为

$$x(t)=\frac{F_0}{k}\left[u(t)-u(t-T)-\frac{1}{2}u(t)(\mathrm{e}^{\mathrm{i}\omega_0 t}+\mathrm{e}^{-\mathrm{i}\omega_0 t})+\right.$$
$$\left.\frac{1}{2}u(t-T)(\mathrm{e}^{\mathrm{i}\omega_0(t-T)}+\mathrm{e}^{-\mathrm{i}\omega_0(t-T)})\right]$$

因此

$$x(t)=\begin{cases}\dfrac{F_0}{k}(1-\cos\omega_0 t) & (0\leqslant t<T)\\ \dfrac{F_0}{k}[\cos\omega_0(t-T)-\cos\omega_0 t] & (t\geqslant T)\end{cases} \tag{e}$$

该结果与例 2.4-1 的结果相同。由式(b)可知阶跃力频响幅值为

$$|F(\omega)|=\frac{F_0}{\omega}\sqrt{(1-\cos\omega T)^2+(\sin\omega T)^2}$$
$$=F_0T\left|\frac{\sin\frac{\omega T}{2}}{\frac{\omega T}{2}}\right| \tag{f}$$

由式(d)可知位移频响幅值为

$$|X(\omega)|=|F(\omega)|\,|H(\omega)|$$
$$=\frac{TF_0}{k}\left|\frac{1}{(1-\bar{\omega}^2)}\right|\left|\frac{\sin\frac{\omega T}{2}}{\frac{\omega T}{2}}\right| \tag{g}$$

式中：$\bar{\omega}=\omega/\omega_0$。令 $\omega_0=\pi/3$，$T=1.5\times\pi/\omega_0$，图 2.4-3～图 2.4-5 分别给出了阶跃力频响幅值 $|F(\omega)|/(TF_0)$、复频响应函数幅值 $k|H(\omega)|$ 和位移频响幅值 $k|X(\omega)|/(TF_0)$ 随着

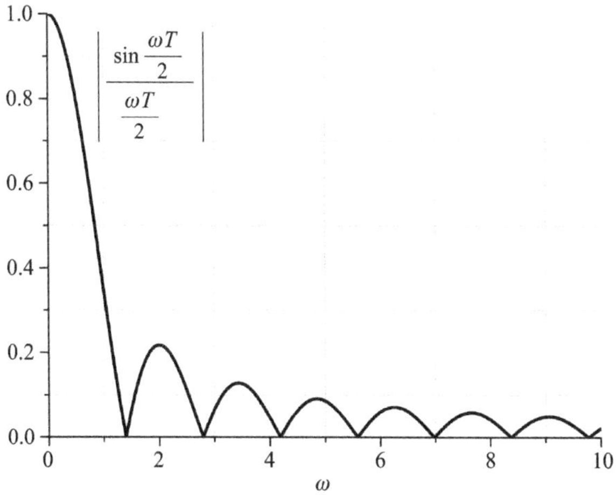

图 2.4-3　阶跃力幅值 $|F(\omega)|/(TF_0)$ 的频谱图

频率变化的曲线或频谱图。画图时利用的频率增量为 0.01,图 2.4-5 的纵轴是图 2.4-3 的纵轴和图 2.4-4 的纵轴的乘积,即 $|X(\omega)|=|H(\omega)||F(\omega)|$。

从图 2.4-3 可以看出,阶跃力频响幅值的频谱是连续的,其零点由 $\sin(\omega T/2)=0$ 确定。在 $\omega=0$ 点,$|F(\omega)|/(TF_0)=1$。而位移频响的频率也是连续的,它在 $\bar{\omega}=1$ 或共振点为无穷大,见图 2.4-5。对于 2.3 节介绍的一般周期激励及其响应,其频谱图都是离散的垂直频率轴的线段。

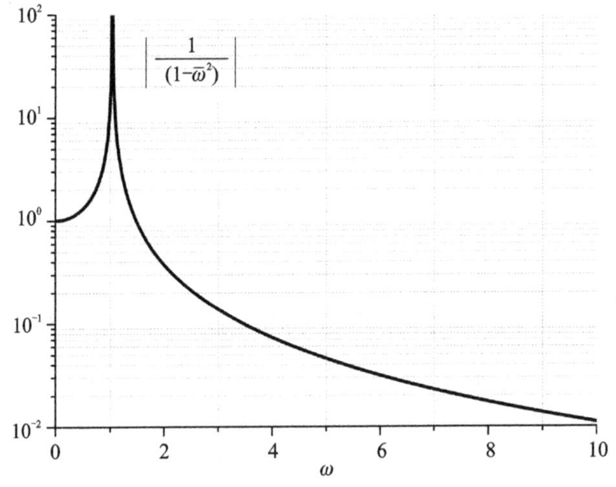

图 2.4-4 复频响应函数幅值 $k|H(\omega)|$ 的频谱图

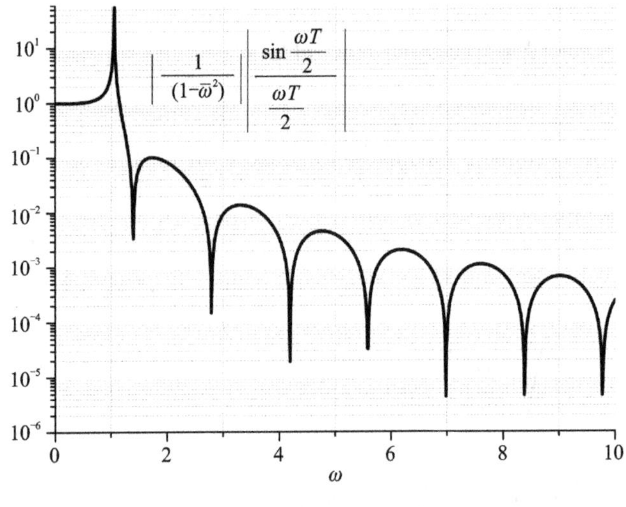

图 2.4-5 位移频响幅值 $k|X(\omega)|/(TF_0)$ 的频谱图

2.4.4 拉普拉斯变换法

拉普拉斯变换是在复数域内描述时域函数的线性变换方法。对一个实变量函数做拉普拉斯变换,并在复数域中进行分析,再将分析结果做拉普拉斯反变换求得实数域中的相应结果,往往比直接在实数域中求出同样的结果容易。

下面用拉普拉斯变换来讨论一般激振力作用下的情况。拉普拉斯变换公式为

$$F(s)=\int_0^\infty f(t)\mathrm{e}^{-st}\mathrm{d}t$$
$$f(t)=\frac{1}{2\pi \mathrm{i}}\int_{\sigma-\mathrm{i}\infty}^{\sigma+\mathrm{i}\infty}F(s)\mathrm{e}^{st}\mathrm{d}s \tag{2.4-24}$$

式中：$s=\sigma+\mathrm{i}\omega(\sigma\geqslant 0)$为复数，说明拉普拉斯变换是在复数域内分析系统的动态特性。若 $s=\mathrm{i}\omega$，拉普拉斯变换即为傅里叶变换。拉普拉斯变换性质和基本公式列于附录 C 中。

根据拉普拉斯变换基本公式可知方程(2.1-1)的拉普拉斯变换为

$$m\left[s^2X(s)-sx_0-\dot{x}_0\right]+c\left[sX(s)-x_0\right]+kX(s)=F(s) \tag{2.4-25}$$

式中：$X(s)$和 $F(s)$分别为 $x(t)$和 $f(t)$的拉普拉斯变换。从式(2.4-25)可以解出

$$\begin{aligned}X(s)&=\frac{F(s)+m(sx_0+\dot{x}_0)+cx_0}{ms^2+cs+k}\\&=\frac{F(s)}{m(s^2+2\xi\omega_0 s+\omega_0^2)}+\frac{(s+\xi\omega_0)x_0}{(s+\xi\omega_0)^2+\omega_\mathrm{d}^2}+\frac{\dot{x}_0+\xi\omega_0x_0}{(s+\xi\omega_0)^2+\omega_\mathrm{d}^2}\end{aligned} \tag{2.4-26}$$

参见附录表 C-2，对上式进行拉普拉斯逆变换得

$$\begin{aligned}x(t)=&\frac{1}{m\omega_\mathrm{d}}\int_0^t \mathrm{e}^{-\xi\omega_0(t-\tau)}f(\tau)\sin\omega_\mathrm{d}(t-\tau)\mathrm{d}\tau+\\&\mathrm{e}^{-\xi\omega_0 t}\left(x_0\cos\omega_\mathrm{d}t+\frac{\dot{x}_0+\xi\omega_0x_0}{\omega_\mathrm{d}}\sin\omega_\mathrm{d}t\right)\end{aligned} \tag{2.4-27}$$

上式与式(2.4-15)相同。与卷积方法和傅里叶变换方法不同的是，拉普拉斯变换方法可以包括初始扰动引起的自由振动。

若初始条件等于零，则式(2.4-25)变成

$$(ms^2+cs+k)X(s)=F(s) \tag{2.4-28}$$

令

$$H(s)=(ms^2+cs+k)^{-1} \tag{2.4-29}$$

称之为**传递函数**，由式(2.4-28)得其定义为

$$H(s)=\frac{X(s)}{F(s)}=\frac{1}{ms^2+cs+k} \tag{2.4-30}$$

若 $s=\mathrm{i}\omega$，则 $H(s)$就是前面介绍的动柔度矩阵或位移频响矩阵。$H(s)$的逆变换为脉冲响应函数 $h(t)$，见式(2.4-9)。

总之，系统受迫振动的分析可以在时域(用杜哈梅积分方法)、频域(用傅里叶变换方法)和复数域(用拉普拉斯变换方法)进行。在三个域内，分别用脉冲响应函数、频响函数和传递函数来描述系统的动力学特性。频响函数和脉冲响应函数构成傅里叶变换对，脉冲响应函数和传递函数构成拉普拉斯变换对，当 $s=\mathrm{i}\omega$ 时频响函数和传递函数相同。因此借助变换方法，三个域内的结果可以互相转化。

2.5　机械阻抗方法

前面各章节主要对单自由度系统微分方程的建立和求解方法进行了介绍，并对系统的动态响应特性和固有特性进行了分析。基于求解微分方程来对系统的动态响应和固有特性进行

讨论是一种纯理论分析。系统振动分析的另外一种方法是**机械阻抗分析方法**,它是一种理论与实验相结合的方法。**机械阻抗**是一个线性定常系统的频域动态特性参量,其经典定义为简谐激振力与简谐运动响应之比。机械阻抗根据所选取的运动量可以将其分为**位移阻抗**(又称为**动刚度**)、**速度阻抗**和**加速度阻抗**(又称为**有效质量**)。多自由度系统的机械阻抗常用矩阵形式表示。阻抗矩阵中的对角元素表示同一点的力与响应之比,称为**原点阻抗**或**直接阻抗**;非对角元素表示不同点的力与响应之比,称为**跨点阻抗**或**交叉阻抗**。机械阻抗的倒数称为**机械导纳**,也就是频响函数。通过实验可以测定机械阻抗,通常是测加速度导纳,因此可以采用实验和理论分析相结合的方法来讨论系统的动态特性。机械阻抗分析方法已经广泛应用于工业的各个部门,如提高机床的动刚度、确定火箭部件的环境实验条件以及判断机械运行中重要零部件的损伤程度等。

系统受激产生的响应只与系统本身的固有特性和激励的性质有关,因此可以用机械阻抗综合描述系统的动态特性,这就是机械阻抗方法的原理。根据机械阻抗可以检查系统数学模型的正确性并加以修正,还可以进行系统的固有频率和阻尼比等模态参数的识别。这一节将主要讨论单自由度系统的机械阻抗概念以及如何根据它来分析系统的动态特性。

1. 机械阻抗的概念

如果不考虑实际问题的物理现象,许多物理性质不同的系统则具有相同的数学模型。物理性质不同的系统的物理概念可以互相“比拟”,或彼此相似。比如电学中的表述“通过电感 L 的电压为 $L\dfrac{di}{dt}$”,其中 i 为电流;力学中类似的表述是“质量 m 的力是 $m\dfrac{dv}{dt}$”,其中 v 为速度。又如力学中的表述“储存在质量 m 中的能量是 $\dfrac{1}{2}mv^2$”,类似的电学表述就是“储存在电感 L 中的能量是 $\dfrac{1}{2}Li^2$”。表 2.5-1 给出了单自由度系统、轴的扭转和电学中的物理量之间的相互比拟。

表 2.5-1 物理量的相互比拟

单自由度线性系统		轴扭转		电 学	
质量	m	惯性矩	I	电感	L
刚度	k	抗扭弹簧刚度	k	1/电容	$1/C$
阻尼	c	扭转阻尼	c	电阻	R
力	$F_0\sin\omega t$	扭矩	$T_0\sin\omega t$	电压	$E_0\sin\omega t$
位移	x	角位移	φ	电容器电荷	Q
速度	$\dot{x}$	角速度	$\dot{\varphi}$	电流	$\dot{Q}=i$

机械阻抗的概念建立在简谐激振力作用下对系统进行简谐响应分析的基础上。任意一个简谐量都可以通过欧拉公式表示为复数的形式。复数表示方法具有简捷、便于推导等特点,在机械阻抗分析方法中,用复数来表示力和位移。实际上,阻抗分析用的就是复指数表示法。作用在单自由度系统上的简谐激振力可以表示为

$$f(t)=F_0e^{i\omega t} \tag{2.5-1}$$

式中:ω 为简谐激振力的变化频率,是一个实数;F_0 是一个复数,可以写成如下形式:

$$F_0 = |F_0| e^{i\alpha} \tag{2.5-2}$$

式中：$|F_0|$为复数 F_0 的模，是激振力的幅值；α 为复数 F_0 的幅角，是激振力的初相位。通常都以激振力的相位为基准，即取 $\alpha=0$。

单自由度系统在简谐激振力作用下的受迫振动微分方程为

$$m\ddot{x} + c\dot{x} + kx = F_0 e^{i\omega t} \tag{2.5-3}$$

它的稳态响应是

$$x(t) = X e^{i\omega t} \tag{2.5-4}$$

式中：X 是一个复数，也可以写成如下形式：

$$X = |X| e^{i\theta} \tag{2.5-5}$$

式中：$|X|$为复数 X 的模，是稳态位移响应的幅值；θ 为复数 X 的辐角，是稳态位移响应的初相位。若以激振力的相位为基准，即当 $\alpha=0$ 时，θ 就是激振力与位移响应的相位差。将式(2.5-4)代入方程(2.5-3)得

$$(-\omega^2 m + i\omega c + k) X e^{i\omega t} = F_0 e^{i\omega t}$$

或

$$(-\omega^2 m + i\omega c + k) x = f \tag{2.5-6}$$

上式就是机械阻抗分析的基本公式，由它可以给出各种形式的机械阻抗的定义。下面用 Z 和 H 分别表示机械阻抗和机械导纳，用下标 d、v、a 分别表示位移、速度和加速度。从式(2.5-6)可得位移阻抗的表达式为

$$Z_d = \frac{f}{x} = -\omega^2 m + i\omega c + k$$

它可以变成如下的形式：

$$Z_d = \frac{f}{x} = k(1 - \bar{\omega}^2 + i2\xi\bar{\omega}) \tag{2.5-7}$$

式中：频率比 $\bar{\omega}=\omega/\omega_0$；阻尼比 $\xi=c/2m\omega_0$。机械阻抗 Z_d 是激励频率 ω、刚度系数 k、质量 m 和阻尼系数 c 的函数，因此机械阻抗特性完全取决于系统的固有参数和激励频率。所以可以用位移阻抗来描述系统的固有动态特性。位移阻抗的量纲是刚度量纲，但它不同于刚度系数 k。刚度系数 k 的定义为静态力与静位移之比，是**静刚度**并且是实数；而位移阻抗是简谐力与位移稳态响应之比，故称之为**动刚度**，是一个复数。同理，可以称位移导纳 $H_d=1/Z_d$ 为**动柔度**，它也是一个复数。其他机械阻抗的定义和数学表达式列于表 2.5-2。

表 2.5-2　系统的机械阻抗

名　称	定义和函数表达式	名　称	定义和函数表达式
位移阻抗	$Z_d=\frac{f}{x}=k[(1-\bar{\omega}^2)+i2\xi\bar{\omega}]$	位移导纳	$H_d=\frac{x}{f}=\frac{1}{k[(1-\bar{\omega}^2)+i2\xi\bar{\omega}]}$
速度阻抗	$Z_v=\frac{f}{\dot{x}}=\frac{k}{i\omega}[(1-\bar{\omega}^2)+i2\xi\bar{\omega}]$	速度导纳	$H_v=\frac{\dot{x}}{f}=\frac{i\omega}{k[(1-\bar{\omega}^2)+i2\xi\bar{\omega}]}$
加速度阻抗	$Z_a=\frac{f}{\ddot{x}}=\frac{m}{-\bar{\omega}^2}[(1-\bar{\omega}^2)+i2\xi\bar{\omega}]$	加速度导纳	$H_a=\frac{\ddot{x}}{f}=\frac{-\bar{\omega}^2}{m[(1-\bar{\omega}^2)+i2\xi\bar{\omega}]}$

加速度阻抗的量纲是质量量纲，但它又不同于质量，称之为**有效质量**。实验中经常采用加速度传感器来测量振动量，因此加速度导纳是振动实验分析中经常采用的形式。

表 2.5-2 中给出了 6 种机械阻抗,它们以不同形式表示了系统的动态特性,它们都直接相关于系统的刚度、质量和阻尼特性以及激励频率。因此可以说,机械阻抗描述了系统的动态特性;反过来说,根据机械阻抗可以识别出系统的固有特性。这 6 种不同形式的机械阻抗都是复数,包括了幅值和相位,它们全面地反映了系统的动态特性。

2. 机械阻抗的幅频特性和相频特性

下面以位移导纳为例,来分析机械阻抗的幅频特性和相频特性。表 2.5-3 给出了各种形式机械阻抗的幅频响应和相频响应公式。

表 2.5-3　机械阻抗的幅频响应和相频响应

名　称	幅频响应	相频响应
位移阻抗	$\lvert Z_d \rvert = k\sqrt{(1-\bar{\omega}^2)^2+(2\xi\bar{\omega})^2}$	$\theta_{Z_d} = \arccos\dfrac{1-\bar{\omega}^2}{\sqrt{(1-\bar{\omega}^2)^2+(2\xi\bar{\omega})^2}}$
位移导纳	$\lvert H_d \rvert = \dfrac{1}{k\sqrt{(1-\bar{\omega}^2)^2+(2\xi\bar{\omega})^2}}$	$\theta_{H_d} = -\arccos\dfrac{1-\bar{\omega}^2}{\sqrt{(1-\bar{\omega}^2)^2+(2\xi\bar{\omega})^2}}$
速度阻抗	$\lvert Z_v \rvert = \dfrac{k}{\omega}\sqrt{(1-\bar{\omega}^2)^2+(2\xi\bar{\omega})^2}$	$\theta_{Z_v} = -\arccos\dfrac{-2\xi\bar{\omega}}{\sqrt{(1-\bar{\omega}^2)^2+(2\xi\bar{\omega})^2}}(\bar{\omega}\leqslant 1)$ $\theta_{Z_v} = \arccos\dfrac{2\xi\bar{\omega}}{\sqrt{(1-\bar{\omega}^2)^2+(2\xi\bar{\omega})^2}}(\bar{\omega}>1)$
速度导纳	$\lvert H_v \rvert = \dfrac{\omega}{k\sqrt{(1-\bar{\omega}^2)^2+(2\xi\bar{\omega})^2}}$	$\theta_{H_v} = \arccos\dfrac{2\xi\bar{\omega}}{\sqrt{(1-\bar{\omega}^2)^2+(2\xi\bar{\omega})^2}}(\bar{\omega}\leqslant 1)$ $\theta_{H_v} = -\arccos\dfrac{2\xi\bar{\omega}}{\sqrt{(1-\bar{\omega}^2)^2+(2\xi\bar{\omega})^2}}(\bar{\omega}>1)$ 或 $\theta_{H_v} = \theta_{H_d} + \dfrac{\pi}{2}$
加速度阻抗	$\lvert Z_a \rvert = \dfrac{m}{\bar{\omega}^2}\sqrt{(1-\bar{\omega}^2)^2+(2\xi\bar{\omega})^2}$	$\theta_{Z_a} = -\arccos\dfrac{1-\bar{\omega}^2}{\sqrt{(1-\bar{\omega}^2)^2+(2\xi\bar{\omega})^2}}$
加速度导纳	$\lvert H_a \rvert = \dfrac{\bar{\omega}^2}{m\sqrt{(1-\bar{\omega}^2)^2+(2\xi\bar{\omega})^2}}$	$\theta_{H_a} = \arccos\dfrac{1-\bar{\omega}^2}{\sqrt{(1-\bar{\omega}^2)^2+(2\xi\bar{\omega})^2}}$ 或 $\theta_{H_a} = \theta_{H_d} + \pi$

由表 2.5-3 可知,位移导纳的幅频响应和相频响应公式为

$$\lvert H_d \rvert = \beta\frac{1}{k} \tag{2.5-8}$$

$$\theta_{H_d} = -\arccos\frac{1-\bar{\omega}^2}{\sqrt{(1-\bar{\omega}^2)^2+(2+\bar{\omega})^2}} \tag{2.5-9}$$

式中:β 为 2.1 节定义的位移振幅动力放大因数。图 2.5-1 用对数坐标给出了位移导纳的幅频响应曲线,图 2.5-2 为位移导纳的相频响应曲线。

在低频段($\bar{\omega}\ll 1$)时,$\lvert H_d \rvert \approx 1/k$,$\log\lvert H_d \rvert \approx -\log k$,$\theta_{H_d}\approx 0$。这说明位移和激振力的相位基本相同,而位移导纳的幅值近似为系统的静柔度,因此图 2.5-1 中的低频段近似为一条直线。

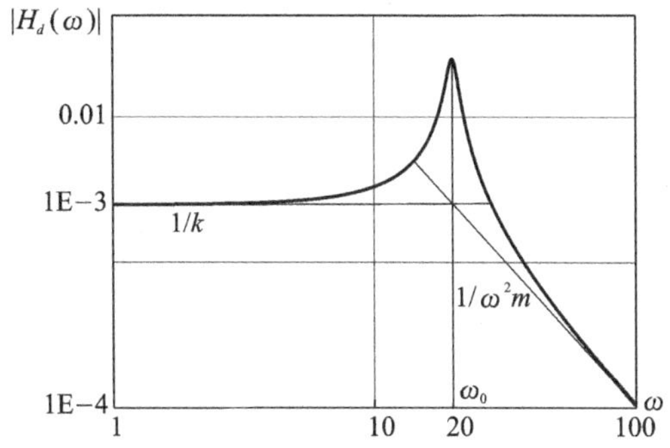

图 2.5-1　位移导纳幅频曲线

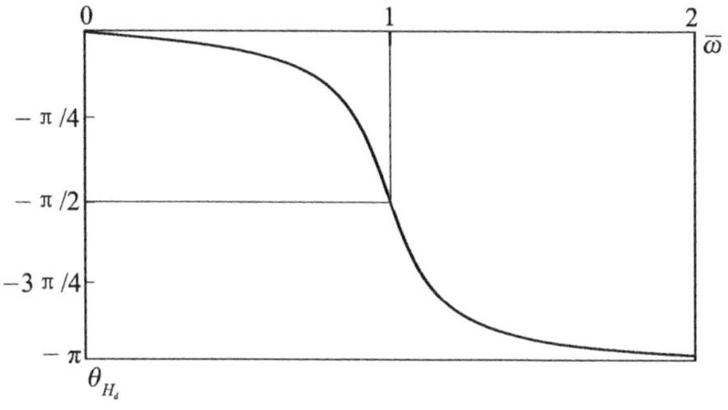

图 2.5-2　位移导纳相频曲线

在高频段($\bar{\omega}\gg1$)时,$|H_d|\approx1/m\omega^2$, $\log|H_d|\approx-(\log m+2\log\omega)$,$\theta_{H_d}=-\pi$。这说明位移与激振力基本反相,而位移导纳的幅值随着激振频率的增加逐渐趋近于零。

在共振点($\bar{\omega}=1$)时,$|H_d|=Q/k$,$\log|H_d|\approx\log Q-\log k$,$\theta_{H_d}=-\pi/2$,$Q$ 为式(2.1-24)定义的品质因数。此时位移滞后激振力 $\pi/2$,称 $\theta_{H_d}=-\pi/2$ 为**相位共振点**,也就是速度共振点。值得指出的是,相位共振点并不对应位移导纳的峰值,位移导纳的峰值发生在 $\bar{\omega}=\sqrt{1-2\xi^2}$ 处,称为**位移共振点**。通常阻尼比 ξ 比较小,因此相位共振点和位移共振点之间距离近似为 ξ^2。

机械阻抗为复数,因此也可以参考分析幅频特性和相频特性的方法来分析它的实频特性和虚频特性。

3. 导纳圆

由于机械阻抗是复数,因此可以用复平面上的点来代表机械阻抗。对应一个激振频率 ω 或频率比 $\bar{\omega}$,在复平面上就有一个与机械阻抗对应的点。随着 ω 或 $\bar{\omega}$ 的变化,这些对应机械阻抗的点就可描绘成一条曲线。不同形式的机械阻抗对应不同的曲线。下面以速度导纳为例来说明如何利用复平面上这条曲线来表示系统的动态特性。

从表 2.5-2 可知,速度导纳的表达式为

$$H_v=\frac{\omega_0}{2k\xi}\frac{\mathrm{i}2\xi\bar{\omega}}{(1-\bar{\omega}^2)+\mathrm{i}2\xi\bar{\omega}}$$

因此它的实部 $\mathrm{Re}\,H_v$ 和虚部 $\mathrm{Im}\,H_v$ 分别为

$$\mathrm{Re}\,H_v=\frac{\omega_0}{2k\xi}\frac{(2\xi\bar{\omega})^2}{(1-\bar{\omega}^2)^2+(2\xi\bar{\omega})^2}\tag{2.5-10}$$

$$\mathrm{Im}\,H_v=\frac{\omega_0}{2k\xi}\frac{2\xi\bar{\omega}(1-\bar{\omega}^2)}{(1-\bar{\omega}^2)^2+(2\xi\bar{\omega})^2}\tag{2.5-11}$$

从这两个方程消去 $\bar{\omega}$ 得

$$\left(\mathrm{Re}\,H_v-\frac{\omega_0}{4k\xi}\right)^2+(\mathrm{Im}\,H_v)^2=\left(\frac{\omega_0}{4k\xi}\right)^2\tag{2.5-12}$$

它表明,速度导纳在复平面上随频率变化的曲线是一个半径为 $\omega_0/4k\xi$、圆心在($\omega_0/4k\xi$,0)的圆,称之为速度导纳圆,简称为**导纳圆**,也称为**奈奎斯特(Nyquist)图**。而 $\omega_0/4k\xi=1/2c$,因此阻尼性质完全决定了导纳圆的性质,参见图 2.5-3。

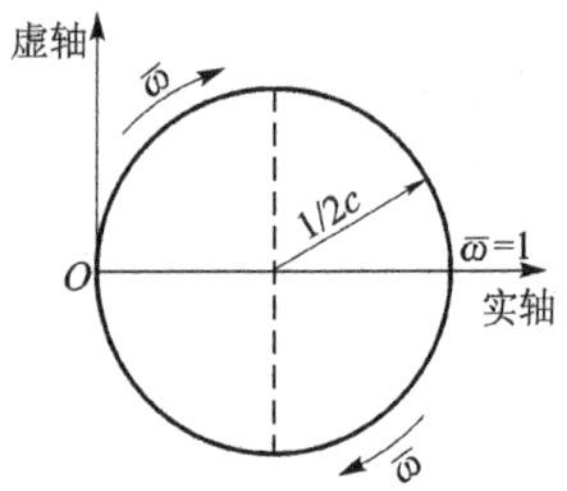

图 2.5-3　导纳圆

通过导纳圆半径可以得到阻尼系数 c。当 $\bar{\omega}=0$ 时,速度导纳在复平面上的位置是坐标原点 O。当 $\bar{\omega}$ 增加时,速度导纳沿着导纳圆顺时针方向运动,参见式(2.5-11);当 $\bar{\omega}=1$ 时,虚部为零,实部最大,该点位于导纳圆的最右端。通常可以用这个性质来精确确定相位共振点,得到相位共振频率,也就是固有频率。当 $\bar{\omega}$ 继续增大时,速度导纳又回到坐标原点,从而构成一条封闭曲线。因此利用导纳圆可以识别固有频率和阻尼。

值得指出的是,位移导纳和加速度导纳在相平面上都不是精确的圆。一般地讲,阻尼越小,它们的导纳图形就越接近圆形。但在共振点附近,这两种导纳圆总是接近于圆形。

2.6　隔振、减振与测振

工程中的振动现象是多种多样的。振动的作用具有双重性,其消极方面是:影响仪器设备的功能,降低机械设备的工作精度,引起结构疲劳破坏等;如大气紊流和其他振源都会使飞机等飞行器产生振动,这种振动会降低乘坐的舒适性,并且可能造成机载仪表工作不正常。振动的积极方面是:有许多利用振动的设备和工艺,如振动传输、振动研磨、振动筛选、振动沉桩和振动消除结构内应力等。在实际工程中,应该尽可能降低振动的消极作用,充分发挥其积极作用。

通常所说的振动控制实际上是振动抑制,即设法把有害振动限制到最小或减少到容许的程度。振动控制包括主动控制和被动控制,其中被动控制的原理和技术更加成熟,应用更为广泛,因此本节和3.4节仅讨论被动控制。被动控制技术包括阻尼减振、隔振和动力吸振,三者可以联合使用。

主动控制又称有源控制,它涉及振动与控制两个学科。主动控制系统包括控制对象、测量系统(包括传感器、适调器和放大器等)、作动器、控制器及能源五个部分。由传感器得到反馈信号,经调制放大后传到控制器,由控制器形成需要的控制律并发送到作动器,由作动器对结构施加控制力,所需能量由能源提供,由此形成一个闭环控制系统。稳定性、可控性和可测性是现代控制论中的三个重要基本概念。

2.6.1　隔振器

隔振主要是通过在仪器设备和基础之间设置隔振器,来减少它们之间能量的传递,也就是降低振动的消极作用。下面介绍常见的两类隔振,即隔幅和隔力,二者具有相同的传递率。因为阻尼器吸收并耗散能量,弹簧吸收并储存能量,因此通常用弹簧和阻尼器构成隔振器。

1. 第一类隔振

因为转子的不平衡,所以飞机和直升机的发动机相当于振源,机体相当于一个基础。一般不把发动机直接刚性安装在机体上,而是通过隔振器连接到机体上,以减少传到机体上的激振力,这就是第一类隔振的例子。这类隔振称**隔力**,也称**主动隔振**。

图2.6-1是第一类隔振的原理图。质量为 m 的振源产生按正弦规律变化的激振力 $F_0\sin\omega t$,其中 F_0 和 ω 分别为激振力的幅值和频率。若振源与基础结构之间为刚性连接,则

振源产生的激振力全部传递到基础结构上。

把隔振器安置于振源和基础之间，则传递到基础上的力为弹簧力和阻尼力的合力。根据式(2.1-16)可知，振源的稳态响应也就是质量块 m 在简谐激励作用下产生的稳态响应为

$$x = A\sin(\omega t - \theta) \tag{2.6-1}$$

式中：A 为位移响应振幅。根据式(2.1-12)可知其表达式为

$$A = \frac{F_0}{k\sqrt{(1-\bar{\omega}^2)^2 + (2\xi\bar{\omega})^2}} \tag{2.6-2}$$

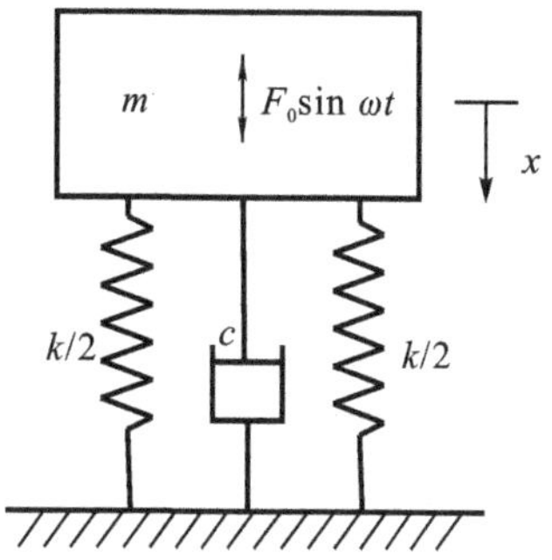

图 2.6-1　第一类隔振的原理图

弹簧力 F_s 和阻尼力 F_d 分别为

$$F_s = kx = kA\sin(\omega t - \theta) \tag{2.6-3}$$

$$F_d = c\dot{x} = c\omega A\cos(\omega t - \theta) \tag{2.6-4}$$

由上式可以看出，F_s 与 F_d 的相位差为 90°，它们的合力为

$$F = F_t\sin(\omega t - \theta + \alpha) \tag{2.6-5}$$

式中：θ 和 α 的表达式分别为式(2.1-11)和式(2.2-6)，即

$$\theta = \arccos\frac{1-\bar{\omega}^2}{\sqrt{(1-\bar{\omega}^2)^2 + (2\xi\bar{\omega})^2}},\quad \alpha = \arccos\frac{1}{\sqrt{1+(2\xi\bar{\omega})^2}} \tag{2.6-6}$$

而 F_t 为合力的幅值，且

$$F_t = \sqrt{(kA)^2 + (c\omega A)^2} = A\sqrt{k^2 + (c\omega)^2} \tag{2.6-7}$$

类似于式(2.2-10)，定义如下量纲为 1 的参数：

$$T_F = \frac{F_t}{F_0} \tag{2.6-8}$$

它是传递到基础上的合力的幅值 F_t 与振源产生的激振力的幅值 F_0 之比，称之为**力传递率**。根据式(2.6-2)和式(2.6-7)得

$$T_F = \frac{\sqrt{1+(2\xi\bar{\omega})^2}}{\sqrt{(1-\bar{\omega}^2)^2 + (2\xi\bar{\omega})^2}} \xlongequal{\bar{\omega}=1} \sqrt{1+Q^2} \tag{2.6-9}$$

这个公式的形式与基础激励情况下的绝对运动传递率的公式(2.2-11)完全相同。T_F 的幅频特性和相频特性也完全与图 2.2-2 和图 2.2-3 相同。当 $\omega > \sqrt{2}\omega_0$ 时，有 $T_F < 1$，这时隔振器才有隔振的效果。

2. 第二类隔振

飞机和直升机的仪表安装在机体(相当于基础)上，对仪表而言机体就是振源。当机体发生振动时，必然要导致仪表的振动。在仪表和机体之间配置隔振器，就可以减轻仪表的振动，这便是第二类隔振的例子。这类隔振称**隔幅**，也称**被动隔振**。

图 2.6-2 是第二类隔振的原理图。设振源产生按正弦规律变化的振动 $Y_0\sin\omega t$。若振源与系统之间为刚性连接，则系统与振源一起作同相位的振动。

把隔振器安置于振源和质量为 m 的系统之间，对它的分析就是对系统在基础简谐激励作用下的响应分析，可以直接引用 2.2 节所得结果。绝对运动传递率给出传递到系统上的绝对位移的振幅与振源所产生的简谐振动的振幅之比，可由公式(2.2-11)给出，即

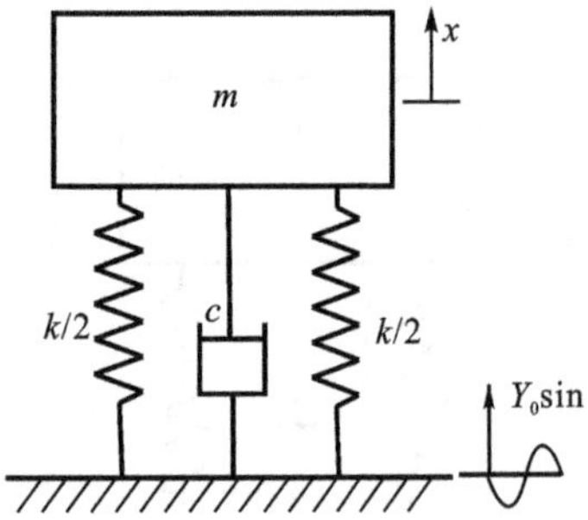

图 2.6-2　第二类隔振的原理图

$$T_A=\sqrt{\frac{1+(2\xi\bar{\omega})^2}{(1-\bar{\omega}^2)^2+(2\xi\bar{\omega})^2}}\xlongequal{\bar{\omega}=1}\sqrt{1+Q^2} \tag{2.6-10}$$

有关它的幅频特性和相频特性在2.2节中已经作了分析。

由于 T_F 的表达式(2.6-9)和 T_A 的表达式(2.6-10)完全相同,因此,不论对第一类隔振还是第二类隔振,它们的隔振要求是相同的,即只有当 $\bar{\omega}>\sqrt{2}$ 时,隔振器才有隔振效果。一般选 $\bar{\omega}$ 在2.5~5.0之间,相应的隔振效率$(1-T)$为80 %~90 %。隔振器弹簧的刚度系数 k 应该满足

$$k<\frac{1}{2}m\omega^2 \tag{2.6-11}$$

由图2.2-2给出的幅频响应曲线可以看出,当 $\bar{\omega}>\sqrt{2}$ 时,阻尼愈小,隔振效果愈好,这是因为阻尼系数越小,传递到系统上的阻尼力相对越小。但实际上为了减小系统越过共振区时的振幅和滤掉高频振动等,配置适当的阻尼是必要的。

下面列出几种常用的隔振器,并给出其特性和适用范围。

① 橡胶隔振器:承载刚度大,阻尼系数为0.15~0.3,可用于多方向、多形式隔振,常用于第一类隔振。

② 金属弹簧隔振器:刚度比较小,且水平刚度小于垂直刚度,易晃动,阻尼系数约为0.01,常用于第二类隔振。

③ 承剪式橡胶隔振器:横向刚度大于竖向刚度,可用于精密仪表及精密机械设备的隔振。

④ 空气弹簧隔振器:刚度由压缩空气的内能决定,阻尼系数为0.15~0.5,可用于有特殊要求的精密仪器和设备的第二类隔振,如光学测量仪器等。

⑤ 钢丝绳隔振器:承载能力强,损耗因子(半功率带宽与共振频率比值)约为0.34,具有良好的弹性和阻尼性能,其软弹簧特性有利于冲击的缓冲作用,通常用于冲击和振动并存的环境,适用于多种设备隔振。

还有许多其他隔振材料,如软木,质量轻并且具有一定弹性,阻尼系数为0.08~0.12,可用于第一类隔振;泡沫橡胶,刚度小而富有弹性,阻尼系数为0.1~0.15,可用于小型仪表的第二类隔振;毛毡,阻尼大,易丧失弹性,一般用于冲击隔振。

2.6.2　减振器

减振的有效方法是在系统中加阻尼,以耗散系统的振动能量。实际组装结构的阻尼损耗因子可达到0.05,并且组装结构的阻尼大约90 %为干摩擦阻尼。在振动控制装置中,减振技术可以与隔振技术或吸振技术同时使用,如阻尼隔振器、阻尼吸振器等。

作为耗能减振方法,其目的是将系统振动最为强烈的共振状态的振幅降至最小或降至可以接受的程度,因此若仅从减振角度而言,阻尼愈大愈好。当减振技术和隔振技术联合使用时,根据2.6.1小节讨论的隔振器传递率的幅频特性可知,阻尼并不总是愈大愈好。

加大系统阻尼的两种主要途径是:外加阻尼减振器,如干摩擦阻尼器;采用复合材料或粘弹性阻尼材料。

粘弹性材料是一种高阻尼材料，可以减小振动和噪声水平。工程上常用粘贴自由阻尼层和约束阻尼层的方法来控制振动。前者利用拉压变形来耗散能量，已经广泛用于汽车、飞机和其他机械设备等的减振和降噪；后者利用剪切变形来耗散能量，已经广泛用于机舱蒙皮、汽车车厢内部和各种机械设备的盖子上等。与自由阻尼层相比，约束阻尼层尤其是多层方式更有效。粘弹性阻尼材料的性能直接受到温度等环境的影响，当温度高于 60 ℃时，效果通常不够理想。

复合材料有比刚度和比强度高等优点，在航空航天工业中得到了普遍应用。在纤维增强的复合材料中，若采用粘弹性材料作为基底材料，则可以有效提高阻尼特性。

下面列出几种常用的减振器。

① 固体摩擦减振器：利用运动部件与阻尼件之间、阻尼件与固定件之间振动时产生的非线性摩擦阻尼来消耗振动能量，如利用摩擦环和摩擦盘构成的转子减振器、轴承减振器、钢丝绳减振器以及摩擦阻尼板等。

图 2.6 - 3 为一摩擦环阻尼减振器结构示意图，由耐磨材料制成的摩擦块在弹簧的压力作用下压向摩擦环，从而在摩擦块和摩擦环之间产生滑动摩擦，该摩擦阻尼可以抑制转子的振动。

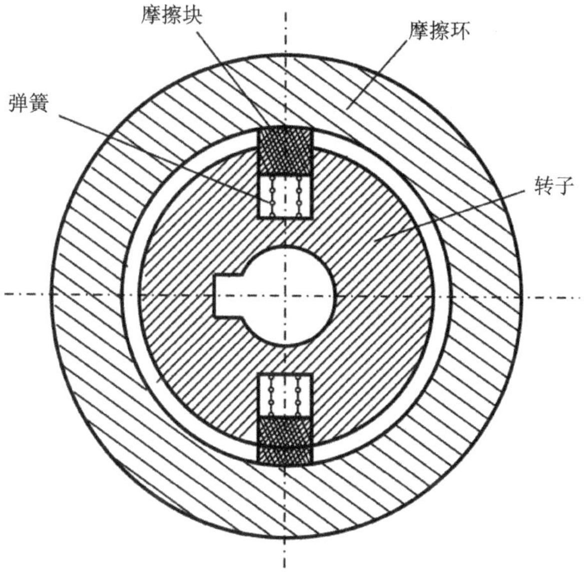

图 2.6 - 3　摩擦环阻尼减振器结构

② 流体阻尼减振器：当流体在管路或容器中流动时，利用流体对管壁或容器壁以及流体内部的粘性摩擦来消耗能量，如油压减振器、油膜轴承减振器等。

③ 冲击阻尼减振器：依据非完全弹性体相互碰撞时必然会引起振动能量耗损的原理而设计的减振器，其优点是质量轻，体积小，构造简单。

④ 电磁阻尼减振器：利用金属运动件在磁场内运动时产生的涡流与磁场相互作用形成的阻尼来减小振动，如仪表盘中指针的振动可以利用这一原理进行控制。另外，在工业中常用的磁流变耗能器，也是基于这一原理制造，如图 2.6 - 4 所示，其中活塞内部的线圈在电流作用下，会在缸体和活塞的间隙内产生沿着活塞半径的径向磁场。当活塞相对于缸体发生相对运动挤压液体，迫使其流过缸体和活塞之间的间隙时，流体就会受到磁场的作用，由牛顿体变为

粘塑体,从而使流体的流动阻力增加。由于粘塑体的屈服应力是磁场强度的函数,因此通过调整线圈中的电流强度来调整磁场强度,就可以调整流体的流动阻力,也就是活塞的移动阻力。

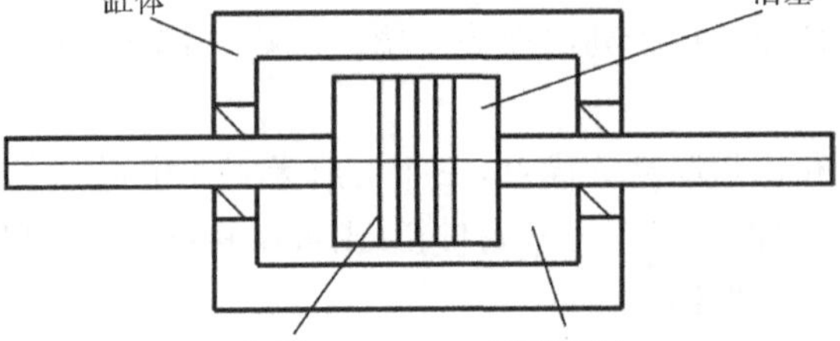

图 2.6-4 阀型磁流变耗能器

2.6.3 惯性测振仪

振动测量的基本手段就是利用传感器,它有不同的分类方式:

① 一类是传感器固定不动,如接触式的电磁速度传感器、非接触式的激光测振仪和涡流传感器。另外一类是将传感器置于被测物体之上进行测量,如下面将要介绍的位移计和加速度计。

② 按照测试功能进行分类,如加速度传感器、速度传感器和位移传感器等。

③ 按照传感元件进行分类,如压电式、电感式、电阻式、机械式和光电式等。

衡量测振仪器的重要特征包括:灵敏度、分辨率、幅值特性、相移、频率范围、校准内容、环境影响和物理特性(如质量)等。在测试振动时,需要注意的是信号电缆噪声和测点的选择,前者会干扰正常信号,而测量内容(如传递函数、模态和动态响应等)不同,测点的选择标准不同。**分辨率**是指仪器所能测量到的物理量(如位移、速度和加速度)的最小值。**灵敏度**的定义为

$$\text{灵敏度}=\frac{\text{输出的电信号(单位为 V、mV 等)}}{\text{输入的物理量(单位为 m、m/s、m/s}^2\text{ 等)}}$$

图 2.6-5 为惯性测量振动仪器的原理图,它由质量为 m 的谐振子、刚度系数为 k 的弹簧、阻尼系数为 c 的阻尼器和仪器的外壳组成。将振动测量仪器安装在待测的基础等结构上,测量仪器就可以记录基础的振动状态。

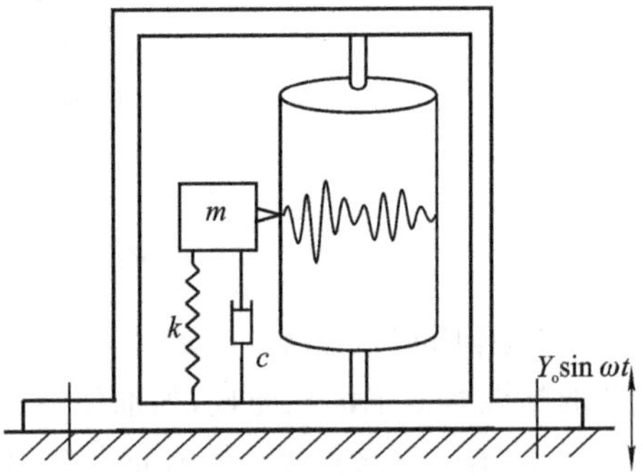

图 2.6-5 测振仪原理图

设基础作简谐振动

$$y=Y_0\sin\omega t \tag{2.6-12}$$

式(2.2-15)给出了谐振子相对仪器的外壳即相对基础的运动方程,即

$$\ddot{z}+2\xi\omega_0\dot{z}+\omega_0^2 z=Y_0\omega^2\sin\omega t$$

式(2.2-17)给出了相对运动的幅值 A 与基础运动的幅值 Y_0 之间的关系

$$A=\frac{\bar{\omega}^2}{\sqrt{(1-\bar{\omega}^2)^2+(2\xi\bar{\omega})^2}}Y_0=\beta\bar{\omega}^2 Y_0$$

相对运动的相频特性由式(2.2－18)确定，即

$$\theta=\arccos\frac{1-\bar{\omega}^2}{\sqrt{(1-\bar{\omega}^2)^2+(2\xi\bar{\omega})^2}}$$

从式(2.2－17)可以看出

$$\underset{\bar{\omega}\to 0}{A}\approx\omega^2 Y_0/\omega_0^2$$

式中：$\omega^2 Y_0$ 为基础运动的加速度幅值，这说明当测振仪的固有频率 ω_0 比基础运动的频率 ω 高得多时，测振仪的输出信号正比于基础运动的加速度。根据此原理设计出来的惯性测振仪称**加速度传感器**，或**加速度计**。用于测量加速度的测振仪的固有频率 ω_0 愈高，测量的精度愈高，但灵敏度愈低。故设计加速度传感器时应该预先设计使用的频率范围，即被测信号(也就是基础运动)的频率应该在传感器的使用频率范围之内。

加速度传感器设计的一个重要要求就是在它的使用频率范围之内，A 与 $\bar{\omega}^2 Y_0$ 要成正比，根据式(2.2－17)可以看出，β 应该与频率比 $\bar{\omega}$ 的变化无关，即 β 应该基本为常数。对于不同的阻尼比 ξ，图 2.6－6 给出了 β 随着 $\bar{\omega}$ 变化的曲线。从图中可以看出，在低频段($\bar{\omega}=0\sim0.3$)，当阻尼比 $\xi=0.7$ 时，β 基本不变，避免了传感器波形失真，这也是传感器内装有特制阻尼油的一个目的。传感器装有阻尼油的另外一个目的是避免相位畸变。图 2.6－7 为根据式(2.2－18)画出的位移相频曲线，从中可以看出，在 $\xi=0.7$ 时，相频特性曲线在低频段($\bar{\omega}=0\sim0.3$)近似为直线，因此传感器不会发生相位畸变。

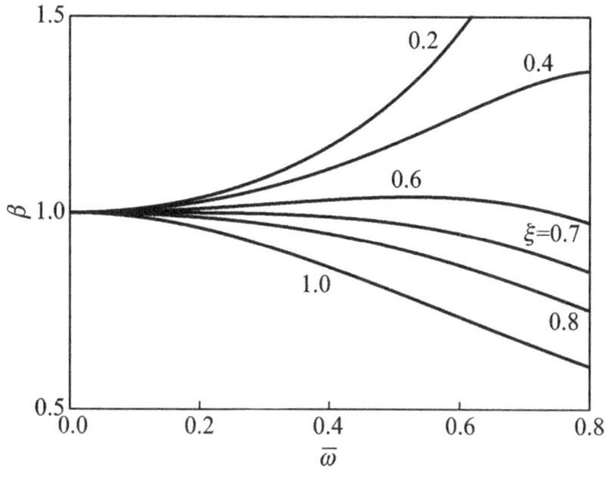

图 2.6－6　位移幅频曲线

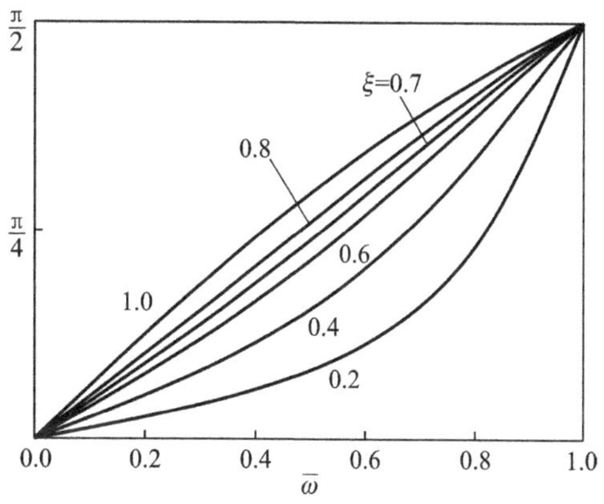

图 2.6－7　位移相频曲线

工程上广泛采用的是加速度计，尤其是各种压电晶体加速度计，$\omega_0/2\pi$ 可高于 10 000 Hz，具有使用频率范围广、体积小和灵敏度高等优点。

从式(2.2－17)还可以看出

$$\underset{\bar{\omega}\to\infty}{A}\approx Y_0$$

这说明当测振仪的固有频率 ω_0 比基础运动的频率 ω 小得多时，测振仪的输出信号近似为基础运动的位移，根据此原理设计出来的测振仪称**位移传感器**或**位移计**。例如，用于测量大型电机和汽轮机组的某百分表位移计的固有振动频率约为 10 Hz，使用频率范围为 25～70 Hz。惯性位移计的缺点是体积和质量比较大，若被测量物体的质量不够大，位移计的质量将影响测量结果，并且使用的频率范围也比较窄。

2.7 转子动力学

柔性转子机构在工程上是常见的，如图2.7-1所示。与轴和弹性支撑相比，圆盘可以看成是刚性的，轴的质量与圆盘相比可以忽略不计。C为圆盘的中心，S为质心位置，偏心距离为e，圆盘的质量为m。转子系统在工作过程中，弹性轴和弹性支撑相当于弹簧为圆盘提供了恢复力，其等效弹性系数分别为k_x和k_y。若轴是均匀的并且两端简支(挠度等于零)，圆盘在轴的中间位置，则刚度系数为

$$k_x = k_y = \frac{48EI}{L^3}$$

由于风和其他因素提供的粘性阻尼在各个方向是相同的，故其阻尼系数为c。由于所考虑系统的特殊性，故忽略**陀螺**(gyroscopic)**效应**。下面仅讨论这种简单情况的转子系统的动态特性。

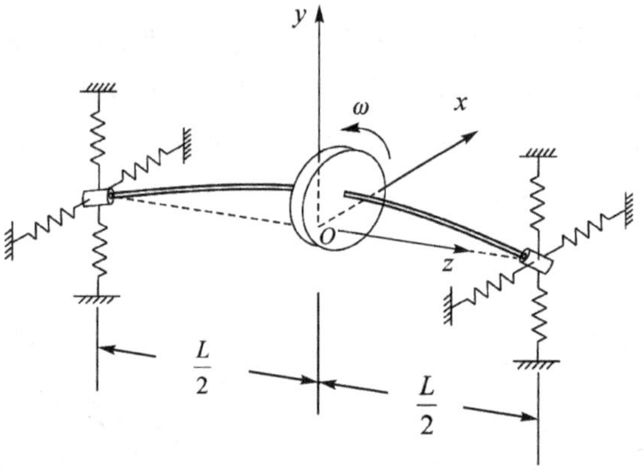

(a) 坐标系

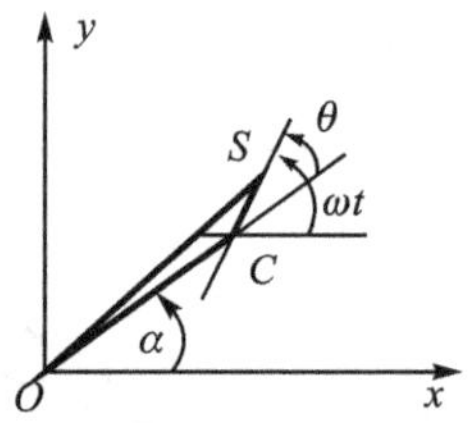

(b) 变量关系

图2.7-1 柔性转子机构

建立如图2.7-1(a)所示的惯性直角坐标系，O为坐标系的原点。转轴在绕其几何形心以角速度ω转动的过程中，由于圆盘的偏心，离心力促使转轴弯曲并围绕固定z轴旋转，故形成转轴进动问题，也称涡动问题。转轴进动的速度和其自转的角速度ω可以相等或不等，方向可以相同或相反。

设圆盘中心C的坐标为x和y，则质心S的坐标为

$$x_S = x + e\cos\omega t \tag{2.7-1a}$$

$$y_S = y + e\sin\omega t \tag{2.7-1b}$$

根据牛顿运动定律可以得到圆盘的运动方程为

$$m\ddot{x} + c\dot{x} + k_x x = me\omega^2\cos\omega t \tag{2.7-2a}$$

$$m\ddot{y} + c\dot{y} + k_x y = me\omega^2\sin\omega t \tag{2.7-2b}$$

或

$$\ddot{x} + 2\xi_x\omega_{0x}\dot{x} + \omega_{0x}^2 x = e\omega^2\cos\omega t \tag{2.7-3a}$$

$$\ddot{y} + 2\xi_x\omega_{0x}\dot{y} + \omega_{0x}^2 y = e\omega^2\sin\omega t \tag{2.7-3b}$$

式中：

$$2\xi_x\omega_{0x}=\frac{c}{m},\quad 2\xi_y\omega_{0y}=\frac{c}{m},\quad \omega_{0x}=\sqrt{\frac{k_x}{m}},\quad \omega_{0y}=\sqrt{\frac{k_y}{m}}$$

方程(2.7－3)的稳态响应为

$$x=A_x\cos(\omega t-\theta_x) \tag{2.7-4a}$$

$$y=A_y\sin(\omega t-\theta_y) \tag{2.7-4b}$$

$$A_x(\bar{\omega}_x)=\frac{e\bar{\omega}_x^2}{\sqrt{(1-\bar{\omega}_x^2)^2+(2\xi_x\bar{\omega}_x)^2}},\quad A_y(\bar{\omega}_y)=\frac{e\bar{\omega}_y^2}{\sqrt{(1-\bar{\omega}_y^2)^2+(2\xi_y\bar{\omega}_y)^2}} \tag{2.7-5}$$

$$\theta_x(\bar{\omega}_x)=\arccos\frac{1-\bar{\omega}_x^2}{\sqrt{(1-\bar{\omega}_x^2)^2+(2\xi_x\bar{\omega}_x)^2}},\quad \theta_y(\bar{\omega}_y)=\arccos\frac{1-\bar{\omega}_y^2}{\sqrt{(1-\bar{\omega}_y^2)^2+(2\xi_y\bar{\omega}_y)^2}} \tag{2.7-6}$$

式中：$\bar{\omega}_x=\omega/\omega_{0x}$，$\bar{\omega}_y=\omega/\omega_{0y}$。下面分两种情况进行讨论。

情况 1： 令 $k_y=k_x$，有

$$\omega_{0x}=\omega_{0y}=\omega_0,\quad \xi_x=\xi_y=\xi,\quad \bar{\omega}_x=\bar{\omega}_y=\bar{\omega}$$

$$A_x(\bar{\omega}_x)=A_y(\bar{\omega}_y)=A(\bar{\omega}),\quad \theta_x(\bar{\omega}_x)=\theta_y(\bar{\omega}_y)=\theta(\bar{\omega})$$

将式(2.7－5)和式(2.7－6)变为

$$A(\bar{\omega})=\frac{e\bar{\omega}^2}{\sqrt{(1-\bar{\omega}^2)^2+(2\xi\bar{\omega})^2}},\quad \theta(\bar{\omega})=\arccos\frac{1-\bar{\omega}^2}{\sqrt{(1-\bar{\omega}^2)^2+(2\xi\bar{\omega})^2}} \tag{2.7-7}$$

稳态解(2.7－4)变为

$$x=A\cos(\omega t-\theta) \tag{2.7-8a}$$

$$y=A\sin(\omega t-\theta) \tag{2.7-8b}$$

因此有

$$A=\sqrt{x^2+y^2},\quad \alpha=\arctan\frac{y}{x}=\omega t-\theta \tag{2.7-9}$$

参见图 2.7－1(b)。从式(2.7－9)得

$$\dot{\alpha}=\omega \tag{2.7-10}$$

由此可见，圆盘和轴的自转速度 ω 与轴绕 z 轴的回旋速度是相同的，这种现象称为同步涡旋。此时点 S 绕 z 轴的运动轨迹为圆心在 O 点的圆。

下面分三个频段来讨论系统的相频特性和幅频特性，参见式(2.7－7)和图 2.7－1(b)。

当 $\bar{\omega}=1$ 时，$A(\bar{\omega})=e/2\xi$，$\theta(\bar{\omega})=\pi/2$，线 $\overline{CS}$ 和线 $\overline{OC}$ 互相垂直。当阻尼很小时，$A(\bar{\omega})=e/2\xi$ 就会变得很大，因此通常把 $\bar{\omega}=1$ 时轴的转速称为**临界转速**，当轴的转速接近或等于轴弯曲振动的频率时，轴会发生剧烈的弯曲旋转振动。

当 $\bar{\omega}\ll1$ 时，$A(\bar{\omega})\to0$，$\theta(\bar{\omega})\to0$，此时点 O、点 C 和点 S 接近共线，点 O 和点 C 的距离接近零。因此当转速远小于临界转速时，出现了所谓的“重边飞出”现象。

当 $\bar{\omega}\gg1$ 时，$A(\bar{\omega})\to e$，$\theta(\bar{\omega})\to\pi$，此时点 O、点 C 和点 S 接近共线，但质心 S 和点 O 之间的距离趋于零，这种现象称**自动定心**现象，这时出现圆盘的“轻边飞出”现象。

情况 2： $c=0$，此时有

$$\ddot{x}+\omega_{0x}^2x=e\omega^2\cos\omega t \tag{2.7-11a}$$

$$\ddot{y}+\omega_{0y}^{2}y=e\omega^{2}\sin\omega t \tag{2.7-11b}$$

系统的稳态响应为

$$x=A_{x}\cos\omega t,\quad y=A_{y}\sin\omega t \tag{2.7-12}$$

$$A_{x}(\bar{\omega}_{x})=\frac{e\bar{\omega}_{x}^{2}}{1-\bar{\omega}_{x}^{2}},\quad A_{y}(\bar{\omega}_{y})=\frac{e\bar{\omega}_{y}^{2}}{1-\bar{\omega}_{y}^{2}} \tag{2.7-13}$$

从式(2.7-12)可知

$$\left(\frac{x}{A_{x}}\right)^{2}+\left(\frac{y}{A_{y}}\right)^{2}=1 \tag{2.7-14}$$

因此圆盘中心绕 z 轴运动的轨迹为椭圆。而

$$\tan\alpha=\frac{y}{x}=\frac{A_{x}}{A_{y}}\tan\omega t \tag{2.7-15}$$

对式(2.7-15)进行微分得到

$$\dot{\alpha}=\frac{A_{x}A_{y}}{A_{x}^{2}\cos^{2}\omega t+A_{y}^{2}\sin^{2}\omega t}\omega \tag{2.7-16}$$

因此 A_xA_y 的正负也就是 $\bar{\omega}_x$ 和 $\bar{\omega}_y$ 的大小,决定轴弓状旋转方向和圆盘自转方向之间的关系。

当 $\bar{\omega}_x=1$ 和 $\bar{\omega}_y=1$ 时,通过杜哈梅积分确定系统方程(2.7-11)的共振解为

$$\begin{aligned}x&=\frac{e}{2}\omega_{0x}t\sin\omega_{0x}t\\ y&=-\frac{e}{2}\omega_{0y}t\cos\omega_{0y}t\end{aligned} \tag{2.7-17}$$

若转轴的振幅比较大,则需要考虑非线性刚度的影响。此时系统是非线性的,该系统可能出现混沌现象。如考虑轴承油膜,还会给系统带来新的非线性。而当转子的轴线方向与 z 轴不平行(如转子不在转轴的中心位置上)时,还需要考虑陀螺效应,由此可见,转子动力系统是十分复杂的。读者可以尝试做习题 2-18 和习题 2-19。

复习思考题

2-1 效仿分析位移振幅和相位在三个频段特性的方法,分析速度和加速度的幅频特性和相频特性,并分析位移、速度和加速度的相位关系。

2-2 系统相对运动的幅频特性和相频特性所反映的系统固有特性,是否与系统绝对运动的幅频特性和相频特性所反映的系统特性相同?

2-3 试将一般周期力 $f(t)$ 展开为如下复数形式来分析系统的响应。

$$f(t)=\sum_{n=-\infty}^{\infty}c_{n}\mathrm{e}^{\mathrm{i}n\omega t},\quad c_{n}=\frac{1}{T}\int_{0}^{T}f(t)\mathrm{e}^{-\mathrm{i}n\omega t}\mathrm{d}t$$

2-4 用杜哈梅积分是否可以求解系统在周期激励作用下的稳态响应?

2-5 证明脉冲响应函数和频响函数构成傅里叶变换对。

2-6 试分析位移导纳的实频特性和虚频特性。

2-7 从物理上分析,无阻尼系统发生共振时,为什么系统的响应趋于无穷大?

2-8 为何会出现伴随自由振动?

2-9　为何根据 T_R 可以设计传感器？哪些量是待测量？说明分辨率、灵敏度和精度的关系。

习　　题

2-1　实验测出了具有粘性阻尼的单自由度系统的固有频率 ω_d 和在简谐激励作用下发生位移共振的频率 ω。试求系统的固有频率 ω_0、阻尼系数 c 和对数衰减率 δ。

2-2　建立图 2.1 所示系统的动力学平衡方程，并求系统的稳态响应。

2-3　已知初始速度 $\dot{x}_0$ 和初始位移 x_0，$F(t)=F_0\cos\omega t$。求图 2.2 所示系统的响应。

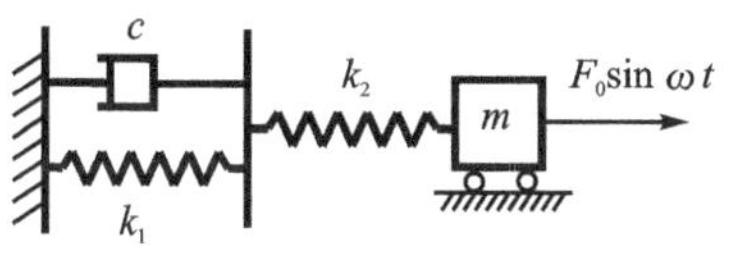

图 2.1　习题 2-2 用图

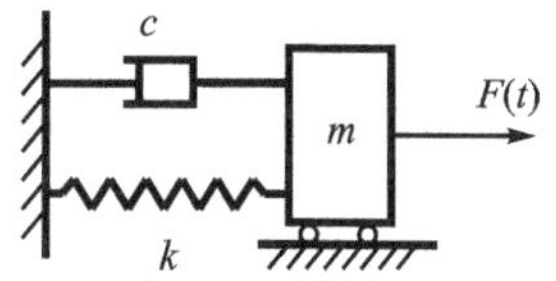

图 2.2　习题 2-3 用图

2-4　试用能量方法求系统 $m\ddot{x}+kx=F_0\sin\omega t$ 稳态响应的幅值。

2-5　图 2.3 是汽车拖车的简化力学模型。拖车以匀速 v 在不平的路面上行驶。路面的形状为 $y=y_0[1-\cos(2\pi vt/b)]$。路面形状变化的幅值 y_0 远小于 l，可以认为 O 点无垂直位移。拖车对与汽车的连接点 O 的转动惯量为 J，不计拖车轮子的质量。试求拖车振幅达到最大值时汽车的速度。

2-6　图 2.4 所示系统的刚性棒质量不计，$f(t)=F_0\sin\omega t$。试建立系统的运动方程，并分别求出当① $\omega=\omega_0$，② $\omega=\omega_0/2$ 时，质量块的线位移幅值。

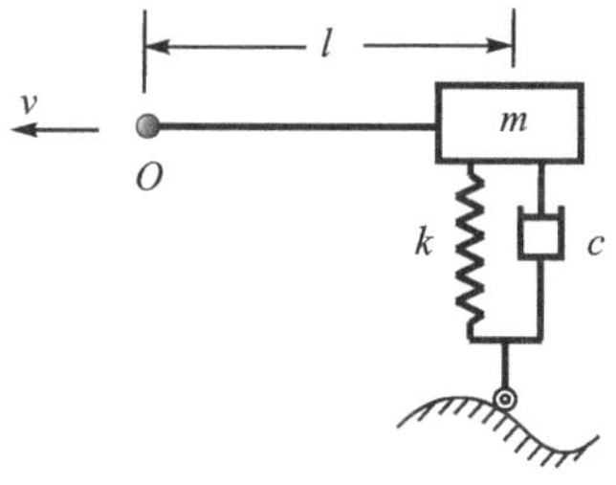

图 2.3　习题 2-5 用图

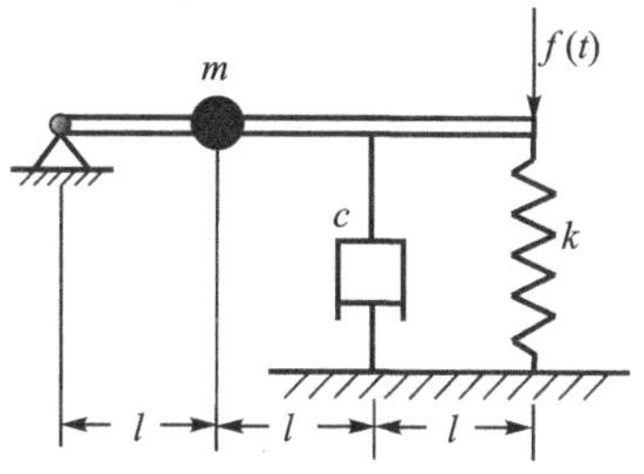

图 2.4　习题 2-6 用图

2-7　求图 2.5 所示系统运动基础的位移阻抗。

2-8　求图 2.6 所示系统激振点处的位移导纳。

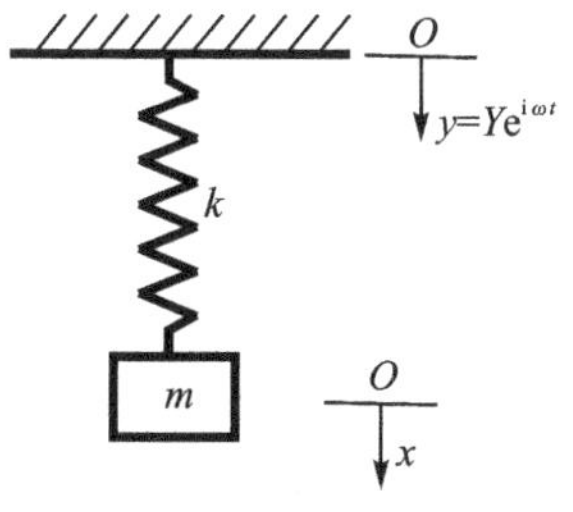

图 2.5　习题 2-7 用图

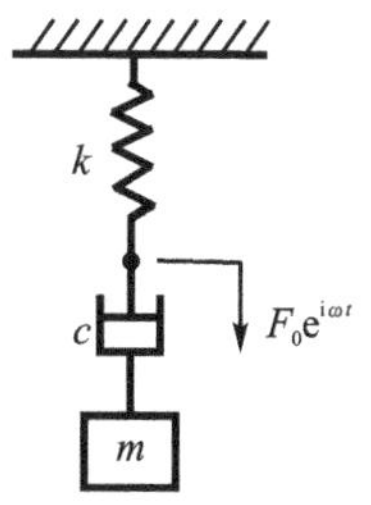

图 2.6　习题 2-8 用图

2-9 试求图 2.7(a)所示系统在图 2.7(b)所示周期力作用下的稳态响应,$T=2\pi/\omega$。

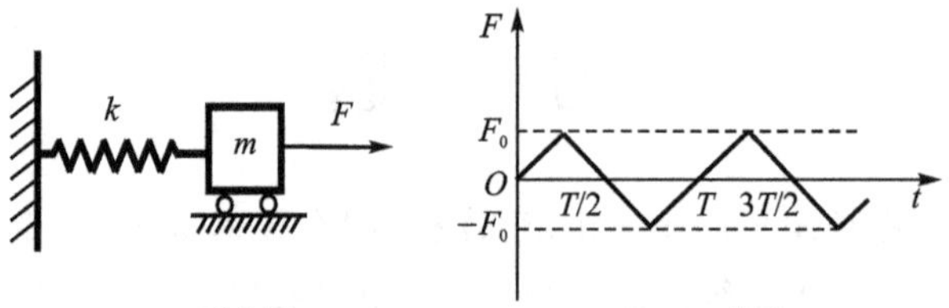

(a) 系统图　　(b) $F-t$曲线

图 2.7　习题 2-9 用图

2-10 在图 2.8(a)所示系统中,x_s 的变化规律如图 2.8(b)所示。试求系统的稳态响应。

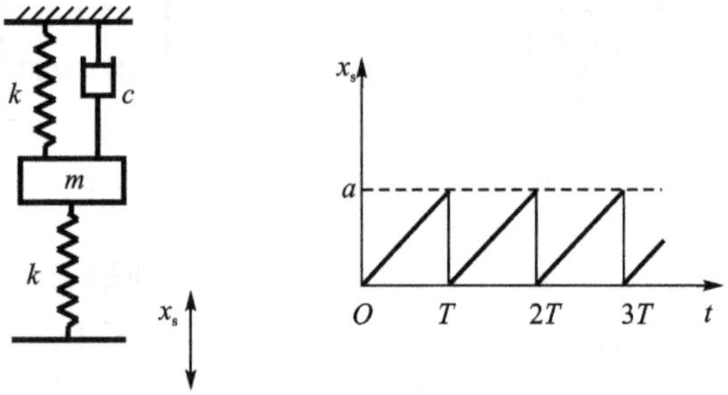

(a) 系统图　　(b) x_s-t曲线

图 2.8　习题 2-10 用图

2-11 图 2.7(a)所示系统的初始条件为零。试求在图 2.9 所示外力作用下的系统响应。

2-12 在图 2.10 所示的箱子中悬挂的质量弹簧系统处于静平衡位置。箱子从高 h 处自由落下。设箱子的质量远远大于质量 m,因此忽略质量 m 对箱子自由运动的影响,并且箱子落地之后无反弹。试求箱子落地后质量自由振动的位移幅值。

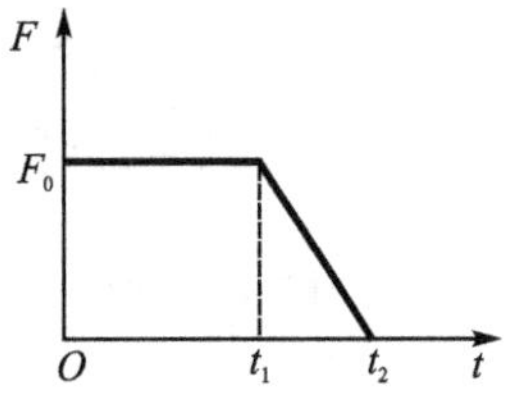

图 2.9　习题 2-11 用图

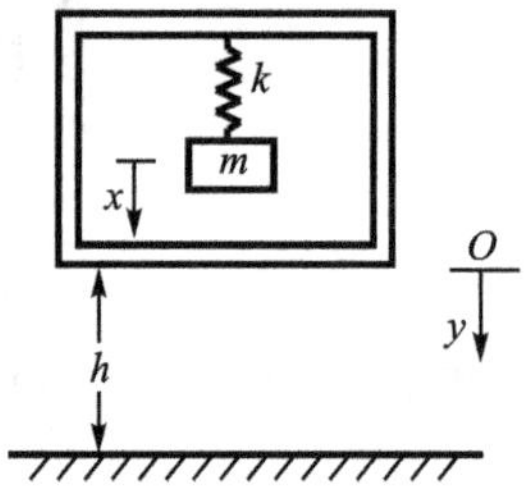

图 2.10　习题 2-12 用图

2-13 用杜哈梅积分求图 2.2 所示系统在简谐激励 $F(t)=F_0\sin\omega t$ 作用下的响应。设初始条件等于零。

2-14 图 2.11 所示物体的重量为 W,弹簧的刚度为 k。弹簧的自由端突然以速度 v 开始运动。物体与基础之间的静摩擦系数为 μ。求在下列情况下物体的运动。

① 动摩擦系数为零。

② 动摩擦力与速度成正比。

③ 动摩擦力与速度成反比。

2-15 一个质量-弹簧系统从光滑的斜面上下滑,斜面倾角 $\alpha=30°$,如图 2.12 所示。试求弹簧从开始接触固定面到脱离开接触的时间。

2-16　升降机钢索可以简化为刚度为 k 的弹簧，卷索机的当量质量为 m_1，装货物的箱子质量为 m_2，F 为卷起钢索的力，如图 2.13 所示。分两种情况求钢索的张力 F_c：① 外力 F 突然作用在 m_1 上，并且 F 始终等于 F_0；② 对升降机性能进行了改进。卷起力 F 从 0 开始线性增加到 F_0，所需时间为 $2\pi/\omega_0$，其中 ω_0 是以钢索伸长为变量的系统的固有频率。

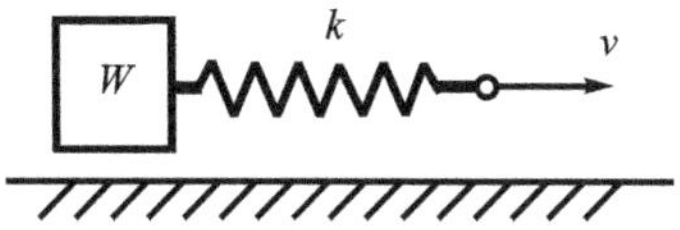

图 2.11　习题 2-14 用图

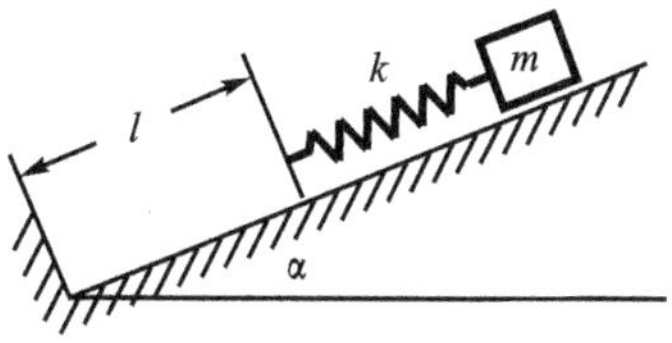

图 2.12　习题 2-15 用图

2-17　对无阻尼系统，当简谐激励频率与系统固有频率相等时，系统的响应趋于无穷大。① 分析在振幅逐渐变大过程中，简谐外力作的功。② 分析简谐位移相位和简谐激励相位之间满足什么关系时，激励在一个周期内作的功等于零。

2-18　图 2.14 所示的是柔性转子。圆盘和轴的自转角速度为 Ω，弓状回旋（步进）角速度为 ω。轴的长度为 l，弯曲刚度为 EI，忽略轴的质量。圆盘绕轴心的转动惯量为 I_P，质量为 m。建立系统的运动微分方程，分析系统的临界转速。

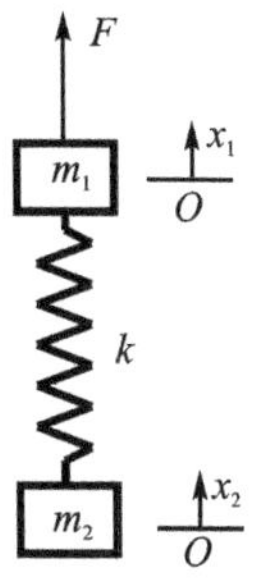

图 2.13　习题 2-16 用图

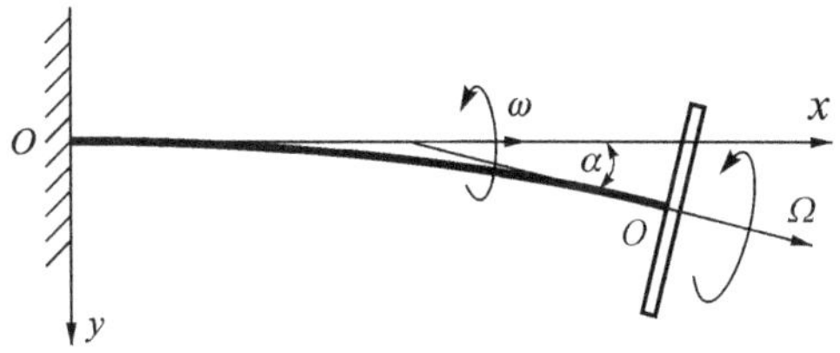

图 2.14　习题 2-18 用图

2-19　图 2.15 所示为一转子系统，圆盘的质量为 m，半径为 R。已知 $k_1 l_1 = k_2 l_2$（相当于离圆盘近的弹簧刚度大），轴的转速为 Ω。求转子的涡旋角速度 ω。

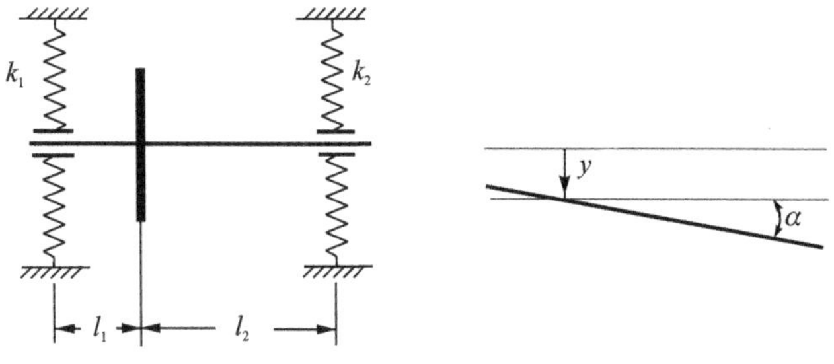

图 2.15　习题 2-19 用图

第 3 章　多自由度线性系统的振动

前几章主要讨论了单自由度系统的动态特性。单自由度系统是实际振动系统中最简单的模型，只需要一个独立坐标来描述它的位形。自由度数或独立坐标数大于 1 的系统为**多自由度系统**。通常实际工程系统是复杂的、连续的，需要将其简化并离散成为多自由度系统进行分析，因此，多自由度系统的振动理论及方法是解决工程振动问题的基础。

多自由度系统由多个集中质量、阻尼器和无质量弹簧构成。无阻尼多自由度线性系统的单频率自由振动称为**主振动**或**固有振动**，主振动的频率是系统的固有频率。在线性系统主振动中，表示各坐标间比例的一组数值称为**固有振型**，或称为**主振型**或**主模态**，也简称为**振型**或**模态**。模态表示主振动的振动形态。固有模态包括固有频率和模态。独立坐标数为 n 的线性多自由度系统通常具有 n 个固有频率和与之对应的模态。利用模态正交性可以把多自由度线性系统的振动转化为相互独立的主振动的叠加，这种分析方法称为**模态叠加方法**或振型叠加方法。本章主要介绍线性多自由度系统的固有模态理论和分析方法，介绍吸振器的设计原理，强调主振动和模态等基本概念以及模态叠加方法。

3.1　无阻尼系统的自由振动

3.1.1　振动微分方程的建立

为了建立多自由度系统的动力学平衡方程，首先要确定系统的自由度，也就是独立坐标数，然后选合适的变量作为广义坐标。在选定广义坐标后，可以根据达朗伯原理或牛顿运动定律（即矢量力学方法）来确定系统的运动方程；也可以引入影响系数的概念，从研究系统在惯性力作用下的变形而得到系统的运动方程；还可以根据分析力学的方法，即先得到系统的动能和势能，然后应用拉格朗日方程建立系统的运动方程。在这 3 类方法中，第 1 章已经简单介绍了用牛顿运动定律和拉格朗日方程建立单自由度系统运动方程的方法。下面通过一个简单的例子来说明如何用上述 3 类方法建立多自由度系统的运动方程。

图 3.1-1 为用线弹簧 K_h 和扭转弹簧 K_α 支持起来的只做沉浮与俯仰运动的刚硬翼段系统。翼段的质量为 m，绕质心的转动惯量为 J_0。为了描述翼段的运动，选翼段剪心偏离静平衡位置的垂直距离 h 和翼段绕剪心的转角 α 作为广义坐标，图上标注的广义坐标方向为正。

1. 用达朗伯原理建立系统运动方程

取刚硬翼段作为自由体，图 3.1-2 是它的受力图。根据翼段的上下平动和转动平衡条件，可求得如下运动方程：

$$\left.\begin{aligned} m\ddot{h}+m\delta\ddot{\alpha}+K_h h=0 \\ m\delta\ddot{h}+(J_0+m\delta^2)\ddot{\alpha}+K_\alpha\alpha=0 \end{aligned}\right\} \qquad (3.1-1)$$

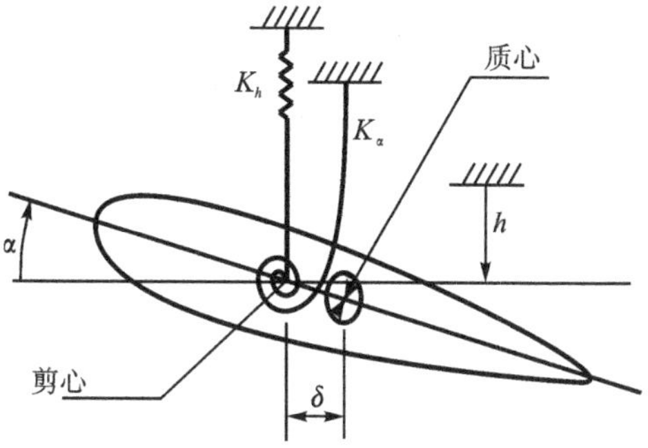

图 3.1-1 刚硬翼段系统

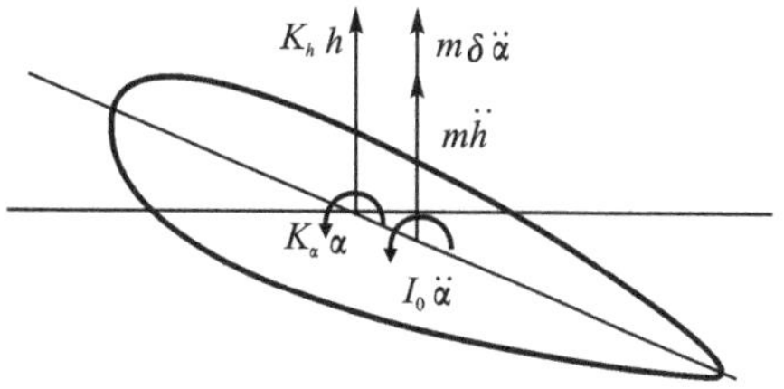

图 3.1-2 刚硬翼段受力图

或写成

$$\left.\begin{aligned} m\ddot{h} + S_\alpha\ddot{\alpha} + K_h h = 0 \\ S_\alpha\ddot{h} + J_\alpha\ddot{\alpha} + K_\alpha \alpha = 0 \end{aligned}\right\} \tag{3.1-2}$$

式中：$S_\alpha = m\delta$ 为翼段对剪心的质量静矩；$J_\alpha = J_0 + m\delta^2$ 为翼段对剪心的转动惯量。式(3.1-2)也可以写成如下矩阵形式：

$$\boldsymbol{M}\ddot{\boldsymbol{x}} + \boldsymbol{K}\boldsymbol{x} = \boldsymbol{0} \tag{3.1-3}$$

式中：

$$\boldsymbol{x} = \begin{bmatrix} h \\ \alpha \end{bmatrix}, \quad \boldsymbol{M} = \begin{bmatrix} m & S_\alpha \\ S_\alpha & J_\alpha \end{bmatrix}, \quad \boldsymbol{K} = \begin{bmatrix} K_h & 0 \\ 0 & K_\alpha \end{bmatrix} \tag{3.1-4}$$

矩阵 $\boldsymbol{M}$ 为由惯性参数组成的矩阵，称为**质量矩阵**或惯性矩阵，其元素也被称为**质量影响系数**；$\boldsymbol{K}$ 为由系统的弹性参数组成的矩阵，称为**刚度矩阵**，其元素也经常被称为**刚度影响系数**；$\boldsymbol{x}$ 为位移坐标列向量。质量矩阵 $\boldsymbol{M}$ 和刚度矩阵 $\boldsymbol{K}$ 都是对称矩阵，对角元素称为主项，非对角元素称为耦合项。质量矩阵的非对角元素不等于零，说明系统存在惯性耦合。刚度矩阵的非对角元素为零，则系统不存在刚度耦合。值得指出的是，刚度耦合和惯性耦合的存在与否取决于广义坐标的选择，即坐标耦合不是系统的固有特征。

注：若以质心为坐标原点(h 指到质心位置)，则运动方程为

$$m\ddot{h} + K_h(h - \delta\alpha) = 0$$

$$J_0\ddot{\alpha} + K_\alpha \alpha + K_h(\delta\alpha - h)\delta = 0$$

或

$$\begin{bmatrix} m & 0 \\ 0 & J_0 \end{bmatrix} \begin{bmatrix} \ddot{h} \\ \ddot{\alpha} \end{bmatrix} + \begin{bmatrix} K_h & -K_h\delta \\ -K_h\delta & K_\alpha + K_h\delta \end{bmatrix} \begin{bmatrix} h \\ \alpha \end{bmatrix} = \begin{bmatrix} 0 \\ 0 \end{bmatrix}$$

此时只有弹性耦合，而没有惯性耦合。这说明系统在合适的广义坐标系下，可以既不存在弹性耦合也不存在惯性耦合。寻找这样的广义坐标是线性多自由度系统振动问题求解的关键问题。读者可以尝试用变量替换的方法把上式变成式(3.1-1)。

2. 用影响系数法建立系统运动方程

在结构静力学分析中，广泛采用柔度影响系数的概念。所谓**柔度影响系数**是指在单位外力作用下系统产生的位移。在系统的广义坐标 j 上作用单位外力，在广义坐标 i 上产生的位移，用柔度影响系数 f_{ij} 来表示，并且 $f_{ij} = f_{ji}$。对于图 3.1-1 所示系统，设 P_1 和 P_2 是作用

在系统上分别与广义坐标 h 和 α 对应的广义力，那么剪心所产生的位移与翼段绕剪心的转角就分别为

$$\left.\begin{aligned} h &= f_{11}P_1 + f_{12}P_2 \\ \alpha &= f_{21}P_1 + f_{22}P_2 \end{aligned}\right\} \tag{3.1-5}$$

式中下标"1"和"2"分别对应坐标 h 和 α。根据柔度影响系数和剪心的力学含义，容易得到 $f_{12}=f_{21}=0$，$f_{11}=1/K_h$ 和 $f_{22}=1/K_\alpha$。

在无阻尼自由振动系统中，只有惯性力作用在系统上，因此

$$\left.\begin{aligned} P_1 &= -m(\ddot{h}+\delta\ddot{\alpha}) \\ P_2 &= -m\delta\ddot{h} - (J_0 + m\delta^2)\ddot{\alpha} \end{aligned}\right\} \tag{3.1-6}$$

式中 P_1 和 P_2 分别表示上下平动惯性力和转动惯性力。把式(3.1-6)代入式(3.1-5)中得

$$\left.\begin{aligned} h &= -\frac{1}{K_h}(m\ddot{h}+m\delta\ddot{\alpha}) \\ \alpha &= -\frac{1}{K_\alpha}[m\delta\ddot{h} + (J_0 + m\delta^2)]\ddot{\alpha} \end{aligned}\right\} \tag{3.1-7}$$

可以将上式写成矩阵形式，即

$$\boldsymbol{FM\ddot{x}} + \boldsymbol{x} = \boldsymbol{0} \tag{3.1-8}$$

式中：$\boldsymbol{F}$ 为柔度影响系数矩阵，即**柔度矩阵**。它是对称矩阵并与刚度矩阵互为逆矩阵，其形式为

$$\boldsymbol{F} = \begin{bmatrix} 1/K_h & 0 \\ 0 & 1/K_\alpha \end{bmatrix} \tag{3.1-9}$$

而质量矩阵 $\boldsymbol{M}$ 与式(3.1-4)中的相同。方程(3.1-8)还可以写成

$$\boldsymbol{D\ddot{x}} + \boldsymbol{x} = \boldsymbol{0} \tag{3.1-10}$$

式中：$\boldsymbol{D}=\boldsymbol{FM}$ 称为系统的**动力矩阵**。虽然它是两个对称矩阵的乘积，但它通常不是对称矩阵。

前面用柔度影响系数建立了系统的动力学平衡方程。在振动分析中，常用的是刚度影响系数的概念。所谓**刚度影响系数**是指要使广义坐标 i 产生单位位移，其余各个坐标的位移等于零，在某个坐标上必须施加的力。刚度影响系数 k_{ij} 是指使广义坐标 j 产生单位位移，其余各个坐标的位移等于零，在坐标 i 上必须施加的力，并且 $k_{ji}=k_{ij}$，因此由刚度影响系数组成的刚度矩阵是对称的。

对于图 3.1-1 所示系统，根据刚度影响系数的定义，有下列关系存在，即

$$\left.\begin{aligned} P_1 &= k_{11}h + k_{12}\alpha \\ P_2 &= k_{21}h + k_{22}\alpha \end{aligned}\right\} \tag{3.1-11}$$

式中：$k_{12}=k_{21}=0$，$k_{11}=K_h$，$k_{22}=K_\alpha$，并且与广义坐标 h 和 α 相对应的广义力 P_1 和 P_2 已经在式(3.1-6)中给出。把式(3.1-6)和 k_{ij} 代入式(3.1-11)中得

$$\begin{aligned} K_h h &= -m(\ddot{h}+\delta\ddot{\alpha}) \\ K_\alpha \alpha &= -m\delta\ddot{h} - (J_0 + m\delta^2)\ddot{\alpha} \end{aligned}$$

此式与式(3.1-1)完全相同。

前面用柔度影响系数方法(单位位移法)和刚度影响系数方法(单位力法)分别得到了柔度矩阵和刚度矩阵。质量矩阵可以用**质量影响系数**方法(单位加速度法)来确定。质量影响系数 m_{ij} 是指要使坐标 j 产生单位加速度，其余坐标的加速度等于零，在坐标 i 上施加的力。

下面用质量影响系数方法求图 3.1-1 所示系统的质量矩阵，坐标原点在剪心。

令 $\ddot{h}=1,\ddot{\alpha}=0$，则 $m_{11}=m\ddot{h}=m,m_{21}=m\ddot{h}\delta=m\delta$；

令 $\ddot{h}=0,\ddot{\alpha}=1$，则 $m_{12}=m\delta\ddot{\alpha}=m\delta,m_{22}=(J_0+m\delta^2)\ddot{\alpha}=J_0+m\delta^2$。

式中：m_{21} 和 m_{12} 分别是力矩和力，m_{21} 用于平衡沉浮加速度产生的俯仰惯性力矩$(-m\ddot{h}\delta)$，m_{12} 用于平衡俯仰加速度引起的沉浮惯性力$(-m\delta\ddot{\alpha})$。

值得指出的是，虽然柔度矩阵 $\boldsymbol{F}$ 是刚度矩阵 $\boldsymbol{K}$ 的逆矩阵，即 $\boldsymbol{F}=\boldsymbol{K}^{-1}$，但该关系并不总是成立的。这是因为当系统具有刚体自由度时，若系统受到力的作用产生刚体位移，无法确定其弹性位移，此时柔度矩阵不存在。但是若系统具有刚体自由度，当系统只释放一个广义坐标，而其他广义坐标都被固定时，给释放的自由度一个单位位移，则可以确定各个坐标上必须施加的力，因此说刚度矩阵一般总是存在的。由于系统存在刚体自由度，其刚度矩阵奇异，所以逆矩阵即柔度矩阵不存在。因此，在作振动分析时，主要采用刚度矩阵。如系统的运动方程(3.1-3)，就是用来研究无阻尼多自由度系统动态特性的主要形式。

3. 用拉格朗日方程建立系统运动方程

应用拉格朗日方程来建立系统的运动方程，首先要用选择的广义坐标写出系统的动能和势能。图 3.1-1 所示系统的动能函数 T 包括质心的平动动能和转动动能两部分，即

$$T=\frac{1}{2}m(\dot{h}+\dot{\alpha}\delta)^2+\frac{1}{2}J_0\dot{\alpha}^2=\frac{1}{2}\dot{\boldsymbol{x}}^{\mathrm{T}}\boldsymbol{M}\dot{\boldsymbol{x}} \tag{3.1-12}$$

势能函数 V 包含系统中两个弹簧储存的变形能：

$$V=\frac{1}{2}K_h h^2+\frac{1}{2}K_\alpha\alpha^2=\frac{1}{2}\boldsymbol{x}^{\mathrm{T}}\boldsymbol{K}\boldsymbol{x} \tag{3.1-13}$$

式中：向量 $\boldsymbol{x}$、质量矩阵 $\boldsymbol{M}$ 和刚度矩阵 $\boldsymbol{K}$ 的表达式与式(3.1-4)中的相同。对于定常无阻尼多自由度系统自由振动问题，拉格朗日方程具有如下形式：

$$\frac{\mathrm{d}}{\mathrm{d}t}\left(\frac{\partial T}{\partial\dot{q}_j}\right)+\frac{\partial V}{\partial q_j}=0\qquad(j=1,\cdots,n) \tag{3.1-14}$$

对于图 3.1-1 所示系统，$n=2,q_1=h,q_2=\alpha$。将式(3.1-12)和式(3.1-13)代入式(3.1-14)得到

$$\boldsymbol{M}\ddot{\boldsymbol{x}}+\boldsymbol{K}\boldsymbol{x}=\boldsymbol{0} \tag{3.1-15}$$

它和式(3.1-3)相同。

前面讨论了三类建立多自由度系统运动方程的方法。达朗伯原理、牛顿定律和影响系数方法的物理概念清楚，若系统的自由度比较少，用这些方法可以方便地建立系统的运动方程。由于系统的动能和势能是标量，因此当系统比较复杂时，拉格朗日方程方法具有优越性。

3.1.2　固有模态

考虑 n 自由度无阻尼系统，用拉格朗日方程可以建立它的自由振动方程，即

$$\boldsymbol{M}\ddot{\boldsymbol{x}}+\boldsymbol{K}\boldsymbol{x}=\boldsymbol{0} \tag{3.1-16}$$

式中：质量矩阵 $\boldsymbol{M}$ 和刚度矩阵 $\boldsymbol{K}$ 为 n 阶对称方阵，向量 $\boldsymbol{x}=[x_1\quad x_2\quad\cdots\quad x_n]^{\mathrm{T}}$ 为系统位移列向量，也可以称为系统的广义坐标列向量。

1. 广义特征值问题

自由振动微分方程(3.1-16)的特解为

$$\boldsymbol{x} = a\boldsymbol{\varphi}\sin(\omega t + \theta) \qquad (3.1-17)$$

式中:$\boldsymbol{\varphi} = [\varphi_1 \quad \varphi_2 \quad \cdots \quad \varphi_n]^{\mathrm{T}}$ 为由各坐标的简谐振动振幅比值组成的 n 阶列向量。特解表达式(3.1-17)表示系统内各个坐标在同时偏离平衡位置后,均以同一频率 ω 和同一初相位 θ 作具有不同振幅的简谐振动。将式(3.1-17)代入方程(3.1-16)并令 $\omega^2 = \lambda$,得到

$$\boldsymbol{K\varphi} = \lambda \boldsymbol{M\varphi} \qquad (3.1-18)$$

这就是线性多自由度系统的广义特征值方程,其中 $\boldsymbol{\varphi}$、λ 分别称为系统的特征向量和特征值,$(\boldsymbol{\varphi},\lambda)$称为**特征对**或**特征解**。把质量矩阵求逆,则可以将式(3.1-18)变成 $\boldsymbol{M}^{-1}\boldsymbol{K\varphi} = \lambda\boldsymbol{\varphi}$,这就是线性系统的标准特征值方程。在线性代数课程中已经介绍了标准特征值方程的特征向量的正交性以及特征向量和特征值的求解方法。若刚度矩阵非奇异,则特征值非零,可以把式(3.1-18)变为 $\lambda^{-1}\boldsymbol{\varphi} = \boldsymbol{D\varphi}$,这是另外一种形式的标准特征值方程。

下面介绍把广义特征值方程转化为标准特征值方程的实用楚列斯基(Cholesky)分解方法。之所以要给出这个方法,一是因为一些特征解的求解方法只适用于标准特征值问题,二是可以利用标准特征值方程解的一些性质来证明广义特征值方程的解也具有类似的性质。在实际运算时,可以用矩阵三角分解的方法把广义特征值方程转变为标准特征值方程。若质量矩阵对称正定,则可以把质量矩阵进行楚列斯基分解,即

$$\boldsymbol{M} = \boldsymbol{LL}^{\mathrm{T}} \qquad (3.1-19)$$

式中:矩阵 $\boldsymbol{L}$ 为对角元素为正的下三角矩阵。引入新的列向量 $\tilde{\boldsymbol{\varphi}} = \boldsymbol{L}^{\mathrm{T}}\boldsymbol{\varphi}$,则式(3.1-18)可以变为

$$\tilde{\boldsymbol{K}}\tilde{\boldsymbol{\varphi}} = \lambda\tilde{\boldsymbol{\varphi}} \qquad (3.1-20)$$

式中:矩阵 $\tilde{\boldsymbol{K}} = \boldsymbol{L}^{-1}\boldsymbol{KL}^{-\mathrm{T}}$ 为刚度矩阵 $\boldsymbol{K}$ 的合同变换矩阵,它和刚度矩阵同样具有对称性。

2. 固有频率和固有振型

把方程(3.1-18)写成如下形式:

$$(\boldsymbol{K} - \lambda\boldsymbol{M})\boldsymbol{\varphi} = \boldsymbol{0} \qquad (3.1-21)$$

它是一个齐次线性代数方程组,其非零解的条件是系数矩阵行列式等于零,即

$$p(\lambda) = \det(\boldsymbol{K} - \lambda\boldsymbol{M}) = 0 \qquad (3.1-22)$$

它是关于 λ 的 n 次代数方程,称之为**频率方程**。由方程(3.1-22)可以解得特征值 λ_j 或固有频率 $\omega_j = \sqrt{\lambda_j}$, $j = 1,2,\cdots,n$。通常将系统的固有频率 ω_j 从小到大排列成

$$\omega_1 < \omega_2 < \cdots < \omega_n$$

称 ω_1 为系统的第一阶固有频率或**基频**。非零基频对结构系统的设计是非常重要的。一般情况下,刚度矩阵 $\boldsymbol{K}$ 是半正定对称矩阵,即 $\det(\boldsymbol{K}) \geqslant 0$;质量矩阵 $\boldsymbol{M}$ 是正定对称矩阵,即 $\det(\boldsymbol{M}) > 0$,因此系统的固有频率皆大于或等于零。

把任意一个特征值 λ_j 代入齐次方程(3.1-21)就可以得到与之对应的特征向量 $\boldsymbol{\varphi}_j$。特征向量 $\boldsymbol{\varphi}_j$ 表达了各个坐标在系统以固有频率 ω_j 作简谐振动时各个坐标幅值的相对大小,称之为系统的第 j 阶**固有振型**,或简称为第 j 阶**模态**或**振型**。把 ω_j 和 $\boldsymbol{\varphi}_j$ 代入式(3.1-17),得到

$$\boldsymbol{x}_j = a_j\boldsymbol{\varphi}_j\sin(\omega_j t + \theta_j) \qquad (3.1-23)$$

式(3.1-23)就是多自由度系统以 ω_j 为固有频率、以 $\boldsymbol{\varphi}_j$ 为模态的第 j 阶**主振动**。系统的响应就是各阶主模态振动的叠加,即

$$\boldsymbol{x}=\sum_{j=1}^{n}\boldsymbol{x}_j=\sum_{j=1}^{n}a_j\boldsymbol{\varphi}_j\sin(\omega_j t+\theta_j)$$

式中：a_j、θ_j 由初始条件确定。

在同一阶主振动中，质点坐标位移之间的相位是单相的，或者说它们之间的相位差不是 0 就是 π，系统的各个质点同时通过平衡位置，同时达到振动的幅值。这种相位之间的关系由 $\boldsymbol{\varphi}_j$ 元素的正负号来决定。若 $\boldsymbol{\varphi}_j$ 的任意两个元素同为正或同为负，则它们对应的振动之间的相位差是 0；若符号相反，则相位差是 π。

3. 模态正交性

特征对$(\boldsymbol{\varphi}_j,\omega_j^2)$是方程(3.1-18)的解，因此它自然满足方程(3.1-18)，即

$$\boldsymbol{K\varphi}_j=\omega_j^2\boldsymbol{M\varphi}_j$$

把该式前乘以 $\boldsymbol{\varphi}_i^{\mathrm{T}}$，得到

$$\boldsymbol{\varphi}_i^{\mathrm{T}}\boldsymbol{K\varphi}_j=\omega_j^2\boldsymbol{\varphi}_i^{\mathrm{T}}\boldsymbol{M\varphi}_j \tag{3.1-24}$$

再把另外一个特征对$(\boldsymbol{\varphi}_i,\omega_i^2)$代入方程(3.1-18)并前以乘 $\boldsymbol{\varphi}_j^{\mathrm{T}}$，得出

$$\boldsymbol{\varphi}_j^{\mathrm{T}}\boldsymbol{K\varphi}_i=\omega_i^2\boldsymbol{\varphi}_j^{\mathrm{T}}\boldsymbol{M\varphi}_i \tag{3.1-25}$$

由于质量矩阵 $\boldsymbol{M}$ 和刚度矩阵 $\boldsymbol{K}$ 是对称的，把式(3.1-25)两端同时进行转置，得到

$$\boldsymbol{\varphi}_i^{\mathrm{T}}\boldsymbol{K\varphi}_j=\omega_i^2\boldsymbol{\varphi}_i^{\mathrm{T}}\boldsymbol{M\varphi}_j \tag{3.1-26}$$

把式(3.1-24)和式(3.1-26)左右两端对应相减，得出如下关系：

$$(\omega_i^2-\omega_j^2)\boldsymbol{\varphi}_i^{\mathrm{T}}\boldsymbol{M\varphi}_j=0 \tag{3.1-27}$$

当 $\omega_i\neq\omega_j$ 时，则有

$$\boldsymbol{\varphi}_i^{\mathrm{T}}\boldsymbol{M\varphi}_j=0\qquad(\omega_i\neq\omega_j) \tag{3.1-28}$$

此式就是模态关于质量矩阵 $\boldsymbol{M}$ 的正交性。将式(3.1-28)代入式(3.1-26)，得

$$\boldsymbol{\varphi}_i^{\mathrm{T}}\boldsymbol{K\varphi}_j=0\qquad(\omega_i\neq\omega_j) \tag{3.1-29}$$

式(3.1-29)是模态关于刚度矩阵 $\boldsymbol{K}$ 的正交性。式(3.1-28)和式(3.1-29)是不同阶模态之间正交性的数学表达式。显然关于模态正交性的上述证明方法，并不适用于重频情况。然而根据线性代数中的舒尔(Schur)定理，仍然可以证明，即使对于重频情况，只要 $\boldsymbol{M}$ 是正定对称矩阵，而 $\boldsymbol{K}$ 是半正定对称矩阵，同样存在与重频相对应的满足正交性的模态。模态的正交性在线性系统振动分析中具有重要的作用。

当 $i=j$ 时，令

$$M_{\mathrm{p}j}=\boldsymbol{\varphi}_j^{\mathrm{T}}\boldsymbol{M\varphi}_j \tag{3.1-30}$$

$$K_{\mathrm{p}j}=\boldsymbol{\varphi}_j^{\mathrm{T}}\boldsymbol{K\varphi}_j \tag{3.1-31}$$

称 $M_{\mathrm{p}j}$ 为第 j 阶**(广义)模态质量**；$K_{\mathrm{p}j}$ 为第 j 阶**(广义)模态刚度**。从式(3.1-24)可知

$$\omega_j^2=\frac{K_{\mathrm{p}j}}{M_{\mathrm{p}j}} \tag{3.1-32}$$

式(3.1-32)与单自由度系统固有频率的公式具有相同的形式。

把求得的 n 个特征向量也就是 n 个模态按列排列，组成一个矩阵 $\boldsymbol{\Phi}$，即

$$\boldsymbol{\Phi}=[\boldsymbol{\varphi}_1\quad\boldsymbol{\varphi}_2\quad\cdots\quad\boldsymbol{\varphi}_n]=\begin{bmatrix}\varphi_{11}&\varphi_{12}&\cdots&\varphi_{1n}\\\varphi_{21}&\varphi_{22}&\cdots&\varphi_{2n}\\\vdots&\vdots&&\vdots\\\varphi_{n1}&\varphi_{n2}&\cdots&\varphi_{nn}\end{bmatrix} \tag{3.1-33}$$

称 $\boldsymbol{\Phi}$ 为**模态矩阵**或**振型矩阵**。根据模态关于质量矩阵 $\boldsymbol{M}$ 的正交性,有

$$\boldsymbol{\Phi}^{\mathrm{T}}\boldsymbol{M}\boldsymbol{\Phi}=\begin{bmatrix}\boldsymbol{\varphi}_1^{\mathrm{T}}\\ \boldsymbol{\varphi}_2^{\mathrm{T}}\\ \vdots\\ \boldsymbol{\varphi}_n^{\mathrm{T}}\end{bmatrix}\boldsymbol{M}[\boldsymbol{\varphi}_1\quad \boldsymbol{\varphi}_2\quad \cdots\quad \boldsymbol{\varphi}_n]=$$

$$\begin{bmatrix}\boldsymbol{\varphi}_1^{\mathrm{T}}\boldsymbol{M}\boldsymbol{\varphi}_1 & \boldsymbol{\varphi}_1^{\mathrm{T}}\boldsymbol{M}\boldsymbol{\varphi}_2 & \cdots & \boldsymbol{\varphi}_1^{\mathrm{T}}\boldsymbol{M}\boldsymbol{\varphi}_n\\ \boldsymbol{\varphi}_2^{\mathrm{T}}\boldsymbol{M}\boldsymbol{\varphi}_1 & \boldsymbol{\varphi}_2^{\mathrm{T}}\boldsymbol{M}\boldsymbol{\varphi}_2 & \cdots & \boldsymbol{\varphi}_2^{\mathrm{T}}\boldsymbol{M}\boldsymbol{\varphi}_n\\ \vdots & \vdots & & \vdots\\ \boldsymbol{\varphi}_n^{\mathrm{T}}\boldsymbol{M}\boldsymbol{\varphi}_1 & \boldsymbol{\varphi}_n^{\mathrm{T}}\boldsymbol{M}\boldsymbol{\varphi}_2 & \cdots & \boldsymbol{\varphi}_n^{\mathrm{T}}\boldsymbol{M}\boldsymbol{\varphi}_n\end{bmatrix}=$$

$$\begin{bmatrix}M_{\mathrm{p}1} & 0 & \cdots & 0\\ 0 & M_{\mathrm{p}2} & \cdots & 0\\ \vdots & \vdots & & \vdots\\ 0 & 0 & \cdots & M_{\mathrm{p}n}\end{bmatrix}=\boldsymbol{M}_{\mathrm{p}} \tag{3.1-34}$$

式中:矩阵 $\boldsymbol{M}_{\mathrm{p}}=\mathrm{diag}\,(M_{\mathrm{p}j})$ 为模态质量对角矩阵。同样可以得到模态刚度对角矩阵 $\boldsymbol{K}_{\mathrm{p}}=\mathrm{diag}\,(K_{\mathrm{p}j})$ 为

$$\boldsymbol{K}_{\mathrm{p}}=\boldsymbol{\Phi}^{\mathrm{T}}\boldsymbol{K}\boldsymbol{\Phi} \tag{3.1-35}$$

由于模态是相互正交、线性无关的,因此模态矩阵 $\boldsymbol{\Phi}$ 一定是满秩的,即 $\boldsymbol{\Phi}$ 的逆矩阵一定存在。

通过求解齐次方程(3.1-21)可以得到特征向量,也就是模态。它具有确定的方向,但其长度是可以改变的,即模态乘以任意一个常数仍然为模态。模态质量和模态刚度与模态向量的长度相关,但它们之间的关系式(3.1-32)保持不变。

通常有两种方法来确定模态的长度。第一种方法是:当从方程(3.1-21)求解特征向量时,令向量 $\boldsymbol{\varphi}_j$ 的某个分量如第一个分量为单位值,即 $\varphi_{1j}=1$,那么其他分量的大小就是根据 φ_{1j} 来决定的,这样也就确定了模态的长度。无论令哪一个分量等于单位值,得到的模态所表达的各个坐标振幅的相对大小关系是不变的。第二种方法是:为了理论分析简洁,也可以用模态质量来确定模态的长度,也就是对模态进行质量归一化,使各个模态质量等于单位值,即令

$$M_{\mathrm{p}j}=1\qquad (j=1,2,\cdots,n) \tag{3.1-36}$$

用模态质量对用第一种方法得到的模态进行归一化后,变为

$$\boldsymbol{\varphi}_{j\mathrm{N}}=\frac{1}{\sqrt{M_{\mathrm{p}j}}}\boldsymbol{\varphi}_j \tag{3.1-37}$$

由归一化之后的模态构成的模态矩阵记为 $\boldsymbol{\Phi}_{\mathrm{N}}$,于是式(3.1-34)和式(3.1-35)也就相应地变为

$$\boldsymbol{\Phi}_{\mathrm{N}}^{\mathrm{T}}\boldsymbol{M}\boldsymbol{\Phi}_{\mathrm{N}}=\boldsymbol{I} \tag{3.1-38}$$

$$\boldsymbol{\Phi}_{\mathrm{N}}^{\mathrm{T}}\boldsymbol{K}\boldsymbol{\Phi}_{\mathrm{N}}=\boldsymbol{\Omega} \tag{3.1-39}$$

式中:$\boldsymbol{I}$ 为单位矩阵,$\boldsymbol{\Omega}=\mathrm{diag}\,(\omega_j^2)$为对角元素是固有频率平方而非对角元素为零的特征值对角矩阵。

根据模态的正交性,容易证明模态之间是线性无关的,也就是说,n 维系统的 n 个模态构成 n 维向量空间的一组正交基,于是该 n 维空间的任意一个向量 $\boldsymbol{x}$ 都可以用这组正交基来表示。以该正交基作为基底的坐标系被称为**模态坐标系**,因此有

$$x=\sum_{j=1}^{n}q_j\boldsymbol{\varphi}_j=\boldsymbol{\Phi q}\qquad(3.1-40)$$

式中：列向量 $\boldsymbol{q}$ 称为模态坐标或主坐标列阵，也可以称为模态位移或主坐标位移列向量，其元素 q_j 称为系统的第 j 个**模态坐标**或**主坐标**。在模态分析中，式(3.1-40)也称为**展开定理**或坐标变换。由式(3.1-40)可以看出，系统的位移列向量可以用模态的线性叠加来表示；根据模态正交性，可以用物理坐标 x 来表示模态坐标。用 $\boldsymbol{\varphi}_i^{\mathrm{T}}\boldsymbol{M}$ 前乘式(3.1-40)并应用模态的质量正交性，得

$$q_j=\frac{\boldsymbol{\varphi}_j^{\mathrm{T}}\boldsymbol{Mx}}{M_{pj}}\qquad(3.1-41)$$

模态坐标 q_j 反映了位移向量 $\boldsymbol{x}$ 中含有第 j 阶模态 $\boldsymbol{\varphi}_j$ 成分的多少。

4. 模态正交性的物理意义

对于一般的无阻尼 n 自由度线性定常系统，动能和势能具有如下形式：

$$T=\frac{1}{2}\dot{\boldsymbol{x}}^{\mathrm{T}}\boldsymbol{M}\dot{\boldsymbol{x}},\quad V=\frac{1}{2}\boldsymbol{x}^{\mathrm{T}}\boldsymbol{Kx}\qquad(3.1-42)$$

把式(3.1-40)代入式(3.1-42)并根据模态正交性，得到

$$T=\frac{1}{2}\dot{\boldsymbol{q}}^{\mathrm{T}}\boldsymbol{M}_{\mathrm{p}}\dot{\boldsymbol{q}}=\frac{1}{2}\sum_{j=1}^{n}M_{\mathrm{p}j}\dot{q}_j^2,\quad V=\frac{1}{2}\boldsymbol{q}^{\mathrm{T}}\boldsymbol{K}_{\mathrm{p}}\boldsymbol{q}=\frac{1}{2}\sum_{j=1}^{n}K_{\mathrm{p}j}q_j^2\qquad(3.1-43)$$

上式说明，系统的动能和势能等于各阶主振动独自的动能和势能之和。每一阶主振动的动能和势能之和在系统自由振动过程中保持不变，即不同阶主振动的能量互不交换，这就是线性系统模态正交性的物理含义。模态的正交性还可以从另外一个角度来理解：若选模态坐标作为广义坐标来建立系统的运动方程，则系统一定不存在刚度耦合和惯性耦合，即系统的模态刚度矩阵和模态质量矩阵是对角矩阵，这是模态叠加方法得以成立的理论基础。

综合以上分析可知，描述多自由度系统固有特性的主要参数包括固有频率、模态和模态质量等参数，这些都是系统的模态参数。

例 3.1-1　考虑三自由度无阻尼质点-弹簧系统，如图 3.1-3 所示。弹簧的刚度系数均为 k，质点的质量均为 m。求系统的固有频率、模态，画出模态的几何图形，并对模态进行质量归一化。

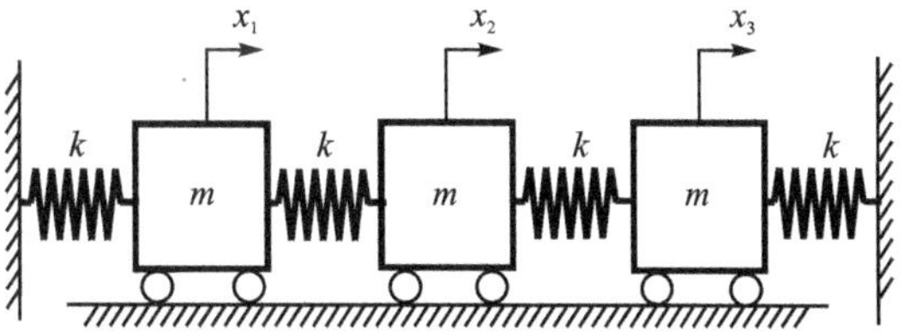

图 3.1-3　三自由度无阻尼质点-弹簧系统

解：用达朗伯原理、影响系数方法和拉格朗日方程三种方法中的任何一种都可以建立系统的运动方程。下面选 x_1、x_2 和 x_3 作为广义坐标，用拉格朗日方程建立系统的运动方程。系统的动能函数为

$$T=\frac{1}{2}m(\dot{x}_1^2+\dot{x}_2^2+\dot{x}_3^2)$$

系统的势能函数为

$$V=\frac{1}{2}kx_1^2+\frac{1}{2}k(x_2-x_1)^2+\frac{1}{2}k(x_3-x_2)^2+\frac{1}{2}kx_3^2$$

把动能 T 和势能 V 代入方程(3.1-14),得到

$$\boldsymbol{M}\ddot{\boldsymbol{x}}+\boldsymbol{K}\boldsymbol{x}=\boldsymbol{0}$$

式中:质量矩阵 $\boldsymbol{M}$、刚度矩阵 $\boldsymbol{K}$ 和位移坐标列向量 $\boldsymbol{x}$ 分别为

$$\boldsymbol{M}=m\begin{bmatrix}1&0&0\\0&1&0\\0&0&1\end{bmatrix},\quad \boldsymbol{K}=k\begin{bmatrix}2&-1&0\\-1&2&-1\\0&-1&2\end{bmatrix},\quad \boldsymbol{x}=\begin{bmatrix}x_1\\x_2\\x_3\end{bmatrix}$$

根据式(3.1-21)得到系统的广义特征值方程为

$$\begin{bmatrix}2k-\lambda m&-k&0\\-k&2k-\lambda m&-k\\0&-k&2k-\lambda m\end{bmatrix}\begin{bmatrix}\varphi_1\\\varphi_2\\\varphi_3\end{bmatrix}=\boldsymbol{0} \tag{a}$$

因此系统的频率方程为

$$p(\lambda)=\begin{vmatrix}2k-\lambda m&-k&0\\-k&2k-\lambda m&-k\\0&-k&2k-\lambda m\end{vmatrix}=0 \tag{b}$$

从方程(b)可以求解出特征值为

$$\lambda_1=(2-\sqrt{2})\frac{k}{m},\quad \lambda_2=\frac{2k}{m},\quad \lambda_3=(2+\sqrt{2})\frac{k}{m}$$

对应的固有频率为

$$\omega_1=0.765\sqrt{\frac{k}{m}},\quad \omega_2=1.414\sqrt{\frac{k}{m}},\quad \omega_3=1.848\sqrt{\frac{k}{m}}$$

将 λ_1 代入方程(a),并令 $\varphi_{11}=1$,得到

$$\begin{bmatrix}\sqrt{2}&-1&0\\-1&\sqrt{2}&-1\\0&-1&\sqrt{2}\end{bmatrix}\begin{bmatrix}1\\\varphi_{21}\\\varphi_{31}\end{bmatrix}=\boldsymbol{0}$$

由此式可以求得 $\varphi_{21}=\sqrt{2}$,$\varphi_{31}=1$。于是得到与固有频率 ω_1 相对应的模态,也就是第1阶模态

$$\boldsymbol{\varphi}_1=[1\quad\sqrt{2}\quad 1]^{\mathrm{T}}$$

同理,可以求得第2阶和第3阶模态,即

$$\boldsymbol{\varphi}_2=[1\quad 0\quad -1]^{\mathrm{T}},\quad \boldsymbol{\varphi}_3=[1\quad -\sqrt{2}\quad 1]^{\mathrm{T}}$$

图3.1-4为各阶模态的几何表示。从图3.1-4可以看出,对应固有频率 ω_1 的第1阶模态中的各个质点作同相位运动,各个坐标的振幅连线没有零点。对应固有频率 ω_2 的第2阶模

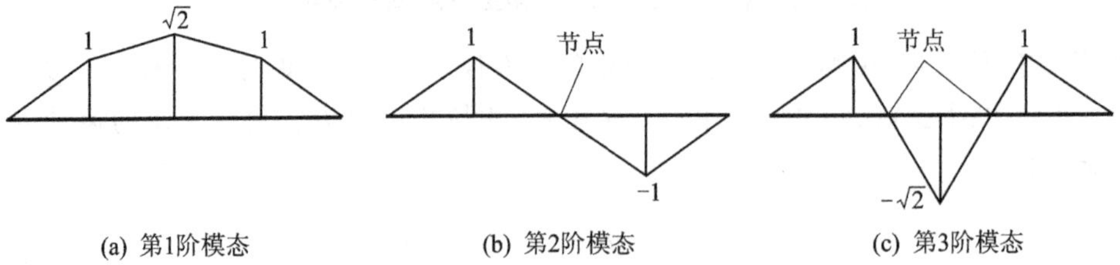

图3.1-4 模态的几何表示

态中，质点 1 和质点 3 作反相运动，而质点 2 位于平衡位置不运动，各个坐标的振幅连线有一个零点，该零点称为**节点**。对应固有频率 ω_3 的第 3 阶模态中，质点 1 和质点 3 作同相运动，而质点 2 的相位与质点 1 和质点 3 的相位相反，各个坐标的振幅连线有两个节点。值得指出的是，系统的固有模态是系统的固有特性，与初始条件和外部激振力无关。在任何一阶主振动中，节点都是静止不动的，因此节点也称**不动点**。

模态质量为

$$M_{p1}=\boldsymbol{\varphi}_1^{\mathrm{T}}\boldsymbol{M}\boldsymbol{\varphi}_1=[1\quad \sqrt{2}\quad 1]\begin{bmatrix}m&0&0\\0&m&0\\0&0&m\end{bmatrix}\begin{bmatrix}1\\\sqrt{2}\\1\end{bmatrix}=4m$$

$$M_{p2}=\boldsymbol{\varphi}_2^{\mathrm{T}}\boldsymbol{M}\boldsymbol{\varphi}_2=[1\quad 0\quad -1]\begin{bmatrix}m&0&0\\0&m&0\\0&0&m\end{bmatrix}\begin{bmatrix}1\\0\\-1\end{bmatrix}=2m$$

$$M_{p3}=\boldsymbol{\varphi}_3^{\mathrm{T}}\boldsymbol{M}\boldsymbol{\varphi}_3=[1\quad -\sqrt{2}\quad 1]\begin{bmatrix}m&0&0\\0&m&0\\0&0&m\end{bmatrix}\begin{bmatrix}1\\-\sqrt{2}\\1\end{bmatrix}=4m$$

质量归一化后的模态分别为

$$\boldsymbol{\varphi}_{1N}^{\mathrm{T}}=\frac{1}{\sqrt{M_{p1}}}\boldsymbol{\varphi}_1^{\mathrm{T}}=\frac{1}{\sqrt{m}}[0.5\quad 0.707\quad 0.5]$$

$$\boldsymbol{\varphi}_{2N}^{\mathrm{T}}=\frac{1}{\sqrt{M_{p2}}}\boldsymbol{\varphi}_2^{\mathrm{T}}=\frac{1}{\sqrt{m}}[0.707\quad 0\quad -0.707]$$

$$\boldsymbol{\varphi}_{3N}^{\mathrm{T}}=\frac{1}{\sqrt{M_{p3}}}\boldsymbol{\varphi}_3^{\mathrm{T}}=\frac{1}{\sqrt{m}}[0.5\quad -0.707\quad 0.5]$$

模态刚度分别为

$$K_{p1}=\boldsymbol{\varphi}_1^{\mathrm{T}}\boldsymbol{K}\boldsymbol{\varphi}_1=[1\quad \sqrt{2}\quad 1]\begin{bmatrix}2k&-k&0\\-k&2k&-k\\0&-k&2k\end{bmatrix}\begin{bmatrix}1\\\sqrt{2}\\1\end{bmatrix}=4(2-\sqrt{2})k$$

$$K_{p2}=\boldsymbol{\varphi}_2^{\mathrm{T}}\boldsymbol{K}\boldsymbol{\varphi}_2=[1\quad 0\quad -1]\begin{bmatrix}2k&-k&0\\-k&2k&-k\\0&-k&2k\end{bmatrix}\begin{bmatrix}1\\0\\-1\end{bmatrix}=4k$$

$$K_{p3}=\boldsymbol{\varphi}_3^{\mathrm{T}}\boldsymbol{K}\boldsymbol{\varphi}_3=[1\quad -\sqrt{2}\quad 1]\begin{bmatrix}2k&-k&0\\-k&2k&-k\\0&-k&2k\end{bmatrix}\begin{bmatrix}1\\-\sqrt{2}\\1\end{bmatrix}=4(2+\sqrt{2})k$$

显然模态刚度和模态质量满足如下关系：

$$K_{pj}=\omega_j^2M_{pj}\qquad (j=1,2,3)$$

例 3.1-2　在图 3.1-5 所示的系统中，各圆盘绕转动轴的转动惯量皆为 J，两段轴的扭转刚度皆为 k，圆盘相对惯性系的转角分别为 θ_1、θ_2 和 θ_3。求系统的固有频率和模态，并验证模态的正交性。

解：图 3.1-5 所示系统的自由度为 3，选 θ_1、θ_2 和 θ_3 为广义坐标，系统的动能函数 T 和势能函数 V 分别为

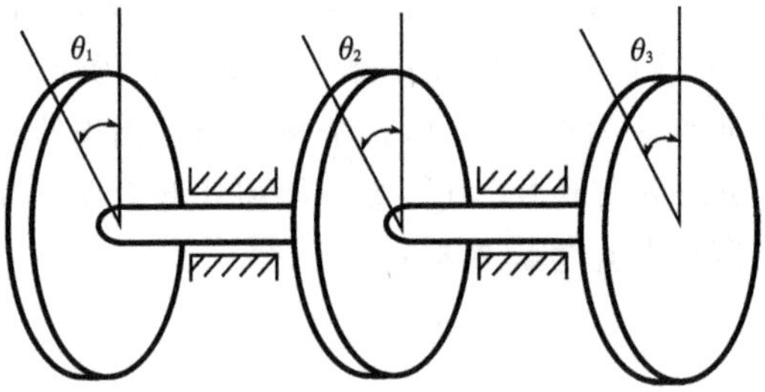

图 3.1-5 圆盘系统

$$\left.\begin{aligned} T &= \frac{1}{2}J(\dot{\theta}_1^2+\dot{\theta}_2^2+\dot{\theta}_3^2) \\ V &= \frac{1}{2}k[(\theta_1-\theta_2)^2+(\theta_3-\theta_2)^2] \end{aligned}\right\} \tag{a}$$

将动能 T 和势能 V 代入拉格朗日方程,得系统的运动微分方程为

$$\boldsymbol{M}\ddot{\boldsymbol{x}}+\boldsymbol{K}\boldsymbol{x}=\boldsymbol{0} \tag{b}$$

式中:

$$\boldsymbol{M}=J\begin{bmatrix}1&0&0\\0&1&0\\0&0&1\end{bmatrix},\quad \boldsymbol{K}=k\begin{bmatrix}1&-1&0\\-1&2&-1\\0&-1&1\end{bmatrix},\quad \boldsymbol{x}=\begin{bmatrix}\theta_1\\\theta_2\\\theta_3\end{bmatrix} \tag{c}$$

系统的频率方程为

$$p(\lambda)=\det(\boldsymbol{K}-\lambda\boldsymbol{M})=\begin{vmatrix}k-J\lambda&-k&0\\-k&2k-J\lambda&-k\\0&-k&k-J\lambda\end{vmatrix}=0$$

即

$$J\lambda(k-J\lambda)(3k-J\lambda)=0$$

因此有

$$\lambda_1=0,\quad \lambda_2=\frac{k}{J},\quad \lambda_3=\frac{3k}{J} \tag{d}$$

系统的固有频率为

$$\omega_1=0,\quad \omega_2=\sqrt{\frac{k}{J}},\quad \omega_3=1.732\sqrt{\frac{k}{J}} \tag{e}$$

系统出现了零频率,说明系统存在刚体运动模态;零频率对应的模态就是系统的刚体模态。令各阶模态的第一个分量为单位值,利用式(3.1-21)可以得到系统的模态为

$$\boldsymbol{\varphi}_1=\begin{bmatrix}1\\1\\1\end{bmatrix},\quad \boldsymbol{\varphi}_2=\begin{bmatrix}1\\0\\-1\end{bmatrix},\quad \boldsymbol{\varphi}_3=\begin{bmatrix}1\\-2\\1\end{bmatrix}$$

图 3.1-6 给出了模态图,第1阶模态是系统的刚体模态。图 3.1-5 所示系统出现了零频,系统的刚度矩阵一定是奇异的,即 $\det(\boldsymbol{K})=0$,因此图 3.1-5 所示系统是半正定的。容易验证系统模态的正交性,即

$$\boldsymbol{\varphi}_1^{\mathrm{T}}\boldsymbol{M}\boldsymbol{\varphi}_2=\begin{bmatrix}1&1&1\end{bmatrix}\begin{bmatrix}J&0&0\\0&J&0\\0&0&J\end{bmatrix}\begin{bmatrix}1\\0\\-1\end{bmatrix}=0$$

$$\boldsymbol{\varphi}_1^{\mathrm{T}}\boldsymbol{M}\boldsymbol{\varphi}_3=\begin{bmatrix}1 & 1 & 1\end{bmatrix}\begin{bmatrix}J & 0 & 0\\0 & J & 0\\0 & 0 & J\end{bmatrix}\begin{bmatrix}1\\-2\\1\end{bmatrix}=0$$

$$\boldsymbol{\varphi}_2^{\mathrm{T}}\boldsymbol{M}\boldsymbol{\varphi}_3=\begin{bmatrix}1 & 0 & -1\end{bmatrix}\begin{bmatrix}J & 0 & 0\\0 & J & 0\\0 & 0 & J\end{bmatrix}\begin{bmatrix}1\\-2\\1\end{bmatrix}=0$$

同样可以验证模态关于刚度矩阵的正交性。由此例可以看出，刚体模态与振动模态之间是相互正交的。

值得注意的是，对应于零频的刚体模态，系统已不再是在平衡位置附近作往复运动，而是离开平衡位置作的刚体运动，对应刚体模态的势能函数 $V=0$。并且刚体模态 $\boldsymbol{\varphi}_1$ 满足 $\boldsymbol{K}\boldsymbol{\varphi}_1=\boldsymbol{0}$。

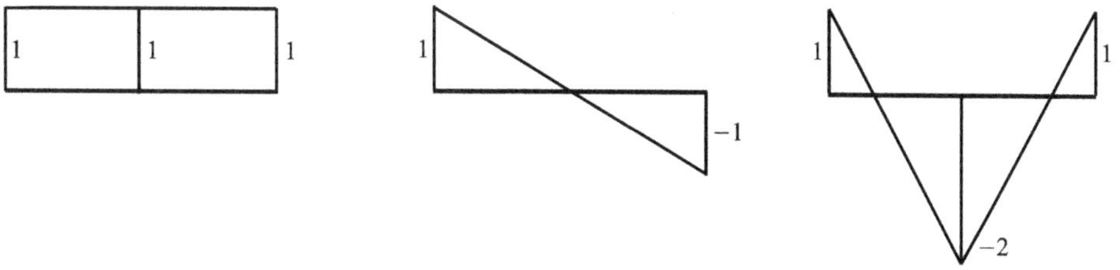

图 3.1-6　模态图

3.1.3　自由振动的模态叠加分析方法

在 3.1.1 小节中已经提过，坐标的选择虽然不改变系统的固有特性，但却可以改变系统坐标的耦合程度。原则上可以任意选取广义坐标来建立系统的运动方程，这并不影响振动分析结果。不过可以通过坐标的选择，即作坐标变换，来改变运动微分方程的弹性和惯性耦合关系。

于是一个自然而然的想法是：找到这样一组坐标，使微分方程之间无耦合项，也就是说使质量矩阵和刚度矩阵同时成为对角矩阵。通过前面的分析可知，模态坐标或主坐标可以满足这种坐标解耦的要求，参见式(3.1-40)。在模态坐标系下系统的质量矩阵和刚度矩阵分别是模态质量对角矩阵和模态刚度对角矩阵。这样，对应于每个主坐标的振动微分方程与单自由度系统的微分方程在形式上相同，因此可以像单自由度系统那样分别对每个主坐标进行独立求解，然后进行叠加。这种方法就是模态叠加方法，或振型叠加方法。

无阻尼 n 维系统的自由振动方程为式(3.1-3)，即

$$\boldsymbol{M}\ddot{\boldsymbol{x}}+\boldsymbol{K}\boldsymbol{x}=\boldsymbol{0} \tag{3.1-44}$$

根据式(3.1-40)，位移坐标列向量可以用模态的线性叠加来表示，也就是可以用模态叠加方法来求系统的位移，即

$$\boldsymbol{x}=\sum_{j=1}^{n}q_j\boldsymbol{\varphi}_j=\boldsymbol{\Phi}\boldsymbol{q} \tag{3.1-45}$$

式(3.1-45)实现了广义坐标 $\boldsymbol{q}$ 和物理坐标 $\boldsymbol{x}$ 之间的转换；模态矩阵 $\boldsymbol{\Phi}$ 也称为坐标变换矩阵。由于通过求解系统的广义特征值问题，可以得到系统的固有频率和模态，因此用模态叠加方法求位移等响应的遗留问题，就是如何确定模态坐标也就是主坐标 $\boldsymbol{q}$ 的问题。为此，将式(3.1-

45)代入方程(3.1-44),并前乘 $\boldsymbol{\Phi}^{\mathrm{T}}$,得到

$$\boldsymbol{\Phi}^{\mathrm{T}}\boldsymbol{M}\boldsymbol{\Phi}\ddot{\boldsymbol{q}}+\boldsymbol{\Phi}^{\mathrm{T}}\boldsymbol{K}\boldsymbol{\Phi}\boldsymbol{q}=\boldsymbol{0} \tag{3.1-46}$$

把式(3.1-34)和式(3.1-35)代入上式,可得在模态坐标系下的振动方程为

$$\boldsymbol{M}_{\mathrm{p}}\ddot{\boldsymbol{q}}+\boldsymbol{K}_{\mathrm{p}}\boldsymbol{q}=\boldsymbol{0} \tag{3.1-47}$$

式(3.1-47)还可以等价地写成

$$M_{\mathrm{p}j}\ddot{q}_j+K_{\mathrm{p}j}q_j=0 \qquad (j=1,2,\cdots,n) \tag{3.1-48}$$

或

$$\ddot{q}_j+\omega_j^2 q_j=0 \tag{3.1-49}$$

式(3.1-49)表明,通过模态矩阵进行坐标变换之后,原来在物理坐标系下的方程(3.1-44)等价地变换成在模态坐标下的 n 个独立的单自由度系统自由振动微分方程(3.1-49)。

通过模态矩阵进行的坐标解耦变换是实施模态叠加方法的关键。能否应用模态叠加方法来分析系统的振动,取决于能否通过坐标变换将系统解耦。

方程(3.1-49)的解为

$$q_j(t)=a_j\cos\omega_j t+b_j\sin\omega_j t \tag{3.1-50}$$

式中:a_j、b_j 为积分常数,由初始条件确定。把式(3.1-50)代入式(3.1-45),得到

$$\boldsymbol{x}=\sum_{j=1}^{n}\boldsymbol{\varphi}_j q_j=\sum_{j=1}^{n}\boldsymbol{\varphi}_j(a_j\cos\omega_j t+b_j\sin\omega_j t) \tag{3.1-51}$$

令 $\boldsymbol{x}_j=q_j\boldsymbol{\varphi}_j$,即

$$\boldsymbol{x}_j=\boldsymbol{\varphi}_j(a_j\cos\omega_j t+b_j\sin\omega_j t) \tag{3.1-52a}$$

或

$$\boldsymbol{x}_j=c_j\boldsymbol{\varphi}_j\sin(\omega_j t+\theta_j) \tag{3.1-52b}$$

上式就是第 j 阶**主振动**,因此式(3.1-51)也可以理解为系统的位移等于各阶主振动位移的叠加。设系统的初始条件为

$$\boldsymbol{x}(0)=\boldsymbol{x}_0$$
$$\dot{\boldsymbol{x}}(0)=\dot{\boldsymbol{x}}_0$$

将式(3.1-51)代入上面的初始条件中,有

$$\left.\begin{aligned}\boldsymbol{x}_0&=\sum_{j=1}^{n}\boldsymbol{\varphi}_j a_j\\ \dot{\boldsymbol{x}}_0&=\sum_{j=1}^{n}\boldsymbol{\varphi}_j b_j\omega_j\end{aligned}\right. \tag{3.1-53}$$

用 $\boldsymbol{\varphi}_i^{\mathrm{T}}\boldsymbol{M}$ 前乘以式(3.1-53),并利用模态关于质量矩阵的正交性,得到

$$\left.\begin{aligned}a_j&=\boldsymbol{\varphi}_j^{\mathrm{T}}\boldsymbol{M}\boldsymbol{x}_0/M_{\mathrm{p}j}\\ b_j&=\boldsymbol{\varphi}_j^{\mathrm{T}}\boldsymbol{M}\dot{\boldsymbol{x}}_0/(\omega_j M_{\mathrm{p}j})\end{aligned}\right. \tag{3.1-54}$$

把式(3.1-54)代入式(3.1-51)中,得到系统的自由振动响应为

$$\boldsymbol{x}=\sum_{j=1}^{n}\frac{\boldsymbol{\varphi}_j}{M_{\mathrm{p}j}}\left(\boldsymbol{\varphi}_j^{\mathrm{T}}\boldsymbol{M}\boldsymbol{x}_0\cos\omega_j t+\frac{\boldsymbol{\varphi}_j^{\mathrm{T}}\boldsymbol{M}\dot{\boldsymbol{x}}_0}{\omega_j}\sin\omega_j t\right) \tag{3.1-55}$$

若系统的初始位移 $\boldsymbol{x}_0$ 和某阶模态 $\boldsymbol{\varphi}_i$ 成比例,即 $\boldsymbol{x}_0=a\boldsymbol{\varphi}_i$($a$ 为一常数),而初始速度为零,则

$$\boldsymbol{x}=a\boldsymbol{\varphi}_i\cos\omega_i t \tag{3.1-56}$$

此时系统按固有频率 ω_i 和模态 $\boldsymbol{\varphi}_i$ 作第 i 阶简谐主振动。上面介绍的就是用模态叠加方法求解多自由度系统自由振动问题的过程,包括如下 3 个主要步骤:

① 求解广义特征值方程(3.1-18),得到固有模态$(\omega,\boldsymbol{\varphi})$;

② 根据模态正交性和初始条件确定模态坐标,见式(3.1-50)和式(3.1-54);

③ 根据叠加原理式(3.1-45),得到在物理坐标系下的位移响应,即为式(3.1-55)。

例 3.1-3　求图 3.1-3 所示系统的自由振动响应。系统的参数同例 3.1-1,初始条件为 $\boldsymbol{x}_0=[0\quad 1\quad 0]^{\mathrm{T}}$,$\dot{\boldsymbol{x}}_0=[0\quad 0\quad 0]^{\mathrm{T}}$。

解:例 3.1-1 已经得到了系统的质量矩阵 $\boldsymbol{M}$、刚度矩阵 $\boldsymbol{K}$ 和位移列向量 $\boldsymbol{x}$,即

$$\boldsymbol{M}=m\begin{bmatrix}1&0&0\\0&1&0\\0&0&1\end{bmatrix},\quad \boldsymbol{K}=k\begin{bmatrix}2&-1&0\\-1&2&-1\\0&-1&2\end{bmatrix},\quad \boldsymbol{x}=\begin{bmatrix}x_1\\x_2\\x_3\end{bmatrix}$$

第 1 步　求系统的固有频率和模态。例 3.1-1 已经求出了系统的固有频率和模态,它们是

$$\omega_1=0.765\sqrt{\frac{k}{m}},\quad \omega_2=1.414\sqrt{\frac{k}{m}},\quad \omega_3=1.848\sqrt{\frac{k}{m}} \tag{a}$$

$$\boldsymbol{\varphi}_1=[1\quad \sqrt{2}\quad 1]^{\mathrm{T}},\quad \boldsymbol{\varphi}_2=[1\quad 0\quad -1]^{\mathrm{T}},\quad \boldsymbol{\varphi}_3=[1\quad -\sqrt{2}\quad 1]^{\mathrm{T}} \tag{b}$$

第 2 步　根据初始条件求待定系数 a_j、b_j。例 3.1-1 已经求出了系统的模态质量,即

$$M_{\mathrm{p}1}=4m,\quad M_{\mathrm{p}2}=2m,\quad M_{\mathrm{p}3}=4m$$

根据式(3.1-54)求待定系数 a_j、b_j 为

$$a_1=\frac{1}{M_{\mathrm{p}1}}[1\quad \sqrt{2}\quad 1]\begin{bmatrix}m&0&0\\0&m&0\\0&0&m\end{bmatrix}\begin{bmatrix}0\\1\\0\end{bmatrix}=\frac{\sqrt{2}}{4}$$

$$a_2=\frac{1}{M_{\mathrm{p}2}}[1\quad 0\quad -1]\begin{bmatrix}m&0&0\\0&m&0\\0&0&m\end{bmatrix}\begin{bmatrix}0\\1\\0\end{bmatrix}=0$$

$$a_3=\frac{1}{M_{\mathrm{p}3}}[1\quad -\sqrt{2}\quad 1]\begin{bmatrix}m&0&0\\0&m&0\\0&0&m\end{bmatrix}\begin{bmatrix}0\\1\\0\end{bmatrix}=-\frac{\sqrt{2}}{4}$$

而 $b_1=b_2=b_3=0$。把 a_j、b_j 代入式(3.1-50)得到模态主坐标,也就是系统主坐标位移响应

$$q_1=\frac{\sqrt{2}}{4}\cos\omega_1 t,\quad q_2=0,\quad q_3=-\frac{\sqrt{2}}{4}\cos\omega_3 t$$

第 3 步　利用展开定理式(3.1-45),把主坐标位移响应变换到原坐标下,得到原物理坐标下的位移响应

$$\boldsymbol{x}=\sum_{j=1}^{n}\boldsymbol{\varphi}_j q_j=\boldsymbol{\varphi}_1 q_1+\boldsymbol{\varphi}_3 q_3 \tag{c}$$

或

$$\begin{bmatrix}x_1\\x_2\\x_3\end{bmatrix}=\begin{bmatrix}\dfrac{\sqrt{2}}{4}(\cos\omega_1 t-\cos\omega_3 t)\\\dfrac{1}{2}(\cos\omega_1 t+\cos\omega_3 t)\\\dfrac{\sqrt{2}}{4}(\cos\omega_1 t-\cos\omega_3 t)\end{bmatrix} \tag{d}$$

根据三角公式,可把式(d)写成另外一种形式,即

$$\begin{bmatrix} x_1 \\ x_2 \\ x_3 \end{bmatrix} = \begin{bmatrix} -\dfrac{\sqrt{2}}{2}\sin\dfrac{\omega_1+\omega_3}{2}t\sin\dfrac{\omega_1-\omega_3}{2}t \\ \cos\dfrac{\omega_1+\omega_3}{2}t\cos\dfrac{\omega_1-\omega_3}{2}t \\ -\dfrac{\sqrt{2}}{2}\sin\dfrac{\omega_1+\omega_3}{2}t\sin\dfrac{\omega_1-\omega_3}{2}t \end{bmatrix} \tag{e}$$

对于无阻尼系统,由此例题可以得出如下结论:

① 对于各阶主振动,系统各坐标以对应的固有频率作单相简谐振动,各坐标运动或是同相位的,或是反相位的。系统若以第1阶固有频率振动,也就是系统作第1阶主振动,则各个质点的振动是同相位的;若系统作第3阶主振动,则质点1和质点3的相位相同,但它们的相位与质点2的相位相反,并且具有2个节点。

② 系统以固有频率作的单相简谐振动的形态也就是系统的模态。

③ 一般情况下,由简谐振动叠加而成的系统的响应不再是周期振动,而是一个非周期的运动,参见式(e)。

3.1.4 重频、零频和高频

一个振动系统的固有频率可能有重频(如习题3.14),也可能为零(如例3.1-2)和无穷大(如第4章介绍的连续系统)。下面简单讨论与重频、零频和无穷大频率相关的问题。

1. 与重频对应的模态正交性

从式(3.1-27)可知,模态关于质量矩阵的正交性(3.1-28)和关于刚度的正交性(3.1-29)都是在系统没有重频的前提下证明的。虽然根据线性代数的舒尔(Schur)定律可知,对于广义特征值问题(3.1-18),即使存在 r 个相同的固有频率,也存在与这 r 个重频对应的一组满足正交性的模态。下面给出一种实现正交化的施密特(Schmidt)方法。

设 $\omega_1=\omega_2=\cdots=\omega_r$,与这 r 个重频对应的模态为 $\boldsymbol{\varphi}_1,\boldsymbol{\varphi}_2,\cdots,\boldsymbol{\varphi}_r$,它们彼此之间不一定正交,但它们都与 $\boldsymbol{\varphi}_{r+1},\cdots,\boldsymbol{\varphi}_n$ 正交。下面用 $\tilde{\boldsymbol{\varphi}}_1,\tilde{\boldsymbol{\varphi}}_2,\cdots,\tilde{\boldsymbol{\varphi}}_r$ 表示与这 r 个重频对应的彼此正交的模态。

第1步　选择 $\tilde{\boldsymbol{\varphi}}_1=\boldsymbol{\varphi}_1$;

第2步　令

$$\tilde{\boldsymbol{\varphi}}_2=c_1\tilde{\boldsymbol{\varphi}}_1+\boldsymbol{\varphi}_2 \tag{3.1-57}$$

用 $\tilde{\boldsymbol{\varphi}}_1^{\mathrm{T}}\boldsymbol{M}$ 前乘式(3.1-57)两端得

$$\tilde{\boldsymbol{\varphi}}_1^{\mathrm{T}}\boldsymbol{M}\tilde{\boldsymbol{\varphi}}_2=c_1\tilde{\boldsymbol{\varphi}}_1^{\mathrm{T}}\boldsymbol{M}\tilde{\boldsymbol{\varphi}}_1+\tilde{\boldsymbol{\varphi}}_1^{\mathrm{T}}\boldsymbol{M}\boldsymbol{\varphi}_2 \tag{3.1-58}$$

因为 $\tilde{\boldsymbol{\varphi}}_1^{\mathrm{T}}\boldsymbol{M}\tilde{\boldsymbol{\varphi}}_2=0$,所以有

$$c_1=-\frac{\tilde{\boldsymbol{\varphi}}_1^{\mathrm{T}}\boldsymbol{M}\boldsymbol{\varphi}_2}{\tilde{\boldsymbol{\varphi}}_1^{\mathrm{T}}\boldsymbol{M}\tilde{\boldsymbol{\varphi}}_1} \tag{3.1-59}$$

把求得的 c_1 代入式(3.1-57)即得 $\tilde{\boldsymbol{\varphi}}_2$。

第3步　令

$$\tilde{\boldsymbol{\varphi}}_3=c_2\tilde{\boldsymbol{\varphi}}_1+c_3\tilde{\boldsymbol{\varphi}}_2+\boldsymbol{\varphi}_3 \tag{3.1-60}$$

用 $\tilde{\boldsymbol{\varphi}}_1^{\mathrm{T}}\boldsymbol{M}$ 和 $\tilde{\boldsymbol{\varphi}}_2^{\mathrm{T}}\boldsymbol{M}$ 分别前乘式(3.1-60)两端得

$$\tilde{\boldsymbol{\varphi}}_1^{\mathrm{T}}\boldsymbol{M}\tilde{\boldsymbol{\varphi}}_3=c_2\tilde{\boldsymbol{\varphi}}_1^{\mathrm{T}}\boldsymbol{M}\tilde{\boldsymbol{\varphi}}_1+c_3\tilde{\boldsymbol{\varphi}}_1^{\mathrm{T}}\boldsymbol{M}\tilde{\boldsymbol{\varphi}}_2+\tilde{\boldsymbol{\varphi}}_1^{\mathrm{T}}\boldsymbol{M}\boldsymbol{\varphi}_3 \tag{3.1-61a}$$

$$\tilde{\boldsymbol{\varphi}}_2^{\mathrm{T}}\boldsymbol{M}\tilde{\boldsymbol{\varphi}}_3=c_2\tilde{\boldsymbol{\varphi}}_2^{\mathrm{T}}\boldsymbol{M}\tilde{\boldsymbol{\varphi}}_1+c_3\tilde{\boldsymbol{\varphi}}_2^{\mathrm{T}}\boldsymbol{M}\tilde{\boldsymbol{\varphi}}_2+\tilde{\boldsymbol{\varphi}}_2^{\mathrm{T}}\boldsymbol{M}\boldsymbol{\varphi}_3 \tag{3.1-61b}$$

由于 $\tilde{\boldsymbol{\varphi}}_1^{\mathrm{T}}\boldsymbol{M}\tilde{\boldsymbol{\varphi}}_2=0$,$\tilde{\boldsymbol{\varphi}}_1^{\mathrm{T}}\boldsymbol{M}\tilde{\boldsymbol{\varphi}}_3=0$ 和 $\tilde{\boldsymbol{\varphi}}_3^{\mathrm{T}}\boldsymbol{M}\tilde{\boldsymbol{\varphi}}_2=0$,因此从(3.1－61)得

$$c_2=-\frac{\tilde{\boldsymbol{\varphi}}_1^{\mathrm{T}}\boldsymbol{M}\boldsymbol{\varphi}_3}{\tilde{\boldsymbol{\varphi}}_1^{\mathrm{T}}\boldsymbol{M}\tilde{\boldsymbol{\varphi}}_1},\quad c_3=-\frac{\tilde{\boldsymbol{\varphi}}_2^{\mathrm{T}}\boldsymbol{M}\boldsymbol{\varphi}_3}{\tilde{\boldsymbol{\varphi}}_2^{\mathrm{T}}\boldsymbol{M}\tilde{\boldsymbol{\varphi}}_2} \tag{3.1-62}$$

依次按照上面的流程可以确定余下的 $\tilde{\boldsymbol{\varphi}}_4,\tilde{\boldsymbol{\varphi}}_5,\cdots,\tilde{\boldsymbol{\varphi}}_r$。从上面的正交化流程可以看出:

1) $\tilde{\boldsymbol{\varphi}}_1,\tilde{\boldsymbol{\varphi}}_2,\cdots,\tilde{\boldsymbol{\varphi}}_r$ 是由 $\boldsymbol{\varphi}_1,\boldsymbol{\varphi}_2,\cdots,\boldsymbol{\varphi}_r$ 的线性组合构成的,这保证了 $\tilde{\boldsymbol{\varphi}}_1,\tilde{\boldsymbol{\varphi}}_2,\cdots,\tilde{\boldsymbol{\varphi}}_r$ 与 $\boldsymbol{\varphi}_{r+1},\cdots,\boldsymbol{\varphi}_n$ 正交;

2) 构造过程保证 $\tilde{\boldsymbol{\varphi}}_1,\tilde{\boldsymbol{\varphi}}_2,\cdots,\tilde{\boldsymbol{\varphi}}_r$ 满足质量正交性 $\tilde{\boldsymbol{\varphi}}_i^{\mathrm{T}}\boldsymbol{M}\tilde{\boldsymbol{\varphi}}_j=0(i\neq j)$,读者可以验证它们还满足刚度正交性 $\tilde{\boldsymbol{\varphi}}_i^{\mathrm{T}}\boldsymbol{K}\tilde{\boldsymbol{\varphi}}_j=0(i\neq j)$。

2. 零频主振动

从广义特征值方程(3.1－18)的形式可以看出,若本征值或固有频率等于零,则

$$\boldsymbol{K}\boldsymbol{\varphi}=\boldsymbol{0} \tag{3.1-63}$$

此即为与零频对应的模态应该满足的方程,从中可以求解出零频模态。为了使方程(3.1－63)具有非零解,要求刚度矩阵 $\boldsymbol{K}$ 的行列式等于零,即 $\det(\boldsymbol{K})=0$。也就是说,$\det(\boldsymbol{K})=0$ 是系统存在零频的必要条件。如果矩阵 $\boldsymbol{K}$ 的秩 $\mathrm{rank}(\boldsymbol{K})=n-1$,则零频数为 1;若 $\mathrm{rank}(\boldsymbol{K})=n-2$,则零频数等于 2,以此类推。下一章介绍的连续振动系统的零频数通常不超过 6 个,对应 3 个刚体平动模态和 3 个刚体转动模态。

下面以只有一个零频情况(即 $\omega_1=0$),来说明零频主振动形式。设 $\boldsymbol{\varphi}_1$ 是与 $\omega_1=0$ 对应的刚体模态。从主坐标微分方程(3.1－49)可以看出,零频主坐标控制方程为

$$\ddot{q}_1=0 \tag{3.1-64}$$

其解为

$$q_1=a_1+b_1t \tag{3.1-65}$$

其中,a_1 和 b_1 由初始条件来确定。也可以根据式(3.1－50)和式(3.1－54)来确定 q_1 的具体形式。由于 $\omega_1=0$,因此根据罗必塔或洛必达(L′Hôpital)法则可得 q_1 的形式为

$$q_1(t)=\frac{1}{M_{p1}}[\boldsymbol{\varphi}_1^{\mathrm{T}}\boldsymbol{M}\boldsymbol{x}_0+(\boldsymbol{\varphi}_1^{\mathrm{T}}\boldsymbol{M}\dot{\boldsymbol{x}}_0)t] \tag{3.1-66}$$

比较式(3.1－65)和式(3.1－66)可知

$$a_1=\frac{1}{M_{p1}}\boldsymbol{\varphi}_1^{\mathrm{T}}\boldsymbol{M}\boldsymbol{x}_0,\quad b_1=\frac{1}{M_{p1}}\boldsymbol{\varphi}_1^{\mathrm{T}}\boldsymbol{M}\dot{\boldsymbol{x}}_0$$

零频主振动为

$$\boldsymbol{x}_1(t)=\boldsymbol{\varphi}_1q_1=\frac{\boldsymbol{\varphi}_1}{M_{p1}}[\boldsymbol{\varphi}_1^{\mathrm{T}}\boldsymbol{M}\boldsymbol{x}_0+(\boldsymbol{\varphi}_1^{\mathrm{T}}\boldsymbol{M}\dot{\boldsymbol{x}}_0)t] \tag{3.1-67}$$

虽然零频主振动不是往复运动,但它是振动系统的真解。譬如飞行中的飞行器的动力学状态就包括刚体运动和振动。有如下几点值得强调:

1) 如果利用模态叠加方法求解振动响应,只要在叠加过程中不考虑零频主振动,即可得到不包括刚体运动成分的弹性振动响应。

2) 若通过方程降阶方法去除零频,而又不影响非零频率,则可先利用约束条件

$$\boldsymbol{\varphi}_1^{\mathrm{T}}\boldsymbol{M}\boldsymbol{x}=0 \tag{3.1-68}$$

找到各个自由度之间的关系,然后把这个关系代入动能函数和势能函数,再根据拉格朗日方程即可得到降阶系统的常微分方程,求解之可得非零固有频率和模态。约束条件 $\boldsymbol{\varphi}_1^{\mathrm{T}}\boldsymbol{M}\boldsymbol{x}=0$ 的物理意义就是让系统的位移响应 $\boldsymbol{x}$ 与刚体模态 $\boldsymbol{\varphi}_1$ 正交,从而使响应中不包含刚体运动贡献。这种降阶后的系统没有零频,并且其固有频率与原系统的非零固有频率相同,参见例 3.1-4。

3) 构造拉格朗日函数 $L=T-V-\lambda\boldsymbol{\varphi}_1^{\mathrm{T}}\boldsymbol{M}\boldsymbol{x}$,其中动能 $T=\dot{\boldsymbol{x}}^{\mathrm{T}}\boldsymbol{M}\dot{\boldsymbol{x}}/2$,势能 $V=\boldsymbol{x}^{\mathrm{T}}\boldsymbol{K}\boldsymbol{x}/2$,$\lambda$ 是拉格朗日乘子。把拉格朗日函数代入如下拉格朗日方程

$$\frac{\mathrm{d}}{\mathrm{d}t}\left(\frac{\partial L}{\partial \dot{q}_j}\right)-\frac{\partial L}{\partial q_j}=Q_j \quad (j=1,\cdots,n) \tag{3.1-69}$$

可得

$$\begin{aligned}\boldsymbol{M}\ddot{\boldsymbol{x}}+\boldsymbol{K}\boldsymbol{x}+\lambda\boldsymbol{M}\boldsymbol{\varphi}_1&=\boldsymbol{0}\\ \boldsymbol{\varphi}_1^{\mathrm{T}}\boldsymbol{M}\boldsymbol{x}&=0\end{aligned} \tag{3.1-70}$$

其中:$\boldsymbol{M}\boldsymbol{\varphi}_1$ 是 $\boldsymbol{\varphi}_1^{\mathrm{T}}\boldsymbol{M}\boldsymbol{x}$ 的雅克比(Jacobi)矩阵的转置。若利用第7章介绍的欧拉(Euler)中点辛差分格式求解方程(3.1-70),其递推计算格式为

$$\begin{bmatrix}\boldsymbol{x}_{t+\Delta t}\\ \lambda_{t+\Delta t}\end{bmatrix}=\begin{bmatrix}\dfrac{4}{\Delta t^2}\boldsymbol{M}+\boldsymbol{K} & \boldsymbol{M}\boldsymbol{\varphi}_1\\ \boldsymbol{\varphi}_1^{\mathrm{T}}\boldsymbol{M} & 0\end{bmatrix}^{-1}\begin{bmatrix}\left(\dfrac{4}{\Delta t^2}\boldsymbol{M}-\boldsymbol{K}\right)\boldsymbol{x}_t+\dfrac{4}{\Delta t}\boldsymbol{M}\dot{\boldsymbol{x}}_t-\lambda_t\boldsymbol{M}\boldsymbol{\varphi}_1\\ 0\end{bmatrix} \tag{3.1-71}$$

其中:等号右端的带有下标 t 的变量值都是已知的 t 时刻的变量值;Δt 是时间步长,左端带有 $t+\Delta t$ 下标的变量值都是未知的 $t+\Delta t$ 时刻的变量值,需要通过方程(3.1-71)来计算。

3. 频率很大情况

在方程(3.1-18)中,质量矩阵和刚度矩阵的维数为 $n\times n$,其中 n 尽管可能很大,但也是有限值。也就是说多自由振动系统的固有频率不会是无穷大。对于第4章介绍的连续系统,由于其自由度数为无穷大,因此有无穷多个固有频率,其固有频率也就可以是无穷大。从方程(3.1-18)可知,若固有频率很大,则有

$$\boldsymbol{M}\boldsymbol{\varphi}\approx\boldsymbol{0} \tag{3.1-72}$$

由于质量矩阵是正定的,因此方程(3.1-72)只有唯一的零解,即

$$\boldsymbol{\varphi}\approx\boldsymbol{0} \tag{3.1-73}$$

另外,从式(3.1-49)可知,当固有频率较大时,其对应的主坐标近似等于零。因此高频主振动在系统响应中的贡献没有低频主振动的大,甚至可以忽略不计。这也是利用模态截断方法计算系统响应的根据。

例 3.1-4 参见例 3.1-2,考虑图 3.1-5 所示圆盘系统,试用降阶方法求系统的非零固有模态。

解:选 θ_1,θ_2 和 θ_3 为广义坐标,系统的动能函数 T 和势能函数 V 分别为

$$\begin{aligned}T&=\frac{1}{2}J\left(\dot{\theta}_1^2+\dot{\theta}_2^2+\dot{\theta}_3^2\right)\\ U&=\frac{1}{2}k\left[(\theta_1-\theta_2)^2+(\theta_3-\theta_2)^2\right]\end{aligned} \tag{a}$$

例 3.1-2 中已经得到系统的质量矩阵、刚度矩阵和固有模态为

$$\boldsymbol{M}=J\begin{bmatrix}1&0&0\\0&1&0\\0&0&1\end{bmatrix},\quad \boldsymbol{K}=k\begin{bmatrix}1&-1&0\\-1&2&-1\\0&-1&1\end{bmatrix},\quad x=\begin{bmatrix}\theta_1\\\theta_2\\\theta_3\end{bmatrix}$$

$$\omega_1=0,\quad \omega_2=\sqrt{\frac{k}{J}},\quad \omega_3=\sqrt{\frac{3k}{J}} \tag{b}$$

$$\boldsymbol{\varphi}_1=\begin{bmatrix}1\\1\\1\end{bmatrix},\quad \boldsymbol{\varphi}_2=\begin{bmatrix}1\\0\\-1\end{bmatrix},\quad \boldsymbol{\varphi}_3=\begin{bmatrix}1\\-2\\1\end{bmatrix} \tag{c}$$

根据约束条件 $\boldsymbol{\varphi}_1^{\mathrm{T}}\boldsymbol{M}\boldsymbol{x}=0$ 可得各个坐标的关系为

$$\theta_1+\theta_2+\theta_3=0 \tag{d}$$

把上式变为 $\theta_3=-(\theta_1+\theta_2)$并代入式(a)得

$$T=\frac{1}{2}J\left[\dot{\theta}_1^2+\dot{\theta}_2^2+(\dot{\theta}_1+\dot{\theta}_2)^2\right]$$

$$V=\frac{1}{2}k\left[(\theta_1-\theta_2)^2+(\theta_1+2\theta_2)^2\right]$$

将 T 和 V 代入拉格朗日方程得系统运动微分方程为

$$\bar{\boldsymbol{M}}\ddot{\bar{\boldsymbol{x}}}+\bar{\boldsymbol{K}}\bar{\boldsymbol{x}}=\boldsymbol{0} \tag{e}$$

式中：

$$\bar{\boldsymbol{M}}=J\begin{bmatrix}2&1\\1&2\end{bmatrix},\quad \bar{\boldsymbol{K}}=k\begin{bmatrix}2&1\\1&5\end{bmatrix},\quad \bar{\boldsymbol{x}}=\begin{bmatrix}\theta_1\\\theta_2\end{bmatrix}$$

频率方程为

$$\det(\bar{\boldsymbol{K}}-\bar{\omega}^2\bar{\boldsymbol{M}})=J\begin{vmatrix}\frac{2k}{J}-2\bar{\omega}^2 & \frac{k}{J}-\bar{\omega}^2\\ \frac{k}{J}-\bar{\omega}^2 & \frac{5k}{J}-2\bar{\omega}^2\end{vmatrix}=0 \tag{f}$$

由此可得 2 个固有频率为

$$\bar{\omega}_1=\sqrt{\frac{k}{J}},\quad \bar{\omega}_2=\sqrt{\frac{3k}{J}} \tag{g}$$

它们与式(b)给出的原系统的非零固有频率相同，与它们对应的模态为

$$\bar{\boldsymbol{\varphi}}_1=\begin{bmatrix}1\\0\end{bmatrix},\quad \bar{\boldsymbol{\varphi}}_2=\begin{bmatrix}1\\-2\end{bmatrix} \tag{h}$$

把式(d)与式(h)组合可以得到与式(c)中相同的 $\boldsymbol{\varphi}_2$ 和 $\boldsymbol{\varphi}_3$。值得指出的是，利用 $\theta_2=-(\theta_1+\theta_3)$或 $\theta_1=-(\theta_2+\theta_3)$与利用 $\theta_3=-(\theta_1+\theta_2)$实现系统降阶的结果是相同的。

3.2　无阻尼系统的受迫振动

3.1 节给出了建立多自由度系统振动微分方程的方法和线性自由振动微分方程的模态叠加求解方法。之所以可以用模态叠加方法求解，是因为通过坐标变换可以将自由振动微分方程进行解耦，从而把多自由度自由振动微分方程的求解问题转化为关于各个主坐标的齐次微分方程的求解问题，其求解方法和解的形式与第 1 章介绍的相同。

对于无阻尼多自由度系统的受迫振动微分方程,同样可以用 3.1 节介绍的模态叠加思想进行求解,所得到的关于各个主坐标的非齐次微分方程的求解方法和解的形式与第 2 章介绍的相同。并且实施模态叠加方法的步骤也与自由振动情况的相同:先求固有模态(固有频率和模态),再求主坐标响应,最后利用坐标变换公式求物理坐标响应。

本节仅简单介绍无阻尼多自由度系统受迫振动问题的模态叠加方法和机械阻抗分析方法,并且只考虑简谐激励和任意激励。

3.2.1 模态叠加分析方法

利用达朗伯原理等方法建立的无阻尼 n 自由度系统在外力 $\boldsymbol{f}(t)$ 作用下的振动微分方程为

$$\boldsymbol{M}\ddot{\boldsymbol{x}} + \boldsymbol{K}\boldsymbol{x} = \boldsymbol{f} \tag{3.2-1}$$

式中:$\boldsymbol{f}=[f_1 \quad f_2 \quad \cdots \quad f_n]^{\mathrm{T}}$,$f_j$ 为作用在坐标 x_j 上的外力。为了用模态叠加方法求解方程(3.2-1),首先要对其进行解耦。为此将坐标变换式(3.1-40)代入方程(3.2-1),并前乘以模态矩阵的转置 $\boldsymbol{\Phi}^{\mathrm{T}}$,得到

$$\boldsymbol{M}_{\mathrm{p}}\ddot{\boldsymbol{q}} + \boldsymbol{K}_{\mathrm{p}}\boldsymbol{q} = \boldsymbol{\Phi}^{\mathrm{T}}\boldsymbol{f} \tag{3.2-2}$$

式中:$\boldsymbol{M}_{\mathrm{p}}$ 和 $\boldsymbol{K}_{\mathrm{p}}$ 分别为模态质量矩阵和模态刚度矩阵,$\boldsymbol{q}$ 为模态坐标列阵。而 $\boldsymbol{\Phi}^{\mathrm{T}}\boldsymbol{f}$ 称为**模态力**向量,记作 $\boldsymbol{P}$,即

$$\boldsymbol{P} = \begin{bmatrix} P_1 \\ P_2 \\ \vdots \\ P_n \end{bmatrix} = \boldsymbol{\Phi}^{\mathrm{T}}\boldsymbol{f} \tag{3.2-3}$$

式中:$P_j=\boldsymbol{\varphi}_j^{\mathrm{T}}\boldsymbol{f}$。由于 $\boldsymbol{M}_{\mathrm{p}}$ 和 $\boldsymbol{K}_{\mathrm{p}}$ 为对角矩阵,因此式(3.2-2)还可以写成

$$M_{\mathrm{p}j}\ddot{q}_j + K_{\mathrm{p}j}q_j = P_j \qquad (j=1,2,\cdots,n) \tag{3.2-4}$$

该方程与不考虑阻尼时的方程(2.1-1)的形式相同。

1. 简谐激励

先讨论在简谐外部激励 $\boldsymbol{f}=\boldsymbol{F}\mathrm{e}^{\mathrm{i}\omega t}$(这里采用复数表示方法)作用下系统产生的稳态振动,这种形式的激励表示各简谐激励分量的频率都相同,$\boldsymbol{F}=[F_1 \quad F_2 \quad \cdots \quad F_n]^{\mathrm{T}}$ 为力幅向量,模态力 $P_j=\boldsymbol{\varphi}_j^{\mathrm{T}}\boldsymbol{F}\mathrm{e}^{\mathrm{i}\omega t}$。在简谐激励作用下,无阻尼系统的稳态响应是简谐振动,并且与激振力具有相同的频率,这和单自由度系统的情况完全相同。因此方程(3.2-4)的主坐标稳态位移响应为

$$\boldsymbol{q} = \boldsymbol{A}\mathrm{e}^{\mathrm{i}\omega t} \tag{3.2-5}$$

式中:$\boldsymbol{A}=[A_1 \quad A_2 \quad \cdots \quad A_n]^{\mathrm{T}}$ 为主坐标位移响应的幅值列向量。把式(3.2-5)代入方程(3.2-4),有

$$A_j = \frac{\boldsymbol{\varphi}_j^{\mathrm{T}}\boldsymbol{F}}{K_{\mathrm{p}j}(1-\bar{\omega}_j^2)} \tag{3.2-6}$$

式中:$\bar{\omega}_j=\omega/\omega_j$ 为频率比,$\omega_j=\sqrt{K_{\mathrm{p}j}/M_{\mathrm{p}j}}$ 为系统的第 j 阶固有频率。把式(3.2-6)代入式(3.2-5),得到主坐标位移为

$$q_j = \frac{\boldsymbol{\varphi}_j^{\mathrm{T}}\boldsymbol{F}}{K_{\mathrm{p}j}(1-\bar{\omega}_j^2)}\mathrm{e}^{\mathrm{i}\omega t} \tag{3.2-7}$$

若简谐激振力为 $\boldsymbol{f}=\boldsymbol{F}\sin\omega t$，则主坐标位移响应为式(3.2－7)的虚部；若 $\boldsymbol{f}=\boldsymbol{F}\cos\omega t$，则主坐标位移响应为式(3.2－7)的实部。将主坐标位移响应变换到原坐标，就得到了无阻尼多自由度系统在简谐激励作用下的稳态响应。为此，把式(3.2－7)代入式(3.1－40)，有

$$\boldsymbol{x}=\sum_{j=1}^{n}\frac{\boldsymbol{\varphi}_j}{K_{pj}(1-\bar{\omega}_j^2)}\boldsymbol{\varphi}_j^{\mathrm{T}}\boldsymbol{F}\mathrm{e}^{\mathrm{i}\omega t} \tag{3.2-8}$$

因此，在简谐激励作用下，系统的稳态响应是由 n 个不同形态的稳态响应叠加而成的，并且系统具有 n 个共振点，n 个共振频率(也就是 n 个固有频率)。当外力的频率 ω 趋近于系统的某一阶固有频率 ω_r 时，主坐标位移响应振幅 A_r 迅速增大，出现共振现象，这时其他主坐标位移响应的振幅与之相比可忽略，系统的稳态响应可以近似表示为

$$\boldsymbol{x}\approx\frac{\boldsymbol{\varphi}_r}{K_{pr}(1-\bar{\omega}_r^2)}\boldsymbol{\varphi}_r^{\mathrm{T}}\boldsymbol{F}\mathrm{e}^{\mathrm{i}\omega t} \tag{3.2-9}$$

也就是说，此时系统位移振幅的分布规律与第 r 阶主模态一致。利用这一现象，可以用共振实验方法来测定多自由度系统的固有频率和模态。

系统受到非简谐周期力激励时，可以把激振力展开成傅里叶级数，求出各谐波分量引起的受迫振动的稳态响应，然后利用线性常微分方程组解的叠加性，可以得到系统的稳态响应，此处不予赘述。

例 3.2－1　求图 3.1－3 所示 3 自由度系统在简谐激励作用下的稳态响应。简谐激励为 $\boldsymbol{f}=[F_1\quad F_2\quad F_3]^{\mathrm{T}}\sin\omega t$。

解:① 例 3.1－1 求出了模态、固有频率、模态质量和模态刚度，它们是

$$\omega_1=0.765\sqrt{\frac{k}{m}},\quad \omega_2=1.414\sqrt{\frac{k}{m}},\quad \omega_3=1.848\sqrt{\frac{k}{m}}$$

$$\boldsymbol{\varphi}_1=[1\quad \sqrt{2}\quad 1]^{\mathrm{T}}\qquad \boldsymbol{\varphi}_2=[1\quad 0\quad -1]^{\mathrm{T}},\quad \boldsymbol{\varphi}_3=[1\quad -\sqrt{2}\quad 1]^{\mathrm{T}}$$

$$M_{p1}=4m,\quad M_{p2}=2m,\quad M_{p3}=4m$$

$$K_{p1}=4(2-\sqrt{2})k,\quad K_{p2}=4k,\quad K_{p3}=4(2+\sqrt{2})k$$

② 由式(3.2－7)求主坐标位移响应。

$$q_1=\frac{F_1+\sqrt{2}F_2+F_3}{K_{p1}(1-\bar{\omega}_1^2)}\sin\omega t$$

$$q_2=\frac{F_1-F_3}{K_{p2}(1-\bar{\omega}_2^2)}\sin\omega t$$

$$q_3=\frac{F_1-\sqrt{2}F_2+F_3}{K_{p3}(1-\bar{\omega}_3^2)}\sin\omega t$$

③ 根据式(3.2－8)求系统的稳态位移响应。

$$x_1=\varphi_{11}q_1+\varphi_{12}q_2+\varphi_{13}q_3=q_1+q_2+q_3$$

$$x_2=\varphi_{21}q_1+\varphi_{22}q_2+\varphi_{23}q_3=\sqrt{2}(q_1-q_3)$$

$$x_3=\varphi_{31}q_1+\varphi_{32}q_2+\varphi_{33}q_3=q_1-q_2+q_3$$

2. 任意激励响应的卷积分析方法

当外力 $\boldsymbol{f}$ 为任意激振时，方程(3.2－10)的解包括两部分，即

$$q_j(t)=q_{1j}(t)+q_{2j}(t) \tag{3.2-10}$$

式中：q_{1j} 为由初始条件确定的主坐标位移；q_{2j} 为由模态力确定的零初始条件下的主坐标位

移。q_{1j} 可以按式(3.1-50)计算,即

$$q_{1j}=a_j\cos\omega_j t+b_j\sin\omega_j t \tag{3.2-11}$$

式中:a_j、b_j 由式(3.1-54)给出。因此,主坐标位移响应 q_{1j} 为

$$q_{1j}=\frac{1}{M_{\mathrm{p}j}}\left(\boldsymbol{\varphi}_j^{\mathrm{T}}\boldsymbol{M}\boldsymbol{x}_0\cos\omega_j t+\frac{\boldsymbol{\varphi}_j^{\mathrm{T}}\boldsymbol{M}\dot{\boldsymbol{x}}_0}{\omega_j}\sin\omega_j t\right) \tag{3.2-12}$$

而 q_{2j} 可以用杜哈梅积分表达,即

$$q_{2j}(t)=\frac{1}{M_{\mathrm{p}j}\omega_j}\int_0^t P_j(\tau)\sin\omega_j(t-\tau)\mathrm{d}\tau \tag{3.2-13}$$

最后把主坐标变换到原坐标,就得到了物理坐标位移响应的模态叠加表达式

$$\boldsymbol{x}(t)=\sum_{j=1}^{n}\boldsymbol{\varphi}_j q_j(t) \tag{3.2-14}$$

3. 任意激励响应的拉普拉斯变换方法

设系统的初始条件为零,方程(3.2-1)的拉普拉斯变换为

$$(\boldsymbol{M}s^2+\boldsymbol{K})\boldsymbol{X}(s)=\boldsymbol{F}(s) \tag{3.2-15}$$

式中:$\boldsymbol{X}(s)$ 和 $\boldsymbol{F}(s)$ 分别为 $\boldsymbol{x}(t)$ 和 $\boldsymbol{f}(t)$ 的拉普拉斯变换。令

$$\boldsymbol{H}(s)=(\boldsymbol{M}s^2+\boldsymbol{K})^{-1} \tag{3.2-16}$$

为**传递函数矩阵**。式(3.2-15)可以写为

$$\boldsymbol{X}(s)=\boldsymbol{H}(s)\boldsymbol{F}(s) \tag{3.2-17}$$

利用 $\boldsymbol{K}=\boldsymbol{\Phi}^{-\mathrm{T}}\boldsymbol{K}_{\mathrm{p}}\boldsymbol{\Phi}^{-1}$ 和 $\boldsymbol{M}=\boldsymbol{\Phi}^{-\mathrm{T}}\boldsymbol{M}_{\mathrm{p}}\boldsymbol{\Phi}^{-1}$,式(3.2-16)可以变换为

$$\boldsymbol{H}(s)=\boldsymbol{\Phi}(\boldsymbol{K}_{\mathrm{p}}+s^2\boldsymbol{M}_{\mathrm{p}})^{-1}\boldsymbol{\Phi}^{\mathrm{T}}=\sum_{j=1}^{n}\frac{\boldsymbol{\varphi}_j\boldsymbol{\varphi}_j^{\mathrm{T}}}{K_{\mathrm{p}j}+s^2M_{\mathrm{p}j}} \tag{3.2-18}$$

若 $s=\mathrm{i}\omega$,则 $\boldsymbol{H}(\mathrm{i}\omega)$ 为动柔度矩阵或复频响应矩阵。把式(3.2-18)代入式(3.2-17)则得到

$$\boldsymbol{X}(s)=\sum_{j=1}^{n}\frac{\boldsymbol{\varphi}_j\boldsymbol{\varphi}_j^{\mathrm{T}}}{K_{\mathrm{p}j}+s^2M_{\mathrm{p}j}}\boldsymbol{F}(s) \tag{3.2-19}$$

为了得到位移响应的时间历程,对式(3.2-19)作拉普拉斯逆变换,根据附录C中公式可得系统在零初始条件下的位移响应

$$\boldsymbol{x}(t)=\sum_{j=1}^{n}\frac{\boldsymbol{\varphi}_j}{M_{\mathrm{p}j}\omega_j}\int_0^t\boldsymbol{\varphi}_j^{\mathrm{T}}\boldsymbol{f}(\tau)\sin\omega_j(t-\tau)\mathrm{d}\tau \tag{3.2-20}$$

3.2.2 机械阻抗分析方法

机械阻抗分析方法也适用于多自由度系统。把简谐激振力写成如下复数形式:

$$\boldsymbol{f}=\boldsymbol{F}\mathrm{e}^{\mathrm{i}\omega t} \tag{3.2-21}$$

式中:$\boldsymbol{F}$ 为激振力的幅值向量。系统的稳态响应为同频率的简谐振动,即

$$\boldsymbol{x}=\boldsymbol{X}\mathrm{e}^{\mathrm{i}\omega t} \tag{3.2-22}$$

式中:$\boldsymbol{X}$ 为位移响应的幅值列向量。把式(3.2-21)和式(3.2-22)代入方程(3.2-1),得到

$$(\boldsymbol{K}-\omega^2\boldsymbol{M})\boldsymbol{X}=\boldsymbol{F} \tag{3.2-23}$$

令

$$\boldsymbol{Z}=(\boldsymbol{K}-\omega^2\boldsymbol{M}) \tag{3.2-24}$$

式中:$\boldsymbol{Z}$ 为系统的**位移阻抗矩阵**,也称为系统的**动刚度矩阵**。$\boldsymbol{Z}$ 的逆矩阵 $\boldsymbol{H}$ 称为系统的**位移导纳矩阵**或**动柔度矩阵**,即为系统的**复频响应矩阵**。动刚度矩阵 $\boldsymbol{Z}$ 和动柔度矩阵 $\boldsymbol{H}$ 的元素都

有明确的物理含义，它们的对角元素为原点位移阻抗和原点位移导纳；而非对角元素分别称为跨点位移阻抗和跨点位移导纳，也可以理解为动刚度影响系数和动柔度影响系数，只有当 $\omega=0$ 时，它们才退化成为静刚度影响系数和静柔度影响系数。位移导纳矩阵元素 H_{ij} 的物理含义是：在 j 坐标作用单点简谐激振力时的 i 坐标的位移响应幅值与激振力幅值之比。位移响应振幅为

$$\boldsymbol{X}=\boldsymbol{HF} \tag{3.2-25}$$

把上式代入式(3.2－22)，得到系统的稳态响应为

$$\boldsymbol{x}=\boldsymbol{HF}\mathrm{e}^{\mathrm{i}\omega t} \tag{3.2-26}$$

下面说明式(3.2－8)与式(3.2－26)完全相同。将 $\boldsymbol{K}=\boldsymbol{\Phi}^{-\mathrm{T}}\boldsymbol{K}_{\mathrm{p}}\boldsymbol{\Phi}^{-1}$ 和 $\boldsymbol{M}=\boldsymbol{\Phi}^{-\mathrm{T}}\boldsymbol{M}_{\mathrm{p}}\boldsymbol{\Phi}^{-1}$ 代入如下 $\boldsymbol{H}$ 表达式中

$$\boldsymbol{H}=(\boldsymbol{K}-\omega^2\boldsymbol{M})^{-1} \tag{3.2-27}$$

可得

$$\boldsymbol{H}=\boldsymbol{\Phi}(\boldsymbol{K}_{\mathrm{p}}-\omega^2\boldsymbol{M}_{\mathrm{p}})^{-1}\boldsymbol{\Phi}^{\mathrm{T}}=\sum_{j=1}^{n}\frac{\boldsymbol{\varphi}_j\boldsymbol{\varphi}_j^{\mathrm{T}}}{K_{\mathrm{p}j}-\omega^2M_{\mathrm{p}j}}=\sum_{j=1}^{n}\frac{\boldsymbol{\varphi}_j\boldsymbol{\varphi}_j^{\mathrm{T}}}{K_{\mathrm{p}j}(1-\bar{\omega}_j^2)} \tag{3.2-28}$$

因此

$$\boldsymbol{X}=\sum_{j=1}^{n}\frac{\boldsymbol{\varphi}_j\boldsymbol{\varphi}_j^{\mathrm{T}}}{K_{\mathrm{p}j}(1-\bar{\omega}_j^2)}\boldsymbol{F} \tag{3.2-29}$$

把式(3.2－29)代入式(3.2－22)或根据式(3.2－26)可得系统的稳态响应为

$$\boldsymbol{x}=\sum_{j=1}^{n}\frac{\boldsymbol{\varphi}_j\boldsymbol{\varphi}_j^{\mathrm{T}}}{K_{\mathrm{p}j}(1-\bar{\omega}_j^2)}\boldsymbol{F}\mathrm{e}^{\mathrm{i}\omega t} \tag{3.2-30}$$

因此式(3.2－8)与式(3.2－26)是完全相同的。

无阻尼系统稳态响应的频率等于简谐激振力频率，它的相位与简谐激振力的相位呈单相关系，即同相或反相。各坐标稳态响应的相位关系可以由 $\boldsymbol{X}$ 也就是 $\boldsymbol{HF}$ 元素的符号来决定：正号表明响应与激振力同相，负号表明响应与激振力反相。

总之，系统振动的模态分析在线性系统振动分析中具有重要意义。在理论分析中，应用模态可以分析在外部激励作用下系统产生的响应，这是所谓振动分析的正问题；在振动试验方面，根据测量的响应可以去识别系统的模态参数，如固有频率、模态和模态质量等，这是所谓振动分析的逆问题。

3.3　非保守系统的振动

1877 年，瑞利(B. Rayleigh)著名的《声学理论》一书出版，其中系统地讲述了保守弹性系统的振动理论，这是他在此书出版之前对这方面研究工作的总结。人们发现，在不考虑阻尼的情况下，当结构以某一阶固有频率作自由振动时，结构各点的振动不是处于同相状态，就是处于反相状态。因此，模态呈现驻波性质，在共振实验中可以清晰地看到模态图像。在数学上，则可以用实函数或实向量来表示模态函数或模态向量，有关理论称为**实模态理论**。实模态理论内容是丰富的，它包括模态的正交性、模态叠加方法、频响函数和脉冲响应函数等内容。对于无阻尼多自由度系统的实模态分析理论，前面两节中已经作了介绍。

3.3.1 比例粘性阻尼和实模态理论

实际系统总是存在阻尼的，而且阻尼的性质通常是比较复杂的，它可能是位移、速度以及其他因素的函数。工程中常用的阻尼模型是粘性阻尼。粘性阻尼力的大小与速度的大小成正比。对于具有粘性阻尼的多自由度系统，也可以通过3.1节介绍的方法来建立系统的自由振动微分方程，即

$$\boldsymbol{M}\ddot{\boldsymbol{x}}+\boldsymbol{C}\dot{\boldsymbol{x}}+\boldsymbol{K}\boldsymbol{x}=\boldsymbol{0} \tag{3.3-1}$$

式中：$\boldsymbol{C}$为粘性阻尼矩阵。为了仍然能用基于实模态的坐标变换式(3.1-40)将方程(3.3-1)解耦，其中$\boldsymbol{C}$应该为**比例阻尼**矩阵，其满足的充分必要条件为

$$\boldsymbol{K}\boldsymbol{M}^{-1}\boldsymbol{C}=\boldsymbol{C}\boldsymbol{M}^{-1}\boldsymbol{K}$$

瑞利阻尼是一种特殊的比例阻尼，它的定义为

$$\boldsymbol{C}=a\boldsymbol{M}+b\boldsymbol{K} \tag{3.3-2}$$

式中：a和b是比例系数。如果能通过实验测得两阶固有频率和对应的模态阻尼比，则可以确定式(3.3-2)中的a和b，见3.5节。瑞利阻尼对小物理阻尼情况具有较好的精度。

从式(3.3-2)可以看出，用无阻尼系统的实模态可以将瑞利阻尼矩阵$\boldsymbol{C}$对角化，因此可以用实模态理论来分析具有比例阻尼的多自由度系统的振动。前面介绍的关于无阻尼系统振动的实模态分析方法都可以直接用来分析具有上述比例粘性阻尼的系统的振动。下面只对比例粘性阻尼系统的实模态分析方法进行简单介绍，对具有其他比例阻尼如比例结构阻尼的系统，也可以用实模态理论进行类似的分析，这里不再赘述。

1. 自由振动的模态叠加方法

把坐标变换公式(3.1-40)代入式(3.3-1)，并前乘以$\boldsymbol{\Phi}^{\mathrm{T}}$，得到

$$\boldsymbol{\Phi}^{\mathrm{T}}\boldsymbol{M}\boldsymbol{\Phi}\ddot{\boldsymbol{q}}+\boldsymbol{\Phi}^{\mathrm{T}}\boldsymbol{C}\boldsymbol{\Phi}\dot{\boldsymbol{q}}+\boldsymbol{\Phi}^{\mathrm{T}}\boldsymbol{K}\boldsymbol{\Phi}\boldsymbol{q}=\boldsymbol{0} \tag{3.3-3}$$

根据模态正交性，有

$$\boldsymbol{M}_{\mathrm{p}}\ddot{\boldsymbol{q}}+\boldsymbol{C}_{\mathrm{p}}\dot{\boldsymbol{q}}+\boldsymbol{K}_{\mathrm{p}}\boldsymbol{q}=\boldsymbol{0} \tag{3.3-4}$$

式中：$\boldsymbol{M}_{\mathrm{p}}$、$\boldsymbol{K}_{\mathrm{p}}$和$\boldsymbol{C}_{\mathrm{p}}=\boldsymbol{\Phi}^{\mathrm{T}}\boldsymbol{C}\boldsymbol{\Phi}$分别为模态质量矩阵、模态刚度矩阵和模态阻尼矩阵，它们都为对角矩阵。对于瑞利阻尼，$\boldsymbol{C}_{\mathrm{p}}$的形式为

$$\boldsymbol{C}_{\mathrm{p}}=a\boldsymbol{M}_{\mathrm{p}}+b\boldsymbol{K}_{\mathrm{p}} \tag{3.3-5}$$

式中$\boldsymbol{C}_{\mathrm{p}}=\mathrm{diag}(C_{\mathrm{p}j})$，其中$C_{\mathrm{p}j}$为模态阻尼系数。式(3.3-4)还可以写成

$$M_{\mathrm{p}j}\ddot{q}_j+C_{\mathrm{p}j}\dot{q}_j+K_{\mathrm{p}j}q_j=0 \qquad (j=1,2,\cdots,n) \tag{3.3-6}$$

或

$$\ddot{q}_j+2\xi_j\omega_j\dot{q}_j+\omega_j^2q_j=0 \tag{3.3-7}$$

式中：

$$\omega_j^2=\frac{K_{\mathrm{p}j}}{M_{\mathrm{p}j}},\quad 2\xi_j\omega_j=\frac{C_{\mathrm{p}j}}{M_{\mathrm{p}j}} \tag{3.3-8}$$

式(3.3-7)就是在模态坐标下n个独立的阻尼单自由度系统的自由振动方程。值得再一次强调的是，能写成方程(3.3-7)的条件是无阻尼系统的模态对阻尼矩阵具有正交性，能解除坐标之间的阻尼耦合。方程(3.3-6)的解为

$$q_j(t)=\mathrm{e}^{-\xi_j\omega_jt}\left(q_{j0}\cos\omega_{j\mathrm{d}}t+\frac{\dot{q}_{j0}+\xi_j\omega_jq_{j0}}{\omega_{j\mathrm{d}}}\sin\omega_{j\mathrm{d}}t\right) \tag{3.3-9}$$

式中：q_{j0} 和 $\dot{q}_{j0}$ 为第 j 个主坐标的初始位移和初始速度，而

$$\omega_{jd}=\omega_j\sqrt{1-\xi_j^2} \tag{3.3-10}$$

若已知物理坐标系下系统的初始速度 $\dot{\boldsymbol{x}}_0$ 和初始位移 $\boldsymbol{x}_0$，则根据式(3.1-41)有

$$\left.\begin{aligned}q_{j0}&=\boldsymbol{\varphi}_j^{\mathrm{T}}\boldsymbol{M}\boldsymbol{x}_0/M_{\mathrm{p}j}\\\dot{q}_{j0}&=\boldsymbol{\varphi}_j^{\mathrm{T}}\boldsymbol{M}\dot{\boldsymbol{x}}_0/M_{\mathrm{p}j}\end{aligned}\right\} \tag{3.3-11}$$

而物理坐标下的位移响应可根据式(3.1-40)求得，即

$$\begin{aligned}\boldsymbol{x}(t)&=\sum_{j=1}^{n}\boldsymbol{\varphi}_j q_j(t)\\&=\sum_{j=1}^{n}\frac{\mathrm{e}^{-\xi_j\omega_j t}\boldsymbol{\varphi}_j}{M_{\mathrm{p}j}}\left(\boldsymbol{\varphi}_j^{\mathrm{T}}\boldsymbol{M}\boldsymbol{x}_0\cos\omega_{jd}t+\frac{\boldsymbol{\varphi}_j^{\mathrm{T}}\boldsymbol{M}\dot{\boldsymbol{x}}_0+\xi_j\omega_j\boldsymbol{\varphi}_j^{\mathrm{T}}\boldsymbol{M}\boldsymbol{x}_0}{\omega_{jd}}\sin\omega_{jd}t\right)\end{aligned} \tag{3.3-12}$$

例 3.3-1　图 3.3-1 为两自由度系统，阻尼系数 $c_1=c_2=c_3=c$。初始条件为 $\boldsymbol{x}_0=[0\quad 0]^{\mathrm{T}}$，$\dot{\boldsymbol{x}}_0=[v\quad 0]^{\mathrm{T}}$。试用模态叠加方法和直接求解方法分别确定系统的自由振动。

解：利用达朗伯原理可以建立系统的运动微分方程为

$$\begin{bmatrix}m&0\\0&m\end{bmatrix}\begin{bmatrix}\ddot{x}_1\\\ddot{x}_2\end{bmatrix}+\begin{bmatrix}2c&-c\\-c&2c\end{bmatrix}\begin{bmatrix}\dot{x}_1\\\dot{x}_2\end{bmatrix}+\begin{bmatrix}2k&-k\\-k&2k\end{bmatrix}\begin{bmatrix}x_1\\x_2\end{bmatrix}=\boldsymbol{0} \tag{a}$$

其中阻尼矩阵满足比例阻尼条件 $\boldsymbol{K}\boldsymbol{M}^{-1}\boldsymbol{C}=\boldsymbol{C}\boldsymbol{M}^{-1}\boldsymbol{K}$，因此可以用实模态理论来分析系统的振动。

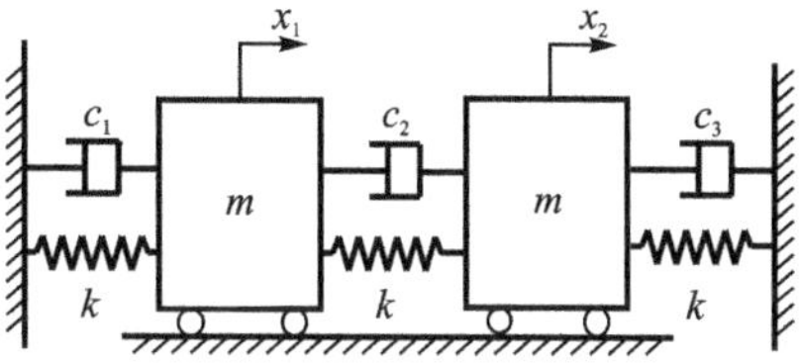

图 3.3-1　两自由度系统

(1) 求系统的固有模态

广义特征值方程为

$$\begin{bmatrix}2k-m\omega^2&-k\\-k&2k-m\omega^2\end{bmatrix}\begin{bmatrix}\varphi_1\\\varphi_2\end{bmatrix}=\boldsymbol{0} \tag{b}$$

频率方程为

$$\det(\boldsymbol{K}-\lambda\boldsymbol{M})=\begin{vmatrix}2k-m\omega^2&-k\\-k&2k-m\omega^2\end{vmatrix}=(m\omega^2-k)(m\omega^2-3k)=0 \tag{c}$$

求解方程(c)，得

$$\omega_1=\sqrt{\frac{k}{m}},\quad \omega_2=\sqrt{\frac{3k}{m}}$$

把固有频率代入式(b)，并令模态向量的第 2 个分量等于 1，有

$$\boldsymbol{\varphi}_1=\begin{bmatrix}1\\1\end{bmatrix},\quad \boldsymbol{\varphi}_2=\begin{bmatrix}-1\\1\end{bmatrix} \tag{d}$$

由此可以得到如下模态参数：

$$M_{\mathrm{p}1}=2m,\quad M_{\mathrm{p}2}=2m,\quad K_{\mathrm{p}1}=2k,\quad K_{\mathrm{p}2}=6k$$

$$C_{\mathrm{p}1}=\boldsymbol{\varphi}_1^{\mathrm{T}}\boldsymbol{C}\boldsymbol{\varphi}_1=2c,\quad C_{\mathrm{p}2}=\boldsymbol{\varphi}_2^{\mathrm{T}}\boldsymbol{C}\boldsymbol{\varphi}_2=6c$$

$$\xi_1=\frac{C_{\mathrm{p}1}}{2\omega_1 M_{\mathrm{p}1}}=\frac{c}{2\sqrt{mk}},\quad \xi_2=\frac{C_{\mathrm{p}2}}{2\omega_2 M_{\mathrm{p}2}}=\frac{3c}{2\sqrt{3mk}}$$

(2) 确定主坐标位移

根据式(3.3-11)计算主坐标初始位移和初始速度为

$$q_{10}=\boldsymbol{\varphi}_1^{\mathrm{T}}\boldsymbol{M}\boldsymbol{x}_0/M_{\mathrm{p}1}=0,\quad q_{20}=\boldsymbol{\varphi}_2^{\mathrm{T}}\boldsymbol{M}\boldsymbol{x}_0/M_{\mathrm{p}2}=0$$

$$\dot{q}_{10}=\boldsymbol{\varphi}_1^{\mathrm{T}}\boldsymbol{M}\dot{\boldsymbol{x}}_0/M_{\mathrm{p}1}=v/2,\quad \dot{q}_{20}=\boldsymbol{\varphi}_2^{\mathrm{T}}\boldsymbol{M}\dot{\boldsymbol{x}}_0/M_{\mathrm{p}2}=-v/2$$

根据式(3.3-9)计算主坐标位移响应为

$$q_j(t)=\mathrm{e}^{-\xi_j\omega_j t}\frac{\dot{q}_{j0}}{\omega_{jd}}\sin\omega_{jd}t\qquad(j=1,2)\tag{e}$$

(3) 确定物理坐标下的位移

将式(e)代入式(3.3-12),得

$$\begin{bmatrix}x_1\\x_2\end{bmatrix}=\begin{bmatrix}1\\1\end{bmatrix}q_1+\begin{bmatrix}-1\\1\end{bmatrix}q_2=\begin{bmatrix}\dfrac{v}{2}\left(\dfrac{\mathrm{e}^{-\xi_1\omega_1 t}}{\omega_{1d}}\sin\omega_{1d}t+\dfrac{\mathrm{e}^{-\xi_2\omega_2 t}}{\omega_{2d}}\sin\omega_{2d}t\right)\\\dfrac{v}{2}\left(\dfrac{\mathrm{e}^{-\xi_1\omega_1 t}}{\omega_{1d}}\sin\omega_{1d}t-\dfrac{\mathrm{e}^{-\xi_2\omega_2 t}}{\omega_{2d}}\sin\omega_{2d}t\right)\end{bmatrix}$$

前面用模态叠加方法求解了系统的自由振动响应,下面直接求解方程(a)。令

$$\begin{bmatrix}x_1\\x_2\end{bmatrix}=\begin{bmatrix}\varphi_1\\\varphi_2\end{bmatrix}\mathrm{e}^{\lambda t}\tag{f}$$

把式(f)代入方程(a),有

$$\begin{bmatrix}m\lambda^2+2c\lambda+2k & -c\lambda-k\\-c\lambda-k & m\lambda^2+2c\lambda+2k\end{bmatrix}\begin{bmatrix}\varphi_1\\\varphi_2\end{bmatrix}=\mathbf{0}\tag{g}$$

特征方程为

$$(m\lambda^2+3c\lambda+3k)(m\lambda^2+c\lambda+k)=0\tag{h}$$

求解方程(h)得到特征根

$$\lambda_{1,2}=-\xi\omega\pm\mathrm{i}\omega\sqrt{1-\xi^2},\quad \lambda_{3,4}=-3\xi\omega\pm\mathrm{i}\omega\sqrt{3(1-3\xi^2)}$$

式中:$\xi=c/2m\omega$,$\omega^2=k/m$。此时特征根为两对共轭复根。把特征值代入式(g)得到对应的特征向量

$$\boldsymbol{\varphi}_{1,2}=\begin{bmatrix}1\\1\end{bmatrix},\quad \boldsymbol{\varphi}_{3,4}=\begin{bmatrix}-1\\1\end{bmatrix}\tag{i}$$

式(i)和式(d)是相同的。由此可以看出,只要系统的阻尼是比例粘性阻尼,不管采用什么样的方法,求得的模态向量都是相同的。复特征根也可以用模态参数来表示。两种解法所用参数之间存在如下关系:

$$\xi_1=\xi,\quad \xi_2=\sqrt{3}\xi,\quad \omega_1=\omega,\quad \omega_2=\sqrt{3}\omega$$

把 $\lambda_{1,2}$ 用 ω_1 和 ξ_1 表示,把 $\lambda_{3,4}$ 用 ω_2 和 ξ_2 表示,有

$$\left.\begin{aligned}\lambda_{1,2}&=-\xi_1\omega_1\pm\mathrm{i}\omega_1\sqrt{1-\xi_1^2}=-\xi_1\omega_1\pm\mathrm{i}\omega_{1d}\\\lambda_{3,4}&=-\xi_2\omega_2\pm\mathrm{i}\omega_2\sqrt{1-\xi_2^2}=-\xi_2\omega_2\pm\mathrm{i}\omega_{2d}\end{aligned}\right\}\tag{j}$$

根据特征向量展开方法,有

$$\begin{aligned}\boldsymbol{x}=&\sum_{j=1}^{4}b_j\boldsymbol{\varphi}_j\mathrm{e}^{\lambda_j t}=\\&\mathrm{e}^{-\xi_1\omega_1 t}\boldsymbol{\varphi}_1(a_1\cos\omega_{1d}t+a_2\sin\omega_{1d}t)+\\&\mathrm{e}^{-\xi_2\omega_2 t}\boldsymbol{\varphi}_3(a_3\cos\omega_{2d}t+a_4\sin\omega_{2d}t)\end{aligned}\tag{k}$$

式中:

$$a_1=b_1+b_2$$
$$a_2=\mathrm{i}(b_1-b_2)$$

$$a_3=b_3+b_4$$

$$a_4=\mathrm{i}(b_3-b_4)$$

把式(k)代入初始条件之中，得到

$$a_1\boldsymbol{\varphi}_1+a_3\boldsymbol{\varphi}_3=\boldsymbol{x}_0$$

$$-\xi_1\omega_1a_1\boldsymbol{\varphi}_1-\xi_2\omega_2a_3\boldsymbol{\varphi}_3+a_2\boldsymbol{\varphi}_1\omega_{1\mathrm{d}}+a_4\boldsymbol{\varphi}_3\omega_{2\mathrm{d}}=\dot{\boldsymbol{x}}_0$$

因此，$a_1=a_3=0,a_2=v/2\omega_{1\mathrm{d}},a_4=-v/2\omega_{2\mathrm{d}}$。把 $a_j(j=1,2,3,4)$ 代入式(k)得

$$\boldsymbol{x}=\frac{v}{2}\left(\frac{\mathrm{e}^{-\xi_1\omega_1t}}{\omega_{1\mathrm{d}}}\boldsymbol{\varphi}_1\sin\omega_{1\mathrm{d}}t-\frac{\mathrm{e}^{-\xi_2\omega_2t}}{\omega_{2\mathrm{d}}}\boldsymbol{\varphi}_3\sin\omega_{2\mathrm{d}}t\right)\tag{l}$$

显然两种方法得到的结果是相同的。

2. 受迫振动的模态叠加方法

根据达朗伯原理等方法可以建立具有比例阻尼的系统在外部激励作用下的运动微分方程为

$$\boldsymbol{M}\ddot{\boldsymbol{x}}+\boldsymbol{C}\dot{\boldsymbol{x}}+\boldsymbol{K}\boldsymbol{x}=\boldsymbol{f}\tag{3.3-13}$$

把坐标变换公式(3.1-40)代入式(3.3-13)，并前乘以 $\boldsymbol{\Phi}^{\mathrm{T}}$，得到

$$\boldsymbol{\Phi}^{\mathrm{T}}\boldsymbol{M}\boldsymbol{\Phi}\ddot{\boldsymbol{q}}+\boldsymbol{\Phi}^{\mathrm{T}}\boldsymbol{C}\boldsymbol{\Phi}\dot{\boldsymbol{q}}+\boldsymbol{\Phi}^{\mathrm{T}}\boldsymbol{K}\boldsymbol{\Phi}\boldsymbol{q}=\boldsymbol{\Phi}^{\mathrm{T}}\boldsymbol{f}\tag{3.3-14}$$

进而有

$$\boldsymbol{M}_{\mathrm{p}}\ddot{\boldsymbol{q}}+\boldsymbol{C}_{\mathrm{p}}\dot{\boldsymbol{q}}+\boldsymbol{K}_{\mathrm{p}}\boldsymbol{q}=\boldsymbol{P}\tag{3.3-15}$$

式中：模态力向量 $\boldsymbol{P}$ 的元素 $P_j=\boldsymbol{\varphi}_j^{\mathrm{T}}\boldsymbol{f}$。式(3.3-15)还可以写成

$$M_{\mathrm{p}j}\ddot{q}_j+C_{\mathrm{p}j}\dot{q}_j+K_{\mathrm{p}j}q_j=P_j\qquad(j=1,2,\cdots,n)\tag{3.3-16}$$

该方程的通解包括方程本身的特解 q_{2j} 和对应齐次方程(3.3-6)的通解 q_{1j}，即

$$q_j(t)=q_{1j}(t)+q_{2j}(t)\tag{3.3-17}$$

先考虑在**简谐激振力**作用下系统的响应。设作用在各坐标上简谐激振力分量的频率都相同，则复数形式的简谐激振力为 $\boldsymbol{f}=\boldsymbol{F}\mathrm{e}^{\mathrm{i}\omega t}$，$\boldsymbol{F}=[F_1\quad F_2\quad\cdots\quad F_n]^{\mathrm{T}}$ 为激振力的幅值向量。模态力分量为 $P_j=\boldsymbol{\varphi}_j^{\mathrm{T}}\boldsymbol{F}\mathrm{e}^{\mathrm{i}\omega t}$。齐次方程(3.3-6)的通解为

$$q_{1j}(t)=\mathrm{e}^{-\xi_j\omega_jt}(C_{1j}\cos\omega_{j\mathrm{d}}t+C_{2j}\sin\omega_{j\mathrm{d}}t)$$

由于系统存在阻尼，q_{1j} 为暂态响应，随着时间的推移它将迅速衰减到可以忽略不计。如果读者关心 C_{1j} 和 C_{2j} 的具体形式，可以参见式(2.1-16)。这里只考虑方程(3.3-16)的特解，也就是主坐标稳态位移响应 q_{2j}。主坐标稳态响应的频率与激振力的频率相同，由于系统存在阻尼，因此响应和激励之间存在相位差。设主坐标稳态响应为

$$q_{2j}=A_j\mathrm{e}^{\mathrm{i}\omega t}\tag{3.3-18}$$

式中：A_j 为主坐标位移响应 q_{2j} 的振幅。把式(3.3-18)代入方程(3.3-16)，有

$$A_j=\frac{\boldsymbol{\varphi}_j^{\mathrm{T}}\boldsymbol{F}}{K_{\mathrm{p}j}(1-\bar{\omega}_j^2+2\mathrm{i}\xi_j\bar{\omega}_j)}\tag{3.3-19}$$

因此

$$q_{2j}=\frac{\boldsymbol{\varphi}_j^{\mathrm{T}}\boldsymbol{F}}{K_{\mathrm{p}j}(1-\bar{\omega}_j^2+2\mathrm{i}\xi_j\bar{\omega}_j)}\mathrm{e}^{\mathrm{i}\omega t}=\frac{\boldsymbol{\varphi}_j^{\mathrm{T}}\boldsymbol{F}}{K_{\mathrm{p}j}}\beta_j\mathrm{e}^{\mathrm{i}(\omega t-\theta_j)}\tag{3.3-20}$$

式中：θ_j 为第 j 阶主坐标稳态位移响应与激振力之间的相位差，β_j 为第 j 阶主坐标位移响应的振幅放大因数。

$$\theta_j = \arccos \frac{1-\bar{\omega}^2}{\sqrt{(1-\bar{\omega}_j^2)^2+(2\xi_j\bar{\omega}_j)^2}}, \quad \beta_j = \frac{1}{\sqrt{(1-\bar{\omega}_j^2)^2+(2\xi_j\bar{\omega}_j)^2}} \tag{3.3-21}$$

根据展开定理公式(3.1-40),可以得到物理坐标系下的稳态位移响应

$$\boldsymbol{x} = \sum_{j=1}^{n} \boldsymbol{\varphi}_j q_{2j} \tag{3.3-22}$$

下面考虑在**任意激振力**作用下系统的响应,此时模态力 $P_j = \boldsymbol{\varphi}_j^{\mathrm{T}} \boldsymbol{f}$。根据卷积公式或杜哈梅积分,可以得到系统在零初始条件下的解,即

$$q_{2j}(t) = \int_0^t P_j(\tau) h_j(t-\tau) \mathrm{d}\tau \tag{3.3-23}$$

式中:h_j 为主坐标脉冲响应函数,即

$$h_j(t-\tau) = \frac{\mathrm{e}^{-\xi_j\omega_j(t-\tau)}}{M_{\mathrm{p}j}\omega_{j\mathrm{d}}} \sin \omega_{j\mathrm{d}}(t-\tau) \tag{3.3-24}$$

因此方程(3.3-13)在零初始条件下的解为

$$\boldsymbol{x}(t) = \sum_{j=1}^{n} \boldsymbol{\varphi}_j q_{2j}(t) \tag{3.3-25}$$

3. 受迫振动的阻抗分析方法

复数形式的简谐激振力为 $\boldsymbol{f} = \boldsymbol{F}\mathrm{e}^{\mathrm{i}\omega t}$,系统的稳态响应为同频率的简谐振动,即

$$\boldsymbol{x} = \boldsymbol{X}\mathrm{e}^{\mathrm{i}\omega t} \tag{3.3-26}$$

式中:$\boldsymbol{X} = [X_1 \quad X_2 \quad \cdots \quad X_n]^{\mathrm{T}}$ 为位移响应的幅值列向量。把式(3.3-26)代入式(3.3-13),消去因子 $\mathrm{e}^{\mathrm{i}\omega t}$ 得到

$$(\boldsymbol{K} - \omega^2 \boldsymbol{M} + \mathrm{i}\omega \boldsymbol{C})\boldsymbol{X} = \boldsymbol{F} \tag{3.3-27}$$

因此系统的位移阻抗矩阵或动刚度矩阵为

$$\boldsymbol{Z}(\omega) = \boldsymbol{K} - \omega^2 \boldsymbol{M} + \mathrm{i}\omega \boldsymbol{C} \tag{3.3-28}$$

于是式(3.3-27)可以写为

$$\boldsymbol{Z}(\omega)\boldsymbol{X} = \boldsymbol{F} \tag{3.3-29}$$

它建立了激振力幅值向量和位移稳态响应幅值向量之间的关系。动柔度矩阵或位移复频响应矩阵 $\boldsymbol{H}$ 为 $\boldsymbol{Z}$ 的逆矩阵,用 $\boldsymbol{H}$ 表示的稳态位移响应为

$$\boldsymbol{x} = \boldsymbol{H}\boldsymbol{F}\mathrm{e}^{\mathrm{i}\omega t} \tag{3.3-30}$$

在振动分析中,经常采用动柔度矩阵来分析多自由度系统的振动。下面来讨论动柔度矩阵与系统模态参数的关系。将 $\boldsymbol{K} = \boldsymbol{\Phi}^{-\mathrm{T}} \boldsymbol{K}_{\mathrm{p}} \boldsymbol{\Phi}^{-1}$,$\boldsymbol{M} = \boldsymbol{\Phi}^{-\mathrm{T}} \boldsymbol{M}_{\mathrm{p}} \boldsymbol{\Phi}^{-1}$ 和 $\boldsymbol{C} = \boldsymbol{\Phi}^{-\mathrm{T}} \boldsymbol{C}_{\mathrm{p}} \boldsymbol{\Phi}^{-1}$ 代入式(3.3-28),有

$$\boldsymbol{Z}(\omega) = \boldsymbol{\Phi}^{-\mathrm{T}} (\boldsymbol{K}_{\mathrm{p}} - \omega^2 \boldsymbol{M}_{\mathrm{p}} + \mathrm{i}\omega \boldsymbol{C}_{\mathrm{p}}) \boldsymbol{\Phi}^{-1} \tag{3.3-31}$$

因此

$$\boldsymbol{H}(\omega) = \boldsymbol{Z}(\omega)^{-1} = \boldsymbol{\Phi} (\boldsymbol{K}_{\mathrm{p}} - \omega^2 \boldsymbol{M}_{\mathrm{p}} + \mathrm{i}\omega \boldsymbol{C}_{\mathrm{p}})^{-1} \boldsymbol{\Phi}^{\mathrm{T}} \tag{3.3-32}$$

故柔度矩阵可以写成如下模态叠加的形式:

$$\boldsymbol{H}(\omega) = \sum_{j=1}^{n} \frac{\boldsymbol{\varphi}_j \boldsymbol{\varphi}_j^{\mathrm{T}}}{K_{\mathrm{p}j} - \omega^2 M_{\mathrm{p}j} + \mathrm{i}\omega C_{\mathrm{p}j}} = \sum_{j=1}^{n} \frac{\boldsymbol{\varphi}_j \boldsymbol{\varphi}_j^{\mathrm{T}}}{K_{\mathrm{p}j}(1 - \bar{\omega}_j^2 + 2\mathrm{i}\bar{\omega}_j \xi_j)} \tag{3.3-33}$$

它的元素为

$$H_{rq} = \sum_{j=1}^{n} \frac{\varphi_{rj} \varphi_{qj}}{K_{\mathrm{p}j}(1 - \bar{\omega}_j^2 + 2\mathrm{i}\bar{\omega}_j \xi_j)} \tag{3.3-34}$$

稳态响应的振幅为

$$\boldsymbol{X}=\sum_{j=1}^{n}\frac{\boldsymbol{\varphi}_j\boldsymbol{\varphi}_j^{\mathrm{T}}}{K_{\mathrm{p}j}(1-\bar{\omega}_j^2+2\mathrm{i}\bar{\omega}_j\xi_j)}\boldsymbol{F} \tag{3.3-35}$$

把式(3.3-35)代入式(3.3-26),得到与式(3.3-22)完全相同的结果。

4. 受迫振动的拉普拉斯方法

下面用拉普拉斯变换来讨论**任意激振力**作用下的情况。设系统的初始条件为零,方程(3.3-13)的拉普拉斯变换为

$$(\boldsymbol{M}s^2+\boldsymbol{C}s+\boldsymbol{K})\boldsymbol{X}(s)=\boldsymbol{F}(s) \tag{3.3-36}$$

因此**传递函数矩阵**为

$$\boldsymbol{H}(s)=(\boldsymbol{M}s^2+\boldsymbol{C}s+\boldsymbol{K})^{-1} \tag{3.3-37}$$

式(3.3-36)可以写为

$$\boldsymbol{X}(s)=\boldsymbol{H}(s)\boldsymbol{F}(s) \tag{3.3-38}$$

利用 $\boldsymbol{K}=\boldsymbol{\Phi}^{-\mathrm{T}}\boldsymbol{K}_{\mathrm{p}}\boldsymbol{\Phi}^{-1}$,$\boldsymbol{M}=\boldsymbol{\Phi}^{-\mathrm{T}}\boldsymbol{M}_{\mathrm{p}}\boldsymbol{\Phi}^{-1}$ 和 $\boldsymbol{C}=\boldsymbol{\Phi}^{-\mathrm{T}}\boldsymbol{C}_{\mathrm{p}}\boldsymbol{\Phi}^{-1}$,式(3.3-37)可以变换为

$$\boldsymbol{H}(s)=\boldsymbol{\Phi}(\boldsymbol{K}_{\mathrm{p}}+s\boldsymbol{C}_{\mathrm{p}}+s^2\boldsymbol{M}_{\mathrm{p}})^{-1}\boldsymbol{\Phi}^{\mathrm{T}}=\sum_{j=1}^{n}\frac{\boldsymbol{\varphi}_j\boldsymbol{\varphi}_j^{\mathrm{T}}}{K_{\mathrm{p}j}+sC_{\mathrm{p}j}+s^2M_{\mathrm{p}j}} \tag{3.3-39}$$

若 $s=\mathrm{i}\omega$,则传递函数 $\boldsymbol{H}(\omega)$ 就是位移复频响应矩阵,见式(3.3-32)。把式(3.3-39)代入式(3.3-38)得

$$\boldsymbol{X}(s)=\sum_{j=1}^{n}\frac{\boldsymbol{\varphi}_j\boldsymbol{\varphi}_j^{\mathrm{T}}}{K_{\mathrm{p}j}+sC_{\mathrm{p}j}+s^2M_{\mathrm{p}j}}\boldsymbol{F}(s) \tag{3.3-40}$$

为了得到位移响应的时间历程,把式(3.3-40)作拉普拉斯逆变换,根据附录 C 中卷积公式得到系统在零初始条件下的位移响应为

$$\boldsymbol{x}(t)=\sum_{j=1}^{n}\frac{\boldsymbol{\varphi}_j}{M_{\mathrm{p}j}\omega_{j\mathrm{d}}}\int_0^t\boldsymbol{\varphi}_j^{\mathrm{T}}\boldsymbol{f}(\tau)\mathrm{e}^{-\xi_j\omega_j(t-\tau)}\sin\omega_{j\mathrm{d}}(t-\tau)\mathrm{d}\tau \tag{3.3-41}$$

3.3.2 非比例粘性阻尼和复模态理论

一般情况下,结构的质量矩阵 $\boldsymbol{M}$ 是正定对称矩阵,刚度矩阵 $\boldsymbol{K}$ 是半正定对称矩阵,而粘性阻尼矩阵 $\boldsymbol{C}$ 为正定矩阵。这是由于正定阻尼矩阵意味着系统的能量在振动过程中将因阻尼作用而不断地消耗掉。

若阻尼矩阵 $\boldsymbol{C}$ 对称但不符合比例阻尼条件,则系统的特征值可以为实数,也可以为复数;若为复数,则一定以共轭复数的形式出现。系统在作自由振动时,振幅因阻尼作用不可能无限制地增大,故特征值不可能为正实数。此外,在第 1 章中已经指出,当阻尼比较小时,特征值为共轭复数且其实部必为负值。当阻尼增加到某一临界值时,将由一对共轭复根转变为负实数重根,随着阻尼的继续增加而转变为两个相异的负实根。对于多自由度系统,随着阻尼的不断增加,这种情况将相继发生,直到全部特征值转变为相异负实根为止。

在实模态理论中,对于某一阶主振动,各个质点运动的相位不是相同就是相反。也就是说,质点总是同时通过平衡位置,同时达到位移的最大值。因此,节点的位置固定不变,主振动呈现驻波性质。对无阻尼系统,位移矢量和速度矢量的相位差始终为 90°。

对于具有非比例粘性阻尼的系统,即使在同一阶主振动中,节点的位置也是变化的,振动将呈现行波性质而有别于实模态振动的驻波性质,位移矢量和速度矢量之间的相位差是不确定的。在这种情况下,引入状态变量进行分析更加方便。有关的模态理论称为**复模态理论**。准定常气动力下的二元机翼颤振问题就属于这种情况,参见 9.5 节。

下面只对具有非比例阻尼系统的复模态叠加分析方法进行介绍,而不再讨论机械阻抗分析方法。

1. 对称系统

对称系统的含义是指质量矩阵、刚度矩阵和阻尼矩阵等结构矩阵都是对称的。考虑如下系统运动微分方程:

$$\boldsymbol{M}\ddot{\boldsymbol{x}}+\boldsymbol{C}\dot{\boldsymbol{x}}+\boldsymbol{K}\boldsymbol{x}=\boldsymbol{f} \tag{3.3-42}$$

引入恒等式 $\boldsymbol{M}\boldsymbol{x}-\boldsymbol{M}\boldsymbol{x}=\boldsymbol{0}$ 和状态变量

$$\boldsymbol{q}=\begin{bmatrix}\dot{\boldsymbol{x}}\\ \boldsymbol{x}\end{bmatrix} \tag{3.3-43}$$

把方程(3.3-42)变换成如下形式:

$$\tilde{\boldsymbol{M}}\dot{\boldsymbol{q}}+\tilde{\boldsymbol{K}}\boldsymbol{q}=\tilde{\boldsymbol{f}} \tag{3.3-44}$$

式中:

$$\tilde{\boldsymbol{M}}=\begin{bmatrix}\boldsymbol{0} & \boldsymbol{M}\\ \boldsymbol{M} & \boldsymbol{C}\end{bmatrix},\quad \tilde{\boldsymbol{K}}=\begin{bmatrix}-\boldsymbol{M} & \boldsymbol{0}\\ \boldsymbol{0} & \boldsymbol{K}\end{bmatrix},\quad \tilde{\boldsymbol{f}}=\begin{bmatrix}\boldsymbol{0}\\ \boldsymbol{f}\end{bmatrix} \tag{3.3-45}$$

因为矩阵 $\boldsymbol{K}$、$\boldsymbol{M}$ 和 $\boldsymbol{C}$ 是对称的,因此矩阵 $\tilde{\boldsymbol{M}}$ 和 $\tilde{\boldsymbol{K}}$ 也是对称的。

(1) 自由振动情况

令 $\boldsymbol{f}=\boldsymbol{0}$,因此方程(3.3-44)变为

$$\tilde{\boldsymbol{M}}\dot{\boldsymbol{q}}+\tilde{\boldsymbol{K}}\boldsymbol{q}=\boldsymbol{0} \tag{3.3-46}$$

令方程(3.3-46)的解为

$$\boldsymbol{q}=\boldsymbol{\psi}\mathrm{e}^{\lambda t} \tag{3.3-47}$$

式中:λ 为复特征值;$\boldsymbol{\psi}$ 为**复特征列向量**,或称为**复模态**。若 $\boldsymbol{x}=\boldsymbol{\varphi}\mathrm{e}^{\lambda t}$,则

$$\boldsymbol{\psi}=\begin{bmatrix}\lambda\boldsymbol{\varphi}\\ \boldsymbol{\varphi}\end{bmatrix} \tag{3.3-48}$$

把式(3.3-47)代入方程(3.3-46),得到

$$\tilde{\boldsymbol{K}}\boldsymbol{\psi}=-\lambda\tilde{\boldsymbol{M}}\boldsymbol{\psi} \tag{3.3-49}$$

可以看出,方程(3.3-49)和方程(3.1-18)在形式上完全相同,因此可以得到复模态的正交性,即

$$\boldsymbol{\psi}_i^{\mathrm{T}}\tilde{\boldsymbol{M}}\boldsymbol{\psi}_j=0\qquad(\lambda_i\neq\lambda_j) \tag{3.3-50a}$$

$$\boldsymbol{\psi}_i^{\mathrm{T}}\tilde{\boldsymbol{K}}\boldsymbol{\psi}_j=0\qquad(\lambda_i\neq\lambda_j) \tag{3.3-50b}$$

当 $i=j$ 时,令

$$\tilde{M}_{\mathrm{p}j}=\boldsymbol{\psi}_j^{\mathrm{T}}\tilde{\boldsymbol{M}}\boldsymbol{\psi}_j \tag{3.3-51a}$$

$$\tilde{K}_{\mathrm{p}j}=\boldsymbol{\psi}_j^{\mathrm{T}}\tilde{\boldsymbol{K}}\boldsymbol{\psi}_j \tag{3.3-51b}$$

称 $\tilde{M}_{\mathrm{p}j}$ 和 $\tilde{K}_{\mathrm{p}j}$ 为第 j 阶**复模态质量**和**复模态刚度**。利用式(3.3-45)和式(3.3-48),可以把上式变成另外一种形式,即

$$\tilde{M}_{\mathrm{p}j}=\boldsymbol{\varphi}_j^{\mathrm{T}}(2\lambda_j\boldsymbol{M}+\boldsymbol{C})\boldsymbol{\varphi}_j \tag{3.3-51c}$$

$$\tilde{K}_{\mathrm{p}j}=\boldsymbol{\varphi}_j^{\mathrm{T}}(-\lambda_j^2\boldsymbol{M}+\boldsymbol{K})\boldsymbol{\varphi}_j \tag{3.3-51d}$$

并且有

$$\lambda_j = -\frac{\widetilde{K}_{pj}}{\widetilde{M}_{pj}} \tag{3.3-52}$$

也可以组成**复模态矩阵**$\boldsymbol{\Psi}=[\boldsymbol{\psi}_1 \quad \boldsymbol{\psi}_2 \quad \cdots \quad \boldsymbol{\psi}_{2n}]$，并且有

$$\widetilde{\boldsymbol{M}}_p = \boldsymbol{\Psi}^T \widetilde{\boldsymbol{M}} \boldsymbol{\Psi} = \mathrm{diag}\ (\widetilde{M}_{pj}) \tag{3.3-53a}$$

$$\widetilde{\boldsymbol{K}}_p = \boldsymbol{\Psi}^T \widetilde{\boldsymbol{K}} \boldsymbol{\Psi} = \mathrm{diag}\ (\widetilde{K}_{pj}) \tag{3.3-53b}$$

式中 $\widetilde{\boldsymbol{M}}_p$ 和 $\widetilde{\boldsymbol{K}}_p$ 分别为复模态质量对角矩阵和复模态刚度对角矩阵。坐标变换公式为

$$\boldsymbol{q} = \sum_{j=1}^{2n} \boldsymbol{\psi}_j r_j = \boldsymbol{\Psi r} \tag{3.3-54}$$

式中：$\boldsymbol{r}=[r_1 \quad r_2 \quad \cdots \quad r_{2n}]^T$ 称为**复主坐标**或**复模态坐标**向量。把式(3.3-54)代入方程(3.3-46)，并前乘以 $\boldsymbol{\Psi}^T$，得到

$$\widetilde{\boldsymbol{M}}_p \dot{\boldsymbol{r}} + \widetilde{\boldsymbol{K}}_p \boldsymbol{r} = \boldsymbol{0} \tag{3.3-55}$$

或

$$\dot{r}_j - \lambda_j r_j = 0 \qquad (j=1,2,\cdots,2n) \tag{3.3-56}$$

方程(3.3-56)的解为

$$r_j = r_{j0} e^{\lambda_j t} \tag{3.3-57}$$

已知初始条件

$$\boldsymbol{q}_0 = \begin{bmatrix} \dot{\boldsymbol{x}}_0 \\ \boldsymbol{x}_0 \end{bmatrix} \tag{3.3-58}$$

根据式(3.3-54)有

$$\boldsymbol{q}_0 = \boldsymbol{\Psi r}_0 \tag{3.3-59}$$

把式(3.3-59)前乘以 $\boldsymbol{\Psi}^T \widetilde{\boldsymbol{M}}$，根据复模态的正交性，得到

$$r_{j0} = \boldsymbol{\psi}_j^T \widetilde{\boldsymbol{M}} \boldsymbol{q}_0 / \widetilde{M}_{pj} \tag{3.3-60}$$

因此，物理坐标下的自由振动位移和速度为

$$\boldsymbol{q} = \sum_{j=1}^{2n} \boldsymbol{\psi}_j r_j = \sum_{j=1}^{2n} \frac{\boldsymbol{\psi}_j \boldsymbol{\psi}_j^T \widetilde{\boldsymbol{M}} \boldsymbol{q}_0}{\widetilde{M}_{pj}} e^{\lambda_j t} \tag{3.3-61a}$$

或

$$\boldsymbol{q} = \sum_{j=1}^{2n} \begin{bmatrix} \lambda_j \boldsymbol{\varphi}_j \\ \boldsymbol{\varphi}_j \end{bmatrix} \frac{\boldsymbol{\varphi}_j^T \boldsymbol{M} \dot{\boldsymbol{x}}_0 + \boldsymbol{\varphi}_j^T (\lambda_j \boldsymbol{M} + \boldsymbol{C}) \boldsymbol{x}_0}{\widetilde{M}_{pj}} e^{\lambda_j t} \tag{3.3-61b}$$

(2) 简谐激励情况

把简谐激励写为 $\boldsymbol{f}=\boldsymbol{F} e^{i\omega t}$，复模态力向量为

$$\boldsymbol{P} = \boldsymbol{\Psi}^T \begin{bmatrix} \boldsymbol{0} \\ \boldsymbol{F} \end{bmatrix} e^{i\omega t}$$

其分量为 $P_j = \boldsymbol{\varphi}_j^T \boldsymbol{F} e^{i\omega t}$。因此解耦的受迫振动方程为

$$\dot{r}_j - \lambda_j r_j = \frac{P_j}{\widetilde{M}_{pj}} \qquad (j=1,2,\cdots,2n) \tag{3.3-62}$$

该齐次方程的解包含特解和对应齐次方程的通解(3.3-57)。设特解为

$$r_{2j} = R_j e^{i\omega t} \tag{3.3-63}$$

把式(3.3－63)代入方程(3.3－62),有

$$R_j=\frac{\boldsymbol{\varphi}_j^{\mathrm{T}}\boldsymbol{F}}{\widetilde{M}_{\mathrm{p}j}(\mathrm{i}\omega-\lambda_j)}$$

因此方程(3.3－62)的通解为

$$r_j=r_{j0}\mathrm{e}^{\lambda_j t}+R_j\mathrm{e}^{\mathrm{i}\omega t} \tag{3.3-64}$$

设系统具有零初始条件,则 $r_{j0}=-R_j$,因此

$$r_j=R_j(\mathrm{e}^{\mathrm{i}\omega t}-\mathrm{e}^{\lambda_j t}) \tag{3.3-65}$$

上式右端项中的 $\mathrm{e}^{\mathrm{i}\omega t}$ 和 $\mathrm{e}^{\lambda_j t}$ 分别表示稳态振动和伴随衰减振动,后者随时间增加而衰减,因此可以忽略不计,则稳态位移响应为

$$\boldsymbol{x}=\sum_{j=1}^{2n}\boldsymbol{\varphi}_j\frac{\boldsymbol{\varphi}_j^{\mathrm{T}}\boldsymbol{F}}{\widetilde{M}_{\mathrm{p}j}(\mathrm{i}\omega-\lambda_j)}\mathrm{e}^{\mathrm{i}\omega t} \tag{3.3-66}$$

(3) 一般激励情况

此时复模态力向量分量为 $P_j=\boldsymbol{\varphi}_j^{\mathrm{T}}\boldsymbol{f}$。解耦的受迫振动方程与式(3.3－62)的形式相同,即

$$\dot{r}_j-\lambda_j r_j=\frac{P_j}{\widetilde{M}_{\mathrm{p}j}}\qquad(j=1,2,\cdots,2n) \tag{3.3-67}$$

方程(3.3－67)的特解为

$$r_{2j}=\frac{1}{\widetilde{M}_{\mathrm{p}j}}\int_0^t P_j(\tau)\mathrm{e}^{\lambda_j(t-\tau)}\mathrm{d}\tau \tag{3.3-68}$$

对应齐次方程的通解为式(3.3－57),其中的 r_{j0} 由式(3.3－60)给出。因此方程(3.3－67)的通解为

$$r_j=\frac{\boldsymbol{\psi}_j^{\mathrm{T}}\widetilde{\boldsymbol{M}}\boldsymbol{q}_0}{\widetilde{M}_{\mathrm{p}j}}\mathrm{e}^{\lambda_j t}+\frac{1}{\widetilde{M}_{\mathrm{p}j}}\int_0^t P_j(\tau)\mathrm{e}^{\lambda_j(t-\tau)}\mathrm{d}\tau \tag{3.3-69}$$

把式(3.3－69)代入式(3.3－54),得到物理坐标下的位移响应为

$$\boldsymbol{x}=\sum_{j=1}^{2n}\frac{\boldsymbol{\varphi}_j}{\widetilde{M}_{\mathrm{p}j}}\left\{[\boldsymbol{\varphi}_j^{\mathrm{T}}\boldsymbol{M}\dot{\boldsymbol{x}}_0+\boldsymbol{\varphi}_j^{\mathrm{T}}(\lambda_j\boldsymbol{M}+\boldsymbol{C})\boldsymbol{x}_0]\mathrm{e}^{\lambda_j t}+\int_0^t\boldsymbol{\varphi}_j^{\mathrm{T}}\boldsymbol{f}(\tau)\mathrm{e}^{\lambda_j(t-\tau)}\mathrm{d}\tau\right\} \tag{3.3-70}$$

例 3.3－2 考虑图 3.3－1 所示两自由度系统,$c=1$,$k=9$,$m=1$。试求系统的模态和固有频率,并分析主振动模态特征。情况 1:比例阻尼系数 $c_1=c_2=c_3=c$;情况 2:非比例阻尼系数 $c_1=c_2=c$,$c_3=2c$。初始速度为零,初始位移为 $\boldsymbol{x}_0^{\mathrm{T}}=[0\quad 0.5]$。

解:系统的运动微分方程为

$$\begin{bmatrix}m&0\\0&m\end{bmatrix}\begin{bmatrix}\ddot{x}_1\\\ddot{x}_2\end{bmatrix}+\begin{bmatrix}c_1+c_2&-c_2\\-c_2&c_2+c_3\end{bmatrix}\begin{bmatrix}\dot{x}_1\\\dot{x}_2\end{bmatrix}+\begin{bmatrix}2k&-k\\-k&2k\end{bmatrix}\begin{bmatrix}x_1\\x_2\end{bmatrix}=\boldsymbol{0} \tag{a}$$

状态变量 $\boldsymbol{q}$ 和矩阵 $\widetilde{\boldsymbol{K}}$ 为

$$\boldsymbol{q}=\begin{bmatrix}\dot{x}_1\\\dot{x}_2\\x_1\\x_2\end{bmatrix},\quad\widetilde{\boldsymbol{K}}=\begin{bmatrix}-m&0&0&0\\0&-m&0&0\\0&0&2k&-k\\0&0&-k&2k\end{bmatrix}$$

情况 1:阻尼矩阵为

$$\boldsymbol{C}=\begin{bmatrix}2c & -c\\ -c & 2c\end{bmatrix},\quad \tilde{\boldsymbol{M}}=\begin{bmatrix}0 & 0 & m & 0\\ 0 & 0 & 0 & m\\ m & 0 & 2c & -c\\ 0 & m & -c & 2c\end{bmatrix}$$

阻尼矩阵满足比例阻尼条件 $\boldsymbol{KM}^{-1}\boldsymbol{C}=\boldsymbol{CM}^{-1}\boldsymbol{K}$，虽然可以用实模态理论来分析系统的振动，但本例用复模态理论来分析。

求系统固有参数的方法如下：

根据方程(3.3-49)，有

$$\begin{bmatrix}-m & 0 & m\lambda & 0\\ 0 & -m & 0 & m\lambda\\ m\lambda & 0 & 2(c\lambda+k) & -(c\lambda+k)\\ 0 & m\lambda & -(c\lambda+k) & 2(c\lambda+k)\end{bmatrix}\begin{bmatrix}\psi_1\\ \psi_2\\ \psi_3\\ \psi_4\end{bmatrix}=\boldsymbol{0} \tag{b}$$

由此得特征方程

$$(m\lambda^2+3c\lambda+3k)(m\lambda^2+c\lambda+k)=0 \tag{c}$$

求解方程(c)，得特征根

$$\lambda_{1,2}=-\xi\omega\pm \mathrm{i}\omega\sqrt{1-\xi^2},\quad \lambda_{3,4}=-3\xi\omega\pm \mathrm{i}\omega\sqrt{3(1-3\xi^2)}$$

式中：$\xi=c/2m\omega$，$\omega^2=k/m$。此时特征根为两对共轭复根；对应的特征向量即模态也应该是共轭的。把特征值代入式(b)得到特征向量为

$$\boldsymbol{\psi}_{1,2}=\begin{bmatrix}\lambda_{1,2}\\ \lambda_{1,2}\\ 1\\ 1\end{bmatrix},\quad \boldsymbol{\psi}_{3,4}=\begin{bmatrix}-\lambda_{3,4}\\ \lambda_{3,4}\\ -1\\ 1\end{bmatrix} \tag{d}$$

把 k、m 和 c 的数值代入特征值表达式和式(d)中，得到

$$\lambda_{1,2}=-0.500\,0\pm 2.958\,0\mathrm{i},\quad \lambda_{3,4}=-1.500\pm 4.975\,0\mathrm{i}$$

$$\boldsymbol{\psi}_{1,2}=\begin{bmatrix}-0.5\pm 2.958\,0\mathrm{i}\\ -0.5\pm 2.958\,0\mathrm{i}\\ 1\\ 1\end{bmatrix}=\begin{bmatrix}3\mathrm{e}^{\pm 99.6^\circ \mathrm{i}}\\ 3\mathrm{e}^{\pm 99.6^\circ \mathrm{i}}\\ 1\\ 1\end{bmatrix}$$

$$\boldsymbol{\psi}_{3,4}=\begin{bmatrix}1.5\mp 4.975\,0\mathrm{i}\\ -1.5\pm 4.975\,0\mathrm{i}\\ -1\\ 1\end{bmatrix}=\begin{bmatrix}5.196\,2\mathrm{e}^{\mp 73.2^\circ \mathrm{i}}\\ 5.196\,2\mathrm{e}^{\pm 106.8^\circ \mathrm{i}}\\ -1\\ 1\end{bmatrix}$$

第 1 阶实际主振动为前两阶复主振动之和 $\boldsymbol{\varphi}_1 r_1+\boldsymbol{\varphi}_2 r_2$，第 2 阶实际主振动为后两阶复主振动之和 $\boldsymbol{\varphi}_3 r_3+\boldsymbol{\varphi}_4 r_4$，参见图 3.3-2。对于比例阻尼系统，通过本例可以得到如下结论：

若阻尼比 $\xi=0$，则 $\lambda_{1,2}=\pm\mathrm{i}\omega$，$\lambda_{3,4}=\pm\mathrm{i}\omega\sqrt{3}$，因此在主振动中，位移和速度之间的相位差都是 $\pi/2$，这是因为 $\lambda_{1,2}$ 和 $\lambda_{3,4}$ 幅角的大小都是 $\pi/2$。

若阻尼比 $\xi\neq 0$，则主振动中的位移和速度之间的相位差不再是 $\pi/2$。

对于比例阻尼和无阻尼系统，主模态运动的相位关系是单向的，不是同相，就是反相，与求解方法没有关系。

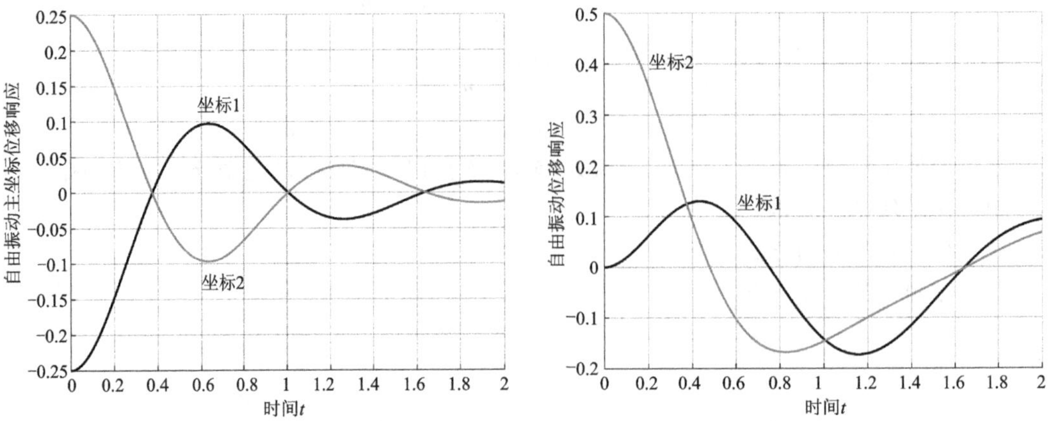

(a) 第2阶主振动　　(b) 位移响应

图 3.3-2　比例阻尼情况的自由主振动和位移响应

在主振动中,各点位移同时通过平衡(零值)位置和达到最大值,各点速度同时达到最大值位置和达到零值,节点的位置是固定不变的,主振动呈现驻波性质。

情况 2:阻尼矩阵为

$$\boldsymbol{C}=\begin{bmatrix}2c & -c\\ -c & 3c\end{bmatrix},\quad \tilde{\boldsymbol{M}}=\begin{bmatrix}0 & 0 & m & 0\\ 0 & 0 & 0 & m\\ m & 0 & 2c & -c\\ 0 & m & -c & 3c\end{bmatrix}$$

阻尼矩阵不满足比例阻尼要求,因此只能用复模态理论来分析。

求系统固有参数的方法如下:

根据方程(3.3-49),有

$$\begin{bmatrix}-m & 0 & m\lambda & 0\\ 0 & -m & 0 & m\lambda\\ m\lambda & 0 & 2(c\lambda+k) & -(c\lambda+k)\\ 0 & m\lambda & -(c\lambda+k) & 3c\lambda+2k\end{bmatrix}\begin{bmatrix}\psi_1\\ \psi_2\\ \psi_3\\ \psi_4\end{bmatrix}=\boldsymbol{0} \tag{e}$$

由此得特征方程

$$\det\begin{bmatrix}-m & 0 & m\lambda & 0\\ 0 & -m & 0 & m\lambda\\ m\lambda & 0 & 2(c\lambda+k) & -(c\lambda+k)\\ 0 & m\lambda & -(c\lambda+k) & 3c\lambda+2k\end{bmatrix}=0 \tag{f}$$

把 k、m 和 c 的数值代入方程(f),解之得到特征值为

$$\lambda_{1,2}=-0.753\,6\pm 2.927\,0\mathrm{i},\quad \lambda_{3,4}=-1.746\,4\pm 4.852\,9\mathrm{i}$$

把特征值代入方程(e)得到对应的特征向量为

$$\boldsymbol{\psi}_{1,2}=\begin{bmatrix}-1.265\,3\pm 2.797\,0\mathrm{i}\\ -0.753\,6\pm 2.927\,0\mathrm{i}\\ 1.000\,6\pm 0.174\,7\mathrm{i}\\ 1\end{bmatrix}=\begin{bmatrix}3.067\,0\mathrm{e}^{\pm 114.3^\circ\mathrm{i}}\\ 3.022\,4\mathrm{e}^{\pm 104.4^\circ\mathrm{i}}\\ 1.015\,7\mathrm{e}^{\pm 9.9^\circ\mathrm{i}}\\ 1\end{bmatrix}$$

$$\boldsymbol{\psi}_{3,4}=\begin{bmatrix}-0.2654\mp4.7800\mathrm{i}\\-1.7464\pm4.8529\mathrm{i}\\-0.8895\pm0.2654\mathrm{i}\\1\end{bmatrix}=\begin{bmatrix}4.7874\mathrm{e}^{\mp93.2^\circ\mathrm{i}}\\5.1576\mathrm{e}^{\pm109.8^\circ\mathrm{i}}\\0.9282\mathrm{e}^{\pm163.4^\circ\mathrm{i}}\\1\end{bmatrix}$$

图 3.3－3 给出了非比例阻尼情况的位移响应和第 2 阶主振动。

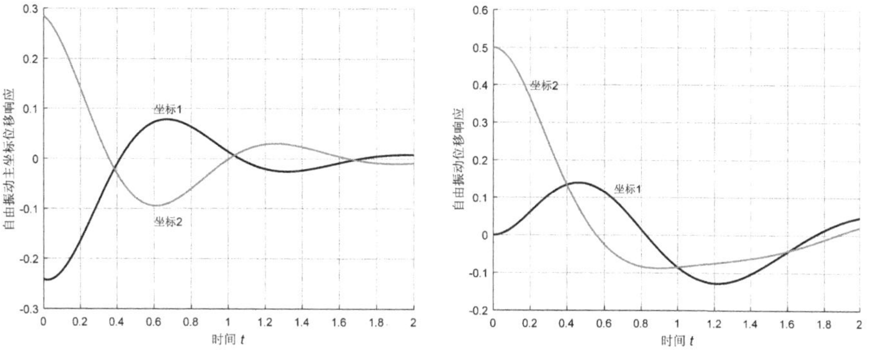

图 3.3－3　非比例阻尼情况的自由主振动和位移响应

由此可见，对于非比例阻尼系统，在同一阶复模态振动中，质点位移之间的相位关系已经不再是单相，质点速度之间的相位关系同样也不是单相的，即各个质点不再同时通过平衡位置和达到位移最大值，节点位置不固定，因此复模态主振动呈现行波性质。

例 3.3－3　针对例 3.3－2 的两种情况，用复模态叠加方法分析在简谐激励 $\boldsymbol{f}^{\mathrm{T}}=[F_1\quad 0]\mathrm{e}^{\mathrm{i}\omega t}$ 作用下系统的稳态响应。

解：在例 3.3－2 中已经求出了比例阻尼和非比例阻尼两种情况下系统的复特征值和复模态。这里直接利用式(3.3－66)计算在简谐激励作用下系统的稳态响应。

情况 1：比例阻尼情况

根据式(3.3－51)计算复模态质量，即

$$\widetilde{M}_{\mathrm{p}j}=\boldsymbol{\varphi}_j^{\mathrm{T}}\begin{bmatrix}2+2\lambda_j & -1\\-1 & 2+2\lambda_j\end{bmatrix}\boldsymbol{\varphi}_j \tag{a}$$

$$\boldsymbol{\varphi}_{1,2}=\begin{bmatrix}1\\1\end{bmatrix},\quad \boldsymbol{\varphi}_{3,4}=\begin{bmatrix}-1\\1\end{bmatrix}$$

因此

$$\widetilde{M}_{\mathrm{p1,p2}}=2+4\lambda_{1,2}=\pm11.83\mathrm{i},\quad \widetilde{M}_{\mathrm{p3,p4}}=6+4\lambda_{3,4}=\pm19.9\mathrm{i} \tag{b}$$

由此可见，比例阻尼系统的复模态质量的实部为零。

先计算复主坐标位移和速度。

第一阶主坐标稳态位移和第二阶主坐标稳态位移分别为

$$\boldsymbol{\varphi}_1r_1+\boldsymbol{\varphi}_2r_2=\begin{bmatrix}1\\1\end{bmatrix}(r_1+r_2),\quad \boldsymbol{\varphi}_3r_3+\boldsymbol{\varphi}_4r_4=\begin{bmatrix}-1\\1\end{bmatrix}(r_3+r_4)$$

其中

$$r_1+r_2=\frac{0.5F_1\mathrm{e}^{\mathrm{i}\omega t}}{9-\omega^2+\mathrm{i}\omega}$$

$$r_3+r_4=\frac{-0.5F_1\mathrm{e}^{\mathrm{i}\omega t}}{27-\omega^2+3\mathrm{i}\omega}$$

根据式(3.3-66),得物理坐标位移和速度响应为

$$\begin{bmatrix}x_1\\x_2\end{bmatrix}=\sum_{j=1}^{4}\begin{bmatrix}\varphi_{1j}\\\varphi_{2j}\end{bmatrix}r_j=\begin{bmatrix}r_1+r_2-r_3-r_4\\r_1+r_2+r_3+r_4\end{bmatrix}$$

$$\begin{bmatrix}\dot{x}_1\\\dot{x}_2\end{bmatrix}=\begin{bmatrix}x_1\\x_2\end{bmatrix}\mathrm{i}\omega$$

情况2:非比例阻尼情况

根据式(3.3-51)计算复模态质量,即

$$\widetilde{M}_{\mathrm{p}j}=\boldsymbol{\varphi}_j^{\mathrm{T}}\begin{bmatrix}2+2\lambda_j & -1\\-1 & 3+2\lambda_j\end{bmatrix}\boldsymbol{\varphi}_j \tag{c}$$

$$\boldsymbol{\varphi}_{1,2}=\begin{bmatrix}1.015\ 7\mathrm{e}^{\pm 9.9^\circ\mathrm{i}}\\1\end{bmatrix},\quad \boldsymbol{\varphi}_{3,4}=\begin{bmatrix}0.928\ 2\mathrm{e}^{\pm 163.4^\circ\mathrm{i}}\\1\end{bmatrix}$$

因此

$$\widetilde{M}_{\mathrm{p1,p2}}=-2.076\ 7\pm 11.359\ 0\mathrm{i},\quad \widetilde{M}_{\mathrm{p3,p4}}=4.792\ 7\pm 16.874\ 9\mathrm{i} \tag{d}$$

复主模态稳态位移响应为

$$r_j=\frac{\varphi_{1j}F_1}{\widetilde{M}_{\mathrm{p}j}(\mathrm{i}\omega-\lambda_j)}\mathrm{e}^{\mathrm{i}\omega t}$$

因此

$$r_{1,2}=\frac{0.489\ 1F_1\mathrm{e}^{\mathrm{i}(\omega t\mp 170^\circ)}}{0.753\ 6+\mathrm{i}(\omega\mp 2.927\ 0)}$$

$$r_{3,4}=\frac{0.193\ 7F_1\mathrm{e}^{\mathrm{i}(\omega t\pm 163.4^\circ)}}{-1.746\ 4+\mathrm{i}(\omega\mp 4.852\ 9)}$$

式中:$r_{1,2}$ 的含义为 r_1 和 r_2,$r_{3,4}$ 与 $r_{1,2}$ 的含义相同。而

$$\begin{bmatrix}x_1\\x_2\end{bmatrix}=\sum_{j=1}^{4}\begin{bmatrix}\varphi_{1j}\\\varphi_{2j}\end{bmatrix}r_j=\begin{bmatrix}\varphi_{11}r_1+\varphi_{12}r_2+\varphi_{13}r_3+\varphi_{14}r_4\\r_1+r_2+r_3+r_4\end{bmatrix}$$

$$\begin{bmatrix}\dot{x}_1\\\dot{x}_2\end{bmatrix}=\begin{bmatrix}x_1\\x_2\end{bmatrix}\mathrm{i}\omega$$

2. 非对称系统

在大量工程结构中,例如大型发射火箭中的薄壁燃料储箱、海上平台、船舶以及管道系统,都存在流固耦合问题。采用流体压力作为变量,将导致不对称的流固耦合矩阵方程。类似轴和旋翼等的旋转机械结构在工程结构中有重要作用,由科氏加速度引起的科里奥利(G. G. Goriolis)力与一反对称矩阵相联系。这些系统都是非对称的。

非对称系统的含义是指质量矩阵、刚度矩阵和阻尼矩阵等结构矩阵中至少有一个是不对称的。由于系统的不对称性,原系统与转置系统不再相同,但仍然可以用复模态理论对这类问题进行分析。

虽然系统是非对称的,但系统响应分析方法却和对称系统的类似。下面仅对非对称系统的自由振动和简谐激励作用下的振动进行分析。对于在一般激励作用下的响应分析方法不再

赘述，读者可以仿照对称系统的有关方法自己分析。

(1) 自由振动

令 $\boldsymbol{f}=\boldsymbol{0}$，因此方程(3.3-44)变为

$$\tilde{\boldsymbol{M}}\dot{\boldsymbol{q}}+\tilde{\boldsymbol{K}}\boldsymbol{q}=\boldsymbol{0} \tag{3.3-71}$$

由于矩阵 $\boldsymbol{K}$、$\boldsymbol{M}$ 和 $\boldsymbol{C}$ 的不对称性，因此矩阵 $\tilde{\boldsymbol{M}}$ 和 $\tilde{\boldsymbol{K}}$ 也是不对称的。对于齐次方程(3.3-71)，可以建立一个伴随方程，即

$$\tilde{\boldsymbol{M}}^{\mathrm{T}}\dot{\boldsymbol{q}}+\tilde{\boldsymbol{K}}^{\mathrm{T}}\boldsymbol{q}=\boldsymbol{0} \tag{3.3-72a}$$

或

$$\dot{\boldsymbol{q}}^{\mathrm{T}}\tilde{\boldsymbol{M}}+\boldsymbol{q}^{\mathrm{T}}\tilde{\boldsymbol{K}}=\boldsymbol{0} \tag{3.3-72b}$$

如果建立的伴随方程与原方程实质上是相同的，那么称系统为**自伴随系统**，否则称系统为**非自伴随系统**。系数矩阵对称的系统是自伴随系统，系数矩阵不对称的系统是非自伴随系统。

设方程(3.3-71)的解为 $\boldsymbol{q}=\boldsymbol{\psi}\mathrm{e}^{\lambda_{\mathrm{r}}t}$，把它代入方程(3.3-71)得

$$(\tilde{\boldsymbol{M}}\lambda_{\mathrm{r}}+\tilde{\boldsymbol{K}})\boldsymbol{\psi}=\boldsymbol{0} \tag{3.3-73}$$

在线性代数中，称 $\boldsymbol{\psi}$ 为**右特征向量**。方程(3.3-73)的特征根代数方程为

$$\det(\tilde{\boldsymbol{M}}\lambda_{\mathrm{r}}+\tilde{\boldsymbol{K}})=0 \tag{3.3-74}$$

设方程(3.3-72b)的解为 $\boldsymbol{q}=\boldsymbol{\chi}\mathrm{e}^{\lambda_{\mathrm{l}}t}$，把它代入方程(3.3-72b)，有

$$\boldsymbol{\chi}^{\mathrm{T}}(\lambda_{\mathrm{l}}\tilde{\boldsymbol{M}}+\tilde{\boldsymbol{K}})=\boldsymbol{0} \tag{3.3-75a}$$

或

$$(\tilde{\boldsymbol{M}}\lambda_{\mathrm{l}}+\tilde{\boldsymbol{K}})^{\mathrm{T}}\boldsymbol{\chi}=\boldsymbol{0} \tag{3.3-75b}$$

称 $\boldsymbol{\chi}$ 为**左特征向量**。方程(3.3-75b)的特征方程为

$$\det(\tilde{\boldsymbol{M}}\lambda_{\mathrm{l}}+\tilde{\boldsymbol{K}})^{\mathrm{T}}=0 \tag{3.3-76}$$

比较方程(3.3-74)和方程(3.3-76)可知，两个特征行列式是相同的，因此方程(3.3-73)和方程(3.3-75)的复特征值是相同的，不妨记为 λ。对任意右特征解$(\lambda_i,\boldsymbol{\psi}_i)$和左特征解$(\lambda_j,\boldsymbol{\chi}_j)$，有

$$-\lambda_i\tilde{\boldsymbol{M}}\boldsymbol{\psi}_i=\tilde{\boldsymbol{K}}\boldsymbol{\psi}_i \tag{3.3-77}$$

$$-\lambda_j\boldsymbol{\chi}_j^{\mathrm{T}}\tilde{\boldsymbol{M}}=\boldsymbol{\chi}_j^{\mathrm{T}}\tilde{\boldsymbol{K}} \tag{3.3-78}$$

用 $\boldsymbol{\chi}_j^{\mathrm{T}}$ 前乘式(3.3-77)，用 $\boldsymbol{\psi}_i$ 后乘式(3.3-78)，得到

$$-\lambda_i\boldsymbol{\chi}_j^{\mathrm{T}}\tilde{\boldsymbol{M}}\boldsymbol{\psi}_i=\boldsymbol{\chi}_j^{\mathrm{T}}\tilde{\boldsymbol{K}}\boldsymbol{\psi}_i \tag{3.3-79}$$

$$-\lambda_j\boldsymbol{\chi}_j^{\mathrm{T}}\tilde{\boldsymbol{M}}\boldsymbol{\psi}_i=\boldsymbol{\chi}_j^{\mathrm{T}}\tilde{\boldsymbol{K}}\boldsymbol{\psi}_i \tag{3.3-80}$$

式(3.3-79)减去式(3.3-80)给出如下关系：

$$\boldsymbol{\chi}_j^{\mathrm{T}}\tilde{\boldsymbol{M}}\boldsymbol{\psi}_i=0 \qquad (\lambda_i\neq\lambda_j) \tag{3.3-81}$$

$$\boldsymbol{\chi}_j^{\mathrm{T}}\tilde{\boldsymbol{K}}\boldsymbol{\psi}_i=0 \qquad (\lambda_i\neq\lambda_j) \tag{3.3-82}$$

此为左右特征向量的双正交条件。当 $i=j$ 时，令

$$\tilde{M}_{\mathrm{p}j}=\boldsymbol{\chi}_j^{\mathrm{T}}\tilde{\boldsymbol{M}}\boldsymbol{\psi}_j,\quad \tilde{K}_{\mathrm{p}j}=\boldsymbol{\chi}_j^{\mathrm{T}}\tilde{\boldsymbol{K}}\boldsymbol{\psi}_j \tag{3.3-83}$$

并且有

$$\lambda_j = -\frac{\widetilde{K}_{pj}}{\widetilde{M}_{pj}} \tag{3.3-84}$$

也可以组成右特征向量矩阵 $\boldsymbol{\Psi}$ 和左特征向量矩阵 $\boldsymbol{\Xi}$,即

$$\boldsymbol{\Psi} = [\boldsymbol{\psi}_1 \quad \boldsymbol{\psi}_2 \quad \cdots \quad \boldsymbol{\psi}_{2n}], \quad \boldsymbol{\Xi} = [\boldsymbol{\chi}_1 \quad \boldsymbol{\chi}_2 \quad \cdots \quad \boldsymbol{\chi}_{2n}]$$

并且有

$$\widetilde{\boldsymbol{M}}_p = \boldsymbol{\Xi}^T \widetilde{\boldsymbol{M}} \boldsymbol{\Psi} = \mathrm{diag}\ (\widetilde{M}_{pj}) \tag{3.3-85}$$

$$\widetilde{\boldsymbol{K}}_p = \boldsymbol{\Xi}^T \widetilde{\boldsymbol{K}} \boldsymbol{\Psi} = \mathrm{diag}\ (\widetilde{K}_{pj}) \tag{3.3-86}$$

利用右特征向量进行坐标变换,有

$$\boldsymbol{q} = \sum_{j=1}^{2n} \boldsymbol{\psi}_j \boldsymbol{r}_j = \boldsymbol{\Psi} \boldsymbol{r} \tag{3.3-87}$$

把式(3.3-87)代入方程(3.3-71),并前乘以 $\boldsymbol{\Xi}^T$,得到

$$\widetilde{\boldsymbol{M}}_p \dot{\boldsymbol{r}} + \widetilde{\boldsymbol{K}}_p \boldsymbol{r} = \boldsymbol{0} \tag{3.3-88a}$$

或

$$\dot{r}_j - \lambda_j r_j = 0 \qquad (j = 1, 2, \cdots, 2n) \tag{3.3-88b}$$

方程(3.3-88)的解为

$$r_j = r_{j0} e^{\lambda_j t} \tag{3.3-89}$$

已知初始条件 $\boldsymbol{q}_0^T = [\dot{\boldsymbol{x}}_0^T \quad \boldsymbol{x}_0^T]$,根据式(3.3-87),有

$$\boldsymbol{q}_0 = \boldsymbol{\Psi} \boldsymbol{r}_0 \tag{3.3-90}$$

把式(3.3-90)前乘 $\boldsymbol{\Xi}^T \widetilde{\boldsymbol{M}}$,根据左右特征向量的正交性,得到

$$r_{j0} = \boldsymbol{\chi}_j^T \widetilde{\boldsymbol{M}} \boldsymbol{q}_0 / \widetilde{M}_{pj} \tag{3.3-91}$$

因此,复物理坐标下的自由振动响应为

$$\boldsymbol{q} = \sum_{j=1}^{2n} \boldsymbol{\psi}_j r_j = \sum_{j=1}^{2n} \frac{\boldsymbol{\psi}_j \boldsymbol{\chi}_j^T \widetilde{\boldsymbol{M}} \boldsymbol{q}_0}{\widetilde{M}_{pj}} e^{\lambda_j t} \tag{3.3-92}$$

(2) 简谐激励

把简谐激励表示为 $\boldsymbol{f} = \boldsymbol{F} e^{i\omega t}$,根据式(3.3-87),则复模态力向量为

$$\boldsymbol{P} = \boldsymbol{\Xi}^T \begin{bmatrix} \boldsymbol{0} \\ \boldsymbol{F} \end{bmatrix} e^{i\omega t}$$

其分量为 $P_j = \boldsymbol{\chi}_j^T \boldsymbol{F} e^{i\omega t}$。因此解耦的受迫振动方程为

$$\dot{r}_j - \lambda_j r_j = \frac{P_j}{\widetilde{M}_{pj}} \qquad (j = 1, 2, \cdots, 2n) \tag{3.3-93}$$

设特解为

$$r_j = R_j e^{i\omega t} \tag{3.3-94}$$

把式(3.3-94)代入方程(3.3-93),有

$$R_j = \frac{\boldsymbol{\chi}_j^T \boldsymbol{F}}{\widetilde{M}_{pj}(i\omega - \lambda_j)}$$

因此稳态振动响应为

$$\boldsymbol{q} = \sum_{j=1}^{2n} \boldsymbol{\psi}_j \frac{\boldsymbol{\chi}_j^T \boldsymbol{F}}{\widetilde{M}_{pj}(i\omega - \lambda_j)} e^{i\omega t} \tag{3.3-95}$$

3.3.3　广义模态理论

n 个自由度无阻尼振动系统具有对称的质量矩阵和刚度矩阵，可以利用舒尔定理证明它具有 n 个线性无关的特征向量，或者说这 n 个特征向量形成完备的位移空间。这构成了实模态理论基础。在复模态理论中，若复特征值没有重根，则复特征向量的正交性也保证了系统具有足够的线性无关的特征向量张成完备的状态向量空间；若特征值具有重根，则不能像在实模态理论中那样证明系统一定具有与特征值数量相同的特征向量及其正交性。因此，复模态理论是建立在人为假设基础上的，即认为特征向量的数量和特征值的数量相同，并且特征向量彼此正交。

当系统特征向量的个数少于特征值的个数时，称该系统为**亏损系统**。把能够反映亏损系统特征值问题特点的理论称为**广义模态理论**，它是由我国航空教育家诸德超等在 20 世纪 80 年代建立的。在现代工程结构中，振动主动控制技术的应用愈来愈广泛，有时既要考虑系统阻尼的作用，又要考虑科氏力的作用。因此，一般情况下结构矩阵应该是非对称的，甚至可能是复矩阵。也就是说，随着工程技术的发展，亏损系统应该更值得关注。

考虑运动微分方程(3.3-42)，其中 $\boldsymbol{K}$、$\boldsymbol{M}$ 和 $\boldsymbol{C}$ 是 $n\times n$ 维对称或非对称矩阵，$\boldsymbol{M}$ 可逆。可以将方程(3.3-42)转化为如下状态方程形式：

$$\dot{\boldsymbol{q}}=\boldsymbol{A}\boldsymbol{q}+\widetilde{\boldsymbol{M}}^{-1}\widetilde{\boldsymbol{f}}(t) \tag{3.3-96}$$

式中

$$\boldsymbol{A}=-\widetilde{\boldsymbol{M}}^{-1}\widetilde{\boldsymbol{K}} \tag{3.3-97}$$

从式(3.3-49)可得 $\boldsymbol{A}$ 的特征方程为

$$\boldsymbol{A}\boldsymbol{\psi}=\lambda\boldsymbol{\psi} \tag{3.3-98}$$

一般矩阵的特征值问题与线性代数中的约当(Jordan)定理密切相关。**约当定理**指出，任何一个 $N\times N$ 的矩阵 $\boldsymbol{A}$ 总是和一个约当矩阵 $\boldsymbol{J}$ 相似，并且除了约当块的排列次序外，$\boldsymbol{J}$ 是由 $\boldsymbol{A}$ 唯一决定的，用数学公式表示为

$$\boldsymbol{U}^{-1}\boldsymbol{A}\boldsymbol{U}=\boldsymbol{J} \tag{3.3-99}$$

式中：$\boldsymbol{U}$ 为一个非奇异矩阵。约当矩阵是一种块对角矩阵，其一般形式为

$$\boldsymbol{J}=\begin{bmatrix}\boldsymbol{J}_1 & & & & \\ & \ddots & & & \\ & & \boldsymbol{J}_i & & \\ & & & \ddots & \\ & & & & \boldsymbol{J}_r\end{bmatrix} \tag{3.3-100}$$

其中，约当块为

$$\boldsymbol{J}_i=\begin{bmatrix}\lambda_i & & & \\ 1 & \lambda_i & & \\ & 1 & \ddots & \\ & & \ddots & \\ & & 1 & \lambda_i\end{bmatrix}_{n_i\times n_i}\quad (i=1,2,\cdots,r) \tag{3.3-101}$$

用 n_i 表示约当块矩阵 $\boldsymbol{J}_i$ 的阶，则 λ_i 是一重数为 n_i 的重特征值，并且有如下关系存在：

$$\sum_{i=1}^{r}n_i=N \tag{3.3-102}$$

值得注意的是,这里不排斥存在$\lambda_i=\lambda_j$的可能性,即不同的约当块可以有相同的特征值。虽然约当块$\boldsymbol{J}_i$有一个重数为n_i的特征值,但相应的特征向量却只可能有一个。因此,约当块$\boldsymbol{J}_i(n_i\geqslant 2)$乃至约当块矩阵$\boldsymbol{J}$一定是亏损矩阵。根据式(3.3-99),一般矩阵$\boldsymbol{A}$的特征值问题可以表示为

$$\boldsymbol{AU}=\boldsymbol{UJ} \tag{3.3-103}$$

因此,只有当式(3.3-103)中约当矩阵$\boldsymbol{J}$退化为对角矩阵时,一般矩阵特征值问题才能用实模态理论或复模态理论加以分析;否则,如果有一个约当块矩阵不是一阶的,则$\boldsymbol{A}$就是亏损矩阵,也就是没有足够数量的特征向量来构成完备的状态向量空间。对这种情况,实模态理论或复模态理论是不适用的,只能用广义模态理论。亏损的特征向量可以由主向量(principal vector)来补充。

综上所述,广义模态理论有两个核心问题:① 如何确定与矩阵$\boldsymbol{A}$相似的约当矩阵$\boldsymbol{J}$;② 若矩阵$\boldsymbol{A}$是亏损的,那么如何确定有关的主向量来组成$\boldsymbol{U}$。读者若想了解如何解决这两个核心问题,请阅读线性代数书籍和有关文献资料。

若系统(3.3-96)是亏损的,则对应重根λ_i的模态包含相互耦合在一起的广义模态,无法实现纯模态(彼此相互独立的模态)振动。

例3.3-4 考虑图3.3-1所示系统,中间弹簧刚度系数为零,具有非比例阻尼,系统矩阵如下:

$$\boldsymbol{K}=\begin{bmatrix}36 & 0\\ 0 & 81\end{bmatrix},\quad \boldsymbol{M}=\begin{bmatrix}1 & 0\\ 0 & 1\end{bmatrix},\quad \boldsymbol{C}=\begin{bmatrix}4 & 2\sqrt{2}\\ 2\sqrt{2} & 6\end{bmatrix} \tag{3.3-104}$$

试判断此系统为亏损系统,并求出$\boldsymbol{U}$。

解:方程(3.3-98)只有一对独立共轭的特征值:

$$\lambda_{1,2}=-\frac{5}{2}\pm \mathrm{i}\,\frac{\sqrt{191}}{2} \tag{a}$$

且只有一对独立的特征向量$\boldsymbol{\varphi}_{1,2}$,见表3.3-1,因此$\lambda_{1,2}$各对应一个二阶约当块,因此系统是亏损的。根据方程

$$\begin{aligned}\boldsymbol{A}\tilde{\boldsymbol{\varphi}}_1&=\lambda_1\tilde{\boldsymbol{\varphi}}_1+\boldsymbol{\varphi}_1\\ \boldsymbol{A}\tilde{\boldsymbol{\varphi}}_2&=\lambda_2\tilde{\boldsymbol{\varphi}}_2+\boldsymbol{\varphi}_2\end{aligned} \tag{b}$$

可以确定广义模态$\tilde{\boldsymbol{\varphi}}_1$和$\tilde{\boldsymbol{\varphi}}_2$,读者也可参阅诸德超和时国勤的论著。表3.3-1给出了$\boldsymbol{U}$的四列元素。在求解$\tilde{\boldsymbol{\varphi}}_1$和$\tilde{\boldsymbol{\varphi}}_2$时,这里令其第3个元素等于1。

表3.3-1 亏损系统的完备广义特征向量

$\boldsymbol{\varphi}_1$	$\tilde{\boldsymbol{\varphi}}_1$	$\boldsymbol{\varphi}_2$	$\tilde{\boldsymbol{\varphi}}_2$
−2.5000+6.9101i	−1.5−6.9101i	−2.5000−6.9101i	−1.5+6.9101i
5.4801+ 2.4431i	5.8336+2.4431i	5.4801− 2.4431i	5.8336−2.4431i
1	1	1	1
0.0589−0.8144i	−0.4758+0.6636i	0.0589+0.8144i	−0.4758−0.6636i

3.4 吸振器

在实际工程中,应该尽量避免或减弱有害振动。动力吸振是利用多自由度系统的反共振

特性，来减小或抑制主(原)结构的振动。动力吸振器通常只适用于激励频率比较稳定的情况，吸振技术已广泛用于船舶、内燃机、拖拉机和直升机上。若激励频率变化的幅度比较大，则需要用可变参数的动力吸振器，这是主动控制和被动控制的结合。

下面设计一个吸振系统来减弱原系统的振动。考虑一个系统，例如支撑在弹性基础上的电机，可以把它简化为一个重块-弹簧系统，重块质量为 m_1，弹簧刚度系数为 k_1，忽略阻尼。由于电机转子的不平衡，因此电机在旋转时将产生简谐激振力 $F_1\sin\omega t$，其中 $\omega=2\pi\times$转速。这是一个单自由度系统(以下称为原系统)，当激振力频率等于系统的固有频率，即 $\omega=\sqrt{k_1/m_1}$ 时，原系统发生共振。

1. 无阻尼吸振器

在原系统上附加一个质量-弹簧系统，也就是吸振器，其质量和弹簧刚度系数分别为 m_2 和 k_2。附加吸振器和原系统一起组成一个新系统，如图 3.4-1 所示。

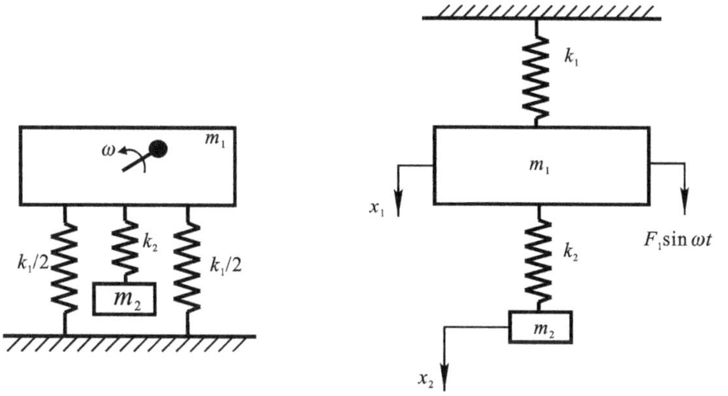

图 3.4-1　吸振器

新系统为两自由度系统，它的振动微分方程为

$$\begin{bmatrix} m_1 & 0 \\ 0 & m_2 \end{bmatrix}\begin{bmatrix} \ddot{x}_1 \\ \ddot{x}_2 \end{bmatrix}+\begin{bmatrix} k_1+k_2 & -k_2 \\ -k_2 & k_2 \end{bmatrix}\begin{bmatrix} x_1 \\ x_2 \end{bmatrix}=\begin{bmatrix} F_1 \\ 0 \end{bmatrix}\sin\omega t \tag{3.4-1}$$

下面仅考虑稳态响应。新系统稳态响应的频率与激振力的频率相同。设稳态响应为

$$\begin{bmatrix} x_1 \\ x_2 \end{bmatrix}=\begin{bmatrix} X_1 \\ X_2 \end{bmatrix}\sin\omega t \tag{3.4-2}$$

式中：X_1 和 X_2 分别表示电机和附加质量块稳态响应的振幅。把式(3.4-2)代入式(3.4-1)得到

$$\begin{bmatrix} X_1 \\ X_2 \end{bmatrix}=\frac{F_1}{\Delta(\omega)}\begin{bmatrix} k_2-\omega^2 m_2 \\ k_2 \end{bmatrix} \tag{3.4-3}$$

式中：特征行列式 $\Delta(\omega)$ 为

$$\Delta(\omega)=\det(\boldsymbol{K}-\omega^2\boldsymbol{M})=(k_1+k_2-\omega^2 m_1)(k_2-\omega^2 m_2)-k_2^2 \tag{3.4-4}$$

$\Delta(\omega)=0$ 为新系统的频率方程，解之可得新系统的两个固有频率 ω_1 和 ω_2。也就是说，当激振力频率 ω 趋于 ω_1 或 ω_2 时，从式(3.4-3)可知，稳态响应的振幅趋于无穷大，此时系统发生共振。由式(3.4-3)还可以给出

$$\frac{X_1}{X_2}=\frac{k_2-\omega^2 m_2}{k_2}=1-\frac{m_2}{k_2}\omega^2 \tag{3.4-5}$$

从式(3.4-5)可以验证,当激振力频率 ω 等于系统的固有频率时,$[1 \quad X_1/X_2]^T$ 就是系统的模态向量,因此系统共振的形态就是系统的模态,或固有振型。

从式(3.4-3)可知,当激振力频率 $\omega=\sqrt{k_2/m_2}$ 时,振幅 $X_1=0$,即原系统不动,也就是系统的激振点是固定不动的。这种现象称为**反共振**,反共振频率是 $\omega=\sqrt{k_2/m_2}$。因此,只要吸振系统的参数满足下列条件

$$\frac{k_2}{m_2}=\frac{k_1}{m_1} \tag{3.4-6}$$

即使激励频率等于原系统的固有频率,也能使原系统的振幅趋于零,这种现象被称为**动力吸振**,这也是该附加系统称为**动力吸振器**的理由。在原系统上附加动力吸振器后,改变了原系统的动态特性。当原系统受到简谐激振力作用时,原系统的共振点 $\omega=\sqrt{k_1/m_1}$ 转化为新系统的反共振点,从而抑制了原系统的稳态振动。式(3.4-6)是动力吸振器的设计条件。

在新系统的反共振点 $\omega=\sqrt{k_2/m_2}$,$X_1=0$,$\Delta(\omega)=-k_2^2$,因此

$$X_2=-\frac{F_1}{k_2} \tag{3.4-7}$$

从式(3.4-7)可知,此时吸振器质量的稳态位移与简谐激振力反相。吸振器惯性力为

$$-m_2\ddot{x}_2=-m_2\omega^2\frac{F_1}{k_2}\sin\omega t=-F_1\sin\omega t \tag{3.4-8}$$

它经过弹簧 k_2 传递到 m_1 上并与作用在原系统上的激振力平衡,因此原系统处于不动状态。实际上,在简谐力作用下,系统被激起的响应除了稳态响应之外,还包含伴随自由振动响应。因此,吸振器在刚开始工作时,原系统做衰减振动,吸振器响应则包括稳态响应和伴随自由振动响应。由于真实物理系统总会有阻尼,伴随自由振动会逐渐衰减至可忽略不计,因此经过过渡阶段之后,原系统不动,吸振器做简谐振动。下面探讨这种无阻尼吸振器适用的频率范围。

令式(3.4-4)等于零,即得到了新系统的频率方程

$$\bar{\omega}^4-(2+\mu)\bar{\omega}^2+1=0 \tag{3.4-9}$$

式中:

$$\bar{\omega}=\frac{\omega}{\omega_0},\quad \omega_0=\sqrt{\frac{k_1}{m_1}},\quad \frac{k_2}{k_1}=\frac{m_2}{m_1}=\mu \tag{3.4-10}$$

根据吸振器的设计条件可知,新系统的反共振频率 $\bar{\omega}=1$。从频率方程(3.4-9)可以解出新系统的两个共振频率

$$\bar{\omega}_{1,2}=1+\frac{\mu}{2}\mp\sqrt{\mu\left(1+\frac{\mu}{4}\right)} \tag{3.4-11}$$

从上式和式(3.4-6)可以看出,当 μ 比较小时,也就是当吸振器比较小时,新系统的两个共振频率很接近反共振频率。这使得这种没有阻尼的吸振器能起作用的频率范围很窄。为了扩大动力吸振器的使用频率范围,需要在动力吸振器上附加阻尼,并且附加的阻尼可以缩短伴随自由振动衰减的过渡期。

2. 阻尼吸振器

增加了粘性阻尼的吸振系统如图3.4-2所示,系统的运动方程为

$$\begin{bmatrix} m_1 & 0 \\ 0 & m_2 \end{bmatrix}\begin{bmatrix} \ddot{x}_1 \\ \ddot{x}_2 \end{bmatrix}+\begin{bmatrix} c_2 & -c_2 \\ -c_2 & c_2 \end{bmatrix}\begin{bmatrix} \dot{x}_1 \\ \dot{x}_2 \end{bmatrix}+\begin{bmatrix} k_1+k_2 & -k_2 \\ -k_2 & k_2 \end{bmatrix}\begin{bmatrix} x_1 \\ x_2 \end{bmatrix}=\begin{bmatrix} F_1 \\ 0 \end{bmatrix}\sin\omega t \tag{3.4-12}$$

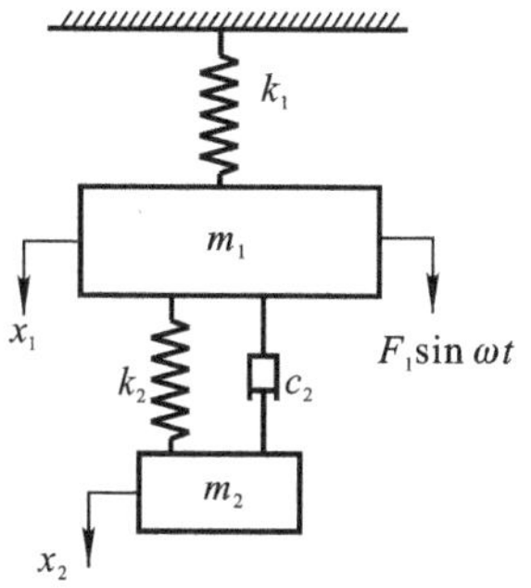

图 3.4-2　阻尼吸振器

由于系统存在粘性阻尼，因此系统响应与激励之间存在相位差，故方程(3.4-12)的特解为

$$\left.\begin{aligned} x_1 &= A_1\sin(\omega t-\theta_1) \\ x_2 &= A_2\sin(\omega t-\theta_2) \end{aligned}\right\} \tag{3.4-13}$$

把式(3.4-13)代入方程(3.4-12)，可以得到 A_1、A_2、θ_1 和 θ_2。设计吸振器的目的是减弱原系统的振动，因此这里只关心原系统的振幅 A_1 与系统各参数之间的关系，振幅 A_1 的放大因子平方的表达式为

$$\beta^2=\frac{(2\bar{\omega}\xi)^2+(\bar{\omega}^2-\delta^2)^2}{(2\bar{\omega}\xi)^2(\bar{\omega}^2-1+\mu\bar{\omega}^2)^2+[\mu(\bar{\omega}\delta)^2-(\bar{\omega}^2-\delta^2)(\bar{\omega}^2-1)]^2} \tag{3.4-14}$$

式中：$\beta=A_1/(F_1/k_1)$ 是原系统质量 m_1 的振幅与其静位移之比；

$\bar{\omega}=\omega/\omega_0$ 是激励频率与原系统本身固有频率之比，见式(3.4-10)；

$\delta=\omega_n/\omega_0$ 是吸振器本身的固有频率 $\omega_n=\sqrt{k_2/m_2}$ 与原系统本身的固有频率之比；

$\mu=m_2/m_1$ 是吸振器质量与原系统质量之比；

$\xi=c_2/(2m_2\omega_0)$ 是粘性阻尼比。

利用式(3.4-14)可以分析各种参数对吸振效果的影响。图 3.4-3 给出了当 $\mu=1/20$（小吸振器）和 $\delta=1$ 时，β 与 ξ 和 $\bar{\omega}$ 的关系曲线。

对于无阻尼情况，即 $\xi=0$ 时，式(3.4-14)蜕化为

$$\beta^2=\frac{(\bar{\omega}^2-\delta^2)^2}{[\mu(\bar{\omega}\delta)^2-(\bar{\omega}^2-\delta^2)(\bar{\omega}^2-1)]^2} \tag{3.4-15}$$

其结果对应图 3.4-3 中标注有 $\xi=0$ 的虚线。

对于粘性阻尼无穷大的情况，即 $\xi=\infty$ 时，质量 m_1 和 m_2 粘结在一起，它们之间不可能发生相对运动，整个系统蜕化成质量为 m_1+m_2 而刚度为 k_1 的单自由度系统。式(3.4-14)变为

$$\beta^2=\frac{1}{(\bar{\omega}^2-1+\mu\bar{\omega}^2)^2} \tag{3.4-16}$$

其结果对应图 3.4-3 中标注有 $\xi=\infty$ 的虚线。

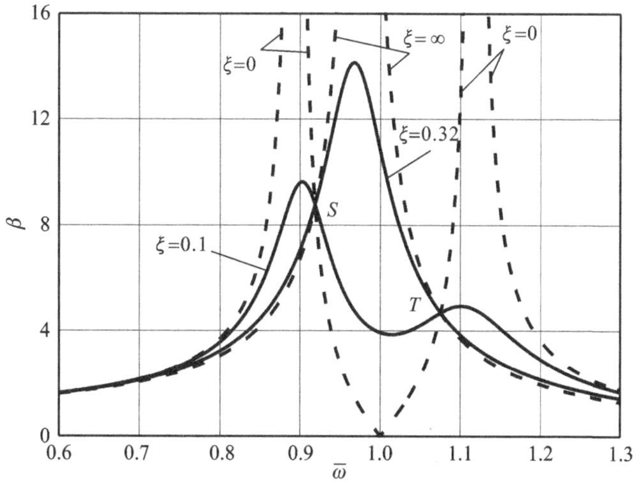

图 3.4-3　新系统的幅频曲线

除了上述两种极限情况之外,在图3.4-3中还画出了 $\xi=0.1$ 和 $\xi=0.32$ 时的 $\beta-\bar{\omega}$ 曲线。

值得注意的是,无论 ξ 为何值,曲线都通过 S 和 T 两点。令式(3.4-15)和式(3.4-16)的右端项相等,得

$$(2+\mu)\bar{\omega}^4-2(1+\delta^2+\mu\delta^2)\bar{\omega}^2+2\delta^2=0 \tag{3.4-17}$$

求解上式就可以得到对应 S 和 T 两点的横坐标值 $\bar{\omega}_1$ 和 $\bar{\omega}_2$。把 $\bar{\omega}_1^2$ 和 $\bar{\omega}_2^2$ 代入式(3.4-16)得到了对应的 β 值,即

$$\left.\begin{aligned}\beta_1&=-\frac{1}{\bar{\omega}_1^2-1+\mu\bar{\omega}_1^2}\\ \beta_2&=\frac{1}{\bar{\omega}_2^2-1+\mu\bar{\omega}_2^2}\end{aligned}\right\} \tag{3.4-18}$$

因此,通过选择合适的 ξ 值,使幅频曲线 $\beta-\bar{\omega}$ 在通过 S 和 T 两点后就达到极值,这样的幅频特性具有最小的峰值,这正是阻尼吸振器应该具有的性能。若 $\beta_1=\beta_2$,则效果最佳。令 $\beta_1=\beta_2$,从式(3.4-18)可以导出下面的关系:

$$\bar{\omega}_1^2+\bar{\omega}_2^2=\frac{2}{1+\mu} \tag{3.4-19}$$

根据代数方程根与系数的关系,从式(3.4-17)可以得到

$$\bar{\omega}_1^2+\bar{\omega}_2^2=\frac{2(1+\delta^2+\mu\delta^2)}{2+\mu} \tag{3.4-20}$$

根据上面两式有

$$\frac{1}{1+\mu}=\frac{1+\delta^2+\mu\delta^2}{2+\mu} \tag{3.4-21}$$

因此

$$\delta=\frac{1}{1+\mu} \tag{3.4-22}$$

把式(3.4-22)代入式(3.4-17)得

$$\bar{\omega}^2=\frac{1}{1+\mu}\left(1\pm\sqrt{\frac{\mu}{2+\mu}}\right) \tag{3.4-23}$$

把式(3.4-23)代入式(3.4-18)得

$$\beta_1=\beta_2=\sqrt{\frac{2+\mu}{\mu}} \tag{3.4-24}$$

把上面得到的 δ、$\bar{\omega}$ 和 β 代入式(3.4-14)中,可以得到 ξ 和 μ 的关系:

$$\xi^2=\frac{(\bar{\omega}^2-\delta^2)^2-[\mu(\bar{\omega}\delta)^2-(\bar{\omega}^2-\delta^2)(\bar{\omega}^2-1)]^2\beta^2}{(2\bar{\omega})^2[(\bar{\omega}^2-1+\mu\bar{\omega}^2)^2\beta^2-1]} \tag{3.4-25}$$

若给定质量比 μ,则原则上可以根据上式计算设计吸振器需要的阻尼比。但由于式(3.4-17)和式(3.4-18)的缘故,式(3.4-25)的分子和分母中均包含为0的因子,因此不能直接从式(3.4-25)得到需要的阻尼比。但只要把 $\bar{\omega}_1$ 和 $\bar{\omega}_2$ 作小幅度的人为调整,就可以从式(3.4-25)中得到设计吸振器需要的阻尼比。

综上所述,动力吸振器的设计步骤是:首先选定质量比 μ,然后根据式(3.4-22)~式(3.4-25)计算 δ、$\bar{\omega}$、β 和 ξ。令 $\mu=0.25$,$\bar{\omega}_1$ 和 $\bar{\omega}_2$ 的大小被增加了 10^{-6},图3.4-4中给出了有关的关系曲线,其中两条实线对应的阻尼比 ξ 分别为0.230 9、0.206 6,对应的频率比 $\bar{\omega}$

分别为1.03和0.73。

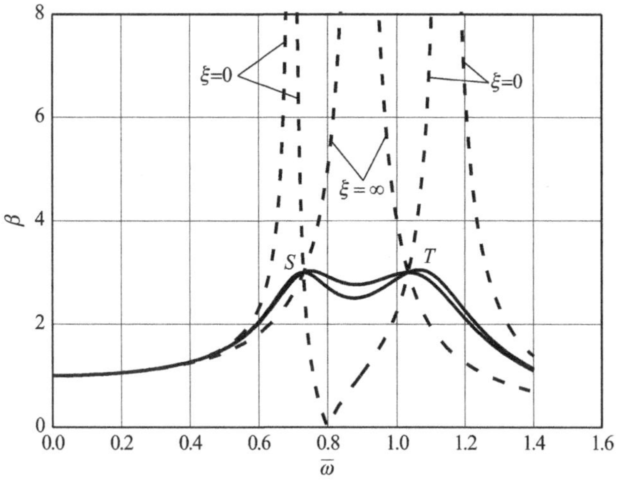

图3.4-4　改进的新系统的幅频曲线

3.5　商用软件阻尼确定方法

实际系统总是存在阻尼的，而且阻尼的性质通常比较复杂，它可能是位移、速度以及其他因素的函数。工程中常用的阻尼模型是比例粘性阻尼，粘性阻尼力的大小与速度的大小成正比。为了方便和实用，工程中通常把其他形式的阻尼转化为粘性阻尼，参见1.3节。

比例粘性阻尼降低系统的固有频率，但不改变系统的模态，即考虑比例粘性阻尼与无阻尼时求得的模态是相同的，参见例3.3-1。这个结论具有重要的应用价值。在实际模态实验中，若主振动形式呈现实模态的驻波性质，就可以认为系统的阻尼为比例粘性阻尼。

满足 $\boldsymbol{KM}^{-1}\boldsymbol{C}=\boldsymbol{CM}^{-1}\boldsymbol{K}$ 的阻尼矩阵 $\boldsymbol{C}$ 为比例阻尼矩阵，它可以用实模态来解耦。式(3.3-2)给出了常用的瑞利比例阻尼的定义

$$\boldsymbol{C}=a\boldsymbol{M}+b\boldsymbol{K} \tag{3.5-1}$$

式中：a 和 b 是比例系数。若根据实验测出两阶模态阻尼比 ξ_i、ξ_j 和对应两阶固有频率 ω_i、ω_j，则可以根据如下方法确定 a 和 b。根据模态的正交性，从式(3.5-1)得

$$C_{pi}=aM_{pi}+bK_{pi} \tag{3.5-2}$$

由于

$$\omega_i^2=\frac{K_{pi}}{M_{pi}},\quad 2\xi_i\omega_i=\frac{C_{pi}}{M_{pi}} \tag{3.5-3}$$

因此

$$2\xi_i\omega_i=a+b\omega_i^2 \tag{3.5-4a}$$

同理

$$2\xi_j\omega_j=a+b\omega_j^2 \tag{3.5-4b}$$

从式(3.5-4)中可以解出

$$\left.\begin{aligned} b &= \frac{2(\xi_i\omega_i - \xi_j\omega_j)}{\omega_i^2 - \omega_j^2} \\ a &= \frac{2\omega_i\omega_j(\xi_j\omega_i - \xi_i\omega_j)}{\omega_i^2 - \omega_j^2} \end{aligned}\right\} \tag{3.5-5}$$

若 $\xi_i = \xi_j$,则

$$b = \frac{2\xi_i}{\omega_i + \omega_j}, \quad a = \frac{2\omega_i\omega_j\xi_i}{\omega_i + \omega_j} \tag{3.5-6}$$

若考虑结构阻尼,则由式(1.3-9)可得结构阻尼矩阵为

$$\boldsymbol{C} = \frac{g}{\omega}\boldsymbol{K} \tag{3.5-7}$$

式(3.5-1)和式(3.5-7)可以组合在一起,即

$$\boldsymbol{C} = a\boldsymbol{M} + b\boldsymbol{K} + \frac{g}{\omega}\boldsymbol{K} \tag{3.5-8}$$

在商用软件NASTRAN中,有结构阻尼和模态阻尼。涉及阻尼的分析工作包括瞬态响应(Transient response)和频响(Frequency response),分析方法包括模态叠加法和直接积分法。直接法中只能用结构阻尼,模态法中可以用模态阻尼和结构阻尼。

无论用哪种求解方法,结构阻尼都是在Solution parameters界面中输入,输入参数只包括结构阻尼因子 g 和关心的固有频率(对应标识符"W3"),参见式(1.3-10),这也许是因为直接法中难以利用阻尼参数和频率之间的关系。

在模态法中,模态阻尼(Modal damping)可以用如下三种方式在Subcase parameters界面中输入:

① 结构阻尼(Struct. Damp.):输入结构阻尼因子 $G = g = 2\xi$,参见式(1.3-17);

② 临界阻尼(Crit. Damp.):输入结构阻尼因子 CRIT$=\xi$(就是通常的阻尼率或模态阻尼);

③ 动力放大因子(Dynamic Amplif.):输入阻尼的品质因数 $Q = 1/2\xi$,参见式(2.1-24)。这三种方法都可以输入三种阻尼参数所对应的频率段。

在ABAQUS中有模态阻尼、瑞利阻尼、结构阻尼和复合阻尼。

① 模态阻尼:输入 ξ 和频率范围;

② 瑞利阻尼:输入 a、b 和频率范围;

③ 结构阻尼:输入结构阻尼因子 g 和频率范围。在ABAQUS中不能直接使用结构阻尼进行瞬态响应分析。

值得指出的是,在小阻尼情况下,不同阻尼参数之间是可以互相转换的,参见式(3.5-2)、式(3.5-3)、式(1.3-17)和式(2.1-24)。

复习思考题

3-1 若非亏损系统的特征值出现 m 重根,试通过具体例子说明可以找到与重根对应的 m 个相互正交的特征向量。

3-2 根据模态的正交性证明模态之间是线性无关的。

3-3 式(3.1-50)为 $q_j(t) = a_j\cos\omega_j t + b_j\sin\omega_j t$,试根据初始位移 $\boldsymbol{x}_0$、初始速度 $\dot{\boldsymbol{x}}_0$ 和 $\boldsymbol{x} =$

$\boldsymbol{\Phi q}$ 直接确定 a_j、b_j。(先确定主坐标初始位移 $\boldsymbol{q}_0$ 和主坐标初始速度 $\dot{\boldsymbol{q}}_0$。)

3-4 在简谐激励作用下,比例阻尼系统的主坐标稳态位移响应和主坐标稳态速度响应之间的相位差是 90°吗? 物理坐标系下的情况如何?

3-5 试推导非自伴随系统在简谐激励作用下的稳态响应和在一般激励作用、零初始条件下的响应公式。

3-6 坐标耦合是系统的固有特性吗?

习　题

3-1 建立图 3.1 所示系统的运动微分方程。

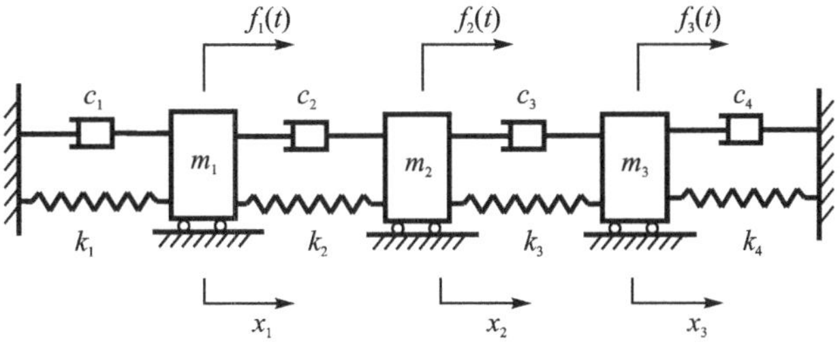

图 3.1　习题 3-1 用图

3-2 写出图 3.2 所示系统的势能和动能表达式。令 $x_1/x_2=n$,根据保守系统的机械能守恒定律,求出系统自由振动频率平方 ω^2 的最大值 $\omega_{\max}^2$ 和最小值 $\omega_{\min}^2$ 以及相应的 n 值。验证 $\omega_{\max}$ 和 $\omega_{\min}$ 分别等于系统的固有频率 ω_2 和 ω_1。

3-3 在图 3.3 所示系统中,不计刚性杆质量,按图示广义坐标建立系统的运动方程,并求出系统的固有频率和模态,画出模态图。

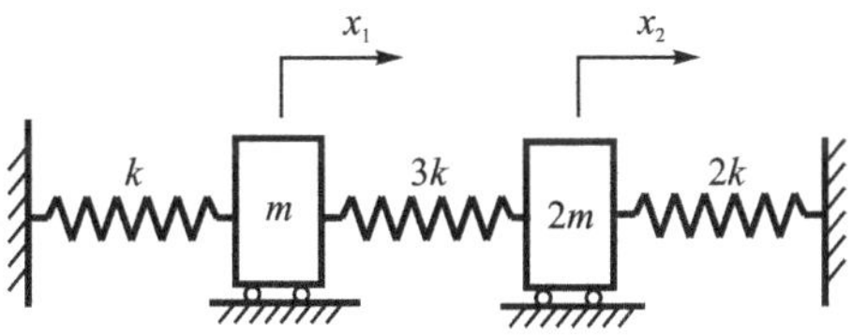

图 3.2　习题 3-2 用图

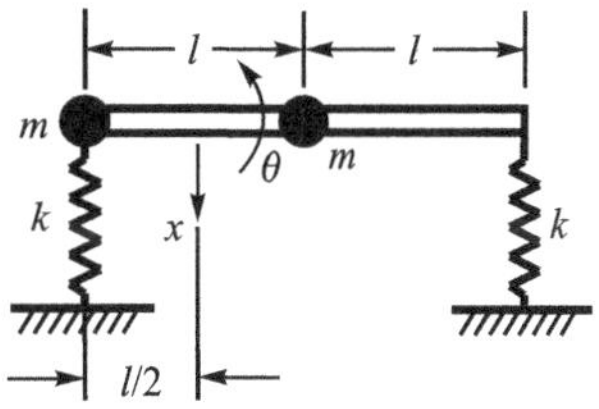

图 3.3　习题 3-3 用图

3-4 证明多自由度正定系统频率方程的根是正实数。

3-5 设多自由度系统的质量矩阵 $\boldsymbol{M}$ 和刚度矩阵 $\boldsymbol{K}$ 都是正定的。证明

$$\boldsymbol{\varphi}_i^{\mathrm{T}}(\boldsymbol{MK}^{-1})^n\boldsymbol{M\varphi}_j=0,\quad \boldsymbol{\varphi}_i^{\mathrm{T}}(\boldsymbol{KM}^{-1})^n\boldsymbol{K\varphi}_j=0$$

式中:$\boldsymbol{\varphi}_i$ 和 $\boldsymbol{\varphi}_j$ 为模态向量,n 是自然数。

3-6 建立图 3.4 所示系统的运动方程。

3-7 在重力场中,有一个质点 m 被约束在抛物面 $z=2x^2+2xy+y^2$ 内滚动,如图 3.5 所示。试求质点在原点附近微幅振动的固有频率。

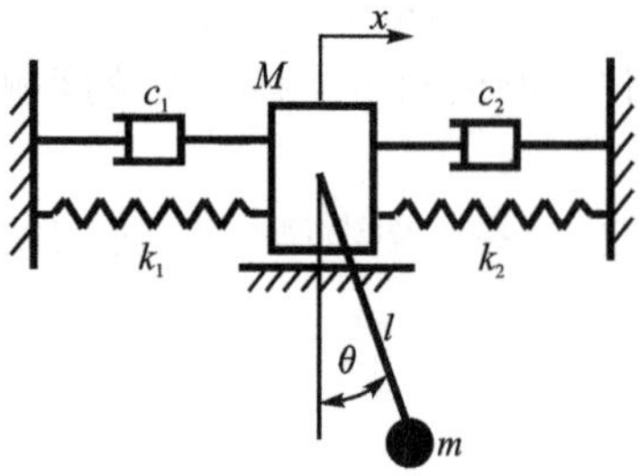

图3.4　习题3-6用图

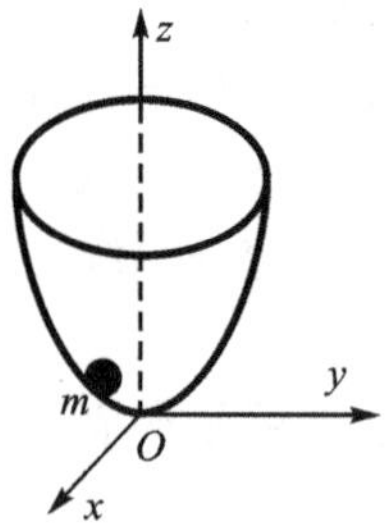

图3.5　习题3-7用图

3-8　求图3.6所示系统激振点的位移阻抗。

3-9　求图3.7所示系统激振点的位移导纳。

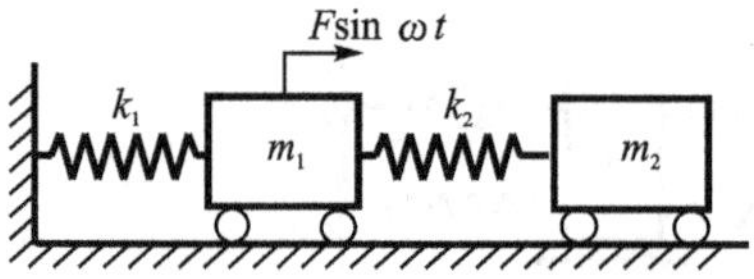

图3.6　习题3-8用图

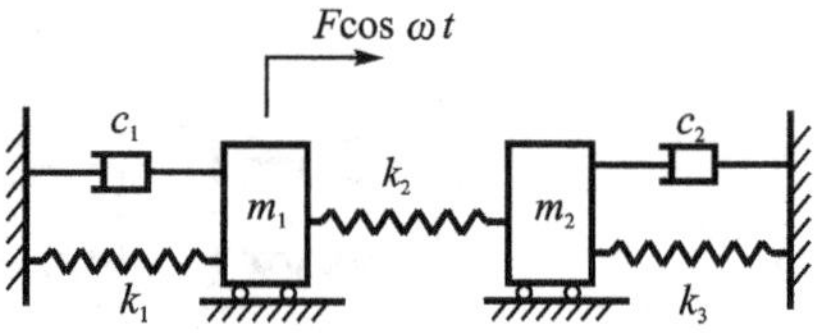

图3.7　习题3-9用图

3-10　图3.8所示梁的弯曲刚度为EI,其质量忽略不计。求系统的固有频率和模态,画出模态图。

3-11　由刚度系数均为k的两个弹簧连接三个相同的单摆,见图3.9。单摆的长度和质量分别为l和m。求系统的固有频率和模态,画出模态图。

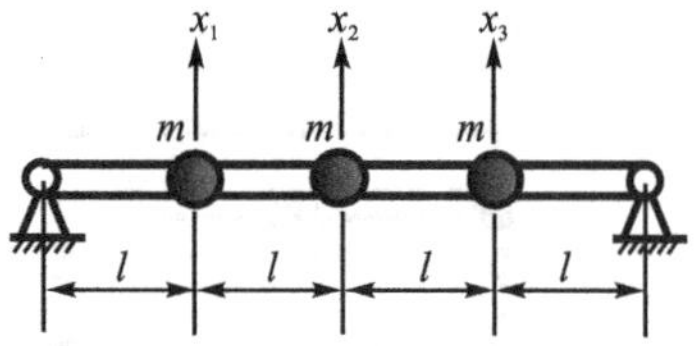

图3.8　习题3-10用图

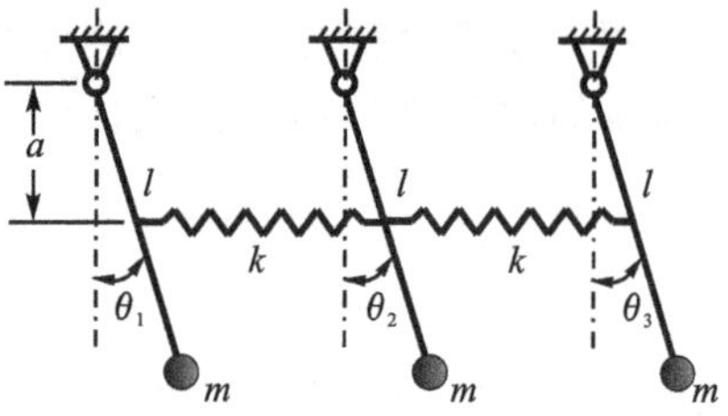

图3.9　习题3-11用图

3-12　用两个刚度系数均为k的弹簧把一个质量m吊在天花板上,见图3.10。质量m与天花板的距离为l,两个弹簧关于通过质量中心的铅垂线对称,夹角为α。限制质量在垂直于天花板并包含两个弹簧的平面内运动。

① 求质量只作上下运动的固有频率;

② 求质量只作水平运动的固有频率。

3-13　图3.11所示的一个圆板,质量为M,半径为r,在板的中心装有一个长度为l的单摆。摆端有集中质量m。摆可以自由回转,板只能滚动而不滑动。求系统在平衡位置作微幅振动的固有频率。

3-14　求图3.12所示系统的固有频率和模态。

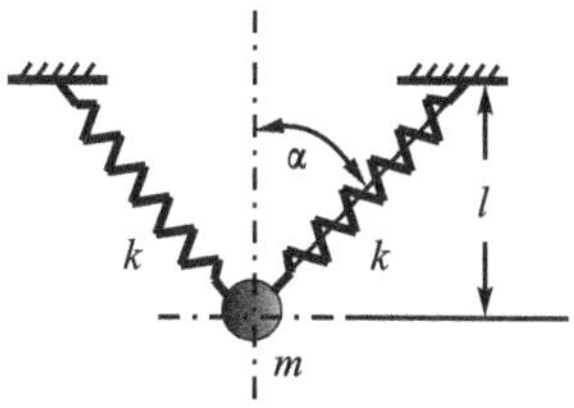

图 3.10　习题 3 - 12 用图

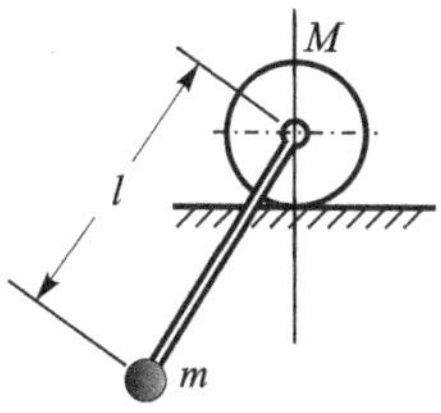

图 3.11　习题 3 - 13 用图

3 - 15　一个质量为 m_2 的机器安装在质量为 m_1 的柜子内，柜子的重心在两个刚度系数均为 k 的弹性支撑中间，如图 3.13 所示。若机器受到一个简谐力矩 $M = M_0 \sin \omega t$ 的作用，试问：

① 要使柜子不发生摆动，k 应该等于多少？

② 要使柜子不产生垂直运动，机器安装的位置 a 应该等于多少？

3 - 16　求图 3.14 所示系统的固有频率和模态。已知初始条件为 $\boldsymbol{x}_0 = [0 \quad 0 \quad 0 \quad 0]^{\mathrm{T}}$，$\boldsymbol{x}_0 = [v \quad 0 \quad 0 \quad v]^{\mathrm{T}}$，求系统的自由振动响应。

3 - 17　图 3.15 所示系统左端基础有阶跃位移 d，求系统的响应。

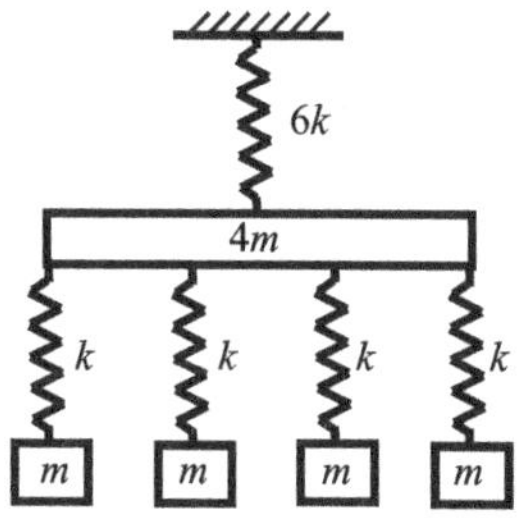

图 3.12　习题 3 - 14 用图

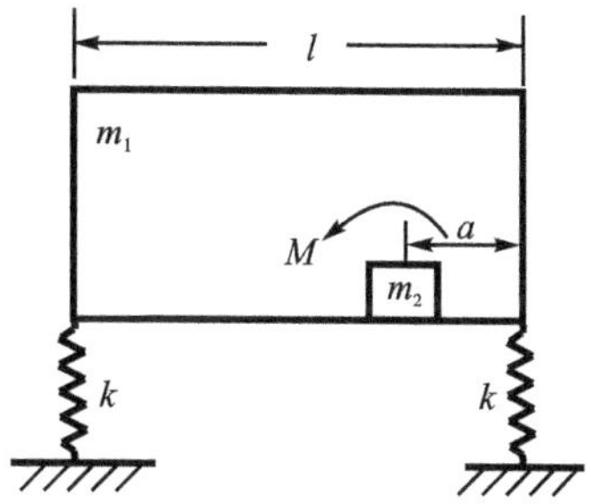

图 3.13　习题 3 - 15 用图

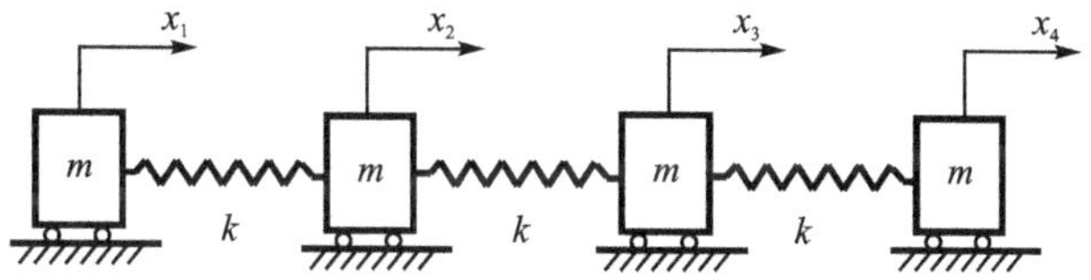

图 3.14　习题 3 - 16 用图

3 - 18　图 3.16 所示悬臂梁质量不计，梁的弯曲刚度为 EI，求系统的固有频率和模态。求作用在梁自由端的静力 P 突然移去后系统的自由振动响应。

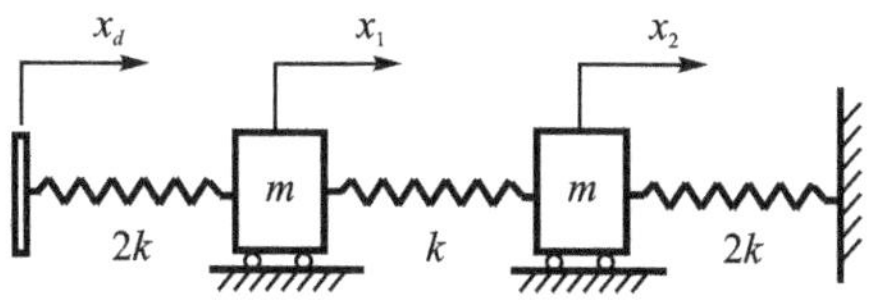

图 3.15　习题 3 - 17 用图

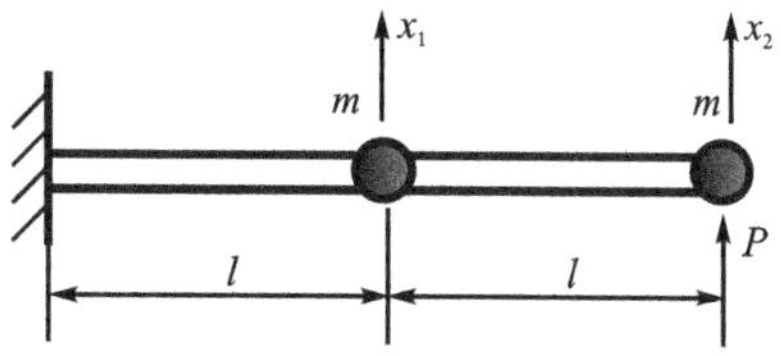

图 3.16　习题 3 - 18 用图

3-19 在图3.17所示系统中，$f_1(t)=F_1\sin\omega t$，$f_2(t)=F_2\sin\omega t$。用模态叠加方法求系统的稳态响应。

3-20 在图3.18所示系统中，$f(t)=F_0\sin\omega t$。用模态叠加方法求系统的稳态响应。

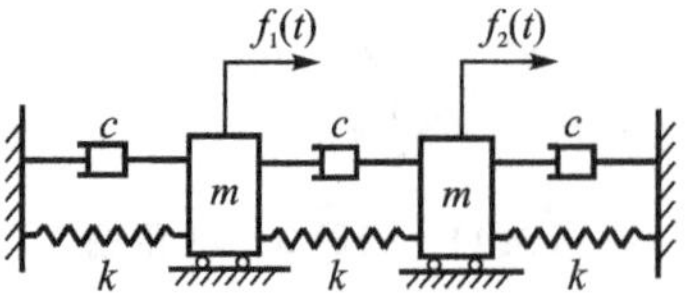

图3.17　习题3-19用图

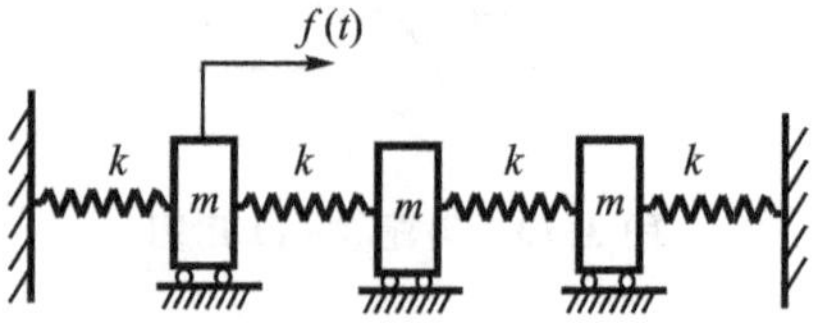

图3.18　习题3-20用图

3-21 图3.19所示系统处于静平衡状态。突然撤销力F，系统开始振动，以撤销力的时刻作为初始时刻。分如下3种情况，用模态叠加方法分析系统的自由振动。

① $m_1=m_2=m_3=m$；

② $m_1=m_3=m$，$m_2\gg m$；

③ $m_2=m_3=m$，$m_1\gg m$。

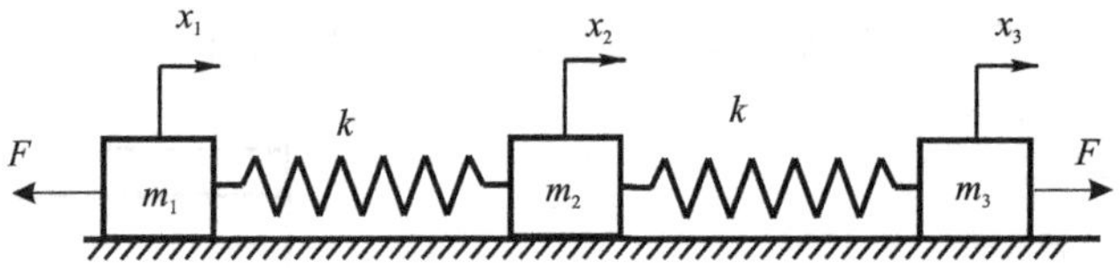

图3.19　习题3-21用图

3-22 分析如图3.20所示的离心摆式吸振器的工作原理，这种吸振器通常用于减小内燃机的扭振。半径为R的圆盘以速度Ω绕通过中心O的定轴转动，在力矩$M=M_0\sin\omega t$的作用下，圆盘产生规律为$\beta=\beta_0\sin\omega t$的微幅扭转振动。为了消除扭振，在圆盘的边缘上$A$点安装一个可以在面内自由转动的单摆，质量忽略不计的摆长为l，摆锤质量为m。

3-23 如图3.21所示，一个质量为m的质点弹簧系统放置在以速度Ω匀速转动的圆盘上，x和y两个方向的弹簧刚度系数均为k。建立系统的运动微分方程。

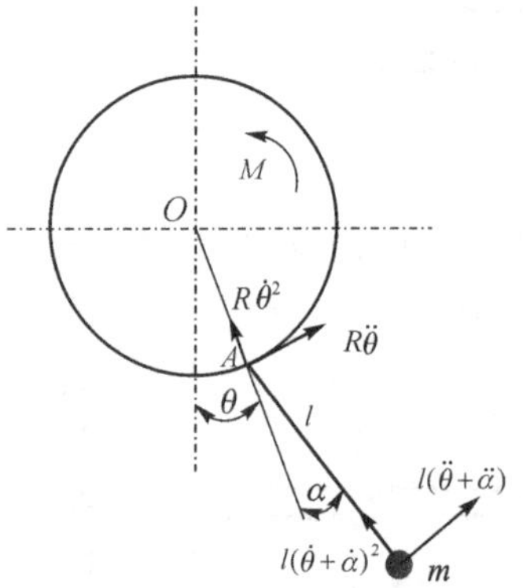

图3.20　习题3-22用图

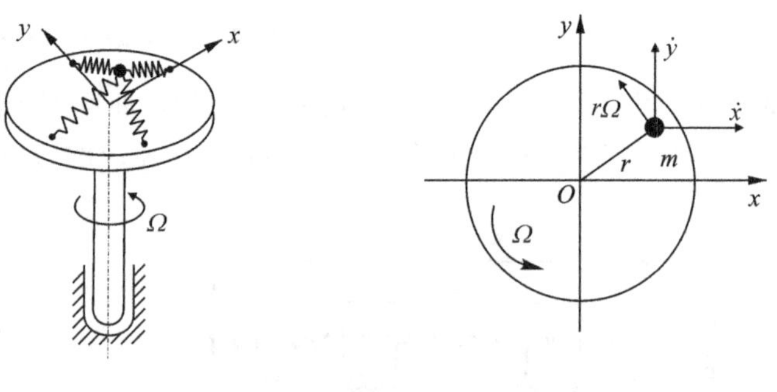

图3.21　习题3-23用图

第 4 章　连续线弹性系统的振动

在前面几章中已经介绍了离散多自由度系统的振动。离散系统(或离散参数系统)是由有限个刚性质量块、弹簧和阻尼器组成的,具有有限个自由度。但实际工程结构的质量、刚度和阻尼都是连续分布的。这种具有连续分布质量、刚度和阻尼的系统称为**连续系统**或**连续参数系统**。连续弹性系统可以看成是一个具有无限多个质点且相互间具有弹性约束的系统,因此需要无限多个广义坐标才能确定连续系统在空间的位形。与离散多自由度系统相比,除了描述系统位形需要的广义坐标数不同之外,连续系统的动力学方程是偏微分方程,而离散系统的动力学方程是常微分方程,因此二者在求解方法上也是有差别的。只有几何形状简单的杆、梁、板和壳等,才可能用解析方法寻找其振动问题的精确解;对于复杂弹性结构,需要采用近似方法将其简化为离散系统再进行分析。对于同一个结构,无论是作为连续系统还是简化为离散系统,它们所反映的物理现象都是相同的。因此,两个系统的基本概念及其振动分析的方法是类似的。

处理实际问题一般有三个环节:首先是作出一些简化假设,把实际系统简化成一个力学模型;其次是建立力学模型的数学控制方程;最后是求解方程而得到问题的解答。应该说一个工程师的才能不一定表现在求解复杂的数学方程上,而应该表现在能否抓住问题的主要矛盾,将一个复杂的实际系统简化为尽可能简单但又不失去其特点的力学模型上。本章主要讨论弹性杆、梁和板的线性振动问题。

4.1　直杆的纵向自由振动

直杆是指横剖面尺寸远小于杆长的细长平直弹性体,它是最简单的弹性结构,并只承受纵向载荷的作用。通常假设原先垂直杆件中心线的横剖面,在杆件受载变形后仍然垂直于中心线,且剖面的形状保持不变。

均匀直杆纵向振动、弦横向振动、轴扭转振动的振动微分方程在形式上是完全相同的,因此这里只讨论杆的纵向自由振动。

1. 方程的建立

用 l、A、E 和 ρ 分别表示杆的长度、横截面积、弹性模量和单位体积质量。如图 4.1-1 所示,在两个相邻剖面 mn 和 m_1n_1 之间取出一微元体,其位置坐标为 x。用 u 表示剖面 mn 处的纵向位移函数,它是纵向坐标 x 和时间坐标 t 的连续函数,其正向与 x 的相同。F 为杆在 mn 剖面处的轴力,则

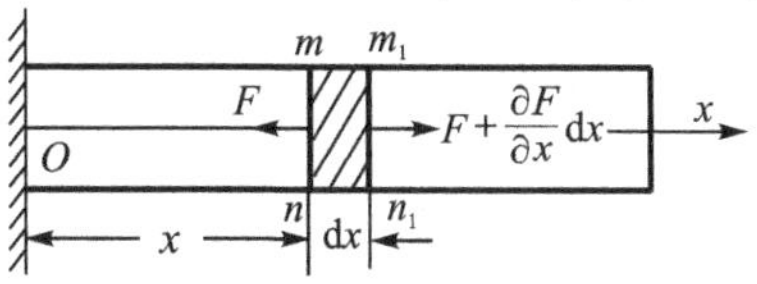

图 4.1-1　直　杆

$$F = EA\frac{\partial u}{\partial x}$$

相邻剖面 m_1n_1 处的轴力为

$$F+\mathrm{d}F=F+\frac{\partial F}{\partial x}\mathrm{d}x=EA\frac{\partial u}{\partial x}+\frac{\partial}{\partial x}\left(EA\frac{\partial u}{\partial x}\right)\mathrm{d}x$$

微元体的惯性力为 $-\rho A\mathrm{d}x\dfrac{\partial^2 u}{\partial t^2}$。

根据达朗伯原理,微元体的运动微分方程为

$$\frac{\partial}{\partial x}\left(EA\frac{\partial u}{\partial x}\right)=\rho A\frac{\partial^2 u}{\partial t^2} \tag{4.1-1}$$

若直杆的横剖面是均匀的,则 EA 是常数,此时方程(4.1-1)可以写为

$$c^2\frac{\partial^2 u}{\partial x^2}=\frac{\partial^2 u}{\partial t^2} \tag{4.1-2}$$

式中:c 是弹性波在均匀杆内的纵向传播速度,其定义为

$$c=\sqrt{\frac{E}{\rho}} \tag{4.1-3}$$

式(4.1-2)即是均匀杆的自由振动微分方程,也称为杆的**波动方程**。

2. 固有频率和模态

下面求均匀杆的固有频率和模态。用分离变量的方法求解方程(4.1-2)。设

$$u(x,t)=\phi(x)\tau(t) \tag{4.1-4}$$

把式(4.1-4)代入方程(4.1-2)中,得到

$$c^2\frac{\phi''}{\phi}=\frac{\ddot{\tau}}{\tau}=-\omega^2 \tag{4.1-5}$$

式中:上标“′”代表对 x 的导数,而“·”代表对时间 t 的导数。式(4.1-5)中左端项只与 x 有关,中间项只与 t 有关,因此若两者相等,则其结果必然是一个常数,这里用 $-\omega^2$ 表示这个常数。于是,方程(4.1-5)可以写为

$$\phi''+\left(\frac{\omega}{c}\right)^2\phi=0 \tag{4.1-6a}$$

$$\ddot{\tau}+\omega^2\tau=0 \tag{4.1-6b}$$

因此 ω^2 只能是正实数,否则方程(4.1-6b)的解是发散的。方程(4.1-6b)与无阻尼单自由度系统的运动方程(1.1-3)相同,其通解为

$$\tau(t)=B_1\cos\omega t+B_2\sin\omega t \tag{4.1-7}$$

由此可见,ω 的物理意义是明确的,它是杆的固有频率,因此一定是正实数。式(4.1-7)中的积分常数 B_1 和 B_2 由初始条件来确定。而式(4.1-6a)的通解为

$$\phi(x)=C_1\cos\frac{\omega}{c}x+C_2\sin\frac{\omega}{c}x \tag{4.1-8}$$

式中:积分常数 C_1 和 C_2 的比值和固有频率 ω 是由边界条件确定的。可以令另外一个积分常数等于 1,或通过模态质量归一化方法来确定这个积分常数,这和离散系统中的情况是类似的。离散系统的模态是一个向量,在求解模态向量时,要预先给模态向量的某一个分量赋予确定的值,如单位值 1 等。$\phi(x)$表达了各坐标振幅的相对比值,故 $\phi(x)$就是杆振动的**模态函数**,也称**特征函数**或**固有振型函数**。

边界条件是指杆件在振动的任意时刻,其位形所必须满足的边界支持条件。杆件的边界条件可以分为简单边界条件和复杂边界条件。复杂边界条件一般是指杆的端部具有集中质量

和(或)弹簧时的边界条件,而简单边界条件只有自由和固支两种。具有简单边界条件的杆件有三种情况,即两端固定杆(简称固支杆)、两端自由杆(简称自由杆)和一端固定一端自由杆。下面针对这三种情况,求出杆的固有频率和模态函数。

(1) 固支杆

固支杆的边界条件是两端的位移恒等于零,因此

$$u(l,t)=\phi(l)\tau(t)=0 \qquad (\text{在 } x=l \text{ 端}) \tag{4.1-9a}$$

$$u(0,t)=\phi(0)\tau(t)=0 \qquad (\text{在 } x=0 \text{ 端}) \tag{4.1-9b}$$

因为 $\tau(t)$ 不能恒为零,因此

$$\phi(l)=0 \tag{4.1-10a}$$

$$\phi(0)=0 \tag{4.1-10b}$$

把式(4.1-8)代入式(4.1-10b),有 $C_1=0$,因此

$$\phi(x)=C_2\sin\frac{\omega}{c}x \tag{4.1-11}$$

把式(4.1-11)代入式(4.1-10a),有

$$C_2\sin\frac{\omega}{c}l=0$$

因为 $C_2\neq 0$,所以

$$\sin\frac{\omega}{c}l=0 \tag{4.1-12a}$$

或

$$\frac{\omega_j}{c}l=j\pi \quad \text{或} \quad \omega_j=\frac{j\pi c}{l} \qquad (j=1,2,\cdots) \tag{4.1-12b}$$

式(4.1-12)就是固支杆的频率方程。从中可以看出杆具有无限个固有频率,而多自由度系统的固有频率是有限个。通常把这无限多个固有频率从小到大排列,即

$$\omega_1<\omega_2<\cdots<\omega_j<\cdots$$

把频率 ω_j 代入式(4.1-11),得到与之对应的模态函数,即

$$\phi_j(x)=C_{2j}\sin\frac{\omega_j}{c}x=C_{2j}\sin\frac{j\pi}{l}x \tag{4.1-13}$$

式中:$j=1,2,\cdots$。可以令 $C_{2j}=1$,或用模态质量归一化来确定 C_{2j}。下面令 $C_{2j}=1$,式(4.1-13)变为

$$\phi_j(x)=\sin\frac{j\pi}{l}x \qquad (j=1,2,\cdots) \tag{4.1-14}$$

(2) 自由杆

自由杆的边界条件是两端的轴力恒等于零,即

$$EAu'(l,t)=EA\phi'(l)\tau(t)=0 \quad \text{或} \quad \phi'(l)=0 \qquad (\text{在 } x=l \text{ 端}) \tag{4.1-15a}$$

$$EAu'(0,t)=EA\phi'(0)\tau(t)=0 \quad \text{或} \quad \phi'(0)=0 \qquad (\text{在 } x=0 \text{ 端}) \tag{4.1-15b}$$

把式(4.1-8)代入式(4.1-15b),有 $C_2=0$,因此

$$\phi(x)=C_1\cos\frac{\omega}{c}x \tag{4.1-16}$$

把式(4.1-16)代入式(4.1-15a),得到

$$C_1 \frac{\omega}{c} \sin \frac{\omega}{c} l = 0$$

因此频率方程为

$$\sin \frac{\omega}{c} l = 0 \tag{4.1-17a}$$

或

$$\omega_j = \frac{(j-1)\pi c}{l} \qquad (j = 1,2,\cdots) \tag{4.1-17b}$$

把式(4.1-17b)中的零固有频率代入式(4.1-16)中可知,模态函数是一个常数,它即是两端自由杆的刚体模态,而非弹性振动模态。在式(4.1-16)中令 $C_1 = 1$,得到两端自由杆的模态函数为

$$\phi_j(x) = \cos \frac{(j-1)\pi}{l} x \qquad (j = 1,2,\cdots) \tag{4.1-18}$$

由上述内容可以看出,固支杆和自由杆的非零固有频率是相同的,但对应的模态函数不同。多自由度的重频也对应不同的模态,见习题 3-14。

(3) 一端固定一端自由杆

设 $x = 0$ 处为固定端,$x = l$ 处为自由端,因此边界条件的数学描述为

$$EAu'(l,t) = EA\phi'(l)\tau(t) = 0 \quad 即 \quad \phi'(l) = 0 \qquad (在\ x = l\ 端) \tag{4.1-19a}$$

$$u(0,t) = \phi(0)\tau(t) = 0 \quad 即 \quad \phi(0) = 0 \qquad (在\ x = 0\ 端) \tag{4.1-19b}$$

把式(4.1-8)代入式(4.1-19b),有 $C_1 = 0$,因此

$$\phi(x) = C_2 \sin \frac{\omega}{c} x \tag{4.1-20}$$

把式(4.1-20)代入式(4.1-19a),得到频率方程

$$C_2 \frac{\omega}{c} \cos \frac{\omega}{c} l = 0$$

若固有频率 ω 等于零,则对应模态函数也为零,因此略去零固有频率。于是,频率方程变为

$$\cos \frac{\omega}{c} l = 0 \tag{4.1-21a}$$

或

$$\omega_j = \frac{(2j-1)\pi c}{2l} \qquad (j = 1,2,\cdots) \tag{4.1-21b}$$

令 $C_2 = 1$,得到一端固定一端自由杆的模态函数

$$\phi_j(x) = \sin \frac{(2j-1)\pi}{2l} x \qquad (j = 1,2,\cdots) \tag{4.1-22}$$

前面求得了具有简单边界条件杆的固有频率和模态函数,只有两端自由杆具有刚体模态和其对应的零频。图 4.1-2 是模态函数的几何表示。

把式(4.1-7)和已经得到的频率 ω_j 以及模态函数 ϕ_j 一起代入式(4.1-4),有

$$u_j(x,t) = \phi_j(B_{1j} \cos \omega_j t + B_{2j} \sin \omega_j t) \tag{4.1-23a}$$

或

$$u_j(x,t) = a_j \phi_j \sin(\omega_j t + \theta_j) \tag{4.1-23b}$$

式中:积分常数 B_{1j}、B_{2j} 或 a_j、θ_j 由系统初始条件确定。u_j 就是杆以 ω_j 作为固有频率、以 ϕ_j

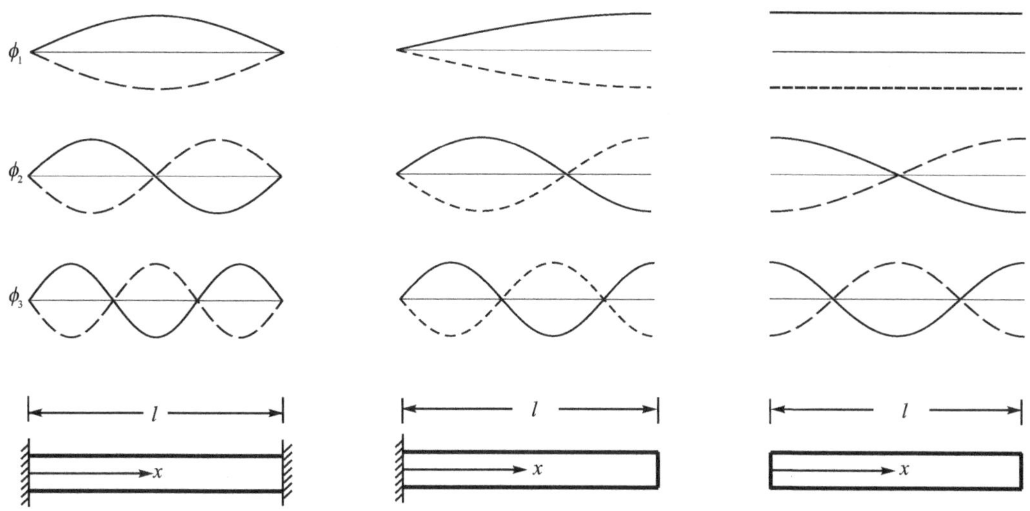

(a) 固支杆　　(b) 一端固定一端自由杆　　(c) 自由杆

图 4.1－2　杆的前三阶模态图

作为模态的第 j 阶**主振动**。式(4.1－23b)在形式上与离散系统的主振动表达式(3.1－52)相同。在连续系统的主振动中，各个质点振动的相位关系也是单相的。在上面介绍的杆的纵向主振动和下一节将要介绍的梁的横向主振动中，节点(或不动点)的个数为主振动阶次减一，见图 4.1－2。

把各阶主振动叠加起来就得到直杆纵向自由振动的位移响应为

$$u(x,t)=\sum_{i=1}^{\infty}\phi_i(B_{1i}\cos\omega_i t+B_{2i}\sin\omega_i t) \tag{4.1-24}$$

对于具有简单边界条件的均匀直杆而言，模态函数 ϕ 是正弦函数或余弦函数。利用三角函数的正交性和初始条件容易确定式(4.1－24)中的积分常数 B_1、B_2。一般情况下，非均匀杆的模态函数不一定是正弦函数或余弦函数，但它的模态函数之间同样具有正交关系。下面给出一般杆件模态函数正交性的证明过程。

3. 模态函数正交性

对于一般的杆件，根据式(4.1－1)和式(4.1－4)可知，式(4.1－6a)可以变成下面的形式：

$$(EA\phi')'+\rho A\omega^2\phi=0 \tag{4.1-25}$$

假定根据边界条件通过求解方程(4.1－25)已经得到一般杆件的固有频率 ω 和模态函数 ϕ。用 ω_i、ϕ_i 表示第 i 个固有频率及其相应的模态函数，显然它们满足方程(4.1－25)。把 ω_i、ϕ_i 代入方程(4.1－25)，有

$$(EA\phi'_i)'+\rho A\omega_i^2\phi_i=0 \tag{4.1-26}$$

用 ϕ_j 乘以式(4.1－26)并沿着杆长积分，有

$$\int_0^l (EA\phi'_i)'\phi_j\,\mathrm{d}x+\omega_i^2\int_0^l \rho A\phi_i\phi_j\,\mathrm{d}x=0 \tag{4.1-27}$$

对式(4.1－27)左端第一项分部积分，得到

$$-(EA\phi'_i)\phi_j\Big|_0^l+\int_0^l EA\phi'_i\phi'_j\,\mathrm{d}x=\omega_i^2\int_0^l \rho A\phi_i\phi_j\,\mathrm{d}x \tag{4.1-28}$$

下面分两种情况来讨论由式(4.1－28)给出的模态正交性。

① 杆具有简单边界条件,即杆的端部是固支的或是自由的。根据前面的讨论,固支端位移恒等于零,即 $\phi=0$;对于自由端,杆的轴力恒等于零,即 $\phi'=0$。因此对于简单边界条件,式(4.1-28)的左端第一项等于零,于是有

$$\int_0^l EA\phi'_i\phi'_j\,\mathrm{d}x=\omega_i^2\int_0^l \rho A\phi_i\phi_j\,\mathrm{d}x \tag{4.1-29}$$

同理,若将下标 i 和 j 互换,则可得

$$\int_0^l EA\phi'_i\phi'_j\,\mathrm{d}x=\omega_j^2\int_0^l \rho A\phi_i\phi_j\,\mathrm{d}x \tag{4.1-30}$$

把式(4.1-29)和式(4.1-30)相减,得到

$$(\omega_i^2-\omega_j^2)\int_0^l \rho A\phi_i\phi_j\,\mathrm{d}x=0 \tag{4.1-31}$$

于是,对于不同的固有频率 ω_i 和 ω_j,有

$$\int_0^l \rho A\phi_i\phi_j\,\mathrm{d}x=0\qquad(i\neq j) \tag{4.1-32}$$

式(4.1-32)是模态函数关于质量的正交性。把式(4.1-32)代入式(4.1-29)中,得到模态关于刚度的正交性,即

$$\int_0^l EA\phi'_i\phi'_j\,\mathrm{d}x=0\qquad(i\neq j) \tag{4.1-33}$$

模态正交性的物理含义是两个不同主振动之间没有能量交换,即不同阶的自由主振动的机械能守恒。对应每一个模态的自由振动(也就是主振动)都是独立进行的,这是模态叠加方法的基础。

在式(4.1-32)和式(4.1-33)中,若 $i=j$,则给出**模态质量**M_{pj} 和**模态刚度**K_{pj} 的定义,即

$$M_{pj}=\int_0^l \rho A\phi_j^2\,\mathrm{d}x \tag{4.1-34}$$

$$K_{pj}=\int_0^l EA\phi'^2_j\,\mathrm{d}x \tag{4.1-35}$$

从式(4.1-30)可知

$$\omega_j^2=\frac{K_{pj}}{M_{pj}} \tag{4.1-36}$$

② 杆具有复杂边界条件,即杆的端部具有弹簧 $\bar{k}$ 和(或)集中质量 $\bar{m}$,如图 4.1-3 所示。杆的边界条件为

$$\left.\begin{aligned}EAu'(0,t)&=\bar{k}_1u(0,t)+\bar{m}_1\ddot{u}(0,t)\\EAu'(l,t)&=-\bar{k}_2u(l,t)-\bar{m}_2\ddot{u}(l,t)\end{aligned}\right\} \tag{4.1-37}$$

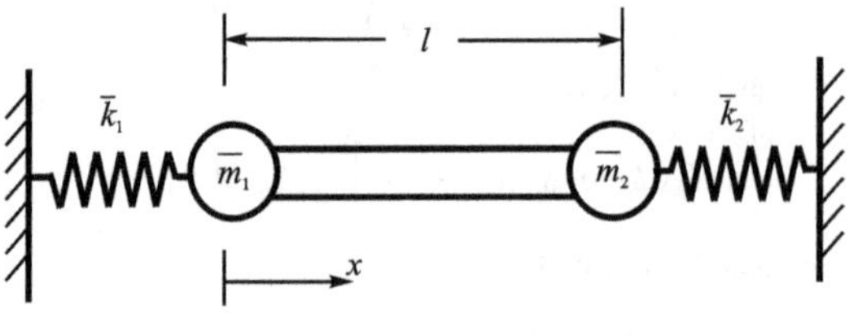

图 4.1-3 具有复杂边界条件的杆

把简谐形式的主振动，如式(4.1-23)所示，代入上式得

$$\left.\begin{aligned}EA\phi'(0)&=\bar{k}_1\phi(0)-\bar{m}_1\omega^2\phi(0)\\EA\phi'(l)&=-\bar{k}_2\phi(l)+\bar{m}_2\omega^2\phi(l)\end{aligned}\right\}\tag{4.1-38}$$

把式(4.1-38)代入式(4.1-28)左端第一项中，整理得到

$$\begin{aligned}&\bar{k}_1\phi_i(0)\phi_j(0)+\bar{k}_2\phi_i(l)\phi_j(l)+\int_0^l EA\phi'_i\phi'_j\,\mathrm{d}x=\\&\omega_i^2\left(\bar{m}_1\phi_i(0)\phi_j(0)+\bar{m}_2\phi_i(l)\phi_j(l)+\int_0^l\rho A\phi_i\phi_j\,\mathrm{d}x\right)\end{aligned}\tag{4.1-39}$$

将下标 i 和 j 互换，得到

$$\begin{aligned}&\bar{k}_1\phi_i(0)\phi_j(0)+\bar{k}_2\phi_i(l)\phi_j(l)+\int_0^l EA\phi'_i\phi'_j\,\mathrm{d}x=\\&\omega_j^2\left(\bar{m}_1\phi_i(0)\phi_j(0)+\bar{m}_2\phi_i(l)\phi_j(l)+\int_0^l\rho A\phi_i\phi_j\,\mathrm{d}x\right)\end{aligned}\tag{4.1-40}$$

与分析简单边界条件情况的方法相同，从式(4.1-39)和式(4.1-40)可以得到模态函数的刚度正交性和质量正交性，即

$$\int_0^l EA\phi'_i\phi'_j\,\mathrm{d}x+\bar{k}_1\phi_i(0)\phi_j(0)+\bar{k}_2\phi_i(l)\phi_j(l)=0\qquad(i\neq j)\tag{4.1-41}$$

$$\int_0^l\rho A\phi_i\phi_j\,\mathrm{d}x+\bar{m}_1\phi_i(0)\phi_j(0)+\bar{m}_2\phi_i(l)\phi_j(l)=0\qquad(i\neq j)\tag{4.1-42}$$

模态刚度和模态质量分别为

$$K_{\mathrm{p}j}=\int_0^l EA\phi'^2_j\,\mathrm{d}x+\bar{k}_1\phi_j^2(0)+\bar{k}_2\phi_j^2(l)\tag{4.1-43}$$

$$M_{\mathrm{p}j}=\int_0^l\rho A\phi_j^2\,\mathrm{d}x+\bar{m}_1\phi_j^2(0)+\bar{m}_2\phi_j^2(l)\tag{4.1-44}$$

模态刚度与模态质量的比值同样是系统固有频率的平方，参见式(4.1-36)。具有复杂边界条件的杆的模态函数一般不再是简单的正弦函数或余弦函数，固有频率也不再具有与式(4.1-12b)类似的显式形式，见例 4.2-1。

上面从微分方程出发得到了模态函数正交性表达式、模态刚度和模态质量。从动能函数和势能函数出发，依据模态正交性的物理意义，可以更加方便地得到这些结果，尤其是针对具有复杂边界情况，以及梁和板壳等振动问题更是如此。参见 4.2.1 节。

4. 积分常数的确定

根据模态函数的正交性，用杆的初始位移 $u(x,0)$和初始速度 $\dot{u}(x,0)$可以确定式(4.1-24)中的积分常数 B_1 和 B_2。下面针对简单边界条件情况来说明确定 B_1 和 B_2 的具体方法。该方法同样适用于复杂边界条件。

已知杆的初始位移 $u(x,0)$和初始速度 $\dot{u}(x,0)$，根据式(4.1-24)，有

$$\left.\begin{aligned}u(x,0)&=\sum_{i=1}^{\infty}\phi_i B_{1i}\\\dot{u}(x,0)&=\sum_{i=1}^{\infty}\phi_i\omega_i B_{2i}\end{aligned}\right\}\tag{4.1-45}$$

用 $\rho A\phi_j$ 乘以式(4.1-45)并沿着杆长积分，根据模态函数的正交性，得

$$\left.\begin{aligned} B_{1j} &= \frac{1}{M_{pj}}\int_0^l \rho A u(x,0)\phi_j \mathrm{d}x \\ B_{2j} &= \frac{1}{\omega_j M_{pj}}\int_0^l \rho A \dot{u}(x,0)\phi_j \mathrm{d}x \end{aligned}\right\} \tag{4.1-46}$$

以均匀自由杆的自由振动为例,给出 B_1、B_2 的计算结果。

若 $j \neq 1$,则

$$M_{pj} = \int_0^l \rho A \cos^2 \frac{(j-1)\pi x}{l}\mathrm{d}x = \frac{\rho A l}{2}$$

若 $j = 1$,则

$$M_{p1} = \int_0^l \rho A \mathrm{d}x = \rho A l$$

因此当 $j \neq 1$ 时,积分常数为

$$\left.\begin{aligned} B_{1j} &= \frac{2}{l}\int_0^l u(x,0)\cos \frac{(j-1)\pi x}{l}\mathrm{d}x \\ B_{2j} &= \frac{2}{\omega_j l}\int_0^l \dot{u}(x,0)\cos \frac{(j-1)\pi x}{l}\mathrm{d}x \end{aligned}\right\} \tag{4.1-47}$$

而 $j = 1$ 对应刚体模态,此时 $\omega_1 = 0$。与刚体模态对应的杆的刚体运动响应或主振动 u_1 为

$$u_1(t) = B_{11}\cos \omega_1 t + B_{21}\sin \omega_1 t = B_{11} + B_{21}\sin \omega_1 t$$

式中:

$$B_{11} = \frac{1}{l}\int_0^l u(x,0)\mathrm{d}x$$

$$B_{21}\sin \omega_1 t = \lim_{\omega_1 \to 0}\frac{\sin \omega_1 t}{\omega_1}\,\frac{1}{l}\int_0^l \dot{u}(x,0)\mathrm{d}x = \frac{t}{l}\int_0^l \dot{u}(x,0)\mathrm{d}x \tag{4.1-48}$$

因此

$$u_1(t) = \frac{1}{l}\left[\int_0^l u(x,0)\mathrm{d}x + t\int_0^l \dot{u}(x,0)\mathrm{d}x\right] \tag{4.1-49}$$

而自由杆的振动响应为

$$u(x,t) = \sum_{j=1}^{\infty}\cos \frac{(j-1)\pi x}{l}(B_{1j}\cos \omega_j t + B_{2j}\sin \omega_j t) \tag{4.1-50}$$

从上面的分析可知,自由杆的运动包括刚体运动和弹性振动。对于固支杆等没有刚体模态的杆就只有弹性振动。

例 4.1-1 试求均匀自由杆自由振动的位移响应,见图 4.1-2(c)。初始条件是

$$u(x,0) = l/2 - x, \quad \dot{u}(x,0) = 0$$

解: 自由杆的频率由式(4.1-17b)确定,即

$$\omega_j = \frac{(j-1)\pi c}{l} \qquad (j = 1,2,\cdots) \tag{a}$$

模态函数由式(4.1-18)确定,即

$$\phi_j(x) = \cos \frac{(j-1)\pi}{l}x \tag{b}$$

当 $j \neq 1$ 时,根据式(4.1-47)确定积分常数 B_{1j}、B_{2j},则

$$B_{1j} = \frac{2}{l}\int_0^l \left(\frac{l}{2} - x\right)\cos \frac{j\pi x}{l}\mathrm{d}x = \begin{cases} \dfrac{4l}{\pi^2 j^2} & (\text{当 } j \text{ 是奇数时}) \\ 0 & (\text{当 } j \text{ 是偶数时}) \end{cases} \tag{c}$$

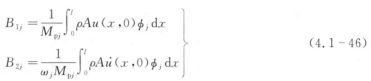

$$B_{2j}=0 \tag{d}$$

当 $j=1$ 时，根据式(4.1－49)有

$$u_1(t)=0 \tag{e}$$

式(e)说明，由于初始位移条件是关于杆中间对称的，因此不存在刚体位移。最后根据式(4.1－50)得到自由杆的弹性位移响应为

$$u(x,t)=\frac{4l}{\pi^2}\sum_{j=1,3,5,\cdots}^{\infty}\frac{\cos\frac{j\pi x}{l}\cos\frac{j\pi ct}{l}}{j^2} \tag{f}$$

4.2　自由振动的模态叠加分析方法

前面通过求解振动微分方程得到了杆的固有频率 ω 和模态函数 ϕ；把各阶主振动叠加起来得到了自由振动响应，见式(4.1－24)。实际上，在处理弹性体的静力或动力问题时，经常把弹性体的位移展开成一系列已知基函数之和的形式。例如，一端固定杆的纵向位移可以表示为

$$u=a_1\sin\frac{\pi x}{l}+a_2\sin\frac{2\pi x}{l}+a_3\sin\frac{3\pi x}{l}+\cdots$$

如果确定了上式中的系数 $a_1,a_2,\cdots$，那么杆的位移也就完全确定了。系数 $a_1,a_2,\cdots$是彼此独立的，被称为**广义坐标**。一般情况下。可以选择任意函数作为已知基函数，但最好选择满足位移边界条件的函数作为展开级数中的已知函数。上式中的已知函数 $\sin i\pi x/l(i=1,2,\cdots)$满足一端固定杆的位移边界条件。既然可以选择任意函数作为已知函数，那么自然可以选择系统的模态函数作为已知函数，这就形成了模态叠加方法，即

$$u(x,t)=\sum_{j=1}^{\infty}q_j(t)\phi_j(x) \tag{4.2-1}$$

式中：q_j 称为**广义时间坐标**，或称为第 j 个**主坐标**；$\phi_j(x)$为与广义坐标 q_j 对应的已知模态函数。

当然也可以从数学上来理解模态叠加方法。在离散多自由度系统中，线性无关的模态向量张成一个向量空间，并且构成该空间的一组基。在连续系统中，线性无关的模态函数构成了无穷维函数空间的一组基，因此位移函数可以用这组基也就是用模态函数来表示，即为式(4.2－1)。式(4.2－1)与式(3.1－40)在形式上是相同的，但前者是连续系统中的展开定理，是模态叠加方法的基本公式。下面给出两种用于推导关于主坐标 q_j 的控制方程的方法。

4.2.1　拉格朗日方程方法

不失一般性，这里考虑的杆件具有简单边界条件。杆的动能函数 T 和势能函数 U 分别为

$$T(t)=\frac{1}{2}\int_0^l\rho A\dot{u}^2(x,t)\mathrm{d}x \tag{4.2-2a}$$

$$V(t)=\frac{1}{2}\int_0^l EA\left(\frac{\partial u(x,t)}{\partial x}\right)^2\mathrm{d}x \tag{4.2-2b}$$

把式(4.2－1)代入式(4.2－2)，并利用模态正交性，得到

$$T(t)=\frac{\rho A}{2}\int_0^l\left[\sum_{j=1}^{\infty}\dot{q}_j(t)\phi_j(x)\right]^2\mathrm{d}x=\frac{1}{2}\sum_{j=1}^{\infty}M_{\mathrm{p}j}\dot{q}_j^2 \tag{4.2-3a}$$

$$V(t)=\frac{EA}{2}\int_0^l\left[\sum_{j=1}^{\infty}q_j(t)\phi'_j(x)\right]^2\mathrm{d}x=\frac{1}{2}\sum_{j=1}^{\infty}K_{\mathrm{p}j}q_j^2 \tag{4.2-3b}$$

把式(4.2-3)代入拉格朗日方程(1.1-5)中,可以得到如下方程:

$$M_{\mathrm{p}j}\ddot{q}_j+K_{\mathrm{p}j}q_j=0\qquad(j=1,2,\cdots) \tag{4.2-4a}$$

式中:模态质量 $M_{\mathrm{p}j}$ 和模态刚度 $K_{\mathrm{p}j}$ 的计算公式分别为式(4.1-34)和式(4.1-35)。式(4.2-4a)还可以写为

$$\ddot{q}_j+\omega_j^2q_j=0 \tag{4.2-4b}$$

方程(4.2-4)的通解为

$$q_j=B_{1j}\cos\omega_jt+B_{2j}\sin\omega_jt \tag{4.2-5}$$

式中:积分常数 B_{1j}、B_{2j} 由初始条件确定。把式(4.2-5)代入到式(4.2-1)中,得到与式(4.1-24)完全相同的位移响应公式。积分常数 B_{1j}、B_{2j} 的计算公式与式(4.1-46)相同。

利用能量方法经常可以把要处理的问题简单化。下面利用动能函数和势能函数给出具有复杂边界条件的杆的模态函数正交性。

如图 4.1-3 所示,具有复杂边界时杆的势能和动能函数分别为

$$\begin{aligned}V&=\frac{1}{2}\left[\int_0^l EAu'^2dx+\bar{k}_1u^2(0)+\bar{k}_2u^2(l)\right]\\T&=\frac{1}{2}\left[\int_0^l\rho A\dot{u}^2dx+\bar{m}_1\dot{u}^2(0)+\bar{m}_2\dot{u}^2(l)\right]\end{aligned} \tag{4.2-6}$$

把式(4.2-1)代入上式得

$$\begin{aligned}V&=\sum_{i=1}^{\infty}\sum_{j=1}^{\infty}\frac{1}{2}q_iq_j\left[\int_0^l EA\phi'_i\phi'_j\mathrm{d}x+\bar{k}_1\phi_j(0)\phi_i(0)+\bar{k}_2\phi_j(l)\phi_i(l)\right]\\T&=\sum_{i=1}^{\infty}\sum_{j=1}^{\infty}\frac{1}{2}\dot{q}_i\dot{q}_j\left[\int_0^l\rho A\phi_i\phi_j\mathrm{d}x+\bar{m}_1\phi_j(0)\phi_i(0)+\bar{m}_2\phi_j(l)\phi_i(l)\right]\end{aligned} \tag{4.2-7}$$

上式求和符号后面的两项 $q_iq_j[\cdots]/2$ 和 $\dot{q}_i\dot{q}_j[\cdots]/2$ 分别表示任意两阶主振动之间的势能耦合和动能耦合,根据模态正交性的物理意义,当 $i\neq j$ 时二者应该分别等于零,所得结果分别是式(4.1-41)表示的刚度正交性和式(4.1-42)表示的质量正交性;当 $i=j$,二者表示的就是主振动势能 $q_j^2[\cdots]/2$ 和主振动的动能 $\dot{q}_j^2[\cdots]/2$,其中括号[ ]内的分别是式(4.1-43)表示的模态刚度和式(4.1-44)表示的模态质量。

4.2.2 平衡方程直接解耦法

把式(4.2-1)直接代入杆的振动微分方程(4.1-1)中,有

$$\sum_{j=1}^{\infty}q_j(t)[EA\phi'_j(x)]'=\rho A\sum_{j=1}^{\infty}\ddot{q}_j(t)\phi_j(x) \tag{4.2-8}$$

用 $\phi_i(x)$ 乘以上式两端,并沿着杆长积分得到

$$\sum_{j=1}^{\infty}q_j(t)\left\{\int_0^l[EA\phi'_j(x)]'\phi_i(x)\mathrm{d}x\right\}=\sum_{j=1}^{\infty}\ddot{q}_j(t)\int_0^l\rho A\phi_j(x)\phi_i(x)\mathrm{d}x \tag{4.2-9}$$

对式(4.2-9)的左端项进行分部积分,得到

$$\sum_{j=1}^{\infty}q_j(t)\left[EA\phi'_j(x)\phi_i(x)\Big|_0^l-\int_0^l EA\phi'_j(x)\phi'_i(x)\mathrm{d}x\right]=\sum_{j=1}^{\infty}\ddot{q}_j(t)\int_0^l\rho A\phi_j(x)\phi_i(x)\mathrm{d}x \tag{4.2-10}$$

在上式中引入简单边界条件，并根据模态函数的正交性，式(4.2-8)可以变为

$$M_{pj}\ddot{q}_j + K_{pj}q_j = 0 \qquad (j=1,2,\cdots) \tag{4.2-11}$$

下面的求解工作与 4.2.1 小节的完全相同，这里不再赘述。

综上所述，4.1 节中叙述的直接求解微分方程的方法是先求出主振动，然后把主振动叠加起来得到系统的响应；模态叠加方法是把位移响应表示成模态函数叠加的形式，然后确定模态函数的系数即广义时间坐标或主坐标。模态叠加方法利用模态函数的正交性，把原来的振动微分方程求解问题等效地转化为无穷个单自由度系统振动的求解问题，其求解方法与第 1 章和第 2 章介绍的方法相同。模态叠加方法的实施有两种途径：一是通过拉格朗日方程，二是通过直接对振动微分方程进行坐标解耦。二者是等价的。

值得指出的是，上述模态叠加方法不但适用于杆结构，也适用于梁、板等任何线弹性连续结构；不但适用于结构的自由振动分析，也适用于受迫振动分析。关于直杆的受迫振动的分析方法和梁的相同，将在 4.3 节中介绍。

例 4.2-1　一个质量为 m 的刚性质量块撞在杆的自由端，如图 4.2-1 所示。质量块的初始撞击速度为 v_0，忽略质量块重力的作用。试求撞击响应。

解：首先对结构碰撞的物理过程进行说明。从碰撞体(质量块)和靶体(杆)开始接触直到分离为止，两者接触区之间总是作用有压力并且一起运动，因此可以把它们看成是一个振动体系。于是，弹性碰撞问题被简单地转化成一个振动系统在其部分系统(碰撞体)具有给定初始速度下的振动问题。而碰撞载荷即是接触区的内力，当内力由压力变成张力时，就是碰撞体和靶体开始分离或者改变接触状态的时刻。

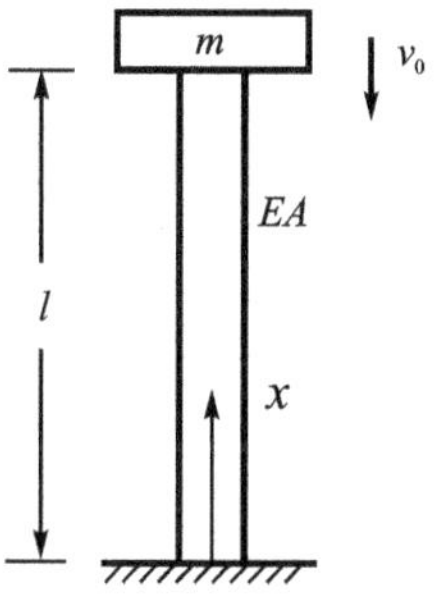

图 4.2-1　杆撞击系统

根据前面对结构碰撞物理过程的描述，杆遭受质量块撞击这样一个受迫振动问题就转化成为撞击系统的自由振动问题了。撞击系统自由振动的初始条件是

$$u(x,0)=0 \tag{a}$$

$$\dot{u}(x,0)=0,\quad \dot{u}(l,0)=-v_0 \tag{b}$$

杆的固定端具有简单边界条件，自由端具有复杂边界条件，它们的数学表达式为

$$\phi(0)=0 \tag{c}$$

$$EA\phi'(l)=\omega^2 m\phi(l) \tag{d}$$

从式(4.1-20)可知，一端固定杆的模态函数为

$$\phi(x)=C_2\sin\frac{\omega}{c}x \tag{e}$$

当然，也可以根据位移边界条件(c)，直接从式(4.1-8)得到该模态函数。把式(e)代入力的边界条件(d)中，得到频率方程

$$\lambda\tan\lambda=\alpha \tag{f}$$

式中：$\alpha=\rho Al/m$ 是质量比，$\lambda=\omega l/c$ 是量纲为 1 的频率。求解方程(f)可得到撞击系统自由振动的固有频率 $\omega_j(j=1,2,\cdots)$。在式(e)中，令 $C_2=1$，得到模态函数

$$\phi_j(x)=\sin\frac{\omega_j}{c}x=\sin\lambda_j\frac{x}{l} \tag{g}$$

根据式(4.1-44)可得模态质量为

$$M_{pj}=\int_0^l \rho A\sin^2\frac{\lambda_j x}{l}\mathrm{d}x+m\sin^2\lambda_j=\frac{m}{2}(\alpha+\sin^2\lambda_j) \tag{h}$$

下面确定式(4.2-5)中的积分常数 B_{1j} 和 B_{2j}。初始条件为

$$\begin{aligned} u(x,0)&=\sum_{j=1}^{\infty}\phi_j B_{1j}\\ u(l,0)&=\sum_{j=1}^{\infty}\phi_j(l)B_{1j}\end{aligned} \tag{a1}$$

$$\begin{aligned} \dot{u}(x,0)&=\sum_{j=1}^{\infty}\phi_j\omega_j B_{2j}\\ \dot{u}(l,0)&=\sum_{j=1}^{\infty}\phi_j(l)\omega_j B_{2j}\end{aligned} \tag{b1}$$

为了能够利用模态正交性确定积分常数 B_{1j} 和 B_{2j},把上面两式变为

$$\begin{aligned} \int_0^l \rho A\phi_i u(x,0)\mathrm{d}x&=\sum_{j=1}^{\infty}B_{1j}\int_0^l \rho A\phi_i\phi_j\mathrm{d}x\\ mu(l,0)\phi_i(l)&=\sum_{j=1}^{\infty}m\phi_i(l)\phi_j(l)B_{1j}\end{aligned} \tag{c1}$$

$$\begin{aligned} \int_0^l \rho A\phi_i\dot{u}(x,0)\mathrm{d}x&=\sum_{j=1}^{\infty}\omega_j B_{2j}\int_0^l \rho A\phi_i\phi_j\mathrm{d}x\\ m\dot{u}(l,0)\phi_i(l)&=\sum_{j=1}^{\infty}m\phi_i(l)\phi_j(l)\omega_j B_{2j}\end{aligned} \tag{d1}$$

把式(c1)中两个关系式的左右两端对应相加并根据模态正交性公式(4.1-42)得

$$B_{1j}=\frac{1}{M_{pj}}\left[\int_0^l \rho A\phi_j(x)u(x,0)\mathrm{d}x+mu(l,0)\phi_j(l)\right] \tag{e1}$$

把式(d1)中两个关系式的左右两端对应相加并根据模态正交性公式(4.1-42)得

$$B_{2j}=\frac{1}{\omega_j M_{pj}}\left[\int_0^l \rho A\phi_j(x)\dot{u}(x,0)\mathrm{d}x+m\dot{u}(l,0)\phi_j(l)\right] \tag{f1}$$

对于本例题,有

$$B_{1j}=0,\quad B_{2j}=\frac{m\dot{u}(l,0)\phi_j(l)}{\omega_j M_{pj}}=\frac{-v_0 m}{\omega_j M_{pj}}\sin\lambda_j \tag{g1}$$

由式(4.2-1)可以得到撞击位移响应为

$$u(x,t)=-\frac{v_0 l}{c}\sum_{j=1}^{\infty}\frac{2\sin\lambda_j}{\lambda_j(\alpha+\sin^2\lambda_j)}\sin\frac{\lambda_j x}{l}\sin\omega_j t \tag{h1}$$

杆在 $x=l$ 处的轴力 $EAu'(l,t)$ 或 $m\ddot{u}(l,t)$ 就是杆和质量块之间的撞击接触力;当该力由压力变为张力时,就是质量块和杆分离的时刻。有兴趣的读者可以根据式(h1)计算撞击力,可以对撞击过程的波传播现象进行分析。

4.3 欧拉-伯努利直梁的弯曲振动

直梁是重要的结构元件。所谓直梁是指其横剖面尺寸远小于纵长尺寸的细长平直弹性

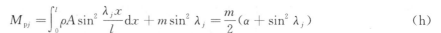

体，它承受垂直于中心线的横向载荷的作用而发生弯曲变形。直梁的理论基础是平剖面假设，即所有变形前垂直于梁中心线的横剖面在梁发生弯曲变形后仍为平面且外廓形状不变，而且始终垂直于梁变形后的中心线，因此不存在横向剪切变形。这个假设已经被大量的工程实践所验证，这种梁理论称为**工程梁理论**。平剖面假设亦称为欧拉(L. Euler)-伯努利(Bernoulli)假设，故工程梁理论也称为**欧拉-伯努利梁理论**。

应用工程梁理论可以处理工程中细长梁的大部分静动力问题。若梁比较短，或对长梁的高阶固有振动或波的传播等问题进行研究，应用上述理论将得不到满意的结果。对于这类问题，应用铁木辛柯(Timoshenko)在 1932 年提出的一阶剪切梁理论(或称为铁木辛柯梁理论)，可使结果的精度得到大幅度提高。

关于工程梁在给定初始条件下作自由振动的模态叠加分析方法与 4.2 节中介绍的完全相同。下面主要介绍如何求梁的模态函数和固有频率以及如何用模态叠加方法分析梁的受迫振动。当然，梁受迫振动的模态叠加分析方法也完全可以用于杆等线弹性结构的受迫振动分析。

1. 动力学平衡方程

如图 4.3-1 所示，一个直梁在横向动载荷 $f(x,t)$ 作用下产生弯曲变形 $w(x,t)$，而纵向变形可以假设为

$$u(x,z,t)=-z\frac{\partial w}{\partial x} \tag{4.3-1}$$

式中：x、y、z 为直角坐标系的坐标，坐标原点位于左端面的中心，x 轴的方向与梁的中心线一致，y 和 z 分别位于两个主弯曲平面内，u 和 w 分别为 x 和 z 方向的位移，y 方向的位移 v 为零。式(4.3-1)表明，挠度 w 是工程梁理论中唯一的广义位移，或称为独立位移。纵向位移 u 是由横剖面转动引起的。与广义位移 w 相对应的广义内力是弯矩 M，其定义为

$$M=\int_A z\sigma\,\mathrm{d}A=\int_A E\frac{\partial u}{\partial x}z\,\mathrm{d}A=-EI\frac{\partial^2 w}{\partial x^2} \tag{4.3-2}$$

式中：$\int_A\cdots\mathrm{d}A$ 表示对整个剖面的面积分；σ 为纵向正应力；E 为弹性模量；$I=\int_A z^2\mathrm{d}A$ 为剖面绕 y 轴的惯性矩，对于矩形截面梁，$I=\frac{bh^3}{12}$，其中 b 为梁截面的宽度；$\partial^2 w/\partial x^2$ 为剖面转角的变化率，即曲率，是与广义位移 w 相对应的广义应变。

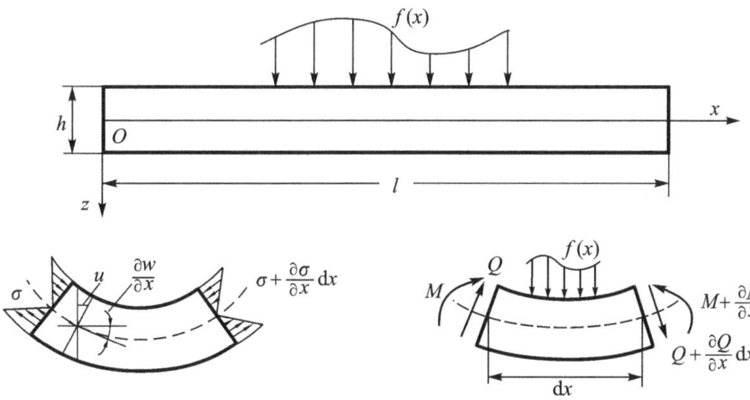

图 4.3-1　直梁弯曲

由于不考虑剪切变形,因此工程梁的剪力 Q 不能用剪切应力直接计算出来,但可以从直梁微元体的平衡条件得到。利用达朗伯原理列出微元体沿着 z 方向的平衡方程为

$$Q+\frac{\partial Q}{\partial x}\mathrm{d}x-Q+f\,\mathrm{d}x=\rho A\,\mathrm{d}x\,\frac{\partial^2 w}{\partial t^2} \tag{4.3-3a}$$

或

$$\frac{\partial Q}{\partial x}+f=\rho A\,\frac{\partial^2 w}{\partial t^2} \tag{4.3-3b}$$

以微元体右剖面上中点为矩心可以列出力矩平衡方程

$$M+\frac{\partial M}{\partial x}\mathrm{d}x-M+f\,\mathrm{d}x\,\frac{\mathrm{d}x}{2}-Q\,\mathrm{d}x=0 \tag{4.3-4}$$

略去式(4.3-4)中的高阶小量,得到力矩和剪力的关系为

$$Q=\frac{\partial M}{\partial x} \tag{4.3-5}$$

式(4.3-2)和式(4.3-5)分别定义了弯矩 M 和剪力 Q 的正方向。作用在正 z 点上的拉伸纵向应力产生正的弯矩,使弯矩沿着 x 轴正向增加的剪力是正的。把式(4.3-5)和式(4.3-2)代入式(4.3-3b)得到用挠度表示的梁弯曲振动的微分方程

$$\frac{\partial^2}{\partial x^2}\left(EI\,\frac{\partial^2 w}{\partial x^2}\right)+\rho A\,\frac{\partial^2 w}{\partial t^2}=f \tag{4.3-6}$$

式中:ρA 是直梁的单位长度质量。方程(4.3-6)中含对空间坐标 x 的四阶偏导数和对时间坐标 t 的二阶偏导数,因此求解需要4个边界条件和2个初始条件。

2. 固有模态

为了给出梁的固有频率和模态函数,下面研究均匀梁的自由振动。令方程(4.3-6)中的外力 $f=0$,因此方程(4.3-6)变为

$$\frac{\partial^2}{\partial x^2}\left(EI\,\frac{\partial^2 w}{\partial x^2}\right)+\rho A\,\frac{\partial^2 w}{\partial t^2}=0 \tag{4.3-7}$$

用分离变量方法来求解方程(4.3-7),令

$$w(x,t)=\phi(x)\tau(t) \tag{4.3-8}$$

把式(4.3-8)代入方程(4.3-7)中,得到

$$\frac{[EI\phi''(x)]''}{\rho A\phi(x)}=-\frac{\ddot{\tau}(t)}{\tau(t)}=\omega^2 \tag{4.3-9}$$

式中:左端项只与 x 有关,中间项只与 t 有关,因此它们只能等于一个常数,记作 ω^2。于是,方程(4.3-9)变为

$$(EI\phi'')''-\omega^2\rho A\phi=0 \tag{4.3-10a}$$

$$\ddot{\tau}+\omega^2\tau=0 \tag{4.3-10b}$$

与杆的情况相同,式(4.3-10)中的 ω 是梁的固有频率,只能是正实数。方程(4.3-10b)的通解为

$$\tau(t)=B_1\cos\omega t+B_2\sin\omega t \tag{4.3-11}$$

式中:积分常数 B_1 和 B_2 由初始条件来确定。设齐次微分方程(4.3 10a)的解为 $\phi(x)-e^{\lambda x}$,把它代入式(4.3-10a)中,得到

$$\lambda^4-\beta^4=0 \tag{4.3-12}$$

式中：$\beta^4=\rho A\omega^2/EI$，因此

$$\lambda_{1,2}=\pm\beta,\quad \lambda_{3,4}=\pm\mathrm{i}\beta \tag{4.3-13}$$

与 4 个本征根 $\lambda_j(j=1,2,3,4)$ 对应的 4 个线性无关解为 $D_1\mathrm{e}^{\beta x}$、$D_2\mathrm{e}^{-\beta x}$、$D_3\mathrm{e}^{\mathrm{i}\beta x}$ 和 $D_4\mathrm{e}^{-\mathrm{i}\beta x}$。根据欧拉公式，把它们相加即得到方程(4.3-10a)的通解，即

$$\phi(x)=C_1\cos\beta x+C_2\sin\beta x+C_3\cosh\beta x+C_4\sinh\beta x \tag{4.3-14a}$$

或

$$\phi(x)=C_1(\cos\beta x+\cosh\beta x)+C_2(\cos\beta x-\cosh\beta x)+C_3(\sin\beta x+\sinh\beta x)+C_4(\sin\beta x-\sinh\beta x) \tag{4.3-14b}$$

式中：4 个积分常数 $C_j(j=1,2,3,4)$ 中的 3 个和隐含在 β 中的固有频率 ω 由边界条件确定。需要注意，式(4.3-14b)和式(4.3-14a)中的系数 C_j 是互不相同的。$\phi(x)$ 表达了主振动中各坐标振幅的相对比值，因此 $\phi(x)$ 就是梁弯曲振动的模态函数。

梁的简单边界条件包括固支、简支和自由以及滑移。这 4 种简单边界可以有多种组合，但常见的组合有 5 种，即固支梁、简支梁、自由梁、悬臂梁和固支-滑移梁。复杂边界中可能包含集中质量、集中转动惯量、拉压弹簧和扭转弹簧中的一个或几个。下面求出具有简单边界条件梁的固有频率和模态函数。

(1) 均匀悬臂梁

悬臂梁的边界条件是：固支端($x=0$)的位移 w 和转角 $\partial w/\partial x$ 恒等于零，自由端($x=l$)的弯矩 M 和剪力 Q 恒等于零，因此

$$\phi''(l)=0,\quad \phi'''(l)=0 \tag{4.3-15a}$$

$$\phi(0)=0,\quad \phi'(0)=0 \tag{4.3-15b}$$

利用式(4.3-15b)，可以确定式(4.3-14b)中的 $C_1=C_3=0$，因此

$$\phi(x)=C_2(\cos\beta x-\cosh\beta x)+C_4(\sin\beta x-\sinh\beta x) \tag{4.3-16}$$

把式(4.3-16)代入式(4.3-15a)，有

$$C_2(\cos\beta l+\cosh\beta l)+C_4(\sin\beta l+\sinh\beta l)=0 \tag{4.3-17a}$$

$$C_2(-\sin\beta l+\sinh\beta l)+C_4(\cos\beta l+\cosh\beta l)=0 \tag{4.3-17b}$$

为了让 C_2 和 C_4 具有非零解，方程组(4.3-17)的系数行列式必须等于零，因此得到频率方程

$$\begin{vmatrix}\cos\beta l+\cosh\beta l & \sin\beta l+\sinh\beta l\\ -\sin\beta l+\sinh\beta l & \cos\beta l+\cosh\beta l\end{vmatrix}=0 \tag{4.3-18a}$$

展开该行列式并整理得到

$$\cos\beta l\cosh\beta l+1=0 \tag{4.3-18b}$$

从方程(4.3-17)可得

$$\frac{C_2}{C_4}=-\frac{\sin\beta l+\sinh\beta l}{\cos\beta l+\cosh\beta l}=-\frac{\cos\beta l+\cosh\beta l}{-\sin\beta l+\sinh\beta l} \tag{4.3-19}$$

由方程(4.3-18b)可以解出频率方程的前几个根为

$\beta_1 l$	$\beta_2 l$	$\beta_3 l$	$\beta_4 l$	$\beta_5 l$	$\beta_6 l$	…
1.875	4.694	7.855	10.996	14.137	17.279	

而梁的固有频率为

$$\omega_j=\sqrt{\frac{EI}{\rho A}}\beta_j^2=\sqrt{\frac{EI}{\rho A l^4}}(\beta_j l)^2 \tag{4.3-20}$$

根据式(4.3-16)和式(4.3-19)可以得到均匀悬臂梁作横向弯曲自由主振动时的模态函数

$$\phi_j(x)=C_{4j}\left[\sin\beta_j x-\sinh\beta_j x-\frac{\sin\beta_j l+\sinh\beta_j l}{\cos\beta_j l+\cosh\beta_j l}(\cos\beta_j x-\cosh\beta_j x)\right] \tag{4.3-21}$$

式中:$j=1,2,\cdots$。令 $C_4=1$,式(4.3-21)变为

$$\phi_j(x)=\sin\beta_j x-\sinh\beta_j x-\frac{\sin\beta_j l+\sinh\beta_j l}{\cos\beta_j l+\cosh\beta_j l}(\cos\beta_j x-\cosh\beta_j x) \tag{4.3-22}$$

根据式(4.3-19),还可以把(4.3-22)写为

$$\phi_j(x)=\sin\beta_j x-\sinh\beta_j x+\frac{\cos\beta_j l+\cosh\beta_j l}{\sin\beta_j l-\sinh\beta_j l}(\cos\beta_j x-\cosh\beta_j x) \tag{4.3-23}$$

根据频率方程(4.3-18)可以证明,式(4.3-22)和式(4.3-23)是完全等价的。

(2) 均匀简支梁

简支梁的边界条件是:简支端的位移 w 和弯矩 M 恒等于零,因此

$$\phi(l)=0,\quad \phi''(l)=0 \tag{4.3-24a}$$

$$\phi(0)=0,\quad \phi''(0)=0 \tag{4.3-24b}$$

根据式(4.3-24b)可知,式(4.3-14a)中的 $C_1=C_3=0$,因此

$$\phi(x)=C_2\sin\beta x+C_4\sinh\beta x \tag{4.3-25}$$

把式(4.3-25)代入式(4.3-24a)中,得到

$$C_2\sin\beta l+C_4\sinh\beta l=0 \tag{4.3-26a}$$

$$-C_2\sin\beta l+C_4\sinh\beta l=0 \tag{4.3-26b}$$

由式(4.3-26)的系数行列式等于零的条件,可以得到

$$\sinh\beta l\sin\beta l=0$$

因为 $\beta\neq0$,所以 $\sinh\beta l\neq0$,于是简支梁的频率方程为

$$\sin\beta l=0 \tag{4.3-27a}$$

或

$$\beta_j l=j\pi\qquad(j=1,2,\cdots) \tag{4.3-27b}$$

故简支梁的固有频率为

$$\omega_j=\left(\frac{j\pi}{l}\right)^2\sqrt{\frac{EI}{\rho A}} \tag{4.3-28}$$

根据频率方程和式(4.3-26)可知,$C_4=0$。令式(4.3-25)中的 $C_2=1$,得到模态函数

$$\phi_j(x)=\sin\beta_j x=\sin\frac{j\pi}{l}x \tag{4.3-29}$$

(3) 均匀自由梁

自由梁的边界条件是:自由端的弯矩 M 和剪力 Q 恒等于零,因此

$$\phi''(l)=0,\quad \phi'''(l)=0 \tag{4.3-30a}$$

$$\phi''(0)=0,\quad \phi'''(0)=0 \tag{4.3-30b}$$

利用式(4.3-30b)可以确定式(4.3-14b)中的 $C_2=C_4=0$,因此

$$\phi(x)=C_1(\cos\beta x+\cosh\beta x)+C_3(\sin\beta x+\sinh\beta x) \tag{4.3-31}$$

把式(4.3-31)代入式(4.3-30a),得到如下关系:

$$C_1(-\cos\beta l+\cosh\beta l)+C_3(-\sin\beta l+\sinh\beta l)=0 \tag{4.3-32a}$$

$$C_1(\sin\beta l+\sinh\beta l)+C_3(-\cos\beta l+\cosh\beta l)=0 \tag{4.3-32b}$$

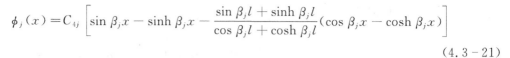

若 C_1 和 C_3 具有非零解，则要求方程组(4.3-32)的系数行列式等于零，由此条件得到自由梁的频率方程为

$$\cos\beta l\cosh\beta l=1 \tag{4.3-33}$$

从方程(4.3-32)可知

$$\frac{C_3}{C_1}=\frac{\sin\beta l+\sinh\beta l}{\cos\beta l-\cosh\beta l}=\frac{\cos\beta l-\cosh\beta l}{-\sin\beta l+\sinh\beta l} \tag{4.3-34}$$

由方程(4.3-33)可以解出频率方程的前几个根为

$\beta_1 l$	$\beta_2 l$	$\beta_3 l$	$\beta_4 l$	$\beta_5 l$	$\beta_6 l$	
0	4.730	7.853	10.996	14.137	17.279	…

值得指出的是，当频率的阶次增加时，自由梁的频率方程(4.3-33)和悬臂梁的频率方程(4.3-18b)的解趋近相同。

由式(4.3-34)和式(4.3-31)可以得到自由梁作横向弯曲自由主振动时的模态函数

$$\phi_j(x)=C_{1j}\left[\cos\beta_j x+\cosh\beta_j x+\frac{\sin\beta_j l+\sinh\beta_j l}{\cos\beta_j l-\cosh\beta_j l}(\sin\beta_j x+\sinh\beta_j x)\right] \tag{4.3-35}$$

式中：$j=2,3,\cdots$。令 $C_1=1$，式(4.3-35)变为

$$\phi_j(x)=\cos\beta_j x+\cosh\beta_j x+\frac{\sin\beta_j l+\sinh\beta_j l}{\cos\beta_j l-\cosh\beta_j l}(\sin\beta_j x+\sinh\beta_j x) \tag{4.3-36}$$

若 $j=1,\omega_1=0$，由方程(4.3-10a)和边界条件(4.3-30)可以求出自由梁的刚体模态函数为

$$\phi_1(x)=a+bx \tag{4.3-37}$$

它是梁的刚体平动 a 和刚体转动模态 bx 的线性组合。注意：此处介绍的平面自由梁有 2 个零频，前面介绍的平面杆只有 1 个零频。

可以采用与前面相同的方法求出其他具有简单边界条件梁的固有频率和模态函数，参见表 4.3-1。图 4.3-2 是模态函数的几何表示。

表 4.3-1　其他简单边界条件下工程梁的固有模态

边界条件	固有模态
滑移梁：$\phi'(0)=0,\phi'''(0)=0$ $\phi'(l)=0,\phi'''(l)=0$	$\sin\beta l=0,\varphi_j(x)=\cos\beta_j x$
简支-滑移梁：$\phi(0)=0,\phi''(0)=0$ $\phi'(l)=0,\phi'''(l)=0$	$\cos\beta l=0,\varphi_j(x)=\sin\beta_j x$
固支-滑移梁：$\phi(0)=0,\phi'(0)=0$ $\phi'(l)=0,\phi'''(l)=0$	$\tan\beta l+\tanh\beta l=0$ $\varphi_j(x)=\cos\beta_j x-\cosh\beta_j x+\dfrac{\sin\beta_j l-\sinh\beta_j l}{\cos\beta_j l+\cosh\beta_j l}(\sin\beta_j x-\sinh\beta_j x)$
固支梁：$\phi(0)=0,\phi'(0)=0$ $\phi(l)=0,\phi'(l)=0$	$\cos\beta l\cosh\beta l=1$ $\varphi_j(x)=\cos\beta_j x-\cosh\beta_j x-\dfrac{\cos\beta_j l-\cosh\beta_j l}{\sin\beta_j l-\sinh\beta_j l}(\sin\beta_j x-\sinh\beta_j x)$

将前面推导的固有模态和表 4.3-1 列出的固有模态相比，可以看出：简支梁和滑移梁具有相同的非零固有频率，自由梁和固支梁也具有相同的非零固有频率，但模态函数不同。

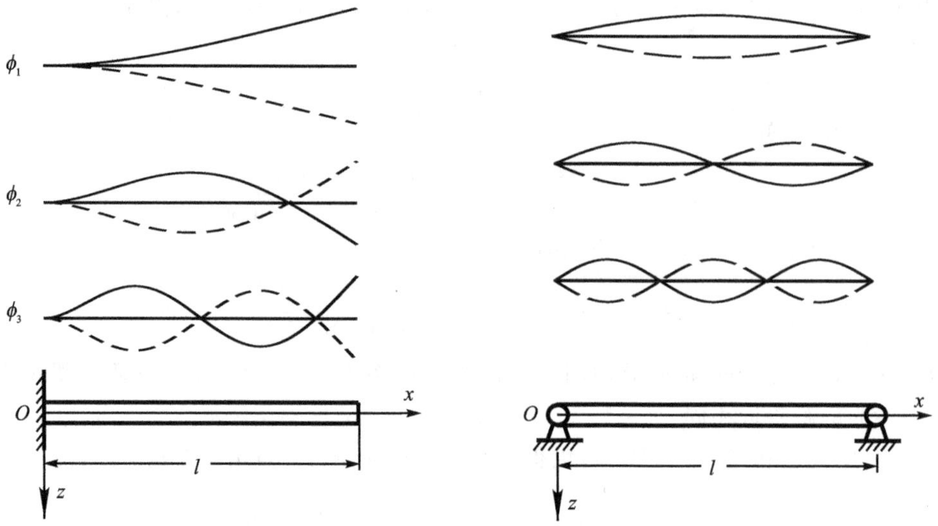

图 4.3-2 梁的模态图

把式(4.3-11)和已经得到的固有频率 ω_j 以及模态函数 ϕ_j 一起代入式(4.3-8),即得到梁的自由弯曲主振动

$$w_j(x,t)=\phi_j(B_{1j}\cos\omega_j t+B_{2j}\sin\omega_j t) \tag{4.3-38}$$

把各阶主振动叠加起来得到梁自由振动响应为

$$w(x,t)=\sum_{j=1}^{\infty}\phi_j(B_{1j}\cos\omega_j t+B_{2j}\sin\omega_j t) \tag{4.3-39}$$

式中:B_{1j}、B_{2j} 由系统初始条件和模态函数的正交性来确定,对于简单边界条件,其计算公式的形式与式(4.1-46)完全相同,即

$$B_{1j}=\frac{1}{M_{pj}}\int_0^l \rho A w(x,0)\phi_j\,\mathrm{d}x$$

$$B_{2j}=\frac{1}{\omega_j M_{pj}}\int_0^l \rho A \dot{w}(x,0)\phi_j\,\mathrm{d}x$$

式中:M_{pj} 是模态质量,其计算公式将在下面介绍。

3. 模态函数的正交性

采用与4.1节中相同的方法来证明梁模态函数的正交性。设(ω_j,ϕ_j)和(ω_i,ϕ_i)为两对不同的固有模态。把(ω_i,ϕ_i)代入方程(4.3-10a),乘以 ϕ_j 并沿着梁长进行积分得到

$$\int_0^l (EI\phi''_i)''\phi_j\,\mathrm{d}x=\omega_i^2\int_0^l \rho A\phi_i\phi_j\,\mathrm{d}x \tag{4.3-40}$$

对式(4.3-40)左端项分部积分两次,得到

$$(EI\phi''_i)'\phi_j\Big|_0^l-EI\phi''_i\phi'_j\Big|_0^l+\int_0^l EI\phi''_i\phi''_j\,\mathrm{d}x=\omega_i^2\int_0^l \rho A\phi_i\phi_j\,\mathrm{d}x \tag{4.3-41}$$

下面分简单边界条件和复杂边界条件两种情况来讨论式(4.3-41)给出的模态正交性。

① 梁具有简单边界条件,即梁的支持条件是固支、自由、简支和滑移中的任意一种。根据前面给出的用模态函数表达的简单边界条件可知,式(4.3-41)的左端第1项和第2项等于零。因此

$$\int_0^l EI\phi''_i\phi''_j\,\mathrm{d}x = \omega_i^2\int_0^l \rho A\phi_i\phi_j\,\mathrm{d}x \tag{4.3-42}$$

交换下标 i 和 j，有

$$\int_0^l EI\phi''_i\phi''_j\,\mathrm{d}x = \omega_j^2\int_0^l \rho A\phi_i\phi_j\,\mathrm{d}x \tag{4.3-43}$$

式(4.3-42)与式(4.3-43)相减，得到

$$(\omega_i^2-\omega_j^2)\int_0^l \rho A\phi_i\phi_j\,\mathrm{d}x = 0 \tag{4.3-44}$$

因此，对于不同的固有频率，也就是当 $i\neq j$ 时，有

$$\int_0^l \rho A\phi_i\phi_j\,\mathrm{d}x = 0 \tag{4.3-45}$$

式(4.3-45)是梁的模态函数关于质量的正交性。把式(4.3-45)代入式(4.3-43)，得到模态函数关于刚度的正交性

$$\int_0^l EI\phi''_i\phi''_j\,\mathrm{d}x = 0 \qquad (i\neq j) \tag{4.3-46}$$

在式(4.3-45)和式(4.3-46)中，若 $i=j$，则给出梁的模态质量 M_{pj} 和模态刚度 K_{pj} 的表达式

$$M_{pj} = \int_0^l \rho A\phi_j^2\,\mathrm{d}x \tag{4.3-47}$$

$$K_{pj} = \int_0^l EI\phi''^2_j\,\mathrm{d}x \tag{4.3-48}$$

并且 $\omega_j^2 = K_{pj}/M_{pj}$。

② 梁具有复杂边界条件。如图 4.3-3 所示，在均匀梁的一端附加有拉压弹簧 $\bar{k}_1$、抗转弹簧 $\bar{k}_2$、集中质量 $\bar{m}$ 和转动惯量 $\bar{J}$。此时梁的边界条件为

$$\phi(0)=0,\quad \phi'(0)=0 \tag{4.3-49}$$

$$\left.\begin{aligned} EIw'''(l,t) &= \bar{k}_1 w(l,t) + \bar{m}\ddot{w}(l,t)\\ EIw''(l,t) &= -\bar{k}_2 w'(l,t) - \bar{J}\ddot{w}'(l,t)\end{aligned}\right\} \tag{4.3-50}$$

把式(4.3-8)代入上式得

$$\left.\begin{aligned} EI\phi'''(l) &= \bar{k}_1\phi(l) - \omega^2\bar{m}\phi(l)\\ EI\phi''(l) &= -\bar{k}_2\phi'(l) + \omega^2\bar{J}\phi'(l)\end{aligned}\right\} \tag{4.3-51}$$

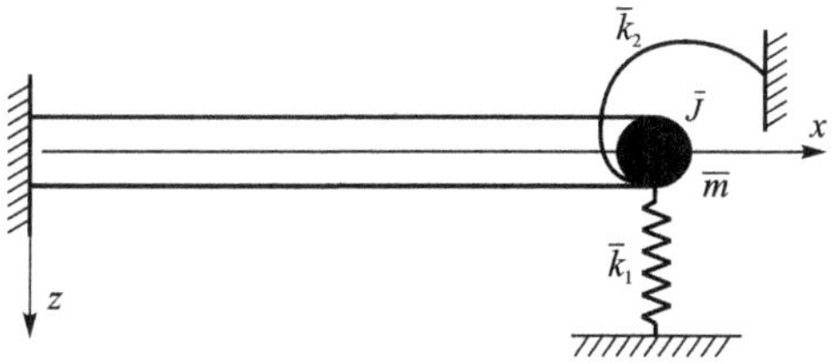

图 4.3-3　具有复杂边界的悬臂梁

把式(4.3-51)代入式(4.3-41)的左端前两项中，得到

$$(\bar{k}_1\phi_i - \omega_i^2\bar{m}\phi_i)\phi_j\Big|_{x=l} + (\bar{k}_2\phi'_i - \omega_i^2\bar{J}\phi'_i)\phi'_j\Big|_{x=l} + \int_0^l EI\phi''_i\phi''_j\,\mathrm{d}x = \omega_i^2\int_0^l \rho A\phi_i\phi_j\,\mathrm{d}x$$

整理上式得到

$$\bar{k}_1\phi_i(l)\phi_j(l) + \bar{k}_2\phi'_i(l)\phi'_j(l) + \int_0^l EI\phi''_i\phi''_j\,\mathrm{d}x =$$

$$\omega_i^2\left[\int_0^l \rho A\phi_i\phi_j\,\mathrm{d}x+\bar{m}\phi_i(l)\phi_j(l)+\bar{J}\phi'_i(l)\phi'_j(l)\right] \tag{4.3-52}$$

互换上式中的下标 i 和 j，得到

$$\bar{k}_1\phi_i(l)\phi_j(l)+\bar{k}_2\phi'_i(l)\phi'_j(l)+\int_0^l EI\phi''_i\phi''_j\,\mathrm{d}x=$$

$$\omega_j^2\left[\int_0^l \rho A\phi_i\phi_j\,\mathrm{d}x+\bar{m}\phi_i(l)\phi_j(l)+\bar{J}\phi'_i(l)\phi'_j(l)\right] \tag{4.3-53}$$

用式(4.3-52)减去式(4.3-53)，得到模态函数关于质量的正交性

$$\int_0^l \rho A\phi_i\phi_j\,\mathrm{d}x+\bar{m}\phi_i(l)\phi_j(l)+\bar{J}\phi'_i(l)\phi'_j(l)=0\qquad(i\neq j) \tag{4.3-54}$$

把式(4.3-54)代入式(4.3-53)，得到模态函数关于刚度的正交性

$$\int_0^l EI\phi''_i\phi''_j\,\mathrm{d}x+\bar{k}_1\phi_i(l)\phi_j(l)+\bar{k}_2\phi'_i(l)\phi'_j(l)=0\qquad(i\neq j) \tag{4.3-55}$$

而模态刚度和模态质量分别为

$$K_{pj}=\int_0^l EI\phi''^2_j\,\mathrm{d}x+\bar{k}_1\phi_j^2(l)+\bar{k}_2\phi'^2_j(l) \tag{4.3-56}$$

$$M_{pj}=\int_0^l \rho A\phi_j^2\,\mathrm{d}x+\bar{m}\phi_j^2(l)+\bar{J}\phi'^2_j(l) \tag{4.3-57}$$

并且 $\omega_j^2=K_{pj}/M_{pj}$。与杆纵向振动情况相同，也可以根据梁不同主振动之间耦合势能和耦合动能为零这一条件得到上述正交性、模态刚度和模态质量。

4. 受迫振动的模态叠加方法

在4.2节中以杆为例介绍了适用于线弹性连续系统自由振动的模态叠加分析方法。下面再以均匀工程梁为例，介绍适合线弹性连续系统受迫振动的模态叠加分析方法。因为线性无关的模态函数构成了无穷维函数空间的一组基，因此位移函数可以写成模态函数的线性叠加形式，即

$$w(x,t)=\sum_{j=1}^{\infty}q_j(t)\phi_j(x) \tag{4.3-58}$$

式中：q_j 为第 j 个**主坐标**或**模态坐标**。利用模态叠加方法分析受迫振动，也必须先求出系统的固有频率和模态函数。

(1) 拉格朗日方程方法

不失一般性，设梁具有简单边界条件，即梁端具有固支、自由和简支以及滑移中的任意一种。梁的动能函数 T 和势能函数 U 分别为

$$T(t)=\frac{1}{2}\int_0^l \rho A\dot{w}^2(x,t)\,\mathrm{d}x \tag{4.3-59}$$

$$V(t)=\frac{1}{2}\int_0^l EI\left[\frac{\partial^2 w(x,t)}{\partial x^2}\right]^2\mathrm{d}x \tag{4.3-60}$$

把式(4.3-58)代入式(4.3-59)和式(4.3-60)，利用模态正交性可以得到

$$T(t)=\frac{\rho A}{2}\int_0^l\left[\sum_{j=1}^{\infty}\dot{q}_j(t)\phi_j\right]^2\mathrm{d}x=\frac{1}{2}\sum_{j=1}^{\infty}M_{pj}\dot{q}_j^2 \tag{4.3-61a}$$

$$V(t)=\frac{EI}{2}\int_0^l\left[\sum_{j=1}^{\infty}q_j(t)\phi''_j\right]^2\mathrm{d}x=\frac{1}{2}\sum_{j=1}^{\infty}K_{pj}q_j^2 \tag{4.3-61b}$$

式中：模态质量 M_{pj} 和模态刚度 K_{pj} 分别由式(4.3-47)和式(4.3-48)计算。把式(4.3-61)

代入拉格朗日方程(1.1-5)中,得到如下方程:

$$M_{pj}\ddot{q}_j + K_{pj}q_j = F_j \qquad (j=1,2,\cdots) \tag{4.3-62a}$$

或

$$\ddot{q}_j + \omega_j^2 q_j = \frac{F_j}{M_{pj}} \qquad (j=1,2,\cdots) \tag{4.3-62b}$$

式中:F_j 是与广义坐标 q_j 对应的广义力,其计算方法参见例 4.3-1。方程(4.3-62)的通解为

$$q_j(t) = B_{1j}\cos\omega_j t + B_{2j}\sin\omega_j t + \frac{1}{\omega_j M_{pj}}\int_0^t F_j(t_1)\sin\omega_j(t-t_1)\mathrm{d}t_1 \tag{4.3-63}$$

式(4.3-63)右端的前两项代表由初始条件确定的自由振动,积分常数 B_{1j}、B_{2j} 由初始条件确定,后一项是由外力引起的系统振动。把式(4.3-63)代入式(4.3-58),得到具有初始扰动的系统在外部激励作用下的响应。若初始条件为零,则式(4.3-63)变为

$$q_j(t) = \frac{1}{\omega_j M_{pj}}\int_0^t F_j(t_1)\sin\omega_j(t-t_1)\mathrm{d}t_1 \tag{4.3-64}$$

(2) 平衡方程直接解耦法

把式(4.3-58)直接代入梁的振动微分方程(4.3-6)中,有

$$EI\sum_{j=1}^{\infty} q_j(t)\phi_j^{(IV)}(x) + \rho A\sum_{j=1}^{\infty}\ddot{q}_j(t)\phi_j(x) = f(x,t) \tag{4.3-65}$$

用 $\phi_i(x)$ 乘以上式两端,并沿着梁长积分得

$$\sum_{j=1}^{\infty} q_j\int_0^l EI\phi_j^{(IV)}\phi_i\,\mathrm{d}x + \sum_{j=1}^{\infty}\ddot{q}_j\int_0^l \rho A\phi_j\phi_i\,\mathrm{d}x = \int_0^l f\phi_i\,\mathrm{d}x \tag{4.3-66}$$

对式(4.3-66)的左端第一项进行分部积分,得到

$$\sum_{j=1}^{\infty} q_j\left(EI\phi'''_j\phi_i\Big|_0^l - EI\phi''_j\phi'_i\Big|_0^l + \int_0^l EI\phi''_j\phi''_i\,\mathrm{d}x\right) + \sum_{j=1}^{\infty}\ddot{q}_j\int_0^l \rho A\ \phi_j\phi_i\,\mathrm{d}x = \int_0^l f\phi_i\,\mathrm{d}x \tag{4.3-67}$$

在上式中引入简单边界条件,并根据模态函数的正交性,式(4.3-67)变为

$$M_{pj}\ddot{q}_j + K_{pj}q_j = F_j \qquad (j=1,2,\cdots) \tag{4.3-68}$$

式中:

$$F_j(t) = \int_0^l f(x,t)\phi_j(x)\mathrm{d}x \tag{4.3-69}$$

余下的工作与介绍拉格朗日方程方法实施过程中的完全相同,这里不再赘述。

值得强调的是,上述模态叠加方法不但适用于梁结构,也适用于杆、板等任何线弹性连续结构的受迫振动分析。另外,当载荷为简谐分布激励时,求解方程(4.3-6)可以直接得到稳态解,而不需要用模态叠加方法,参见习题 4-17。下面通过具体例子来说明用模态叠加法分析受迫振动的具体步骤。

例 4.3-1　一个简谐力 $f=P\sin\omega t$ 作用在简支梁上,梁的初始条件为零,如图 4.3-4 所示。试求梁的响应。

解:可以用拉格朗日方程或直接解耦振动微分方程的方法来达到用模态叠加方法分析受迫振动的目的。先介绍二者在计算广义力时所用的不同方法。

① 若用式(4.3-69)直接计算广义力,则需要把集中载荷用脉冲函数来表示,即

$$F(x,t)=f\delta(x-a)=P\delta(x-a)\sin\omega t \qquad \text{(a)}$$

简支梁的固有频率和模态函数分别由式(4.3-28)和式(4.3-29)给出，即

$$\omega_j=\left(\frac{j\pi}{l}\right)^2\sqrt{\frac{EI}{\rho A}},\quad \phi_j(x)=\sin\frac{j\pi}{l}x$$

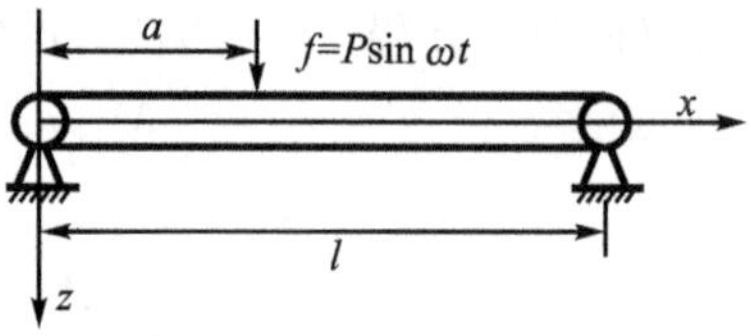

图 4.3-4 简支梁

因此广义力为

$$F_j(t)=\int_0^l F(x,t)\phi_j(x)\mathrm{d}x=$$

$$\int_0^l P\delta(x-a)\sin\omega t\sin\frac{j\pi x}{l}\mathrm{d}x=P\sin\omega t\sin\frac{j\pi a}{l} \qquad \text{(b)}$$

② 在用拉格朗日方程的方法中，广义力是通过计算外力虚功得到的。力 $f(t)$ 作的虚功 δW 为

$$\delta W=f(t)\delta w(a,t)=P\sin\omega t\sum_{j=1}^{\infty}\phi_j(a)\delta q_j(t)=$$

$$\sum_{j=1}^{\infty}\left(P\sin\omega t\sin\frac{j\pi a}{l}\right)\delta q_j(t)=\sum_{j=1}^{\infty}F_j(t)\delta q_j(t) \qquad \text{(c)}$$

因此，用两种方法计算与广义坐标 q_j 对应的广义力是一致的。由式(4.3-47)计算模态质量

$$M_{pj}=\int_0^l \rho A\sin^2\frac{j\pi x}{l}\mathrm{d}x=\frac{\rho A l}{2}$$

根据式(4.3-64)计算广义坐标位移，得

$$q_j(t)=\frac{2P}{\rho A l}\left[\frac{\sin\omega t}{\omega_j^2-\omega^2}-\frac{\omega\sin\omega_j t}{\omega_j(\omega_j^2-\omega^2)}\right]\sin\frac{j\pi a}{l} \qquad \text{(d)}$$

把式(d)代入式(4.3-58)，得到

$$w(x,t)=\sum_{j=1}^{\infty}\frac{2P}{\rho A l}\frac{\sin\omega t}{\omega_j^2-\omega^2}\sin\frac{j\pi a}{l}\sin\frac{j\pi x}{l}-\sum_{j=1}^{\infty}\frac{2P}{\rho A l}\frac{\omega\sin\omega_j t}{\omega_j(\omega_j^2-\omega^2)}\sin\frac{j\pi a}{l}\sin\frac{j\pi x}{l} \qquad \text{(e)}$$

上式右端第一项的频率与激励的频率相同，因此它是梁的稳态响应；右端第二项中的各个响应成分频率是梁的固有频率，因此它是简谐激励引起的伴随自由振动。由于实际结构存在阻尼，自由振动项将逐渐衰减到忽略不计。若只考虑稳态响应，则

$$w(x,t)=\sum_{j=1}^{\infty}\frac{2P}{\rho A l}\frac{\sin\frac{j\pi a}{l}\sin\frac{j\pi x}{l}}{\omega_j^2-\omega^2}\sin\omega t \qquad \text{(f)}$$

它对于实际工程问题是重要的。若 ω 接近梁的第 j 阶固有频率 ω_j，则梁的振动形态接近第 j 阶模态，其他阶模态振动的贡献可以忽略不计。若 ω 非常小，则上式分母中的 ω^2 可以略去，令 $a=l/2$，因此得到外力作用在梁中点的缓变动态位移的幅值为

$$w(x)=\frac{2Pl^3}{EI\pi^4}\sum_{j=1,3,5,\cdots}^{\infty}\frac{1}{j^4}\sin\frac{j\pi}{2}\sin\frac{j\pi x}{l} \qquad \text{(g)}$$

若只取一项，并且令 $x=l/2$，则得梁中点在力 P 作用下产生的静态位移为

$$w\left(\frac{l}{2}\right)=\frac{2Pl^3}{EI\pi^4}=\frac{Pl^3}{48.7EI} \qquad \text{(h)}$$

而精确解为 $Pl^3/48EI$，两者之差为 1.5 %。

4.4　铁木辛柯梁的弯曲振动

欧拉梁理论适用于处理工程中长梁的大部分静动力问题。与欧拉梁理论相比，铁木辛柯梁或**一阶剪切梁**理论仍然采用平剖面假设，但放松了剖面始终垂直于梁挠度曲线的假设，因此剖面转角不再与挠度曲线的一阶导数相等，即梁存在剪切变形。如图 4.4－1 所示，考虑 xz 主平面内的弯曲变形，任何一点的纵向位移 u 不再与 $\partial w/\partial x$ 直接相关，而是与剖面的转角 ψ 成正比，即

$$u=-z\psi \tag{4.4-1}$$

该式定义了剖面转角的正向。由于 $\partial u/\partial z=-\psi$，因此 ψ 的正向为从 x 轴转向 z 轴，与 $\partial w/\partial x$ 的正向相同。剪切应变 γ 的定义为

$$\gamma=\frac{\partial w}{\partial x}+\frac{\partial u}{\partial z}=\frac{\partial w}{\partial x}-\psi \tag{4.4-2}$$

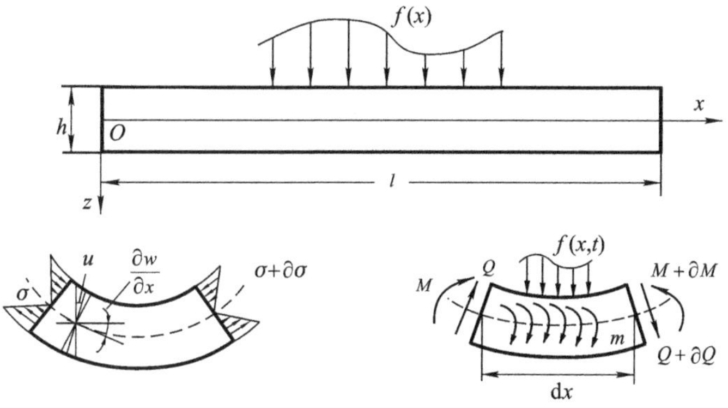

图 4.4－1　一阶剪切梁及微元

表 4.4－1 给出了剪切梁的几何关系和物理关系。值得指出的是，平剖面假设使剪切梁的剪应力 τ_{xz} 沿着梁的厚度方向不变并且在梁的上下表面不等于零，这不符合实际情况。虽然 τ_{xz} 实际是坐标 x 和 z 的函数，但为了保持梁的一维简洁处理方法，可以通过引入截面剪切修正系数 k 来减小这种简化处理方法带来的误差，对于矩形截面梁，$k=5/6$。

表 4.4－1　剪切梁的基本方程

位　移	应　变	应　力
$u(x,z)=-z\psi$	$\varepsilon_x=\partial u/\partial x=-z\partial\psi/\partial x$	$\sigma_x=E\varepsilon_x$
$w(x,z)=w(x)$	$\varepsilon_z=0,\gamma=\partial w/\partial x-\psi$	$\sigma_z\neq 0,\tau_{zx}=kG\gamma$

根据表 4.4－1 定义的本构关系和几何关系，可给出剪切梁的弯矩与剪力的定义式：

$$M=\int_A\sigma_x z\mathrm{d}A=-EI\frac{\mathrm{d}\psi}{\mathrm{d}x} \tag{4.4-3}$$

$$Q=\int_A\tau_{xz}\mathrm{d}A=kGA\gamma \tag{4.4-4}$$

式中：EI 为弯曲刚度，kGA 为剪切刚度。根据式(4.4－1)和式(4.4－2)可知，在剪切梁理论

中有两个广义位移,即挠度和转角,因此剪切梁亦称为两个广义位移的梁理论。与此相应,作用在梁上的广义外载荷也有两种:与挠度 w 对应的广义载荷是分布线载荷 q;与转角 ψ 对应的广义载荷是分布力矩 m(量纲为 N),其正向与 ψ 的正向相同,参见图 4.4-1。

通过对微元体进行受力分析,根据牛顿力学可得剪切梁的两个平衡方程

$$\frac{\partial Q}{\partial x}+f=\rho A\frac{\partial^2 w}{\partial t^2} \tag{4.4-5}$$

$$-\frac{\partial M}{\partial x}+Q+m=\rho I\frac{\partial^2 \psi}{\partial t^2} \tag{4.4-6}$$

或

$$\frac{\partial}{\partial x}\left[kGA\left(\frac{\partial w}{\partial x}-\psi\right)\right]+f=\rho A\frac{\partial^2 w}{\partial t^2} \tag{4.4-7}$$

$$\frac{\partial}{\partial x}\left(EI\frac{\mathrm{d}\psi}{\mathrm{d}x}\right)+kGA\left(\frac{\partial w}{\partial x}-\psi\right)+m=\rho I\frac{\partial^2 \psi}{\partial t^2} \tag{4.4-8}$$

方程(4.4-5)与欧拉梁的静平衡方程是相同的,参见方程(4.3-3)。若分布弯矩 m 等于零,则从方程(4.4-6)可得与欧拉梁在形式上完全相同的弯矩-剪力关系,即 $Q=\partial M/\partial x$。值得指出的是,欧拉梁中的剪力 Q 没有剪应力与之对应,剪应力要根据应力平衡方程 $\partial\sigma_x/\partial x+\partial\tau_{xz}/\partial z=0$ 来计算。

4.4.1 固有振动问题

若只研究剪切梁的固有振动,需要令式(4.4-7)和式(4.4-8)中的 f 和 m 都等于零,并把模态挠度 $w(x,t)=W(x)\mathrm{e}^{\mathrm{i}\omega t}$ 和模态转角 $\psi(x,t)=\Psi(x)\mathrm{e}^{\mathrm{i}\omega t}$ 代入方程(4.4-7)和方程(4.4-8),消去公因子 $\mathrm{e}^{\mathrm{i}\omega t}$ 即可得到广义特征值微分方程

$$\frac{\mathrm{d}}{\mathrm{d}x}\left[kGA\left(\frac{\mathrm{d}W}{\mathrm{d}x}-\Psi\right)\right]+\rho A\omega^2 W=0 \tag{4.4-9}$$

$$\frac{\mathrm{d}}{\mathrm{d}x}\left(EI\frac{\mathrm{d}\Psi}{\mathrm{d}x}\right)+kGA\left(\frac{\mathrm{d}W}{\mathrm{d}x}-\Psi\right)+\rho I\omega^2\Psi=0 \tag{4.4-10}$$

下面考虑均匀梁。令上面齐次特征微分方程组的解为 $W=B\mathrm{e}^{\mu x}$,$\Psi=C\mathrm{e}^{\mu x}$,并代入上面两式得

$$\begin{bmatrix} kGA\mu^2+\rho A\omega^2 & -kGA\mu \\ kGA\mu & EI\mu^2-kGA+\rho I\omega^2 \end{bmatrix}\begin{bmatrix} B \\ C \end{bmatrix}=\mathbf{0} \tag{4.4-11}$$

由上式系数行列式为零得关于空间特征值 μ 的四次代数方程,即

$$\mu^4+b\mu^2+d=0 \tag{4.4-12}$$

式中

$$\begin{aligned} b&=\frac{\rho A\omega^2}{kGA}+\frac{\rho I\omega^2}{EI}>0 \\ d&=\frac{\rho A\omega^2}{kGA}\left(\frac{\rho I\omega^2}{EI}-\frac{kGA}{EI}\right) \end{aligned} \tag{4.4-13}$$

不考虑实际不可能存在的固有频率 $\omega=\sqrt{kGA/\rho I}$,因此 μ 的 4 个根非零,即

$$\mu_{1,2}=\pm\mathrm{i}\alpha_1,\quad \alpha_1=\frac{1}{\sqrt{2}}\sqrt{b+\sqrt{b^2-4d}} \tag{4.4-14a}$$

$$\mu_{3,4}=\pm\alpha_2,\quad \alpha_2=\frac{1}{\sqrt{2}}\sqrt{-b+\sqrt{b^2-4d}} \tag{4.4-14b}$$

式中：$b^2-4d>0$，因此 $\alpha_1>0$，但 α_2 可以为正实数或纯虚数。于是，不失一般性，方程(4.4-9)和方程(4.4-10)的解为

$$\begin{aligned}W(x)&=B_1\cos\alpha_1x+B_2\sin\alpha_1x+B_3\cosh\alpha_2x+B_4\sinh\alpha_2x\\\Psi(x)&=C_1\cos\alpha_1x+C_2\sin\alpha_1x+C_3\cosh\alpha_2x+C_4\sinh\alpha_2x\end{aligned} \tag{4.4-15}$$

把上式代入方程(4.4-9)得上式中系数的关系为

$$\frac{C_2}{B_1}=k_1,\quad \frac{C_1}{B_2}=-k_1,\quad \frac{C_4}{B_3}=\frac{C_3}{B_4}=k_2 \tag{4.4-16}$$

式中

$$k_1=\frac{-\alpha_1^2kGA+\rho A\omega^2}{kGA\alpha_1},\quad k_2=\frac{\alpha_2^2kGA+\rho A\omega^2}{kGA\alpha_2} \tag{4.4-17}$$

于是式(4.4-15)变为

$$\begin{aligned}W(x)&=B_1\cos\alpha_1x+B_2\sin\alpha_1x+B_3\cosh\alpha_2x+B_4\sinh\alpha_2x\\\Psi(x)&=-k_1B_2\cos\alpha_1x+k_1B_1\sin\alpha_1x+k_2B_4\cosh\alpha_2x+k_2B_3\sinh\alpha_2x\end{aligned} \tag{4.4-18}$$

根据一阶剪切梁的 4 个边界条件，可以确定上式中系数 $B_1,\cdots,B_4$ 之间的比例关系和频率方程。剪切梁边界条件的物理意义和工程梁的相同，只是工程梁中剖面转角 $\partial w/\partial x$ 为非独立变量，而剪切梁的转角 ψ 为独立变量。

简支端边界条件是挠度 w 和弯矩 M 等于零，可以用模态函数表示为

$$W\big|_{x=0\text{或}l}=0,\quad \Psi'\big|_{x=0\text{或}l}=0 \tag{4.4-19}$$

滑移端边界条件是转角 ψ 和剪力 Q 等于零，可以用模态函数表示为

$$\Psi\big|_{x=0\text{或}l}=0,\quad (W'-\Psi)\big|_{x=0\text{或}l}=W'\big|_{x=0\text{或}l}=0 \tag{4.4-20}$$

固支端边界条件是挠度 w 和转角 ψ 等于零，可以用模态函数表示为

$$W\big|_{x=0\text{或}l}=0,\quad \Psi\big|_{x=0\text{或}l}=0 \tag{4.4-21}$$

自由端边界条件是弯矩 M 和剪力 Q 等于零，可以用模态函数表示为

$$\Psi'\big|_{x=0\text{或}l}=0,\quad (W'-\Psi)\big|_{x=0\text{或}l}=0 \tag{4.4-22}$$

下面以简支情况为例，说明剪切梁固有模态的求解过程，表 4.4-2 中列出了几种其他边界条件情况下剪切梁的固有模态。式(4.4-19)给出了简支端边界条件，即

$$\begin{aligned}W(0)=0,&\quad \Psi'(0)=0\\W(l)=0,&\quad \Psi'(l)=0\end{aligned} \tag{4.4-23}$$

由 $x=0$ 端的简支边界条件得

$$\begin{aligned}B_1+B_3&=0\\k_1B_1\alpha_1+k_2B_3\alpha_2&=0\end{aligned} \tag{4.4-24}$$

由于 $k_1\alpha_1\neq k_2\alpha_2$，因此 $B_1=B_3=0$，于是式(4.4-18)变为

$$\begin{aligned}W(x)&=B_2\sin\alpha_1x+B_4\sinh\alpha_2x\\\Psi(x)&=-k_1B_2\cos\alpha_1x+k_2B_4\cosh\alpha_2x\end{aligned} \tag{4.4-25}$$

把上式代入 $x=l$ 端的简支边界条件得

$$\begin{aligned}B_2\sin\alpha_1l+B_4\sinh\alpha_2l&=0\\k_1\alpha_1B_2\sin\alpha_1l+k_2\alpha_2B_4\sinh\alpha_2l&=0\end{aligned} \tag{4.4-26}$$

由于 B_2 和 B_4 具有非零解,因此有

$$(k_2\alpha_2-k_1\alpha_1)\sin\alpha_1 l\sinh\alpha_2 l=0 \tag{4.4-27}$$

由此可得简支剪切梁的频率方程为

$$\sin\alpha_1 l\sinh\alpha_2 l=0 \tag{4.4-28}$$

值得指出的是,当 $\omega>\sqrt{kGA/\rho I}$ 时,α_2 为纯虚数,$\sinh\alpha_2 l$ 才能等于零;但 $\sin\alpha_1 l$ 在任意频率范围内都可以等于零。从 $\sin\alpha_1 l=0$ 和 $\sinh\alpha_2 l=0$ 分别求出无因次变量 $\alpha_1 l$ 和 $\alpha_2 l$ 后,再将其代入式(4.4-14)就可以得到关于固有频率的代数方程。引入无因次频率 Ω,其定义如下:

$$\Omega=l^2\omega\sqrt{\frac{\rho A}{EI}} \tag{4.4-29}$$

于是,式(4.4-13)可以写成

$$\begin{aligned} bl^2&=\Omega^2\left(\frac{EI}{kGAl^2}+\frac{I}{Al^2}\right)\\ dl^4&=\Omega^2\left(\Omega^2\frac{I}{Al^2}\frac{EI}{kGAl^2}-1\right)\end{aligned} \tag{4.4-30}$$

式中:左右两端的量都是无因次的。从式(4.4-30)和式(4.4-14)可以发现:Ω 只与两个无因次量 $EI/(kGAl^2)$ 和 $I/(Al^2)$ 有关,二者分别表示剪切变形和截面转动惯量的影响,并且梁的长度越短,二者的作用越显著,见例题4.4-1。一些读者在计算剪切梁的固有频率时,忽略式(4.4-30)中含有 Ω^4 的项,这将导致丢失由 $\sinh\alpha_2 l=0$ 计算得到的大于 $\sqrt{kGA/\rho I}$ 的固有频率 ω,或丢失大于 $\sqrt{kGAl^2/(EI)}\sqrt{Al^2/I}$ 的无因次固有频率 Ω。

表4.4-2 其他简单边界条件下剪切梁的固有模态

边界条件	固有模态
滑移梁 $\Psi(0)=0,W'(0)=0$ $\Psi(l)=0,W'(l)=0$	$\sin\alpha_1 l\sinh\alpha_2 l=0$ $W(x)=k_2\sinh\alpha_2 l\cos\alpha_1 x-k_1\sin\alpha_1 l\cosh\alpha_2 x$ $\Psi(x)=k_1\sinh\alpha_2 l\sin\alpha_1 x-k_1\sin\alpha_1 l\sinh\alpha_2 x$
简支-滑移梁 $\Psi'(0)=0,W(0)=0$ $\Psi(l)=0,W'(l)=0$	$\cos\alpha_1 l\cosh\alpha_2 l=0$ $W(x)=k_2\cosh\alpha_2 l\sin\alpha_1 x+k_1\cos\alpha_1 l\sinh\alpha_2 x$ $\Psi(x)=-k_1\cosh\alpha_2 l\cos\alpha_1 x+k_1\cos\alpha_1 l\cosh\alpha_2 x$
固支-滑移梁 $\Psi(0)=0,W(0)=0$ $\Psi(l)=0,W'(l)=0$	$k_1\sin\alpha_1 l\cosh\alpha_2 l=k_2\cos\alpha_1 l\sinh\alpha_2 l$ $W(x)=\cos\alpha_1 x-\cosh\alpha_2 x+\frac{k_1\sin\alpha_1 l-k_2\sinh\alpha_2 l}{k_1(\cos\alpha_1 l-\cosh\alpha_2 l)}\left(\sin\alpha_1 x+\frac{k_1}{k_2}\sinh\alpha_2 x\right)$ $\Psi(x)=k_1\sin\alpha_1 x-k_2\sinh\alpha_2 x-\frac{k_1\sin\alpha_1 l-k_2\sinh\alpha_2 l}{\cos\alpha_1 l-\cosh\alpha_2 l}(\cos\alpha_1 x-\cosh\alpha_2 x)$
固支梁 $\Psi(0)=0$ $W(0)=0$ $\Psi(l)=0$ $W(l)=0$	$2k_1k_2(1-\cos\alpha_1 l\cosh\alpha_2 l)+(k_1^2-k_2^2)\sin\alpha_1 l\sinh\alpha_2 l=0$ $W(x)=\cos\alpha_1 x-\cosh\alpha_2 x+\frac{k_1\sin\alpha_1 l-k_2\sinh\alpha_2 l}{k_1(\cos\alpha_1 l-\cosh\alpha_2 l)}\left(\sin\alpha_1 x+\frac{k_1}{k_2}\sinh\alpha_2 x\right)$ $\Psi(x)=k_1\sin\alpha_1 x-k_2\sinh\alpha_2 x-\frac{k_1\sin\alpha_1 l-k_2\sinh\alpha_2 l}{\cos\alpha_1 l-\cosh\alpha_2 l}(\cos\alpha_1 x-\cosh\alpha_2 x)$

续表 4.4-2

边界条件	固有模态
悬臂梁 $\Psi(0)=0$ $W(0)=0$ $\Psi'(l)=0$ $W'(l)-\Psi(l)=0$	$\alpha_1(\alpha_1+k_1)-\alpha_2(\alpha_2-k_2)+[\alpha_2(\alpha_1+k_1)+\alpha_1(\alpha_2-k_2)]\sin\alpha_1 l\sinh\alpha_2 l$ $+\left[\dfrac{k_1\alpha_1}{k_2}(\alpha_2-k_2)-\dfrac{k_2\alpha_2}{k_1}(\alpha_1+k_1)\right]\cos\alpha_1 l\cosh\alpha_2 l=0$ $W(x)=\cos\alpha_1 x-\cosh\alpha_2 x-\dfrac{k_1\alpha_1\cos\alpha_1 l-k_2\alpha_2\cosh\alpha_2 l}{k_1 k_2(\alpha_1\sin\alpha_1 l+\alpha_2\sinh\alpha_2 l)}(k_2\sin\alpha_1 x+k_1\sinh\alpha_2 x)$ $\Psi(x)=k_1\sin\alpha_1 x-k_2\sinh\alpha_2 x-\dfrac{k_1\alpha_1\cos\alpha_1 l-k_2\alpha_2\cosh\alpha_2 l}{(\alpha_1\sin\alpha_1 l+\alpha_2\sinh\alpha_2 l)}(-\cos\alpha_1 x+\cosh\alpha_2 x)$
自由梁 $\Psi'(0)=0$ $W'(0)-\Psi(0)=0$ $\Psi'(l)=0$ $W'(l)-\Psi(l)=0$	$2k_1\alpha_1(\alpha_1+k_1)(1-\cos\alpha_1 l\cosh\alpha_2 l)+\left[\dfrac{(k_1\alpha_1)^2}{k_2\alpha_2}(\alpha_2-k_2)-\dfrac{k_2\alpha_2}{k_2-\alpha_2}(\alpha_1+k_1)^2\right]\sin\alpha_1 l\sinh\alpha_2 l=0$ $W(x)=\cos\alpha_1 x-\dfrac{k_1\alpha_1}{k_2\alpha_2}\cosh\alpha_2 x-\dfrac{k_1\alpha_1(\cos\alpha_1 l-\cosh\alpha_2 l)}{\left(k_1\alpha_1\sin\alpha_1 l-k_2\alpha_2\dfrac{k_1+\alpha_1}{\alpha_2-k_2}\sinh\alpha_2 l\right)}\left(\sin\alpha_1 x+\dfrac{k_1+\alpha_1}{\alpha_2-k_2}\sinh\alpha_2 x\right)$ $\Psi(x)=\sin\alpha_1 x-\dfrac{\alpha_1}{\alpha_2}\sinh\alpha_2 x+\dfrac{k_1\alpha_1(\cos\alpha_1 l-\cosh\alpha_2 l)}{\left(k_1\alpha_1\sin\alpha_1 l-k_2\alpha_2\dfrac{k_1+\alpha_1}{\alpha_2-k_2}\sinh\alpha_2 l\right)}\left(\cos\alpha_1 x+\dfrac{k_2}{k_1}\dfrac{k_1+\alpha_1}{\alpha_2-k_2}\cosh\alpha_2 x\right)$

式(4.4-17)中给出的模态系数也可以用 $EI/(kGAl^2)$ 和 Ω 表示如下：

$$
\begin{aligned}
lk_1&=l\frac{-\alpha_1^2 kGA+\rho A\omega^2}{kGA\alpha_1}=-l\alpha_1+\frac{\Omega^2}{\alpha_1 l}\frac{EI}{kGAl^2}\\
lk_2&=l\frac{\alpha_2^2 kGA+\rho A\omega^2}{kGA\alpha_2}=l\alpha_2+\frac{\Omega^2}{\alpha_2 l}\frac{EI}{kGAl^2}
\end{aligned}
\tag{4.4-31}
$$

式中左右两端的量也都是无因次的。把式(4.4-26)中的第 1 个关系式代入式(4.4-25)可得简支梁的模态函数为

$$
\begin{aligned}
W(x)&=\sinh\alpha_2 l\sin\alpha_1 x-\sin\alpha_1 l\sinh\alpha_2 x\\
\Psi(x)&=-k_1\sinh\alpha_2 l\cos\alpha_1 x-k_2\sin\alpha_1 l\cosh\alpha_2 x
\end{aligned}
\tag{4.4-32}
$$

为了能够利用模态叠加方法来分析剪切梁的自由振动和受迫振动，下面利用能量方法给出剪切梁模态函数的正交性。剪切梁的模态叠加方法公式为

$$
\begin{aligned}
w(x,t)&=\sum_{j=1}^{\infty}W_j(x)q_j(t)\\
\psi(x,t)&=\sum_{j=1}^{\infty}\Psi_j(x)q_j(t)
\end{aligned}
\tag{4.4-33}
$$

考虑图 4.3-3 所示具有复杂边界的梁，用剪切梁理论得到的势能和动能函数为

$$
\begin{aligned}
V&=\frac{1}{2}\int_0^l EI\left(\frac{\partial\psi}{\partial x}\right)^2\mathrm{d}x+\frac{1}{2}\int_0^l kGA\left(\frac{\partial w}{\partial x}-\psi\right)^2\mathrm{d}x+\frac{1}{2}\bar{k}_1 w^2(l,t)+\frac{1}{2}\bar{k}_2\psi^2(l,t)\\
T&=\frac{1}{2}\int_0^l(\rho A\dot{w}^2+\rho I\dot{\psi}^2)\mathrm{d}x+\frac{1}{2}\bar{m}\dot{w}^2(l,t)+\frac{1}{2}\bar{J}\dot{\psi}^2(l,t)
\end{aligned}
\tag{4.4-34}
$$

把式(4.4-33)代入上式，由于不同主振动的能量彼此独立，由此可得模态函数的正交性、模态质量和模态刚度如下：

$$\left.\begin{aligned}&\int_0^l EI\Psi_i'\Psi_j'\mathrm{d}x+\int_0^l kGA(W_i'-\Psi_i)(W_j'-\Psi_j)\mathrm{d}x+\bar{k}_1W_i(l)W_j(l)+\bar{k}_2\Psi_i(l)\Psi_j(l)=0\\&\int_0^l(\rho AW_iW_j+\rho I\Psi_i\Psi_j)\mathrm{d}x+\bar{m}W_i(l)W_j(l)+\bar{J}\Psi_i(l)\Psi_j(l)=0\end{aligned}\right\},$$

$$i\neq j \tag{4.4-35}$$

$$\begin{aligned}K_{pj}&=\int_0^l EI\Psi_j'^2\mathrm{d}x+\int_0^l kGA(W_j'-\Psi_j)^2\mathrm{d}x+\bar{k}_1W_j^2(l)+\bar{k}_2\Psi_j^2(l)\\M_{pj}&=\int_0^l(\rho AW_j^2+\rho I\Psi_j^2)\mathrm{d}x+\bar{m}W_j^2(l)+\bar{J}\Psi_j^2(l)\end{aligned} \tag{4.4-36}$$

例 4.4-1 分析简支矩形截面梁的固有频率。弹性模量 $E=70$ GPa,泊松比 $\upsilon=0.31$,体密度 $\rho=2\ 700\ \mathrm{kg/m^3}$,截面尺寸为 1 cm×1 cm。设梁的长度分别为 5 cm 和 20 cm。

解:表 4.4-3 分别给出梁的前 10 阶无因次固有频率,从中可以看出,欧拉梁适用于长梁的低阶固有频率的求解。这里给出的欧拉梁的无因次固有频率与梁长无关,但剪切梁的无因次固有频率与梁长相关,梁长越小剪切变形和截面转动惯量的作用越大。

若 $l=5$ cm,$\sqrt{kGAl^2/(EI)}\sqrt{Al^2/I}=169.19$,若 $l=20$ cm,$\sqrt{kGAl^2/(EI)}\sqrt{Al^2/I}=2707.07$,因此表 4.4-3 中剪切梁的固有频率都是由 $\sin\alpha_1 l=0$ 计算得到的。

表 4.4-3 简支梁前 10 阶无因次固有频率 Ω

频率阶次	欧拉梁 式(4.3-28)	剪切梁(l=5 cm) 式(4.4-28)	剪切梁(l=20 cm) 式(4.4-28)
1	π^2=9.869 6	9.270 9	9.8278 9
2	$(2\pi)^2$=39.478 4	32.135 0	38.826 2
3	$(3\pi)^2$=88.826 4	61.362 5	85.644 5
4	$(4\pi)^2$=157.913 7	93.072 5	148.334 3
5	$(5\pi)^2$=246.740 1	125.638 2	224.668 7

4.4.2 静力问题

为了更加清楚地了解欧拉梁理论和剪切梁理论的差异,下面简要介绍用剪切梁理论求解梁的静力学问题。剪切梁的静力学方程为

$$\frac{\mathrm{d}}{\mathrm{d}x}\left[kGA\left(\frac{\mathrm{d}w}{\mathrm{d}x}-\psi\right)\right]+f=0 \tag{4.4-37}$$

$$\frac{\mathrm{d}}{\mathrm{d}x}\left(EI\frac{\mathrm{d}\psi}{\mathrm{d}x}\right)+kGA\left(\frac{\mathrm{d}w}{\mathrm{d}x}-\psi\right)+m=0 \tag{4.4-38}$$

式中:f 和 m 为静载荷,分别表示横向分布力和分步弯矩。考虑均匀梁,对方程(4.4-37)和(4.4-38)进行消元得

$$EI\frac{\mathrm{d}^4w}{\mathrm{d}x^4}+\frac{EI}{kGA}\frac{\mathrm{d}^2f}{\mathrm{d}x^2}+\frac{\mathrm{d}m}{\mathrm{d}x}-f=0 \tag{4.4-39}$$

$$EI\frac{\mathrm{d}^3\psi}{\mathrm{d}x^3}-\frac{\mathrm{d}f}{\mathrm{d}x}+m=0 \tag{4.4-40}$$

从上式可以看出,截面转角 ψ 和剪切刚度 kGA 无关。若 f 和 m 都是常数,则由方程(4.4-39)和方程(4.4-40)得到的 w 和 ψ 分别是 4 次和 3 次代数多项式。把这两个代数多项式代入方

程(4.4-37)和方程(4.4-38)可以得到两个代数多项式各项系数之间的关系。最后,根据边界条件可以确定 w 和 ψ 的具体形式。

下面再介绍另外一种求解挠度和转交的方法。由于截面转角 ψ 的控制微分方程(4.4-40)和剪切刚度 kGA 无关,因此可以做如下变量替换:

$$w=w_b+w_s \tag{4.4-41}$$

$$\frac{\partial w_b}{\partial x}=\psi,\quad \frac{\partial w_s}{\partial x}=\gamma \tag{4.4-42}$$

其中 w_b 和 w_s 分别称为弯曲挠度和剪切挠度。把式(4.4-41)和式(4.4-42)代入方程(4.4-37)和(4.4-38)中得

$$kGA\frac{d^2w_s}{dx^2}+f=0 \tag{4.4-43}$$

$$EI\frac{d^3w_b}{dx^3}+kGA\frac{dw_s}{dx}+m=0 \tag{4.4-44}$$

式(4.4-43)在形式上与拉压杆的静平衡方程是相同的,故其求解方法也相同。把方程(4.4-43)代入方程(4.4-44)得

$$EI\frac{d^4w_b}{dx^4}+\frac{dm}{dx}=f \tag{4.4-45}$$

若不考虑分布弯矩 m,方程(4.4-45)与欧拉梁用挠度表示的平衡方程具有相同的形式。方程(4.4-45)还给出了在推导欧拉梁平衡方程时为何可以不考虑分布弯矩的理由。

例 4.4-2　在悬臂梁的自由端作用有横向载荷 $F=100$ N,杨氏模量 $E=7.0\times10^{10}$ GPa,泊松比 $\upsilon=0.31$,截面尺寸为 1 cm ×1 cm。设梁的长度分别为 5 cm 和 20 cm,试求解自由端的挠度和转角。

解:下面分别用 w 和 ψ 作为独立变量与用 w_b 和 w_s 作为独立变量求解此问题。

(1) 用 w 和 ψ 作为独立变量

由于 f 和 m 都等于零,因此 w 和 ψ 分别是 3 次和 2 次代数多项式,令其形式如下:

$$w=a_0+a_1x+a_2x^2+a_3x^3 \tag{a}$$

$$\psi=b_0+b_1x+b_2x^2 \tag{b}$$

把上面 w 和 ψ 的表达式代入方程(4.4-37)和(4.4-38)得

$$b_0=a_1+\frac{6EI}{kGA}a_3,\quad b_1=2a_2,\quad b_2=3a_3$$

因此

$$\psi=a_1+\frac{6EI}{kGA}a_3+2a_2x+3a_3x^2 \tag{c}$$

根据边界条件 $w(0)=0$,$\psi(0)=0$ 和 $M(l)=-EI\psi'(l)=0$,$Q=kGA[w'(l)-\psi(l)]=F$ 可得

$$a_0=0,\quad a_1=\frac{F}{kGA},\quad a_2=\frac{Fl}{2EI},\quad a_3=\frac{-F}{6EI}$$

于是

$$w=\frac{F}{kGA}x+\frac{F}{6EI}(3lx^2-x^3) \tag{d}$$

$$\psi=\frac{F}{2EI}(2lx-x^2) \tag{e}$$

自由端的挠度和转角为

$$w(l)=\frac{Fl}{kGA}+\frac{Fl^3}{3EI} \tag{f}$$

$$\psi(l)=\frac{Fl^2}{2EI} \tag{g}$$

(2) 用 w_b 和 w_s 作为独立变量

首先根据方程(4.4-43)求剪切变形引起的挠度。由于不考虑分布载荷，因此方程(4.4-43)的通解为

$$w_s=c_0+c_1x \tag{a1}$$

边界条件为

$$w_s(0)=0,\quad kGAw_s'(0)=F \tag{b1}$$

根据该边界条件可以确定式(a1)中的积分常数，进而得 w_s 为

$$w_s=\frac{F}{kGA}x \tag{c1}$$

因此自由端的剪切挠度为

$$w_s(l)=\frac{Fl}{kGA} \tag{d1}$$

下面根据方程(4.4-45)求弯曲挠度。由于不考虑分布载荷，因此方程(4.4-45)的通解为

$$w_b=d_0+d_1x+d_2x^2+d_3x^3 \tag{e1}$$

对应的边界条件为

$$\begin{gathered}w_b(0)=0,\quad w_b'(0)=\psi(0)=0\\ w_b''(l)=\psi'(l)=0,\quad EIw_b'''(l)=-F\end{gathered} \tag{f1}$$

根据该边界条件可以确定式(e1)中的积分常数，因此弯曲挠度函数为

$$w_b=\frac{Fl}{2EI}x^2-\frac{F}{6EI}x^3 \tag{g1}$$

而转角函数为

$$\psi=w_b'=\frac{Fl}{EI}x-\frac{F}{2EI}x^2 \tag{h1}$$

由此可见，这里得到的 $w_b(x)+w_s(x)$ 与式(d)中相同，$\psi(x)=w_b'(x)$ 与式(e)中的也相同，因此两种方法的结果相同。从表 4.4-4 可以看出，在计算长梁静挠度时，剪切变形引起的挠度是可以忽略的；对于短梁情况，忽略剪切变形会带来比较大的误差。

表 4.4-4 悬臂梁自由端的挠度

l= 5cm			l=20 cm		
w_b/m	w_s/m	w/m	w_b/m	w_s/m	w/m
7.1429E-05	2.2457E-06	7.3674E-05	4.5714E-03	8.9830E-06	4.5804E-03

4.5　矩形薄板弯曲振动

厚度 h 比其平面尺寸小得多的平板称为薄板，它是重要的结构构件之一。薄板承受横向载荷并产生弯曲变形。**薄板理论**也称基尔霍夫(G. R. Kirchhoff)板理论，实质上是直梁理论的二维推广。薄板采用基尔霍夫假设，也称直法线假设，即原来垂直于薄板中面的一段直线在板弯曲时，始终垂直于变形后的薄板中面且保持长度不变。这就意味着不考虑横向剪切变形和板厚对位移的影响。薄板的直法线假设与直梁的平剖面假设相当，但在薄板理论中要考虑泊松(S. D. Poisson)效应，而在直梁理论中不考虑泊松效应。当板厚逐渐增加时，直法线假设与实际情况的出入越来越大。采用赖斯纳(Reissner)1944 年提出的一阶剪切板理论或中厚板理论(有些文献也称之为 Mindlin 板理论)，可以使结果精度大幅度提高。

对于矩形薄板的横向振动问题，过去人们一直认为只有一对边简支情况，才可以利用逆法得到显式频率方程和分离变量形式模态函数。在近二十年，针对具有任意齐次边界条件的矩形板固有振动问题和特征屈曲问题，邢誉峰等系统建立了求矩形板特征值问题封闭形式解析解的方法。所谓封闭形式解析解是指由有限项初等函数构成的解，其中每个方向初等函数的项数等于对应特征微分方程的阶次或边界条件个数。

平板在面内载荷作用下会产生面内变形。通常面内固有频率远高于面外(横向)固有频率，于是工程上主要关心的是板的横向振动。但对于面内载荷作用显著的船舶壳体和飞行器结构等，面内振动是不能忽略的。面内振动模态比面外振动模态复杂，重频现象非常普遍。邢誉峰等完整地给出了对边简支情况下平板面内精确固有模态，和其他边界情况的高精度固有模态，读者可参阅有关文献。这里只介绍等厚均匀矩形薄板的弯曲振动问题。

4.5.1　基本公式

如图 4.5-1 所示，xOy 是在薄板中面内的直角坐标系，w 是 z 方向的位移也称为挠度。薄板理论的基本假设为：

(1) 直法线假设，即原来垂直于薄板中面的一段直线在板弯曲变形时始终垂直于薄板中面且保持长度不变。这意味着不考虑横向剪切变形和挠度沿板厚的变化，即

$$\gamma_{xz}=\gamma_{yz}=\varepsilon_z=0 \tag{4.5-1}$$

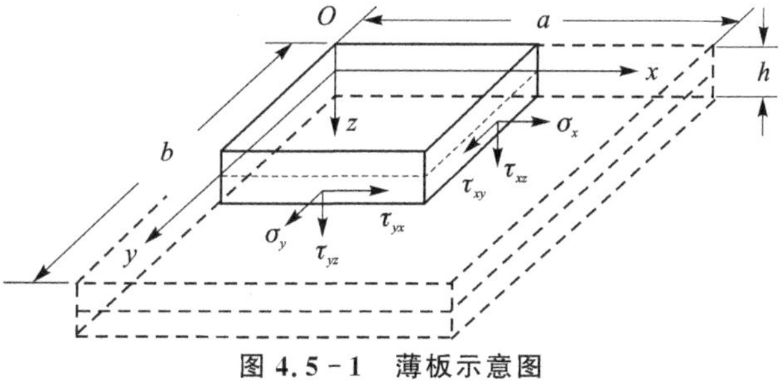

图 4.5-1　薄板示意图

由 $\varepsilon_z=0$ 可得

$$w(x,y,z,t)=w(x,y,t) \tag{4.5-2}$$

(2) 薄板中面($z=0$)没有面内位移，即在中面内有

$$\varepsilon_x=\varepsilon_y=\gamma_{xy}=0 \tag{4.5-3}$$

(3) 面外应力分量远小于面内应力分量。

由于前两条为基尔霍夫假设,因此薄板理论也称为基尔霍夫板理论。根据基尔霍夫假设,板面上任何一点的面内位移 u 和 v 为

$$\gamma_{xz}=0\Rightarrow u=-z\frac{\partial w}{\partial x}$$
$$\gamma_{yz}=0\Rightarrow v=-z\frac{\partial w}{\partial y} \tag{4.5-4}$$

上式表明,仅用挠度 w 即可确定板的全部变形状态,因此薄板理论也称具有一个广义位移的板理论。如假设(3)所述,薄板中的横向(面外)应力分量 σ_z、τ_{xz} 和 τ_{yz} 远小于面内应力分量 σ_x、σ_y 和 τ_{xy},因此可忽略其引起的变形 γ_{xz} 和 γ_{yz},见式(4.5-1),但剪应力 τ_{xz} 和 τ_{yz} 却是维持板微元体平衡条件所必须的。正是因为薄板的面外应力分量远小于面内应力分量,所以薄板理论采用平面应力问题的物理方程,于是有

$$\varepsilon_x=\frac{\partial u}{\partial x}=-z\frac{\partial^2 w}{\partial x^2}$$
$$\varepsilon_y=\frac{\partial v}{\partial y}=-z\frac{\partial^2 w}{\partial y^2} \tag{4.5-5}$$
$$\gamma_{xy}=\frac{\partial u}{\partial y}+\frac{\partial v}{\partial x}=-2\frac{\partial^2 w}{\partial x\partial y}$$

$$\sigma_x=\frac{E}{1-\upsilon^2}\left(\frac{\partial u}{\partial x}+\upsilon\frac{\partial v}{\partial y}\right)=-\frac{Ez}{1-\upsilon^2}\left(\frac{\partial^2 w}{\partial x^2}+\upsilon\frac{\partial^2 w}{\partial y^2}\right)$$
$$\sigma_y=\frac{E}{1-\upsilon^2}\left(\upsilon\frac{\partial u}{\partial x}+\frac{\partial v}{\partial y}\right)=-\frac{Ez}{1-\upsilon^2}\left(\upsilon\frac{\partial^2 w}{\partial x^2}+\frac{\partial^2 w}{\partial y^2}\right) \tag{4.5-6}$$
$$\tau_{xy}=\frac{E}{2(1+\upsilon)}\left(\frac{\partial u}{\partial y}+\frac{\partial v}{\partial x}\right)=-\frac{Ez}{1+\upsilon}\frac{\partial^2 w}{\partial x\partial y}$$

其中 υ 为泊松(SD Poisson)比。由弯矩和扭矩的定义可知其与曲率和扭率的关系,即

$$M_x=\int_{-h/2}^{h/2}\sigma_x z\,\mathrm{d}z=-D\left(\frac{\partial^2 w}{\partial x^2}+\upsilon\frac{\partial^2 w}{\partial y^2}\right) \tag{4.5-7}$$

$$M_y=\int_{-h/2}^{h/2}\sigma_y z\,\mathrm{d}z=-D\left(\upsilon\frac{\partial^2 w}{\partial x^2}+\frac{\partial^2 w}{\partial y^2}\right) \tag{4.5-8}$$

$$M_{xy}=\int_{-h/2}^{h/2}\tau_{xy} z\,\mathrm{d}z=-D(1-\upsilon)\frac{\partial^2 w}{\partial x\partial y} \tag{4.5-9}$$

式中:M_x 是作用在垂直于 x 轴的中面内单位长度线段上的弯矩,M_y 是作用在垂直于 y 轴的中面内单位长度线段的弯矩,M_{xy} 是作用在垂直于 x(和 y)方向的中面内单位长度上线段的扭矩,弯曲刚度 D 的表达式为

$$D=\frac{Eh^3}{12(1-\upsilon^2)} \tag{4.5-10}$$

需要指出的是,由于弯矩和扭矩是定义在垂直中面单位长度截面上的,因此 M_x、M_y 和 M_{xy} 的单位是“牛顿”,而不是“牛顿·米”。梁理论中的弯矩单位为“牛顿·米”。在薄板理论中,由于不考虑横向剪切变形,因此需要根据微元体力矩平衡条件求出作用在垂直于 x 方向或 y 方向单位长度截面内的剪力 Q_x 和 Q_y,即

$$\begin{aligned} Q_x &= \frac{\partial M_x}{\partial x} + \frac{\partial M_{xy}}{\partial y} \\ Q_y &= \frac{\partial M_y}{\partial y} + \frac{\partial M_{xy}}{\partial x} \end{aligned} \tag{4.5-11}$$

式中：Q_x 和 Q_y 的单位为“牛顿/米”而不是“牛顿”。梁理论中的剪力单位是“牛顿”。在 z 方向应用牛顿定律可以得到横向动力平衡方程为

$$D\left(\frac{\partial^4 w}{\partial x^4} + 2\frac{\partial^4 w}{\partial x^2 \partial y^2} + \frac{\partial^4 w}{\partial y^4}\right) + \rho h \frac{\partial^2 w}{\partial t^2} = f \tag{4.5-12}$$

式中：ρh 是薄板单位面积的质量；$f(x,y,t)$ 是作用在板面的横向分布面力。

4.5.2　固有振动问题

令 $f=0$，从式(4.5-12)可得均匀薄板的自由振动微分方程为

$$D\left(\frac{\partial^4 w}{\partial x^4} + 2\frac{\partial^4 w}{\partial x^2 \partial y^2} + \frac{\partial^4 w}{\partial y^4}\right) + \rho h \frac{\partial^2 w}{\partial t^2} = 0 \tag{4.5-13}$$

薄板的主振动响应为 $w(x,y,t)=W(x,y)e^{i\omega t}$，将其代入上式得如下特征微分方程：

$$\frac{\partial^4 W}{\partial x^4} + 2\frac{\partial^4 W}{\partial x^2 \partial y^2} + \frac{\partial^4 W}{\partial y^4} = \frac{\rho h \omega^2}{D} W \tag{4.5-14}$$

式中 $W(x,y)$ 为模态函数，表 4.5-1 给出了薄板的简单边界条件，其中 n 表示边界的外法向，对于垂直于 x 轴的边，$n=x$，对于垂直于 y 轴的边，$n=y$。表 4.5-1 不包含扭矩，这是因为从做功的角度来看，扭矩和剪力不是相互独立的。

表 4.5-1　薄板的简单边界条件

边界条件	位移边界条件		力的边界条件	
	位　移	斜　率	弯　矩	剪　力
固支	$w=0$	$\partial w/\partial n=0$	/	/
简支	$w=0$	/	$M_n=0$	/
自由	/	/	$M_n=0$	$Q_n=0$
滑移	/	$\partial w/\partial n=0$	/	$Q_n=0$

设 $W(x,y)$ 具有如下分离变量形式：

$$W(x,y)=\phi(x)\psi(y) \tag{4.5-15}$$

式中

$$\phi(x)=A e^{\mu x}, \quad \psi(y)=B e^{\lambda y} \tag{4.5-16}$$

把式(4.5-15)和式(4.5-16)代入式(4.5-14)可得

$$(\mu^2+\lambda^2)^2 = \frac{\rho h \omega^2}{D} \tag{4.5-17}$$

式(4.5-17)说明：如果模态函数具有分离变量形式(4.5-15)，则一对空间特征值(μ,λ)决定一阶固有频率 ω，即

$$\omega = |(\mu^2+\lambda^2)| \sqrt{\frac{D}{\rho h}} \tag{4.5-18}$$

其中 μ 和 λ 为实数或纯虚数。下面分几种情况介绍如何确定空间特征值 μ、λ 及其两个方向的模态函数 $\phi(x)$ 和 $\psi(y)$。

1. 简支矩形板

纳维(C.-L.-M.-H Navier)在 1820 年提出用重三角级数求解四边简支矩形板静平衡问题的方法,后世称之**纳维法**。在用纳维法求解四边简支矩形薄板横向弯曲固有振动问题时,模态函数具有如下形式:

$$W_{ij}=\sin\frac{i\pi x}{a}\sin\frac{j\pi y}{b} \tag{4.5-19}$$

式中:$i,j=1,2,\cdots$分别表示两个三角函数的半波数;a 和 b 分别为矩形板在 x 和 y 方向的长度。容易验证,式(4.5-19)满足矩形板四个边的简支边界条件。把式(4.5-19)和式(4.5-15)进行比较可知

$$\phi_i=\sin\frac{i\pi x}{a},\quad \psi_i=\sin\frac{j\pi y}{b} \tag{4.5-20}$$

根据式(4.5-16)可知 μ 和 λ 为纯虚数,即

$$\mu_i=\mathrm{i}\,\frac{i\pi}{a},\quad \lambda_j=\mathrm{i}\,\frac{j\pi}{b} \tag{4.5-21}$$

式中:$\mathrm{i}=\sqrt{-1}$。把式(4.5-21)代入式(4.5-18)可知固有频率为

$$\omega_{ij}=\left[\left(\frac{i\pi}{a}\right)^2+\left(\frac{j\pi}{b}\right)^2\right]\sqrt{\frac{D}{\rho h}} \tag{4.5-22}$$

若板的对边 $x=0$ 和 $x=a$ 简支,而另外两条边 $y=0$ 和 $y=b$ 自由,这时板相当于沿着 x 方向的简支梁,其固有频率为式(4.5-22)中的$(i\pi/a)^2\sqrt{D/\rho h}$,这相当于是考虑泊松效应的 x 方向简支梁的固有频率,可以类似地分析$(j\pi/b)^2\sqrt{D/\rho h}$的含义。于是,可以认为矩形简支板的固有频率是考虑泊松比效应的两个垂直方向的简支梁的固有频率之和。

在前面讨论的杆和梁等一维结构中,不存在非零固有频率彼此相等或重频情况。然而,具有对称边界条件的矩形薄板存在非零重频情况,方板情况更是如此。从式(4.5-22)可以直接看出,当 $a=b$ 时,$\omega_{ij}=\omega_{ji}\,(i\neq j)$为重频,不过二者对应不同的模态函数 W_{ij} 和 W_{ji},见式(4.5-19)。图 4.5-2 给出了方板前几阶模态图。

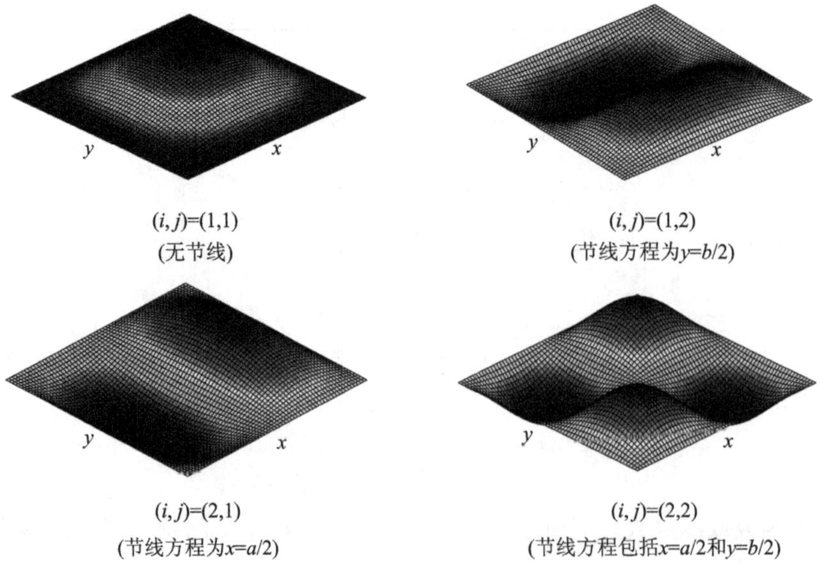

图 4.5-2 简支方板模态图(节线与边界平行)

在杆和梁的主振动中存在节点，与此类似，板在主振动中存在节线，也就是主振动中板内挠度始终为零的线段，节线方程为 $W_{ij}(x,y)=0$，求解该方程可以确定节线位置。若 $W_{ij}(x,y)$ 具有分离变量形式，如式(4.5-15)，则节线平行于坐标轴，并且平行于 x 轴和平行于 y 轴的节线位置分别由节线方程 $\psi_j(y)=0$ 和 $\phi_i(x)=0$ 来确定。譬如，模态 W_{21} 的唯一节线位置由节线方程 $\phi_2(x)=0$ 确定，为 $x=a/2$；模态 W_{22} 的两条节线分别为 $x=a/2$ 和 $y=b/2$，参见图 4.5-2。需要指出的是，虽然重频对应不同的模态函数，但对应的模态函数不是唯一的，节线也可以具有其他形状。例如，虽然方板的重频 ω_{12} 和 ω_{12} 分别对应模态函数 W_{12} 和 W_{21}，但二者的组合 $W_{12}+\gamma W_{21}$（γ 为实数）和 $W_{12}-\gamma W_{21}$ 也是该重频的模态函数，$\gamma=1$ 对应的模态函数的节线为两条对角线 $x=y$ 和$x=-y$，见图 4.5-3；模态函数 $W_{12}+\gamma W_{21}$ 和 $W_{12}-\gamma W_{21}$ 的节线位置随着 γ 的变化而变化。对于其他高阶重频的情况，不平行于坐标轴的节线的几何形状更加复杂。

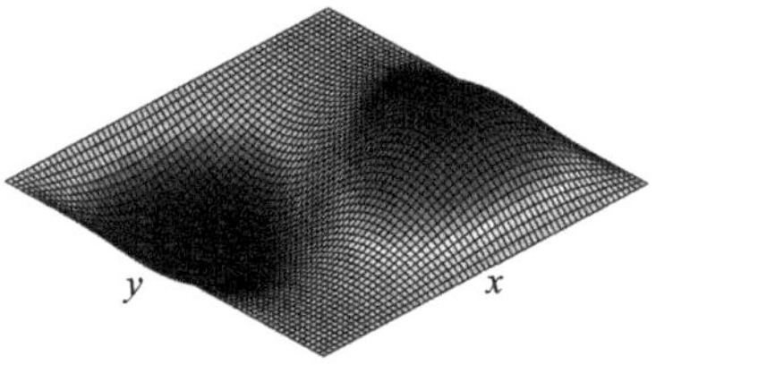

(a) 节线方程为$x=y$

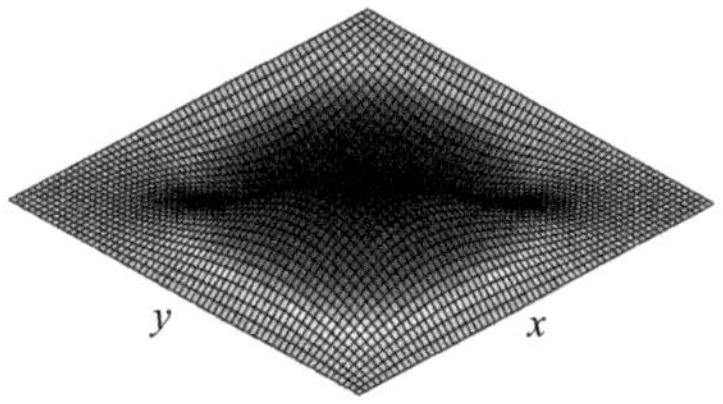

(b) 节线方程为$x=-y$

图 4.5-3　方板重频 $\omega_{12}=\omega_{21}$ 的另一种模态图(节线为对角线)

利用与纳维方法类似的思想，可以得到四边具有滑移边界的矩形板（简称滑移板）的模态函数和固有频率

$$W_{ij}=\cos\frac{i\pi x}{a}\cos\frac{j\pi y}{b} \tag{4.5-23}$$

$$\omega_{ij}=\left[\left(\frac{i\pi}{a}\right)^2+\left(\frac{j\pi}{b}\right)^2\right]\sqrt{\frac{D}{\rho h}} \tag{4.5-24}$$

式中：$i,j=0,1,2,\cdots$。滑移板具有零频，i 和 j 都大于零时对应的非零固有频率与简支板的相同，不过二者的模态函数不同。

2. 对边简支矩形板

莱维(M. Levy)1900 年提出一种求解矩形板边值问题的精确解法，称为**莱维方法**，其也适用于精确求解具有一组简支或滑移对边的矩形板的固有模态。

下面以 $x=0$ 和 $x=a$ 边为固支边、$y=0$ 和 $y=b$ 为简支边情况为例来介绍莱维方法。对于这种情况，函数 $\psi_j(y)$ 和其对应的特征值 λ_j 为已知，分别为式(4.5-20)和式(4.5-21)中给出的形式。因此，模态函数为

$$W_{ij}=\phi_i(x)\sin\frac{j\pi y}{b} \tag{4.5-25}$$

式中：$\phi_i(x)$ 需要由特征微分方程(4.5-14)与 $x=0$ 和 $x=a$ 边的边界条件来确定。可以验证，模态函数 W_{ij} 满足挠度 $w(x,y)$ 和弯矩 M_y 在 $y=0$ 和 $y=b$ 边为零的条件。根据式(4.5-17)可得

$$\begin{aligned}\mu_{i1,2}&=\pm\mathrm{i}\alpha_{1i}\\ \mu_{i3,4}&=\pm\beta_{1i}\end{aligned} \tag{4.5-26}$$

$$\alpha_{1i}=\sqrt{\lambda_j^2+\omega_{ij}\sqrt{\frac{\rho h}{D}}},\quad \beta_{1i}=\sqrt{-\lambda_j^2+\omega_{ij}\sqrt{\frac{\rho h}{D}}} \tag{4.5-27a}$$

或

$$\alpha_{1i}=\sqrt{\sqrt{\frac{\rho h}{D}}\left(\sqrt{\frac{D}{\rho h}}\lambda_j^2+\omega_{ij}\right)},\quad \beta_{1i}=\sqrt{\sqrt{\frac{\rho h}{D}}\left(-\sqrt{\frac{D}{\rho h}}\lambda_j^2+\omega_{ij}\right)} \tag{4.5-27b}$$

其中两式平方相减可得

$$\alpha_{1i}^2-\beta_{1i}^2=2\lambda_j^2 \tag{4.5-28}$$

由于 λ_j 为纯虚数,因此 $-\lambda_j^2>0$,于是 β_{1i} 为正数或 $\mu_{i3,4}$ 是一对实数,但 $\mu_{i1,2}$ 可能为实数或纯虚数。下面先考虑 $\mu_{i1,2}$ 为纯虚数情况,此时 $\phi_i(x)$ 的表达式为

$$\phi_i(x)=C_{1i}\cos\alpha_{1i}x+C_{2i}\sin\alpha_{1i}x+C_{3i}\cosh\beta_{1i}x+C_{4i}\sinh\beta_{1i}x \tag{4.5-29}$$

式中:积分系数 $C_{1i},\cdots,C_{4i}$ 可以由 $x=0$ 和 $x=a$ 边的边界条件来确定。当 $\mu_{i1,2}$ 为非零实数时,因为三角函数和双曲函数之间具有变换关系: $\sin \mathrm{i}x=\mathrm{i}\sinh x$, $\cos \mathrm{i}x=\cosh x$,所以此时 $\phi_i(x)$ 仍然可用式(4.5-29)中的形式。

下面考虑 $\mu_{i1,2}=0$ 的情况。当 $x=0$ 和 $x=a$ 为自由边时,式(4.5-27b)中的 $(-\lambda_j^2)\sqrt{D/\rho h}$ 相当于是考虑泊松效应的简支梁固有频率;若 $x=0$ 和 $x=a$ 为其他边界条件,则板的固有频率 ω_{ij} 一定大于 $(-\lambda_j^2)\sqrt{D/\rho h}$,即 α_{1i} 为正数或 $\mu_{i1,2}$ 为一对纯虚数。只有当 $x=0$ 和 $x=a$ 为自由边时, $\mu_{11,2}$ 等于零,对应的 $\phi_1(x)$ 为

$$\phi_1(x)=C_{11}+C_{21}x+C_{31}\cosh\beta_{11}x+C_{41}\sinh\beta_{11}x$$

其图像不具有波的形式。

板边 $x=0$ 和 $x=a$ 为固支的边界条件是挠度 $w(x,y)$ 及其斜率 $\partial w/\partial x$ 等于零,即

$$\phi_i(0)=0,\phi_i'(0)=0,\phi_i(a)=0,\phi_i'(a)=0 \tag{4.5-30}$$

把式(4.5-29)代入式(4.5-30)中 $x=0$ 处的边界条件得

$$\begin{aligned}C_{3i}&=-C_{1i}\\ C_{4i}&=-\frac{\alpha_{1i}C_{2i}}{\beta_{1i}}\end{aligned} \tag{4.5-31}$$

把式(4.5-31)代入式(4.5-29)得

$$\phi_i(x)=C_{1i}(\cos\alpha_{1i}x-\cosh\beta_{1i}x)+C_{2i}\left(\sin\alpha_{1i}x-\frac{\alpha_{1i}}{\beta_{1i}}\sinh\beta_{1i}x\right) \tag{4.5-32}$$

把式(4.5-32)代入式(4.5-30)中 $x=a$ 处的边界条件得

$$\begin{aligned}&C_{1i}(\cos\alpha_{1i}a-\cosh\beta_{1i}a)+C_{2i}\left(\sin\alpha_{1i}a-\frac{\alpha_{1i}}{\beta_{1i}}\sinh\beta_{1i}a\right)=0\\ &C_{1i}(\alpha_{1i}\cos\alpha_{1i}a-\beta_{1i}\cosh\beta_{1i}a)+C_{2i}\alpha_{1i}(\cos\alpha_{1i}a-\cosh\beta_{1i}a)=0\end{aligned} \tag{4.5-33}$$

由于 C_{1i} 和 C_{2i} 具有非零解,因此得到频率方程为

$$2\alpha_{1i}\beta_{1i}(1-\cos\alpha_{1i}a\cosh\beta_{1i}a)+(\beta_{1i}^2-\alpha_{1i}^2)\sin\alpha_{1i}a\sinh\beta_{1i}a=0 \tag{4.5-34}$$

把式(4.5-27)代入式(4.5-34),给定一个 λ_j,从式(4.5-34)中可以求解出固有频率 ω_{ij} $(j=1,2,\cdots)$,进而得到 α_{1i} 和 β_{1i}。也可以把式(4.5-28)代入式(4.5-34),先求解 α_{1i} 或 β_{1i},然后根据式(4.5-27)或式(4.5-18)计算固有频率,即

$$\omega_{ij}=(\alpha_{1i}^2-\lambda_j^2)\sqrt{\frac{D}{\rho h}} \tag{4.5-35a}$$

或

$$\omega_{ij}=(\beta_{1i}^2+\lambda_j^2)\sqrt{\frac{D}{\rho h}} \tag{4.5-35b}$$

由式(4.5-33)中的第 2 个关系式可得

$$C_{2i}=-C_{1i}\frac{(\alpha_{1i}\cos\alpha_{1i}a-\beta_{1i}\cosh\beta_{1i}a)}{\alpha_{1i}(\cos\alpha_{1i}a-\cosh\beta_{1i}a)}\triangleq-C_{1i}k_{1i} \tag{4.5-36}$$

其中“$\triangleq$”表示令等号左端等于右端。把式(4.5-36)代入式(4.5-32)并令 $C_{1i}=1$ 得

$$\phi_i(x)=\cos\alpha_{1i}x-\cosh\beta_{1i}x-k_{1i}\left(\sin\alpha_{1i}x-\frac{\alpha_{1i}}{\beta_{1i}}\sinh\beta_{1i}x\right) \tag{4.5-37}$$

把上式代入式(4.5-25)可得板的模态函数 W_{ij}。与简支板情况相同,节线的位置也是通过节线方程 $\phi_i(x)=0$ 和 $\psi_j(y)=0$ 来确定的。读者不难发现,频率方程(4.5-34)和函数 $\phi_i(x)$ 的形式与两端固支剪切梁的完全类似,参见表 4.4-2。

当 $x=0$ 和 $x=a$ 边为其他齐次边界时,推导频率方程和模态函数的方法与上面的类似。

若 $y=0$ 和 $y=b$ 为滑移边,其对应的 $\psi_j(y)$ 和 λ_j 与滑移板的情况相同,见式(4.5-23)和式(4.5-24),即

$$\psi_j(y)=\cos\frac{j\pi y}{b} \tag{4.5-38}$$

$$\lambda_j=\mathrm{i}\frac{j\pi}{b} \tag{4.5-39}$$

式中 $j=0,1,2,\cdots$,并且式(4.5-26)~式(4.5-37)中所有的结果都适合这种情况。实际上,这些结果也适用于 $y=0$ 简支、$y=b$ 滑移和 $y=0$ 滑移、$y=b$ 简支情况。

3. 其他边界矩形板

若矩形板没有简支或滑移对边,则没有精确的分离变量形式模态函数。2009 年以来,邢誉峰等提出了多种近似求解这种情况的分离变量形式模态的方法,下面简单介绍其中最简单的方法。

设模态函数仍具有式(4.5-17)给出的形式。方程(4.5-17)是关于 μ 的四次代数方程,设其根为

$$\mu_{1,2}=\pm\mathrm{i}\alpha_1,\quad \mu_{3,4}=\pm\beta_1 \tag{4.5-40}$$

$$\alpha_1=\sqrt{k^2+\lambda^2},\quad \beta_1=\sqrt{k^2-\lambda^2} \tag{4.5-41}$$

其中 $k^2=\sqrt{\rho h\omega^2/D}$。方程(4.5-17)也是关于 λ 的四次代数方程,设其根为

$$\lambda_{1,2}=\pm\mathrm{i}\alpha_2,\quad \lambda_{3,4}=\pm\beta_2 \tag{4.5-42}$$

$$\alpha_2=\sqrt{k^2+\mu^2},\quad \beta_2=\sqrt{k^2-\mu^2} \tag{4.5-43}$$

把 $\mu=\mathrm{i}\alpha_1$ 代入式(4.5-43)得

$$\alpha_2=\sqrt{k^2-\alpha_1^2} \tag{4.5-44}$$

$$\beta_2=\sqrt{k^2+\alpha_1^2} \tag{4.5-45}$$

把 $\lambda=\mathrm{i}\alpha_2$ 代入式(4.5-41)得

$$\beta_1=\sqrt{k^2+\alpha_2^2} \tag{4.5-46}$$

$$\alpha_1=\sqrt{k^2-\alpha_2^2} \tag{4.5-47}$$

通过比较方程(4.5-44)和方程(4.5-47)可知二者平方是等价的。于是,上面得到了关

于空间特征值 α_1、β_1、α_2、β_2 和固有频率 ω 的三个方程,即方程(4.5-44)~方程(4.5-46)。

利用 α_1、β_1 和 α_2、β_2 可以分别把式(4.5-15)中的 $\phi(x)$ 和 $\psi(y)$ 表示为

$$\phi(x)=C_1\cos\alpha_1 x+C_2\sin\alpha_1 x+C_3\cosh\beta_1 x+C_4\sinh\beta_1 x \tag{4.5-48}$$

$$\psi(y)=B_1\cos\alpha_2 y+B_2\sin\alpha_2 y+B_3\cosh\beta_2 y+B_4\sinh\beta_2 y \tag{4.5-49}$$

于是,根据矩形板两组对边的边界条件可以得到两个关于 α_1、β_1、α_2 和 β_2 的超越方程。下面以固支板为例来说明用该分离变量方法求解矩形薄板固有模态的过程。

用模态函数 $\phi(x)$ 和 $\psi(y)$ 表示的固支板的边界条件为

$$\phi(0)=0,\phi'(0)=0 \tag{4.5-50a}$$

$$\phi(a)=0,\phi'(a)=0 \tag{4.5-50b}$$

$$\psi(0)=0,\psi'(0)=0 \tag{4.5-51a}$$

$$\psi(b)=0,\psi'(b)=0 \tag{4.5-51b}$$

根据边界条件(4.5-50a)有

$$C_3=-C_1,C_4=-\frac{\alpha_1}{\beta_1}C_2 \tag{4.5-52}$$

因此 $\phi(x)$ 变为

$$\phi(x)=C_1(\cos\alpha_1 x-\cosh\beta_1 x)+C_2\left(\sin\alpha_1 x-\frac{\alpha_1}{\beta_1}\sinh\beta_1 x\right) \tag{4.5-53}$$

把式(4.5-53)代入式(4.5-50b)得

$$C_1(\cos\alpha_1 a-\cosh\beta_1 a)+C_2\left(\sin\alpha_1 a-\frac{\alpha_1}{\beta_1}\sinh\beta_1 a\right)=0 \tag{4.5-54a}$$

$$-C_1(\alpha_1\sin\alpha_1 a+\beta_1\sinh\beta_1 a)+C_2\alpha_1(\cos\alpha_1 a-\cosh\beta_1 a)=0 \tag{4.5-54b}$$

由于 C_1 和 C_2 具有非零解,因此由式(4.5-54)系数矩阵行列式等于零得

$$2\alpha_1\beta_1(1-\cos\alpha_1 a\cosh\beta_1 a)+(\beta_1^2-\alpha_1^2)\sin\alpha_1 a\sinh\beta_1 a=0 \tag{4.5-55}$$

可以看出,式(4.5-55)与式(4.5-34)相同。由式(4.5-54b)可得

$$C_2=-C_1\frac{(\alpha_1\cos\alpha_1 a-\beta_1\cosh\beta_1 a)}{\alpha_1(\cos\alpha_1 a-\cosh\beta_1 a)}\triangleq -C_1 k_1 \tag{4.5-56}$$

把式(4.5-56)代入式(4.5-53)并令 $C_1=1$ 得

$$\phi(x)=\cos\alpha_1 x-\cosh\beta_1 x-k_1\left(\sin\alpha_1 x-\frac{\alpha_1}{\beta_1}\sinh\beta_1 x\right) \tag{4.5-57}$$

通过比较可知,式(4.5-57)与式(4.5-37)相同。同理可得 y 方向的超越方程和模态函数为

$$2\alpha_2\beta_2(1-\cos\alpha_2 b\cosh\beta_2 b)+(\beta_2^2-\alpha_2^2)\sin\alpha_2 b\sinh\beta_2 b=0 \tag{4.5-58}$$

$$\psi(y)=\cos\alpha_2 y-\cosh\beta_2 y-k_2\left(\sin\alpha_2 y-\frac{\alpha_2}{\beta_2}\sinh\beta_2 y\right) \tag{4.5-59}$$

其中

$$k_2=\frac{(\alpha_2\cos\alpha_2 b-\beta_2\cosh\beta_2 b)}{\alpha_2(\cos\alpha_2 b-\cosh\beta_2 b)}$$

把式(4.5-44)和式(4.5-45)代入式(4.5-58)可得

$$\frac{1-\cos b\sqrt{k^2-\alpha_1^2}\cosh b\sqrt{k^2+\alpha_1^2}}{\sin b\sqrt{k^2-\alpha_1^2}\sinh b\sqrt{k^2+\alpha_1^2}}+\frac{\alpha_1^2}{\sqrt{k^2-\alpha_1^2}\sqrt{k^2+\alpha_1^2}}=0 \tag{4.5-60}$$

由式(4.5-46)和式(4.5-47)可得

$$\alpha_1^2+\beta_1^2=2k^2 \tag{4.5-61}$$

联立求解超越方程(4.5－55)、超越方程(4.5－60)和代数方程(4.5－61)可以得到 α_1、β_1 和 ω，进而得到 α_2 和 β_2。

对于上面介绍的分离变量方法，有如下几点值得强调：

1) 需要联立求解两个方向的特征解(ϕ,μ)和(ψ,λ)，不是已知其中一个来求另外一个(莱维法)，或者两个都已知，只是求固有频率(纳维法)。

2) 对于简支(或滑移)板和对边简支(或滑移)板，该方法的解退化到精确的纳维和莱维解。

3) 该方法严格满足边界条件，除了 2) 介绍的情况外，该方法不严格满足特征微分方程(4.5－14)，但该封闭形式的解析解具有很高的精度。

4) 该方法适用于简支、滑移和固支边界任意组合情况；如果有一组对边为简支或滑移，另外一组对边可以包括自由边。对于适用于任意齐次边界条件情况的其他分离变量方法，读者可参见邢誉峰的相关论著。

4. 模态函数的正交性

关于薄板模态函数的正交性，证明方法和前面介绍的杆和梁模态函数正交性的证明方法相同，这里不再具体讨论。针对板具有简单边界条件情况(边界上没有附加质量和弹簧)，板的势能函数和动能函数为

$$\begin{aligned}V&=\frac{1}{2}\iiint(\sigma_x\varepsilon_x+\sigma_y\varepsilon_y+\tau_{xy}\gamma_{xy})\,\mathrm{d}x\,\mathrm{d}y\,\mathrm{d}z\\&=\frac{1}{2}\iint D\left[\left(\frac{\partial^2 w}{\partial x^2}\right)^2+2\upsilon\frac{\partial^2 w}{\partial x^2}\frac{\partial^2 w}{\partial y^2}+\left(\frac{\partial^2 w}{\partial y^2}\right)^2+2(1-\upsilon)\left(\frac{\partial^2 w}{\partial x\partial y}\right)^2\right]\mathrm{d}x\,\mathrm{d}y\end{aligned}$$

$$T=\frac{1}{2}\iint\rho h\dot{w}^2\,\mathrm{d}x\,\mathrm{d}y \tag{4.5-62}$$

由于板各阶主振动之间能量互不交换，因此根据上式可得如下模态函数的正交关系：

$$\begin{aligned}&\iint D\left\{\frac{\partial^2 W_{ij}}{\partial x^2}\frac{\partial^2 W_{mn}}{\partial x^2}+\upsilon\left(\frac{\partial^2 W_{ij}}{\partial x^2}\frac{\partial^2 W_{mn}}{\partial y^2}+\frac{\partial^2 W_{mn}}{\partial x^2}\frac{\partial^2 W_{ij}}{\partial y^2}\right)+\frac{\partial^2 W_{ij}}{\partial y^2}\frac{\partial^2 W_{mn}}{\partial y^2}+\right.\\&\left.2(1-\upsilon)\frac{\partial^2 W_{ij}}{\partial x\partial y}\frac{\partial^2 W_{mn}}{\partial x\partial y}\right\}\mathrm{d}x\,\mathrm{d}y=0\quad(ij\neq mn)\end{aligned} \tag{4.5-63}$$

$$\iint\rho hW_{ij}W_{mn}\,\mathrm{d}x\,\mathrm{d}y=0\quad(ij\neq mn) \tag{4.5-64}$$

模态质量和模态刚度分别为

$$M_{\mathrm{p}ij}=\iint\rho hW_{ij}^2\,\mathrm{d}x\,\mathrm{d}y \tag{4.5-65}$$

$$K_{\mathrm{p}ij}=\iint D\left\{\left(\frac{\partial^2 W_{ij}}{\partial x^2}\right)^2+2\upsilon\frac{\partial^2 W_{ij}}{\partial x^2}\frac{\partial^2 W_{ij}}{\partial y^2}+\left(\frac{\partial^2 W_{ij}}{\partial y^2}\right)^2+2(1-\upsilon)\left(\frac{\partial^2 W_{ij}}{\partial x\partial y}\right)^2\right\}\mathrm{d}x\,\mathrm{d}y \tag{4.5-66}$$

并且

$$\omega_{ij}^2=\frac{K_{\mathrm{p}ij}}{M_{\mathrm{p}ij}} \tag{4.5-67}$$

求得固有模态后，可以利用模态叠加方法分析薄板的自由振动和受迫振动。

4.6 系统动力参数修改方法

如何通过改变结构的刚度和质量来调整系统的固有频率?增加了一个约束条件之后,系统的固有振动特性将发生怎样的变化?这些问题一直是学者和工程技术人员所关心的。本节介绍解决这些问题的基本理论和方法。

4.6.1 固有频率的一阶灵敏度

通过改变结构的刚度、质量甚至阻尼来修正系统的固有频率是工程分析和设计过程中经常碰到的问题。当结构刚度和质量有微小变化时,固有频率将随之发生变化。如果所有变化量均为一阶小量,则构成一阶灵敏度问题。利用瑞利原理(或称瑞利商,参见第5章)来研究固有频率的一阶灵敏度问题是比较简便的。下面先以欧拉梁为例进行介绍,所用方法和结论可以推广到其他连续系统。

以梁的挠度(实际上是梁的模态函数)作为自变函数,其固有频率的平方的泛函为

$$\omega^2 = \underset{w}{\mathrm{st}} \frac{\frac{1}{2}\int_0^l EIw''^2 \mathrm{d}x}{\frac{1}{2}\int_0^l mw^2 \mathrm{d}x} \tag{4.6-1}$$

式中:st表示取驻立值。当截面弯曲刚度 EI 和单位长度质量 m 分别有变分 $\delta(EI)$ 和 δm 时,不仅 ω^2 会有变分 $\delta(\omega^2)$,w 也会有变分 δw(此处的变分表示微小变化量,用符号 δ 表示)。瑞利原理指出,固有振动的模态是使泛函(4.6-1)达到驻立值的那些位移函数,因此一阶变分 δw 不会引起 ω^2 的变化。于是,根据式(4.6-1)可直接导出

$$\delta(\omega^2) = \frac{\int_0^l \delta(EI)w''^2 \mathrm{d}x}{\int_0^l mw^2 \mathrm{d}x} - \omega^2 \frac{\int_0^l \delta(m)w^2 \mathrm{d}x}{\int_0^l mw^2 \mathrm{d}x} \tag{4.6-2}$$

上式即是 ω^2 的一阶**灵敏度**的计算公式,由此可以得到以下结论:

① 增加刚度可以提高固有频率。在某模态曲率 w'' 最大处增加刚度,将对提高该阶固有频率最有效,如在曲率为0处增加刚度,则对该阶固有频率没有影响。

② 增加质量可以降低固有振动频率。在某阶模态位移的最大处增加质量将对降低该阶频率最有效,如在位移为0处增加质量,则对该阶频率没有影响。

式(4.6-2)具有工程应用价值,它为结构动力参数修改或参数优化设计提供了理论基础。历史上,很早就已利用式(4.6-2)所揭示的规律和结构地面共振试验来测量与某阶模态对应的模态质量。具体方法是:使结构处于某阶共振状态并记录固有频率 ω,然后在振幅较大处增加一微小质量块 Δm,再次使结构达到共振状态并记录新的共振频率 $\tilde{\omega}$,最后利用式(4.6-2)可得如下结果:

$$\delta(\omega^2)\int_0^l mw^2 \mathrm{d}x = -\omega^2 \Delta m \tag{4.6-3}$$

或

$$\int_0^l mw^2 \mathrm{d}x = \frac{\omega^2}{\omega^2 - \tilde{\omega}^2}\Delta m \tag{4.6-4}$$

上式左端为与 ω 对应的模态质量。在推导式(4.6-3)时，利用的模态归一化条件是：模态在附加质量处的值为单位值。只要采用对应的应变能和动能系数，则式(4.6-2)和式(4.6-4)就适用于任何弹性结构振动系统。

对于离散系统，也有类似于式(4.6-1)的瑞利原理公式：

$$\omega^2 = \mathrm{st}\,\frac{\boldsymbol{\varphi}^{\mathrm{T}}\boldsymbol{K}\boldsymbol{\varphi}}{\boldsymbol{\varphi}^{\mathrm{T}}\boldsymbol{M}\boldsymbol{\varphi}} \tag{4.6-5}$$

因此有类似(4.6-2)的一阶灵敏度公式，即

$$\delta(\omega^2) = \frac{\boldsymbol{\varphi}^{\mathrm{T}}\delta(\boldsymbol{K})\boldsymbol{\varphi}}{\boldsymbol{\varphi}^{\mathrm{T}}\boldsymbol{M}\boldsymbol{\varphi}} - \omega^2\,\frac{\boldsymbol{\varphi}^{\mathrm{T}}\delta(\boldsymbol{M})\boldsymbol{\varphi}}{\boldsymbol{\varphi}^{\mathrm{T}}\boldsymbol{M}\boldsymbol{\varphi}} \tag{4.6-6}$$

进而存在类似于式(4.6-4)的用于确定某一阶模态质量 $\boldsymbol{\varphi}^{\mathrm{T}}\boldsymbol{M}\boldsymbol{\varphi}$ 的公式：

$$\boldsymbol{\varphi}^{\mathrm{T}}\boldsymbol{M}\boldsymbol{\varphi} = -\frac{\omega^2}{\delta(\omega^2)}\Delta m = \frac{\omega^2}{\omega^2-\tilde{\omega}^2}\Delta m \tag{4.6-7}$$

式中：$\Delta m = \boldsymbol{\varphi}^{\mathrm{T}}\delta(\boldsymbol{M})\boldsymbol{\varphi}$。该式利用了模态归一化条件：$\boldsymbol{\varphi}$ 中与施加的 Δm 对应的元素等于 1；矩阵 $\delta(\boldsymbol{M})$ 中只有与这个元素对应的对角元素等于 Δm，其他元素皆为零。下面从另外一个角度得到与式(4.6-7)类似的公式。考虑如下特征值关系：

$$\boldsymbol{\varphi}^{\mathrm{T}}\boldsymbol{K}\boldsymbol{\varphi} = \omega^2\boldsymbol{\varphi}^{\mathrm{T}}\boldsymbol{M}\boldsymbol{\varphi} \tag{4.6-8}$$

$$\boldsymbol{\varphi}^{\mathrm{T}}\boldsymbol{K}\boldsymbol{\varphi} = \tilde{\omega}^2\boldsymbol{\varphi}^{\mathrm{T}}(\boldsymbol{M}+\delta\boldsymbol{M})\boldsymbol{\varphi} \tag{4.6-9}$$

上面两式两端对应相减得

$$\boldsymbol{\varphi}^{\mathrm{T}}\boldsymbol{M}\boldsymbol{\varphi} = \frac{\tilde{\omega}^2}{\omega^2-\tilde{\omega}^2}\Delta m \tag{4.6-10}$$

可以看出，上式与式(4.6-7)不同，二者之差为 Δm。

例 4.6-1　试估算图 3.1-3 所示系统的第 3 阶模态质量，例 3.1-1 已经给出系统固有频率 ω 和模态质量的精确值。

解：系统的第 3 阶固有频率和模态质量为

$$\omega_3\Big/\sqrt{\frac{k}{m}} = \sqrt{2+\sqrt{2}} = 1.8478,\quad M_{\mathrm{p3}}/m = 4 \tag{a}$$

上式结果为估算或实验测得固有频率和模态质量的参考值。在第 1 个自由度处施加微小质量 Δm，因此新系统的质量矩阵为

$$\boldsymbol{M}+\delta\boldsymbol{M} = \begin{bmatrix} m & 0 & 0 \\ 0 & m & 0 \\ 0 & 0 & m \end{bmatrix} + \begin{bmatrix} \Delta m & 0 & 0 \\ 0 & 0 & 0 \\ 0 & 0 & 0 \end{bmatrix} = \begin{bmatrix} m+\Delta m & 0 & 0 \\ 0 & m & 0 \\ 0 & 0 & m \end{bmatrix} \tag{b}$$

通过求解方程(4.6-9)，可以得到 $\tilde{\omega}$，表 4.6-1 给出了新系统第 3 阶固有频率和原系统第 3 阶模态质量的估计值，由此可见，Δm 越小，估计的模态质量的精度越高。

表 4.6-1　图 3.1-3 所示系统第 3 阶模态质量的估计值

参　数	$\Delta m/m=0.1$	$\Delta m/m=0.01$	$\Delta m/m=0.001$	参考解
$\tilde{\omega}_3/\sqrt{k/m}$	1.828 1	1.845 5	1.847 5	1.847 8
由式(4.6-7)计算 M_{p3}/m	4.719 3	4.070 5	4.007 0	4.000 0
由式(4.6-10)计算 M_{p3}/m	4.619 3	4.060 5	4.006 0	

4.6.2 瑞利约束定理

工程问题数值模拟过程中经常碰到如何处理约束条件的问题，或如何在有限元模型上施加边界条件才更加符合实际情况的问题。

具体地说，如果在一个结构振动系统上施加一个约束，例如把杆的自由端改为固定端，或者把梁的简支端改为固定端等，那么根据瑞利约束定理可以说明新系统和原系统的固有频率之间的关系，在数学上把该定理称做**特征值的隔离定理**。

用 $\tilde{\omega}$ 和 $\tilde{\phi}$ 表示新系统的固有频率及其相应的模态，用 ω 和 ϕ 表示原系统的固有频率及其相应的模态，并且 ϕ 是质量归一化的模态。增加了一个约束，由于新系统的容许位移函数空间是原系统容许位移函数空间的子空间，因此 $\tilde{\phi}$ 仍可展开为原系统模态 ϕ_i 的线性组合：

$$\tilde{\phi}=\sum_{i=1}^{\infty} a_i\phi_i \tag{4.6-4}$$

附加约束条件的数学模型可表示为

$$\sum_{i=1}^{\infty} a_i\beta_i=0 \tag{4.6-5}$$

式中：β_i 的具体形式需要根据所加约束的情况而定。如施加的约束条件是位移在 x_a 处为0，则 $\beta_i=\phi_i(x_a)$；如施加的约束条件是斜率在 x_a 处为0，则 $\beta_i=\phi_i'(x_a)$等。把式(4.6-4)代入瑞利商，如式(4.6-1)，得

$$\tilde{\omega}^2=\underset{a_i}{\mathrm{st}}\frac{\sum_{i=1}^{\infty} a_i^2\omega_i^2}{\sum_{i=1}^{\infty} a_i^2} \tag{4.6-6}$$

于是，研究新系统固有频率的变化规律问题就归结为在约束条件(4.6-5)下求式(4.6-6)的驻立值问题。该问题可用拉格朗日乘子法来求解。为此构造如下新的泛函：

$$\tilde{\omega}^2=\underset{a_i,\lambda}{\mathrm{st}}\frac{\sum_{i=1}^{\infty} a_i^2\omega_i^2+\lambda\sum_{i=1}^{\infty} a_i\beta_i}{\sum_{i=1}^{\infty} a_i^2} \tag{4.6-7}$$

式中：λ 是拉格朗日乘子。式(4.6-7)对拉格朗日乘子 λ 取驻立值的条件即是约束条件(4.6-5)，而对 a_i 取驻立值的条件则是

$$2(\omega_i^2-\tilde{\omega}^2)a_i+\lambda\beta_i=0,\quad i=1,2,\cdots$$

或

$$a_i=\frac{\lambda\beta_i}{2(\tilde{\omega}^2-\omega_i^2)},\quad i=1,2,\cdots \tag{4.6-8}$$

把式(4.6-8)代入式(4.6-5)得

$$\sum_{i=1}^{\infty}\frac{\lambda\beta_i^2}{\tilde{\omega}^2-\omega_i^2}=0 \tag{4.6-9}$$

若 $\lambda=0$，则说明约束条件(4.6-5)没有作用，固有频率及模态皆不改变。因此下面仅讨论 $\lambda\neq 0$ 的情况。此时

$$\sum_{i=1}^{\infty}\frac{\beta_i^2}{\tilde{\omega}^2-\omega_i^2}=0 \tag{4.6-10}$$

用 $f(\tilde{\omega})$ 表示上式的左端，即

$$f(\tilde{\omega})=\sum_{i=1}^{\infty}\frac{\beta_i^2}{\tilde{\omega}^2-\omega_i^2} \tag{4.6-11}$$

如果位移约束恰好施加在某模态 ϕ_i 的节点上，则 $\beta_i=0$，其物理意义是：该约束对该模态没有影响，于是 $\tilde{\omega}_i=\omega_i$ 和 $\tilde{\phi}_i=\phi_i$。否则，从式(4.6-11)可以得到如下结果：

当 $\tilde{\omega}$ 从 0 增加到 ω_1-0 时，$f(\tilde{\omega})$ 从负单调减小到负无限大，然后在 $\tilde{\omega}$ 越过 ω_1 时突变为正无限大。接着当 $\tilde{\omega}$ 从 ω_1+0 增加到 ω_2-0 时，$f(\tilde{\omega})$ 从正无限大单调减小到负无限大，于是在区间 $(\omega_1+0)\sim(\omega_2-0)$ 内，$f(\tilde{\omega})=0$，必有且只有一个根，这个根便是新系统的固有频率。这种现象在每一个区间 $(\omega_i+0)\sim(\omega_{i+1}-0)$ 内都会出现。由此可以得出结论：对于原系统中那些受到约束影响的模态，两个相邻固有频率之间必有且只有一个新系统的固有频率，即

$$\omega_i\leqslant\tilde{\omega}_i\leqslant\omega_{i+1},\quad i=1,2,\cdots \tag{4.6-12}$$

上式即是**瑞利约束定理**的数学表达式。

若再增加一个约束，则在第一次修改后的系统的两个相邻固有频率之间必定有一个新系统的固有频率。以此类推，若在原系统上施加 r 个约束，则瑞利约束定理可表述为

① 增加约束只可能使固有频率提高或保持不变；

② 在原系统相邻 $r+1$ 个固有频率之间必有新系统的固有频率；

③ 在新系统相邻 $r+1$ 个固有频率之间必有原系统的固有频率。

如果反过来应用瑞利约束定理，则可推测释放约束所产生的作用，即新系统的固有频率只能低于或等于原系统的固有频率，且在原系统的两个相邻固有频率之间，必有一个新系统的固有频率。若释放的约束对原系统的基频和模态有影响，则新系统的基频必将低于原系统的基频。

例 4.6-1　分析一端固定均匀杆和两端固定均匀杆的频率关系，验证瑞利约束定理。

解：由 4.1 节内容可知，一端固定一端自由杆的固有频率为

$$\omega_j=\frac{\pi c}{l}\frac{(2j-1)}{2},\quad j=1,2,\cdots \tag{a}$$

两端固支杆的固有频率为

$$\tilde{\omega}_j=\frac{\pi c}{l}j,\quad j=1,2,\cdots \tag{b}$$

由于 $2j-1<2j<2j+1$，因此

$$\omega_j<\tilde{\omega}_j<\omega_{j+1} \tag{c}$$

$$\tilde{\omega}_j<\omega_{j+1}<\tilde{\omega}_{j+1} \tag{d}$$

即一端固支杆的任意两个相邻固有频率之间都存在一个两端固支杆的固有频率，两端固支杆的任意两个相邻固有频率之间必存在一个一端固支杆的固有频率。这就验证了瑞利约束定理。读者还可以参见 5.7 节的算例。

复习思考题

4-1　试推导弦横向运动、轴扭转运动的波动方程。

4-2　画出杆复杂边界的受力图，推导复杂边界条件表达式(4.1-37)。

4-3 如图4.1-3所示,均匀杆具有复杂边界条件(4.1-37),试求杆的固有频率和模态函数。

4-4 工程梁和直杆都是一维问题,为什么在梁的振动微分方程(4.3-6)中包含空间坐标的四阶导数,而在杆的振动微分方程(4.1-1)中只含空间坐标的二阶导数呢?

4-5 画出梁复杂边界的受力图,推导梁的复杂边界条件(4.3-50)。

4-6 在建立工程梁的振动方程时,没有考虑截面的转动惯量的影响。若考虑横截面的转动惯量,试建立梁的运动方程。

习　题

4-1 均匀圆轴的两端各附有一个相同的圆盘,如图4.1所示。轴的长度为l,扭转刚度为GI_p。圆盘对轴中线的转动惯量为J_0。试求系统扭转振动的频率方程。

4-2 求图4.2所示系统的频率方程。

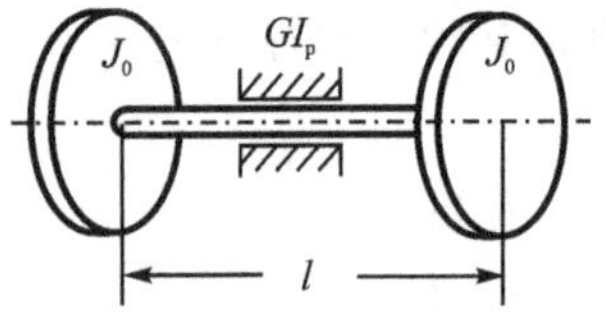

图4.1　习题4-1用图

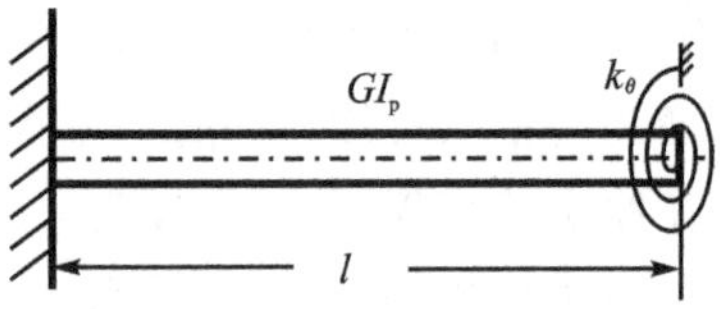

图4.2　习题4-2用图

4-3 在图4.3所示系统中,弦的长度、单位长度质量和张力分别为l、ρ和T。质量m只能作上下微幅振动,其静平衡位置在$z=0$处。求此弦横向振动的频率方程。在振动过程中,弦的张力T保持不变。

4-4 图4.4所示为一下端自由的柔软绳子。写出绳子横向振动的微分方程。

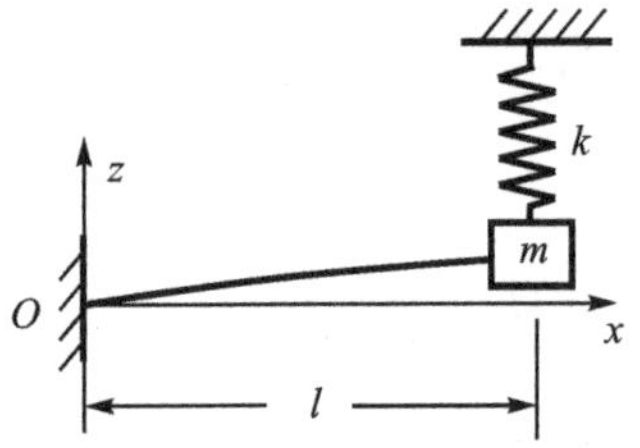

图4.3　习题4-3用图

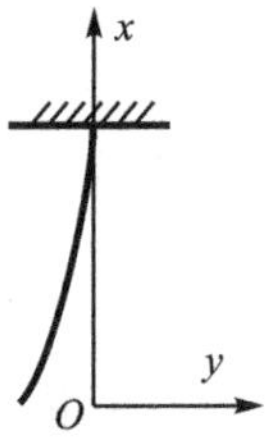

图4.4　习题4-4用图

4-5 在图4.5所示系统中,杆的截面刚度为EA,单位长度质量为ρA。求系统纵向振动的频率方程。

4-6 求图4.6所示阶梯杆纵向振动的频率方程。两个杆的质量密度均为ρ,弹性模量均为E。

4-7 试求图4.7所示均匀梁系统的频率方程。梁的截面弯曲刚度为EI,单位长度质量为ρA。

4-8 试求图4.8所示均匀梁系统的频率方程。梁的截面弯曲刚度为EI,单位长度质量为ρA。

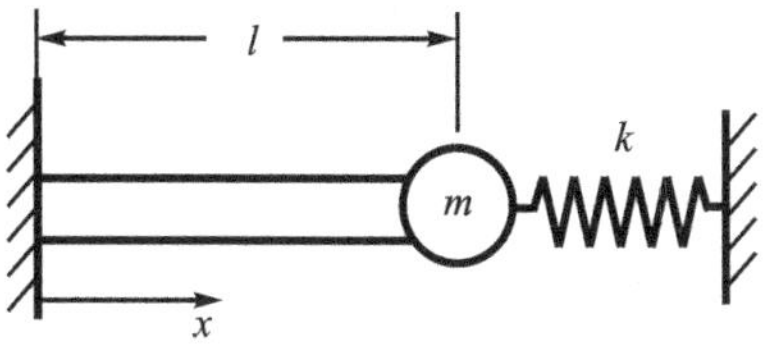

图 4.5　习题 4-5 用图

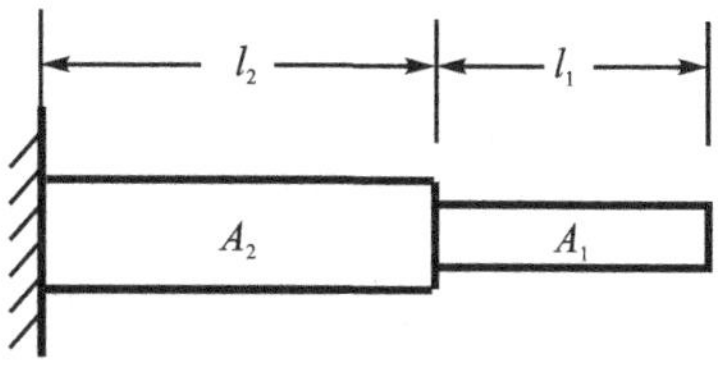

图 4.6　习题 4-6 用图

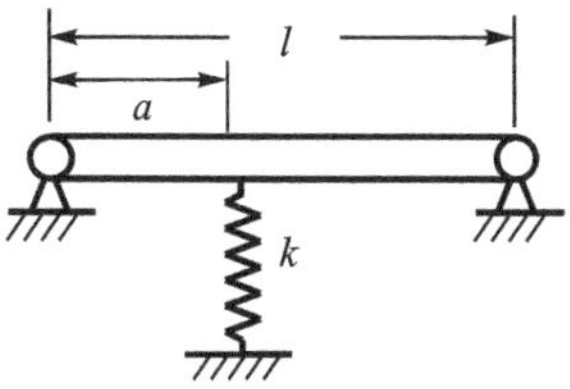

图 4.7　习题 4-7 用图

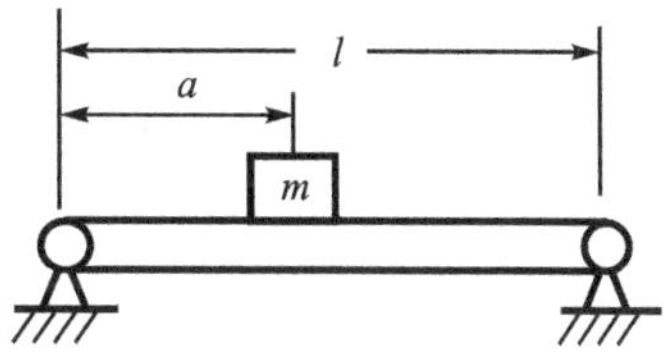

图 4.8　习题 4-8 用图

4-9　图 4.9 所示的均匀梁置于刚度系数为 k 的弹性地基上，并且承受轴向压力 N 的作用。梁的截面弯曲刚度为 EI，单位长度质量为 ρA，N 为常数。求梁横向振动的固有频率。

4-10　在图 4.10 所示系统中，杆的截面拉压刚度为 EA，单位长度质量为 ρA。用模态叠加方法求两个静力 P_0 突然移去后系统的纵向振动。

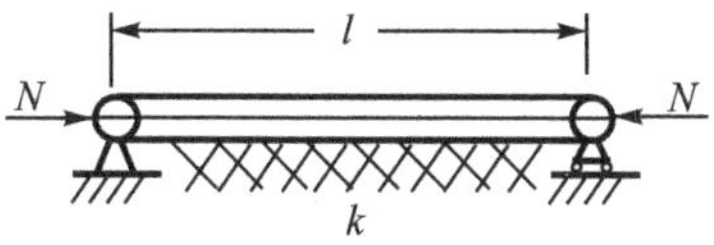

图 4.9　习题 4-9 用图

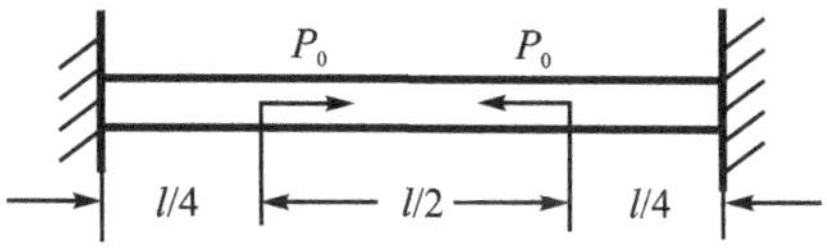

图 4.10　习题 4-10 用图

4-11　一杆的截面拉压刚度为 EA，质量密度为 ρ，杆的长度为 l。杆以速度 v_0 向右运动。

① 若突然抓住杆的左端不动，确定杆的纵向运动。

② 若突然抓住杆的中央不动，确定杆的纵向运动。

③ 若杆的右端突然受阻，确定杆的纵向运动，并求杆与阻碍面之间的压力。

4-12　参数为 EA、ρ 和 l 的均匀直杆，$x=0$ 端固定，$x=l$ 端自由。杆受轴向分布力 $(P_0/l)\sin\omega t$ 的作用，不计阻尼，求杆的纵向稳态振动响应。

4-13　参数为 EA、ρ 和 l 的均匀直杆，$x=0$ 端作轴向简谐运动 $Y_0\sin\omega t$，$x=l$ 端自由。不计阻尼，求杆的纵向稳态振动响应。

4-14　参数为 EA、ρ 和 l 的均匀直杆两端固定。求当轴向阶跃力 P 突然作用在杆的中央时，杆的纵向振动响应。

4-15　长为 l、截面弯曲刚度为 EI、单位长度质量为 ρA 的简支梁，在 $x=l/4$ 处作用有横向静力 $-P$，$x=3l/4$ 处作用有横向静力 P。求两个力突然移去后梁的自由振动。

4-16　参数为 l、EI 和 ρA 的简支梁，若阶跃力 P 突然作用在梁的中央，用模态叠加方法求梁的横向振动响应。

4-17　参数为 l、EI 和 ρA 的简支梁受简谐分布力 $q_0\sin\omega t$ 的作用，不计阻尼，求梁的稳态振动响应。

4-18　参数为 l、EI 和 ρA 的简支梁受简谐分布力 $q_0\sin(\pi x/l)\sin\omega t$ 的作用，不计阻尼，求

梁中点的稳态振动响应。

4-19 用拉格朗日方程建立杆和梁的自由运动微分方程。

4-20 一个质量为 M 的刚性质量块撞在杆的自由端,如图4.11所示。质量块的初始撞击速度为 $-v_0$,忽略质量块重力的作用。杆的单位长度质量为 ρA。试通过直接求解微分方程的方法(或波动理论)分析撞击响应。

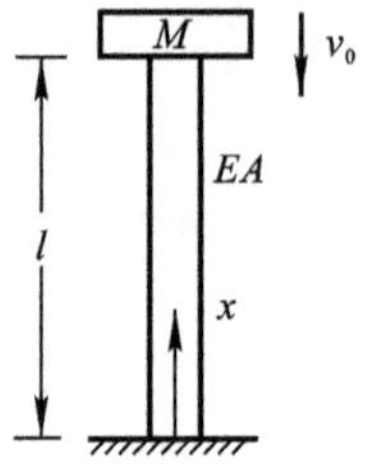

图4.11 习题4-20用图

第5章　线性振动的近似分析方法

在理论分析中，把线性系统分成离散多自由度系统和连续系统。但实际结构一般都是复杂的连续系统。从微分方程出发研究弹性连续系统的振动特性时，除了几何形状简单的杆、梁和板壳之外，求精确解基本上是不可能的。连续系统近似分析方法的共同点是将连续系统离散成有限自由度系统，离散系统的自由度数主要取决于精度要求和计算成本。离散系统动态特性的求解方法可以分成两类：一类是求解固有频率和模态（也就是固有模态）的方法；另一类是求解动态响应的方法。衡量一个方法好坏的标准通常包含精度、效率、稳定性和所用的资源。求解固有模态是振动力学最重要的工作，尤其对工程问题更是如此。本章介绍求解线性系统固有模态的方法、关键技术和各种方法的思想。

5.1　概　述

连续系统的离散方法通常包括有限元法、边界元法和无网格法等。描述连续系统的偏微分方程经空间离散后变成下面的常微分方程组

$$\boldsymbol{M}\ddot{\boldsymbol{x}} + \boldsymbol{C}\dot{\boldsymbol{x}} + \boldsymbol{K}\boldsymbol{x} = \boldsymbol{F} \tag{5.1-1}$$

上式可以是线性也可以是非线性的。求解方程(5.1-1)的方法有模态叠加法（仅适用于线性系统）和直接积分方法（也称时间积分方法）。直接积分法有中心差分法、纽马克（Newmark法）和威尔逊(Wilson)-θ 法等。直接积分法是一般的求解方法，适用范围比较广，通常用它来求解线性和非线性系统的瞬态响应。方程(5.1-1)的模态叠加求解法在第3章中已经讨论过了，它比较适合于求解系统的稳态响应。

为了用模态叠加法求解方程(5.1-1)，必须先求出系统的模态和固有频率，也就是必须先求解下面的广义特征值方程

$$\boldsymbol{K}\boldsymbol{\varphi} = \lambda \boldsymbol{M}\boldsymbol{\varphi} \tag{5.1-2}$$

求解广义特征值方程(5.1-2)的方法有雅可比(Jacobi)法、行列式搜索法、瑞利(Rayleigh)-里兹法(Ritz)、子空间迭代法和兰索斯(Lanczos)法等。当离散系统的自由度比较大，也就是结构矩阵的阶数高时，求解特征值方程(5.1-2)的全部特征解（包括特征值和特征向量）是比较困难的。瑞利-里兹法、子空间迭代法和兰索斯法可以用于求解系统的部分特征解。对于结构动力学系统，特征值 λ 就是固有频率的平方，特征向量 $\boldsymbol{\varphi}$ 就是模态。

本章将对用于求解系统固有模态的瑞利法、瑞利-里兹法、子空间迭代法和有限元法等进行简要介绍。关于方程(5.1-1)的直接积分求解法，读者可以阅读本书7.6节以及关于计算力学理论和方法的书籍。

5.2 瑞利法

瑞利法是英国著名力学家瑞利(Lord Rayleigh)于 1873 年提出的一种计算连续弹性系统基频的简便而有效的近似方法,它也是振动理论中一些极值原理以及计算固有频率和模态的瑞利-里兹法的理论基础。无阻尼系统的机械能守恒定律是瑞利法的理论基础。对于无阻尼系统,弹性应变能的最大值 V_{max} 等于系统动能的最大值 T_{max},即

$$T_{max}=V_{max} \tag{5.2-1}$$

1. 连续系统的情况

对于连续系统,用一端($x=0$ 处)固定、一端($x=l$ 处)附有集中质量 m 和弹簧 k 的均匀直杆为例来说明瑞利法的原理。杆的应变能和动能的表达式分别为

$$V=\frac{1}{2}\int_0^l EAu'^2\mathrm{d}x+\frac{1}{2}ku^2\Big|_{x=l} \tag{5.2-2}$$

$$T=\frac{1}{2}\int_0^l \rho A\dot{u}^2\mathrm{d}x+\frac{1}{2}m\dot{u}^2\Big|_{x=l} \tag{5.2-3}$$

线性保守系统的任意一阶主振动都是简谐振动,因此可以令某一阶主振动为

$$u(x,t)=\phi(x)\sin(\omega t+\alpha) \tag{5.2-4}$$

式中:ϕ 是杆的模态函数,ω 是固有频率。把式(5.2-4)代入式(5.2-2)和式(5.2-3),得到主振动势能最大值与动能最大值分别为

$$V_{max}=\frac{1}{2}\int_0^l EA\phi'^2\mathrm{d}x+\frac{1}{2}k\phi^2\Big|_{x=l} \tag{5.2-5}$$

$$T_{max}=\omega^2\left(\frac{1}{2}\int_0^l \rho A\phi^2\mathrm{d}x+\frac{1}{2}m\phi^2\Big|_{x=l}\right)=\omega^2T_0 \tag{5.2-6}$$

式中:T_0 称为**动能系数**,或称为**参考动能**。根据式(5.2-1)有

$$\omega^2=\frac{V_{max}}{T_0} \tag{5.2-7}$$

或

$$R(\phi)=\omega^2=\frac{V_{max}}{T_0} \tag{5.2-8}$$

上式称为**瑞利商**,记为 R。若系统作第 j 阶主振动,则式(5.2-4)变为

$$u_j(x,t)=\phi_j\sin(\omega_jt+\alpha_j) \tag{5.2-9}$$

把第 j 阶模态函数 ϕ_j 代入瑞利商式(5.2-8),可以得到第 j 阶固有频率为

$$\omega_j^2=R(\phi_j)=\frac{\int_0^l EA\phi'^2_j\mathrm{d}x+k\phi_j^2\big|_{x=l}}{\int_0^l \rho A\phi_j^2\mathrm{d}x+m\phi_j^2\big|_{x=l}}$$

式中分子为模态刚度,分母为模态质量。上式说明当系统按某一阶固有频率振动时,将这阶模态函数代入瑞利商公式(5.2-7),将给出这阶固有频率的平方,这是瑞利商的一个重要性质。但在实际应用瑞利商时,与待求固有频率对应的真实模态函数是未知的,因此只能选定一个近似模态函数 $X(x)$,也可以称之为近似位移函数。下面把 $X(x)$ 写成系统真实模态函数叠加的形式,即

$$X=\sum_{j=1}^{\infty}\phi_j a_j \tag{5.2-10}$$

把上式代入瑞利商表达式(5.2-8)中，利用模态函数的正交性得到

$$R(X)=\frac{\sum\limits_{j=1}^{\infty}\left(\int_0^l EA\phi'^2_j\mathrm{d}x+k\phi_j^2\Big|_{x=l}\right)a_j^2}{\sum\limits_{j=1}^{\infty}\left(\int_0^l \rho A\phi_j^2\mathrm{d}x+m\phi_j^2\Big|_{x=l}\right)a_j^2} \tag{5.2-11}$$

引入模态质量 M_{pj} 和模态刚度 K_{pj}，它们是

$$M_{pj}=\int_0^l \rho A\phi_j^2\mathrm{d}x+m\phi_j^2\Big|_{x=l}$$

$$K_{pj}=\int_0^l EA\phi'^2_j\mathrm{d}x+k\phi_j^2\Big|_{x=l}$$

若模态函数是对模态质量归一化的，则 $M_{pj}=1$，$K_{pj}=\omega_j^2$，因此式(5.2-11)变为

$$R(X)=\frac{\sum\limits_{j=1}^{\infty}\omega_j^2 a_j^2}{\sum\limits_{j=1}^{\infty}a_j^2} \tag{5.2-12}$$

把各阶频率从小到大排列，即

$$\omega_1<\omega_2<\cdots$$

把式(5.2-12)改写为

$$R(X)=\omega_1^2\left\{1+\frac{\sum\limits_{j=1}^{\infty}\left[\left(\frac{\omega_j}{\omega_1}\right)^2-1\right]a_j^2}{\sum\limits_{j=1}^{\infty}a_j^2}\right\}\geqslant\omega_1^2 \tag{5.2-13}$$

或

$$\omega_1^2=\min R(X) \tag{5.2-14}$$

上式的含义是：把任意一个近似模态函数代入瑞利商式(5.2-8)中，它将给出系统基频平方的上限。这是瑞利商的另外一个重要性质，它提供了近似计算固有频率的理论基础。这个近似方法称为**瑞利法**。假设的模态越接近第 1 阶模态，用瑞利商给出的值就越接近基频的平方。只有当 X 是第 1 阶模态函数时，瑞利商才等于基频的平方。

如何选择近似位移(模态)函数是应用瑞利法的核心问题之一。一般地说，近似位移函数必须满足位移边界条件并且具有足够的连续性。对于拉压杆或扭轴这类结构，由于其应变是位移的一阶导数，因此保证位移本身连续就足够了。但对于梁或薄板这类结构，由于其应变是位移的二阶导数，故必须保证近似位移函数本身及其一阶导数连续，否则将给出不可靠的结果。

除了以上必要条件之外，关于近似位移函数的选取在很大程度上依赖于使用者的经验。对于缺乏经验的使用者，可选用下列参考方案之一：

① 估计基频模态的大致形状，选择能够反映这种形状主要特点的多项式函数或三角级数作为近似位移函数；

② 利用该结构在集中静载荷或均布静载荷作用下所发生的静变形函数作为近似位移函数；

③ 对于一维结构,由于大多数均匀结构在各种边界条件下的基频模态函数是已知的,不妨用来作为变剖面一维结构的近似位移函数;

④ 对于二维结构,不妨把近似位移函数分解成两个方向的一维位移函数的乘积,而将每一个方向采用一维均匀结构在相同支持条件下的基频模态作为近似位移函数。例如,对于均匀悬臂支持的板,可在垂直于支持边的方向上选用均匀悬臂梁的基频模态,而在另外一个方向上选用均匀自由梁的刚体模态或者非零基频模态。

例 5.2-1 试用瑞利法计算均匀简支梁的基频,梁的长度为 l,抗弯刚度为 EI,单位长度质量为 ρA,见图 5.2-1。

情况 1:近似位移函数为两端位移为零的二次多项式函数 $X=(1-x/l)x/l$;

情况 2:近似位移函数为均布静载荷产生的位移函数 $X=x/l-2(x/l)^3+(x/l)^4$。

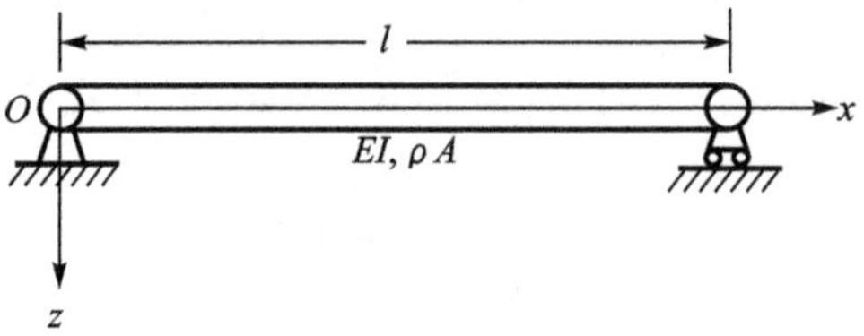

图 5.2-1 简支梁

解:均匀梁的应变能幅值和动能系数计算公式分别为

$$V_{\max}=\frac{1}{2}\int_0^l EIX''^2\,\mathrm{d}x \tag{a}$$

$$T_0=\frac{1}{2}\int_0^l \rho AX^2\,\mathrm{d}x \tag{b}$$

情况 1:

$$V_{\max}=\frac{1}{2}\int_0^l EIX''^2\,\mathrm{d}x=\frac{2EI}{l^3},\quad T_0=\frac{1}{2}\int_0^l \rho AX^2\,\mathrm{d}x=\frac{\rho Al}{60} \tag{c}$$

把式(c)代入瑞利商(5.2-8)中,得到

$$R(X)=\frac{120EI}{\rho Al^4} \tag{d}$$

根据式(4.3-28),均匀简支梁基频的精确解为

$$\omega_1=\left(\frac{\pi}{l}\right)^2\sqrt{\frac{EI}{\rho A}} \tag{e}$$

因此近似基频的相对误差为 $|\sqrt{120}-\pi^2|/\pi^2=11\ \%$。

情况 2:

$$V_{\max}=\frac{144EI}{30l^3},\quad T_0=\frac{31\rho Al}{630} \tag{f}$$

把式(f)代入瑞利商(5.2-8)中,得到

$$R(X)=\frac{3\ 024EI}{31\rho Al^4} \tag{g}$$

此时近似基频的相对误差为 $|\sqrt{3\ 024/31}-\pi^2|/\pi^2=0.07\ \%$。由此可见,采用适当的静位移函数作为近似一阶模态函数,根据瑞利商可以得到高精度的基频。

2. 离散系统的情况

对于离散系统，也有与连续系统相同的结论。当系统作简谐振动时，有

$$\boldsymbol{x}=\boldsymbol{A}\sin(\omega t+\theta) \tag{5.2-15}$$

系统的弹性变形能幅值和动能系数分别为

$$V_{\max}=\frac{1}{2}\boldsymbol{A}^{\mathrm{T}}\boldsymbol{K}\boldsymbol{A} \tag{5.2-16}$$

$$T_0=\frac{1}{2}\boldsymbol{A}^{\mathrm{T}}\boldsymbol{M}\boldsymbol{A} \tag{5.2-17}$$

式中：$\boldsymbol{K}$ 和 $\boldsymbol{M}$ 分别是离散系统的刚度矩阵和质量矩阵。引入瑞利商

$$R(\boldsymbol{A})=\frac{V_{\max}}{T_0}=\frac{\boldsymbol{A}^{\mathrm{T}}\boldsymbol{K}\boldsymbol{A}}{\boldsymbol{A}^{\mathrm{T}}\boldsymbol{M}\boldsymbol{A}} \tag{5.2-18}$$

同样可以证明

$$\omega_1^2=\min R(\boldsymbol{A}) \tag{5.2-19}$$

5.3　瑞利-里兹法

瑞利法使用简单，但若近似模态函数（或向量）选择不当，难免结果精度不高，尤其是瑞利法不适合于计算高阶固有频率。

从式(5.2-8)和式(5.2-18)可以看出，瑞利商是近似模态的函数，它是一个泛函。取满足位移边界条件的各种形式的模态，瑞利商将给出不同的值。只有当近似模态为一阶模态时，瑞利商取极小值，其结果是一阶固有频率，见式(5.2-14)和式(5.2-19)。换句话说，根据瑞利商取极小值的条件，一定可以得到最优的低阶固有频率和模态。

在证明式(5.2-14)时，曾经把近似位移函数表示成真实模态叠加的形式，这只是理论证明的需要，因为实际上系统真实模态是需要求的，事先不知道。但是，从式(5.2-10)可以得到启发，把近似位移函数写成一系列已知函数叠加形式，即

$$X(x)=\sum_{j=1}^{m}\psi_j(x)a_j \tag{5.3-1}$$

式中：ψ_j 是满足位移（几何）边界条件的已知函数，且具有足够的连续性，以保证应变能存在。它们是一组线性独立的函数，可以看成是由其张成的函数空间的基函数，称为**里兹基**；a_j 是待定的未知常数，是对应基函数 ψ_j 的坐标值，称为**里兹坐标**，或里兹系数。把式(5.3-1)代入瑞利商(5.2-8)中，得到

$$\omega^2=R(a_1,a_2,\cdots,a_m)=\frac{V_{\max}(a_1,a_2,\cdots,a_m)}{T_0(a_1,a_2,\cdots,a_m)} \tag{5.3-2}$$

为了让瑞利商取极小值，要求

$$\frac{\partial R(a_1,a_2,\cdots,a_m)}{\partial a_j}=0 \qquad (j=1,2,\cdots,m) \tag{5.3-3}$$

或

$$\frac{\partial V_{\max}}{\partial a_j}-\omega^2\frac{\partial T_0}{\partial a_j}=0 \tag{5.3-4}$$

瑞利商取极值的条件式(5.3-4)给出了关于里兹坐标 $a_j(j=1,2,\cdots,m)$ 的齐次线性方程组。

该方程组有非零解的条件是它的系数行列式等于零,由此得到关于频率的代数方程,也就是频率方程。由该频率方程可以求得前 m 阶频率的近似值。把求得的频率代回齐次方程组,可以得到里兹坐标的相对比值;再把 a_j 代回式(5.3-1)中,就得到了近似模态函数。上述求解过程实际上是求解一个 m 阶广义特征值问题,这种做法是里兹对瑞利法的改进,称为**瑞利-里兹法**。

瑞利商 R 取极小值的另外一种等价表达方式为

$$\delta V_{\max}=\omega^2\delta T_0 \tag{5.3-5}$$

其中 δ 表示变分运算。

上面的推导过程还可以用向量和矩阵的形式表示。下面以均匀简支梁为例来说明这个过程。对应近似位移函数 X,梁的应变能幅值和动能系数的计算公式为

$$V_{\max}=\frac{1}{2}\int_0^l EIX''^2\mathrm{d}x,\quad T_0=\frac{1}{2}\int_0^l \rho AX^2\mathrm{d}x$$

把式(5.3-1)代入上式得

$$V_{\max}=\frac{1}{2}\boldsymbol{a}^{\mathrm{T}}\tilde{\boldsymbol{K}}\boldsymbol{a},\quad T_0=\frac{1}{2}\boldsymbol{a}^{\mathrm{T}}\tilde{\boldsymbol{M}}\boldsymbol{a} \tag{5.3-6}$$

式中:

$$\tilde{\boldsymbol{K}}=\int_0^l EI\boldsymbol{\psi}''\boldsymbol{\psi}''^{\mathrm{T}}\mathrm{d}x,\quad \tilde{\boldsymbol{M}}=\int_0^l \rho A\boldsymbol{\psi}\boldsymbol{\psi}^{\mathrm{T}}\mathrm{d}x$$

$$\boldsymbol{a}=[a_1\quad a_2\quad \cdots\quad a_m]^{\mathrm{T}},\quad \boldsymbol{\psi}=[\psi_1\quad \psi_2\quad \cdots\quad \psi_m]^{\mathrm{T}}$$

把式(5.3-6)代入式(5.3-4)或式(5.3-5),得到

$$\tilde{\boldsymbol{K}}\boldsymbol{a}=\omega^2\tilde{\boldsymbol{M}}\boldsymbol{a} \tag{5.3-7}$$

连续弹性体的变形可以在无穷维完备的函数空间内展开,如模态函数空间。而瑞利-里兹法将变形限制在人为指定的 m 维有限的函数空间内展开,这相当于增加了许多额外的约束,从而提高了系统的刚度,然后在这个大幅度缩小了的函数空间中寻找问题的最优解。

上面的讨论是针对连续系统而言的;对离散系统,可以得到类似的结果。

离散系统的弹性应变能幅值和动能系数分别为式(5.2-16)和式(5.2-17)。把近似模态向量写成

$$\boldsymbol{A}=\sum_{j=1}^{m}\boldsymbol{\psi}_j a_j=\boldsymbol{\Psi}\boldsymbol{a} \tag{5.3-8}$$

式中:$\boldsymbol{\psi}_j$ 是已知的彼此线性无关的位移向量。

$$\boldsymbol{\psi}_j=[\psi_{1j}\quad \psi_{2j}\quad \cdots\quad \psi_{nj}]^{\mathrm{T}}$$

$$\boldsymbol{\Psi}=[\boldsymbol{\psi}_1\quad \boldsymbol{\psi}_2\quad \cdots\quad \boldsymbol{\psi}_n]$$

一般情况下,$m<n$,n 是离散系统广义坐标数,也就是离散系统的自由度。把式(5.3-8)代入式(5.2-16)和式(5.2-17),得到

$$V_{\max}=\frac{1}{2}\boldsymbol{a}^{\mathrm{T}}\tilde{\boldsymbol{K}}\boldsymbol{a},\quad T_0=\frac{1}{2}\boldsymbol{a}^{\mathrm{T}}\tilde{\boldsymbol{M}}\boldsymbol{a} \tag{5.3-9}$$

式中:

$$\tilde{\boldsymbol{K}}=\boldsymbol{\Psi}^{\mathrm{T}}\boldsymbol{K}\boldsymbol{\Psi},\quad \tilde{\boldsymbol{M}}=\boldsymbol{\Psi}^{\mathrm{T}}\boldsymbol{M}\boldsymbol{\Psi}$$

把式(5.3-9)代入式(5.3 5),得到

$$\tilde{\boldsymbol{K}}\boldsymbol{a}=\omega^2\tilde{\boldsymbol{M}}\boldsymbol{a} \tag{5.3-10}$$

由此可见，对于离散系统，瑞利-里兹法相当于缩减了系统的自由度，从而达到减小计算工作量的目的。

例 5.3-1　试用瑞利-里兹法求解一端固定、一端自由杆的频率，杆长为 l，拉压刚度为 EA，单位长度质量为 ρA，见图 5.3-1。

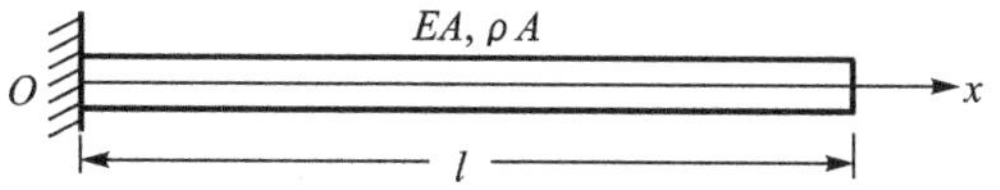

图 5.3-1　一端固定、一端自由杆

解：设里兹基函数为

$$\psi_j = \left(\frac{x}{l}\right)^j \tag{a}$$

该函数满足固定端的位移边界条件，但不满足自由端的力的边界条件。把上式代入式(5.3-1)中，得到杆的近似位移函数为

$$X(x) = \sum_{j=1}^{m} \left(\frac{x}{l}\right)^j a_j \tag{b}$$

弹性应变能的幅值和动能系数分别为

$$V_{\max} = \frac{1}{2}\boldsymbol{a}^{\mathrm{T}}\tilde{\boldsymbol{K}}\boldsymbol{a}, \quad T_0 = \frac{1}{2}\boldsymbol{a}^{\mathrm{T}}\tilde{\boldsymbol{M}}\boldsymbol{a} \tag{c}$$

式中：

$$\tilde{\boldsymbol{K}} = \int_0^l EA\boldsymbol{\psi}'\boldsymbol{\psi}'^{\mathrm{T}}\mathrm{d}x, \quad \tilde{\boldsymbol{M}} = \int_0^l \rho A\boldsymbol{\psi}\boldsymbol{\psi}^{\mathrm{T}}\mathrm{d}x$$

$$\boldsymbol{\psi} = \begin{bmatrix} \dfrac{x}{l} & \left(\dfrac{x}{l}\right)^2 & \cdots & \left(\dfrac{x}{l}\right)^m \end{bmatrix}^{\mathrm{T}}$$

然后求解广义特征值问题(5.3-7)，可以得到固有频率。

表 5.3-1 给出了对于不同 m 值的频率计算结果，表中的精确解是根据第 4 章中给出的频率方程 $\cos(\omega l/\sqrt{E/\rho})=0$ 计算得到的。表 5.3-1 中量纲为 1 的频率的定义为

$$\lambda = \omega l\sqrt{\rho/E}$$

表 5.3-1　均匀弹性杆的量纲为 1 的固有频率

m	一　阶	二　阶	三　阶	四　阶	五　阶
2	1.576 7	5.672 8	—	—	—
3	1.570 9	4.836 4	10.447 1	—	—
4	1.570 8	4.724 6	8.330 9	16.303 6	—
5	1.570 8	4.713 2	7.939 0	12.173 9	23.361 4
精确解	1.570 8	4.712 4	7.854 0	10.995 6	14.137 2

分析表 5.3-1 中的结果，可以得到如下结论：

① 利用瑞利-里兹法，不但可以估计基频，而且也可以估算高阶固有频率，其数量等于里兹基函数的个数。

② 随着函数空间的扩大，也就是随着 m 的增加，各阶固有频率迅速向精确解收敛，但不会小于精确解。

③ 约有 50 %的频率结果具有良好的精度,值得指出的是这一结论具有普遍性。因此在使用瑞利-里兹法时,里兹基函数的个数应该等于欲求频率数量的 2～3 倍。

5.4　子空间迭代法

瑞利-里兹法可以用来求解基频和高阶频率,但为了用瑞利-里兹法得到更高精度的固有模态,必须增加里兹基坐标系的维数。若把向量迭代法和瑞利-里兹法结合起来,即使不增加里兹基坐标系的维数,仍然可以提高频率和模态的估算精度,这就是子空间迭代法的思想。子空间迭代法主要用来求解离散系统的有限个特征值和特征向量。为了更加容易地理解子空间迭代法,先简单介绍一下向量迭代法。

1. 向量迭代法

离散系统的广义特征值方程为

$$\boldsymbol{K\varphi}=\lambda\boldsymbol{M\varphi} \tag{5.4-1}$$

式中:$\lambda=\omega^2$ 和 $\boldsymbol{\varphi}$ 分别为特征值和特征向量。若刚度矩阵的逆矩阵存在,则上式可以写为

$$\boldsymbol{D\varphi}=\frac{1}{\lambda}\boldsymbol{\varphi} \tag{5.4-2}$$

式中:$\boldsymbol{D}=\boldsymbol{K}^{-1}\boldsymbol{M}$ 为动力矩阵。任意一个向量 $\boldsymbol{v}_0$ 在特征向量空间中可以表示为

$$\boldsymbol{v}_0=\sum_{j=1}^{n}c_j\boldsymbol{\varphi}_j \tag{5.4-3}$$

用动力矩阵 $\boldsymbol{D}$ 前乘以式(5.4-3)两边,得到

$$\boldsymbol{v}_1=\boldsymbol{D}\boldsymbol{v}_0=\sum_{j=1}^{n}c_j\boldsymbol{D}\boldsymbol{\varphi}_j=\sum_{j=1}^{n}c_j\frac{1}{\lambda_j}\boldsymbol{\varphi}_j \tag{5.4-4}$$

若再用动力矩阵 $\boldsymbol{D}$ 前乘以式(5.4-4)两边,则有

$$\boldsymbol{v}_2=\boldsymbol{D}\boldsymbol{v}_1=\boldsymbol{D}^2\boldsymbol{v}_0=\sum_{j=1}^{n}c_j\frac{1}{\lambda_j}\boldsymbol{D}\boldsymbol{\varphi}_j=\sum_{j=1}^{n}c_j\frac{1}{\lambda_j^2}\boldsymbol{\varphi}_j \tag{5.4-5}$$

如此进行下去直至第 k 次,则有

$$\boldsymbol{v}_k=\boldsymbol{D}\boldsymbol{v}_{k-1}=\boldsymbol{D}^k\boldsymbol{v}_0=\sum_{j=1}^{n}c_j\frac{1}{\lambda_j^k}\boldsymbol{\varphi}_j \tag{5.4-6}$$

或

$$\boldsymbol{v}_k=\boldsymbol{D}^k\boldsymbol{v}_0=\frac{1}{\lambda_1^k}\left[c_1\boldsymbol{\varphi}_1+\sum_{j=2}^{n}c_j\left(\frac{\lambda_1}{\lambda_j}\right)^k\boldsymbol{\varphi}_j\right] \tag{5.4-7}$$

由于 $\lambda_1/\lambda_j<1(j=2,3,\cdots,n)$,因此每迭代一次,式(5.4-7)中方括号内第二项的作用就减小一些;假设迭代到第 k 次时,该项的作用可以忽略不计,由此得到第一阶模态的第 k 次近似 $\boldsymbol{v}_k=\boldsymbol{D}^k\boldsymbol{v}_0$。在向量迭代过程中,$\boldsymbol{v}_2$ 到 $\boldsymbol{v}_k$ 都要进行归一化,简单的方法是令其中的某一个元素等于 1,这样可以减小数值计算误差。在 $\boldsymbol{v}_k$ 的基础上再迭代一次,则有

$$\boldsymbol{v}_{k+1}=\frac{1}{\lambda_1}\boldsymbol{v}_k \tag{5.4-8}$$

上式中的 $\boldsymbol{v}_{k+1}$ 就不需要进行归一化了。这样向量 $\boldsymbol{v}_k$ 与 $\boldsymbol{v}_{k+1}$ 的任意两个对应元素的比值都是基频的平方,而 $\boldsymbol{v}_k$ 就是第一阶模态。从迭代过程可以看出,λ_1/λ_2 越小,模态向量收敛得越快。

2. 子空间迭代法

在上面的向量迭代法中，只是针对基频和对应的模态进行迭代。若对多个向量一起进行迭代，在每一次迭代后用瑞利-里兹方法求解特征值和特征向量，则可以同时迭代出多个特征值和特征向量。下面针对自由度为 n 的离散系统，讨论用子空间迭代法求解前 p 个特征值和特征向量的步骤。

第 1 步　给出 q 个线性无关的初始迭代向量 $\boldsymbol{v}_j$ $(j=1,2,\cdots,q)$，通常 $n\geqslant q>p$，并且 $q=\min\{2p,p+8\}$。用这 q 个向量构成一个初始迭代矩阵 $\boldsymbol{\Psi}_1=[\boldsymbol{v}_1\quad \boldsymbol{v}_2\quad \cdots\quad \boldsymbol{v}_q]$。离散系统的 n 个特征向量构成一个 n 维向量空间，这 q 个初始迭代向量则构成一个 n 维向量空间的子空间，记为 $\boldsymbol{E}_1$。然后对 $k=1,2,\cdots$进行下面的迭代。

第 2 步　进行向量迭代，则

$$\boldsymbol{K}\bar{\boldsymbol{\Psi}}_{k+1}=\boldsymbol{M}\boldsymbol{\Psi}_k \tag{5.4-9}$$

第 3 步　用瑞利-里兹法求特征值和特征向量。

① 计算矩阵

$$\tilde{\boldsymbol{K}}_{k+1}=\bar{\boldsymbol{\Psi}}_{k+1}^{\mathrm{T}}\boldsymbol{K}\bar{\boldsymbol{\Psi}}_{k+1},\quad \tilde{\boldsymbol{M}}_{k+1}=\bar{\boldsymbol{\Psi}}_{k+1}^{\mathrm{T}}\boldsymbol{M}\bar{\boldsymbol{\Psi}}_{k+1} \tag{5.4-10}$$

上式相当于把刚度矩阵 $\boldsymbol{K}$ 和质量矩阵 $\boldsymbol{M}$ 向子空间 $\boldsymbol{E}_{k+1}$ 上投影。

② 求解广义特征值问题，即

$$\tilde{\boldsymbol{K}}_{k+1}\boldsymbol{Q}_{k+1}=\tilde{\boldsymbol{M}}_{k+1}\boldsymbol{Q}_{k+1}\boldsymbol{\Lambda}_{k+1} \tag{5.4-11}$$

式中：$\boldsymbol{\Lambda}_{k+1}$ 是一个特征值对角矩阵，其对角元素为固有频率的平方。$\boldsymbol{Q}_{k+1}$ 为里兹坐标矩阵。

③ 根据 $\bar{\boldsymbol{\Psi}}_{k+1}$ 和 $\boldsymbol{Q}_{k+1}$ 可以得到精度提高的模态向量

$$\boldsymbol{\Psi}_{k+1}=\bar{\boldsymbol{\Psi}}_{k+1}\boldsymbol{Q}_{k+1} \tag{5.4-12}$$

然后重复第 2 到第 3 步之间的迭代，直到结果满足给定的精度为止。

上面的迭代求解过程相当于从子空间 $\boldsymbol{E}_k$ 到子空间 $\boldsymbol{E}_{k+1}$ 的迭代，因此这种方法称为**子空间迭代法**；瑞利-里兹法保证了特征向量 $\boldsymbol{\Psi}_{k+1}$ 关于质量矩阵和刚度矩阵的正交性。值得指出的是，只要初始迭代向量 $\boldsymbol{v}_j$ $(j=1,2,\cdots,q)$与待求的向量不正交，就可以证明迭代过程一定是收敛的，并且初始迭代向量越接近真实模态，迭代过程收敛得越快，也就是需要迭代循环的次数越少。

例 5.4-1　图 5.4-1 是一个自由度为 4 的系统，其中弹簧刚度系数 $k=1$，质量 $m=1$。用向量迭代法和子空间迭代法求基频和第 1 阶模态。

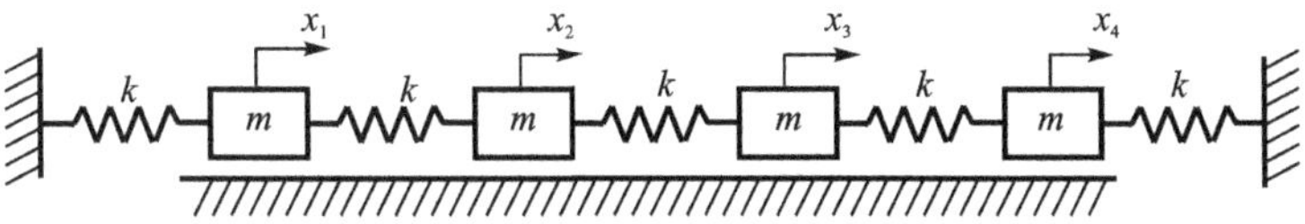

图 5.4-1　四个自由度的质点弹簧系统

解：系统的刚度矩阵和质量矩阵分别为

$$\boldsymbol{K}=\begin{bmatrix}2&-1&0&0\\-1&2&-1&0\\0&-1&2&-1\\0&0&-1&2\end{bmatrix},\quad \boldsymbol{M}=\begin{bmatrix}1&0&0&0\\0&1&0&0\\0&0&1&0\\0&0&0&1\end{bmatrix}$$

该系统精确的频率和模态向量为

$$\omega_1^2=\lambda_1=2-\sqrt{\frac{3+\sqrt{5}}{2}}=0.382,\quad \omega_2^2=\lambda_2=2-\sqrt{\frac{3-\sqrt{5}}{2}}=1.382$$

$$\omega_3^2=\lambda_3=2+\sqrt{\frac{3-\sqrt{5}}{2}}=2.618,\quad \omega_4^2=\lambda_4=2+\sqrt{\frac{3+\sqrt{5}}{2}}=3.618$$

$$\boldsymbol{\varphi}_1=[1\quad 1.618\quad 1.618\quad 1]^{\mathrm{T}},\quad \boldsymbol{\varphi}_2=[1\quad 0.618\quad -0.618\quad -1]^{\mathrm{T}}$$

$$\boldsymbol{\varphi}_3=[1\quad -0.618\quad -0.618\quad 1]^{\mathrm{T}},\quad \boldsymbol{\varphi}_4=[1\quad -1.618\quad 1.618\quad -1]^{\mathrm{T}}$$

(1) 用向量迭代法求解

选初始迭代向量为

$$\boldsymbol{v}_0=[1\quad 1\quad 1\quad 1]^{\mathrm{T}}$$

刚度矩阵的逆矩阵和动力矩阵分别为

$$\boldsymbol{K}^{-1}=\begin{bmatrix}0.8 & 0.6 & 0.4 & 0.2\\ 0.6 & 1.2 & 0.8 & 0.4\\ 0.4 & 0.8 & 1.2 & 0.6\\ 0.2 & 0.4 & 0.6 & 0.8\end{bmatrix},\quad \boldsymbol{D}=\boldsymbol{K}^{-1}\boldsymbol{M}=\begin{bmatrix}0.8 & 0.6 & 0.4 & 0.2\\ 0.6 & 1.2 & 0.8 & 0.4\\ 0.4 & 0.8 & 1.2 & 0.6\\ 0.2 & 0.4 & 0.6 & 0.8\end{bmatrix}$$

第一次迭代后得到

$$\boldsymbol{D}\boldsymbol{v}_0=[2\quad 3\quad 3\quad 2]^{\mathrm{T}}$$

归一化后有

$$\boldsymbol{v}_1=[1\quad 1.5\quad 1.5\quad 1]^{\mathrm{T}}$$

第二次迭代后得到

$$\boldsymbol{D}\boldsymbol{v}_1=[2.5\quad 4\quad 4\quad 2.5]^{\mathrm{T}}$$

归一化后有

$$\boldsymbol{v}_2=[1\quad 1.6\quad 1.6\quad 1]^{\mathrm{T}}$$

第三次迭代后得到

$$\boldsymbol{D}\boldsymbol{v}_2=[2.6\quad 4.2\quad 4.2\quad 2.6]^{\mathrm{T}}$$

归一化后有

$$\boldsymbol{v}_3=[1\quad 1.615\quad 1.615\quad 1]^{\mathrm{T}}$$

第四次迭代后得到

$$\boldsymbol{D}\boldsymbol{v}_3=[2.615\quad 4.231\quad 4.231\quad 2.615]^{\mathrm{T}}$$

归一化后有

$$\boldsymbol{v}_4=[1\quad 1.618\quad 1.618\quad 1]^{\mathrm{T}}$$

由此可见,经过四次迭代后得到第一阶模态。再进行一次迭代,有

$$\boldsymbol{v}_5=\boldsymbol{D}\boldsymbol{v}_4=[2.618\quad 4.235\quad 4.235\quad 2.618]^{\mathrm{T}}$$

向量 $\boldsymbol{v}_4$ 和 $\boldsymbol{v}_5$ 的对应元素的比值就是第一阶固有频率的平方,即 $\omega_1^2=0.382$。

(2) 用子空间迭代法求解

$p=1,q=2$,选初始迭代向量矩阵为

$$\boldsymbol{\Psi}_1^{\mathrm{T}}=\begin{bmatrix}1 & 1 & 1 & 1\\ 1 & 1 & -1 & -1\end{bmatrix}$$

第一次迭代:

根据式(5.4－9)计算迭代一次的向量

$$\bar{\boldsymbol{\Psi}}_2^{\mathrm{T}}=\begin{bmatrix}2 & 3 & 3 & 2\\ 0.8 & 0.6 & -0.6 & -0.8\end{bmatrix}$$

根据式(5.4－10)计算刚度矩阵 $\boldsymbol{K}$ 和质量矩阵 $\boldsymbol{M}$ 在子空间 $\boldsymbol{E}_2$ 上的投影

$$\tilde{\boldsymbol{K}}_2=\begin{bmatrix}10 & 0\\ 0 & 2.8\end{bmatrix},\quad \tilde{\boldsymbol{M}}_2=\begin{bmatrix}26 & 0\\ 0 & 2\end{bmatrix}$$

根据式(5.4－11)，求解里兹基坐标矩阵 $\boldsymbol{Q}_2$ 和特征值对角矩阵 $\boldsymbol{\Lambda}_2$

$$\boldsymbol{Q}_2=\begin{bmatrix}1 & 0\\ 0 & 1\end{bmatrix},\quad \boldsymbol{\Lambda}_2=\begin{bmatrix}0.3846 & 0\\ 0 & 1.4\end{bmatrix}$$

根据式(5.4－12)计算精度提高的模态向量，并将其归一化得

$$\boldsymbol{\Psi}_2^{\mathrm{T}}=\begin{bmatrix}1 & 1.5 & 1.5 & 1\\ 1 & 0.75 & -0.75 & -1\end{bmatrix}$$

第二次迭代：

$$\bar{\boldsymbol{\Psi}}_3^{\mathrm{T}}=\begin{bmatrix}2.5 & 4 & 4 & 2.5\\ 0.75 & 0.5 & -0.5 & -0.75\end{bmatrix}$$

$$\tilde{\boldsymbol{K}}_3=\begin{bmatrix}17 & 0\\ 0 & 2.25\end{bmatrix},\quad \tilde{\boldsymbol{M}}_3=\begin{bmatrix}44.5 & 0\\ 0 & 1.625\end{bmatrix}$$

$$\boldsymbol{Q}_3=\begin{bmatrix}1 & 0\\ 0 & 1\end{bmatrix},\quad \boldsymbol{\Lambda}_3=\begin{bmatrix}0.3820 & 0\\ 0 & 1.3846\end{bmatrix}$$

经过两次迭代的模态向量为

$$\boldsymbol{\Psi}_3^{\mathrm{T}}=\begin{bmatrix}1 & 1.6 & 1.6 & 1\\ 1 & 0.6667 & -0.6667 & -1\end{bmatrix}$$

迭代到第四次的结果是

$$\boldsymbol{\Lambda}_5=\begin{bmatrix}0.382 & 0\\ 0 & 1.382\end{bmatrix},\quad \boldsymbol{\Psi}_5^{\mathrm{T}}=\begin{bmatrix}1 & 1.618 & 1.618 & 1\\ 1 & 0.625 & -0.625 & -1\end{bmatrix}$$

此时，前两阶频率、第一阶模态已经和精确解吻合，但第二阶模态与精确解还有差别，由此可以看出，频率收敛的速度要快于模态收敛的速度，低阶频率和模态的收敛速度比高阶的快。特征向量收敛速率为 λ_1/λ_2，特征值收敛速率为 $(\lambda_1/\lambda_2)^2$。

5.5　有限元法

在实际结构中，由于结构的几何尺寸或材料性能会发生突变，因此其刚度分布规律也会发生突变。质量分布规律也会因为结构附有集中质量而发生突变。在这些突变处，应变将是不连续的。在前面讨论的瑞利-里兹法中，假设的近似位移函数及其导数在整个结构上是连续的，若用瑞利-里兹法处理带有刚度或质量突变点的结构分析问题，将产生与实际情况相矛盾的结果。

其实，可以将一个复杂结构分成多个区域，区域之间的交界面可以设在质量、刚度突变处或集中载荷的作用处，然后在每个区域内用瑞利-里兹法来处理。这样，上面的矛盾便可以得到解决。这就是现代有限元法的思想。

有限元法是一种将连续体离散化，以求解各种力学问题的数值方法，又称为**有限单元法**或

有限元素法。有限元法的基本思想是把连续体结构系统看成由一些杆、梁、板、壳和体等元件组成的,这些元件称为有限**单元**。这些单元是通过它们交界面上的点连接起来的,这些点称为**结点**。单元的相互连接必须满足交界面上结点位移的协调条件和结点力的平衡条件。

有限元法可以看成是分区的瑞利-里兹法,其具体实施过程包括下面几个重要环节。

① 把连续体结构剖分成一些有限单元。剖分的目的是使结构性质在每一个单元内尽可能地单纯化,最好使每一个单元内部不再存在任何间断性(突变)。剖分的另外一个作用是使单元的几何形状尽可能简单和规则,像杆、梁和矩形板等。这项工作在有限元法中称为**网格剖分**。

② 用瑞利-里兹法处理每一个单元。经过网格剖分后,选择单元的近似位移函数就比较容易了。在直角坐标系中,通常选用多项式函数作为里兹基函数。在结构分析中,经常采用的是位移有限元法,它取结点位移为里兹坐标,或广义坐标。这样,单元的位移函数就可以表示为结点位移的插值函数。由于单元性质比较单纯且几何形状规则,因此同类单元可以采用相同形式的近似位移函数,这为有限元法的编程计算奠定了重要基础。

③ 根据单元弹性应变能和动能公式得到有限单元的刚度矩阵和质量矩阵,然后根据结点位移的协调条件,把单元的刚度矩阵和质量矩阵组装在一起,形成结构的总刚度矩阵和总质量矩阵。最后根据拉格朗日方程和虚位移原理等方法得到以未知结点位移为广义坐标的数学模型,称之为**有限元模型**。

薄板的面内单元可以看成杆单元的二维拓展,板的弯曲单元可以看成梁单元的二维拓展,壳单元可以看成是平面单元和弯曲单元的叠加,而体单元可以看成是杆单元的三维拓展,因此杆和梁单元的基础理论和构造方法是有限元方法中最重要的内容。本节主要讨论杆和梁振动问题的有限元分析方法。

5.5.1 均匀直杆的纵向自由振动

1. 单元的刚度矩阵和质量矩阵

把均匀直杆剖分成 n 个单元,见图 5.5-1。把单元自左向右按顺序编号,记为ⓘ ($i=1,2,\cdots,n$)。单元的结点号也从左向右编号为 $1,2,\cdots,i,i+1,\cdots,n,n+1$,它们是结点的总体编号。图 5.5-2 是第ⓘ个杆单元的示意图,单元的长度为 l,单元局部坐标 x 的原点设在单元的左端点,单元左端结点局部编号为 1,右端结点局部编号为 2。结点的总体编号和单元局部结点号 1 和 2 之间存在对应关系,如第ⓘ个单元的左端结点号 1 对应的总体编号为 i,右端结点号 2 对应的总体编号为 $i+1$。为了保证单元之间的协调性,每个单元的端点(结点)只需配置位移。单元结点 1 的位移用 u_1 表示,结点 2 的位移用 u_2 表示。

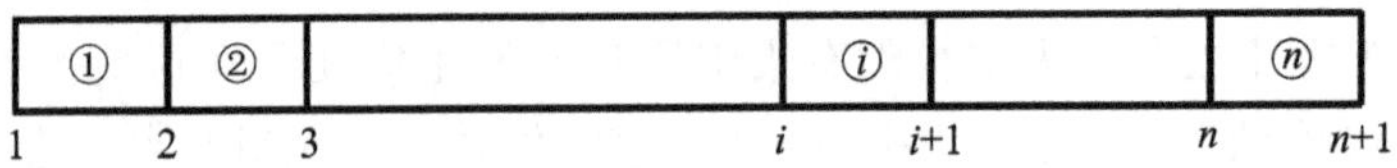

图 5.5-1 杆单元划分方法

选线性函数作为第ⓘ个单元的近似位移函数,即

$$u^i = a_0 + a_1 \frac{x}{l} \tag{5.5-1}$$

式中:a_0 和 a_1 为待定系数,右上标 i 表示是第ⓘ个单元的。在单元的两端,位移函数 u^i 分别等于结点位移,即

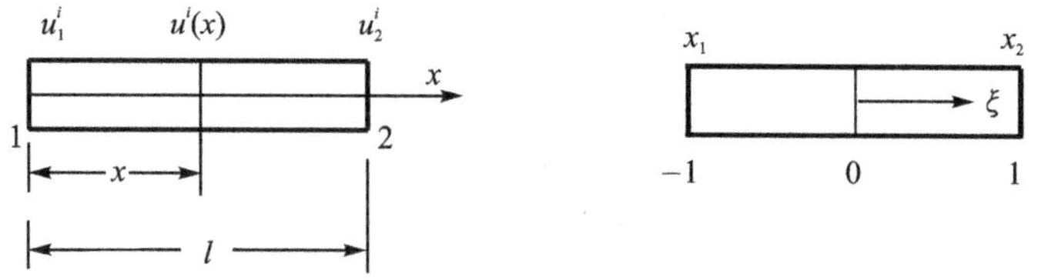

图 5.5－2　杆单元

$$u_1^i = a_0$$

$$u_2^i = a_0 + a_1$$

因此

$$\left.\begin{aligned} a_0 &= u_1^i \\ a_1 &= u_2^i - u_1^i \end{aligned}\right\} \tag{5.5-2}$$

把式(5.5－2)代入式(5.5－1)，得到

$$u^i = u_1^i\left(1 - \frac{x}{l}\right) + u_2^i \frac{x}{l} \tag{5.5-3}$$

由于式(5.5－3)给出的单元位移函数是线性的，因此相应的单元就称为**线性杆单元**，或称为**等应变杆单元**。下面定义单元的量纲为 1 的坐标 ξ，它和坐标 x 的关系是

$$x = \frac{1}{2}(1-\xi)x_1 + \frac{1}{2}(1+\xi)x_2 \tag{5.5-4}$$

式中：x_1 和 x_2 为单元两端的坐标值，对于图 5.5－2 所示杆单元，$x_1 = 0$，$x_2 = l$。x_1 和 x_2 也可以为全局坐标。量纲为 1 的坐标 ξ 的原点在单元的中点，在单元两端 ξ 的值分别为 -1 和 1。把式(5.5－4)代入式(5.5－3)，得到

$$u^i(x) = \frac{1}{2}(1-\xi)u_1^i + \frac{1}{2}(1+\xi)u_2^i \tag{5.5-5}$$

令

$$N_1(\xi) = \frac{1}{2}(1-\xi),\quad N_2(\xi) = \frac{1}{2}(1+\xi)$$

式中：$N_1(\xi)$和 $N_2(\xi)$称为单元的**形函数**，也就是单元的里兹基函数，而结点位移 u_1^i 和 u_2^i 就是里兹坐标，或广义坐标。因此式(5.5－5)还可以写成

$$u^i = N_1 u_1^i + N_2 u_2^i = \sum_{j=1}^{2} N_j u_j^i \tag{5.5-6}$$

确定了单元位移函数，就可以根据单元的弹性应变能和动能公式来确定单元的刚度矩阵 $\boldsymbol{k}^i$ 和质量矩阵 $\boldsymbol{m}^i$。单元的应变能函数为

$$V^i = \frac{1}{2}\int_0^l EA\left(\frac{\partial u^i}{\partial x}\right)^2 \mathrm{d}x = \frac{1}{2}\boldsymbol{u}^{i\mathrm{T}}\boldsymbol{k}^i\boldsymbol{u}^i \tag{5.5-7}$$

式中：$\boldsymbol{u}^i = [u_1^i \quad u_2^i]^{\mathrm{T}}$ 为结点位移列向量，$\boldsymbol{k}^i$ 是单元的刚度矩阵，其形式为

$$\boldsymbol{k}^i = \int_0^l EA \frac{\partial \boldsymbol{N}}{\partial x}\frac{\partial \boldsymbol{N}^{\mathrm{T}}}{\partial x}\mathrm{d}x = \frac{2}{l}\int_{-1}^{1} EA \frac{\partial \boldsymbol{N}}{\partial \xi}\frac{\partial \boldsymbol{N}^{\mathrm{T}}}{\partial \xi}\mathrm{d}\xi \tag{5.5-8}$$

式中：$\boldsymbol{N} = [N_1 \quad N_2]^{\mathrm{T}}$ 为形函数列向量。对式(5.5－8)进行积分计算，得到

$$\boldsymbol{k}^i = \frac{EA}{l}\begin{bmatrix} 1 & -1 \\ -1 & 1 \end{bmatrix} \tag{5.5-9}$$

上式给出的就是等应变杆单元的刚度矩阵,它是对称半正定的。单元动能函数为

$$T^i=\frac{1}{2}\int_0^l \rho A\left(\frac{\partial u^i}{\partial t}\right)^2\mathrm{d}x=\frac{1}{2}\dot{\boldsymbol{u}}^{i\mathrm{T}}\boldsymbol{m}^i\dot{\boldsymbol{u}}^i \tag{5.5-10}$$

式中:$\boldsymbol{m}^i$ 是等应变杆元的质量矩阵,即

$$\boldsymbol{m}^i=\int_0^l \rho A\boldsymbol{N}\boldsymbol{N}^{\mathrm{T}}\mathrm{d}x=\frac{l}{2}\int_{-1}^1\rho A\boldsymbol{N}\boldsymbol{N}^{\mathrm{T}}\mathrm{d}\xi=\frac{\rho Al}{6}\begin{bmatrix}2&1\\1&2\end{bmatrix} \tag{5.5-11}$$

它是对称正定的。若杆轴向作用有分布载荷 f,则它所作的功为

$$W^i=\int_0^l fu^i\mathrm{d}x=\int_0^l f\boldsymbol{u}^{i\mathrm{T}}\boldsymbol{N}\mathrm{d}x=\boldsymbol{u}^{i\mathrm{T}}\ \frac{l}{2}\int_{-1}^1 f\boldsymbol{N}\mathrm{d}\xi=\boldsymbol{u}^{i\mathrm{T}}\boldsymbol{f}^i \tag{5.5-12}$$

式中:$\boldsymbol{f}^i$ 是分布载荷等效到结点上的结点力向量,即

$$\boldsymbol{f}^i=\frac{l}{2}\int_{-1}^1 f\boldsymbol{N}\mathrm{d}\xi \tag{5.5-13}$$

若 f 是常数,即作用在杆上的分布载荷是均布的,则

$$\boldsymbol{f}^i=\frac{fl}{2}\begin{bmatrix}1\\1\end{bmatrix} \tag{5.5-14}$$

2. 单元刚度矩阵和质量矩阵的组装

前面得到了杆单元的刚度矩阵、质量矩阵和结点载荷列向量。下面讨论单元矩阵的组装方法。结构弹性应变能等于各单元的应变能之和,即

$$V=\sum_{i=1}^n V^i=\frac{1}{2}\sum_{i=1}^n\boldsymbol{u}^{i\mathrm{T}}\boldsymbol{k}^i\boldsymbol{u}^i \tag{5.5-15}$$

下面用 $\boldsymbol{u}$ 表示结构的总结点位移列向量,即

$$\boldsymbol{u}=[u_1\quad u_2\quad\cdots\quad u_{n+1}]^{\mathrm{T}} \tag{5.5-16}$$

任意单元的结点位移列向量 $\boldsymbol{u}^i=[u_1^i\quad u_2^i]^{\mathrm{T}}$ 都可以从 $\boldsymbol{u}$ 中提取出来,即

$$\boldsymbol{u}^i=\boldsymbol{T}^i\boldsymbol{u} \tag{5.5-17}$$

式中:$\boldsymbol{T}^i$ 为第ⓘ个单元的提取矩阵。对于等应变杆元和图 5.5-1 所示的单元划分方法,$\boldsymbol{T}^i$ 是一个具有 2 行和 $n+1$ 列的矩阵,并且只有两个非零元素。例如,对第 1 个单元,$\boldsymbol{T}^1$ 的形式为

$$\boldsymbol{T}^1=\begin{bmatrix}1&0&0&\cdots&0\\0&1&0&\cdots&0\end{bmatrix} \tag{5.5-18}$$

把式(5.5-17)代入式(5.5-15),得到

$$V=\frac{1}{2}\sum_{i=1}^n\boldsymbol{u}^{\mathrm{T}}(\boldsymbol{T}^{i\mathrm{T}}\boldsymbol{k}^i\boldsymbol{T}^i)\boldsymbol{u}=\frac{1}{2}\boldsymbol{u}^{\mathrm{T}}\boldsymbol{K}\boldsymbol{u} \tag{5.5-19}$$

式中:$\boldsymbol{K}$ 为结构的总体刚度矩阵,它的组装公式为

$$\boldsymbol{K}=\sum_{i=1}^n\boldsymbol{T}^{i\mathrm{T}}\boldsymbol{k}^i\boldsymbol{T}^i \tag{5.5-20}$$

值得指出的是,因为在建立刚度矩阵 $\boldsymbol{K}$ 的过程中,没有考虑位移边界条件,因此 $\boldsymbol{K}$ 是奇异的,也就是它具有零特征值。结构的总动能为

$$T=\sum_{i=1}^n T^i=\frac{1}{2}\sum_{i=1}^n\dot{\boldsymbol{u}}^{\mathrm{T}}(\boldsymbol{T}^{i\mathrm{T}}\boldsymbol{m}^i\boldsymbol{T}^i)\dot{\boldsymbol{u}}=\frac{1}{2}\dot{\boldsymbol{u}}^{\mathrm{T}}\boldsymbol{M}\dot{\boldsymbol{u}} \tag{5.5-21}$$

式中:总体质量矩阵 $\boldsymbol{M}$ 为

$$M=\sum_{i=1}^{n}T^{i^{\mathrm{T}}}m^{i}T^{i} \tag{5.5-22}$$

而分布力 f 作的总功为

$$W=\sum_{i=1}^{n}W^{i}=\sum_{i=1}^{n}u^{i^{\mathrm{T}}}f^{i}=u^{\mathrm{T}}f \tag{5.5-23}$$

式中:杆的总结点载荷列向量 $\boldsymbol{f}$ 为

$$f=\sum_{i=1}^{n}T^{i^{\mathrm{T}}}f^{i} \tag{5.5-24}$$

结点载荷列向量 $\boldsymbol{f}$ 也就是与广义坐标列向量 $\boldsymbol{u}$ 对应的广义力列向量。这样,根据拉格朗日方程可以得到用有限元法离散化后的杆的受迫振动微分方程,即

$$M\ddot{u}+Ku=f \tag{5.5-25}$$

若 $\boldsymbol{f}=\boldsymbol{0}$,则得到自由振动微分方程,即

$$M\ddot{u}+Ku=0 \tag{5.5-26}$$

令主振动位移 $\boldsymbol{u}=\boldsymbol{A}\mathrm{e}^{\mathrm{i}\omega t}$ $(\mathrm{i}=\sqrt{-1})$,把它代入方程(5.5-26),则得广义特征值方程,即

$$KA=\lambda MA \tag{5.5-27}$$

式中:$\lambda=\omega^2$ 为特征值。$\boldsymbol{A}$ 为特征向量,它的元素为结点位移幅值的相对比值。

3. 单元位移函数的构造原则

下面总结单元位移函数的构造原则,该原则适用于结点参数为位移的单元位移函数设计。

1) 单元位移函数能够表达刚体位移模式。由于一个单元的弹性变形是相邻单元的刚体位移或刚体运动,这要求单元位移函数要能够反映这种状态。

2) 单元位移函数能够表达等应变状态。从式(5.5-7)和式(5.5-8)可知,需要根据位移的一阶导数或应变来计算刚度矩阵,因此最基本的要求是位移函数的一阶导数存在。

3) 结点位移参数的配置要满足单元之间位移连续性(协调性)的要求。对于杆单元而言,只要相邻杆单元公共结点的位移相同,就可以保证杆单元之间的连续性,因此要求杆单元结点上至少配置纵向位移。这种只要求位移本身连续的单元称为 C^0 单元。对于下面介绍的梁单元,要求位移及其一阶导数连续,因此为 C^1 单元。确定了结点位移后,其总数减一就是单元位移函数多项式的幂次。譬如,前面讨论的两结点杆单元只有两个结点位移,由其确定的位移函数是线性函数;若杆单元有三个结点(两端和中间各有一个结点),也就有三个结点位移,则该单元位移函数为二次函数。

4. 单元矩阵性质

下面分析所得杆单元矩阵的性质,该分析方法适合其他类型单元。

1) 通常利用单元处于等应变状态来分析刚度矩阵的性质。杆单元刚度矩阵的任意一行或一列的元素之和为零。根据刚度矩阵元素的物理意义可知,当杆单元某个结点位移为单位值,而其他结点位移为零时,根据 $\boldsymbol{F}=\boldsymbol{ku}$ 可以确定作用在各个结点上的力,这些力处于平衡状态,即刚度矩阵一行或一列的元素之和为零。

2) 刚度矩阵奇异。由于在构造单元位移函数时,没有施加位移边界条件,因此刚度矩阵行列式为零。

3) 通常利用单元处于刚体运动状态来分析质量矩阵的性质。质量矩阵中表示平动惯性的元素之和等于单元的总质量,以保证质量守恒。对于等应变杆单元,若 $\ddot{\boldsymbol{u}}^{\mathrm{T}}=[1\quad 1]$,即单元

处于刚体运动状态，根据 $\boldsymbol{F}=m\ddot{\boldsymbol{u}}$ 可知施加在杆两端的力都是 $\rho Al\ddot{u}/2=\rho Al/2$，二者之和为 $\rho Al\ddot{u}=\rho Al$。

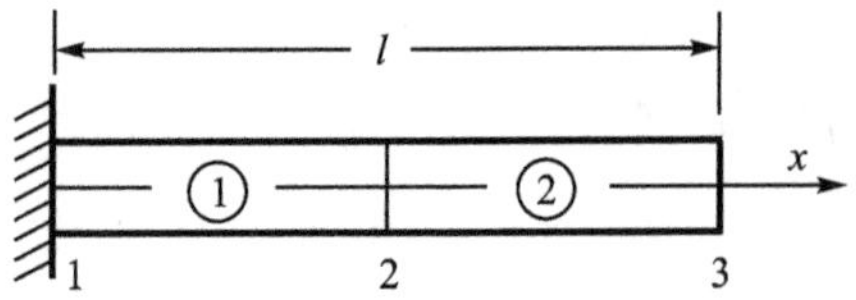

图 5.5-3 一端固定杆

4) 载荷列向量的元素之和等于作用在单元上的总载荷，以保证总载荷不变。

例 5.5-1 把一端固定、一端自由均匀杆等分成两个单元，其拉压刚度为 EA，如图 5.5-3 所示。用等应变杆元求基频和第1阶模态函数。

解：单元的刚度矩阵和质量矩阵为

$$\boldsymbol{k}^1=\boldsymbol{k}^2=\frac{2EA}{l}\begin{bmatrix}1 & -1\\ -1 & 1\end{bmatrix}$$

$$\boldsymbol{m}^1=\boldsymbol{m}^2=\frac{\rho Al}{12}\begin{bmatrix}2 & 1\\ 1 & 2\end{bmatrix}$$

单元的提取矩阵为

$$\boldsymbol{T}^1=\begin{bmatrix}1 & 0 & 0\\ 0 & 1 & 0\end{bmatrix},\quad \boldsymbol{T}^2=\begin{bmatrix}0 & 1 & 0\\ 0 & 0 & 1\end{bmatrix}$$

因此结构的总体刚度矩阵和质量矩阵为

$$\boldsymbol{K}=\frac{2EA}{l}\begin{bmatrix}1 & 0\\ 0 & 1\\ 0 & 0\end{bmatrix}\begin{bmatrix}1 & -1\\ -1 & 1\end{bmatrix}\begin{bmatrix}1 & 0 & 0\\ 0 & 1 & 0\end{bmatrix}+\frac{2EA}{l}\begin{bmatrix}0 & 0\\ 1 & 0\\ 0 & 1\end{bmatrix}\begin{bmatrix}1 & -1\\ -1 & 1\end{bmatrix}\begin{bmatrix}0 & 1 & 0\\ 0 & 0 & 1\end{bmatrix}=$$

$$\frac{2EA}{l}\begin{bmatrix}1 & -1 & 0\\ -1 & 2 & -1\\ 0 & -1 & 1\end{bmatrix}$$

$$\boldsymbol{M}=\frac{\rho Al}{12}\begin{bmatrix}1 & 0\\ 0 & 1\\ 0 & 0\end{bmatrix}\begin{bmatrix}2 & 1\\ 1 & 2\end{bmatrix}\begin{bmatrix}1 & 0 & 0\\ 0 & 1 & 0\end{bmatrix}+\frac{\rho Al}{12}\begin{bmatrix}0 & 0\\ 1 & 0\\ 0 & 1\end{bmatrix}\begin{bmatrix}2 & 1\\ 1 & 2\end{bmatrix}\begin{bmatrix}0 & 1 & 0\\ 0 & 0 & 1\end{bmatrix}=\frac{\rho Al}{12}\begin{bmatrix}2 & 1 & 0\\ 1 & 4 & 1\\ 0 & 1 & 2\end{bmatrix}$$

根据式(5.5-27)，有

$$\begin{bmatrix}1 & -1 & 0\\ -1 & 2 & -1\\ 0 & -1 & 1\end{bmatrix}\begin{bmatrix}A_1\\ A_2\\ A_3\end{bmatrix}=\frac{\lambda\rho l^2}{24E}\begin{bmatrix}2 & 1 & 0\\ 1 & 4 & 1\\ 0 & 1 & 2\end{bmatrix}\begin{bmatrix}A_1\\ A_2\\ A_3\end{bmatrix}\tag{a}$$

由于杆的左端是固定的，因此 $A_1=0$。划去上式两端矩阵和向量的第1行以及矩阵第1列，得到

$$\begin{bmatrix}2 & -1\\ -1 & 1\end{bmatrix}\begin{bmatrix}A_2\\ A_3\end{bmatrix}=\frac{\lambda\rho l^2}{24E}\begin{bmatrix}4 & 1\\ 1 & 2\end{bmatrix}\begin{bmatrix}A_2\\ A_3\end{bmatrix}\tag{b}$$

解之得到

$$\lambda_{1,2}=\frac{24E}{7\rho l^2}(5\mp 3\sqrt{2})$$

因此，固有频率为

$$\omega_1=\sqrt{\lambda_1}=\frac{1.611}{l}\sqrt{\frac{E}{\rho}},\quad \omega_2=\sqrt{\lambda_2}=\frac{5.629}{l}\sqrt{\frac{E}{\rho}}$$

由式(4.1-21)得到的第1阶和第2阶固有频率的精确解分别为 $1.571\sqrt{E/\rho l^2}$ 和 $4.712\sqrt{E/\rho l^2}$，因此第1阶和第2阶固有频率的相对误差分别为2.48 %和16.3 %。表5.5-1还比较了利

用不同数量单元所得到的无因次频率 $\omega l\sqrt{\rho/E}$，其中精确解由式(4.1-21b)计算得到。从表 5.5-1 中可以看出，约有 30%的固有频率具有较高的精度。与表 5.3-1 进行比较还可以看出，为了提高频率计算精度，提高位移函数阶次的效果远好于增加单元数量。把特征值代入式(b)中，得到特征向量为

$$\boldsymbol{A}_1=\begin{bmatrix}A_{11}\\A_{21}\\A_{31}\end{bmatrix}=\begin{bmatrix}0\\1\\1.414\end{bmatrix},\quad \boldsymbol{A}_2=\begin{bmatrix}A_{12}\\A_{22}\\A_{32}\end{bmatrix}=\begin{bmatrix}0\\1\\-1.414\end{bmatrix}$$

表 5.5-1　无因次固有频率的比较

单元数	一　阶	二　阶	三　阶	四　阶	五　阶
1	1.732 1	—	—	—	—
2	1.611 4	5.629 3	—	—	—
3	1.588 8	5.196 2	9.426 6	—	—
4	1.580 9	4.987 2	9.059 4	13.100 7	—
5	1.577 3	4.888 1	8.660 3	12.986 5	16.703 4
6	1.575 3	4.834 2	8.418 8	12.496 4	16.887 9
精确解	1.570 8	4.712 4	7.854 0	10.995 6	14.137 2

因此分段定义的模态函数为

$$\phi_1=\begin{cases}N_1A_{11}+N_2A_{21} & (0\leqslant x\leqslant l/2)\\ N_1A_{21}+N_2A_{31} & (l/2\leqslant x\leqslant l)\end{cases} \tag{c}$$

$$\phi_2=\begin{cases}N_1A_{12}+N_2A_{22} & (0\leqslant x\leqslant l/2)\\ N_1A_{22}+N_2A_{32} & (l/2\leqslant x\leqslant l)\end{cases} \tag{d}$$

式中：$A_{11}=A_{12}=0$。图 5.5-4 画出了由式(c)和式(d)定义的模态图。

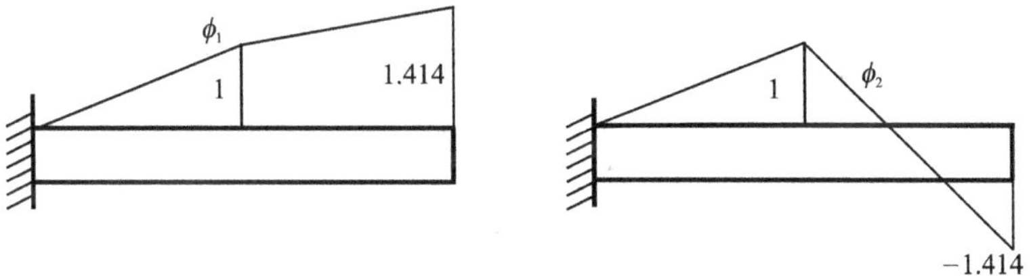

图 5.5-4　模态图

5.5.2　均匀直梁的横向自由振动

对于直梁的单元剖分方法、单元刚度矩阵的建立方法以及组装方法与直杆的相同。下面只推导均匀直梁的单元刚度矩阵、质量矩阵和载荷列向量。图 5.5-5 是梁单元的示意图。为了保证梁单元交界面之间的协调性，单元的结点位移要配置横向位移和剖面转角。一个梁单元共有 4 个结点位移参数，因此可以选 3 次完备多项式作为单元的近似位移函数，即

$$w=a_0+a_1\left(\frac{x}{l}\right)+a_2\left(\frac{x}{l}\right)^2+a_3\left(\frac{x}{l}\right)^3 \tag{5.5-28}$$

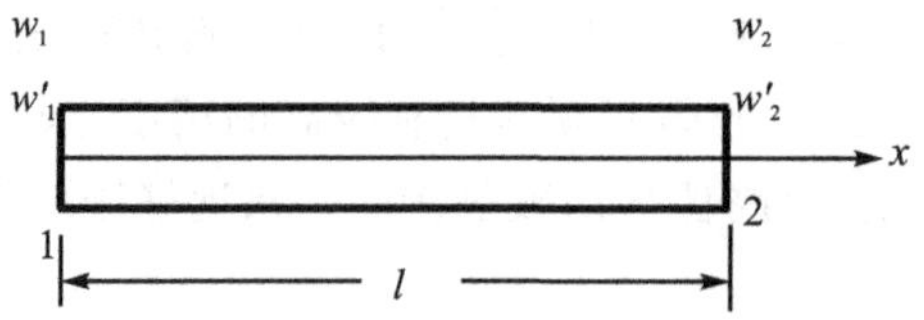

图 5.5-5 梁单元

因此这种梁单元也称为**三次梁元**。在梁的两端,位移函数 $w(x)$ 及其导数分别等于结点横向位移和转角,即

$$\left.\begin{aligned} w_1 &= a_0 \\ w'_1 &= a_1/l \\ w_2 &= a_0 + a_1 + a_2 + a_3 \\ w'_2 &= a_1/l + 2a_2/l + 3a_3/l \end{aligned}\right\} \tag{5.5-29}$$

把从式(5.5-29)得到的 $a_i(i=0,1,2,3)$ 代入式(5.5-28),得到

$$w = N_1(x)w_1 + N_2(x)w'_1 + N_3(x)w_2 + N_4(x)w'_2 \tag{5.5-30}$$

式中:$N_i(i=1,2,3,4)$ 为形函数,它们的表达式为

$$N_1(x) = 1 - 3\left(\frac{x}{l}\right)^2 + 2\left(\frac{x}{l}\right)^3, \quad N_2(x) = l\left[\frac{x}{l} - 2\left(\frac{x}{l}\right)^2 + \left(\frac{x}{l}\right)^3\right]$$

$$N_3(x) = 3\left(\frac{x}{l}\right)^2 - 2\left(\frac{x}{l}\right)^3, \quad N_4(x) = l\left[-\left(\frac{x}{l}\right)^2 + \left(\frac{x}{l}\right)^3\right]$$

它们还可以用量纲为 1 的坐标 $\xi=(2x-l)/l$ 表示为

$$N_1(\xi) = \frac{1}{4}(2 - 3\xi + \xi^3), \quad N_2(\xi) = \frac{l}{8}(1 - \xi - \xi^2 + \xi^3)$$

$$N_3(\xi) = \frac{1}{4}(2 + 3\xi - \xi^3), \quad N_4(\xi) = \frac{l}{8}(-1 - \xi + \xi^2 + \xi^3)$$

根据单元的弹性应变能和动能公式可以确定单元的刚度矩阵 $\boldsymbol{k}$ 和质量矩阵 $\boldsymbol{m}$,即

$$V = \frac{1}{2}\int_0^l EI\left(\frac{\partial^2 w}{\partial x^2}\right)^2 \mathrm{d}x = \frac{1}{2}\boldsymbol{w}^{\mathrm{T}}\boldsymbol{k}\boldsymbol{w} \tag{5.5-31}$$

式中:$\boldsymbol{w}=[w_1 \quad w'_1 \quad w_2 \quad w'_2]^{\mathrm{T}}$ 为结点位移向量,$\boldsymbol{k}$ 是单元的刚度矩阵,有

$$\boldsymbol{k} = \int_0^l EI\,\frac{\partial^2 \boldsymbol{N}}{\partial x^2}\,\frac{\partial^2 \boldsymbol{N}^{\mathrm{T}}}{\partial x^2}\mathrm{d}x = \frac{8}{l^3}\int_{-1}^1 EI\,\frac{\partial^2 \boldsymbol{N}}{\partial \xi^2}\,\frac{\partial^2 \boldsymbol{N}^{\mathrm{T}}}{\partial \xi^2}\mathrm{d}\xi \tag{5.5-32}$$

式中:$\boldsymbol{N}=[N_1 \quad N_2 \quad N_3 \quad N_4]^{\mathrm{T}}$ 为形函数向量。对式(5.5-32)进行积分计算,得到

$$\boldsymbol{k} = \frac{EI}{l^3}\begin{bmatrix} 12 & 6l & -12 & 6l \\ 6l & 4l^2 & -6l & 2l^2 \\ -12 & -6l & 12 & -6l \\ 6l & 2l^2 & -6l & 4l^2 \end{bmatrix} \tag{5.5-33}$$

单元的动能函数为

$$T = \frac{1}{2}\int_0^l \rho A\left(\frac{\partial w}{\partial t}\right)^2 \mathrm{d}x = \frac{1}{2}\dot{\boldsymbol{w}}^{\mathrm{T}}\boldsymbol{m}\dot{\boldsymbol{w}} \tag{5.5-34}$$

式中的单元质量矩阵为

$$\boldsymbol{m}=\int_{0}^{l}\rho A\boldsymbol{N}\boldsymbol{N}^{\mathrm{T}}\mathrm{d}x=\frac{l}{2}\int_{-1}^{1}\rho A\boldsymbol{N}\boldsymbol{N}^{\mathrm{T}}\mathrm{d}\xi=$$

$$\frac{\rho Al}{420}\begin{bmatrix}156 & 22l & 54 & -13l\\ 22l & 4l^{2} & 13l & -3l^{2}\\ 54 & 13l & 156 & -22l\\ -13l & -3l^{2} & -22l & 4l^{2}\end{bmatrix}\tag{5.5-35}$$

从式(5.5-32)和式(5.5-35)可知,刚度矩阵 $\boldsymbol{k}$ 和质量矩阵 $\boldsymbol{m}$ 是对称的。若梁上作用横向分布载荷 f,则它所作的功为

$$W=\int_{0}^{l}qw\,\mathrm{d}x=\int_{0}^{l}f\boldsymbol{w}^{\mathrm{T}}\boldsymbol{N}\mathrm{d}x=\boldsymbol{w}^{\mathrm{T}}\ \frac{l}{2}\int_{-1}^{1}f\boldsymbol{N}\mathrm{d}\xi=\boldsymbol{w}^{\mathrm{T}}\boldsymbol{f}\tag{5.5-36}$$

式中:$\boldsymbol{f}$ 是分布载荷等效到结点上的结点力向量,有

$$\boldsymbol{f}=\frac{l}{2}\int_{-1}^{1}f\boldsymbol{N}\mathrm{d}\xi\tag{5.5-37}$$

若 $\boldsymbol{f}$ 是常数,即作用在梁上的分布载荷是均布的,则

$$\boldsymbol{f}=\frac{fl}{12}[6\quad l\quad 6\quad -l]^{\mathrm{T}}\tag{5.5-38}$$

下面分析三次梁单元矩阵的特性。

1) 当某个结点位移为单位值,而其他结点位移等于零时,根据 $\boldsymbol{F}=\boldsymbol{k}\boldsymbol{w}$ 可以求出作用在梁单元两端的两个剪力和两个弯矩,并且四个力处于平衡状态。刚度矩阵的一行或一列的四个元素中,两个剪力之和等于零,若以一个结点为参考点,则两个结点的弯矩之和与另一个结点的剪力产生的力矩平衡。

2) 质量矩阵中所有表示平动惯性的元素之和等于单元的总质量,以保证质量守恒。若单元处于刚体平动状态,即 $\ddot{w}_1=1,\ddot{w}_2=1,\ddot{w}'_1=0,\ddot{w}'_2=0$,单元受力情况的分析方法与两结点杆单元的情况相同。若单元处于刚体转动状态,不失一般性,令 $\ddot{w}'_1=1,\ddot{w}'_2=1,\ddot{w}_1=0,\ddot{w}_2=\ddot{w}'_2 l$,根据 $\boldsymbol{F}=\boldsymbol{m}\ddot{\boldsymbol{w}}$ 可得:

作用在结点 1 和 2 上的剪力分别为

$$Z_1=\frac{\rho Al}{420}(22l+54l-13l)=\frac{63\rho Al^2}{420}$$

$$Z_2=\frac{\rho Al}{420}(13l+156l-22l)=\frac{147\rho Al^2}{420}$$

作用在结点 1 和 2 上的弯矩分别为

$$M_1=\frac{\rho Al}{420}(4l^2+13l^2-3l^2)=\frac{14\rho Al^3}{420}$$

$$M_2=\frac{\rho Al}{420}(-3l^2-22l^2+4l^2)=-\frac{21\rho Al^3}{420}$$

由此可得作用在单元结点 1 的力矩为

$$M_1+M_2+Z_2 l=\frac{1}{3}\rho Al^3$$

上式恰好是梁的转动惯量乘上单位角速度,因此质量矩阵也保证了单元的转动惯量守恒。

3) 载荷列向量中的横向结点力之和等于作用在单元上的总载荷,并且弯矩平衡。

5.6 传递矩阵法

有一类工程系统,例如汽轮发电机轴系、发动机螺旋桨轴系、大展弦比机翼和火箭等,可以简化为由一系列弹性元件与惯性元件组成的链式系统。前面讨论的直杆和梁都可以看成是链式系统。这类系统的振动问题可以简便地利用传递矩阵法来求解。本节用传递矩阵法分析带多个刚性圆盘的圆轴的自由扭转振动问题和连续梁的自由弯曲振动问题。

5.6.1 圆轴的自由扭转振动

图5.6-1给出了一个轴系的简化示意图。圆盘只有惯性,没有弹性,也就是圆盘是刚性的。轴段分布质量等效到圆盘上,即认为轴段只有弹性而没有惯性。仿照有限元的编号方法来对圆盘和轴段进行编号,轴段相当于具有长度的单元,而圆盘相当于具有集中质量的结点。用阿拉伯数字为圆盘编号,而轴段则用带圆圈的阿拉伯数字编号。

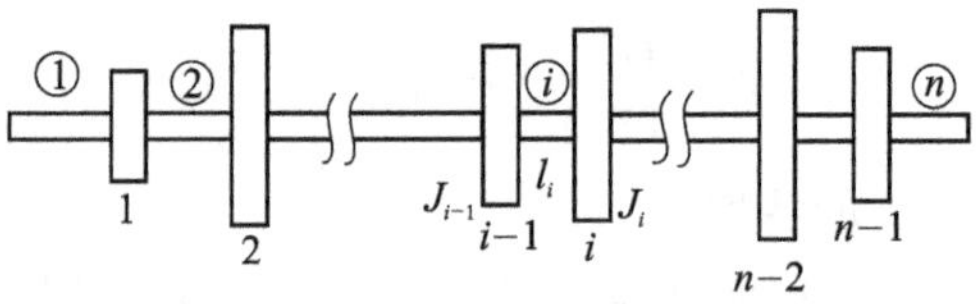

图5.6-1 轴系的简化示意图

考虑第ⓘ个轴段单元,其左端和右端圆盘的转动惯量分别为J_{i-1}和J_i,弹性轴段的长度为l_i。当系统发生振动时,描述系统振动状态的位移和内力分别是圆盘的扭转角θ和作用在圆盘上的扭矩T,它们组成状态向量$\boldsymbol{x}=[\theta \quad T]^{\mathrm{T}}$。图5.6-2给出了第$i$个圆盘和第ⓘ个轴段的受力图。

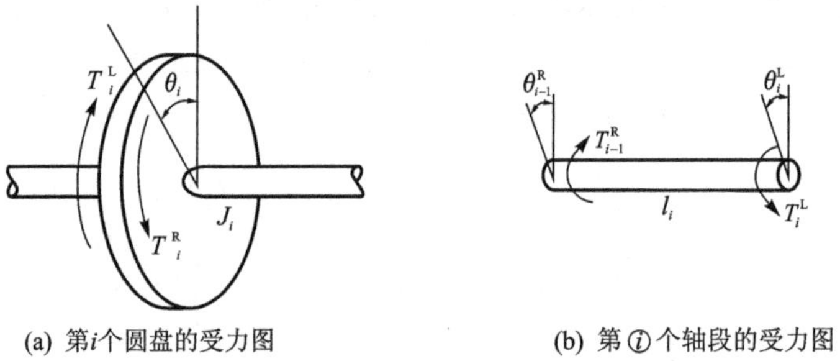

图5.6-2 圆盘和轴段的受力图

对于第i个圆盘,由于圆盘是刚性的,因此它的左侧面扭转角θ_i^{L}和右侧面扭转角θ_i^{R}相等,即

$$\theta_i^{\mathrm{L}}=\theta_i^{\mathrm{R}}=\theta_i \tag{5.6-1}$$

当第i个圆盘作扭转振动时,根据牛顿第二定律有

$$T_i^{\mathrm{R}}-T_i^{\mathrm{L}}=J_i\ddot{\theta}_i \tag{5.6-2}$$

线性系统作固有振动时,其响应一定具有正弦或余弦的形式,因此$\ddot{\theta}_i=-\omega^2\theta_i$。把它代入式(5.6-2),得到

$$T_i^{\mathrm{R}} = T_i^{\mathrm{L}} - \omega^2 J_i \theta_i \tag{5.6-3}$$

把式(5.6－1)和式(5.6－3)用状态变量来表示，有

$$\boldsymbol{x}_i^{\mathrm{R}} = \boldsymbol{P}_i \boldsymbol{x}_i^{\mathrm{L}} \tag{5.6-4}$$

式中：$\boldsymbol{x}_i^{\mathrm{R}} = [\theta_i \quad T_i^{\mathrm{R}}]^{\mathrm{T}}$ 和 $\boldsymbol{x}_i^{\mathrm{L}} = [\theta_i \quad T_i^{\mathrm{L}}]^{\mathrm{T}}$ 分别为第 i 个圆盘的右侧面和左侧面的状态向量；而 $\boldsymbol{P}_i$ 称为**点传递矩阵**，它描述的是第 i 个圆盘两侧面的状态变量的传递关系，其形式为

$$\boldsymbol{P}_i = \begin{bmatrix} 1 & 0 \\ -\omega^2 J_i & 1 \end{bmatrix} \tag{5.6-5}$$

对于第ⓘ个轴段，由于不考虑它的惯性，因此其两端的扭矩相等，即

$$T_i^{\mathrm{L}} = T_{i-1}^{\mathrm{R}} \tag{5.6-6}$$

由材料力学可知，轴的扭转角和扭矩之间的关系为

$$\theta_i^{\mathrm{L}} = \theta_{i-1}^{\mathrm{R}} + \frac{l_i}{GI_{\mathrm{p}i}} T_{i-1}^{\mathrm{R}} \tag{5.6-7}$$

式中：$GI_{\mathrm{p}i}$ 为第ⓘ个轴段的扭转刚度。把式(5.6－6)和式(5.6－7)用轴段两端的状态向量写成下面的形式：

$$\boldsymbol{x}_i^{\mathrm{L}} = \boldsymbol{F}_i \boldsymbol{x}_{i-1}^{\mathrm{R}} \tag{5.6-8}$$

式中：$\boldsymbol{F}_i$ 称为**场传递矩阵**。它描述了第 $i-1$ 个圆盘的右侧面到第 i 个圆盘的左侧面状态变量的传递关系。其定义为

$$\boldsymbol{F}_i = \begin{bmatrix} 1 & \dfrac{l_i}{GI_{\mathrm{p}i}} \\ 0 & 1 \end{bmatrix} \tag{5.6-9}$$

把式(5.6－8)代入式(5.6－4)，得到

$$\boldsymbol{x}_i^{\mathrm{R}} = \boldsymbol{P}_i \boldsymbol{F}_i \boldsymbol{x}_{i-1}^{\mathrm{R}} = \boldsymbol{G}_i \boldsymbol{x}_{i-1}^{\mathrm{R}} \tag{5.6-10}$$

式中：$\boldsymbol{G}_i = \boldsymbol{P}_i \boldsymbol{F}_i$ 称为**总传递矩阵**。它描述了从第 $i-1$ 个圆盘的右侧面到第 i 个圆盘的右侧面的状态变量的传递关系。其定义为

$$\boldsymbol{G}_i = \begin{bmatrix} 1 & \dfrac{l_i}{GI_{\mathrm{p}i}} \\ -\omega^2 J_i & 1 - \omega^2 J_i \dfrac{l_i}{GI_{\mathrm{p}i}} \end{bmatrix} \tag{5.6-11}$$

对于图 5.6－1 所示的系统，利用传递矩阵，总可以从左向右逐单元传递，直到建立系统边界之间的传递关系；然后引入边界条件，就可以从得到的频率方程中求得系统的固有频率 ω 和各单元的状态向量，进而确定系统的固有模态。

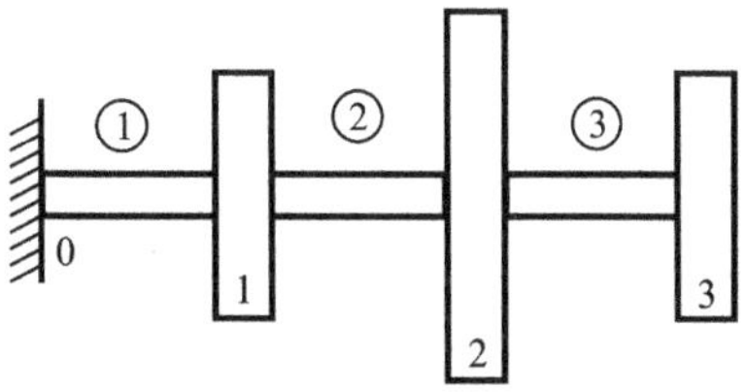

图 5.6－3　圆　轴

例 5.6－1　均匀圆轴上有 3 个刚性圆盘，见图 5.6－3。$J_1 = J_3 = J$，$J_2 = 2J$，3 个轴段的长度都是 l，圆轴的扭转刚度为 GI_{p}。用传递矩阵法求系统的固有频率和模态。

解：图 5.6－3 中给出了轴段和圆盘的编号。系统固定端相当于编号为 0 的圆盘。系统的边界条件为

$$\theta_0^{\mathrm{R}} = 0 \tag{a}$$

$$T_3^{\mathrm{R}} = 0 \tag{b}$$

根据边界条件(a),得到

$$\boldsymbol{x}_0^{\mathrm{R}} = \begin{bmatrix} 0 \\ T \end{bmatrix}$$

式中:T 是圆轴根部的扭矩。各个轴段单元的传递矩阵分别为

$$\boldsymbol{G}_1 = \boldsymbol{G}_3 = \begin{bmatrix} 1 & \dfrac{l}{GI_{\mathrm{p}}} \\ -\omega^2 J & 1-\omega^2 J\dfrac{l}{GI_{\mathrm{p}}} \end{bmatrix},\quad \boldsymbol{G}_2 = \begin{bmatrix} 1 & \dfrac{l}{GI_{\mathrm{p}}} \\ -2\omega^2 J & 1-2\omega^2 J\dfrac{l}{GI_{\mathrm{p}}} \end{bmatrix}$$

根据式(5.6-10)可以从状态向量 $\boldsymbol{x}_0^{\mathrm{R}}$ 得到状态向量 $\boldsymbol{x}_1^{\mathrm{R}}$,即

$$\boldsymbol{x}_1^{\mathrm{R}} = \begin{bmatrix} \theta_1 \\ T_1^{\mathrm{R}} \end{bmatrix} = \boldsymbol{G}_1 \boldsymbol{x}_0^{\mathrm{R}} = T\begin{bmatrix} \dfrac{l}{GI_{\mathrm{p}}} \\ 1-\lambda \end{bmatrix} \tag{c}$$

式中:$\lambda = \omega^2 Jl/GI_{\mathrm{p}}$,为量纲为1的频率。根据状态向量 $\boldsymbol{x}_1^{\mathrm{R}}$,可以得到状态向量 $\boldsymbol{x}_2^{\mathrm{R}}$,即

$$\boldsymbol{x}_2^{\mathrm{R}} = \begin{bmatrix} \theta_2 \\ T_2^{\mathrm{R}} \end{bmatrix} = \boldsymbol{G}_2 \boldsymbol{x}_1^{\mathrm{R}} = T\begin{bmatrix} \dfrac{l}{GI_{\mathrm{p}}}(2-\lambda) \\ 2\lambda^2-5\lambda+1 \end{bmatrix} \tag{d}$$

根据状态向量 $\boldsymbol{x}_2^{\mathrm{R}}$,可以得到状态向量 $\boldsymbol{x}_3^{\mathrm{R}}$,即

$$\boldsymbol{x}_3^{\mathrm{R}} = \begin{bmatrix} \theta_3 \\ T_3^{\mathrm{R}} \end{bmatrix} = \boldsymbol{G}_3 \boldsymbol{x}_2^{\mathrm{R}} = T\begin{bmatrix} \dfrac{l}{GI_{\mathrm{p}}}(3-6\lambda+2\lambda^2) \\ -2\lambda^3+8\lambda^2-8\lambda+1 \end{bmatrix} \tag{e}$$

把边界条件(b)引入到式(e)中,得到如下频率方程:

$$-2\lambda^3+8\lambda^2-8\lambda+1=0 \tag{f}$$

求解上式,可以得到量纲为1的频率

$$\lambda_1 = 0.145,\quad \lambda_2 = 1.40,\quad \lambda_3 = 2.45$$

把量纲为1的频率分别代入式(c)、式(d)和式(e)中,就可以得到对应的模态向量 $\boldsymbol{\varphi} = [\theta_1\quad \theta_2\quad \theta_3]^{\mathrm{T}}$,归一化的结果为

$$\boldsymbol{\varphi}_1 = \begin{bmatrix} 1 \\ 1.86 \\ 2.17 \end{bmatrix},\quad \boldsymbol{\varphi}_2 = \begin{bmatrix} 1 \\ 0.597 \\ -1.48 \end{bmatrix},\quad \boldsymbol{\varphi}_3 = \begin{bmatrix} 1 \\ -0.453 \\ 0.316 \end{bmatrix}$$

5.6.2 均匀直梁的自由弯曲振动

传递矩阵法也可应用于分析梁结构的自由弯曲振动。只需将梁结构简化为带多个集中质量的弹性梁,不再考虑梁本身的分布质量,如图5.6-4所示。单元和结点(集中质量所在点)的编号方法以及固有振动的分析方法与上述轴的扭振问题类似,不同的是梁的状态列阵包括4个元素,即

$$\boldsymbol{x} = [w\quad \theta\quad M\quad Q]^{\mathrm{T}}$$

式中:w 和 θ 分别为横向位移和横截面转角,M 和 Q 分别为弯矩和剪力。考虑第ⓘ个梁段单元,其左端和右端集中质量分别为 m_{i-1} 和 m_i,梁段的长度为 l_i,弯矩刚度为 EI。图5.6-5给出了第 i 个集中质量和第ⓘ个梁段的受力图,横向位移向上为正,图中标出的物理量方向

均为正方向。

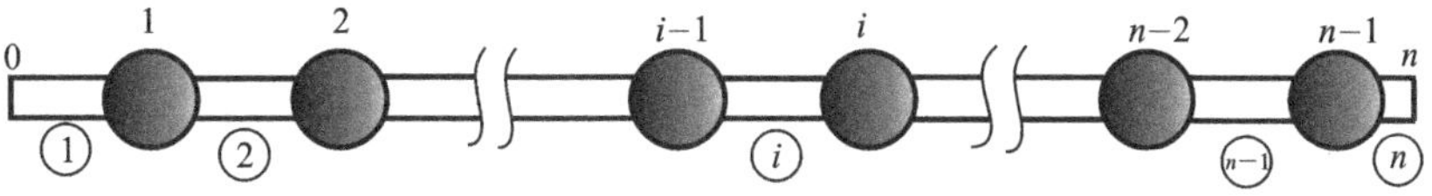

图 5.6-4 带多个集中质量的弹性梁

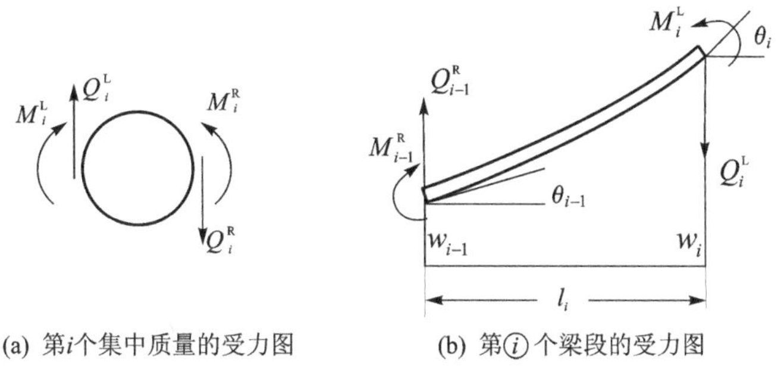

图 5.6-5 集中质量和梁段的受力图

取集中质量 m_i 作为分离体。由位移连续条件,有

$$w_i^R = w_i^L = w_i, \quad \theta_i^R = \theta_i^L = \theta_i \tag{5.6-12}$$

由弯矩和剪力的动平衡条件,有

$$M_i^R = M_i^L = M_i, \quad Q_i^R = Q_i^L + m_i\omega^2 w_i \tag{5.6-13}$$

式(5.6-12)和式(5.6-13)可以合并成如下矩阵形式:

$$\boldsymbol{x}_i^R = \boldsymbol{P}_i \boldsymbol{x}_i^L \tag{5.6-14}$$

式中:$\boldsymbol{x}_i^R = [w_i \quad \theta_i \quad M_i^R \quad Q_i^R]^T$ 和 $\boldsymbol{x}_i^L = [w_i \quad \theta_i \quad M_i^L \quad Q_i^L]^T$ 分别为第 i 个集中质量的右侧和左侧的状态向量,而 $\boldsymbol{P}_i$ 称为**点传递矩阵**,其定义为

$$\boldsymbol{P}_i = \begin{bmatrix} 1 & 0 & 0 & 0 \\ 0 & 1 & 0 & 0 \\ 0 & 0 & 1 & 0 \\ m_i\omega^2 & 0 & 0 & 1 \end{bmatrix} \tag{5.6-15}$$

取第ⓘ个梁段作为分离体,其右端状态向量为 $\boldsymbol{x}_i^L$,其左端状态向量为 $\boldsymbol{x}_{i-1}^R$。由材料力学给出的均匀梁段内力和变形的关系,可以得到

$$\theta_i = \theta_{i-1} + \frac{l_i M_{i-1}^R}{EI} + \frac{l_i^2 Q_{i-1}^R}{2EI} \tag{5.6-16}$$

$$w_i = w_{i-1} + l_i\theta_{i-1} + \frac{l_i^2 M_{i-1}^R}{2EI} + \frac{l_i^3 Q_{i-1}^R}{6EI} \tag{5.6-17}$$

由力的平衡条件,有

$$Q_i^L = Q_{i-1}^R, \quad M_i^L = l_i Q_{i-1}^R + M_{i-1}^R \tag{5.6-18}$$

把式(5.6-16)~式(5.6-18)写成矩阵的形式,有

$$\boldsymbol{x}_i^L = \boldsymbol{F}_i \boldsymbol{x}_{i-1}^R \tag{5.6-19}$$

式中:$\boldsymbol{F}_i$ 称为**场传递矩阵**,其定义为

$$\boldsymbol{F}_i=\begin{bmatrix}1 & l_i & \dfrac{l_i^2}{2EI} & \dfrac{l_i^3}{6EI}\\ 0 & 1 & \dfrac{l_i}{EI} & \dfrac{l_i^2}{2EI}\\ 0 & 0 & 1 & l_i\\ 0 & 0 & 0 & 1\end{bmatrix} \tag{5.6-20}$$

把式(5.6－14)和式(5.6－19)合并在一起，得到

$$\boldsymbol{x}_i^{\mathrm{R}}=\boldsymbol{P}_i\boldsymbol{F}_i\boldsymbol{x}_{i-1}^{\mathrm{R}}=\boldsymbol{G}_i\boldsymbol{x}_{i-1}^{\mathrm{R}} \tag{5.6-21}$$

式中：$\boldsymbol{G}_i=\boldsymbol{P}_i\boldsymbol{F}_i$ 称为**总传递矩阵**，它描述了从第 $i-1$ 个集中质量的右侧到第 i 个集中质量的右侧的状态变量的传递关系，其定义为

$$\boldsymbol{G}_i=\begin{bmatrix}1 & l_i & \dfrac{l_i^2}{2EI} & \dfrac{l_i^3}{6EI}\\ 0 & 1 & \dfrac{l_i}{EI} & \dfrac{l_i^2}{2EI}\\ 0 & 0 & 1 & l_i\\ m_i\omega^2 & l_im_i\omega^2 & m_i\omega^2\dfrac{l_i^2}{2EI} & m_i\omega^2\dfrac{l_i^3}{6EI}+1\end{bmatrix} \tag{5.6-22}$$

根据梁两端的边界条件，可以得到离散梁系统的固有频率和模态。

例 5.6－2 用传递矩阵方法分析图 5.6－6 所示系统的固有频率。

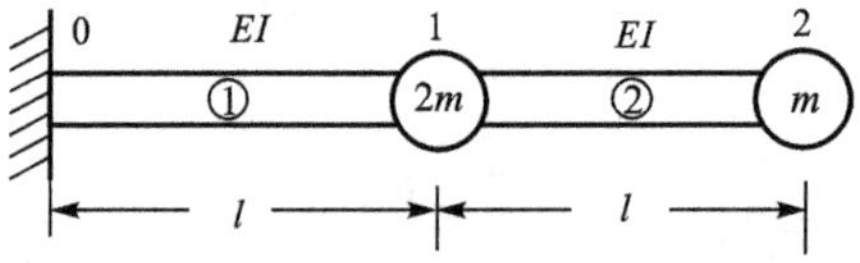

图 5.6－6 悬臂梁

解： 根据式(5.6－22)可知，两个梁段单元的总传递矩阵分别为

$$\boldsymbol{G}_1=\begin{bmatrix}1 & l & \dfrac{l^2}{2EI} & \dfrac{l^3}{6EI}\\ 0 & 1 & \dfrac{l}{EI} & \dfrac{l^2}{2EI}\\ 0 & 0 & 1 & l\\ 2m\omega^2 & 2lm\omega^2 & m\omega^2\dfrac{l^2}{EI} & m\omega^2\dfrac{l^3}{3EI}+1\end{bmatrix}$$

$$\boldsymbol{G}_2=\begin{bmatrix}1 & l & \dfrac{l^2}{2EI} & \dfrac{l^3}{6EI}\\ 0 & 1 & \dfrac{l}{EI} & \dfrac{l^2}{2EI}\\ 0 & 0 & 1 & l\\ m\omega^2 & lm\omega^2 & m\omega^2\dfrac{l^2}{2EI} & m\omega^2\dfrac{l^3}{6EI}+1\end{bmatrix}$$

梁的边界条件为

$$w_0=0,\quad \theta_0=0 \tag{a}$$

$$M_2^R = 0,\quad Q_2^R = 0 \tag{b}$$

梁左端点的状态向量为

$$\boldsymbol{x}_0^R = [w_0 \quad \theta_0 \quad M \quad Q]^T = [0 \quad 0 \quad M \quad Q]^T$$

式中:M 和 Q 分别为悬臂梁根部的弯矩和剪力。根据式(5.6-21),得到

$$\boldsymbol{x}_1^R = \boldsymbol{G}_1\boldsymbol{x}_0^R = \begin{bmatrix} l\bar{M}/2 + l\bar{Q}/6 \\ \bar{M} + \bar{Q}/2 \\ M + lQ \\ \lambda M/l + (\lambda/3+1)Q \end{bmatrix} \tag{c}$$

$$\boldsymbol{x}_2^R = \boldsymbol{G}_2 x_1^R = \begin{bmatrix} l\bar{M}(12+\lambda)/6 + l\bar{Q}(24+\lambda)/18 \\ \bar{M}(4+\lambda)/2 + \bar{Q}(12+\lambda)/12 \\ M(1+\lambda) + lQ(6+\lambda)/3 \\ M(18\lambda+\lambda^2)/6l + Q(18+30\lambda+\lambda^2)/18 \end{bmatrix} \tag{d}$$

式中:$\bar{M} = Ml/EI$,$\bar{Q} = Ql^2/EI$,$\lambda = m\omega^2 l^3/EI$。根据边界条件(b),可以得到如下齐次方程组:

$$\left.\begin{aligned} 3M(1+\lambda) + lQ(6+\lambda) = 0 \\ 3M(18\lambda+\lambda^2) + lQ(18+30\lambda+\lambda^2) = 0 \end{aligned}\right\} \tag{e}$$

由于 M 和 Q 非零,因此上式的系数行列式等于零,即

$$7\lambda^2 - 60\lambda + 18 = 0 \tag{f}$$

上式就是系统的频率方程,求解它得到量纲为 1 的频率

$$\lambda_1 = 0.311,\quad \lambda_2 = 8.26$$

把求得的 λ_1 和 λ_2 代入式(e)可分别得到 M 和 Q 的比例关系,再根据式(c)和式(d)可求得归一化的模态。

5.7　频率求解方法中的关键技术

在实际工程中,为了求解等效离散系统的固有频率和模态(或振型),或特征值和特征向量,就必须求解广义特征值方程(5.1-2)。由于实际系统的维数通常都比较大,因此求解方程(5.1-2)就必须充分利用模态向量的正交性、特征值分隔和平移性质、特征值的斯图姆(Sturm)序列性质,还有向量格拉姆(Gram)-施密特(Schmidt)正交化技术、对称正定矩阵楚列斯基(Cholesky)分解技术、三角矩阵的 QR 迭代法等。

多数通用求解方法的核心技术都是瑞利-里兹方法(降阶方法或缩并自由度方法)和向量迭代方法,把这两种方法和特征解的性质以及格拉姆-施密特正交化等技术结合在一起就形成了各种通用算法。

第 3 章已经介绍了特征向量的刚度和质量正交性,这里不再赘述。下面简要介绍几种性质和方法。

5.7.1　特征值分隔性质

考虑如下两个特征方程

$$K^{(r)}\varphi^{(r)}=\lambda^{(r)}M^{(r)}\varphi^{(r)} \tag{5.7-1}$$

$$K^{(r-1)}\varphi^{(r-1)}=\lambda^{(r-1)}M^{(r-1)}\varphi^{(r-1)} \tag{5.7-2}$$

式中:r 表示矩阵 $\boldsymbol{M}$ 和 $\boldsymbol{K}$ 被划去的行和列数。令 $\boldsymbol{M}$ 和 $\boldsymbol{K}$ 的维数是 $n\times n$,方程(5.7-1)和方程(5.7-2)的特征值个数分别为 $n-r$ 和 $n-r+1$。特征值的分隔性质是:方程(5.7-1)的特征值分隔方程(5.7-2)的特征值。实际上,该性质的本质就是 4.6 节介绍的瑞利约束定理,这是因为:在广义特征值方程中,划去一行和一列相当于增加一个位移约束。

根据特征值分隔性质,还可以分析 3.4 节讨论的吸振器系统的频率变化情况。

例 5.7-1 系统的刚度矩阵和质量矩阵分别为

$$\boldsymbol{K}=k\begin{bmatrix}1&1&0&0\\1&2&1&0\\0&1&2&1\\0&0&1&2\end{bmatrix},\quad \boldsymbol{M}=\mathrm{diag}(m)$$

试验证特征值的分隔性质。

解:表 5.7-1 中给出了各阶特征值随着划去的行和列数 r 的变化情况,表中量纲为 1 的特征值为

$$\lambda=\omega^2\frac{m}{k}$$

式中:ω 为系统固有频率。表中结果说明瑞利约束定理或特征值分隔性质的正确性。

表 5.7-1 特征值变化情况

r	λ_1	λ_2	λ_3	λ_4
0	0.120 6	1	2.347 3	3.532 1
1		0.585 8	2	3.414 2
2			1	3
3				2

5.7.2 特征值的斯图姆序列性质

特征值的斯图姆序列性质:如果

$$\boldsymbol{K}-\mu\boldsymbol{M}=\boldsymbol{LDL}^{\mathrm{T}} \tag{5.7-3}$$

式中:$\boldsymbol{L}$ 为下三角矩阵,$\boldsymbol{D}$ 为对角矩阵,则 $\boldsymbol{D}$ 中负元素的个数与比 μ 小的特征值的个数相等。该性质可以用来确定小于某一数值 μ 的特征值个数,也可以用来孤立各个特征值进而用二分法等技术来求解特征值。

例 5.7-2 系统的刚度矩阵和质量矩阵同例 5.7-1,令 $k=m=1$,验证斯图姆序列性质。

解:当 $\mu=1.6$ 时,有

$$\left.\begin{aligned}\boldsymbol{L}&=\begin{bmatrix}1&&&\\-1.6667&1&&\\0&0.4839&1&\\0&0&-11.9231&1\end{bmatrix}\\ \boldsymbol{D}&=\mathrm{diag}[-0.6\quad 2.0667\quad -0.0839\quad 12.3231]\end{aligned}\right\} \tag{a}$$

当 $\mu=2.5$ 时，有

$$\left.\begin{aligned} \boldsymbol{L} &= \begin{bmatrix} 1 & & & \\ -0.6667 & 1 & & \\ 0 & 6 & 1 & \\ 0 & 0 & -0.1538 & 1 \end{bmatrix} \\ \boldsymbol{D} &= \mathrm{diag}[-1.5 \quad 0.1667 \quad -6.5 \quad -0.3462] \end{aligned}\right\} \tag{b}$$

式(a)和式(b)说明了斯图姆序列性质的正确性。

5.7.3　特征值平移技术

特征值平移(shifting)技术是：$(\boldsymbol{K}-\rho\boldsymbol{M})\boldsymbol{\varphi}=\mu\boldsymbol{M}\boldsymbol{\psi}$ 和 $\boldsymbol{K}\boldsymbol{\varphi}=\lambda\boldsymbol{M}\boldsymbol{\varphi}$ 的特征解的关系为

$$\lambda_i=\mu_i+\rho,\quad \boldsymbol{\varphi}_i=\boldsymbol{\psi}_i \tag{5.7-4}$$

基于该技术可用一般标准算法求解零或负特征值，也可用于提高特征值迭代求解算法的收敛速度。

例 5.7-3　系统的刚度矩阵和质量矩阵同例 5.7-1，令 $k=m=1$，验证式(5.7-4)。

解：表 5.7-2 中给出了特征值 μ，结合表 5.7-1 可知式(5.7-4)是成立的。

表 5.7-2　特征值 μ

ρ	μ_1	μ_2	μ_3	μ_4
1	−0.879 4	0	1.347 3	2.532 1
10	−9.879 4	−9	−7.652 7	−6.467 9

5.7.4　对称正定矩阵楚列斯基分解技术

考虑对称正定质量矩阵 $\boldsymbol{M}$，根据楚列斯基分解技术可以将其分解为

$$\boldsymbol{M}=\tilde{\boldsymbol{L}}\tilde{\boldsymbol{L}}^{\mathrm{T}} \tag{5.7-5}$$

式中：$\tilde{\boldsymbol{L}}=\boldsymbol{L}\boldsymbol{D}^{1/2}$。利用该技术可以把广义特征值问题 $\boldsymbol{K}\boldsymbol{\varphi}=\lambda\boldsymbol{M}\boldsymbol{\varphi}$ 变为标准特征值问题：

$$\tilde{\boldsymbol{K}}\tilde{\boldsymbol{\varphi}}=\lambda\tilde{\boldsymbol{\varphi}} \tag{5.7-6}$$

式中：$\tilde{\boldsymbol{K}}=\tilde{\boldsymbol{L}}^{-1}\boldsymbol{K}\tilde{\boldsymbol{L}}^{-\mathrm{T}}$，$\tilde{\boldsymbol{\varphi}}=\tilde{\boldsymbol{L}}^{\mathrm{T}}\boldsymbol{\varphi}$。

若要详细了解有关方法，读者可以参阅 K. J. Bathe 的经典著作《Finite Element Procedures in Engineering Analysis》。

5.8　线性系统分析方法的总结

线性振动系统理论和方法是成熟和完善的。本节把前 5 章的主要内容分几个方面进行总结。

1. 振动分析的三个基本任务

① 动态响应分析：根据结构的刚度、质量和阻尼参数，利用初始条件及外部激励，计算系统的动态响应，这是本书主要内容之一。

② 参数识别：根据动态响应、外部激励来识别系统的固有参数，如刚度和阻尼特性。通

常振动系统的质量特性是已知的。

③ 环境预示,也称载荷识别:根据系统参数和动态响应来识别作用在系统上的载荷。

对于实际工程问题,这三方面工作都十分重要。动态响应分析问题看似简单,若得到与实验结果吻合的模拟结果,往往需要根据实验数据对力学模型进行修正。参数识别和环境预示问题相对比较复杂,要根据系统的特性和工程要求选择有效的方法。

2. 方程的建立

对于振动系统,建立其平衡微分方程的方法通常包括牛顿矢量力学方法和拉格朗日分析力学方法,前者以质点或微元的受力分析为基础,后者以系统的能量(动能、势能和耗散能)分析为基础。

对于保守系统的自由振动,还可以用机械能守恒定律方便地建立系统的平衡微分方程。

表5.8-1给出了前5章讨论过的系统振动微分方程和对应的特征微分方程。

表5.8-1　线性系统的振动方程和特征微分方程

系统类别	振动方程	特征微分方程
离散系统	$\boldsymbol{M}\ddot{\boldsymbol{x}}+\boldsymbol{C}\dot{\boldsymbol{x}}+\boldsymbol{K}\boldsymbol{x}=\boldsymbol{F}$	$\boldsymbol{K}\boldsymbol{\varphi}=\lambda\boldsymbol{M}\boldsymbol{\varphi},\lambda=\omega^2$
均匀杆	$EAu''+f=\rho A\ddot{u}$	$EA\phi''+\rho A\omega^2\phi=0$
均匀欧拉梁	$EIw^{(\mathrm{IV})}+\rho A\ddot{w}=f$	$EI\phi^{(\mathrm{IV})}-\rho A\omega^2\phi=0$
剪切梁	$\frac{\partial}{\partial x}\left[kGA\left(\frac{\partial w}{\partial x}-\psi\right)\right]+q=\rho A\frac{\partial^2 w}{\partial t^2}$ $\frac{\partial}{\partial x}\left(EI\frac{\partial\psi}{\partial x}\right)+kGA\left(\frac{\partial w}{\partial x}-\psi\right)+m=\rho I\frac{\partial^2\psi}{\partial t^2}$	$\frac{\mathrm{d}}{\mathrm{d}x}\left[kGA\left(\frac{\mathrm{d}W}{\mathrm{d}x}-\Psi\right)\right]+\rho A\omega^2W=0$ $\frac{\mathrm{d}}{\mathrm{d}x}\left(EI\frac{\mathrm{d}\Psi}{\mathrm{d}x}\right)+kGA\left(\frac{\mathrm{d}W}{\mathrm{d}x}-\Psi\right)+\rho I\omega^2\Psi=0$
均匀薄板	$D\left(\frac{\partial^4 w}{\partial x^4}+2\frac{\partial^4 w}{\partial x^2\partial y^2}+\frac{\partial^4 w}{\partial y^4}\right)+\rho h\frac{\partial^2 w}{\partial t^2}=f$	$\frac{\partial^4 W}{\partial x^4}+2\frac{\partial^4 W}{\partial x^2\partial y^2}+\frac{\partial^4 W}{\partial y^4}=\frac{\rho h}{D}\omega^2 W$

3. 方程求解方法

任何振动系统的求解方法都包括定量解法和定性解法。线性系统的定量求解方法主要包括模态(或振型)叠加方法、直接积分方法(如龙格(Runge)-库塔(Kutta)法,见7.6节)、机械阻抗分析方法、傅里叶变换方法和拉普拉斯变换方法;自治系统的定性求解方法就是相平面方法。直接积分方法和相平面方法还适用于非线性振动系统。

下面给出模态叠加方法的步骤:

第1步　求系统的固有频率和模态。

对于离散系统,施加位移边界条件的方法是划去相应的行和列,或利用置大数的方法。

对于连续系统,需要根据边界条件求解表5.8-1最后一列的特征微分方程。杆的一端有一个边界条件,梁的一端或薄板的一边有两个边界条件。

值得注意的是:比例阻尼不改变系统的模态,只是降低系统的固有频率。

固有频率和模态的近似求解方法主要包括瑞利-里兹法、向量迭代法、子空间迭代法和兰索斯算法等。

第2步　求主坐标或模态坐标 q_j。

主坐标控制微分方程为

$$M_{\mathrm{p}j}\ddot{q}_j+C_{\mathrm{p}j}\dot{q}_j+K_{\mathrm{p}j}q_j=P_j \tag{5.8-1}$$

式中：q_j 可由杜哈梅积分统一表示为

$$q_j(t)=\mathrm{e}^{-\xi_j\omega_j t}(C_{1j}\cos\omega_{jd}t+C_{2j}\sin\omega_{jd}t)+\frac{1}{M_{pj}\omega_{jd}}\int_0^t P_j(\tau)\mathrm{e}^{-\xi_j\omega_j(t-\tau)}\sin\omega_{jd}(t-\tau)\mathrm{d}\tau \qquad (5.8-2)$$

式中：右端第一项为与方程(5.8-1)对应的齐次方程的通解，C_{1j} 和 C_{2j} 由初始条件来确定。

第 3 步 求物理坐标位移响应。

对于离散系统：

$$\boldsymbol{x}(t)=\sum_{j=1}^{n}\boldsymbol{\varphi}_j q_j(t)=\boldsymbol{\Phi q} \qquad (5.8-3)$$

对于连续系统：

$$w=\sum_{j=1}^{\infty}\phi_j q_j(t) \qquad (5.8-4)$$

式中：广义位移 w 表示杆、梁或薄板的位移，ϕ 表示杆、梁和板的模态函数。

4. 动态响应分析

这里所言的动态响应分析指的是：分三个频段对离散系统稳态响应的幅频特性和相频特性进行分析。在机械阻抗方法中，也可以分析稳态响应的实频特性和虚频特性。

从幅频特性分析可以得到一个结论：结构系统既是放大器又是滤波器，既放大了与固有频率接近的谐波响应成分，减小了与固有频率相差比较大的谐波响应成分。

5. 重要概念

表 5.8-2 给出了线性系统的重要基本概念。

表 5.8-2 线性系统的基本概念

基本概念	基本概念	基本概念
机械系统	特征值	共振
振动	特征向量	反共振
主振动(固有振动)	固有频率	机械阻抗
自由振动	模态(或振型)向量	机械导纳
伴随自由振动	模态(或振型)函数	虚频特性
受迫振动	模态(或振型)正交性	实频特性
稳态响应	模态(或振型)叠加方法	导纳圆
暂态响应	频响函数	傅里叶级数
边界条件	脉冲响应函数	傅里叶变换
初始条件	幅频特性	拉普拉斯变换
奇点(中心、焦点、结点和鞍点)	相频特性	被动控制(隔振、减振和吸振)

复习思考题

5-1 用瑞利法求解连续系统的基频时，要求近似位移函数必须满足位移边界条件并且具有足够的连续性。以一端固定、一端自由均匀杆为例，选取满足位移边界条件和不满足位移边界条件的近似位移函数计算基频，把所得结果与解析解进行比较。对均匀杆而言，近似位移函数最少应该具有几阶连续性？

5-2 求解习题 5-6，对结果进行分析并说明下面的结论是正确的。

① 在用瑞利法计算基频时，如果近似位移函数不很接近真实模态函数，即使它满足位移边界条件，所得结果误差仍然可能比较大；

② 用瑞利-里兹法取相同的近似位移函数进行计算，但所得结果的精度比瑞利法结果的精度高得多。

5-3 子空间迭代法中，用什么技术保证求得的特征向量的正交性？

5-4 在有限元方法中，单元的位移函数必须能够表达等应变状态和刚体位移，试说明理由。

5-5 试用向量迭代法求最高阶频率。

习　　题

5-1 用瑞利法计算离散系统的基频时，选用近似模态 $\boldsymbol{\psi}$。证明用 $\omega_1^2=\dfrac{\boldsymbol{\psi}^{\mathrm{T}}\boldsymbol{M}\boldsymbol{\psi}}{\boldsymbol{\psi}^{\mathrm{T}}\boldsymbol{MFM}\boldsymbol{\psi}}$ 比用 $\omega_1^2=\dfrac{\boldsymbol{\psi}^{\mathrm{T}}\boldsymbol{K}\boldsymbol{\psi}}{\boldsymbol{\psi}^{\mathrm{T}}\boldsymbol{M}\boldsymbol{\psi}}$ 计算得到的基频更精确，其中 $\boldsymbol{M}$ 和 $\boldsymbol{K}$ 分别为系统的质量矩阵和刚度矩阵，而 $\boldsymbol{F}=\boldsymbol{K}^{-1}$。

5-2 试用瑞利法计算图 5.1 所示系统的基频。

5-3 图 5.2 所示简支梁的质量不计，其弯曲刚度为 EI。试用瑞利法计算系统的基频。

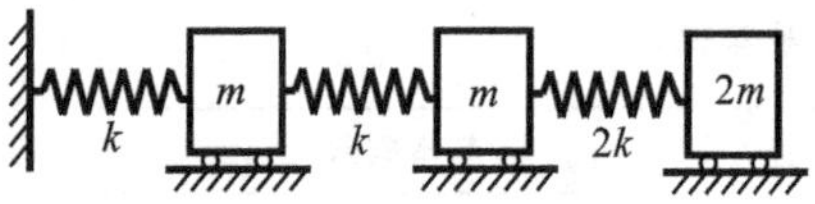

图 5.1　习题 5-2 用图

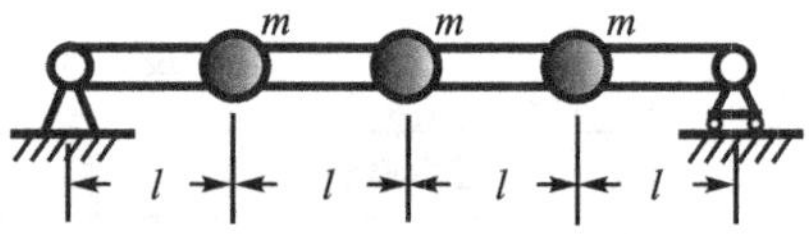

图 5.2　习题 5-3 用图

5-4 图 5.3 所示为两端弹性支撑的梁，弯曲刚度为 EI，单位长度质量为 ρA，长度为 l。取近似位移函数为 $X=b+\sin(\pi x/l)$。

① 写出用瑞利法计算基频的表达式。

② b 取何值时，瑞利商最接近梁基频的精确值？

5-5 用瑞利-里兹法求图 5.1 所示系统的前两阶固有频率和模态。如何改进结果的精度？

5-6 图 5.4 所示为均匀悬臂梁，弯曲刚度为 EI，单位长度质量为 ρA。

① 用瑞利-里兹法计算前两阶固有频率，选用的近似位移函数为

$$X(x)=a_1\left(\frac{x}{l}\right)^2+a_2\frac{x^2}{l^3}(2l-x)$$

② 分别以 $X(x)=(x/l)^2$ 和 $X(x)=x^2(2l-x)/l^3$ 作为近似位移函数，用瑞利法计算第一阶固有频率，并与①所得结果作比较。

5-7 用子空间迭代法求图 5.1 所示系统的前两阶固有频率和模态。

5-8 把一个两端固支的均匀直杆等分成三个单元，用等应变杆元计算杆的前两阶固有频率和模态函数。杆的拉压刚度为 EA，长度为 $3l$，单位长度质量为 ρA。

图 5.3　习题 5－4 用图

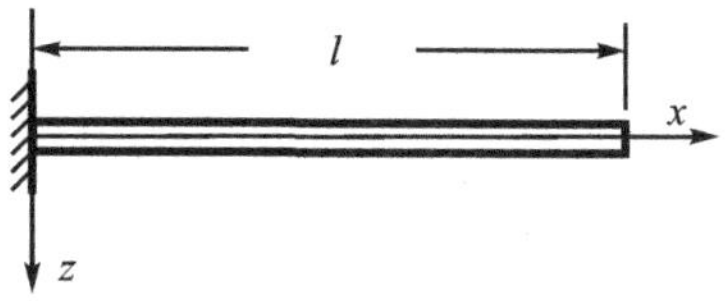

图 5.4　习题 5－6 用图

5－9　把一个两端固支的均匀梁等分成两个单元，用三次梁元计算梁的前两阶固有频率和模态函数。梁的弯曲刚度为 EI，长度为 l，单位长度质量为 ρA。

5－10　用传递矩阵法求图 5.5 所示系统的固有频率和模态向量。

5－11　在图 5.6 所示系统中，梁的质量忽略不计，梁的弯曲刚度为 EI，支持弹簧的刚度为 $k=6EI/l^3$。用传递矩阵法求系统的固有频率。

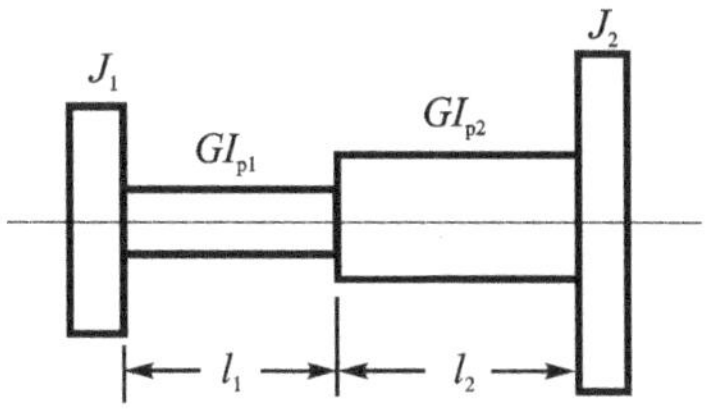

图 5.5　习题 5－10 用图

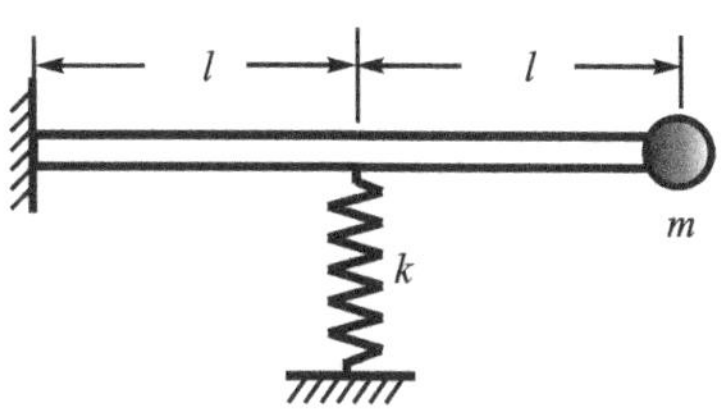

图 5.6　习题 5－11 用图

5－12　利用瑞利-里兹法求图 5.7 所示系统的前两阶频率，并验证近似模态向量与原质量和刚度矩阵也具有正交性。

5－13　求图 5.8 所示变截面梁的第 1 阶固有频率，梁具有单位厚度，$x=0$ 端自由，$x=l$ 端固支。

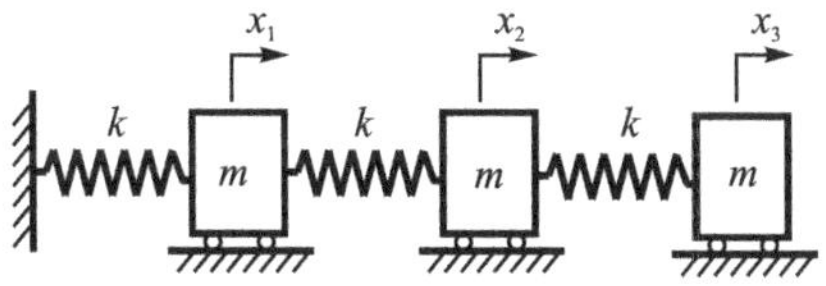

图 5.7　习题 5－12 用图

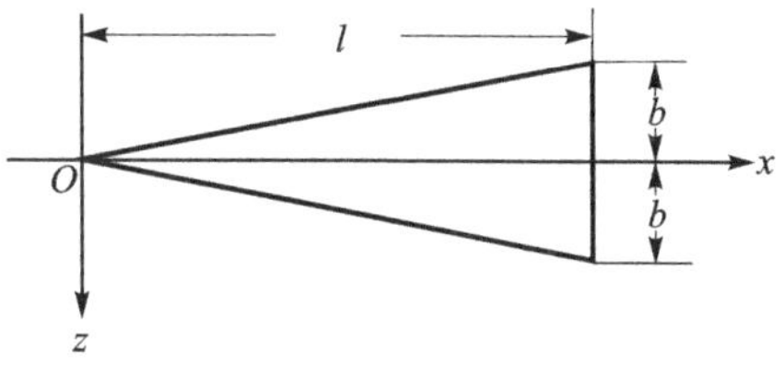

图 5.8　习题 5－13 用图

第 6 章　非线性系统的振动及特征

实际系统多数是非线性的，但在小位移条件下，若非线性系统的特征和行为以线性为主，则这些非线性系统可以简化为线性系统，这种处理方式通常具有足够的精度。然而，非线性系统却具有与线性系统截然不同的固有特征，如固有频率和振幅相关等，因此有必要对非线性系统的力学行为进行分析和讨论。

工程非线性振动现象是非常普遍的。在振动微分方程中，质量、阻尼和刚度三个元件中只要有一个是非线性的，则振动系统就是非线性的。概括地说，非线性系统包括非线性惯性力系统、非线性阻尼力系统和非线性弹性恢复力系统，通常后两者是主要的。

1. 非线性惯性力系统

工业中的振动机械设备，如振动输送机、振动离心脱水机、振动筛、振动给料机和振动落砂机等，都是通过振动对物料进行加工和处理的，物料有时和设备一起运动，有时相对设备滑动或跳动。因此，在一个振动周期内，包括物料质量的机械系统的质量特性是不连续的，即具有非线性惯性力。图 6.0-1 为弹性连杆式振动输送机系统，其运动方程为

$$M\ddot{S} + c\dot{S} + m\ddot{S}\sin^2\alpha + F_m\cos\alpha + kS = k_0(r\cos\Omega t - S) \tag{6.0-1}$$

$$F_m = \begin{cases} m\ddot{S}\cos\alpha, & \varphi_2 - 2\pi \leqslant \varphi \leqslant \varphi_1 \\ fm(g + \ddot{S}\sin\alpha), & \varphi_1 < \varphi < \varphi_2 \end{cases} \tag{6.0-2}$$

式中：M 和 m 分别为设备和物料的质量，c 为阻力系数，k_0 和 k 分别为主振弹簧刚度系数和连杆弹簧刚度系数；S、$\dot{S}$ 和 $\ddot{S}$ 分别为设备沿着振动方向的位移、速度和加速度；$x = S\cos\alpha$，$y = S\sin\alpha$；α 为振动方向角；F_m 为 x 方向物料的非线性作用力，Ω 为激励频率，f 为物料和设备之间的动摩擦系数，φ_1 和 φ_2 分别为物料正向滑动和终止的相位角。

2. 非线性恢复力系统

含非线性阻尼力的工程系统是比较多的，如轴承和销之间的干摩擦、高速列车的气动阻力（包括平方阻尼和立方阻尼等）、颤振系统等。

非线性恢复力包括非线性阻尼力和非线性弹簧力。摩擦摆就包括这两种力，参见图 6.0-2，其运动方程为

$$J\ddot{\alpha} = M_f - mgl\sin\alpha - cl\dot{\alpha} \tag{6.0-3}$$

式中：α 为摆动角度，J 和 m 分别为摆的转动惯量和质量，l 为摆质心至悬挂点之间的距离（摆长），c 为空气阻力系数。摩擦力矩为

$$M_f = (mg\cos\alpha + ml\dot{\alpha}^2)rf(\Omega - \dot{\alpha}) \tag{6.0-4}$$

式中：摩擦系数 $f(\Omega - \dot{\alpha})$ 为相对转速的函数，r 为转轴半径。当转轴在转动而摆静止不动（摆角为 α_0）时，令方程（6.0-3）和方程（6.0-4）中的摩擦力矩相等，有

$$rf\cos\alpha_0 = l\sin\alpha_0 \tag{6.0-5}$$

因此

$$f(\Omega)=\frac{l}{r}\tan\alpha_0 \tag{6.0-6}$$

由于 α_0 是容易测量的，因此根据摩擦摆可以方便地测出不同转速的摩擦系数。若摩擦摆系统产生振动，而 α 不是小量，则其刚度是非线性的，参见 6.1 节介绍的单摆系统。

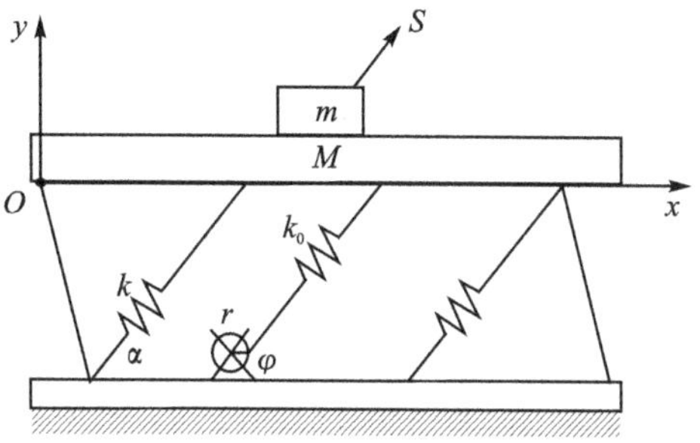

图 6.0-1　弹性连杆式振动输送机系统

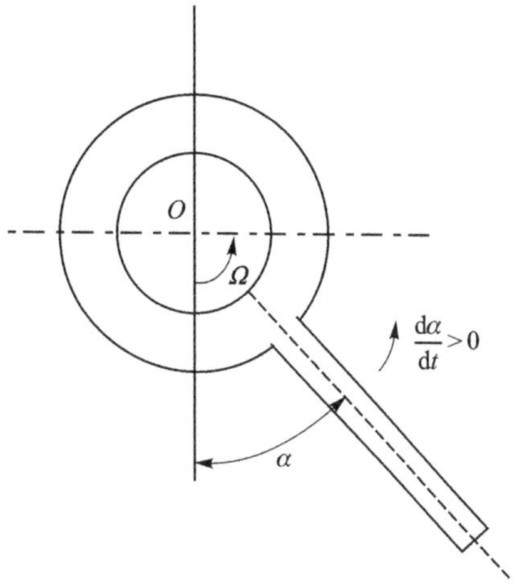

图 6.0-2　摩擦摆

非线性振动是十分复杂的，其机理远没有研究清楚。本章以非线性单自由度和两自由度系统的振动和混沌运动为例，说明与线性振动响应特征截然不同的非线性振动响应特征。第 7 章给出非线性振动的定量分析方法，包括解析方法和时间积分方法，第 8 章介绍具有非线性阻尼的自激振动和具有参数周期变化的参激振动，第 9 章介绍了非线性振动的稳定性理论或定性分析方法。本章主要利用小参数摄动方法和谐波分析方法讨论非线性单自由度和两自由度系统的振动，利用龙格-库塔方法（见 7.6.1 节）分析混沌系统的振动。

6.1　无阻尼单自由度系统的自由振动

下面利用小参数摄动法即第 7 章将要介绍的林滋泰德（Lindstedt）-庞加莱（Poincave）方法研究单自由度非线性系统的自由振动特性，与第 1 章线性单自由度系统的自由振动特性相比，可以看出二者的差别。

1. 用小参数摄动法分析达芬系统的自由振动

考虑如下非线性弹簧系统：

$$\ddot{x}+\omega_0^2x+\varepsilon x^3=0 \tag{6.1-1}$$

若 $\varepsilon>0$，则系统为硬弹簧系统，即系统的刚度随着位移的增大而逐渐变大；若 $\varepsilon<0$，则系统为软弹簧系统，即系统的刚度随着位移的增大而逐渐变小；而 $\varepsilon=0$，即对应前面已经讨论过的无阻尼单自由度线弹性系统。具有式(6.1-1)形式的方程被称为**达芬(Duffing)方程**。

设 ε 是个小数，也称为摄动参数，这意味着方程(6.1-1)的求解是在线性系统解的邻域内进行。$\varepsilon=0$ 对应的线性系统是周期性的，因此在 ε 是个小数的前提之下，方程(6.1-1)的解也是周期性的。下面用摄动法求解方程(6.1-1)在初始条件 $x(0)=A_0$，$\dot{x}(0)=0$ 下的解。

将方程(6.1-1)的解表示为 ε 幂级数的形式,即

$$x(t)=x_0(t)+\varepsilon x_1(t)+\varepsilon^2 x_2(t)+\cdots \tag{6.1-2}$$

式中:$x_0(t)$ 是对应 $\varepsilon=0$ 的解,也就是线性系统的周期解,又称**派生解**;$x_1(t)$,$x_2(t)$,…为附加的修正函数。当 ε 足够小时,无穷级数(6.1-2)收敛于方程(6.1-1)的解。

非线性系统的固有频率和振幅是相关的,可以将固有频率 ω 表示为 ε 幂级数的形式,即

$$\omega^2=\omega_0^2+\varepsilon b_1(A)+\varepsilon^2 b_2(A)+\cdots$$

或

$$\omega_0^2=\omega^2-\varepsilon b_1(A)-\varepsilon^2 b_2(A)-\cdots \tag{6.1-3}$$

式中:$b_1(A)$,$b_2(A)$,…为修正函数,它们都是振幅 A 的函数。

在下面的分析中,将不考虑含有系数 $\varepsilon^j(j\geqslant 3)$ 的高次项。把式(6.1-2)和式(6.1-3)代入式(6.1-1)中,按 ε 的幂次整理有

$$\ddot{x}_0+\omega^2 x_0+\varepsilon(\ddot{x}_1+\omega^2 x_1+x_0^3-b_1 x_0)+$$
$$\varepsilon^2(\ddot{x}_2+\omega^2 x_2-b_1 x_1-b_2 x_0+3x_0^2 x_1)=0 \tag{6.1-4}$$

由于 ε 的各次幂的系数必须为零,因此有

$$\varepsilon^0:\quad \ddot{x}_0+\omega^2 x_0=0 \tag{6.1-5}$$

$$\varepsilon^1:\quad \ddot{x}_1+\omega^2 x_1=b_1 x_0-x_0^3 \tag{6.1-6}$$

$$\varepsilon^2:\quad \ddot{x}_2+\omega^2 x_2=b_1 x_1+b_2 x_0-3x_0^2 x_1 \tag{6.1-7}$$

将式(6.1-2)代入初始条件 $x(0)=A_0$,$\dot{x}(0)=0$,得

$$x_0(0)+\varepsilon x_1(0)+\varepsilon^2 x_2(0)=A_0$$
$$\dot{x}_0(0)+\varepsilon\dot{x}_1(0)+\varepsilon^2\dot{x}_2(0)=0$$

对任何 ε,上式必须成立,因此有

$$x_0(0)=A_0,\quad \dot{x}_0(0)=0 \tag{6.1-8}$$

$$x_1(0)=0,\quad \dot{x}_1(0)=0 \tag{6.1-9}$$

$$x_2(0)=0,\quad \dot{x}_2(0)=0 \tag{6.1-10}$$

从式(6.1-5)可以得到派生解为

$$x_0=A\cos\omega t+B\sin\omega t \tag{6.1-11}$$

由式(6.1-8)表示的初始条件,得 $A=A_0$,$B=0$,因此得派生解为

$$x_0=A_0\cos\omega t \tag{6.1-12}$$

将已经求得的 x_0 代入式(6.1-6)的右端得

$$\ddot{x}_1+\omega^2 x_1=b_1 A_0\cos\omega t-(A_0\cos\omega t)^3=$$
$$\left(b_1 A_0-\frac{3}{4}A_0^3\right)\cos\omega t-\frac{1}{4}A_0^3\cos 3\omega t \tag{6.1-13}$$

为保证 $x_1(t)$ 具有周期性,必须令 $b_1 A_0-3A_0^3/4=0$ 以使上式右端第一项(称为**久期项**,也称为**长期项**)为零,否则振幅将因为系统满足共振条件而变为无限大。令久期项为零是采用摄动法求解非线性振动方程的关键技术之一。在以后求解 $x_j(t)(j\geqslant 2)$ 的过程中,每一步都要消除久期项。因为 $A_0\neq 0$,所以有

$$b_1=\frac{3}{4}A_0^2$$

从方程(6.1-13)可以解出 x_1,它为齐次方程的通解和非齐次方程的特解之和,即

$$x_1=A_1\cos\omega t+B_1\sin\omega t+\frac{A_0^3}{32\omega^2}\cos 3\omega t \tag{6.1-14}$$

式中:A_1 和 B_1 为常数。根据初始条件的表达式(6.1-9)得

$$A_1=-A_0^3/32\omega^2,\quad B_1=0$$

因此有

$$x_1(t)=-\frac{A_0^3}{32\omega^2}(\cos\omega t-\cos 3\omega t) \tag{6.1-15}$$

下面求解 x_2。把 x_0、x_1 和 b_1 代入方程(6.1-7)的右端整理得

$$\ddot{x}_2+\omega^2x_2=\left(\frac{3A_0^5}{128\omega^2}+b_2A_0\right)\cos\omega t-\frac{3A_0^5}{128\omega^2}\cos 5\omega t \tag{6.1-16}$$

令久期项等于零可得

$$b_2=-\frac{3A_0^4}{128\omega^2}$$

方程(6.1-16)的解为

$$x_2=A_2\cos\omega t+B_2\sin\omega t+\frac{A_0^5}{1024\omega^4}\cos 5\omega t \tag{6.1-17}$$

把上式代入初始条件(6.1-10)可知 $B_2=0$ 和

$$A_2=-\frac{A_0^5}{1024\omega^4}$$

于是

$$x_2=-\frac{A_0^5}{1024\omega^4}(\cos\omega t-\cos 5\omega t) \tag{6.1-18}$$

因此,系统的二次近似解为

$$x(t)=A_0\cos\omega t-\frac{\varepsilon A_0^3}{32\omega^2}(\cos\omega t-\cos 3\omega t)-\frac{\varepsilon^2A_0^5}{1024\omega^4}(\cos\omega t-\cos 5\omega t) \tag{6.1-19}$$

$$\omega^2=\omega_0^2+\frac{3\varepsilon}{4}A_0^2-\frac{3\varepsilon^2A_0^4}{128\omega_0^2} \tag{6.1-20a}$$

或

$$\omega=\omega_0\left(1+\frac{3\varepsilon}{8\omega_0^2}A_0^2-\frac{21\varepsilon^2A_0^4}{256\omega_0^4}\right) \tag{6.1-20b}$$

从式(6.1-19)可以看出,非线性单自由度系统的自由振动除含基频的振动成分外,还有其他高阶谐波的成分,这是初始条件引起的**倍频响应**现象。从式(6.1-20)可以看出,非线性系统固有频率与振幅相关,对于非线性硬弹簧系统($\varepsilon>0$),频率随着振幅 A_0 的增加而增加,即系统的刚度随着振幅 A_0 的增加而增加;对于非线性软弹簧系统($\varepsilon<0$),频率随着振幅 A_0 的增加而减少,也就是系统的刚度随着振幅 A_0 的增加而减小。由式(6.1-20)还可以看出,只要 ε 和 A_0 足够小,尤其是振幅 A_0 足够小,非线性系统的固有频率就趋近派生系统的固有频率。

2. 达芬系统的相轨迹特征

达芬系统(6.1-1)的非线性恢复力具有如下形式:

$$f(x)=\omega_0^2x+\varepsilon x^3 \tag{6.1-21}$$

式中:$\omega_0^2>0$。根据式(1.4-9)和式(6.1-21)推得系统势能函数为

$$V(x)=\frac{1}{2}\omega_0^2x^2+\frac{1}{4}\varepsilon x^4$$

根据式(1.4-11)可知,硬弹簧系统($\varepsilon>0$)的奇点只有1个,即坐标原点;根据式(1.4-12)判断该奇点是稳定的。软弹簧系统($\varepsilon<0$)的奇点有3个,即(0,0)、$(\sqrt{-\omega_0^2/\varepsilon},0)$和$(-\sqrt{-\omega_0^2/\varepsilon},0)$;根据式(1.4-12)判断,奇点(0,0)是稳定的中心奇点,奇点$(\sqrt{-\omega_0^2/\varepsilon},0)$和$(-\sqrt{-\omega_0^2/\varepsilon},0)$是不稳定的鞍点。根据式(1.4-8)可以得到非线性弹簧系统的相轨迹方程为

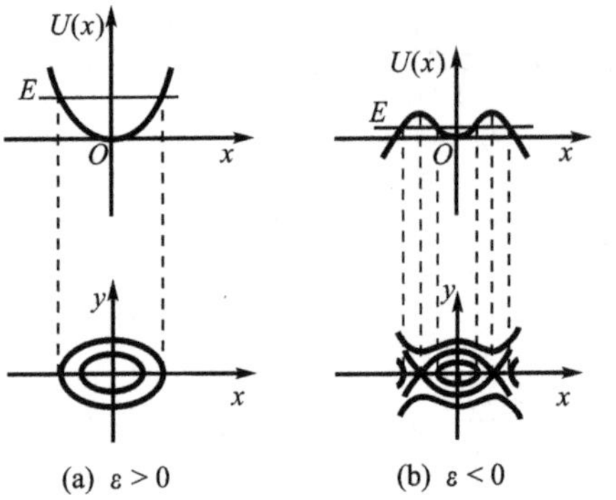

图6.1-1 非线性保守系统的相轨迹

$$y^2+\omega_0^2x^2+\frac{1}{2}\varepsilon x^4=2E \tag{6.1-22}$$

根据式(6.1-22)可以画出非线性弹簧系统的相轨迹,如图6.1-1所示。从相轨迹的几何特征可以看出,硬弹簧系统相轨迹的奇点是中心,其坐标为(0,0),因此系统作稳定的周期振动;软弹簧系统的奇点有3个:中心奇点(0,0)是稳定的,鞍点$(\sqrt{-\omega_0^2/\varepsilon},0)$和$(-\sqrt{-\omega_0^2/\varepsilon},0)$是不稳定的,因此只有在初始输入能量较小时,软弹簧系统才是稳定的。

令式(6.1-22)中$y=0$,可以求得非线性弹簧系统的振幅,即

$$A=\sqrt{\frac{1}{\varepsilon}\left(\sqrt{\omega_0^4+4\varepsilon E}-\omega_0^2\right)} \tag{6.1-23}$$

从式(6.1-23)也可以看出,对于硬弹簧系统,系统的初始能量E对系统的稳定性没有影响,即$\omega_0^4+4\varepsilon E$永远为正数;对于软弹簧系统,只有当$E$较小时,才能保证$\omega_0^4+4\varepsilon E\geqslant 0$,系统才能作稳定的周期振动。软弹簧相当于单摆。关于单摆振动特征参见下面对单摆的讨论。实际上,摆包括单摆、复摆、扭摆、可逆摆、双摆、等时摆、双线摆和三线摆等多种形式。伽利略(Galilei)研究了单摆,惠更斯(Huyg(h)ens)研究了复摆并发明了等时摆。

3. 单摆的运动特征

如图6.1-2所示,单摆的长度为l,质量为m,选摆角为坐标来描述摆的运动。根据牛顿运动定律得到单摆系统的运动微分方程为

$$ml^2\ddot{x}+mgl\sin x=0$$

或

$$\ddot{x}+\omega_0^2\sin x=0 \tag{6.1-24}$$

式中:$\omega_0^2=g/l$。单摆的摆角比较小时,$\sin x\approx x-x^3/6$,因此单摆相当于软弹簧。对该系统,非线恢复力函数$f(x)=\omega_0^2\sin x$,因此势能函数和相轨迹方程分别为

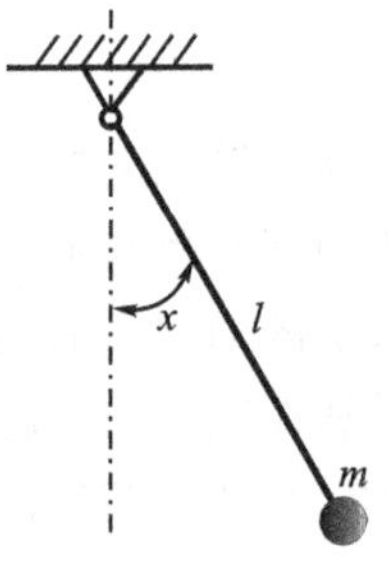

图6.1-2 单摆系统

$$V(x)=\omega_0^2(1-\cos x) \tag{6.1-25}$$

$$y^2+2\omega_0^2(1-\cos x)=2E \tag{6.1-26}$$

令$f(x)=0$可知,单摆的奇点有无穷多个,它们为

$$x_s = \pm j\pi \qquad (j = 0,1,2,\cdots) \tag{6.1-27}$$

根据式(1.4-12)可知，奇点 $x_s = \pm 2j\pi$ 为中心，是稳定的；奇点 $x_s = \pm(2j+1)\pi$ 是鞍点，是不稳定的。

从相轨迹图 6.1-3 同样可以看出单摆系统的奇点个数、类型和稳定性。在式(6.1-26)中，令 $y=0$，$x=A$，可以得到系统的总机械能为

$$E = \omega_0^2(1-\cos A)$$

对 $\mathrm{d}x/y = \mathrm{d}t$ 沿着封闭的相轨迹进行积分就可以得到振动周期，即

$$T = \oint \frac{1}{y}\mathrm{d}x = \oint \frac{1}{\sqrt{2[E-U(x)]}}\mathrm{d}x =$$

$$\frac{2\sqrt{2}}{\omega_0}\int_0^A \frac{\mathrm{d}x}{\sqrt{\cos x - \cos A}} \tag{6.1-28}$$

因此，从上式可以看出，单摆并不具有等时性，其周期随着振幅 A 而变化。不过对于给定的振幅，单摆具有等时性。当振幅比较小时，有 $\cos x - \cos A \approx \frac{1}{2}(A^2 - x^2)$，对式(6.1-28)进行积分可以得到 $T \approx 2\pi/\omega_0$，因此只有在小振幅前提下，才可以忽略单摆周期与振幅的相关性，才近似具有等时性。1581 年伽利略发现单摆具有等时性的现象只是在小振幅前提下近似成立的；惠更斯于 1674 年发现在大幅度摆动时，单摆并不具有等时性的现象。这些是人类对非线性振动现象研究的最早记载。

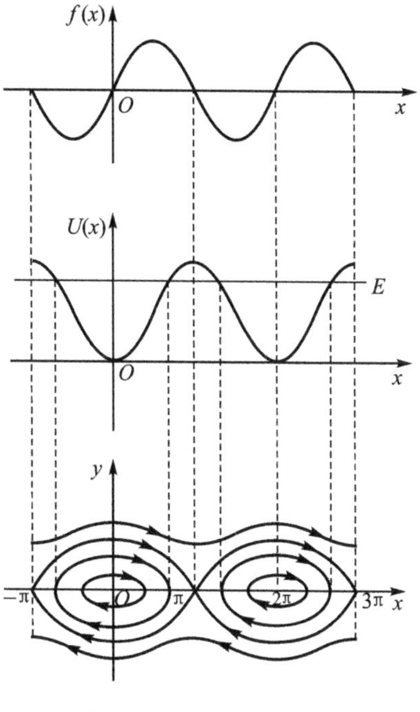

图 6.1-3　单摆相轨迹

6.2　单自由度系统的受迫振动

1. 谐波平衡法

谐波平衡法是寻求系统稳态周期振动的一种基本方法。下面就用这种方法来分析达芬系统的稳态周期解，从求解过程可以看出谐波平衡法的物理意义。考虑余弦激励作用在系统上，其振动微分方程为

$$m\ddot{x} + c\dot{x} + k(x + \varepsilon x^3) = F_0 \cos \Omega t \tag{6.2-1}$$

式中：$k(x+\varepsilon x^3)$为非线性弹簧恢复力。用质量 m 除方程(6.2-1)的两端并整理得

$$\ddot{x} + 2\xi\omega_0\dot{x} + \omega_0^2(x + \varepsilon x^3) = B\omega_0^2 \cos \Omega t \tag{6.2-2}$$

式中：$\omega_0 = \sqrt{k/m}$，$\xi = c/(2m\omega_0)$，$B = F_0/k$。若感兴趣的周期解是一次谐波振动，则根据方程(6.2-2)右端项的形式，可以将一次谐波位移响应写成

$$x = A\cos(\Omega t - \theta) \tag{6.2-3}$$

式中：A 是一次谐波振幅，θ 是系统阻尼引起的激励和位移响应之间的相位差。为了确定 A 和 θ，将式(6.2-3)代入方程(6.2-2)并整理得

$$\left[\left(1 - \bar{\omega}^2 + \frac{3\varepsilon}{4}A^2\right)A\cos\theta + 2\xi\bar{\omega}A\sin\theta\right]\cos\Omega t +$$

$$\left[\left(1-\bar{\omega}^2+\frac{3\varepsilon}{4}A^2\right)A\sin\theta-2\xi\bar{\omega}A\cos\theta\right]\sin\Omega t+$$

$$\frac{\varepsilon}{4}A^3\cos 3(\Omega t-\theta)=B\cos\Omega t \tag{6.2-4}$$

式中:$\bar{\omega}=\Omega/\omega_0$ 为频率比。在整理式(6.2-4)过程中用了如下三角函数公式:

$$\cos^3\alpha=(3\cos\alpha+\cos 3\alpha)/4$$

令方程(6.2-4)中两端的一次谐波项 $\sin\omega t$ 和 $\cos\omega t$ 的系数对应相等,得到

$$\left(1-\bar{\omega}^2+\frac{3\varepsilon}{4}A^2\right)\cos\theta+2\xi\bar{\omega}\sin\theta=\frac{B}{A} \tag{6.2-5}$$

$$\left(1-\bar{\omega}^2+\frac{3\varepsilon}{4}A^2\right)\sin\theta-2\xi\bar{\omega}\cos\theta=0 \tag{6.2-6}$$

将式(6.2-5)和式(6.2-6)的两端平方相加消去 θ 得

$$\frac{A}{B}=\frac{1}{\sqrt{\left(1-\bar{\omega}^2+\frac{3\varepsilon}{4}A^2\right)^2+(2\xi\bar{\omega})^2}} \tag{6.2-7}$$

此式就是系统一次谐波位移响应的幅频特性。式(2.1-10)表示的线性系统的幅频特性是式(6.2-7)中 $\varepsilon=0$ 时的特例。从式(6.2-6)可以得到相频特性

$$\theta=\arccos\frac{1-\bar{\omega}^2+\frac{3\varepsilon}{4}A^2}{\sqrt{\left(1-\bar{\omega}^2+\frac{3\varepsilon}{4}A^2\right)^2+(2\xi\bar{\omega})^2}} \tag{6.2-8}$$

线性系统的相频特性公式(2.1-11)是式(6.2-8)中 $\varepsilon=0$ 时的特例。

将求得的振幅 A 和相位差 θ 代入式(6.2-3)就得到了系统的一次谐波解。当 $\Omega^2=\omega_0^2(1+3\varepsilon A^2/4)$ 或 $\bar{\omega}\approx 1$ 时,系统发生一次谐波共振,也称**主共振**。在上面求解过程中忽略了高次谐波的作用,并且得到的一次谐波解并不满足平衡微分方程(6.2-2),只满足一次谐波平衡条件,即方程两端一次谐波项对应相等。

2. 受迫振动特性

可以用分析线性系统的幅频特性和相频特性的方法来分析达芬系统的幅频特性和相频特性。从式(6.2-7)可以看出,系统的振幅 A 与频率比 $\bar{\omega}$ 之间不是单值关系,而是多值关系;从式(6.2-8)可知,激励与响应之间的相位差 θ 不仅直接和振幅 A 相关,而且也间接和激励振幅 B 相关,并且相位差 θ 与频率比 $\bar{\omega}$ 之间也存在多值关系。显然,非线性系统的幅频特性和相频特性与线性系统截然不同。

利用式(6.2-7)可以作出幅频曲线。令 $B=1$,图 6.2-1 给出了 $\varepsilon=0.04$(硬弹簧)和 $\varepsilon=-0.04$(软弹簧)两种情况的幅频曲线。从图中可以看出,用虚线表示的两个曲线族的骨架曲线倾斜的方向相反,从而导致两个曲线族的倾斜方向也相反。所谓骨架曲线就是指系统(6.2-2)的无阻尼自由振动频率和振幅的关系曲线,即

$$\Omega^2=\omega_0^2\left(1+\frac{3}{4}\varepsilon A^2\right) \tag{6.2-9}$$

也可以在式(6.2-5)中令 $B=0$ 和 $\xi=0$ 得到式(6.2-9)。利用式(6.2-8)可以作出相频曲线,如图 6.2-2 所示。

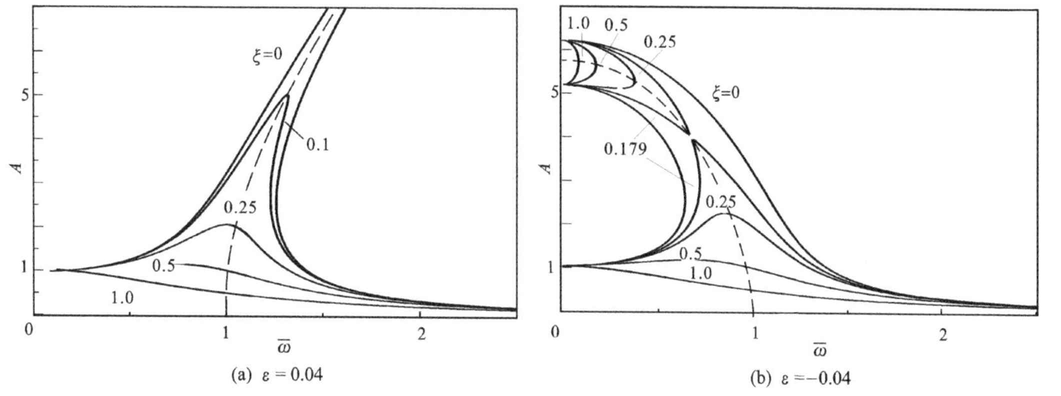

图 6.2-1　达芬系统幅频曲线

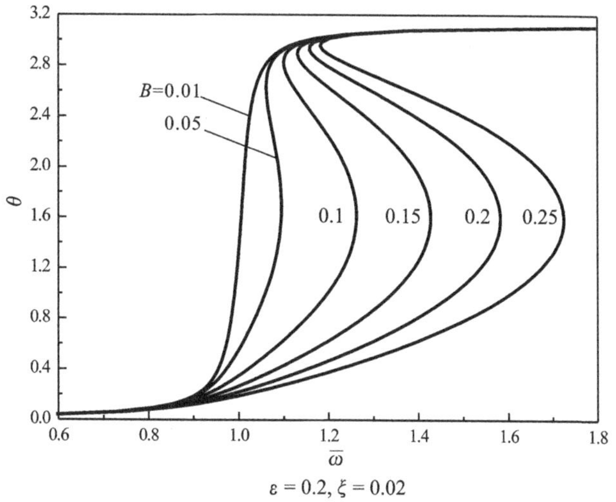

图 6.2-2　达芬系统相频曲线

(1) 跳跃现象

为了更加清楚地说明达芬系统幅频特性的多值特征，下面借助图 6.2-3(类似于图 6.2-1(a))作进一步的说明，并且只考虑激振力的幅值 F_0 不变，也就是 B 不变这一种情况。当激励频率从零开始缓慢增加时，稳态响应的振幅沿着幅频曲线从 a 点连续变化到 b 点；再增大频率，则振幅从 b 点突然降到 c 点。当频率继续增大时，振幅则沿着幅频曲线从 c 点向 d 点移动。当激励频率从较大值($\Omega > \omega_2$)开始缓慢地降低时，稳态响应的振幅则从 d 点沿着曲线连续变化到 e 点；再降低激励频率时，振幅则从 e 点突然升到 f 点；当频率继续降低时，振幅从 f 点沿着曲线向 a 点方向移动。因此，幅频曲线的 be 段对应的稳态响应是不稳定的。虽然它也是方程(6.2-1)的解，但实际上是不会出现的。类似的现象在相频响应曲线中也存在，见图 6.2-2。这种振幅突然变化的现象称为**跳跃现象**，也称为**多值现象**，是非线性系统特有的现象之一。系统的运动状态随着参数变化而发生突然变化的

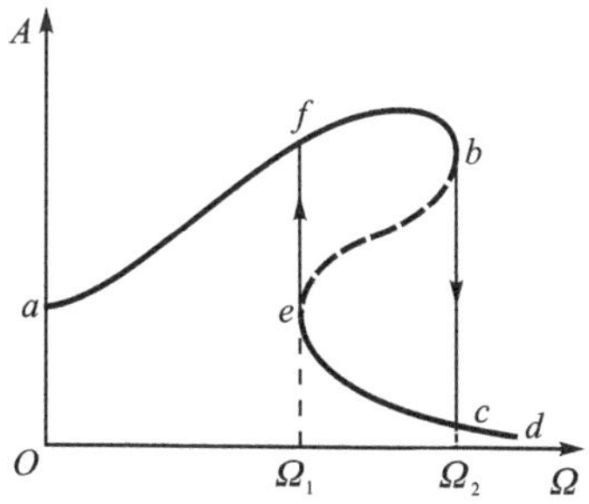

图 6.2-3　跳跃现象

现象称为**动态分叉**,跳跃现象是一种特殊的动态分叉现象。

同样,当激励频率保持不变,改变激励幅值时,也会出现跳跃现象,参见式(6.2-7)和式(6.2-8)。

(2) 亚谐波振动、超谐波振动和组合振动

在某些条件下,非线性系统会出现振动频率为激励频率分数倍或整数倍的周期振动。若激励频率为 Ω,系统出现频率为 Ω/n 的周期振动,称为**$1/n$ 次亚谐波振动**,也称为**$1/n$ 次亚谐波共振**,此时激励频率为系统固有频率的 n 倍,或 $\Omega \approx n\omega_0$。若激励频率为 Ω,系统出现频率为 $n\Omega$ 的振动,则称之为**n 次超谐波振动**,也称为**n 次超谐波共振**,此时系统固有频率为激励频率的 n 倍,或 $n\Omega \approx \omega_0$。当刚度非线性项中含有位移的 n 次方项时,系统可能出现 $1/n$ 次亚谐波振动。亚谐波振动和超谐波振动是非线性系统的一种特有现象。

实际上,激励可以包含若干频率不同的谐波成分,如地震波。当非线性系统受到频率为 Ω_1 和 Ω_2 谐波作用时,系统响应不仅含有频率为 Ω_1 和 Ω_2 的一次谐波响应成分、亚谐波响应和超谐波响应成分,还会包含频率为 $m\Omega_1 + n\Omega_2$(m、n 为整数)的谐波响应成分,这种振动称为**组合振动**。

为了简洁起见,不考虑达芬系统(6.2-2)中的阻尼,有

$$\ddot{x} + \omega_0^2(x + \varepsilon x^3) = B\omega_0^2 \cos \Omega t \tag{6.2-10}$$

下面利用摄动方法分别给出系统(6.2-10)的 1/3 次亚谐波振动和 3 次超谐波振动时的位移响应表达式和幅频特性。把式(6.1-2)和式(6.1-3)代入式(6.2-10)中整理得

$$\ddot{x}_0 + \omega^2 x_0 = B\omega^2 \cos \Omega t \tag{6.2-11}$$

$$\ddot{x}_1 + \omega^2 x_1 = -\omega^2 x_0^3 + b_1 x_0 - Bb_1 \cos \Omega t \tag{6.2-12}$$

方程(6.2-11)的解为

$$x_0 = A\cos \omega t + F\cos \Omega t \tag{6.2-13}$$

式中

$$F = \frac{B\omega^2}{\omega^2 - \Omega^2} \tag{6.2-14}$$

把式(6.2-13)代入方程(6.2-12)得

$$\begin{aligned}\ddot{x}_1 + \omega^2 x_1 = &-\left(\frac{3\omega^2 A^3}{4} + \frac{3\omega^2 F^2 A}{2} - b_1 A\right)\cos \omega t - \\ &\left(\frac{3\omega^2 F^3}{4} + \frac{3\omega^2 A^2 F}{2} + Bb_1 - b_1 F\right)\cos \Omega t - \\ &\frac{\omega^2 A^3}{4}\cos 3\omega t - \frac{\omega^2 F^3}{4}\cos 3\Omega t - \\ &\frac{3\omega^2 A^2 F}{4}[\cos(2\omega t - \Omega t) + \cos(2\omega t + \Omega t)] - \\ &\frac{3\omega^2 F^2 A}{4}[\cos(\omega t - 2\Omega t) + \cos(\omega t + 2\Omega t)]\end{aligned} \tag{6.2-15}$$

从上式可知,对于 1/3 次亚谐波振动,即 $\Omega = 3\omega$,久期项为零的条件为

$$A\left(\frac{3\omega^2 A^2}{4} + \frac{3\omega^2 F^2}{2} - b_1 + \frac{3\omega^2 AF}{4}\right) = 0 \tag{6.2-16}$$

式(6.2-14)变为

$$F=-\frac{B}{8} \tag{6.2-17}$$

把 $b_1\approx(\omega^2-\omega_0^2)/\varepsilon$ 和上式代入式(6.2-16)可得 1/3 次亚谐波振动的幅频关系公式为

$$A=\frac{B}{16}\pm\sqrt{\frac{4}{3\varepsilon}\left(1-\frac{\omega_0^2}{\omega^2}\right)-\frac{7B^2}{256}} \tag{6.2-18}$$

由上式可知:对于线性系统也就是 $\omega=\omega_0$ 时,系统不存在亚谐波振动;系统存在亚谐振动的条件是

$$1-\frac{\omega_0^2}{\omega^2}\geqslant\frac{21\varepsilon B^2}{1024} \tag{6.2-19}$$

系统的含有 1/3 次亚谐波成分的响应为

$$x=A\cos\omega t-\frac{B}{8}\cos\Omega t+O(\varepsilon) \tag{6.2-20}$$

其中 $A\cos\omega t=A\cos(\Omega t/3)$ 为 1/3 次亚谐响应。

对于 3 次超谐波振动,即 $3\Omega=\omega$,久期项为零的条件为

$$\frac{3\omega^2A^3}{4}+\frac{3\omega^2F^2A}{2}-b_1A+\frac{\omega^2F^3}{4}=0 \tag{6.2-21}$$

式(6.2-14)变为

$$F=\frac{9B}{8} \tag{6.2-22}$$

由式(6.2-21)可得

$$\frac{4b_1A}{\omega^2}=3A^3+6AF^2+F^3 \tag{6.2-23}$$

把 $b_1\approx(\omega^2-\omega_0^2)/\varepsilon$ 代入上式得 3 次超谐波响应的幅频公式为

$$1-\frac{\omega_0^2}{\omega^2}=\frac{3\varepsilon}{4A}\left(A^3+2AF^2+\frac{F^3}{3}\right) \tag{6.2-24}$$

而含有 3 次超谐波响应成分的系统响应为

$$x=A\cos\omega t+\frac{9B}{8}\cos\Omega t+O(\varepsilon) \tag{6.2-25}$$

其中 $A\cos\omega t=A\cos 3\Omega t$ 为 3 次超谐波响应。

6.3　无阻尼多自由度系统的振动

以坐标解耦为基础的模态理论是针对线性系统而言的,只能用于非线性效应可以忽略的系统。非线性多自由度系统的精确解比非线性单自由度系统更难找到。一般采用谐波平衡法、多尺度法等近似方法来分析多自由度系统的动态特性。一般的多自由度非线性系统的运动微分方程可以写为

$$\boldsymbol{M}\ddot{\boldsymbol{x}}+\boldsymbol{K}\boldsymbol{x}+\boldsymbol{F}(\boldsymbol{x},\dot{\boldsymbol{x}})=\boldsymbol{f}(t) \tag{6.3-1}$$

式中:质量矩阵 $\boldsymbol{M}$、刚度矩阵 $\boldsymbol{K}$、位移列向量 $\boldsymbol{x}$ 和外部激振力 $\boldsymbol{f}$ 与方程(3.3-13)中的相同,$\boldsymbol{F}(\boldsymbol{x},\dot{\boldsymbol{x}})$为非线性矢量函数。若不考虑系统的阻尼效应,则 $\boldsymbol{F}(\boldsymbol{x},\dot{\boldsymbol{x}})$变为 $\boldsymbol{F}(\boldsymbol{x})$。由于分析一般的多自由度非线性系统的动态特性是困难的,所以下面只以简单的两自由度无阻尼非线

性系统为例,用谐波平衡方法近似分析它的自由振动特性和在简谐激励作用下的振动特性。

6.3.1 自由振动

此时外部激振力 $\boldsymbol{f}=\mathbf{0}$。图 6.3-1 为一个两自由度无阻尼系统,$x_1$ 和 x_2 是以质点 1 和质点 2 的静平衡位置为原点的广义坐标。质点的质量 $m_1=m_2=m$,弹簧 2 的刚度系数 $k_2=k$,弹簧 1 为硬弹簧,其刚度系数 $k_1=k(1+\varepsilon x_1^2)$。当 ε 比较小时,系统是弱非线性的;当 ε 比较大时,系统是强非线性的。可以用达朗伯原理和拉格朗日方程等方法来建立系统的运动方程。系统的动能函数 T 和势能函数 V 分别为

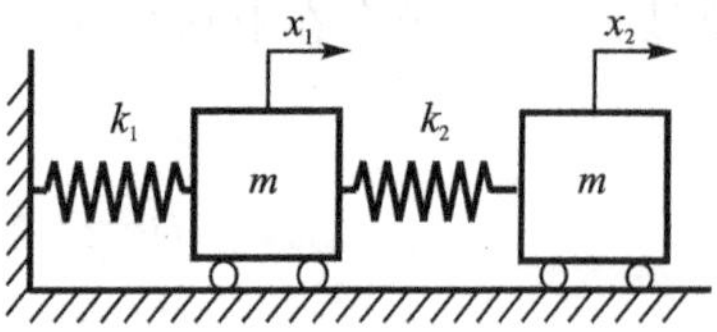

图 6.3-1 两自由度系统

$$\left.\begin{aligned} T&=\frac{1}{2}(m\dot{x}_1^2+m\dot{x}_2^2)\\ V&=\frac{1}{2}\left[kx_1^2\left(1+\frac{\varepsilon}{2}x_1^2\right)+k(x_1-x_2)^2\right]\end{aligned}\right\}\tag{6.3-2}$$

把式(6.3-2)代入拉格朗日方程,导出系统的自由振动微分方程为

$$\left.\begin{aligned} m\ddot{x}_1+2kx_1-kx_2+\varepsilon kx_1^3=0\\ m\ddot{x}_2+kx_2-kx_1=0\end{aligned}\right\}\tag{6.3-3}$$

因此广义坐标列向量 $\boldsymbol{x}$、非线性矢量函数 $\boldsymbol{F}$、刚度矩阵 $\boldsymbol{K}$ 和质量矩阵 $\boldsymbol{M}$ 分别为

$$\boldsymbol{x}=\begin{bmatrix}x_1\\x_2\end{bmatrix},\quad \boldsymbol{F}=\begin{bmatrix}\varepsilon kx_1^3\\0\end{bmatrix},\quad \boldsymbol{K}=\begin{bmatrix}2k&-k\\-k&k\end{bmatrix},\quad \boldsymbol{M}=\begin{bmatrix}m&0\\0&m\end{bmatrix}$$

非线性方程(6.3-3)对应的线性方程是 $\boldsymbol{M}\ddot{\boldsymbol{x}}+\boldsymbol{k}\boldsymbol{x}=\mathbf{0}$。求解该线性方程组,得到模态和固有频率为

$$\boldsymbol{\varphi}_1=\begin{bmatrix}\dfrac{1+\sqrt{5}}{2}\\1\end{bmatrix}=\begin{bmatrix}1.618\\1\end{bmatrix},\quad \boldsymbol{\varphi}_2=\begin{bmatrix}\dfrac{1-\sqrt{5}}{2}\\1\end{bmatrix}=\begin{bmatrix}-0.618\\1\end{bmatrix}\tag{6.3-4}$$

$$\omega_1^2=\frac{3-\sqrt{5}}{2}\omega_0^2=0.382\omega_0^2,\quad \omega_2^2=\omega_0^2\,\frac{3+\sqrt{5}}{2}=2.618\omega_0^2\tag{6.3-5}$$

式中:$\omega_0^2=k/m$。设方程(6.3-3)的一次谐波解为

$$x_j=A_{j0}\cos\omega t\qquad(j=1,2)\tag{6.3-6}$$

式中:ω 为系统的固有频率。把式(6.3-6)代入方程(6.3-3),并令方程两端的一次谐波 $\cos\omega t$ 的系数对应相等,得到

$$A_{10}\omega^2-\omega_0^2(A_{10}-A_{20})-A_{10}\omega_0^2\left(1+\frac{3\varepsilon}{4}A_{10}^2\right)=0\tag{6.3-7a}$$

$$A_{20}\omega^2-\omega_0^2(A_{20}-A_{10})=0\tag{6.3-7b}$$

而三次谐波项为 $\varepsilon\omega_0^2A_{10}^3\cos 3\omega t/4$。令 $r=A_{20}/A_{10}$,$\varepsilon=1$,从方程(6.3-7b)得到

$$\omega^2=\left(\frac{r-1}{r}\right)\omega_0^2\tag{6.3-8}$$

由上式可知,固有频率和振幅比相关。把式(6.3-8)代入方程(6.3-7a),有

$$A_{10}=\pm\frac{2}{\sqrt{3}}\sqrt{\frac{r^2-r-1}{r}} \tag{6.3-9}$$

为了减小略去三次谐波项带来的误差，应该尽量减小 A_{10}。为了使 $|A_{10}|<1$，从式(6.3-9)可以得到

$$r\leqslant -0.454,\quad r\leqslant 2.204 \tag{6.3-10}$$

A_{10} 和 A_{20} 必须为实数，ω 为正的实数，因此有

$$-0.618\leqslant r<0,\quad 1.618\leqslant r \tag{6.3-11}$$

根据式(6.3-10)和式(6.3-11)，对 r 的上限进行人为的调整，因此 r 在下面两个范围内取值，即

$$-0.618\leqslant r\leqslant -0.5,\quad 1.618\leqslant r\leqslant 2.0 \tag{6.3-12a}$$

或

$$\varphi_{12}\leqslant r\leqslant -0.5,\quad \varphi_{11}\leqslant r\leqslant 2.0 \tag{6.3-12b}$$

式中：φ_{12} 和 φ_{11} 分别为由式(6.3-4)给出的线性系统模态向量的第一个分量，且 $r>0$ 和 $r<0$ 分别对应第 1 阶和第 2 阶固有振动。在式(6.3-12)规定的范围内，$|A_{10}|$ 的值小于 0.816。把式(6.3-12)代入式(6.3-8)，得到两阶固有频率的变化范围为

$$0.382\leqslant\frac{\omega^2}{\omega_0^2}\leqslant 0.5,\quad 2.618\leqslant\frac{\omega^2}{\omega_0^2}\leqslant 3 \tag{6.3-13a}$$

或

$$\omega_1^2\leqslant\omega^2\leqslant 1.309\omega_1^2,\quad \omega_2^2\leqslant\omega^2\leqslant 1.146\omega_2^2 \tag{6.3-13b}$$

由此可见，两自由度非线性硬弹簧系统的两阶固有频率位于两个不同区间，区间的下限是对应线性系统的固有频率，模态向量为 $[A_{10}\quad A_{20}]^{\mathrm{T}}$。图 6.3-2 给出了 A_{10} 和 A_{20} 随着 ω^2/ω_0^2 变化的曲线。

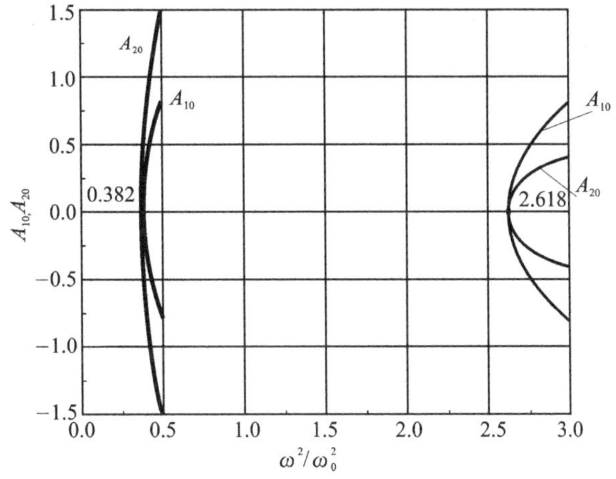

图 6.3-2 A_{10} 和 A_{20} 随着 ω^2/ω_0^2 变化的曲线

6.3.2 受迫振动

这里仍然考虑图 6.3-1 所示系统。简谐激振力为

$$\boldsymbol{f}=[F_1\quad 0]^{\mathrm{T}}\cos\Omega t$$

因此系统受迫振动的微分方程为

$$\left.\begin{aligned} m\ddot{x}_1 + 2kx_1 - kx_2 + \varepsilon k x_1^3 &= F_1 \cos \Omega t \\ m\ddot{x}_2 + kx_2 - kx_1 &= 0 \end{aligned}\right\} \tag{6.3-14a}$$

或

$$\left.\begin{aligned} \ddot{x}_1 + 2\omega_0^2 x_1 - \omega_0^2 x_2 + \varepsilon \omega_0^2 x_1^3 &= B\omega_0^2 \cos \Omega t \\ \ddot{x}_2 + \omega_0^2 x_2 - \omega_0^2 x_1 &= 0 \end{aligned}\right\} \tag{6.3-14b}$$

式中:$B=F_1/k$。设方程(6.3-14b)的一次谐波解为

$$x_j = A_j \cos \Omega t \qquad (j=1,2) \tag{6.3-15}$$

式中:Ω 为简谐激振力的频率。把式(6.3-15)代入方程(6.3-14b),并令方程两端的一次谐波 $\cos \Omega t$ 的系数对应相等,得到

$$A_1\bar{\omega}^2 - (A_1 - A_2) - A_1\left(1 + \frac{3\varepsilon}{4}A_1^2\right) = -B \tag{6.3-16a}$$

$$A_2\bar{\omega}^2 - (A_2 - A_1) = 0 \tag{6.3-16b}$$

式中:$\bar{\omega}=\Omega/\omega_0$。根据方程(6.3-16b),用 A_1 表示 A_2,得到

$$A_2 = -\frac{A_1}{\bar{\omega}^2 - 1} \tag{6.3-17}$$

把式(6.3-17)代入式(6.3-16a),得到

$$(\bar{\omega}^2 - 1)^2 - (\bar{\omega}^2 - 1)\left(1 + \frac{3\varepsilon}{4}A_1^2 - \frac{B}{A_1}\right) - 1 = 0 \tag{6.3-18}$$

因此

$$\bar{\omega}^2 = \frac{1}{2}\left[3 + \frac{3\varepsilon}{4}A_1^2 - \frac{B}{A_1} \pm \sqrt{\left(1 + \frac{3\varepsilon}{4}A_1^2 - \frac{B}{A_1}\right)^2 + 4}\right] \tag{6.3-19}$$

根据式(6.3-17)和式(6.3-19)可以作出 A_1 和 A_2 随着 $\bar{\omega}^2$ 变化的曲线,也就是幅频曲线。图6.3-3给出了 $\varepsilon=1, B=0.058$ 时 A_1 和 A_2 随着 $\bar{\omega}^2$ 变化的曲线。图中实线表示受迫振动的振幅 A_1 和 A_2;虚线表示 $B=0$ 时固有振动的振幅 A_{10} 和 A_{20} 随着 $\bar{\omega}^2$ 变化的曲线,称之为**骨架曲线**。对某个给定的 $\bar{\omega}^2$,可以同时存在对应的3对 A_1 和 A_2 值,因此对非线性多自由度系统,存在更为复杂的跳跃现象。

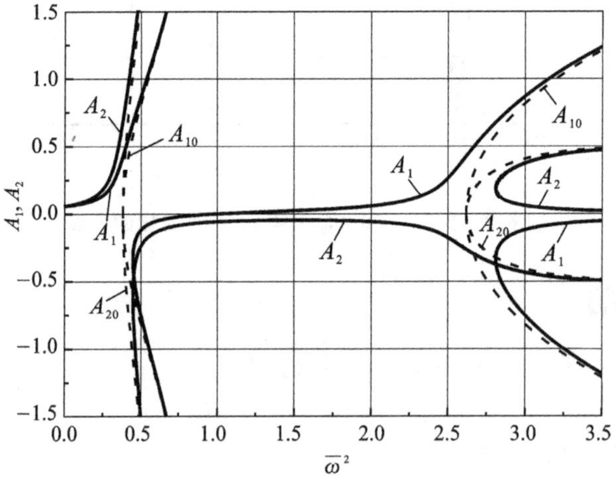

图6.3-3 达芬系统受迫振动的幅频曲线

6.4　混沌振动

前面各章介绍了线性系统和非线性系统振动的基本概念及其分析方法。非线性系统和线性系统的振动存在着本质的差别，比如说倍频响应、跳跃以及频率和振幅相关等现象都是非线性系统特有的现象。前面用定量和定性分析方法讨论的都是非线性系统的周期振动，实际上非线性系统还可能出现更为复杂的振动现象，这便是本节将要介绍的混沌振动。

科学中的混沌概念与古典哲学和日常生活中的定义是不同的。简单地说，混沌是一种确定系统出现的无规则运动。混沌理论研究的目的是要揭示貌似随机（或无规则）的运动现象背后可能隐藏的简单规律，以求发现一大类复杂问题普遍遵循的一般规律，并利用这些规律为人类造福。混沌现象广泛存在于数学、力学、社会学、天文学、生态学、化学工程学、光学、生物力学甚至哲学等学科中。

关于混沌振动的研究是振动力学中一个蓬勃发展的新领域，本节只简单介绍混沌现象及其基本特征以及预测混沌现象的一些数值方法。

6.4.1　混沌现象

混沌振动可以认为是非线性系统的往复无规则振动，也就是说混沌振动虽然是往复的，但不存在振动周期，或者说混沌振动周期为无穷大。实际中有许多可能产生混沌运动的系统，有关混沌方面的书籍经常提到的实际可能出现的混沌运动包括：大气流动、人造卫星的姿态运动、大振幅转子系统振动、海洋平台上设备的冲击运动、切碎机刀片的振动和打印机的振动等。下面通过几个典型混沌系统来介绍混沌振动现象，并在下一节简单介绍预测系统产生混沌振动的方法。

1. 蝴蝶效应

美国气象学家洛伦兹（Lorenz）曾经研究了下面的非线性方程组：

$$\left.\begin{aligned}\frac{\mathrm{d}x}{\mathrm{d}t}&=-\sigma(x-y)\\\frac{\mathrm{d}y}{\mathrm{d}t}&=-xz+rx-y\\\frac{\mathrm{d}z}{\mathrm{d}t}&=xy-bz\end{aligned}\right\}\tag{6.4-1}$$

式中：x 表示大气层的热对流强度，y 表示上升流和下降流的温差，而 z 表示垂直方向的温度分布。参数 σ、r 和 b 分别正比于普朗特（Prandtl）数、瑞利（Rayleigh）数和模拟的区域尺寸。令 $\sigma=10$，$r=28$，$b=8/3$，图 6.4-1 和图 6.4-2 是用四阶龙格-库塔（Runge-Kutta）法（见 7.6.1 节）求解方程组（6.4-1）得到的结果。假设整个计算过程是精确的，即不存在计算误差，时间步长 $\Delta t=0.01$。图 6.4-1 是时间历程，图中的实线对应的初始条件为 $x(0)=1$，$y(0)=1$，$z(0)=1$；虚线对应的初始条件为 $x(0)=1.01$，$y(0)=1$，$z(0)=1$。从图 6.4-1 可以看出，初始条件虽然具有微小变化，但经过一段时间后，系统的运动状态发生了显著变化。这说明混沌振动对初始条件是比较敏感的，或者说混沌振动具有**初值敏感依赖性**，也称为“**蝴蝶效应**”。这是混沌振动的基本特征之一。

这种混沌运动的初值敏感依赖性，还体现在另外一个方面。若初始条件不变，而整个计算

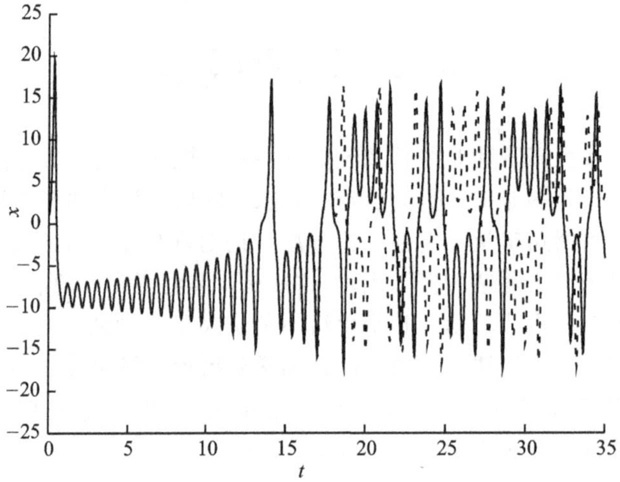

图 6.4-1　系统运动对初始条件的敏感性

过程是精确的,则得到的确定系统的时间历程应该是完全相同的。但实际的计算都是借助计算机来完成的,若时间的步长 Δt 微小改变,如 Δt 从 0.01 改变到 0.02,则经过一段时间后,系统的运动状态也会发生显著的改变。发生这种现象的原因是计算机的计算误差相当于改变了系统的初始条件。因为实际系统的初始条件和计算过程不可能完全精确,总是存在误差的,因此,要想用数值方法预测混沌运动的长期行为是不可能的。

第 10 章将要讨论的随机振动是指无法用确定性函数而须用概率统计方法定量描述其运动规律统计特性的振动。随机系统产生的运动或确定系统在随机激励作用下产生的运动都是随机振动。这里讨论的混沌振动却产生于完全确定的系统,并且不存在任何外界随机扰动。混沌现象表面上看是随机的,而事实上却是按照严格且经常是易于表述的规则来运动的。它们看起来是随机发生的,而实际上混沌运动是由精确的法则如方程(6.4-1)决定的。因此也可以认为混沌振动是一种貌似的随机运动。

综上所述,**混沌振动**是非线性系统一种特有的运动形式。它产生于确定系统并具有初值敏感性;它貌似随机运动并且其长期行为不可预测。

图 6.4-2 是相轨迹在 $x-z$ 平面上的投影。它不是封闭的轨迹,看上去像一只“蝴蝶”,称之为**蝴蝶现象**。

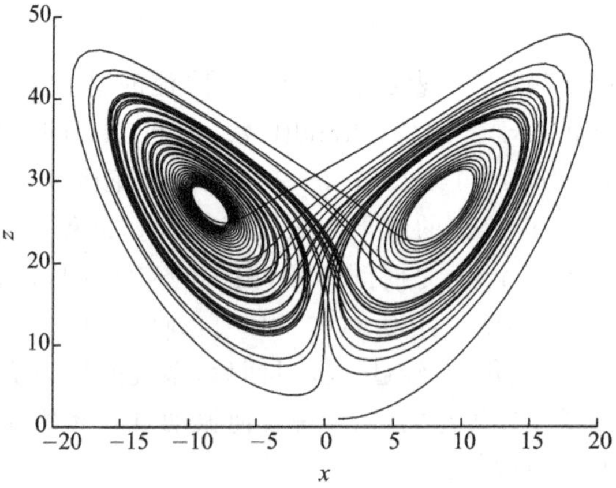

图 6.4-2　“蝴蝶”现象

值得指出的是，系统(6.4-1)并不是对任意参数 σ、r 和 b 都会产生混沌运动。令 $\sigma=10$，$b=8/3$，当 $r=126.52$，132.5 和 350 时，相轨迹在 $x-z$ 平面上的投影都是封闭的曲线。它们对应的都是周期运动，见图 6.4-3。

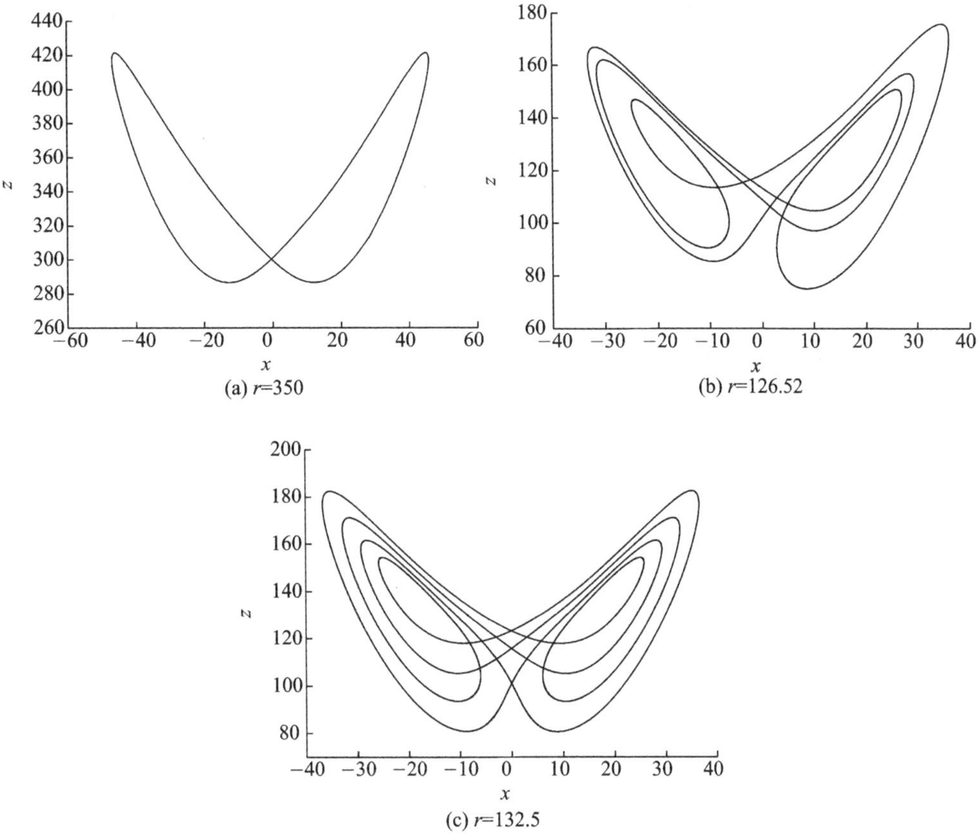

图 6.4-3　相轨迹($\sigma=10$，$b=8/3$)

2. 达芬系统的混沌振动

考虑下面达芬系统的受迫振动

$$\ddot{x}+c\dot{x}-kx+\varepsilon x^3=F\cos\Omega t \tag{6.4-2}$$

令 $\dot{x}=y$，把上式变为

$$\left.\begin{aligned}&\dot{x}=y\\&\dot{y}=-cy+kx-\varepsilon x^3+F\cos\Omega t\end{aligned}\right\} \tag{6.4-3}$$

给定参数 $c=0.05$，$k=\varepsilon=1$，$F=7.5$，$\Omega=0.84$，系统将作混沌振动。选时间步长 $\Delta t=0.02$，用四阶龙格-库塔法求解方程组(6.4-3)，图 6.4-4 和图 6.4-5 是计算得到的结果。图 6.4-4 是位移的时间历程，其中实线和虚线对应的初始条件分别为 $x(0)=3$，$y(0)=4$ 和 $x(0)=3.01$，$y(0)=4.01$。图 6.4-5 是混沌振动的相轨迹，从图中可以看出，混沌振动是一种往复的、有限的并且周期无限长的运动。

对达芬系统受迫振动的分析进一步说明了混沌振动的初值敏感性和长期行为的不可预测性。

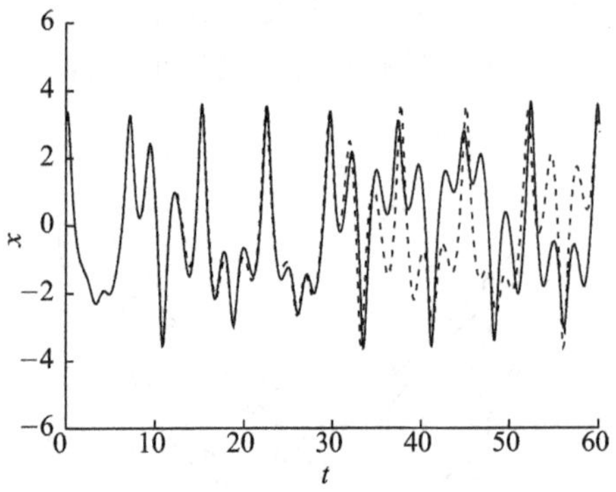

图 6.4-4 位移时间历程

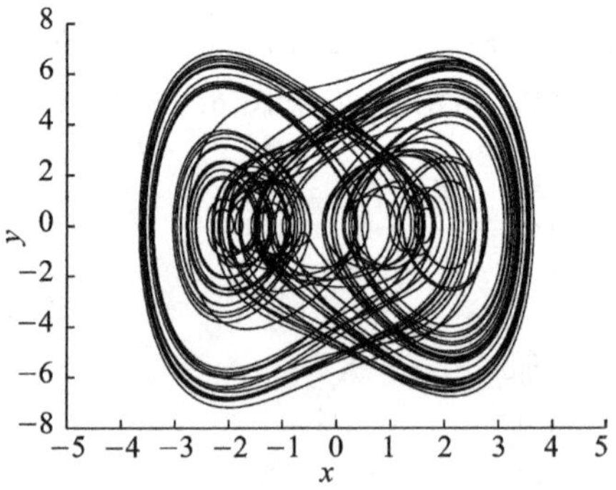

图 6.4-5 相轨迹(x(0)=3,y(0)=4)

6.4.2 混沌振动的预测

如何判断一个非线性动力系统是否存在混沌振动是混沌理论的重要内容之一。通常非线性微分方程是难以求得精确解的,并且人们对混沌本质的认识尚不够充分,因此数值模拟是预测系统是否存在混沌的重要途径之一。

在 6.4.1 小节中介绍的两个非线性系统存在混沌,从图 6.4-2 和图 6.4-5 可以看出,混沌振动对应的相轨迹都不是封闭的,这说明混沌振动是非周期运动;相轨迹在一个有限的区域内变化,这说明混沌振动是往复的,不是发散而是有限的运动。除了从相轨迹上可以判断非线性系统是否作混沌振动之外,还可以从以下几个方面来判断:

① 计算李亚普诺夫(Lyapunov)指数,若存在正的李亚普诺夫指数,则认为系统是混沌的;

② 计算吸引子的豪斯多夫(F. Hausdorff)维数,若该维数为分数,则认为系统是混沌的;

③ 计算拓扑熵,若拓扑熵大于零,则认为系统是混沌的;

④ 分析功率谱,若功率谱是连续的,则认为系统是混沌的。

本节首先介绍庞加莱映射,映射图同样可以反映系统相轨迹的拓扑结构,然后着重讨论李亚普诺夫指数和豪斯多夫维数的概念,这里不涉及拓扑熵和功率谱的分析和计算等内容。

1. 庞加莱映射

混沌振动可以看成是周期无穷大的往复运动,它对应的相轨迹不是封闭的。当非线性系统周期运动的周期很长时,由于需要的数据量比较大,难以直接从相轨迹来区分周期运动和混沌振动。对于具有周期激励的非线性系统,可以方便地用庞加莱映射图来揭示混沌振动的往复非周期运动特性。

考虑一个非线性系统,其状态方程为

$$\dot{\boldsymbol{x}} = \boldsymbol{f}(\boldsymbol{x}) \tag{6.4-4}$$

式中:$\boldsymbol{x}$ 为由系统状态变量组成的 n 维状态列向量,它决定了系统的状态(或相)。状态(或相)空间是一个假想的空间,它的维数与系统独立状态变量的数目相同。相空间中任意一个点的坐标就是这些状态变量在同一时刻的值。对于单自由度二阶振动系统,相空间就变成了相平面。

设在系统上作用一个周期激励,其周期为 $T=2\pi/\Omega$,其中 Ω 为激励的频率。随着时间的连续变换,相点在相空间可以画出连续相轨迹。若每隔一个周期 T 取一个相点,则这些离散的相点组成了一个点集合$\{P_k\}$,其中 P_0 的坐标向量为 $\boldsymbol{x}(t_0)$,而 P_k 的坐标是 $\boldsymbol{x}(t_0+kT)$。

集合$\{P_k\}$也可以看成由映射 M 生成的，即

$$P_k = M(P_{k-1}) \tag{6.4-5}$$

式中：映射 M 可以看成是系统相空间的一个截面 Σ，该截面与大多数相轨迹相交，并且截面 Σ 上的一点的映像是相轨迹与该截面的下一个交点，即 P_0 的映像是 P_1；P_1 的映像是 P_2；以此类推，P_{k-1} 的映像就是 P_k。截面 Σ 被称为**庞加莱截面**，映射 M 被称为**庞加莱映射**。庞加莱映射图就是由离散的相点 $\boldsymbol{x}(t_0),\boldsymbol{x}(t_0+T),\cdots,\boldsymbol{x}(t_0+kT),\cdots$组成的离散相轨迹。对于周期为 T 的稳态周期运动，庞加莱映射图就是一个点；对于周期为 nT 的运动，庞加莱映射图包含 n 个点。如果系统的振动是准（或拟）周期的，如

$$x(t) = C_1 \sin(\omega_1 t + \theta_1) + C_2 \sin(\omega_2 t + \theta_2) \tag{6.4-6}$$

式中：C_1、C_2 和 θ_1、θ_2 为实数，频率 ω_1 和 ω_2 不能有理通约，则庞加莱映射图是由无数个点构成的一条封闭曲线或区域。如果庞加莱映射图既不是有限点集，也不是封闭曲线，则对应系统的运动可能是混沌振动。由于系统的庞加莱映射图用较少的数据包含较多的信息，也可以说它的分辨率高于系统的相轨迹图，因此在研究混沌振动的几何特征时，用庞加莱映射图更加有效。

例 6.4-1　画出系统(6.4-2)的庞加莱映射图。

解：给定混沌参数 $c=0.05,k=\varepsilon=1,F=7.5,\omega=0.84$。混沌参数的含义是当系统取这些参数值时，系统将作混沌振动。系统(6.4-2)的状态方程为式(6.4-3)，外部激振力的周期为 $T=2\pi/\omega=2\pi/0.84$。选取时间步长 $\Delta t=T/100$，用四阶龙格-库塔法求解方程组(6.4-3)，每隔 100 步得到庞加莱映射的一个点。图 6.4-6 就是系统(6.4-2)的庞加莱映射图，从中可以看出混沌振动的庞加莱映射图是模糊一片的点集。

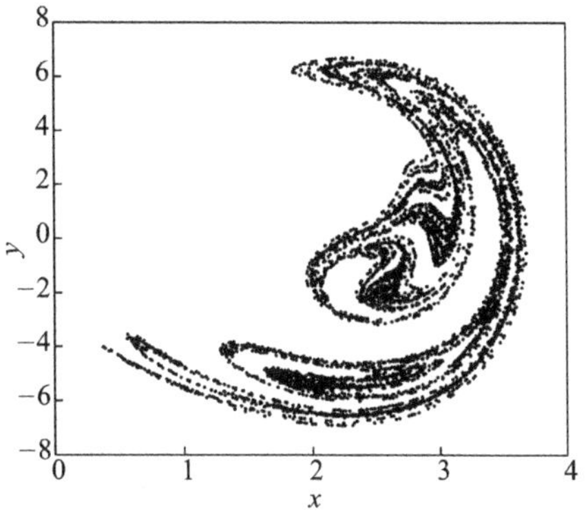

图 6.4-6　系统(6.4-2)的庞加莱映射图

2. 分　形

有些量只能够用整数来度量，如几何中点、线、面和立方体的维数分别为 0、1、2 和 3，线性代数中向量空间的维数等于张成该空间向量的个数，也是一个整数。而对于某些既类似于点，又类似于线的"奇特"几何结构，用通常的维数是整数这一概念就难以确定这类奇特几何结构的维数，这类奇特几何结构的维数可能是一个分数。为了能够确定这类奇特几何结构的维数，可以引入豪斯多夫维数。柯尔莫戈罗夫（A. H. Колмогоров）在豪斯多夫（Hausdorff）维数定义基础上给出了容量维数定义。在大多数情况下，二者是相等的，因此下面统称它们为容量维数。

在一维集合空间中，用大小为 ε 的单元覆盖长度为 1 的线，需要的单元数 $N(\varepsilon)=1/\varepsilon$，也可以说长度为 1 的线能够容下 $N(\varepsilon)$个大小为 ε 的单元；在二维集合空间中，大小为 1 的面能够容下 $N(\varepsilon)=1/\varepsilon^2$ 个大小为 $\varepsilon\times\varepsilon=\varepsilon^2$ 的单元；以此类推，在 n 维集合空间中，大小为 1 的 n 维立方体是该空间的一个子集，能够容下大小为 ε^n 的 n 维立方体单元的个数为

$$N(\varepsilon) = \frac{1}{\varepsilon^n} \tag{6.4-7}$$

把上式两边取自然对数，并取极限得

$$d_C = \lim_{\varepsilon \to 0} n = \lim_{\varepsilon \to 0} \frac{\ln N(\varepsilon)}{\ln \frac{1}{\varepsilon}} \tag{6.4-8}$$

式中：d_C 称为**容量维数**。对于长度为 1 的线段，需要用 $N(\varepsilon)=1/\varepsilon$ 个长度为 ε 的小线段覆盖，由式(6.4-8)可知 $d_C=1$；对于面积为 1 的正方形，至少需要用 $N(\varepsilon)=1/\varepsilon^2$ 个边长为 ε 的小正方形覆盖，由式(6.4-8)可知 $d_C=2$。这些结果与常规的维数概念是相符的。下面计算著名的康托(G. Cantor)集合的维数。

取一个长度为 1 的线段，等分成 3 段，去掉中间段，得到两个长度为 1/3 的线段。把这两个线段再等分成 3 段，再去掉各自中间段，就得到了 2^2 个长度为 $1/3^2$ 的线段，如图 6.4-7 所示。依次进行到第 n 次时，将得到 2^n 个长度为 $1/3^n$ 的线段。令 $n \to \infty$，就得到了一个包含无穷多个点而又无穷稀疏的点集合，称之为**康托集合**。

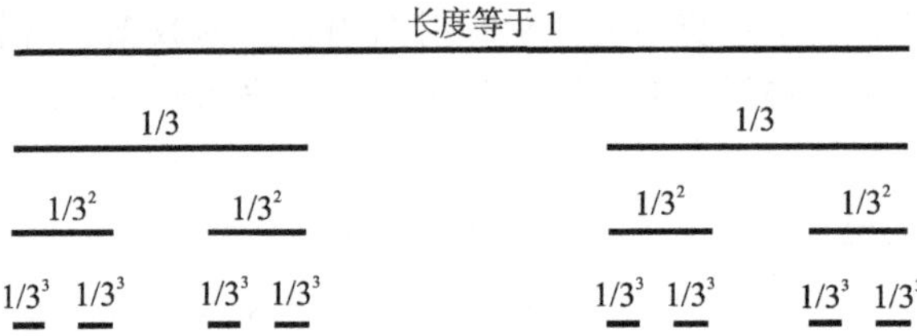

图 6.4-7 康托集合示意图

当依照上述方法进行到第 n 次时，得到了由 2^n 个长度为 $1/3^n$ 的线段组成的集合。换句话说，若用长度 $\varepsilon=1/3^n$ 的小线段来覆盖该集合，则共需要 $N(\varepsilon)=2^n$ 个小线段。根据式(6.4-8)可知

$$d_C = \lim_{\varepsilon \to 0} \frac{\ln N(\varepsilon)}{\ln \frac{1}{\varepsilon}} = \lim_{n \to \infty} \frac{n \ln 2}{n \ln 3} = \frac{\ln 2}{\ln 3} \approx 0.63$$

由此可见，康托集合的维数不是一个整数。这种维数不是整数的集合称为**分形**(fractal)。分形的一个基本特征就是**自相似性**，也就是分形的任意一个部分如果放大，其结构都与整体类似，如康托集合就是一个自相似集合。

非线性系统的庞加莱映射图是一个点集，若该点集具有自相似性，则它就是一个分形，见图 6.4-6。分形和混沌之间存在密切的联系，下面要介绍的奇怪吸引子就是分形。

3. 奇怪吸引子及其维数

在实际问题中，有时关心的只是非线性系统运动的长期行为，即经过了一段比较长的时间后，系统具有什么样的稳态运动。下面用吸引子来刻画系统稳定运动状态的特征。

(1) 奇怪吸引子

首先给出相轨迹极限集的定义。相轨迹所趋近的并且不包含该相轨迹所趋近的更小集合的集合，称为**相轨迹的极限集**。根据相轨迹极限集的定义，可以给出吸引子的定义。在一个耗散(或有阻尼)系统中，没有相轨迹从其发出，并且不属于任何更大极限集的极限集称为**吸引子(attractor)**。

稳定平衡点对应的吸引子为相空间中的一个点，如稳定的焦点和稳定的结点。稳定周期振动对应的吸引子是一个封闭曲线，如稳定的极限环。稳定准(或拟)周期运动的吸引子为相空间中的闭环面。点、闭合曲线和闭坏面吸引子称为**平凡吸引子**。一个吸引子若包含无穷多

曲线、曲面或更高维流形(即曲面在多维空间中的推广),则这种吸引子称为**奇怪吸引子**(**strange attractor**)。它通常就是分形,或者定义奇怪吸引子为具有自相似性的并且维数不是整数的集合。这种意义下的一个奇怪吸引子就对应一个混沌振动。

(2) 奇怪吸引子的维数

吸引子维数的计算要用到相轨迹通过一个边长为 ε 的多维小立方体的次数,但前面介绍的容量维数只是一个几何测度,不包含这个次数信息。能够考虑这种次数信息的维数定义有多种,如信息维数、相关维数和点状维数等。这里只介绍便于计算的点状维数。

首先在吸引子中,也就是在相轨迹的稳态部分进行采样,比如按一定时间间隔进行采样,得到 N_0 个相点,这些相点形成一个点集 $\boldsymbol{P}$。在点集 $\boldsymbol{P}$ 中任意选取一点 $\boldsymbol{x}_i$,以该点为圆心建立一个半径为 r 的球,用 $N(r,\boldsymbol{x}_i)$ 表示球内相点的个数,则点集 $\boldsymbol{P}$ 中的点出现在此球内的概率为

$$P_i = \frac{N(r,\boldsymbol{x}_i)}{N_0} \tag{6.4-9}$$

定义吸引子在该点的维数为

$$d_{\mathrm{P}}(\boldsymbol{x}_i) = \lim_{r\to 0}\frac{\ln P_i}{\ln r} \tag{6.4-10}$$

在多数情况下,吸引子在各点的维数是不同的。为了减小用式(6.4-10)计算吸引子维数的误差,可以在点集 $\boldsymbol{P}$ 中随机选取 M 个点,分别建立半径为 r 的球,然后确定点集 $\boldsymbol{P}$ 中的点在球中的概率的平均值,即

$$\bar{P} = \frac{1}{M}\sum_{i=1}^{M} P_i \tag{6.4-11}$$

定义吸引子维数的计算公式为

$$d_{\mathrm{P}} = \lim_{r\to 0}\frac{\ln \bar{P}}{\ln r} \tag{6.4-12}$$

式中:d_{P} 称为吸引子的**点状维数**。在计算中,一般可以取 $N_0 = 10^3 \sim 10^4$,而 $M = 0.1N$;球的半径 r 可以按下面的公式选取,即

$$r > \frac{L}{2N_0^{1/3}} \tag{6.4-13}$$

式中:L 为吸引子的宏观平均几何尺寸。

考虑下面的达芬系统:

$$\ddot{x} + c\dot{x} - 0.5x(1 - x^2) = F\cos \Omega t \tag{6.4-14}$$

式中:参数 c、F 和 Ω 都处于混沌参数区。根据式(6.4-12)可以计算出达芬系统(6.4-14)的奇怪吸引子的点状维数 $d_{\mathrm{P}} = 2.5$,并且还可以验证该吸引子的点状维数 d_{P} 与激励的相位 Ωt 无关。

4. 李亚普诺夫指数

从图 6.4-1 可知,由于混沌振动对系统的初始条件具有敏感依赖性,即使原来相互之间比较接近的两条相轨迹,它们之间的距离也会随着时间的增加而变得愈来愈大。因此可以用能够刻画这种相邻相轨迹逐渐远离特征的数值来识别系统的混沌振动。李亚普诺夫指数就是一个能够描述系统相邻相轨迹之间距离发散性的一种数值。下面介绍如何计算李亚普诺夫指数和如何利用该指数识别系统的运动是否为混沌振动。

考虑一个由式(6.4-4)确定的非线性自治系统,即

$$\dot{\boldsymbol{x}}=\boldsymbol{f}(\boldsymbol{x}) \tag{6.4-15}$$

式中:$\boldsymbol{x}=[x_1 \quad x_2 \quad \cdots \quad x_n]^{\mathrm{T}}$ 是 n 维状态变量。给定两条相邻相轨迹,它们分别对应初始条件 $\boldsymbol{x}_0$ 和 $\boldsymbol{x}_0+\Delta\boldsymbol{x}_0$,其中 $\boldsymbol{x}_0+\Delta\boldsymbol{x}_0$ 可以看成是 $\boldsymbol{x}_0$ 的微小变化,$\Delta\boldsymbol{x}_0$ 为两个初始条件的微小差异。这样在某一时刻 t,两条相邻相轨迹之间的距离可以用变分 $\|\delta\boldsymbol{x}\|$ 来表示,即

$$\delta\boldsymbol{x}=\boldsymbol{x}(\boldsymbol{x}_0+\Delta\boldsymbol{x}_0,t)-\boldsymbol{x}(\boldsymbol{x}_0,t) \tag{6.4-16}$$

式中:$\boldsymbol{x}(\boldsymbol{x}_0+\Delta\boldsymbol{x}_0,t)$为对应初始条件 $\boldsymbol{x}_0+\Delta\boldsymbol{x}_0$ 的状态变量在时刻 t 的值;而 $\boldsymbol{x}(\boldsymbol{x}_0,t)$为对应初始条件 $\boldsymbol{x}_0$ 的状态变量在时刻 t 的值。把式(6.4-15)在 $\boldsymbol{x}_0$ 处线性化得到

$$\dot{\boldsymbol{x}}=\boldsymbol{A}\boldsymbol{x} \tag{6.4-17}$$

式中:常数矩阵 $\boldsymbol{A}$ 是 $n\times n$ 的雅可比(Jacobi)矩阵,其元素 a_{ij} 为

$$a_{ij}=\left.\frac{\partial f_i}{\partial x_j}\right|_{x=x_0} \quad (i,j=1,2,\cdots,n) \tag{6.4-18}$$

由式(6.4-17)可以得到用 $\delta\boldsymbol{x}$ 表示的线性方程

$$\delta\dot{\boldsymbol{x}}=\boldsymbol{A}\,\delta\boldsymbol{x} \tag{6.4-19}$$

式(6.4-19)的解可以写为

$$\delta\boldsymbol{x}=\delta\boldsymbol{x}_0\mathrm{e}^{\lambda t} \tag{6.4-20}$$

上式两端取范数后,再取自然对数得

$$\lambda=\lim_{t\to\infty}\frac{1}{t}\ln\frac{\|\delta\boldsymbol{x}\|}{\|\delta\boldsymbol{x}_0\|} \tag{6.4-21}$$

式中:λ 称为**李亚普诺夫指数**,$\delta\boldsymbol{x}_0=\boldsymbol{x}(\boldsymbol{x}_0+\Delta\boldsymbol{x}_0,0)-\boldsymbol{x}(\boldsymbol{x}_0,0)$。式(6.4-21)表示的是相邻两条相轨迹之间距离 $\|\delta\boldsymbol{x}\|$ 的增长率。在 n 维状态空间中,距离 $\|\delta\boldsymbol{x}\|$ 可以分解成 n 个分量。一般情况下,这 n 个分量的增长率是不相同的,每一个方向的增长率对应一个李亚普诺夫指数,因此对于具有 n 个状态变量的系统,可以求出 n 个不同的李亚普诺夫指数。通常把这 n 个李亚普诺夫指数从大到小排列成

$$\lambda_1\geqslant\lambda_2\geqslant\cdots\geqslant\lambda_n \tag{6.4-22}$$

李亚普诺夫指数可能是正的,也可能是负的,还可能等于零。正的指数表示在对应的方向上,相邻相轨迹之间的距离发散,负的指数则表示距离减小。对于自治系统,只要有一个李亚普诺夫指数大于零,这时系统具有蝴蝶效应,则系统的往复运动是混沌振动;如果所有的李亚普诺夫指数都是负的,则系统将趋于静止;如果有的李亚普诺夫指数等于零,而其他的都为负数,则系统作周期振动。

在实际计算中,往往不需要计算出全部李亚普诺夫指数,而只需要求得最大的李亚普诺夫指数 λ_1,这样就可以大幅度地减少计算量。

考虑如下非自治系统:

$$\ddot{x}+c\dot{x}+x^3=F_0\cos\Omega t \tag{6.4-23}$$

为了求方程(6.4-23)的李亚普诺夫指数,令 $x_1=x$,$x_2=\dot{x}_1$ 和 $x_3=\Omega t$,可以把方程(6.4-23)变成如下三维自治系统:

$$\left.\begin{aligned}\dot{x}_1&=x_2\\ \dot{x}_2&=-cx_2-x_1^3+F_0\cos x_3\\ \dot{x}_3&=\Omega\end{aligned}\right\} \tag{6.4-24}$$

当上式中的 $c=0.1$,$\Omega=1$,$F_0=10$ 时,3 个李亚普诺夫指数 $\lambda_1=0.102$,$\lambda_2=0$,$\lambda_3=-0.202$。

因此，系统出现了混沌。

复习思考题

6-1　非线性系统自由振动特性与线性系统有什么区别？

6-2　混沌振动貌似随机运动，对初始条件的敏感依赖性的含义是什么？

6-3　混沌系统相轨迹的几何特征是什么？

6-4　用来识别系统混沌振动的数字特征主要有哪些？

6-5　混沌振动是有界的还是无界的？

6-6　试说明线性系统的李亚普诺夫指数就是系统特征值的实部。

6-7　非周期运动的相轨迹在相空间中有交点吗？

习　题

6-1　单自由度系统的运动方程为

$$\ddot{x}+3x\dot{x}+x^3=0$$

对于初始条件① $x(0)=1,\dot{x}(0)=0$；② $x(0)=-1,\dot{x}(0)=0$，分别求系统的响应。

6-2　单摆的近似非线性方程为

$$\ddot{\theta}+\frac{g}{l}\theta\left(1-\frac{1}{6}\theta^2\right)=0$$

用摄动法求其固有频率和周期的一次近似表达式。已知初始条件为 $\theta(0)=\theta_0,\dot{\theta}(0)=0$。其中：$\theta_0=\frac{\pi}{6}$，$\theta_0=1$ 和 $\theta_0=\frac{\pi}{2}$。试分别求其对应的振动周期。

6-3　图 6.1 所示的是长度为 l 的倒置单摆系统。画出该系统的相轨迹，判断平衡点的类型，并与普通单摆进行比较。

6-4　质量为 m 的质点受长度为 l 的柔索约束在平面内运动，在偏角为 $\pm\alpha$ 处受钉子约束，如图 6.2 所示。画出系统的相轨迹，并确定其振动周期。

图 6.1　习题 6-3 用图

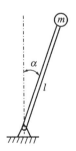

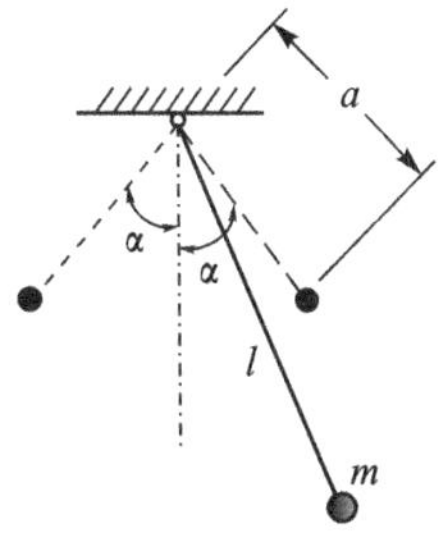

图 6.2　习题 6-4 用图

6-5　单自由度系统的运动方程为

① $\ddot{x}-x+x^3=0$；

② $\ddot{x}+x+x^3=0$；

③ $m\ddot{x}+c\dot{x}+k(1+\alpha x^2)x=0,\alpha>0$。

问系统是否为保守系统？画出系统的相轨迹并判断平衡点的类型。

6-6 如图 6.3 所示，质量为 m 的质量块被刚度系数为 k_1 与 k_2 的弹簧约束。设系统的初始条件为 $x_0=0,\dot{x}_0>0$。试求系统自由振动的频率及一个周期内的位移和速度的时间历程。

6-7 质量为 m、长度为 l 的均质杆以均匀角速度 ω 绕铅垂轴旋转，如图 6.4 所示。讨论平衡位置及其稳定性随 ω 的变化，并求系统在稳定平衡位置附近作微幅摆动的固有频率。

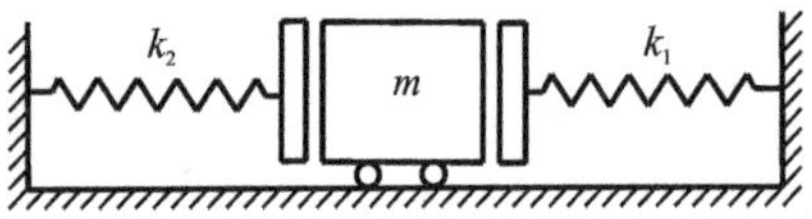

图 6.3　习题 6-6 用图

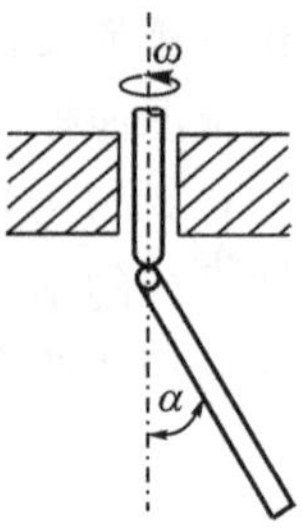

图 6.4　习题 6-7 用图

6-8 质量为 m 的物体可以在水平面内运动，两边各受刚度系数为 $k/2$ 的弹簧的约束。物体在平衡位置时，两个弹簧也都没有变形。物体与水平面之间存在干摩擦，摩擦系数为 μ。试确定物体向右偏离 a 后系统的运动。

6-9 用谐波平衡法求系统 $\ddot{x}+\omega_0^2(x+\varepsilon x^2)=B\omega_0^2\cos\Omega t$ 的一次谐波稳态响应和幅频特性，并确定解存在的条件。

6-10 用谐波平衡法确定非线性系统

$$m\ddot{x}+c\dot{x}+k\left(x+\frac{\varepsilon}{1-x}\right)=F_0\cos\Omega t$$

的幅频特性。

6-11 考虑弱非线性系统 $m\ddot{x}+\varepsilon f(x,\dot{x})=F_0\cos\Omega t$，其中 ε 是一个小量。为了确定该系统的一次稳态解 $x=A\cos(\Omega t-\theta)$，可以用线性等效系统 $m\ddot{x}+c_e\dot{x}+k_e x=F_0\cos\Omega t$ 来代替原来的弱非线性系统。这种方法称为**等效线性化方法**。试分别用谐波平衡法和能量平衡法证明等效线性系统中的等效阻尼系数和等效刚度系数分别为

$$C_e=-\frac{\varepsilon}{\pi A\Omega}\int_0^{2\pi}f(A\cos\psi,-A\Omega\sin\psi)\sin\psi\,\mathrm{d}\psi$$

$$k_e=\frac{\varepsilon}{\pi A}\int_0^{2\pi}f(A\cos\psi,-A\Omega\sin\psi)\cos\psi\,\mathrm{d}\psi$$

6-12 试用等效线性化方法确定达芬系统 $\ddot{x}+2\xi\omega_0\dot{x}+\omega_0^2(x+\varepsilon x^3)=B\omega_0^2\cos\Omega t$ 的一次谐波响应。

6-13 用四阶龙格-库塔法求非线性系统

$$\ddot{x}+0.05\dot{x}+x^3=7.5\cos t$$

的时间历程、相轨迹曲线和庞加莱映射图，并结合这些数值结果说明混沌振动的初值敏感依赖性、非周期性和貌似随机性。

6-14 用数值积分法求 Rössler 方程组

$$\left.\begin{aligned}\dot{x}&=-y-z\\ \dot{y}&=x+\alpha y\\ \dot{z}&=\alpha+xz-\mu z\end{aligned}\right\}$$

的相轨迹曲线在 x - z 平面上的投影，$\alpha=1/5$。考虑 7 种情况：① $\mu=2.4$；② $\mu=3.5$；③ $\mu=4.0$；④ $\mu=4.23$；⑤ $\mu=4.3$；⑥ $\mu=5.0$；⑦ $\mu=5.7$。

6-15　取一条单位长度线段，把该线段 3 等分，以中间长度为 1/3 的线段为一条边，形成一个等边三角形，然后再去掉这条中间线段，这样原来长度为 1 的直线段就变成了长度为 4/3 的一条折线，并且由长度为 1/3 的 4 条线段组成，称这个过程为第 1 次折线过程。然后对这 4 条线段分别再进行上面的变化过程。当这种折线过程执行到第 k 次时，其结果是形成一条由 4^k 个长度为 3^{-k} 的小线段组成的折线，该折线的长度为 $(4/3)^k$。当 $k\to\infty$时，折线的长度也趋近于无穷大。这样形成的折线称为 Koch 线。计算 Koch 线的容量维数 d_C。

6-16　用数值积分法计算系统

$$\ddot{x}+0.1\dot{x}+x^3=F_0\cos t$$

的 3 个李亚普诺夫指数，$F_0=10$。当 F_0 改变时，李亚普诺夫指数随着变化吗？

6-17　用谐波平衡方法求系统 $\ddot{x}+\omega_0^2(x+\varepsilon x^2)=B\omega_0^2\cos\Omega t$ 的 1/2 次亚谐波周期解。

6-18　考虑如下达芬方程

$$\ddot{x}+\omega_0^2x+\varepsilon\alpha x^3=F_0\cos 3\omega t,\quad \alpha>0$$

利用摄动法分析该系统频率为 ω 的稳态振动。因为激励频率为 3ω，所以本题相当于求解 1/3 次亚谐波振动。

6-19　画系统 $\ddot{x}+x-\dfrac{\lambda}{\alpha-x}=0$ 的相轨迹，其中 $\alpha>0,\lambda\neq0$。

第7章　非线性振动的定量分析方法

工程中的振动系统多数为非线性系统。非线性振动不像线性振动那样有统一的解析求解方法，一般来说对非线性系统求精确解是不可能的。用线性系统近似等价代替非线性系统是工程中常用的有效分析方法，但这种做法只局限于弱非线性的情况。当非线性因素的影响比较大时，这种做法将产生较大的误差，有时甚至产生错误，无法解释实际的非线性现象。

非线性振动问题的研究通常包括定性研究和定量研究两个方面。对方程解的存在性、唯一性、周期性和稳定性的研究是定性研究的主要内容，定性研究的主要方法是相平面分析方法，参见第1.4节和第9章。定性研究难以准确地计算出运动的时间历程、频率和振幅等振动特性的基本参数，但定量分析方法却可以深入地研究非线性系统的性质，如解的具体表达形式、频幅特性等。原则上讲，非线性方程的定量求解方法也有解析解法和近似解法。由于一般只有特殊的两三个自由度以下的非线性方程才可求出精确解析解，因此广泛使用的是近似方法，如7.6节介绍的时间积分方法等。

本章以典型的单自由度系统为例来介绍主要的非线性振动定量分析方法，对典型系统分析的结果还揭示了非线性系统的一些重要特征。本章介绍的基本思想和方法也适用于多自由度非线性系统。

7.1　直接展开法

直接展开法，也称**正则摄动法**，是由庞加莱(Poincare)等人在研究行星运动时提出来的，只适用于弱非线性系统。考虑下面的单自由度系统：

$$\ddot{x}+\omega_0^2 x=F(t)+\varepsilon f(x,\dot{x}) \tag{7.1-1}$$

式中：ε 为实数，并与变量 x 和 t 无关。当 ε 为小量时，系统称为弱非线性系统，或称为拟线性系统，此时称 ε 为小参数。$F(t)$为单位质量的激振力。当 $\varepsilon=0$ 时，方程(7.1-1)蜕化成线性系统，即

$$\ddot{x}+\omega_0^2 x=F(t) \tag{7.1-2}$$

方程(7.1-2)称为原系统(7.1-1)的**派生系统**，该派生系统的周期解通常称为**零次渐近解**，或称**基本解**，又称**派生解**。若原系统(7.1-1)存在周期解，则可通过对派生系统的周期解 $x_0(t)$ 加以修正而得到原系统的周期解 $x(t,\varepsilon)$。为此把 $x(t,\varepsilon)$用小参数 ε 幂级数的形式来表示，即

$$x(t,\varepsilon)=x_0(t)+\varepsilon x_1(t)+\varepsilon^2 x_2(t)+\cdots \tag{7.1-3}$$

式中：$x_1,x_2,\cdots$为待定的修正函数。若 $f(x,\dot{x})$为 x 和 $\dot{x}$ 的解析函数，则可以把 $f(x,\dot{x})$在基本解$(x_0,\dot{x}_0)$的邻域$(\Delta x,\Delta\dot{x})$内展开成泰勒(Taylor)级数

$$f(x,\dot{x})=f(x_0,\dot{x}_0)+\frac{\partial f(x_0,\dot{x}_0)}{\partial x}\Delta x+\frac{\partial f(x_0,\dot{x}_0)}{\partial \dot{x}}\Delta\dot{x}+$$

$$\frac{1}{2!}\left(\frac{\partial^2 f(x_0,\dot{x}_0)}{\partial x^2}\Delta x^2+2\frac{\partial^2 f(x_0,\dot{x}_0)}{\partial x\partial \dot{x}}\Delta x\Delta\dot{x}+\frac{\partial^2 f(x_0,\dot{x}_0)}{\partial \dot{x}^2}\Delta\dot{x}^2\right)+\cdots \quad (7.1-4)$$

式中：

$$\Delta x=x(t,\varepsilon)-x_0(t)=\varepsilon x_1+\varepsilon^2 x_2+\cdots$$

$$\Delta \dot{x}=\dot{x}(t,\varepsilon)-\dot{x}_0(t)=\varepsilon \dot{x}_1+\varepsilon^2 \dot{x}_2+\cdots$$

把式(7.1－3)和式(7.1－4)代入方程(7.1－1)，由于要求对于 ε 的任意值，方程两边 ε 的同次幂的系数相等，因此得到各次修正函数的控制方程

$$\ddot{x}_0+\omega_0^2 x_0=F(t) \quad (7.1-5a)$$

$$\ddot{x}_1+\omega_0^2 x_1=f(x_0,\dot{x}_0) \quad (7.1-5b)$$

$$\ddot{x}_2+\omega_0^2 x_2=x_1\frac{\partial f(x_0,\dot{x}_0)}{\partial x}+\dot{x}_1\frac{\partial f(x_0,\dot{x}_0)}{\partial \dot{x}} \quad (7.1-5c)$$

$$\vdots$$

由方程(7.1－5a)可以解出派生系统的解，依次代入下一式求出各次修正函数，把各次修正函数再代入式(7.1－3)就得到原系统的解。

由于直接展开法奠定了摄动法的基础，因此下面通过两个例题来说明它的应用及存在的问题。

例 7.1－1　考虑达芬系统的受迫振动方程

$$\ddot{x}+\omega_0^2(x+\varepsilon x^3)=F_0\cos\Omega t \quad (a)$$

式中：激励频率 Ω 远离派生系统的固有频率 ω_0。也就是说，$\Omega-\omega_0$ 不是一个小数。由于实际系统中是存在阻尼的，因此不考虑因初始条件引起的自由振动和简谐激励引起的伴随自由振动。求非线性系统(a)的受迫振动。

解：对于方程(a)，函数 $f(x,\dot{x})=-\omega_0^2 x^3$，根据式(7.1－5)得

$$\ddot{x}_0+\omega_0^2 x_0=F_0\cos\Omega t \quad (b)$$

$$\ddot{x}_1+\omega_0^2 x_1=-\omega_0^2 x_0^3 \quad (c)$$

$$\ddot{x}_2+\omega_0^2 x_2=-3\omega_0^2 x_0^2 x_1 \quad (d)$$

$$\vdots$$

由方程(b)可以得到派生系统的稳态解

$$x_0=A\cos\Omega t \quad (e)$$

式中：$A=F_0/(\omega_0^2-\Omega^2)$。把式(e)代入方程(c)中得

$$\ddot{x}_1+\omega_0^2 x_1=-\omega_0^2 A^3\cos^3\Omega t=-\frac{1}{4}\omega_0^2 A^3(3\cos\Omega t+\cos 3\Omega t)$$

其特解为

$$x_1=B_1\cos\Omega t+B_2\cos 3\Omega t \quad (f)$$

式中：

$$B_1=\frac{3\omega_0^2 A^3}{4(\Omega^2-\omega_0^2)},\quad B_2=\frac{\omega_0^2 A^3}{4(9\Omega^2-\omega_0^2)}$$

同理可以得到二阶方程(d)的特解，即

$$x_2=C_1\cos\Omega t+C_2\cos 3\Omega t+C_3\cos 5\Omega t \quad (g)$$

式中：

$$C_1=\frac{3}{4}\omega_0^2A^2(B_2-3B_1),\quad C_2=\frac{3\omega_0^2A^2(B_1-2B_2)}{4(9\Omega^2-\omega_0^2)},\quad C_3=\frac{3\omega_0^2A^2B_2}{4(25\Omega^2-\omega_0^2)}$$

按此方法,可依次得到 $x_3,x_4,\cdots$。最后将各次修正函数代回式(7.1-3),可以得到原系统的受迫振动解,即

$$x=A\cos\Omega t+(B_1\varepsilon+C_1\varepsilon^2+\cdots)\cos\Omega t+(B_2\varepsilon+C_2\varepsilon^2+\cdots)\cos 3\Omega t+(C_3\varepsilon^2+\cdots)\cos 5\Omega t+\cdots \tag{h}$$

式(h)中的省略号表示更高阶的谐波响应。从式(h)容易看出非线性系统区别于线性系统的重要特征之一是:响应中不仅包含频率为 Ω 的一次谐波响应,还包含频率为 $3\Omega,5\Omega,\cdots$的超谐振动响应。

例 7.1-2 达芬系统的自由振动方程为

$$\ddot{x}+\omega_0^2(x+\varepsilon x^3)=0 \tag{a}$$

初始条件为 $x(0,\varepsilon)=A$, $\dot{x}(0,\varepsilon)=0$。试用直接展开法分析达芬系统的自由振动。

解:对于方程(a),函数 $f(x,\dot{x})=-\omega_0^2x^3$。根据式(7.1-5)得到下面的线性方程组:

$$\ddot{x}_0+\omega_0^2x_0=0 \tag{b}$$

$$\ddot{x}_1+\omega_0^2x_1=-\omega_0^2x_0^3 \tag{c}$$

$$\ddot{x}_2+\omega_0^2x_2=-3\omega_0^2x_0^2x_1 \tag{d}$$

$$\vdots$$

把式(7.1-3)代入初始条件中得到

$$x_0(0)=A,\ \dot{x}_0(0)=0;\quad x_1(0)=0,\ \dot{x}_1(0)=0;\quad x_2(0)=0,\ \dot{x}_2(0)=0;\cdots \tag{e}$$

根据初始条件式(e)求解方程(b)得到达芬系统自由振动的基本解为

$$x_0=A\cos\omega_0t \tag{f}$$

把式(f)代入式(c)有

$$\ddot{x}_1+\omega_0^2x_1=-\frac{\omega_0^2A^3}{4}(3\cos\omega_0t+\cos 3\omega_0t) \tag{g}$$

式(g)右边的第一项谐波频率与线性系统的固有频率相同,因此出现了共振情况。这意味着响应中会包含振幅随时间无限增加的项,即为久期项。利用杜哈梅(Duhamel)积分可以得到方程(g)的解,即

$$x_1=-\frac{A^3}{8}\omega_0t\sin\omega_0t+\frac{A^3}{32}(\cos 3\omega_0t-\cos\omega_0t) \tag{h}$$

把式(f)和式(h)代入式(7.1-3),得到达芬系统自由振动的一次近似解,即

$$x=A\cos\omega_0t+\frac{\varepsilon A^3}{32}(\cos 3\omega_0t-\cos\omega_0t-4\omega_0t\sin\omega_0t) \tag{i}$$

从式(i)可以看出,久期项导致解中显含时间 t,因此该解不是一致有效解,只有当时间 t 比较小或 $t<2\pi/\omega_0$ 时是有效的。对于较长的时间($t>2\pi/\omega_0$),式(i)给出的解不再具有周期性,并且开始发散。

当 ε 比较小时,方程(a)的解一定是周期性的,由于解(i)相当于截取了一个无穷级数的有限项,因此由式(i)表示的方程(a)的解已经不再具有严格的周期性。这类似周期函数 $\sin(\omega_0+\mu)t$ 在 ω_0t 附近的泰勒展开情况,即

$$\sin(\omega_0+\mu)t=\sin\omega_0t+\mu t\cos\omega_0t-\frac{(\mu t)^2}{2!}\sin\omega_0t+\frac{(\mu t)^3}{3!}\cos\omega_0t+\cdots \tag{j}$$

式(j)的右端项对任何 μt 都是收敛的，但对 $t\in(0,\infty)$，该级数不是一致收敛的。

之所以会出现这种问题，是因为正则摄动法把非线性方程的固有频率看作是固定不变的常数，这也正是该方法的缺陷所在。为避免久期项的出现，必须对正则摄动法进行改进，从而发展了各种各样的其他摄动解法，都称为**奇异摄动法**。此处的“奇异”是针对“正则”而言的。

7.2　林滋泰德-庞加莱法

林滋泰德(Lindstedt)为了解决久期项问题，对正规摄动法进行了改进，其基本思想是：非线性系统的固有频率并不等于派生系统的固有频率，而应该是参数 ε 的函数。庞加莱证明了此方法的合理性，故称这种改进的正规摄动法为林滋泰德-庞加莱(LP)法，它是一种奇异摄动方法。在这种方法中，在把原系统的解展开成小参数 ε 幂级数的同时，将固有频率 ω 也写成 ε 的幂级数，并一起代入原方程，然后逐次求解。下面以达芬系统的自由振动问题为例，来说明林滋泰德-庞加莱法的应用步骤。达芬系统的自由振动方程为

$$\ddot{x}+\omega_0^2(x+\varepsilon x^3)=0 \tag{7.2-1}$$

设初始条件为

$$x(0,\varepsilon)=A,\quad \dot{x}(0,\varepsilon)=0 \tag{7.2-2}$$

把 x 和 ω 都展开成 ε 的幂级数(参见式(7.1-3))，有

$$x(t,\varepsilon)=x_0(t)+\varepsilon x_1(t)+\varepsilon^2 x_2(t)+\cdots \tag{7.2-3}$$

$$\omega=\omega_0+\varepsilon\omega_1+\varepsilon^2\omega_2+\cdots \tag{7.2-4}$$

式中：$x_1,x_2,\cdots$ 和 $\omega_1,\omega_2,\cdots$ 都是待定的函数，ω_0 为派生系统的固有频率。为了方便在方程(7.2-1)中将幂级数形式的 ω 引入，可以作如下变换：

$$\tau=\omega t \tag{7.2-5}$$

这样

$$\frac{\mathrm{d}}{\mathrm{d}t}=\frac{\mathrm{d}\tau}{\mathrm{d}t}\frac{\mathrm{d}}{\mathrm{d}\tau}=\omega\frac{\mathrm{d}}{\mathrm{d}\tau},\qquad \frac{\mathrm{d}^2}{\mathrm{d}t^2}=\omega\frac{\mathrm{d}}{\mathrm{d}t}\left(\frac{\mathrm{d}}{\mathrm{d}\tau}\right)=\omega^2\frac{\mathrm{d}^2}{\mathrm{d}\tau^2}$$

因此式(7.2-1)可以改写成

$$\omega^2\ddot{x}+\omega_0^2(x+\varepsilon x^3)=0 \tag{7.2-6}$$

式中：导数符号不再代表对 t 的导数，而是对新的自变量 τ 的导数。注意式(7.2-6)中只含 ω 的平方项，因此根据方程(7.2-6)的形式将式(7.2-4)写为

$$\omega^2=\omega_0^2(1+\varepsilon\sigma_1+\varepsilon^2\sigma_2+\cdots) \tag{7.2-7}$$

把式(7.2-3)和式(7.2-7)代入方程(7.2-6)得

$$\begin{aligned}&(\ddot{x}_0+\varepsilon\ddot{x}_1+\varepsilon^2\ddot{x}_2+\cdots)(1+\varepsilon\sigma_1+\varepsilon^2\sigma_2+\cdots)+\\&[x_0+\varepsilon x_1+\varepsilon^2 x_2+\cdots+\varepsilon(x_0+\varepsilon x_1+\varepsilon^2 x_2+\cdots)^3]=0\end{aligned} \tag{7.2-8}$$

令小参数 ε 的各次幂的系数为零，得到下面线性方程组：

$$\ddot{x}_0+x_0=0 \tag{7.2-9a}$$

$$\ddot{x}_1+x_1=-(\sigma_1\ddot{x}_0+x_0^3) \tag{7.2-9b}$$

$$\ddot{x}_2+x_2=-(\sigma_2\ddot{x}_0+\sigma_1\ddot{x}_1+3x_0^2x_1) \tag{7.2-9c}$$

$$\vdots$$

把式(7.2-3)代入初始条件表达式(7.2-2)，给出方程(7.2-9)的初始条件，即

$$x_0(0)=A,\quad \dot{x}_0(0)=0 \tag{7.2-10a}$$

$$x_1(0)=0,\quad \dot{x}_1(0)=0 \tag{7.2-10b}$$

$$x_2(0)=0,\quad \dot{x}_2(0)=0 \tag{7.2-10c}$$

$$\vdots$$

由式(7.2-9a)和式(7.2-10a)可以解出

$$x_0=A\cos\tau \tag{7.2-11}$$

将式(7.2-11)代入式(7.2-9b)的右边,整理得到

$$\ddot{x}_1+x_1=A\left(\sigma_1-\frac{3}{4}A^2\right)\cos\tau-\frac{1}{4}A^3\cos 3\tau \tag{7.2-12}$$

为了避免方程(7.2-12)的解中出现久期项,令 $\cos\tau$ 的系数为零,得到 $\sigma_1=3A^2/4$,这时方程(7.2-12)对应初始条件(7.2-10b)的解为

$$x_1=-\frac{A^3}{32}(\cos\tau-\cos 3\tau) \tag{7.2-13}$$

为了求修正函数 x_2,将式(7.2-11)和式(7.2-13)代入方程(7.2-9c),整理得到

$$\ddot{x}_2+x_2=A\left(\sigma_2+\frac{3A^4}{128}\right)\cos\tau+\frac{24A^5}{128}\cos 3\tau-\frac{3A^5}{128}\cos 5\tau \tag{7.2-14}$$

为了保证 x_2 具有周期性,$\cos\tau$ 的系数必须为零,由此得 $\sigma_2=-3A^4/128$。根据初始条件式(7.2-10c)可以求得方程(7.2-14)的解为

$$x_2=\frac{A^5}{1\,024}(23\cos\tau-24\cos 3\tau+\cos 5\tau) \tag{7.2-15}$$

因此可以得到方程(7.2-1)的二次近似解,即

$$x=A\cos\tau+\frac{\varepsilon A^3}{32}(\cos 3\tau-\cos\tau)+\frac{\varepsilon^2A^5}{1\,024}(23\cos\tau-24\cos 3\tau+\cos 5\tau) \tag{7.2-16}$$

而非线性系统自由振动的频率为

$$\omega^2=\omega_0^2\left(1+\frac{3\varepsilon A^2}{4}-\frac{3\varepsilon^2A^4}{128}\right) \tag{7.2-17a}$$

根据式(7.2-4)和式(7.2-7)容易得到关系

$$\omega_1=\frac{1}{2}\sigma_1\omega_0,\quad \omega_2=\frac{1}{8}(4\sigma_2-\sigma_1^2)\omega_0$$

根据上面的关系可以把式(7.2-17a)写成

$$\omega=\omega_0\left(1+\frac{3\varepsilon A^2}{8}-\frac{21\varepsilon^2A^4}{256}\right) \tag{7.2-17b}$$

由式(7.2-16)可以看出,与简谐激励作用下出现超谐振动的情况类似,见例7.1-1,非线性系统的自由振动出现了倍频响应。由式(7.2-17)可知,非线性系统没有严格意义上的固有频率,频率参数是 ε 和振幅的函数。对于硬弹簧系统,$\varepsilon>0$,固有频率随着振幅 A 的增加而增加;对于软弹簧系统,$\varepsilon<0$,频率随着振幅 A 的增加而减小。

下面再重新考虑式(7.2-12)之后的求解过程。

若只考虑方程(7.2-12)的特解,则式(7.2-13)变为

$$x_1=\frac{A^3}{32}\cos 3\tau \tag{7.2-18}$$

将式(7.2－11)和式(7.2－18)代入方程(7.2－9c)，整理得到

$$\ddot{x}_2 + x_2 = -A\left(\sigma_2 - \frac{3A^4}{128}\right)\cos\tau + \frac{21A^5}{128}\cos 3\tau - \frac{3A^5}{128}\cos 5\tau \qquad (7.2-19)$$

为了保证 x_2 具有周期性，$\cos\tau$ 的系数必须为零，由此得 $\sigma_2 = 3A^4/128$。方程(7.2－19)的特解为

$$x_2 = \frac{A^5}{1\,024}(\cos 5\tau - 21\cos 3\tau) \qquad (7.2-20)$$

因此可以得到方程(7.2－1)的二次近似解为

$$x = A\cos\tau + \frac{\varepsilon A^3}{32}\cos 3\tau + \frac{\varepsilon^2 A^5}{1\,024}(\cos 5\tau - 21\cos 3\tau) \qquad (7.2-21)$$

而固有频率为

$$\omega^2 = \omega_0^2\left(1 + \frac{3\varepsilon A^2}{4} + \frac{3\varepsilon^2 A^4}{128}\right) \qquad (7.2-22a)$$

或

$$\omega = \omega_0\left(1 + \frac{3\varepsilon A^2}{8} - \frac{15\varepsilon^2 A^4}{256}\right) \qquad (7.2-22b)$$

比较式(7.2－17b)和式(7.2－22b)可知，分别考虑特解和通解时，对应频率的二次修正项是有差别的。

7.3　多尺度法

1. 多尺度法的基本思想

多尺度法是最有效的奇异摄动法之一。为了说明振动过程包含不同的时间尺度，把式(7.2－4)和式(7.2－5)代入用林滋泰德-庞加莱法得到的达芬系统自由振动解(7.2－16)中得到

$$x = A\cos(\omega_0 t + \omega_1\varepsilon t + \omega_2\varepsilon^2 t + \cdots) +$$
$$\frac{\varepsilon A^3}{32}[\cos 3(\omega_0 t + \omega_1\varepsilon t + \omega_2\varepsilon^2 t + \cdots) - \cos(\omega_0 t + \omega_1\varepsilon t + \omega_2\varepsilon^2 t + \cdots)] + \cdots$$

上式表达的振动过程包含着不同的时间尺度，它们从大到小分别是 $t, \varepsilon t, \varepsilon^2 t, \cdots$。不同的时间尺度表示不同的变化节奏，尺度愈大，变化节奏愈快；尺度愈小，变化节奏愈慢。引入 T_m 来表示不同的时间尺度，即

$$T_m = \varepsilon^m t \qquad (m = 0, 1, 2, \cdots, n) \qquad (7.3-1)$$

式中：尺度的个数为 $n+1$。因此序号小的时间变量比序号大的变化得快，即 T_0 比 T_1 变化得快，T_m 比 T_{m+1} 变化得快。而多尺度方法的基本思想是把响应看成多个时间尺度的函数，不像在林滋泰德-庞加莱法中把响应只看成一个时间尺度 t 的函数。由于时间尺度是常用的尺度，因此多尺度法也称为**多时标法**。由于多尺度法考虑了不同的时间尺度，而不同的时间尺度可以描述不同的变化节奏，因此多尺度法不仅可以用于计算周期振动，也可以用于计算衰减振动；不仅可以用于计算稳态响应，也可以用于计算瞬态响应。这些都是多尺度法的优点。根据多尺度法的思想，可以把非线性振动展开成

$$x = \sum_{m=0}^{n}\varepsilon^m x_m(T_0, T_1, T_2, \cdots, T_n) \qquad (7.3-2)$$

为了推导和叙述方便,定义如下微分算子符号:

$$D_m=\frac{\partial}{\partial T_m}\qquad (m=0,1,2,\cdots,n) \tag{7.3-3}$$

于是对于 t 的导数变成了对于 T_m 的导数,即

$$\frac{\mathrm{d}}{\mathrm{d}t}=\frac{\mathrm{d}T_0}{\mathrm{d}t}\frac{\partial}{\partial T_0}+\frac{\mathrm{d}T_1}{\mathrm{d}t}\frac{\partial}{\partial T_1}+\cdots+\frac{\mathrm{d}T_n}{\mathrm{d}t}\frac{\partial}{\partial T_n}=D_0+\varepsilon D_1+\cdots+\varepsilon^n D_n \tag{7.3-4}$$

$$\begin{aligned}\frac{\mathrm{d}^2}{\mathrm{d}t^2}=&\frac{\mathrm{d}}{\mathrm{d}t}(D_0+\varepsilon D_1+\cdots+\varepsilon^n D_n)=\\&D_0^2+\varepsilon D_0D_1+\varepsilon^2D_0D_2+\cdots+\varepsilon^nD_0D_n+\\&\varepsilon D_0D_1+\varepsilon^2D_1^2+\varepsilon^3D_1D_2+\cdots+\varepsilon^{n+1}D_1D_n+\cdots+\\&\varepsilon^nD_0D_n+\varepsilon^{n+1}D_1D_n+\varepsilon^{n+2}D_2D_n+\cdots+\varepsilon^{2n}D_n^2=\\&(D_0+\varepsilon D_1+\cdots+\varepsilon^nD_n)^2=D_0^2+2\varepsilon D_0D_1+\varepsilon^2(D_1^2+2D_0D_2)+\cdots\end{aligned} \tag{7.3-5}$$

把式(7.3-2)、式(7.3-4)和式(7.3-5)代入系统动力学方程,令方程两边 ε 的同次幂系数相等,就可以得到关于各次修正函数的线性偏微分方程组。然后根据初始条件和消除久期项等附加条件,即可得到各次解的表达式。

2. 达芬系统的自由振动

考虑如下达芬系统:

$$\ddot{x}+x+\varepsilon x^3=0 \tag{7.3-6}$$

令式(7.2-1)中的 $\omega_0^2=1$ 就可以得到上式。下面用三个相互独立的时间尺度 $T_0=t$,$T_1=\varepsilon t$ 和 $T_2=\varepsilon^2 t$ 来分析方程(7.3-6)的动态响应。此时式(7.3-2)变成为

$$x(T_0,T_1,T_2,\varepsilon)=x_0(T_0,T_1,T_2)+\varepsilon x_1(T_0,T_1,T_2)+\varepsilon^2x_2(T_0,T_1,T_2) \tag{7.3-7}$$

把式(7.3-7)代入方程(7.3-6)中,令 ε 各次幂的系数为零,得到如下线性方程组:

$$D_0^2x_0+x_0=0 \tag{7.3-8a}$$

$$D_0^2x_1+x_1=-2D_0D_1x_0-x_0^3 \tag{7.3-8b}$$

$$D_0^2x_2+x_2=-2D_0D_1x_1-D_1^2x_0-2D_0D_2x_0-3x_0^2x_1 \tag{7.3-8c}$$

考虑形如式(7.2-2)的初始条件,即

$$x(0,0,0,\varepsilon)=A,\quad \dot{x}(0,0,0,\varepsilon)=0 \tag{7.3-9}$$

把式(7.3-7)代入式(7.3-4)可得派生解和各个修正函数需要满足的初始条件为

$$x_0(0,0,0)=A,\quad Dx_0=0 \tag{7.2-10a}$$

$$x_1(0,0,0)=0,\quad D_0x_1+D_1x_0=0 \tag{7.2-10b}$$

$$x_2(0,0,0)=0,\quad D_0x_2+D_1x_1+D_2x_0=0 \tag{7.2-10c}$$

根据初始条件(7.2-10a)可知方程(7.3-8a)的解为

$$x_0=A(T_1,T_2)\cos[T_0+\Phi(T_1,T_2)] \tag{7.3-11}$$

并且

$$\Phi(0,0)=0 \tag{7.3-12}$$

把式(7.3-11)代入方程(7.3-8b)得

$$D_0^2x_1+x_1=2(D_1A)\sin(T_0+\Phi)+\left(2AD_1\Phi-\frac{3}{4}A^3\right)\cos(T_0+\Phi)-$$

$$\frac{1}{4}A^3\cos 3(T_0+\Phi) \tag{7.3-13}$$

为了得到周期解，上式中的 $\sin(T_0+\Phi)$ 和 $\cos(T_0+\Phi)$ 的系数必须等于零，即

$$\begin{aligned} &D_1A=0 \\ &2AD_1\Phi-\frac{3}{4}A^3=0 \end{aligned} \tag{7.3-14}$$

因此

$$A=A(T_2),\quad \Phi=\frac{3}{8}A^2T_1+\Phi_0(T_2) \tag{7.3-15}$$

根据初始条件(7.2-10b)可得方程(7.3-13)的解为

$$x_1=\frac{A^3}{32}[\cos 3(T_0+\Phi)-\cos(T_0+\Phi)] \tag{7.3-16}$$

把式(7.3-11)和式(7.3-16)代入方程(7.3-8c)得

$$\begin{aligned} D_0^2x_2+x_2=&D_2A\sin(T_0+\Phi)+\left(2AD_2\Phi+\frac{21}{128}A^5\right)\cos(T_0+\Phi)+ \\ &\frac{24}{128}A^5\cos 3(T_0+\Phi)-\frac{3}{128}A^5\cos 5(T_0+\Phi) \end{aligned} \tag{7.3-17}$$

于是有

$$\begin{aligned} &D_2A=0 \\ &2AD_2\Phi+\frac{21}{128}A^5=0 \end{aligned} \tag{7.3-18}$$

因此

$$A(T_2)=常数,\quad \Phi_0(T_2)=-\frac{21A^4}{256}T_2+\alpha$$

式中：A 为常数，即为给定的振幅，根据式(7.3-12)和式(7.3-15)可知上式中的 α 等于零。因此，由式(7.3-15)可得

$$\Phi=\frac{3}{8}A^2T_1-\frac{21}{256}A^4T_2 \tag{7.3-19}$$

根据初始条件(7.2-10c)可知方程(7.3-17)的解为

$$x_2=\frac{A^5}{1024}[23\cos(T_0+\Phi)-24\cos 3(T_0+\Phi)+\cos 5(T_0+\Phi)] \tag{7.3-20}$$

把 $T_1=\varepsilon t$ 和 $T_2=\varepsilon^2 t$ 代入式(7.3-19)得 $T_0+\Phi$ 为

$$T_0+\Phi=\left(1+\varepsilon\frac{3A^2}{8}-\varepsilon^2\frac{21A^4}{256}\right)t$$

把 x_0，x_1 和 x_2 代入式(7.3-7)可得二次近似解为

$$\begin{aligned} x=&A\cos\omega t+\frac{\varepsilon A^3}{32}(\cos 3\omega t-\cos\omega t)+ \\ &\frac{\varepsilon^2A^5}{1024}(23\cos\omega t-24\cos 3\omega t+\cos 5\omega t) \end{aligned} \tag{7.3-21}$$

式中：

$$\omega=\frac{\mathrm{d}}{\mathrm{d}t}(T_0+\Phi)=1+\varepsilon\frac{3A^2}{8}-\varepsilon^2\frac{21A^4}{256} \tag{7.3-22}$$

式(7.3-21)和式(7.3-22)与前一节中的式(7.2-16)和式(7.2-17b)相同。

3. 范德波尔方程

考虑下面的范德波尔(van der Pol)方程:

$$\ddot{x}+\varepsilon\dot{x}(x^2-1)+x=0 \tag{7.3-23}$$

下面用3个相互独立的时间尺度 $T_0=t$、$T_1=\varepsilon t$ 和 $T_2=\varepsilon^2 t$ 讨论范德波尔系统的自激振动。关于自激振动的详细讨论,参见第8章中的有关内容。把式(7.3-7)代入方程(7.3-23)整理得到

$$D_0^2x_0+x_0=0 \tag{7.3-24a}$$

$$D_0^2x_1+x_1=-2D_0D_1x_0+D_0x_0(1-x_0^2) \tag{7.3-24b}$$

$$D_0^2x_2+x_2=-2D_0D_1x_1-D_1^2x_0-2D_0D_2x_0-$$

$$2x_0x_1D_0x_0+(1-x_0^2)(D_0x_1+D_1x_0) \tag{7.3-24c}$$

为了推导方便,把方程(7.3-24a)的解写成复数形式,即

$$x_0=A(T_1,T_2)e^{iT_0}+\bar{A}(T_1,T_2)e^{-iT_0} \tag{7.3-25}$$

式中:A 和 $\bar{A}$ 为一对未知的共轭复数。需要注意的是,式(7.3-25)只是一个复数表达形式,实际上 x_0 是一个实函数。把式(7.3-25)代入式(7.3-24b)得

$$D_0^2x_1+x_1=-i(2D_1A-A+A^2\bar{A})e^{iT_0}-iA^3e^{3iT_0}+cc \tag{7.3-26}$$

式中:cc 表示它左端各项的共轭复数,即

$$cc=i(2D_1\bar{A}-\bar{A}+\bar{A}^2A)e^{-iT_0}+i\bar{A}^3e^{-3iT_0}$$

下面各表达式中的 cc 皆指其前面各项的共轭复数。为了避免久期项的出现,要求

$$2D_1A-A+A^2\bar{A}=0 \tag{7.3-27}$$

方程(7.3-26)的特解为

$$x_1=\frac{1}{8}iA^3e^{3iT_0}+cc \tag{7.3-28}$$

把式(7.3-28)和式(7.3-25)代入方程(7.3-24c)右端,整理得到

$$D_0^2x_2+x_2=-\left(2iD_2A-\frac{1}{4}A+A^2\bar{A}-\frac{7}{8}A^3\bar{A}^2\right)e^{iT_0}+$$

$$\frac{1}{8}(2A^3+A^4\bar{A})e^{3iT_0}+\frac{5}{8}A^5e^{5iT_0}+cc \tag{7.3-29}$$

为了保证 x_2 为周期函数,必须有

$$2iD_2A-\frac{1}{4}A+A^2\bar{A}-\frac{7}{8}A^3\bar{A}^2=0 \tag{7.3-30}$$

方程(7.3-29)的特解为

$$x_2=-\frac{1}{64}(2A^3+A^4\bar{A})e^{3iT_0}-\frac{5}{192}A^5e^{5iT_0}+cc \tag{7.3-31}$$

为了确定复数 A,先求 A 对时间 t 的导数,即

$$\frac{dA}{dt}=D_0A+\varepsilon D_1A+\varepsilon^2D_2A \tag{7.3-32}$$

式中:$D_0A=0$,而 D_1A 和 D_2A 分别从式(7.3-27)和式(7.3-30)得到,分别是

$$D_1A=\frac{1}{2}(A-A^2\bar{A}) \tag{7.3-33}$$

$$D_2A=\frac{1}{2\mathrm{i}}\left(\frac{1}{4}A-A^2\bar{A}+\frac{7}{8}A^3\bar{A}^2\right) \tag{7.3-34}$$

把 D_0A、D_1A 和 D_2A 代入式(7.3-32)得到

$$\frac{\mathrm{d}A}{\mathrm{d}t}=\frac{\varepsilon}{2}(A-A^2\bar{A})-\frac{\mathrm{i}\varepsilon^2}{2}\left(\frac{1}{4}A-A^2\bar{A}+\frac{7}{8}A^3\bar{A}^2\right) \tag{7.3-35}$$

下面把复函数 A 写成指数形式，即

$$A(t)=\alpha(t)\mathrm{e}^{\mathrm{i}\beta(t)} \tag{7.3-36}$$

式中：$\alpha(t)$ 和 $\beta(t)$ 为实函数。把式(7.3-36)代入式(7.3-35)，并令两边的实部和虚部对应相等得

$$\dot{\alpha}=\frac{1}{2}\alpha\varepsilon(1-\alpha^2) \tag{7.3-37a}$$

$$\dot{\beta}=-\frac{\varepsilon^2}{8}\left(1-4\alpha^2+\frac{7}{2}\alpha^4\right) \tag{7.3-37b}$$

把式(7.3-37a)改写为

$$\frac{\mathrm{d}\alpha}{\alpha(1-\alpha^2)}=\frac{1}{2}\varepsilon\,\mathrm{d}t \tag{7.3-38}$$

对上式积分得

$$\ln\frac{\alpha^2(1-\alpha_0^2)}{\alpha_0^2(1-\alpha^2)}=\varepsilon t$$

即

$$\alpha=\frac{1}{\sqrt{1+\mathrm{e}^{-\varepsilon t}\left(\dfrac{1}{\alpha_0^2}-1\right)}} \tag{7.3-39}$$

式中：α_0 为积分常数。利用式(7.3-37a)，把式(7.3-37b)改写为

$$\dot{\beta}=-\frac{\varepsilon^2}{16}+\frac{7\varepsilon^2}{16}\left(\alpha^2-\frac{1}{7}\right)(1-\alpha^2)=$$

$$-\frac{\varepsilon^2}{16}+\frac{7\varepsilon}{8}\left(\alpha-\frac{1}{7\alpha}\right)\dot{\alpha} \tag{7.3-40}$$

对上式进行积分得到

$$\beta=-\frac{\varepsilon^2 t}{16}+\frac{7}{16}\varepsilon\alpha^2-\frac{\varepsilon}{8}\ln\alpha+\beta_0 \tag{7.3-41}$$

式中：β_0 为积分常数。把式(7.3-36)和 T_0 分别代入式(7.3-25)、式(7.3-28)和式(7.3-31)，可以求得 x_0、x_1 和 x_2；然后再把 x_0、x_1 和 x_2 一起代入式(7.3-7)可得范德波尔系统的二次近似解，即

$$x=2\alpha\cos\varphi-\frac{\varepsilon}{4}\alpha^3\sin 3\varphi-\frac{\varepsilon^2\alpha^3}{32}\left[(2+\alpha^2)\cos 3\varphi+\frac{5}{3}\alpha^2\cos 5\varphi\right] \tag{7.3-42}$$

式中：

$$\varphi=t+\beta=\left(1-\frac{\varepsilon^2}{16}\right)t+\frac{7}{16}\varepsilon\alpha^2-\frac{\varepsilon}{8}\ln\alpha+\beta_0 \tag{7.3-43}$$

而

$$\omega=\dot{\varphi}\xlongequal{t\to\infty}1-\frac{\varepsilon^2}{16}$$

讨论：

积分常数 α_0 和 β_0 由初始条件来决定。

从式(7.3-39)可以看出，当 $t\to\infty$ 时，只要 $\alpha_0\neq0$，α 一定趋近于单位值1，与初始条件无关，从而说明了范德波尔方程存在稳定的极限环，并且自激振动的振幅等于2，详见第8章式(8.1-27)和式(8.1-29)。

7.4 平均法

1. 弱非线性系统的自由振动

对于弱非线性振动系统，用前面介绍的几种奇异摄动法，理论上可求出满足任意精度要求的周期解，但计算工作会随着 ε 的次数升高而越来越繁重。弱非线性系统中非线性项的系数 ε 是比较小的，若要求的精度只限于 ε 的一次项，则可用更为有效的方法直接求出一次近似解。平均法就是求一次近似解的主要方法之一，其基本思想是将派生系统周期解的振幅和相位角看作是随时间缓慢变化的函数，并把振幅与相位角对时间的导数在一个周期内取平均值，进而求出方程的解。

讨论由下面动力学方程描述的弱非线性系统的自由振动

$$\ddot{x}+\omega_0^2x=\varepsilon f(x,\dot{x}) \tag{7.4-1}$$

当 $\varepsilon=0$ 时，上式的解可以写成

$$x=a\cos(\omega_0t+\theta)=a\cos\varphi \tag{7.4-2}$$

式中：a 和 θ 是由初始条件确定的常数。而速度表达式为

$$\dot{x}=-a\omega_0\sin\varphi \tag{7.4-3}$$

当 $\varepsilon\neq0$ 时，由于考虑的是弱非线性系统，并且关心的是周期解，因此方程(7.4-1)的解在形式上仍可写成(7.4-2)；但根据平均法的基本思想，不再将 a 和 θ 看作常数，而把它们看作时间 t 的函数。此时，若 ε 充分小，则 a 和 θ 可以看成是在常数附近缓慢变化的函数，而弱非线性系统的解也就可以看成是在基本解附近缓慢变化的函数。

这样式(7.4-2)就相当于把变量(或坐标)$x(t)$ 变换到另外两个非独立变量(或坐标)$a(t)$ 和 $\theta(t)$。为了得到描述 $a(t)$ 和 $\theta(t)$ 的方程，首先对方程(7.4-2)两边对 t 求导，得

$$\dot{x}=\dot{a}\cos\varphi-a(\omega_0+\dot{\theta})\sin\varphi \tag{7.4-4}$$

比较式(7.4-3)和式(7.4-4)，可以得到

$$\dot{a}\cos\varphi-a\dot{\theta}\sin\varphi=0 \tag{7.4-5}$$

将式(7.4-3)两边对 t 求导，得到

$$\ddot{x}=-\dot{a}\omega_0\sin\varphi-a\omega_0(\omega_0+\dot{\theta})\cos\varphi \tag{7.4-6}$$

把上式和式(7.4-2)一起代入方程(7.4-1)有

$$\dot{a}\sin\varphi+a\dot{\theta}\cos\varphi=-\frac{\varepsilon}{\omega_0}f(a\cos\varphi,-a\omega_0\sin\varphi) \tag{7.4-7}$$

联立求解方程(7.4-5)和方程(7.4-7)，得到

$$\dot{a}=-\frac{\varepsilon}{\omega_0}f(a\cos\varphi,-a\omega_0\sin\varphi)\sin\varphi \tag{7.4-8a}$$

$$\dot{\theta}=-\frac{\varepsilon}{\omega_0 a}f(a\cos\varphi,-a\omega_0\sin\varphi)\cos\varphi \tag{7.4-8b}$$

在前面推导过程中没有作任何近似处理，式(7.4－8)完全等价于方程(7.4－1)。一般情况下，精确求解方程(7.4－8)和方程(7.4－1)具有一样的难度，因此要寻求近似求解方法。

若 ε 充分小，那么 $\dot{a}$(或振幅的变化率)和 $\dot{\theta}$(或频率的修正项)也很小，因此与 $\varphi=\omega_0 t+\theta$ 或 $x(t)$ 相比，a 和 θ 随时间变化要缓慢得多。换句话说，可以认为在 $\sin\varphi$ 和 $\cos\varphi$ 变化的一个周期 $2\pi/\omega_0$ 内，a 和 θ 几乎不变。根据这种思想，可以把式(7.4－8)在一个周期 $2\pi/\omega_0$ 内作平均处理，并且在作平均处理时认为 a、θ 与 $\dot{a}$、$\dot{\theta}$ 为常量，这样就得到了可以用于求解慢变量 a 和 θ 的方程，即

$$\dot{a}=-\frac{\varepsilon}{2\pi\omega_0}\int_0^{2\pi}f(a\cos\varphi,-\omega_0 a\sin\varphi)\sin\varphi\mathrm{d}\varphi \tag{7.4-9a}$$

$$\dot{\theta}=-\frac{\varepsilon}{2\pi\omega_0 a}\int_0^{2\pi}f(a\cos\varphi,-\omega_0 a\sin\varphi)\cos\varphi\mathrm{d}\varphi \tag{7.4-9b}$$

值得强调的是，还可以从另外一种途径得到方程(7.4－9)。根据前面的分析可知，若 ε 充分小，a 和 θ 随时间变化非常缓慢，则这时可以认为方程(7.4－8)的右端项是相位 φ 的周期函数，把 $f(a\cos\varphi,-a\omega_0\sin\varphi)\sin\varphi$ 和 $f(a\cos\varphi,-a\omega_0\sin\varphi)\cos\varphi$ 展开成傅里叶级数时，可以只保留第一项常数项，而略去其他各次谐波项，因此方程(7.4－8)变为

$$\dot{a}=-\frac{\varepsilon}{2\omega_0}P \tag{7.4-10a}$$

$$\dot{\theta}=-\frac{\varepsilon}{2\omega_0 a}Q \tag{7.4-10b}$$

式中：P 和 Q 为傅里叶展开式的系数，它们的表达式为

$$P=\frac{1}{\pi}\int_0^{2\pi}f(a\cos\varphi,-a\omega_0\sin\varphi)\sin\varphi\mathrm{d}\varphi \tag{7.4-11a}$$

$$Q=\frac{1}{\pi}\int_0^{2\pi}f(a\cos\varphi,-a\omega_0\sin\varphi)\cos\varphi\mathrm{d}\varphi \tag{7.4-11b}$$

方程(7.4－9)与方程(7.4－10)是完全相同的。

平均法的基本思想也可以认为是：每一个周期内的运动为简谐运动，但下一个周期的振幅和相角发生微小的变化，式(7.4－10)是描述它们变化的微分方程。或者认为，方程(7.4－10a)是计算响应 $x=a\cos\varphi$ 包络线 $a(t)$ 的方程，故平均法又形象地称为**慢变振幅法**。因此系统的响应可以看成是具有不同时间尺度的两种运动的综合。

2. 谐波线性化法

在式(7.4－1)中，把函数 f 展开成傅里叶级数并且只保留一次谐波项，由式(7.4－11)定义的 P 和 Q 恰好是其系数，即

$$f=Q\cos\varphi+P\sin\varphi \tag{7.4-12}$$

根据式(7.4－2)和式(7.4－3)，将上式改写成

$$f=\frac{1}{a}Qx-\frac{1}{a\omega_0}P\dot{x} \tag{7.4-13}$$

把式(7.4－13)代入(7.4－1)，得到线性化方程

$$\ddot{x}+\frac{\varepsilon P}{a\omega_0}\dot{x}+\left(\omega_0^2-\frac{\varepsilon}{a}Q\right)x=0 \tag{7.4-14}$$

这种从平均法演变出来的方法称为**谐波线性化法**。

例 7.4-1 分析达芬系统的自由振动。

$$\ddot{x}+\omega_0^2x=-\varepsilon\omega_0^2x^3 \tag{a}$$

解:达芬系统的非线性项 $f=-\omega_0^2x^3$,令 $x=a\cos(\omega_0t+\theta)$,把它们代入式(7.4-11)计算得

$$P=0,\quad Q=-\frac{3}{4}\omega_0^2a^3 \tag{b}$$

把它们代入方程(7.4-10)得到

$$\dot{a}=0,\quad \dot{\theta}=\frac{3\varepsilon}{8}\omega_0a^2 \tag{c}$$

对上式进行积分计算得

$$a=a_0,\quad \theta=\frac{3\varepsilon}{8}\omega_0a^2t+\theta_0 \tag{d}$$

由上式可知 a 是常数,这是因为达芬系统(a)是保守系统,其振幅不可能增大。而系统自由振动频率或固有频率为

$$\omega=\dot{\varphi}=\omega_0+\dot{\theta}=\omega_0\left(1+\frac{3\varepsilon}{8}a^2\right) \tag{e}$$

因此达芬系统自由振动的近似解为

$$x=a_0\cos(\omega_0t+\theta)=a_0\cos(\omega t+\theta_0)$$

式中:a_0 和 θ_0 由初始条件确定。根据式(7.4-14)还可以得到达芬系统的谐波线性化方程为

$$\ddot{x}+\omega_0^2\left(1+\frac{3\varepsilon}{4}a^2\right)x=0$$

7.5 渐近(KBM)法

在前面介绍的两种定量分析方法中,摄动法能够满足任意的精度要求,但随着精度要求的提高,其计算工作会变得愈来愈繁琐;平均法虽然计算量比较小,但它却只有 ε 的一次精度,且仅适用于振幅和相位是慢变的情况。渐近法是把平均法与摄动法相结合的一种方法,其基本思想是把方程的解以及振幅和相位角对时间的导数都表示为小参数 ε 的幂级数形式,因此也可以称这种方法为**三级数法**。渐近法是由克雷洛夫(Крылов)、包戈留包夫(Боголюов)和米特罗波尔斯基(Митропольский)共同提出的,因此该法又称**KBM 法**。

仍然讨论下面的拟简谐系统

$$\ddot{x}+\omega_0^2x=\varepsilon f(x,\dot{x}) \tag{7.5-1}$$

其派生系统,即 $\varepsilon=0$ 时的解可以写做如下形式:

$$x=a\cos\varphi \tag{7.5-2}$$

式中:

$$\varphi=\omega_0t+\theta \tag{7.5-3}$$

并且振幅 a 为常量,相位 φ 以恒定速率变化,即

$$\dot{a}=0,\quad \dot{\varphi}=\omega_0 \tag{7.5-4}$$

当 $\varepsilon\neq0$ 并且充分小时,振幅 a 是随时间 t 变化的变量,而 φ 也不再是时间 t 的线性函数,方程的解中除含有频率为 ω_0 的主谐波之外,还含有高次谐波成分。考虑到这些变化,把原系

统的解写成如下级数形式：

$$x = a\cos\varphi + \varepsilon x_1(a,\varphi) + \varepsilon^2 x_2(a,\varphi) + \cdots \tag{7.5-5}$$

式中：$x_1(a,\varphi)$，$x_2(a,\varphi)$，…均是慢变函数 $a(t)$ 和 $\varphi(t)$ 的函数，并且它们还是相位 φ 的周期函数，周期为 2π。慢变函数 $a(t)$ 和 $\varphi(t)$ 由下面两个微分方程确定，即

$$\dot{a} = \varepsilon A_1(a) + \varepsilon^2 A_2(a) + \cdots \tag{7.5-6a}$$

$$\dot{\varphi} = \omega_0 + \varepsilon B_1(a) + \varepsilon^2 B_2(a) + \cdots \tag{7.5-6b}$$

方程(7.5-6)的一次近似和平均法的基本方程(7.4-10)在形式上是一致的，而渐近法在平均法的基础上增加了 ε 的高次项。只要 ε 足够小，对于充分长的时间，上述两式也能够给出足够精确的解。

值得强调的是，求方程(7.5-1)的渐近解(7.5-5)，就是要确定函数 $x_i(a,\varphi)$、$A_i(a)$ 和 $B_i(a)$，使得由方程(7.5-6)求得的 $a(t)$ 和 $\varphi(t)$ 代入解(7.5-5)时，x 能够在要求的精度下满足方程(7.5-1)。$A_i(a)$ 和 $B_i(a)$ 可以通过消除久期项，也就是用求周期解的条件唯一地确定。把式(7.5-5)和式(7.5-6)一起代入方程(7.5-1)，令方程两端 ε 的同次幂的系数对应相等，就可以得到各阶渐近方程。为此需要先计算导数 $\dot{x}$、$\ddot{x}$ 和函数 $f(x,\dot{x})$ 按照 ε 幂次排列的表达式。先求一阶导数 $\dot{x}$。

$$\dot{x} = \frac{\mathrm{d}x}{\mathrm{d}t} = \frac{\partial x}{\partial a}\dot{a} + \frac{\partial x}{\partial \varphi}\dot{\varphi} \tag{7.5-7}$$

而

$$\frac{\partial x}{\partial a} = \cos\varphi + \varepsilon\frac{\partial x_1}{\partial a} + \varepsilon^2\frac{\partial x_2}{\partial a} + \cdots$$

$$\frac{\partial x}{\partial \varphi} = -a\sin\varphi + \varepsilon\frac{\partial x_1}{\partial \varphi} + \varepsilon^2\frac{\partial x_2}{\partial \varphi} + \cdots$$

把上两式代入式(7.5-7)有

$$\dot{x} = \dot{a}\left(\cos\varphi + \varepsilon\frac{\partial x_1}{\partial a} + \varepsilon^2\frac{\partial x_2}{\partial a} + \cdots\right) + \dot{\varphi}\left(-a\sin\varphi + \varepsilon\frac{\partial x_1}{\partial \varphi} + \varepsilon^2\frac{\partial x_2}{\partial \varphi} + \cdots\right) \tag{7.5-8}$$

把式(7.5-6)代入式(7.5-8)，整理得到

$$\dot{x} = -a\omega_0\sin\varphi + \varepsilon\left(A_1\cos\varphi - aB_1\sin\varphi + \omega_0\frac{\partial x_1}{\partial \varphi}\right) + \varepsilon^2\left(A_2\cos\varphi - aB_2\sin\varphi + A_1\frac{\partial x_1}{\partial a} + B_1\frac{\partial x_1}{\partial \varphi} + \omega_0\frac{\partial x_2}{\partial \varphi}\right) + \cdots \tag{7.5-9}$$

再求二阶导数 $\ddot{x}$。把式(7.5-7)再对时间求一次导数，得到

$$\ddot{x} = \frac{\partial^2 x}{\partial a^2}\dot{a}^2 + 2\frac{\partial^2 x}{\partial\varphi\partial a}\dot{\varphi}\dot{a} + \frac{\partial^2 x}{\partial \varphi^2}\dot{\varphi}^2 + \dot{a}\left(\frac{\partial x}{\partial a}\frac{\mathrm{d}\dot{a}}{\mathrm{d}a} + \frac{\partial x}{\partial \varphi}\frac{\mathrm{d}\dot{\varphi}}{\mathrm{d}a}\right) \tag{7.5-10}$$

而

$$\frac{\mathrm{d}\dot{a}}{\mathrm{d}a} = \varepsilon\frac{\mathrm{d}A_1}{\mathrm{d}a} + \varepsilon^2\frac{\mathrm{d}A_2}{\mathrm{d}a}(a) + \cdots$$

$$\frac{\mathrm{d}\dot{\varphi}}{\mathrm{d}a} = \varepsilon\frac{\mathrm{d}B_1}{\mathrm{d}a} + \varepsilon^2\frac{\mathrm{d}B_2}{\mathrm{d}a}(a) + \cdots$$

$$\frac{\partial^2 x}{\partial a^2}=\varepsilon\frac{\partial^2 x_1}{\partial a^2}+\varepsilon^2\frac{\partial^2 x_2}{\partial a^2}+\cdots$$

$$\frac{\partial^2 x}{\partial\varphi\partial a}=-\sin\varphi+\varepsilon\frac{\partial^2 x_1}{\partial\varphi\partial a}+\varepsilon^2\frac{\partial^2 x_2}{\partial\varphi\partial a}+\cdots$$

$$\frac{\partial^2 x}{\partial\varphi^2}=-a\cos\varphi+\varepsilon\frac{\partial^2 x_1}{\partial\varphi^2}+\varepsilon^2\frac{\partial^2 x_2}{\partial\varphi^2}+\cdots$$

把上面各式代入式(7.5-10),整理得到

$$\begin{aligned}\ddot{x}=&-a\omega_0^2\cos\varphi+\varepsilon\left(-2\omega_0A_1\sin\varphi-2a\omega_0B_1\cos\varphi+\omega_0^2\frac{\partial^2 x_1}{\partial\varphi^2}\right)+\\&\varepsilon^2\left\{\left(A_1\frac{\mathrm{d}A_1}{\mathrm{d}a}-aB_1^2-2\omega_0aB_2\right)\cos\varphi-\right.\\&\left[aA_1\frac{\mathrm{d}B_1}{\mathrm{d}a}+2(\omega_0A_2+A_1B_1)\right]\sin\varphi+\\&\left.2\omega_0A_1\frac{\partial^2 x_1}{\partial a\partial\varphi}+2\omega_0B_1\frac{\partial^2 x_1}{\partial\varphi^2}+\omega_0^2\frac{\partial^2 x_2}{\partial\varphi^2}\right\}+\cdots\end{aligned}\tag{7.5-11}$$

把式(7.5-5)和式(7.5-11)代入方程(7.5-1)的左边,整理得到

$$\begin{aligned}\ddot{x}+\omega_0^2x=&\varepsilon\left[\omega_0^2\left(\frac{\partial^2 x_1}{\partial\varphi^2}+x_1\right)-2\omega_0A_1\sin\varphi-2\omega_0aB_1\cos\varphi\right]+\\&\varepsilon^2\left[\omega_0^2\left(\frac{\partial^2 x_2}{\partial\varphi^2}+x_2\right)+\left(A_1\frac{\mathrm{d}A_1}{\mathrm{d}a}-aB_1^2-2\omega_0aB_2\right)\cos\varphi-\right.\\&\left.\left(2\omega_0A_1+2A_1B_1+aA_1\frac{\mathrm{d}B_1}{\mathrm{d}a}\right)\sin\varphi+2\omega_0A_1\frac{\partial^2 x_1}{\partial a\partial\varphi}+2\omega_0B_1\frac{\partial^2 x_1}{\partial\varphi^2}\right]+\cdots\end{aligned}\tag{7.5-12}$$

记 $x_0=a\cos\varphi$, $\dot{x}_0=-a\omega_0\sin\varphi$。前面通过对 x_0 和 $\dot{x}_0$ 增加了修正项,形成了 x 和 $\dot{x}$,见式(7.5-5)和式(7.5-9)。下面把方程(7.5-1)的右边在$(x_0,\dot{x}_0)$附近展开成泰勒级数,即

$$\begin{aligned}\varepsilon f(x,\dot{x})=&\varepsilon\left[f(x_0,\dot{x}_0)+\frac{\partial f(x_0,\dot{x}_0)}{\partial x}(x-x_0)+\frac{\partial f(x_0,\dot{x}_0)}{\partial\dot{x}}(\dot{x}-\dot{x}_0)+\cdots\right]=\\&\varepsilon f(x_0,\dot{x}_0)+\varepsilon^2\left[x_1\frac{\partial f(x_0,\dot{x}_0)}{\partial x}+\right.\\&\left.\left(A_1\cos\varphi-aB_1\sin\varphi+\omega_0\frac{\partial x_1}{\partial\varphi}\right)\frac{\partial f(x_0,\dot{x}_0)}{\partial\dot{x}}\right]+\cdots\end{aligned}\tag{7.5-13}$$

把式(7.5-13)和式(7.5-12)代入方程(7.5-1),整理并使方程两端的 ε 同次幂的系数相等,得到如下渐近方程组:

$$\omega_0^2\left(\frac{\partial^2 x_1}{\partial\varphi^2}+x_1\right)=f_0(a,\varphi)+2\omega_0A_1\sin\varphi+2\omega_0aB_1\cos\varphi\tag{7.5-14a}$$

$$\omega_0^2\left(\frac{\partial^2 x_2}{\partial\varphi^2}+x_2\right)=f_1(a,\varphi)+2\omega_0A_2\sin\varphi+2\omega_0aB_2\cos\varphi\tag{7.5-14b}$$

$$\vdots$$

式中:

$$f_0(a,\varphi)=f(x_0\dot{x}_0)\tag{7.5-15a}$$

$$f_1(a,\varphi)=x_1\frac{\partial f(x_0,\dot{x}_0)}{\partial x}+\left(A_1\cos\varphi-aB_1\sin\varphi+\omega_0\frac{\partial x_1}{\partial\varphi}\right)\frac{\partial f(x_0,\dot{x}_0)}{\partial\dot{x}}+$$

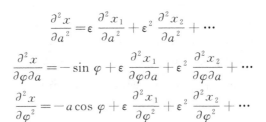

$$\left(aB_1^2-A_1\frac{\mathrm{d}A_1}{\mathrm{d}a}\right)\cos\varphi+\left(2A_1B_1+aA_1\frac{\mathrm{d}B_1}{\mathrm{d}a}\right)\sin\varphi-$$

$$2\omega_0A_1\frac{\partial^2 x_1}{\partial a\partial\varphi}-2\omega_0B_1\frac{\partial^2 x_1}{\partial\varphi^2} \tag{7.5-15b}$$

由于 $x_1(a,\varphi)$，$x_2(x,\varphi)$，…都是 φ 的周期函数，周期为 2π，因此式(7.5-15)中的 $f_0(a,\varphi)$，$f_1(a,\varphi)$，…也都是 φ 的周期函数，并且周期也是 2π。将其展开成傅里叶级数

$$f_0(a,\varphi)=\frac{1}{2}f_{00}+\sum_{n=1}^{\infty}(f_{0n}\cos n\varphi+g_{0n}\sin n\varphi) \tag{7.5-16}$$

这样方程(7.5-14a)的右端项是 φ 的以 2π 为周期的周期函数，把 $x_1(a,\varphi)$ 展开成傅里叶级数

$$x_1(a,\varphi)=\frac{1}{2}a_{10}+\sum_{n=1}^{\infty}(a_{1n}\cos n\varphi+b_{1n}\sin n\varphi) \tag{7.5-17}$$

把式(7.5-16)和式(7.5-17)代入方程(7.5-14a)，令方程两边同次谐波的系数相等，可得到

$$a_{1n}=\frac{f_{0n}}{\omega_0^2(1-n^2)},\quad b_{1n}=\frac{g_{0n}}{\omega_0^2(1-n^2)} \tag{7.5-18a}$$

$$A_1=-\frac{g_{01}}{2\omega_0},\quad B_1=-\frac{f_{01}}{2\omega_0 a} \tag{7.5-18b}$$

$$a_{10}=\frac{f_{00}}{\omega_0^2} \tag{7.5-18c}$$

式中：$n=2,3,\cdots$。为避免出现久期项，在 $x_1(a,\varphi)$ 的傅里叶展开式中不能包含一次谐波成分，因此 $a_{11}=b_{11}=0$。这样就完全确定了 $x_1(a,\varphi)$、A_1 和 B_1。而方程(7.5-1)解的一次谐波成分全部包含在 $a\cos\varphi$ 项中，见式(7.5-5)。

把 $x_1(a,\varphi)$、A_1 和 B_1 代入式(7.5-15b)，再将 $f_1(a,\varphi)$ 展开成 φ 的周期为 2π 的傅里叶级数

$$f_1(a,\varphi)=\frac{1}{2}f_{10}+\sum_{n=1}^{\infty}(f_{1n}\cos n\varphi+g_{1n}\sin n\varphi) \tag{7.5-19}$$

把 $x_2(a,\varphi)$ 也展开成傅里叶级数，即

$$x_2(a,f)=\frac{1}{2}a_{20}+\sum_{n=1}^{\infty}(a_{2n}\cos n\varphi+b_{2n}\sin n\varphi) \tag{7.5-20}$$

再把式(7.5-19)和式(7.5-20)代入(7.5-14b)，令方程两边同次谐波的系数相等，可得到

$$a_{2n}=\frac{f_{1n}}{\omega_0^2(1-n^2)},\quad b_{2n}=\frac{g_{1n}}{\omega_0^2(1-n^2)} \tag{7.5-21a}$$

$$A_2=-\frac{g_{11}}{2\omega_0},\quad B_2=-\frac{f_{11}}{2\omega_0 a} \tag{7.5-21b}$$

$$a_{20}=\frac{f_{10}}{\omega_0^2} \tag{7.5-21c}$$

式中：$n=2,3,\cdots$。同样为了避免出现久期项，在 $x_2(a,\varphi)$ 的傅里叶展开式中不能包含一次谐波成分，因此 $a_{21}=b_{21}=0$，完全确定了 $x_2(a,\varphi)$、A_2 和 B_2。重复上述过程，即可求出满足精度要求的解。

例 7.5-1　用 KBM 法分析下面范德波尔方程的二阶自由振动解。

$$\ddot{x}+\varepsilon\dot{x}(x^2-1)+x=0 \tag{a}$$

解： 给定 $x_0=a\cos\varphi$，$\dot{x}_0=-a\sin\varphi$。计算

$$f_0(a,\varphi)=f(x_0,\dot{x}_0)=-\dot{x}_0(x_0^2-1)=\left(\frac{a^2}{4}-1\right)a\sin\varphi+\frac{a^3}{4}\sin 3\varphi \tag{b}$$

$$\left.\begin{aligned}\frac{\partial f(x_0,\dot{x}_0)}{\partial x}&=-2x_0\dot{x}_0=a^2\sin 2\varphi\\ \frac{\partial f(x_0,\dot{x}_0)}{\partial \dot{x}}&=1-x_0^2=\left(1-\frac{a^2}{2}\right)-\frac{a^2}{2}\cos 2\varphi\end{aligned}\right\} \tag{c}$$

把式(b)代入方程(7.5-14a)得到

$$\frac{\partial^2 x_1}{\partial\varphi^2}+x_1=\left(\frac{a^3}{4}-a+2A_1\right)\sin\varphi+\frac{a^3}{4}\sin 3\varphi+2aB_1\cos\varphi \tag{d}$$

为了消除久期项,上式的一次谐波系数必须等于零,因此有

$$B_1=0,\quad A_1=\frac{a}{2}\left(1-\frac{a^2}{4}\right)$$

方程(d)的特解为

$$x_1=-\frac{a^3}{32}\sin 3\varphi \tag{e}$$

把 x_1、A_1、B_1 和式(c)代入式(7.5-15b),整理得到

$$f_1(a,\varphi)=\left[\frac{a}{4}(1-a^2)+\frac{7a^5}{128}\right]\cos\varphi+\frac{a^3}{128}(8+a^2)\cos 3\varphi+\frac{5a^5}{128}\cos 5\varphi \tag{f}$$

把式(f)代入方程(7.5-14b)得到

$$\begin{aligned}\frac{\partial^2 x_2}{\partial\varphi^2}+x_2=&\left[\frac{a}{4}(1-a^2)+\frac{7a^5}{128}+2aB_2\right]\cos\varphi+\\&\frac{a^3}{128}(8+a^2)\cos 3\varphi+\frac{5a^5}{128}\cos 5\varphi+2\omega_0A_2\sin\varphi\end{aligned} \tag{g}$$

同样为了保证周期解存在,上式的一次谐波系数必须等于零,即

$$A_2=0,\quad B_2=-\frac{1}{8}(1-a^2)-\frac{7a^4}{256}$$

方程(g)的特解为

$$x_2=-\frac{a^3}{128\times 8}(8+a^2)\cos 3\varphi-\frac{5a^5}{128\times 24}\cos 5\varphi \tag{h}$$

把前面的计算结果代入式(7.5-5)和式(7.5-6)得到

$$x=a\cos\varphi-\frac{\varepsilon a^3}{32}\sin 3\varphi-\frac{\varepsilon^2a^3}{1\ 024}\left[(8+a^2)\cos 3\varphi+\frac{5a^2}{3}\cos 5\varphi\right] \tag{i}$$

$$\dot{a}=\varepsilon\ \frac{a}{2}\left(1-\frac{a^2}{4}\right) \tag{j}$$

$$\dot{\varphi}=1-\varepsilon^2\left[\frac{1}{8}(1-a^2)+\frac{7a^4}{256}\right] \tag{k}$$

上述结果与用多尺度方法得到的结果相同,见式(7.3-42)和式(7.3-37)。

当然上面的计算过程也可以根据式(7.5-18)和式(7.5-21)计算。根据式(b)可知,在 $f_0(a,\varphi)$ 的傅里叶展开式(7.5-16)的系数中,只有 g_{01} 和 g_{03} 不等于零,它们是

$$g_{01}=\left(\frac{a^2}{4}-1\right)a,\quad g_{03}=\frac{a^3}{4}$$

而

$$A_1=-\frac{g_{01}}{2\omega_0}=\frac{a}{2}\left(1-\frac{a^2}{4}\right),\quad B_1=-\frac{f_{01}}{2\omega_0 a}=0$$

因此根据式(7.5－18)可知，在 x_1 的傅里叶展开式(7.5－17)中，只有系数 b_{13} 不等于零，它是

$$b_{13}=\frac{g_{03}}{(1-3^2)}=-\frac{a^3}{32}$$

根据式(f)可知，在 $f_1(a,\varphi)$ 的傅里叶展开式(7.5－19)的系数中，只有 f_{11}、f_{13} 和 f_{15} 不等于零，它们是

$$f_{11}=\left[\frac{a}{4}(1-a^2)+\frac{7a^5}{128}\right],\quad f_{13}=\frac{a^3}{128}(8+a^2),\quad f_{15}=\frac{5a^5}{128}$$

$$A_2=-\frac{g_{11}}{2\omega_0}=0$$

$$B_2=-\frac{f_{11}}{2\omega_0 a}=-\frac{1}{2}\left[\frac{1}{4}(1-a^2)+\frac{7a^4}{128}\right]$$

因此根据式(7.5－21)可知，在 x_2 的傅里叶展开式(7.5－20)中，只有 a_{23} 和 a_{25} 不等于零，它们是

$$a_{23}=-\frac{f_{13}}{8},\quad a_{25}=-\frac{f_{15}}{24}$$

最后把上面的计算结果代入有关公式中，同样得到式(i)、式(j)和式(k)。

7.6　数值求解方法

物理问题的求解方法包括理论解法、数值解法和实验测量。前几节介绍的理论解法求得的结果也都是近似解，并且只是对低维问题(如几个自由度的质量弹簧系统)是有效的。但实际工程非线性问题一般都是复杂的高维问题，这些理论解法基本都难以直接使用，实用的方法是实验方法和差分迭代算法(差分方法和迭代方法的结合)。

差分方法是把方程中对时间的导数用差分近似而形成的各种解法，也可以理解为基于泰勒展开的各种方法，也称直接积分方法或时间积分方法。常用于求解非线性振动问题的直接积分方法包括龙格-库塔(Runge－Kutta(RK))方法、纽马克(Newmark)方法等。迭代方法主要指的是牛顿-拉夫逊(Newton－Raphson)迭代法。

类似于有限元方法的思想，时间积分方法的思想是：把时间坐标离散成若干个时间步(或时间单元)，设计位移、速度和加速度在时间步内随着时间的变化规律，根据初始条件逐步进行递推计算。本节介绍经典的龙格-库塔方法、纽马克方法、伪弧长方法和 2021 年提出的对非线性系统具有无条件稳定性的两分步方法。

7.6.1　龙格-库塔方法

为了利用 RK 方法计算动力学问题，需要把系统方程变成如下一阶形式：

$$\left.\begin{aligned}&\frac{\mathrm{d}\boldsymbol{z}}{\mathrm{d}t}=\boldsymbol{f}(t,\boldsymbol{z}),\quad t_0\leqslant t\leqslant T\\&\boldsymbol{z}(t_0)=\boldsymbol{z}_0\end{aligned}\right\}\tag{7.6-1}$$

常用的四级四阶显式 RK 格式为

$$\left.\begin{aligned}
&z_{k+1}=z_k+\frac{\Delta t}{6}(k_1+2k_2+2k_3+k_4)\\
&k_1=f_k\\
&k_2=f\left(t_k+\frac{\Delta t}{2},z_k+\frac{1}{2}\Delta t k_1\right)\\
&k_3=f\left(t_k+\frac{\Delta t}{2},z_k+\frac{1}{2}\Delta t k_2\right)\\
&k_4=f(t_k+\Delta t,z_k+\Delta t k_3)
\end{aligned}\right\}\tag{7.6-2}$$

式中:Δt 表示时间步长,下标 $k+1$ $(k=0,1,2,\cdots)$ 表示时刻 $t_{k+1}=t_0+(k+1)\Delta t$,$t_k=t_0+k\Delta t$,其中 t_0 表示初始时刻;具有下标 k 的物理量都是已知的,z_{k+1} 是待求物理量。式(7.6-2)的含义是:根据 t_k 时刻的物理量以递推方式计算 t_{k+1} 时刻的物理量。

值得指出的是:① RK 方法的稳定条件是 $\omega\Delta t\leqslant 2\sqrt{2}$,其中 ω 是系统固有频率,因此需要用比较小的时间步长来保证稳定性;② 如果非线性动力学方程不能转化为式(7.6-1)的形式,则不能直接用 RK 方法求解;③ 利用 RK 方法计算一般的动力学问题是可行的,如分析洛伦兹混沌系统和第 8 章将讨论的范德波尔自激系统的极限环。

7.6.2 纽马克方法

纽马克方法主要用来求二阶微分方程,其差分格式为

$$\left.\begin{aligned}
&\dot{x}_{k+1}=\dot{x}_k+\Delta t[(1-\delta)\ddot{x}_k+\delta\ddot{x}_{k+1}]\\
&x_{k+1}=x_k+\Delta t\dot{x}_k+\Delta t^2\left[\left(\frac{1}{2}-\alpha\right)\ddot{x}_k+\alpha\ddot{x}_{k+1}\right]
\end{aligned}\right\}\tag{7.6-3}$$

式中:x_k 表示 $t_0+k\Delta t$ 时的位移。通常 $\delta=0.5$,$\alpha\geqslant 0.25$,此时算法具有二阶精度;若 $\delta\neq 0.5$,算法仅具有一阶精度,且含有数值阻尼。邢誉峰等证明,当 $\delta=0.5$ 和 $\alpha=0.25$ 时,纽马克方法就是欧拉(Euler)中点辛差分格式,对线性保守和非保守系统都严格保持系统总能量。

求解非线性问题通常采用增量方法。增量形式的动力学方程为

$$M\Delta\ddot{x}+C\Delta\dot{x}+K\Delta x=\Delta F\tag{7.6-4}$$

式中:

$$\left.\begin{aligned}
&\Delta x=x_{k+1}-x_k\\
&\Delta\dot{x}=\dot{x}_{k+1}-\dot{x}_k\\
&\Delta\ddot{x}=\ddot{x}_{k+1}-\ddot{x}_k\\
&\Delta F=F_{k+1}-F_k
\end{aligned}\right\}\tag{7.6-5}$$

根据式(7.6-3)可以得到如下增量形式:

$$\left.\begin{aligned}
&\Delta\ddot{x}=\frac{1}{\alpha\Delta t^2}\left(\Delta x-\Delta t\dot{x}_k-\frac{\Delta t^2}{2}\ddot{x}_k\right)\\
&\Delta\dot{x}=\frac{\delta}{\alpha\Delta t}(\Delta x-\Delta t\dot{x}_k)+\left(1-\frac{\delta}{2\alpha}\right)\Delta t\ddot{x}_k
\end{aligned}\right\}\tag{7.6-6}$$

把式(7.6-6)代入式(7.6-4)得

$$\hat{K}\Delta x=\Delta\hat{F}\tag{7.6-7}$$

或

$$\hat{K}x_{k+1}=\Delta\hat{F}+\hat{K}x_k\tag{7.6-8}$$

式中：

$$
\left.\begin{aligned}
\hat{\boldsymbol{K}} &= \frac{1}{\alpha \Delta t^2}\boldsymbol{M} + \frac{\delta}{\alpha \Delta t}\boldsymbol{C} + \boldsymbol{K} \\
\Delta\hat{\boldsymbol{F}} &= \Delta\boldsymbol{F} + \left(\frac{1}{\alpha \Delta t}\boldsymbol{M} + \frac{\delta}{\alpha}\boldsymbol{C}\right)\dot{\boldsymbol{x}}_k + \left[\frac{1}{2\alpha}\boldsymbol{M} - \left(1 - \frac{\delta}{2\alpha}\right)\Delta t\boldsymbol{C}\right]\ddot{\boldsymbol{x}}_k
\end{aligned}\right\} \tag{7.6-9}
$$

虽然纽马克方法对线性系统可以是无条件稳定的，但对非线性系统是条件稳定的。为了保证精度和稳定性，除了时间步长需要比较小之外，在每步中最好进行牛顿-拉夫逊迭代，也就是采用预报-修正方法进行计算。

7.6.3　无条件稳定两分步时间积分方法

已有针对二阶动力学方程设计的时间积分方法，在用于求解非线性动力学问题时通常是条件稳定的，即使上节介绍的纽马克方法也是如此。季奕和邢誉峰基于布彻(J. C. Butcher)提出的 BN 稳定性理论设计了一种对二阶非线性系统是无条件稳定的且具有二阶精度的两分步方法。

在这种两分步方法中，一个时间步被分成了 3 个小分步，其大小分别为 $[t, t+c_1\Delta t]$、$[t+c_1\Delta t, t+c_2\Delta t]$ 和 $[t+c_2\Delta t, t+\Delta t]$，其中 $0<c_1\leqslant c_2<1$，如图 7.6-1 所示。考虑如下非线性动力系统：

$$
\boldsymbol{M}\ddot{\boldsymbol{x}} + \boldsymbol{F}(\boldsymbol{x}, \dot{\boldsymbol{x}}, t) = \boldsymbol{0}
$$

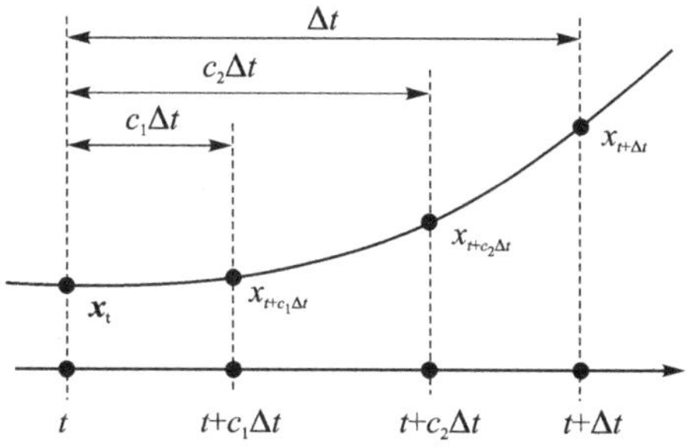

图 7.6-1　无条件稳定两分步方法的示意图

该方法的第 1 个分步的计算格式为

$$
\begin{cases}
\boldsymbol{x}_{t+c_1\Delta t} = \boldsymbol{x}_t + c_1\Delta t\dot{\boldsymbol{x}}_{t+c_1\Delta t} \\
\dot{\boldsymbol{x}}_{t+c_1\Delta t} = \dot{\boldsymbol{x}}_t + c_1\Delta t\ddot{\boldsymbol{x}}_{t+c_1\Delta t} \\
\boldsymbol{M}\ddot{\boldsymbol{x}}_{t+c_1\Delta t} + \boldsymbol{F}(\boldsymbol{x}_{t+c_1\Delta t}, \dot{\boldsymbol{x}}_{t+c_1\Delta t}, t + c_1\Delta t) = \boldsymbol{0}
\end{cases} \tag{7.6-10}
$$

第 2 个分步计算格式为

$$
\begin{cases}
\boldsymbol{x}_{t+c_2\Delta t} = \boldsymbol{x}_t + c_2\Delta t\left[(1-\alpha)\dot{\boldsymbol{x}}_{t+c_1\Delta t} + \alpha\dot{\boldsymbol{x}}_{t+c_2\Delta t}\right] \\
\dot{\boldsymbol{x}}_{t+c_2\Delta t} = \dot{\boldsymbol{x}}_t + c_2\Delta t\left[(1-\alpha)\ddot{\boldsymbol{x}}_{t+c_1\Delta t} + \alpha\ddot{\boldsymbol{x}}_{t+c_2\Delta t}\right] \\
\boldsymbol{M}\ddot{\boldsymbol{x}}_{t+c_2\Delta t} + \boldsymbol{F}(\boldsymbol{x}_{t+c_2\Delta t}, \dot{\boldsymbol{x}}_{t+c_2\Delta t}, t + c_2\Delta t) = \boldsymbol{0}
\end{cases} \tag{7.6-11}
$$

根据 t 时刻的位移和速度，由式(7.6-10)和(7.6-11)可计算出 $t+c_1\Delta t$ 和 $t+c_2\Delta t$ 两个时刻的位移和速度。第 3 个分步的计算格式为

$$\begin{cases} \boldsymbol{x}_{t+\Delta t}=\boldsymbol{x}_t+\Delta t\left[b_1\dot{\boldsymbol{x}}_{t+c_1\Delta t}+(1-b_1)\dot{\boldsymbol{x}}_{t+c_2\Delta t}\right] \\ \dot{\boldsymbol{x}}_{t+\Delta t}=\dot{\boldsymbol{x}}_t+\Delta t\left[b_1\ddot{\boldsymbol{x}}_{t+c_1\Delta t}+(1-b_1)\ddot{\boldsymbol{x}}_{t+c_2\Delta t}\right] \\ \ddot{\boldsymbol{x}}_{t+\Delta t}=-\boldsymbol{M}^{-1}\boldsymbol{F}(\boldsymbol{x}_{t+\Delta t},\dot{\boldsymbol{x}}_{t+\Delta t},t+\Delta t) \end{cases} \tag{7.6-12}$$

在该分步内,利用在前两个分步已经求得的 $t+c_1\Delta t$ 和 $t+c_2\Delta t$ 两个时刻的状态变量得到了 $t+\Delta t$ 时刻的状态变量。

上面3个分步计算格式中的参数,也称**算法参数**,可以借助**布彻表**给出。当 $0\leqslant\rho_\infty<1$ 时,布彻表为

$$\begin{array}{c|cc} c_1 & c_1 & 0 \\ c_2 & c_2(1-\alpha) & c_2\alpha \\ \hline 0 & b_1 & (1-b_1) \end{array} =$$

$$\begin{array}{c|cc} \dfrac{2-\sqrt{2(\rho_\infty+1)}}{2(1-\rho_\infty)} & \dfrac{2-\sqrt{2(\rho_\infty+1)}}{2(1-\rho_\infty)} & 0 \\ \dfrac{\sqrt{2(1+\rho_\infty)}-2\rho_\infty}{2(1-\rho_\infty)} & \dfrac{\left(\sqrt{2(1+\rho_\infty)}-(\rho_\infty+1)\right)}{(1-\rho_\infty)} & \dfrac{2-\sqrt{2(\rho_\infty+1)}}{2(1-\rho_\infty)} \\ \hline 0 & 1/2 & 1/2 \end{array} \tag{7.6-13}$$

当 $\rho_\infty=1$ 时,布彻表为

$$\begin{array}{c|cc} c_1 & c_1 & 0 \\ c_2 & c_2(1-\alpha) & c_2\alpha \\ \hline 0 & b_1 & (1-b_1) \end{array} = \begin{array}{c|cc} 1/4 & 1/4 & 0 \\ 3/4 & 1/2 & 1/4 \\ \hline 0 & 1/2 & 1/2 \end{array} \tag{7.6-14}$$

式中的 ρ_∞ 用于精确控制算法的阻尼,其含义是当 $\omega\Delta t\to\infty$ 时,算法的谱半径等于 ρ_∞。当 $\rho_\infty=1$ 时,算法没有数值阻尼,其他情况都有数值阻尼,并且 $\rho_\infty=0$ 时的数值阻尼最大。有下面4点值得强调:

1) 在分析非线性动力学问题时,建议采用预报-修正策略进行计算,即每一个分步的计算中都结合牛顿-拉夫逊迭代计算,以保证状态变量的计算精度。

2) 在执行该方法时,要事先给定时间步长 Δt 和 ρ_∞,然后从第1到第3个分步依次进行计算。例如,已知 $t=0$ 时刻的状态变量 $\boldsymbol{x}_0$ 和 $\dot{\boldsymbol{x}}_0$,从式(7.6-10)可知第一个时间步的第1个分步计算格式如下:

$$\begin{cases} \boldsymbol{x}_{c_1\Delta t}=\boldsymbol{x}_0+c_1\Delta t\dot{\boldsymbol{x}}_{c_1\Delta t} \\ \dot{\boldsymbol{x}}_{c_1\Delta t}=\dot{\boldsymbol{x}}_0+c_1\Delta t\ddot{\boldsymbol{x}}_{c_1\Delta t} \end{cases} \tag{7.6-15}$$

$$\boldsymbol{M}\ddot{\boldsymbol{x}}_{c_1\Delta t}+\boldsymbol{F}(x_{c_1\Delta t},\dot{\boldsymbol{x}}_{c_1\Delta t},c_1\Delta t)=\boldsymbol{0} \tag{7.6-16}$$

把式(7.6-15)代入式(7.6-16)可得

$$\boldsymbol{M}\ddot{\boldsymbol{x}}_{c_1\Delta t}+\boldsymbol{F}(\boldsymbol{x}_0+c_1\Delta t(\dot{\boldsymbol{x}}_0+c_1\Delta t\ddot{\boldsymbol{x}}_{c_1\Delta t}),\dot{\boldsymbol{x}}_0+c_1\Delta t\ddot{\boldsymbol{x}}_{c_1\Delta t},c_1\Delta t)=\boldsymbol{0} \tag{7.6-17}$$

式中仅包含未知加速度向量 $\ddot{\boldsymbol{x}}_{c_1\Delta t}$,利用牛顿-拉夫逊迭代法可以从方程(7.6-17)求出 $\ddot{\boldsymbol{x}}_{c_1\Delta t}$,将其代入式(7.6-15)可得 $\boldsymbol{x}_{c_1\Delta t}$ 和 $\dot{\boldsymbol{x}}_{c_1\Delta t}$。第2个分步的计算流程与第1个分步的完全相同,同样可以得到 $\boldsymbol{x}_{c_2\Delta t}$、$\dot{\boldsymbol{x}}_{c_2\Delta t}$ 和 $\ddot{\boldsymbol{x}}_{c_2\Delta t}$。把得到的 $c_1\Delta t$ 时刻和 $c_2\Delta t$ 时刻的位移、速度和加速度代入式(7.6-12)中的前两个差分式可以得到第一个时间步终止时刻的状态变量,即

$$\begin{cases}\boldsymbol{x}_{\Delta t}=\boldsymbol{x}_0+\Delta t\left[b_1\dot{\boldsymbol{x}}_{c_1\Delta t}+(1-b_1)\dot{\boldsymbol{x}}_{c_2\Delta t}\right]\\ \dot{\boldsymbol{x}}_{\Delta t}=\dot{\boldsymbol{x}}_0+\Delta t\left[b_1\ddot{\boldsymbol{x}}_{c_1\Delta t}+(1-b_1)\ddot{\boldsymbol{x}}_{c_2\Delta t}\right]\end{cases} \tag{7.6-18}$$

至此完成了第一个时间步的全部计算。从上述过程可以看出,该方法不需要 $t=0$ 初始时刻的加速度 $\ddot{\boldsymbol{x}}_0$。

3) 从式(7.6-12)可以看出,与前 2 个分步不同,在第 3 个分步内计算 $t+\Delta t$ 时刻的状态变量时,不涉及矩阵求逆或矩阵分解计算,因此该方法实质上是两分步方法。

4) 若不需要计算 $t+\Delta t$ 时刻的加速度,可不用执行式(7.6-12)中的第 3 式,从而降低计算量。

7.6.4　伪弧长方法

对于不含分叉点的非线性动力学问题,可以直接利用 RK 等方法进行求解。分叉点可以理解为系统的平衡点,在分叉点的附近存在多解。对于非线性动力学系统,通常关心的问题包括:追踪非线性方程的解曲线,判断和确定解曲线上的分岔点和确定分岔点处的分岔方向。对于存在分叉点的问题,keller 和 Riks 等指出的伪弧长方法是一种有效的求解方法。

考虑如下含单参数 λ 的自治非线性系统:

$$\frac{\mathrm{d}\boldsymbol{z}}{\mathrm{d}t}=\boldsymbol{f}(\boldsymbol{z},\lambda) \tag{7.6-19}$$

式中 λ 可以理解为力载荷或位移载荷。下面来求解系统的平衡点(或分叉点),即满足方程

$$\boldsymbol{f}(\boldsymbol{z},\lambda)=\boldsymbol{0} \tag{7.6-20}$$

的解曲线,或 $\boldsymbol{z}=\boldsymbol{z}(\lambda)$。为此,通常把式(7.6-20)变成如下微分形式来求解,即

$$\mathrm{D}_z\boldsymbol{f}\,\mathrm{d}\boldsymbol{z}+\mathrm{D}_\lambda\boldsymbol{f}\,\mathrm{d}\lambda=\boldsymbol{0} \tag{7.6-21}$$

式中:

$$\mathrm{D}_z\boldsymbol{f}=\frac{\mathrm{d}\boldsymbol{f}}{\mathrm{d}\boldsymbol{z}},\quad \mathrm{D}_\lambda\boldsymbol{f}=\frac{\mathrm{d}\boldsymbol{f}}{\mathrm{d}\lambda}$$

于是,把用增量方法求解方程(7.6-20)的问题转化为求解如下方程的问题:

$$\begin{aligned}&\mathrm{d}\boldsymbol{z}=-(\mathrm{D}_z\boldsymbol{f})^{-1}\mathrm{D}_\lambda\boldsymbol{f}\,\mathrm{d}\lambda\\ &\boldsymbol{z}(\lambda_0)=\boldsymbol{z}_0\end{aligned} \tag{7.6-22a}$$

或

$$\begin{aligned}&\frac{\mathrm{d}\boldsymbol{z}}{\mathrm{d}\lambda}=\boldsymbol{F}(\boldsymbol{z},\lambda)\\ &\boldsymbol{z}(\lambda_0)=\boldsymbol{z}_0\end{aligned} \tag{7.6-22b}$$

其中:$\boldsymbol{F}(\boldsymbol{z},\lambda)=-(\mathrm{D}_z\boldsymbol{f})^{-1}\mathrm{D}_\lambda\boldsymbol{f}$,$\boldsymbol{z},\boldsymbol{F}\in\mathbf{R}^n$,并且把 $\mathrm{d}\lambda$ 看成独立变量。若 $\det(\mathrm{D}_z\boldsymbol{f})=0$ 或($\boldsymbol{z}_0$,λ_0)为分叉点时,则无法继续用增量方法求解方程(7.6-22)。下面用伪弧长方法来解决这一问题。在伪弧长法中,把 λ 视为与 $\boldsymbol{z}$ 同样的变量,二者均是弧长参数 s 的函数,即

$$\lambda=\lambda(s),\quad \boldsymbol{z}=\boldsymbol{z}(s) \tag{7.6-23}$$

为了限定弧长参数 s,令

$$\left(\frac{\mathrm{d}\lambda}{\mathrm{d}s}\right)^2+\sum_{i=1}^{n}\left(\frac{\mathrm{d}z_i}{\mathrm{d}s}\right)^2=1 \tag{7.6-24}$$

由$\dfrac{\mathrm{d}\boldsymbol{z}}{\mathrm{d}s}\dfrac{\mathrm{d}s}{\mathrm{d}\lambda}=\boldsymbol{F}(\boldsymbol{z},\lambda)$可得

$$\left(\frac{\mathrm{d}s}{\mathrm{d}\lambda}\right)^2\left[\left(\frac{\mathrm{d}\lambda}{\mathrm{d}s}\right)^2+\sum_{i=1}^{n}\left(\frac{\mathrm{d}z_i}{\mathrm{d}s}\right)^2\right]=1+\sum_{i=1}^{n}F_i^2(\boldsymbol{z},\lambda) \tag{7.6-25}$$

式中:z_i 和 F_i 分别为 $\boldsymbol{z}$ 和 $\boldsymbol{F}$ 的元素。于是式(7.6-25)变为

$$\left(\frac{\mathrm{d}s}{\mathrm{d}\lambda}\right)^2=1+\sum_{i=1}^{n}F_i^2(\boldsymbol{z},\lambda) \tag{7.6-27}$$

令 $\boldsymbol{y}=(\boldsymbol{z},\lambda)$和 $F_{n+1}(\boldsymbol{z},\lambda)=1$,式(7.6-27)变为

$$\frac{\mathrm{d}s}{\mathrm{d}\lambda}=\sqrt{\sum_{i=1}^{n+1}F_i^2(\boldsymbol{z},\lambda)} \tag{7.6-28a}$$

或

$$\frac{\mathrm{d}\lambda}{\mathrm{d}s}=\frac{1}{\sqrt{\sum_{i=1}^{n+1}F_i^2(\boldsymbol{z},\lambda)}} \tag{7.6-28b}$$

综合式(7.6-22)和上式可得如下柯西(Cauchy)问题:

$$\begin{aligned}&\frac{\mathrm{d}\boldsymbol{y}}{\mathrm{d}s}=\boldsymbol{G}(\boldsymbol{y}),\quad \boldsymbol{y},\boldsymbol{G}\in\mathbf{R}^{n+1}\\&\boldsymbol{y}(0)=(\boldsymbol{z}_0,\lambda_0)\end{aligned} \tag{7.6-29}$$

其中 $\boldsymbol{G}(y)$的元素为

$$G_j(\boldsymbol{y})=\frac{F_j(\boldsymbol{z},\lambda)}{\sqrt{\sum_{i=1}^{n+1}F_i^2(\boldsymbol{z},\lambda)}}\quad(j=1,2,\cdots,n+1) \tag{7.6-30}$$

由方程(7.6-29)和$\dfrac{\mathrm{d}\boldsymbol{z}}{\mathrm{d}s}=\dfrac{\mathrm{d}\lambda}{\mathrm{d}s}\boldsymbol{F}(\boldsymbol{z},\lambda)$(见式(7.6-22b))可知上式中的 G_j 表示的是解曲线 $\boldsymbol{y}=\boldsymbol{y}(s)$的单位切向量。由于 $\mathrm{d}\boldsymbol{y}\cdot\mathrm{d}\boldsymbol{y}=(\mathrm{d}s)^2$(见式(7.6-24)),因此由式(7.6-29)可得

$$\mathrm{d}s=\mathrm{d}\boldsymbol{y}\cdot\boldsymbol{G}(\boldsymbol{y}) \tag{7.6-31}$$

于是求解方程(7.6-20)的问题就转化为求解如下方程的问题:

$$\begin{bmatrix}\boldsymbol{f}(\boldsymbol{y})\\ \mathrm{d}\boldsymbol{y}\cdot\boldsymbol{G}(\boldsymbol{y})-\mathrm{d}s\end{bmatrix}=\boldsymbol{0} \tag{7.6-32}$$

值得指出的是,方程(7.6-32)和方程(7.6-29)是等价的,但后者在几何上更加直观。求解方程(7.6-29)的最简单方法是欧拉方法,即

$$\boldsymbol{y}_k=\boldsymbol{y}_{k-1}+\boldsymbol{G}(\boldsymbol{y}_{k-1})(s_k-s_{k-1})\quad k=1,2,\cdots \tag{7.6-33}$$

利用上式每计算一步后,可以利用牛顿迭代法进行修正(见式(7.6-32)),即

$$\begin{aligned}&\boldsymbol{y}_k^0=\boldsymbol{y}_k\\&\boldsymbol{y}_k^l=\boldsymbol{y}_k^{l-1}-\begin{bmatrix}\mathrm{D}_y\boldsymbol{f}(\boldsymbol{y}_k)\\ \boldsymbol{G}^{\mathrm{T}}(\boldsymbol{y}_k)\end{bmatrix}^{-1}\begin{bmatrix}\boldsymbol{f}(\boldsymbol{y}_k^{l-1})\\ 0\end{bmatrix}\quad(l=1,2,\cdots)\end{aligned} \tag{7.6-34}$$

通过改变补充方程,用弧长方法可以实现载荷增量方法和位移增量方法,因此伪弧长法具有普适性。此外,Maple 和 Mathematica 等工具可以用来进行推导和求解简单的非线性振动方程。

复习思考题

7－1　正规摄动法适合计算弱非线性系统的稳态响应，是否适用于分析自由振动响应和瞬态响应，为什么？

7－2　非线性单自由度系统的自由振动频率或固有频率是固定值吗？

7－3　林滋泰德-庞加莱法是一种奇异摄动法，基于什么思想解决了久期项问题？

7－4　林滋泰德-庞加莱法适合计算非线性系统的瞬态振动吗？

7－5　与林滋泰德-庞加莱法相比，多尺度法有哪些优点？

7－6　平均法适合于什么样的非线性系统？

7－7　试比较奇异摄动法、渐近法和平均法。

习　题

7－1　分别用林滋泰德-庞加莱法、多尺度法和平均法求

$$\ddot{x}+x-\varepsilon x^5=0 \qquad (\varepsilon \ll 1)$$

的一次谐波解，并比较各解是否相同。

7－2　分别用林滋泰德-庞加莱法、多尺度法和渐近法求

$$\ddot{x}+\varepsilon\dot{x}(x^2-1)+x=0$$

的二阶近似解，并比较各解是否相同。初始条件为 $x(0)=A$，$\dot{x}(0)=0$。

7－3　具有线性阻尼的单摆运动系统的方程为

$$m\ddot{x}+c\dot{x}+\frac{mg}{l}\sin x=0$$

用渐近法求该系统的一次谐波解。

7－4　单摆在平衡位置附近的摆角不超过 1 rad 时，其振动方程为

$$\ddot{x}+\frac{g}{l}\left(x-\frac{x^3}{6}\right)=0$$

用渐近法求该系统的二阶近似解，振幅是常数吗？

7－5　用慢变振幅与相位法求修正的范德波尔方程

$$\ddot{x}+\varepsilon\dot{x}(x^4-1)+x=0$$

的一次谐波解及稳定响应振幅。

7－6　令 $x=a\cos(\omega_0 t+\theta)$，求范德波尔方程 $\ddot{x}+\varepsilon\dot{x}(x^2-1)+x=0$ 的谐波线性化方程。

7－7　试求瑞利方程

$$\ddot{x}+\varepsilon\dot{x}(\dot{x}^2-1)+x=0$$

的自激振动振幅 A 及一次近似解。初始条件为 $x(0)=A$，$\dot{x}(0)=0$。

7－8　一个非线性系统的微分方程是

$$\ddot{x}+\rho\,\mathrm{sgn}\,\dot{x}+g\,\mathrm{sgn}\,x=0 \qquad (\rho<g)$$

① 求周期（相邻两次最大位移之间的时间）和每次振动的振幅衰减的精确值。

② 利用慢变振幅和相位法求方程的近似解。

7－9　考虑如下非线性方程：

$$\ddot{x}+x+x^2=0$$

① 系统作小幅振动,把方程变成可以用林滋泰德-庞加莱求解的形式。

② 求二次近似解,初始速度 $\dot{x}(0)=0$。

③ 把系统的固有频率写成振幅的函数。

7-10 如图7.1所示,质量 m 悬挂在只能承受拉力但不伸长的无质量绳子的下面,绳子和一个刚度为 k 的无质量弹簧相连。画出系统的相轨迹并确定其振动周期。

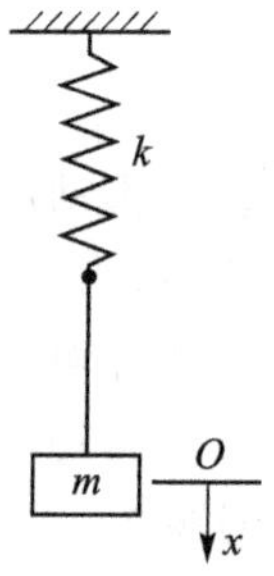

图7.1 习题7-10用图

7-11 用慢变振幅和相位方法求系统 $\ddot{x}+f(x)=0$ 的近似解。弹性恢复力 $f(x)$ 有三种分布方式,如图7.2所示。把求得的近似解与解析解进行比较,初始条件为 $x(0)=A$,$\dot{x}(0)=0$。

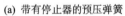

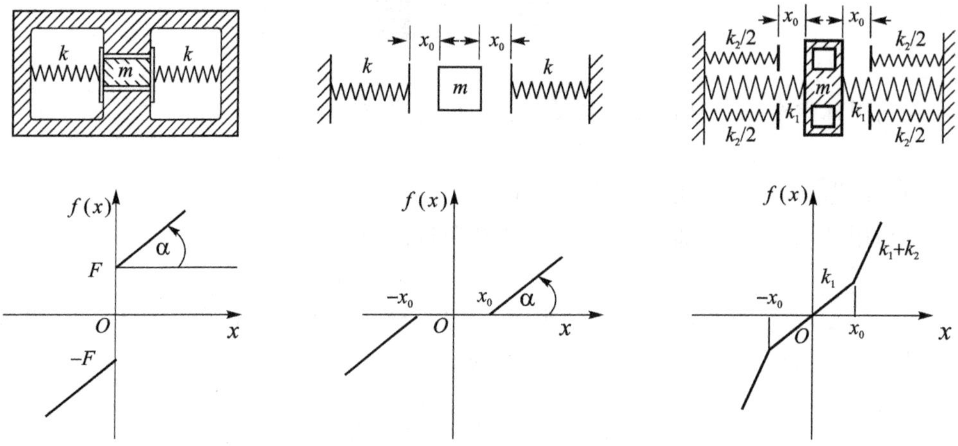

(a) 带有停止器的预压弹簧　　(b) 空隙弹簧系统　　(c) 两组弹簧,具有空隙的弹簧起到停止器作用

图7.2 习题7-11用图

第 8 章　自激振动和参数共振

前面章节主要讨论了系统的自由振动和受迫振动，并且使系统产生受迫振动的外部激振力都和系统的振动无关，外力输入系统的能量通常也是交变的。除了自由振动和受迫振动之外，还有其他重要的振动形式，如自激振动和参数共振等，它们产生的原因与自由振动和受迫振动有着明显的区别。本章将简要介绍自激振动和参数共振的概念和基本分析方法。

8.1　自激振动

在许多实际工程问题中，自激振动起着决定性的作用，如普通的机械钟、飞机机翼的颤振、直升机的地面共振和单汽缸蒸汽机的正常运转等。在电子管电路等电学系统中也存在自激振动现象。有些自激振动是有害的，如机翼的颤振、车刀切削时产生的振动、被冰层覆盖的输电线的舞动和输水管道系统的流体喘振等。而小提琴弦的振动、机械钟摆运动等则是有益的。

自激振动是一种由系统自身运动使输入的恒定能源产生交变性作用引起的振动；当系统运动停止时，其激励也就随之消失了。向自激系统输送能量的能源通常不具有交变性质，如压力蒸汽缸产生的具有恒定压力的蒸汽等。系统的运动方式不同，产生的激励形式也就不同。自激振动也可以解释为具有正阻尼和负阻尼的系统的自由振动。正粘性阻尼力是与振动速度的大小成正比，而方向与速度相反的力，它消耗系统的能量。负粘性阻尼力是与振动速度的大小成正比，而方向与速度相同的力，它向系统输入能量。通常把具有正阻尼的系统称为**动力稳定系统**，而把具有负阻尼的系统称为**动力不稳定系统**。

单自由度线性系统在一周简谐振动中，系统粘性正阻尼消耗的能量为 $W_d = \pi c\omega_0 A^2$，因此消耗的能量和振幅之间的关系是一条抛物线。若负阻尼也是线性的，则每一周向系统提供的能量和振幅的关系曲线也是一条抛物线。一般情况下，能量和振幅的关系应该是二次或二次以上的曲线。图 8.1－1 是系统在振动一周时阻尼消耗的能量和输入的能量关系示意图。在系统振动的一周内，若阻尼的输入能量等于阻尼的耗散能量，则系统的自激振动相当于一个无阻尼的自由振动。不同的能量关系，对应的自激振动可能是稳定的(点 A)，也可能是不稳定的(点 B)。

线性系统和非线性系统都可能出现自激振动。线性系统只能具有正阻尼或负阻尼，不可能同时有这两种阻尼。产生自激振动的系统必须具有负阻尼，因此线性系统的自激振动的特点是振幅随时间无限增大，这在实际中是无法实现的。通常只有在微幅振动时，系统才具有线性特征，实际出现自激振动的系统都是非线性系统，并且自激振动是振幅和频率都不变的周期振动。在相平面上，自激振动的相轨迹是一个封闭、孤立的曲线，这说明自激振动状态和初始扰动无关，这是非线性自激振动的一个重要特征。

阻尼会改变系统的固有频率。对于大多数实际情况，阻尼力比弹性力和惯性力小得多，也

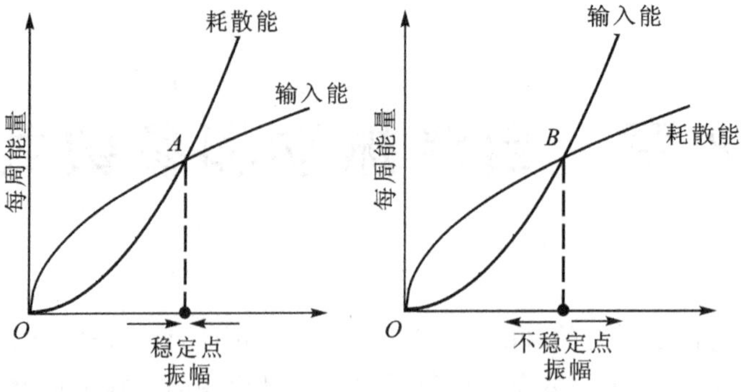

图 8.1-1 能量和振幅的关系

就是阻尼比较小,此时自激振动的频率近似等于系统的固有频率。只有当阻尼力大于弹性力和惯性力时,自激振动的频率才明显不同于系统的固有频率。此时的自激振动称为**张弛振动**,将在下面介绍。

例 8.1-1 图 8.1-2 是单缸蒸汽机的示意图,试分析蒸汽机的自激振动。

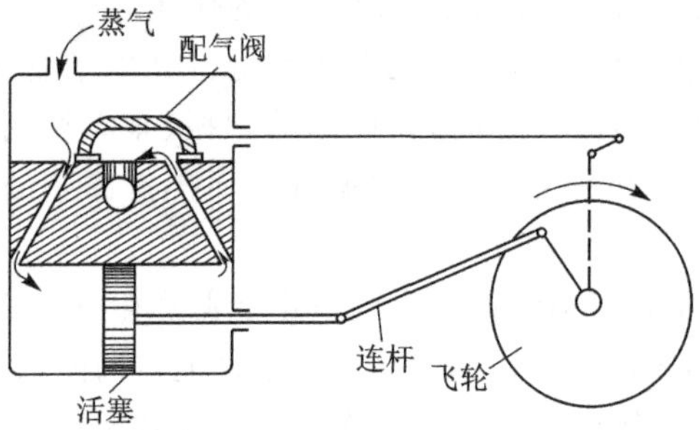

图 8.1-2 单缸蒸汽机的示意图

解:单缸蒸汽机系统主要由汽缸、活塞、连杆和飞轮组成。蒸气进入汽缸推动活塞,活塞通过连杆带动飞轮转动。蒸气交替推动活塞的两侧,使活塞作往复运动,这种运动可以看成是振动。维持这种振动的力是由蒸气提供的。通过分析活塞的往复运动,可以看出如下几个特点,它们也是自激系统的特点。

① 自激系统是自治系统。锅炉供应的蒸气是具有恒定压力的能源,不是交变的。因此系统运动方程中不显含时间。

② 自激系统是非保守系统,通常具有非线性阻尼。蒸气推动活塞运动,相当于负阻尼向系统输送能量。能量的一部分转换成机械能,推动活塞运动;正阻尼消耗另外一部分能量产生热量。活塞和汽缸之间的摩擦力、活塞运动前方汽缸内的蒸气被挤出时对活塞产生的阻力等都是正阻尼力。在一个周期内,蒸气提供给系统的能量和系统耗散的能量相等,因此活塞作往复周期运动。

③ 自激振动的振幅与系统的初始条件(或称为初始扰动、初始输入能量)无关。但保守系统自由振动的振幅取决于系统的初始条件。

④ 通常情况下,自激振动频率与系统的固有频率不等。由于汽缸、活塞、连杆和飞轮等都可以看成是刚体,弹性变形可以忽略,弹性力等于零,因此系统的弹性固有振动频率等于零,但刚体往复运动频率不等于零。活塞运动是一种下面将要讨论的张弛振动。

8.1.1　极限环

在第 1 章中关于相轨迹的分析表明，相平面内的封闭相轨迹对应于系统的周期振动。保守线性单自由度系统的自由振动为简谐振动，对应的相轨迹为椭圆簇，每一个椭圆轨迹对应一种初始条件。保守系统自由振动的振幅是由初始条件，也就是由初始输入能量决定的。非线性单自由度系统的自激振动是一种特殊的周期振动，在相平面上对应一个孤立的封闭的相轨迹，称为**极限环**。不但自激振动的频率与初始扰动无关，自激振动的振幅也与初始扰动无关，它们均取决于系统的固有参数。极限环可以是稳定的，也可以是不稳定的。相点由于扰动偏离极限环后，将沿着新的相轨迹运动。若相点沿着新的相轨迹还是逐渐靠近该极限环，则称极限环是稳定的；反之，若扰动后的相轨迹逐渐远离该极限环，则称极限环是不稳定的，见 9.4 节。稳定的极限环对应物理上可以实现的自激振动。

下面以范德波尔方程为例来分析自激振动这一特殊的周期振动。瑞利在进行声学研究时，曾经分析过如下方程：

$$\ddot{x}+\varepsilon\dot{x}(\dot{x}^2-1)+\omega_0^2x=0 \tag{8.1-1}$$

把方程(8.1-1)对时间 t 微分一次，然后作变量替换 $\dot{x}=z/\sqrt{3}$，得到

$$\ddot{z}+\varepsilon\dot{z}(z^2-1)+\omega_0^2z=0 \tag{8.1-2}$$

不妨再用变量 x 替换方程(8.1-2)中的变量 z，有

$$\ddot{x}+\varepsilon\dot{x}(x^2-1)+\omega_0^2x=0 \tag{8.1-3}$$

此方程就是范德波尔在研究电子管振荡器时导出的方程，称之为**范德波尔方程**，其中 $\varepsilon>0$。工程中许多自激振动问题可以用范德波尔方程来描述。上面经过简单的变量替换，把瑞利方程(8.1-1)变成了范德波尔方程(8.1-3)，因此两个方程的性质相似。输电线舞动和流体喘振的数学模型是瑞利方程或范德波尔方程。

范德波尔方程描述的系统可以理解为具有可变阻尼的系统。当系统的振幅较小时，即 $|x|<1$ 时，方程(8.1-3)中的阻尼系数 $\varepsilon(x^2-1)<0$，系统具有负阻尼，它向系统输入能量，因而振幅将增加；当系统的振幅 $|x|>1$ 时，阻尼系数 $\varepsilon(x^2-1)>0$，系统具有正阻尼，它消耗系统的能量，使振幅减小。因此，可以直观推断范德波尔系统具有极限环，并且振幅等于 2，见 7.3 节和图 8.1-11。

用等倾线法作方程(8.1-1)或方程(8.1-3)的相轨迹是比较繁琐的；用李纳法作瑞利方程的相轨迹比作范德波尔方程的相轨迹容易。因此下面直接用李纳法画瑞利方程的相轨迹。令 $y=\dot{x}$，$\omega_0=1$，方程(8.1-1)变成如下形式：

$$\frac{\mathrm{d}y}{\mathrm{d}x}=-\frac{\varepsilon y(y^2-1)+x}{y} \tag{8.1-4}$$

零斜率等倾线方程为

$$x=-\varepsilon y(y^2-1) \tag{8.1-5}$$

零斜率等倾线通过点(0,0)、(0,1)和(0,−1)。先画出零斜率等倾线，即图 8.1-3 中的虚线。在坐标原点附近($|y|<1$)，零斜率线位于第Ⅰ和第Ⅲ象限，系统具有负阻尼，因此坐标原点附近的相轨迹向外发散，与原点重合的奇点为不稳定的焦点；在远离坐标原点处($|y|>1$)，零斜率线位于第Ⅱ和第Ⅳ象限，系统具有正阻尼，因此这个区域的相轨迹向内收敛。可以预计，在这两类旋转方向相同但趋势相反的相轨迹之间一定存在稳定的极限环。

从图 8.1-3 还可以看出，无论起始相点(对应初始运动状态)在何处，经历一段时间后，它

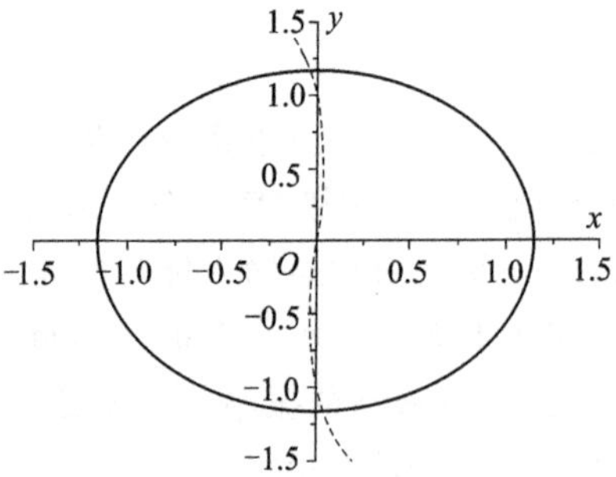

(a) ε=0.1

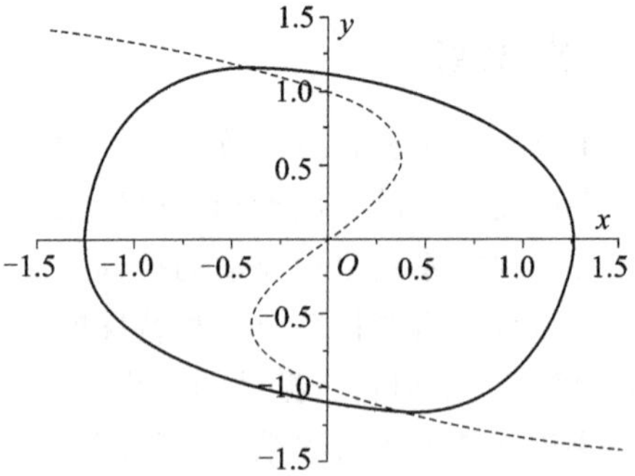

(b) ε=1.0

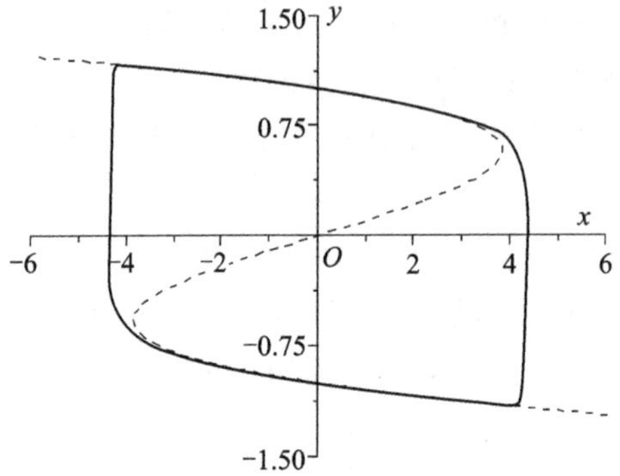

(c) ε=10

图 8.1-3　瑞利系统的相轨迹

都趋于极限环,因此该极限环是稳定的。极限环的形状取决于 ε 的大小。当 ε→0 时,极限环趋近于一个圆,这类似于线性保守系统的相轨迹。

图 8.1-3 说明对于比较小的 ε(如 ε=0.1),极限环近似于圆,但振幅却与初始条件无关,此时自激振动接近于简谐振动,可以称做**拟简谐振动**,自激振动的频率近似等于系统的固有频率,也近似等于 ω_0,见图 8.1-4。对于比较大的 ε(如 ε=10),自激振动明显不同于简谐振动,称之为**张弛振动**,此时惯性项或动能可以忽略,自激振动的频率明显小于 ω_0,自激振动周期明

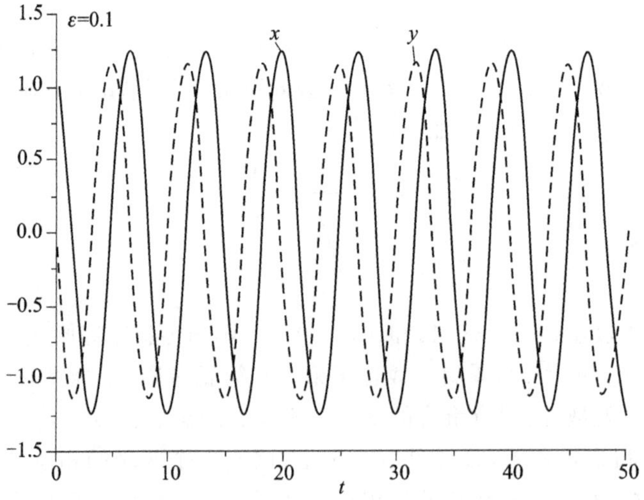

图 8.1-4　瑞利系统的拟简谐振动响应

显大于 $\varepsilon=0.1$ 的情况，见图 8.1－5。第 7 章介绍的各种小参数摄动方法不适用于 $\varepsilon>1$ 的情况。不论 ε 取任何正数，自激振动都将趋于稳定的周期振动。系统的初始条件不同，系统达到稳定的自激周期振动所需要的时间就不同。已知初始位移为 1，初始速度为 0，图 8.1－4 给出了周期振动响应时间历程。应该注意的是，稳定的极限环包围一个不稳定的奇点。而对于 $\varepsilon<0$ 的情况，极限环是不稳定的，相轨迹都是从极限环的内侧或外侧离开极限环。

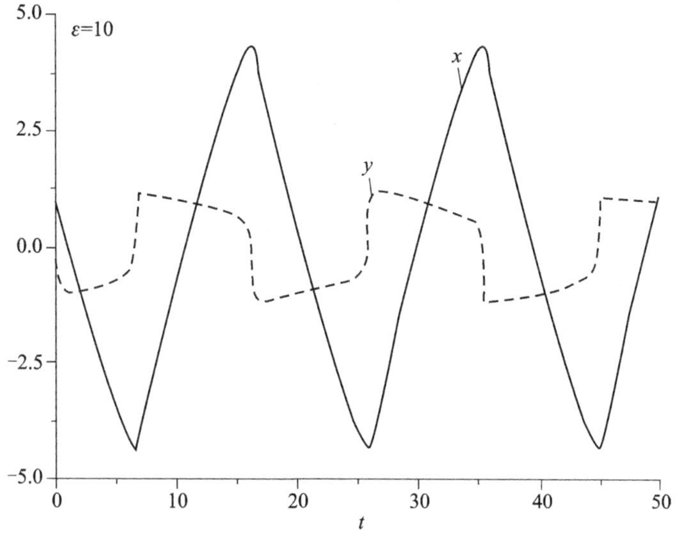

图 8.1－5　瑞利系统的张弛振动响应

下面讨论 $\varepsilon\to\infty$ 的极限情况。引入新的变量 $\xi=x/\varepsilon$，把式(8.1－4)变换为如下形式：

$$\frac{\mathrm{d}y}{\mathrm{d}\xi}=-\varepsilon^2\frac{y(y^2-1)+\xi}{y} \tag{8.1-6}$$

此时的零斜率等倾线为

$$\xi=-y(y^2-1) \tag{8.1-7}$$

当 $\varepsilon\to\infty$ 时，在相平面 (ξ,y) 上除了零斜率等倾线上的相轨迹斜率为零外，相轨迹上其他点的斜率都接近无穷大。此时极限环由零斜率等倾线的一部分和两条垂直线组成，参见图 8.1－3c。相应的 x 随着时间 t 的变化曲线是锯齿形的，y 随着时间 t 的变化曲线是分段连续的，见图 8.1－5。

从能量的观点可以对拟简谐振动和张弛振动作出解释。当 ε 足够小时，自激系统十分接近保守系统，在自激振动过程中，主要是系统内部的势能和动能之间进行交换，此时自激振动具有简谐性质；当 ε 足够大时，主要是系统势能和外部能源之间进行交换，自激振动过程表现为张运动与弛运动的交替进行。

8.1.2　干摩擦自激振动

相对运动的物体接触面之间存在摩擦力。干摩擦力和物体之间相对运动速度的非线性关系是引起自激振动的因素之一。比如开门或关门时的叽嘎声、刹车时的嘎嘎声以及小提琴弦的自激振动等都是由干摩擦引起的。下面通过分析干摩擦引起系统产生自激振动的模型来说明自激振动的成因，并画出自激振动的极限环。

图 8.1－6 为具有干摩擦系统的示意图。质量为 m 的滑块位于传送带上面，传送带的运

动速度为 v_0。取弹簧未变形位置作为坐标 x 的原点。干摩擦力 F_f 是滑块与传送带之间相对运动速度 $v=\dot{x}-v_0$ 的函数。不失一般性,令质量 m 和弹簧刚度系数 k 皆等于 1。在 1.3 节中已经给出了库仑干摩擦的形式。这里假设干摩擦力与相对运动速度 v 的关系是非线性的,即令 $F_f(v)=-\phi(v)$,其中 $\phi(v)$ 为一已知的非线性函数,如图 8.1-7 所示。

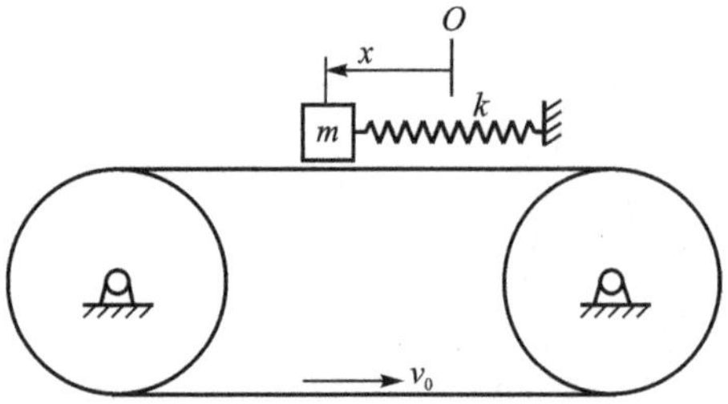

图 8.1-6　干摩擦系统的示意图

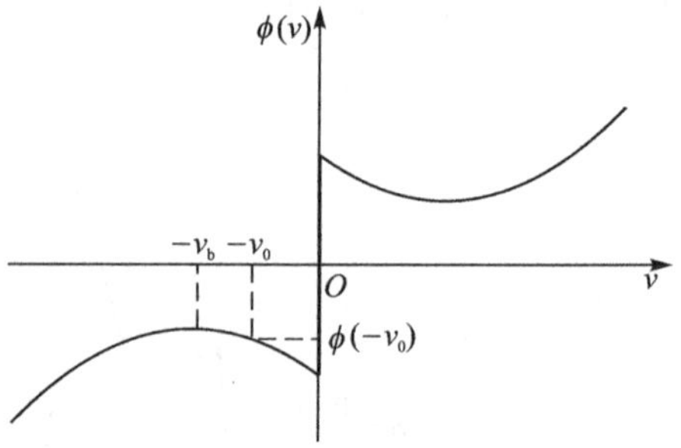

图 8.1-7　非线性干摩擦

图 8.1-7 定义的干摩擦的物理意义是,当相对运动速度等于零时,摩擦力 F_f 不大于静摩擦力;当静摩擦转变为动摩擦时,摩擦力 F_f 开始减小。但随着相对速度的进一步增加,F_f 又开始变大,干摩擦的这种随相对速度变化的规律更符合实际情况。

滑块的运动微分方程为

$$\ddot{x}+\phi(\dot{x}-v_0)+x=0 \tag{8.1-8}$$

在滑块的静平衡位置有 $\ddot{x}_0=0$ 和 $\dot{x}_0=0$,下标“0”表示平衡位置,因此在平衡位置 $v=-v_0$。根据方程(8.1-8)可以确定滑块的静平衡位置坐标 x_0 为

$$x_0=-\phi(-v_0) \tag{8.1-9}$$

引入变量 $z=x-x_0$,这相当于把坐标原点由原来的 $x=0$ 处变换到 $x=x_0$ 处。将 $x=z+x_0$ 代入方程(8.1-8),得到

$$\ddot{z}+\psi(\dot{z})+z=0 \tag{8.1-10}$$

式中:$\psi(\dot{z})$ 为非线性函数,其表达式为

$$\psi(y)=\phi(y-v_0)-\phi(-v_0) \tag{8.1-11}$$

式中:$y=\dot{z}$。根据 y 和 $\psi(y)$ 的定义,参考图 8.1-7,可以作出 y 与 $\psi(y)$ 的关系曲线,如图 8.1-8 所示。从图 8.1-8 中可以看出,在坐标原点附近,方程(8.1-10)的阻尼系数 $\psi(y)/y$ 为负,系统具有负阻尼;当 y 比较大(如 $y>v_0$)时,阻尼系数转为正数,系统具有正阻尼。由此可以直观推断,系统具有稳定的极限环,也就是说系统具有稳定的自激振动。

下面利用李纳法作出系统(8.1-10)的相轨迹。零斜率等倾线方程为

$$z=-\psi(y) \tag{8.1-12}$$

根据图 8.1-8,容易画出零斜率等倾线,见图 8.1-9 中的虚线。从图 8.1-9 中可以看出,在原点附近,零斜率等倾线位于第Ⅰ和第Ⅲ象限,系统具有负阻尼,与原点重合的奇点是不稳定的焦点,因此滑块在此静平衡位置($\ddot{z}=0,\dot{z}=0$)附近的运动是不稳定的。若相点因扰动离开该平衡位置,它就以螺旋线方式向外运动。当相点到达零斜率等倾线的水平段 P_2P_1 时,即沿着该水平段向 P_1 运动,然后环绕平衡位置向外运动,并再次与线段 P_2P_1 相遇。以后重复此过程,滑块作稳定的周期振动,也就是自激振动。因此过 P_1 的封闭相轨迹就是系统的极限环。

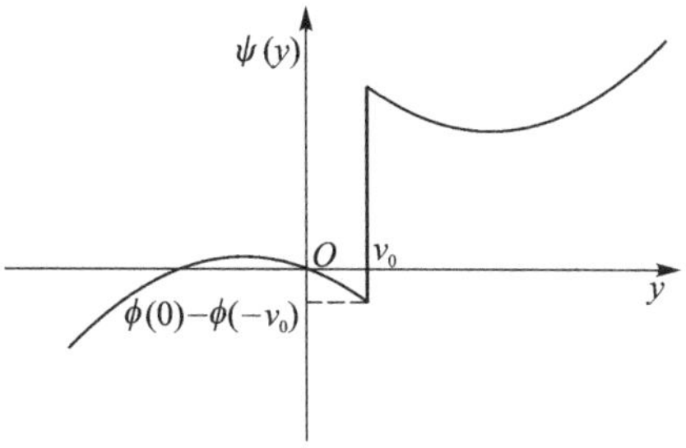

图 8.1-8　干摩擦力与滑块速度的关系曲线

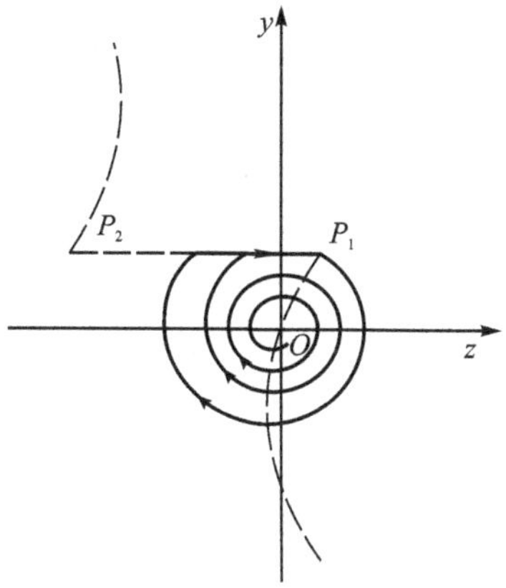

图 8.1-9　干摩擦系统极限环

在线段 P_2P_1 上，$y=v_0$，相对运动速度 $v=\dot{x}-v_0=y-v_0=0$。因此当相点位于线段 P_2P_1 上时，滑块与传送带之间的相对速度为零，即滑块与传送带一起以速度 v_0 运动，此时弹簧的恢复力小于滑块与传送带之间的静摩擦力。当弹簧变形产生的恢复力足以克服静摩擦力时，滑块开始相对传送带向后滑动，摩擦力使相对运动速度逐渐减小直至为零，滑块再次与传送带一起同步运动。上述过程周期性发生。

可以用上述干摩擦模型的简单分析来解释实际中存在的干摩擦现象。如在小提琴的自激振动中，弓相当于传送带，而弦则相当于滑块和弹簧。利用润滑剂可以使干摩擦转变成粘性摩擦，从而消除实际工程中有害的干摩擦现象。

从图 8.1-8 可以看出，若继续增加传送带的速度 v_0，则由式(8.1-12)表示的零斜率等倾线在相平面中的位置随之变化，图 8.1-10 中的虚线就是对应某个较大 v_0 时的情况。这时，在坐标原点也就是奇点附近，零斜率等倾线位于第Ⅱ和第Ⅳ象限，系统具有正阻尼，因此该奇点是稳定焦点；从 P_1 点出发的相轨迹以螺旋的方式向原点逼近，滑块作稳定的衰减振动。

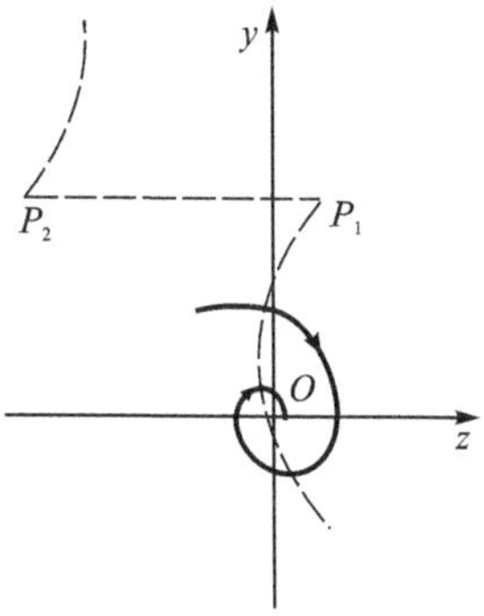

图 8.1-10　干摩擦系统的衰减振动

由此可见，当传送带的速度 v_0 比较大时，并不能使滑块产生自激振动。图 8.1-7 中的 v_b 是传送带的临界速度。当传送带的速度大于 v_b 时，滑块在平衡位置附近作稳定的衰减振动；当传送带的速度小于 v_b 时，将引起滑块在平衡位置附近作稳定的自激振动。因此 v_b 是滑块运动状态发生突变的临界速度。这种运动状态随着参数变化而发生突变的现象称为**动态分叉**。v_b 就是参数 v_0 的分叉点。在上面讨论的动态分叉现象中，在相平面内稳定平衡点变为不稳定平衡点并从中生长出稳定极限环，这种特殊动态分叉现象称为**霍普夫(E. Hopf)分叉**。

8.1.3　自激振动的摄动分析

考虑范德波尔方程(8.1-3)，即

$$\ddot{x}+\varepsilon\dot{x}(x^2-1)+\omega_0^2x=0 \tag{8.1-13}$$

把 x 表示成小参数 ε 的幂级数形式，有

$$x(t)=x_0(t)+\varepsilon x_1(t)+\varepsilon^2 x_2(t)+\cdots \tag{8.1-14}$$

式中:$x_0(t)$是对应$\varepsilon=0$的派生解,$x_1(t)$,$x_2(t)$,…为附加的修正函数。当ε足够小时,无穷级数式(8.1-14)收敛于方程(8.1-13)的解。把自激振动频率ω也写成ε的幂级数形式,即

$$\omega^2=\omega_0^2+\varepsilon\omega_1+\varepsilon^2\omega_2+\cdots \tag{8.1-15}$$

或

$$\omega_0^2=\omega^2-\varepsilon\omega_1-\varepsilon^2\omega_2-\cdots \tag{8.1-16}$$

式中:ω_1,ω_2,…为修正函数,它们都是振幅A的函数。

在下面的分析中,不考虑含有系数$\varepsilon^j(j\geqslant 3)$的各项。把式(8.1-14)和式(8.1-16)代入方程(8.1-13)有

$$\begin{aligned}&(\ddot{x}_0+\varepsilon\ddot{x}_1+\varepsilon^2\ddot{x}_2+\cdots)+\varepsilon(\dot{x}_0+\varepsilon\dot{x}_1+\varepsilon^2\dot{x}_2+\cdots)(x_0^2+\varepsilon^2x_1^2+\\&\varepsilon^4x_2^2+\cdots+2\varepsilon x_0x_1+2\varepsilon^2x_0x_2+2\varepsilon^3x_1x_2+\cdots-1)+\\&(x_0+\varepsilon x_1+\varepsilon^2x_2+\cdots)(\omega^2-\varepsilon\omega_1-\varepsilon^2\omega_2-\cdots)=0\end{aligned}$$

由于ε的各次幂的系数必须为零,因此有

$$\varepsilon^0:\quad \ddot{x}_0+\omega^2x_0=0 \tag{8.1-17a}$$

$$\varepsilon^1:\quad \ddot{x}_1+\omega^2x_1=\dot{x}_0(1-x_0^2)+x_0\omega_1 \tag{8.1-17b}$$

$$\varepsilon^2:\quad \ddot{x}_2+\omega^2x_2=\dot{x}_1(1-x_0^2)-2\dot{x}_0x_0x_1+x_0\omega_2+x_1\omega_1 \tag{8.1-17c}$$

方程(8.1-17a)的解为

$$x_0=A_0\cos\omega t+B_0\sin\omega t \tag{8.1-18}$$

由于方程(8.1-13)是自治的,并且这里只关心周期振动,同时也是为了简化推导过程,因此下面令$\dot{x}(0)=0$。为了满足该条件,下面的关系必须成立,即

$$\dot{x}_0(0)=\dot{x}_1(0)=\dot{x}_2(0)=\cdots=0 \tag{8.1-19}$$

把式(8.1-18)代入式(8.1-19),有$B_0=0$。因此方程(8.1-17b)变为

$$\ddot{x}_1+\omega^2x_1=A_0\omega_1\cos\omega t+A_0\omega\left(\frac{A_0^2}{4}-1\right)\sin\omega t+\frac{\omega A_0^3}{4}\sin 3\omega t \tag{8.1-20}$$

上式右端第1项和第2项为久期项。为了使方程(8.1-20)具有周期解,久期项必须为零,因此有

$$\left.\begin{aligned}&A_0\omega_1=0\\&A_0\left(\frac{A_0^2}{4}-1\right)=0\end{aligned}\right\} \tag{8.1-21}$$

由于$A_0\neq0$,因此$\omega_1=0$,$A_0=2$。把A_0和B_0代入式(8.1-18),得到

$$x_0=2\cos\omega t \tag{8.1-22}$$

把方程(8.1-22)和$\omega_1=0$代入方程(8.1-20),有

$$\ddot{x}_1+\omega^2x_1=2\omega\sin 3\omega t \tag{8.1-23}$$

方程(8.1-23)的通解为

$$x_1=A_1\cos\omega t+B_1\sin\omega t-\frac{1}{4\omega}\sin 3\omega t \tag{8.1-24}$$

根据条件(8.1-19),可以确定$B_1=3/4\omega$。把式(8.1-24)和式(8.1-22)代入方程(8.1-17c)的右端,整理得到

$$\ddot{x}_2+\omega^2x_2=\frac{5}{4}\cos 5\omega t-\frac{3}{2}\cos 3\omega t+3A_1\omega\sin 3\omega t+$$

$$2A_1\omega\sin\omega t+\left(\frac{1}{4}+2\omega_2\right)\cos\omega t \tag{8.1-25}$$

为了消除方程(8.1－25)中的久期项,必须有 $A_1=0,\omega_2=-1/8$。因此根据式(8.1－24)变为

$$x_1=\frac{3}{4\omega}\sin\omega t-\frac{1}{4\omega}\sin 3\omega t \tag{8.1-26}$$

把式(8.1－22)和式(8.1－26)代入式(8.1－14),得到自激振动的一次近似解为

$$x=2\cos\omega t+\frac{\varepsilon}{4\omega}(3\sin\omega t-\sin 3\omega t) \tag{8.1-27}$$

把 ω_1、ω_2 代入式(8.1－15)得到考虑二阶近似的自激振动频率为

$$\omega^2=\omega_0^2\left(1-\frac{\varepsilon^2}{8\omega_0^2}\right) \tag{8.1-28}$$

因为 ε 是一个小量,上式还可以近似写为

$$\omega=\omega_0\left(1-\frac{\varepsilon^2}{16\omega_0^2}\right) \tag{8.1-29}$$

由于需要利用关于 x_3 的微分方程中久期项为零的条件来确定 x_2 中的积分系数,因此这里没有给出 x_2。从式(8.1－29)可以看出,当阻尼比较小时,系统自激振动的频率近似等于对应的线性保守系统的固有频率。通过式(8.1－27)可以作出范德波尔系统的极限环,如图 8.1－11 所示,其中 x 的最大值等于 2。

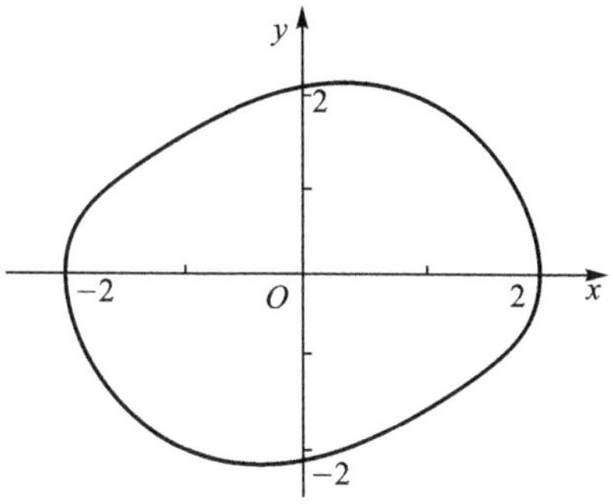

图 8.1－11　范德波尔系统的极限环($\varepsilon=0.3$)

8.2　参数共振

前面主要讨论了自由振动、受迫振动和自激振动。系统受初始扰动后不再受外界激励时作自由振动。无阻尼系统自由振动的重要特征是,在振动过程中系统的动能和势能不断互相转换,系统的机械能守恒。无阻尼线性系统的自由振动是系统所有主振动的线性叠加。有阻尼系统的自由振动则表现为衰减运动,其运动特征由阻尼的大小决定。系统在随时间变化的激励作用下产生的振动是受迫振动。系统自身运动使恒定能源产生交变性作用而引起的振动为自激振动,系统运动停止,这种交变作用即消失。描述这三种振动的微分方程都是常系数微分方程,从物理意义角度而言,系统的质量、弹性系数和阻尼系数都是常数,它们不随着时间变化。

下面将要讨论的**参数共振**(或称为参数激振)是由于系统的参数随时间周期变化而引起的

大幅度振动。引起系统产生参数共振的载荷是系统自身的参数,这种载荷称为**参数载荷**或**参数激励**。当参数载荷的频率和系统的固有频率之间满足一定关系时,系统发生参数共振。能够产生参数共振的系统,其运动微分方程的系数是周期性变化的,不再是常数。

无论是单自由度还是多自由度参变系统、线性还是非线性参变系统,都可以产生参数共振,本节只以单自由度线性参变系统为例,讨论参数共振现象、参数共振特点及其基本的分析方法。

8.2.1 参数共振问题

工程中的参数共振现象是常见的。电动机车传动轴的扭振、变长度摆振动、受轴向周期力激励的梁横向振动等都是参数共振系统。下面通过几个例子来说明参数共振现象和参数共振方程的特点。

1. 变长度摆的参数共振

图 8.2-1 是一个长度可变的摆,忽略摆绳的质量,摆锤的质量为 m。用力 F 拉绳子 OA,可以改变绳子的长度。对 O 点取矩,根据动量矩定律,有

$$\frac{\mathrm{d}}{\mathrm{d}t}(ml^2\dot{\theta})+mgl\sin\theta=0 \tag{8.2-1}$$

或

$$\ddot{\theta}+\frac{2}{l}\frac{\mathrm{d}l}{\mathrm{d}t}\dot{\theta}+\frac{g}{l}\sin\theta=0 \tag{8.2-2}$$

对于摆的小幅度运动,$\sin\theta\approx\theta$,因此

$$\ddot{\theta}+\frac{2}{l}\frac{\mathrm{d}l}{\mathrm{d}t}\dot{\theta}+\frac{g}{l}\theta=0 \tag{8.2-3}$$

若摆长 l 不变,则上式左端的第二项等于零,因此得到定长度摆的微幅自由振动微分方程。方程(8.2-3)左端的第二项相当于粘性阻尼力。当摆长 l 以某种规律变换时,系统相当于具有负阻尼,系统将不断地积蓄能量,摆的振幅会越来越大。下面通过拉力 F 在摆长变化过程中作的功来解释这种现象。

沿着摆长方向的动力学平衡方程为

$$F-mg\cos\theta=ml\dot{\theta}^2 \tag{8.2-4}$$

由上式可见,当摆锤位于 C 点时,拉力 F 最大;摆锤位于 A 和 B 点时,$\dot{\theta}=0$,因此拉力 F 最小。规定摆长的变化方式是:摆锤在 C 点时,摆长突然缩短 Δl;摆锤位于 A 和 B 点时,摆长突然增加 Δl。若不考虑摆长在缩短过程中离心力的变化,则在摆长缩短过程中拉力 F 作的正功(相当于负阻尼向系统输入能量)为

$$F\times\Delta l=\left(mg+m\frac{v^2}{l}\right)\Delta l \tag{8.2-5}$$

式中:v 是摆锤位于 C 点时的切向速度,$\dot{\theta}=v/l$。而在摆长伸长的过程中,拉力 F 作的负功(相当于正阻尼消耗系统的能量)为

$$F\times\Delta l=mg\Delta l\cos\alpha \tag{8.2-6}$$

式中:α 是 θ 的幅值。摆运动一个周期,系统能量的变化量为

$$\Delta E=2\left[\left(mg+m\frac{v^2}{l}\right)\Delta l-mg\Delta l\cos\alpha\right] \tag{8.2-7}$$

令

$$v^2 = 2gl(1-\cos\alpha) \tag{8.2-8}$$

式(8.2-8)是根据无阻尼固定摆长系统机械能守恒定律 $mv^2/2 = mgl(1-\cos\alpha)$ 给定的一种关系。把式(8.2-8)代入式(8.2-7)中得到

$$\Delta E = 6mg\Delta l(1-\cos\alpha) \tag{8.2-9}$$

由于此能量的持续增加，导致摆振动的振幅越来越大，这就是参数共振现象。参数共振问题也就是参数共振系统的稳定性问题。值得指出的是，此时摆长变化的频率是摆动频率的 2 倍，见图 8.2-1。实际系统都是存在阻尼的，当阻尼耗散的能量大于 ΔE 时，摆作衰减的稳态振动；当阻尼耗散的能量小于 ΔE 时，摆的振幅会越来越大，摆的振动发散；只有当阻尼耗散能量和 ΔE 相等时，摆才能作周期运动。由此可见，变长度摆的周期运动是稳定运动和不稳定运动的分界线。

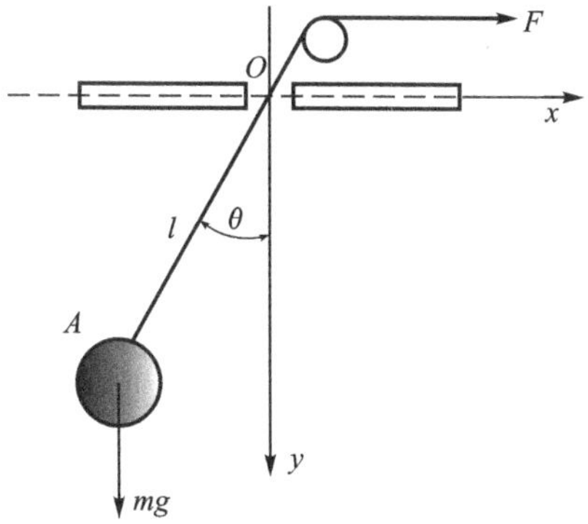

(a) 变长度摆

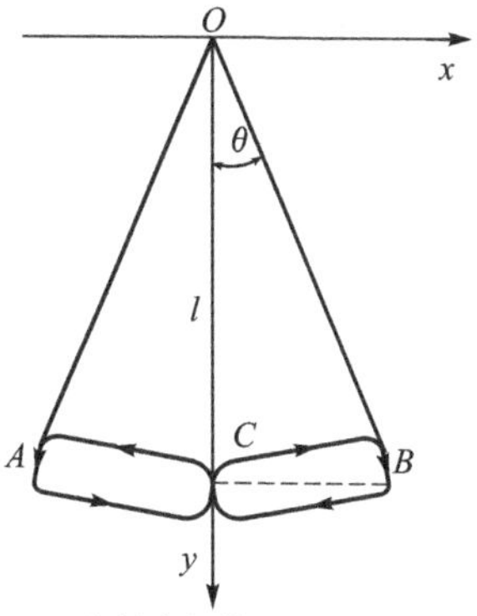

(b) 变长度摆的运动轨迹

图 8.2-1　可变长度的摆

2. 支点运动的单摆

图 8.2-2 所示在单摆的支点有作用力 $F(t)$，支点位移函数 $u(t)$ 为周期函数。以 u、θ 为广义坐标写出系统的动能和势能函数

$$T = \frac{1}{2}m[(l\dot{\theta}\cos\theta)^2 + (\dot{u} + l\dot{\theta}\sin\theta)^2] \tag{8.2-10}$$

$$V = mg[l(1-\cos\theta) + u] \tag{8.2-11}$$

因为图 8.2-2 所示单摆系统是动边界系统，因此动能表达式(8.2-10)不但是广义速度 $\dot{\theta}$ 和 $\dot{u}$ 的函数，还是广义坐标 θ 的函数。把动能和势能函数代入拉格朗日方程，得到

$$\left.\begin{aligned} & ml^2\ddot{\theta} + ml\ddot{u}\sin\theta + mgl\sin\theta = 0 \\ & ml\ddot{\theta}\sin\theta + ml\dot{\theta}^2\cos\theta + m\ddot{u} + mg = F(t) \end{aligned}\right\} \tag{8.2-12}$$

若单摆作小幅度摆动，则

$$\ddot{\theta} + \frac{g}{l}\left(1 + \frac{\ddot{u}}{g}\right)\theta = 0 \tag{8.2-13}$$

$$m\ddot{u} + mg = F(t) \tag{8.2-14}$$

令 $\omega_0^2 = g/l$，ω_0 为固定支点单摆小幅度摆动的频率。方程(8.2-13)还可以写为

$$\ddot{\theta}+\omega_0^2\left(1+\frac{\ddot{u}}{g}\right)\theta=0 \qquad (8.2-15)$$

与式(8.2-15)形式相同的方程称为**希尔**(G. W. Hill)**方程**。若 $u=a\cos\omega t$,则

$$\ddot{\theta}+\omega_0^2(1-2\delta\cos\omega t)\theta=0 \qquad (8.2-16)$$

式中:$\delta=a\omega^2/2g$。方程(8.2-16)就是著名的**马蒂厄**(E. Mathieu,也称马修)**方程**。马蒂厄在1868年研究椭圆薄膜振动时曾得到与式(8.2-16)形式相同的方程。当 ω_0 和 ω 满足某种关系时,单摆的振幅将越来越大,系统发生参数共振。

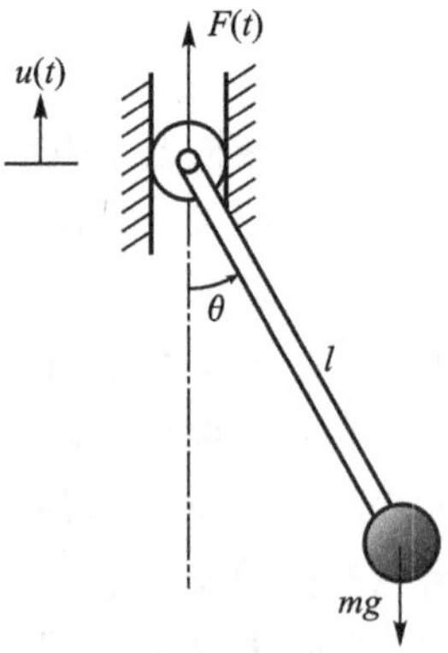

图 8.2-2　动支点单摆

在物理和工程中常见马蒂厄-希尔方程,如电磁波在具有周期性结构介质中的传播问题,电子在晶格中的运动问题,振动过程的稳定性问题,月球运动问题等。

3. 周期性纵向力作用下直梁的横向振动

如图8.2-3所示,一个均匀简支工程梁,在纵向力作用下产生横向小变形。这是一个简单的动力稳定问题。若纵向轴力 P 是静力,则

$$EI\frac{\partial^4 w}{\partial x^4}+P\frac{\partial^2 w}{\partial x^2}=0 \qquad (8.2-17)$$

上式表明作用在梁单位长度上的力在 z 轴上的投影之和为零,即梁处于静力平衡状态。

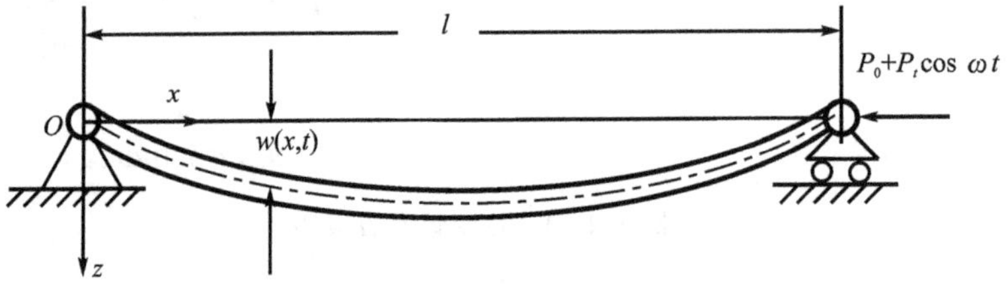

图 8.2-3　有纵向力作用的梁

为了得到在周期纵向力

$$P(t)=P_0+P_t\cos\omega t \qquad (8.2-18)$$

作用下梁横向振动的微分方程,需要用式(8.2-18)给出的 $P(t)$ 来替换方程(8.2-17)中的 P,还需要考虑横向振动的惯性力。于是得到如下振动方程:

$$EI\frac{\partial^4 w}{\partial x^4}+(P_0+P_t\cos\omega t)\frac{\partial^2 w}{\partial x^2}+m\frac{\partial^2 w}{\partial t^2}=0 \qquad (8.2-19)$$

式中:m 为梁的单位长度质量,ω 为纵向周期激励的频率。应当指出,只有当外力的频率接近于梁纵向振动的固有频率时,也就是当纵向振动有共振性质时,纵向惯性力才对梁的动力失稳有比较大的影响,因此在建立方程(8.2-19)时,并没有考虑纵向惯性力的作用。

令方程(8.2-19)的解具有如下形式:

$$w(x,t)=q_j(t)\sin\frac{j\pi x}{l} \qquad (j=1,2,\cdots) \qquad (8.2-20)$$

式中:$q_j(t)$ 是时间的未知函数,类似于模态叠加方法中的广义时间坐标。显然式(8.2-20)满足简支梁两端位移及弯矩为零的边界条件。值得指出的是,$\sin j\pi x/l$ 是简支梁的第 j 阶模态函数和第 j 阶静力屈曲的形式。把式(8.2-20)代入方程(8.2-19),得到

$$\left[m\ddot{q}_j + \left(\frac{j\pi}{l}\right)^4 EIq_j - \left(\frac{j\pi}{l}\right)^2 (P_0 + P_t\cos\omega t)q_j\right]\sin\frac{j\pi x}{l} = 0 \tag{8.2-21}$$

为了使式(8.2-20)是方程(8.2-19)的解，对任意时间 t，上式方括号中的表达式必须等于零。换句话说，函数 $q_j(t)$ 必须满足下面的微分方程：

$$\ddot{q}_j + \Omega_j^2(1 - 2\mu_j\cos\omega t)q_j = 0 \tag{8.2-22}$$

式中：各参数的定义为

$$\Omega_j = \omega_j\sqrt{1 - \frac{P_0}{P_j^*}},\quad \mu_j = \frac{P_t}{2(P_j^* - P_0)} \tag{8.2-23}$$

$$\omega_j = \left(\frac{j\pi}{l}\right)^2\sqrt{\frac{EI}{m}},\quad P_j^* = \left(\frac{j\pi}{l}\right)^2 EI \tag{8.2-24}$$

式中：ω_j 为简支梁横向自由振动的第 j 阶固有频率，P_j^* 是第 j 阶静力临界载荷。而 Ω_j 是在不变纵向力 P_0 作用下梁横向振动的固有频率，μ_j 被称为激发参数。由于方程(8.2-22)对所有的 j 都适用，因此略去下标 j 后，得到马蒂厄方程

$$\ddot{q} + \Omega^2(1 - 2\mu\cos\omega t)q = 0 \tag{8.2-25}$$

若 $\mu=0$，则方程(8.2-25)就变成了线性无阻尼单自由度系统的自由振动微分方程。

8.2.2　参数共振的稳定图

马蒂厄-希尔方程有一个重要性质，就是当它的系数变化频率与固有频率满足某种关系时，方程出现无限增大的解。这些解在参数平面上布满了多个区域，这些区域相当于动力不稳定区域。动力不稳定区域的确定是稳定理论中的核心问题之一，当然也是研究参数共振现象的核心问题。

考虑下面的希尔方程：

$$\ddot{q} + \Omega^2[1 - 2\mu\Phi(t)]q = 0 \tag{8.2-26}$$

式中：$\Phi(t)$ 是一个周期函数，即

$$\Phi(t+T) = \Phi(t) \tag{8.2-27}$$

式中：$T=2\pi/\omega$，是函数 $\Phi(t)$ 的周期。假设周期函数 $\Phi(t)$ 可以表示成收敛的傅里叶级数形式

$$\Phi(t) = \sum_{k=1}^{\infty}(c_k\cos k\omega t + d_k\sin k\omega t) \tag{8.2-28}$$

式(8.2-28)满足式(8.2-27)给出的周期函数的要求。因此，若 $q(t)$ 是方程(8.2-26)的一个特解，则 $q(t+T)$ 也是方程(8.2-26)的一个解。

1. 解耦变换

设 $q_1(t)$ 和 $q_2(t)$ 是方程(8.2-26)的任意两个线性独立的解，则 $q_1(t+T)$ 和 $q_2(t+T)$ 也是方程(8.2-26)的解，并且 $q_1(t+T)$ 和 $q_2(t+T)$ 可以由 $q_1(t)$ 和 $q_2(t)$ 的线性组合表示，即

$$\left.\begin{aligned} q_1(t+T) &= a_{11}q_1(t) + a_{12}q_2(t) \\ q_2(t+T) &= a_{21}q_1(t) + a_{22}q_2(t) \end{aligned}\right\} \tag{8.2-29}$$

式中：$a_{ik}(i,k=1,2)$ 为常数。方程(8.2-29)相当于解系之间的线性变换，可以写成下面的形式：

$$\boldsymbol{q}(t+T) = \boldsymbol{A}\boldsymbol{q}(t) \tag{8.2-30}$$

式中：$\boldsymbol{q}(t+T)$ 和 $\boldsymbol{q}(t)$ 是列向量，$\boldsymbol{A}$ 是矩阵，它们的定义是

$$\boldsymbol{q}(t+T)=\begin{bmatrix}q_1(t+T)\\q_2(t+T)\end{bmatrix},\quad \boldsymbol{q}(t)=\begin{bmatrix}q_1(t)\\q_2(t)\end{bmatrix},\quad \mathbf{A}=\begin{bmatrix}a_{11}&a_{12}\\a_{21}&a_{22}\end{bmatrix}\tag{8.2-31}$$

为了使变换式(8.2-29)具有最简单的形式,也就是将线性变换式(8.2-30)中矩阵 **A** 变成一个对角形式,首先进行变换

$$\boldsymbol{q}(t)=\boldsymbol{U}\boldsymbol{q}^*(t)\tag{8.2-32}$$

式中:**U** 是一个非奇异方阵。把上式代入式(8.2-30),得到

$$\boldsymbol{q}^*(t+T)=\boldsymbol{U}^{-1}\boldsymbol{A}\boldsymbol{U}\boldsymbol{q}^*(t)=\boldsymbol{J}\boldsymbol{q}^*(t)\tag{8.2-33}$$

式中:$\boldsymbol{J}=\boldsymbol{U}^{-1}\boldsymbol{A}\boldsymbol{U}$ 是相似变换。通过选择 **U** 总可以使矩阵 **J** 成为约当标准矩阵,也就是说总可以使任意方阵 **A** 和约当标准矩阵 **J** 相似。实际上,约当矩阵 **J** 的形式完全取决于方阵 **A** 的特征值。矩阵 **A** 的特征多项式为

$$|\mathbf{A}-\rho\boldsymbol{I}|=0\tag{8.2-34}$$

式中:**I** 是单位矩阵。通过求解代数方程(8.2-34)可以得到特征值 ρ_1 和 ρ_2。若 ρ_1 和 ρ_2 互异,则约当矩阵为

$$\boldsymbol{J}=\begin{bmatrix}\rho_1&0\\0&\rho_2\end{bmatrix}\tag{8.2-35}$$

方程(8.2-33)变为

$$\left.\begin{aligned}q_1^*(t+T)&=\rho_1q_1^*(t)\\q_2^*(t+T)&=\rho_2q_2^*(t)\end{aligned}\right\}\tag{8.2-36}$$

若 $\rho_1=\rho_2=\rho$,则约当矩阵为

$$\boldsymbol{J}=\begin{bmatrix}\rho&0\\1&\rho\end{bmatrix}\tag{8.2-37}$$

方程(8.2-33)变为

$$\left.\begin{aligned}q_1^*(t+T)&=\rho q_1^*(t)\\q_2^*(t+T)&=\rho q_2^*(t)+q_1^*(t)\end{aligned}\right\}\tag{8.2-38}$$

根据式(8.2-32)可知,$q_1^*(t)$和 $q_2^*(t)$仍然是方程(8.2-26)的两个线性独立的解,$q_1^*(t+T)$和 $q_2^*(t+T)$也是方程(8.2-26)的解。

2. 特征方程

由于方阵 **A** 的特征值决定希尔方程解的性质,因此下面讨论如何建立特征值方程(8.2-34)。设 $q_1(t)$和 $q_2(t)$是方程(8.2-26)的两个线性独立解,它们满足如下初始条件:

$$\left.\begin{aligned}q_1(0)=1,\quad \dot{q}_1(0)=0\\q_2(0)=0,\quad \dot{q}_2(0)=1\end{aligned}\right\}\tag{8.2-39}$$

把式(8.2-29)代入初始条件(8.2-39)可得

$$\begin{bmatrix}a_{11}&a_{12}\\a_{21}&a_{22}\end{bmatrix}=\begin{bmatrix}q_1(T)&\dot{q}_1(T)\\q_2(T)&\dot{q}_2(T)\end{bmatrix}\tag{8.2-40}$$

把式(8.2-40)代入特征值方程(8.2-34)得到

$$\begin{vmatrix}a_{11}-\rho&a_{12}\\a_{21}&a_{22}-\rho\end{vmatrix}=\begin{vmatrix}q_1(T)-\rho&\dot{q}_1(T)\\q_2(T)&\dot{q}_2(T)-\rho\end{vmatrix}=0\tag{8.2-41}$$

展开行列式得

$$\rho^2 - 2\rho r + p = 0 \tag{8.2-42}$$

式中：

$$r = \frac{1}{2}[q_1(T) + \dot{q}_2(T)]$$

$$p = q_1(T)\dot{q}_2(T) - q_2(T)\dot{q}_1(T)$$

按照特征方程的含义可知，特征方程(8.2-42)的根和系数 p、r 不依赖于特解的选择。下面确定方程(8.2-42)的自由项 p。

由于函数 $q_1(t)$ 和 $q_2(t)$ 是方程(8.2-26)的两个线性独立解，因此

$$\ddot{q}_1 + \Omega^2[1 - 2\mu\Phi(t)]q_1 = 0 \tag{8.2-43}$$

$$\ddot{q}_2 + \Omega^2[1 - 2\mu\Phi(t)]q_2 = 0 \tag{8.2-44}$$

用 $q_1(t)$ 乘以恒等式(8.2-44)，用 $q_2(t)$ 乘以恒等式(8.2-43)，然后两式相减得到

$$q_1(t)\ddot{q}_2(t) - q_2(t)\ddot{q}_1(t) = 0$$

对上式进行积分得

$$q_1(t)\dot{q}_2(t) - q_2(t)\dot{q}_1(t) = q_1(0)\dot{q}_2(0) - q_2(0)\dot{q}_1(0)$$

根据初始条件式(8.2-39)，同时令 $t=T$，得到

$$q_1(T)\dot{q}_2(T) - q_2(T)\dot{q}_1(T) = 1$$

即 $p=1$。因此特征方程(8.2-42)变为

$$\rho^2 - 2\rho r + 1 = 0$$

求解该方程得到

$$\rho_{1,2} = r \pm \sqrt{r^2 - 1} \tag{8.2-45}$$

根与系数的关系为

$$\rho_1\rho_2 = 1, \quad \rho_1 + \rho_2 = 2r \tag{8.2-46}$$

根据式(8.2-36)和式(8.2-38)可知，特征根 ρ 的性质决定了对应给定初始条件的解的稳定性。

3. 解的稳定性

下面分两种情况给出解的形式，然后讨论解的稳定性。

情况 1：$\rho_1 \neq \rho_2$。

方程(8.2-36)可以写为

$$q_k^*(t+T) = \rho_k q_k^*(t) \qquad (k=1,2) \tag{8.2-47a}$$

$$q_k^*(t+nT) = \rho_k^n q_k^*(t) \qquad (k=1,2) \tag{8.2-47b}$$

并且当 $t\to\infty$ 时，有

$$q_k^*(t) = \begin{cases} 0, & |\rho_k| < 1 \\ \infty, & |\rho_k| > 1 \end{cases}$$

从式(8.2-47b)可知，当 $\rho_k=1$ 时，q_k^* 是周期为 T 的函数；当 $\rho_k=-1$ 时，q_k^* 是周期为 $2T$ 的函数，并且当时间 t 增加一个周期 T 时，得到的解等于原来的解乘以一个常数。用 $e^{-\gamma_k(t+T)}$ 乘以式(8.2-47a)的两边得到

$$e^{-\gamma_k(t+T)} q_k^*(t+T) = \rho_k e^{-\gamma_k T} e^{-\gamma_k t} q_k^*(t)$$

若选 γ_k 使 $\rho_k = e^{\gamma_k T}$，则从上式可知，$\chi_k(t) = e^{-\gamma_k t} q_k^*(t)$ 是一个周期为 T 的函数。因此

$$q_k^*(t)=\chi_k(t)\mathrm{e}^{\frac{t}{T}\ln\rho_k} \tag{8.2-48}$$

式中:$\chi_k(t+T)=\chi_k(t)$。由于

$$q_k^*(t+T)=\chi_k(t+T)\mathrm{e}^{\left(\frac{t+T}{T}\right)\ln\rho_k}=\chi_k(t)\mathrm{e}^{\frac{t}{T}\ln\rho_k}\mathrm{e}^{\ln\rho_k}=\rho_k q_k^*(t)$$

因此解(8.2-48)满足式(8.2-47)给出的形式。根据式(8.2-48)可知,当 $t\to\infty$ 时,解的性质取决于特征根模的性质。令 $\rho_k=|\rho_k|\mathrm{e}^{\mathrm{i}\arg(\rho_k)}$,则

$$\ln\rho_k=\ln|\rho_k|+\mathrm{i}\arg(\rho_k)$$

因此式(8.2-48)可以写成

$$q_k^*(t)=\psi_k(t)\mathrm{e}^{\frac{t}{T}\ln|\rho_k|} \tag{8.2-49}$$

式中:$\psi_k(t)$为有限(近似周期)函数,其形式为

$$\psi_k(t)=\chi_k(t)\mathrm{e}^{\frac{\mathrm{i}t}{T}\arg(\rho_k)} \tag{8.2-50}$$

情况 2:$\rho_1=\rho_2=\rho$。

此时方程(8.2-26)的解的性质由式(8.2-38)给出,并且 $q_1^*(t)$具有与式(8.2-48)相同的形式,即

$$q_1^*(t)=\chi_1(t)\mathrm{e}^{\frac{t}{T}\ln\rho} \tag{8.2-51}$$

式中:$\chi_1(t+T)=\chi_1(t)$,$\rho=\mathrm{e}^{\gamma T}$。用 $\mathrm{e}^{-\gamma(t+T)}$ 乘以式(8.2-38)的第 2 式,并利用上式得到

$$\mathrm{e}^{-\gamma(t+T)}q_2^*(t+T)=\mathrm{e}^{-\gamma t}q_2^*(t)+\frac{1}{\rho}\chi_1(t)\xlongequal{\Delta}\chi_2(t) \tag{8.2-52}$$

因此

$$q_2^*(t)=\mathrm{e}^{\frac{t}{T}\ln\rho}\left[\chi_2(t)+\rho^{\frac{t}{T}}\chi_1(t)\right] \tag{8.2-53}$$

式中:$\chi_2(t+T)=\chi_2(t)$。式(8.2-53)满足方程(8.2-38)的第 2 式。

下面结合式(8.2-45)和上面给出的解的形式来讨论解的稳定性。

① 若$|r|>1$,则特征根 ρ_1 和 ρ_2 为实数,其中有一个根的模大于 1。在这种情况下,方程(8.2-26)的解随着时间无限地增加(见式(8.2-48)),即

$$q(t)=C_1\chi_1(t)\mathrm{e}^{\frac{t}{T}\ln\rho_1}+C_2\chi_2(t)\mathrm{e}^{\frac{t}{T}\ln\rho_2}$$

因此解是不稳定的,即系统的初始状态是不稳定的。

② 若$|r|<1$,则 ρ_1 和 ρ_2 为共轭复根。由于 $\rho_1\rho_2=1$,因此共轭复根的模一定等于 1。方程(8.2-26)的解具有周期(或近似周期)性质,也就是说解总是有限的(见式(8.2-49)),因此系统的初始状态是稳定的。

③ 若$|r|=1$,则特征根为重根,即 $\rho_1=\rho_2=\pm1$。由式(8.2-38)可知,当 $\rho_1=\rho_2=1$ 时,方程具有周期为 T 的周期解;当 $\rho_1=\rho_2=-1$ 时,方程具有周期为 $2T$ 的周期解。它们是稳定与不稳定之间的临界情况。

由此可知,在不稳定区域的边界上,方程(8.2-26)有周期为 T 或 $2T$ 的周期解。由于线性变换(8.2-30)是非奇异的,因此在 $\rho=1$ 和 $\rho=-1$ 之间不可能有 $\rho=0$ 这个根。从特征根随着微分方程系数连续变化可知,从 $\rho=1$ 变化到 $\rho=-1$ 时必须经过复数区域。这表明,不同周期的两个解限制着稳定区域,而同一周期的两个解限制着不稳定区域。因此,把确定方程(8.2-26)的不稳定区域问题归结为寻找方程(8.2-26)具有周期 T 或 $2T$ 周期解的问题。

适当选择方程(8.2-26)的参数,使其具有周期为 T 或 $2T$ 的周期解,就可以在参数平面内画出稳定与不稳定区域的分界线,也就是参数共振的**稳定图**。值得指出的是,只有在个别情况下,才可以用积分方法得到方程(8.2-26)在第一个周期内的特解(例 8.2-1 就是这样一种特殊情况),因此用这种方法确定稳定与不稳定之间的分界线是比较困难的。

例 8.2-1　设希尔方程(8.2-26)中的 $\Phi(t)$ 是矩形波,它的周期为 T,如图 8.2-4 所示。$\Phi(t)$ 的数学形式为

$$\Phi(t)=\begin{cases}1 & (0<t\leqslant T/2)\\ -1 & (T/2<t\leqslant T)\end{cases}$$

试确定方程(8.2-26)的分界线。

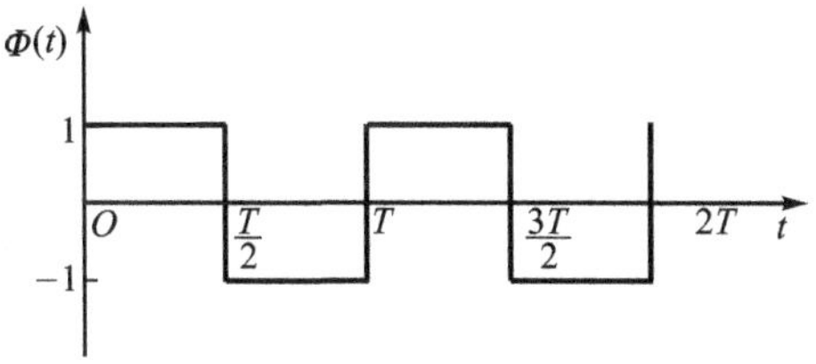

图 8.2-4　矩形波

解:首先必须指出的是,矩形波在实际问题中是罕见的,但矩形波可以看成是大多数变化近似于简谐波的一阶近似。根据式(8.2-26),此参变系统在不同的半周期内可以用不同的常系数线性微分方程来表示,即

$$\ddot{q}_1+\Omega^2(1-2\mu)q_1=0\qquad(0<t\leqslant T/2)\tag{a}$$

$$\ddot{q}_2+\Omega^2(1+2\mu)q_2=0\qquad(T/2<t\leqslant T)\tag{b}$$

方程(a)和方程(b)的通解分别是

$$\left.\begin{aligned}q_1(t)&=C_1\sin\omega_1t+C_2\cos\omega_1t\\ q_2(t)&=D_1\sin\omega_2t+D_2\cos\omega_2t\end{aligned}\right\}\tag{c}$$

式中:$\omega_1=\Omega\sqrt{1-2\mu}$,$\omega_2=\Omega\sqrt{1+2\mu}$。

通解 q_1 和 q_2 在 $t=T/2$ 时除了自身(相当于广义位移)应该相同外,它们的一阶导数(相当于广义速度)也应该相等,这相当于要求位移和速度在 $t=T/2$ 时连续,并且它们在一周结束时的数值应该是该周期开始时的 ρ 倍,见式(8.2-47)。因此

$$\left.\begin{aligned}&q_1\left(\frac{T}{2}\right)=q_2\left(\frac{T}{2}\right),\quad \dot{q}_1\left(\frac{T}{2}\right)=\dot{q}_2\left(\frac{T}{2}\right)\\ &q_2(T)=\rho q_1(0),\quad \dot{q}_2(T)=\rho\dot{q}_1(0)\end{aligned}\right\}\tag{d}$$

把式(c)代入式(d),整理得到

$$\left.\begin{aligned}&C_1\sin\frac{\omega_1T}{2}+C_2\cos\frac{\omega_1T}{2}-D_1\sin\frac{\omega_2T}{2}-D_2\cos\frac{\omega_2T}{2}=0\\ &C_1\omega_1\cos\frac{\omega_1T}{2}-C_2\omega_1\sin\frac{\omega_1T}{2}-D_1\omega_2\cos\frac{\omega_2T}{2}+D_2\omega_2\sin\frac{\omega_2T}{2}=0\\ &\rho C_2-D_1\sin\omega_2T-D_2\cos\omega_2T=0\\ &\rho\omega_1C_1-D_1\omega_2\cos\omega_2T+D_2\omega_2\sin\omega_2T=0\end{aligned}\right\}\tag{e}$$

齐次方程组(e)中积分常数 C_1、C_2 和 D_1、D_2 具有非零解的条件是其系数行列式等于零,因此

$$\begin{vmatrix} \sin\dfrac{\omega_1 T}{2} & \cos\dfrac{\omega_1 T}{2} & -\sin\dfrac{\omega_2 T}{2} & -\cos\dfrac{\omega_2 T}{2} \\ \omega_1\cos\dfrac{\omega_1 T}{2} & -\omega_1\sin\dfrac{\omega_1 T}{2} & -\omega_2\cos\dfrac{\omega_2 T}{2} & \omega_2\sin\dfrac{\omega_2 T}{2} \\ 0 & \rho & -\sin\omega_2 T & -\cos\omega_2 T \\ \rho\omega_1 & 0 & -\omega_2\cos\omega_2 T & \omega_2\sin\omega_2 T \end{vmatrix} = 0$$

展开行列式即得到与式(8.2-42)相同的特征方程,即

$$\rho^2 - 2\rho r + p = 0 \tag{f}$$

式中:$p=1$,而

$$r = \cos\frac{\omega_1 T}{2}\cos\frac{\omega_2 T}{2} - \left(\frac{\omega_1^2+\omega_2^2}{2\omega_1\omega_2}\right)\sin\frac{\omega_1 T}{2}\sin\frac{\omega_2 T}{2}$$

因此,稳定区域与不稳定区域的分界线方程为

$$\left|\cos\frac{\omega_1 T}{2}\cos\frac{\omega_2 T}{2} - \left(\frac{\omega_1^2+\omega_2^2}{2\omega_1\omega_2}\right)\sin\frac{\omega_1 T}{2}\sin\frac{\omega_2 T}{2}\right| = 1$$

令

$$\Omega^2 = \delta, \quad -2\mu\Omega^2 = \sigma, \quad T = \pi$$

给定一个 δ,可求出与之对应的若干个 μ,进而求出 σ。图 8.2-5 给出参数(δ,σ)平面上的稳定图,其中 $\delta<0$ 时,$\mu>0$;$\delta>0$ 时,$\mu<0$;阴影区域为不稳定区域。各曲线与横坐标轴 δ 的交点($\mu=0,\Omega=0,1,2,3,\cdots$)所对应的参数使方程(8.2-26)成为常系数方程。由于激励频率 $\omega=2\pi/T=2$,因此在这些曲线与横轴的交点处有 $2\Omega/\omega=1,2,3,\cdots$,参见下一节内容。

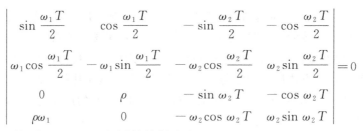

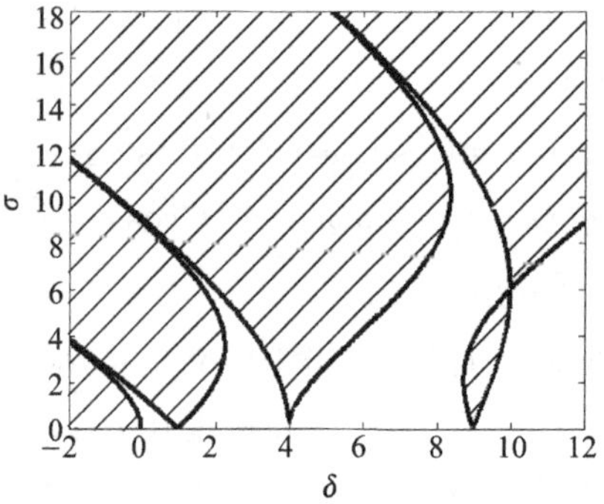

图 8.2-5　稳定图

8.2.3　临界频率方程

对于方程(8.2-26)具有式(8.2-28)给定的任意周期系数的情况,已经不再可能用前面的方法得到系统的稳定图。针对这种情况,下面介绍一种确定动力不稳定区域的方法。

由前面的讨论可知,寻找动力不稳定区域的问题,归结为要找出方程(8.2-26)具有周期为 T 或 $2T$ 的周期解的条件。从力学观点来看,周期振动实质上是振幅无限增大振动的边界。下面用傅里叶级数法和摄动法确定临界频率方程。

1. 傅里叶级数法

方程(8.2-26)周期解的存在性和把解展开成傅里叶级数的可能性是相当的,也就是说,

如果一个函数能够展开成收敛的傅里叶级数,那么它一定是周期函数。下面以具有余弦参数激励的情况为例来讨论这种方法。考虑下面的马蒂厄-希尔方程:

$$\ddot{q}+\Omega^2(1-2\mu\cos\omega t)q=0 \tag{8.2-54}$$

若方程(8.2-54)具有周期为 $2T$ 的周期解,则该周期解可以表示为

$$q(t)=\sum_{k=1,3,5,\cdots}^{\infty}\left(a_k\sin\frac{k\omega t}{2}+b_k\cos\frac{k\omega t}{2}\right) \tag{8.2-55}$$

把式(8.2-55)代入方程(8.2-54),令方程两端 $\cos(k\omega t/2)$ 和 $\sin(k\omega t/2)$ 的同类项的系数相等,可以得到下列关于 a_k 和 b_k 的线性齐次代数方程组:

$$\left.\begin{aligned}&\left(1+\mu-\frac{\omega^2}{4\Omega^2}\right)a_1-\mu a_3=0\\&\left(1-\frac{k^2\omega^2}{4\Omega^2}\right)a_k-\mu(a_{k-2}+a_{k+2})=0\qquad(k=3,5,7,\cdots)\end{aligned}\right\}$$

$$\left.\begin{aligned}&\left(1-\mu-\frac{\omega^2}{4\Omega^2}\right)b_1-\mu b_3=0\\&\left(1-\frac{k^2\omega^2}{4\Omega^2}\right)b_k-\mu(b_{k-2}+b_{k+2})=0\qquad(k=3,5,7,\cdots)\end{aligned}\right\}$$

对线性齐次代数方程组,仅当其系数行列式为零时才有非零解。此原理对具有无穷多个未知数的方程组也是适用的。于是,方程(8.2-54)具有周期为 $2T$ 的周期解的条件是齐次方程组的系数行列式等于零。把关于 a_k 和 b_k 的两个条件写在一起,得到

$$\begin{vmatrix}1\pm\mu-\dfrac{\omega^2}{4\Omega^2} & -\mu & 0 & \cdots\\ -\mu & 1-\dfrac{9\omega^2}{4\Omega^2} & -\mu & \cdots\\ 0 & -\mu & 1-\dfrac{25\omega^2}{4\Omega^2} & \cdots\\ \vdots & \vdots & \vdots & \ddots\end{vmatrix}=0 \tag{8.2-56}$$

这个联系着参数载荷频率 ω 与系统固有频率 Ω 以及 μ 的代数方程称为**临界频率方程**,也称**分界线方程**。临界频率是指对应不稳定区域边界的参数载荷频率 ω^*。从方程(8.2-56)可以得到由周期为 $2T$ 的周期解所包围的不稳定区域。

为了确定由周期为 T 的周期解所包围的不稳定区域,可以用类似的方法来处理。把方程(8.2-54)周期为 T 的周期解写成

$$q(t)=b_0+\sum_{k=2,4,6,\cdots}^{\infty}\left(a_k\sin\frac{k\omega t}{2}+b_k\cos\frac{k\omega t}{2}\right) \tag{8.2-57}$$

把式(8.2-57)代入方程(8.2-54),得到下列代数方程组:

$$\left.\begin{aligned}&\left(1-\frac{\omega^2}{\Omega^2}\right)a_2-\mu a_4=0\\&\left(1-\frac{k^2\omega^2}{4\Omega^2}\right)a_k-\mu(a_{k-2}+a_{k+2})=0\qquad(k=4,6,8,\cdots)\end{aligned}\right\}$$

$$\left.\begin{aligned}&b_0-\mu b_2=0\\&\left(1-\frac{\omega^2}{\Omega^2}\right)b_2-\mu(2b_0+b_4)=0\\&\left(1-\frac{k^2\omega^2}{4\Omega^2}\right)b_k-\mu(b_{k-2}+b_{k+2})=0\qquad(k=4,6,8,\cdots)\end{aligned}\right\}$$

从而得到下列临界频率方程：

$$\begin{vmatrix}1-\dfrac{\omega^2}{\Omega^2} & -\mu & 0 & \cdots\\ -\mu & 1-\dfrac{16\omega^2}{4\Omega^2} & -\mu & \cdots\\ 0 & -\mu & 1-\dfrac{36\omega^2}{4\Omega^2} & \cdots\\ \vdots & \vdots & \vdots & \ddots\end{vmatrix}=0 \tag{8.2-58}$$

和

$$\begin{vmatrix}1 & -\mu & 0 & 0 & \cdots\\ -2\mu & 1-\dfrac{\omega^2}{\Omega^2} & -\mu & 0 & \cdots\\ 0 & -\mu & 1-\dfrac{16\omega^2}{4\Omega^2} & -\mu & \cdots\\ 0 & 0 & -\mu & 1-\dfrac{36\omega^2}{4\Omega^2} & \cdots\\ \vdots & \vdots & \vdots & \vdots & \ddots\end{vmatrix}=0 \tag{8.2-59}$$

从方程(8.2-58)和方程(8.2-59)可以得到由周期为 T 的周期解所包围的不稳定区域，并且可以证明式(8.2-56)、式(8.2-58)和式(8.2-59)是收敛的。下面讨论 $\mu\to 0$ 时的临界频率。

从方程(8.2-56)可以得到

$$\left(1-\frac{\omega^2}{4\Omega^2}\right)\left(1-\frac{9\omega^2}{4\Omega^2}\right)\left(1-\frac{25\omega^2}{4\Omega^2}\right)\cdots=0 \tag{8.2-60}$$

因此，周期为 $2T$ 的解成对地位于频率

$$\omega^*=\frac{2\Omega}{k}\qquad(k=1,3,5,\cdots) \tag{8.2-61}$$

的附近。从方程(8.2-58)和方程(8.2-59)可以得到

$$\left(1-\frac{\omega^2}{\Omega^2}\right)\left(1-\frac{16\omega^2}{4\Omega^2}\right)\left(1-\frac{36\omega^2}{4\Omega^2}\right)\cdots=0 \tag{8.2-62}$$

即周期为 T 的解成对地位于频率

$$\omega^*=\frac{2\Omega}{k}\qquad(k=2,4,6,\cdots) \tag{8.2-63}$$

的附近。式(8.2-61)和式(8.2-63)可以合并在一起，即

$$\omega^*=\frac{2\Omega}{k}\qquad(k=1,2,3,4,\cdots) \tag{8.2-64}$$

式(8.2-64)给出了参数载荷频率 ω 与系统的固有频率 Ω 的比值，在这些比值的附近，系统可能发生无限增大的振动，也就是说在这些比值附近分布着系统的不稳定区域。按照式(8.2-64)

中的数值 k,可以区分出第一、第二、第三等动力不稳定区域。而位于 $\omega^{*}=2\Omega$ 附近的不稳定区域是最危险的,因而具有最大的实际意义。这个区域被称为**主要动力不稳定区域**。

从前面的讨论可以看出,参数共振具有几个特点。在外部激励作用下,一般无阻尼系统的共振现象是在激励频率和固有频率重合时发生的,而参数共振是在激发频率等于固有频率的2倍时出现的。参数共振的另外一个独特之处在于,在激发频率 ω 小于主要共振频率 2Ω 时,参数共振现象也可能发生。而参数共振系统最奇特的是它具有连续的动力不稳定区域。

如何精确计算式(8.2-56)、式(8.2-58)和式(8.2-59)是上述方法能够得到实际应用的关键问题。式(8.2-56)、式(8.2-58)和式(8.2-59)都可以变成下面行列式的形式:

$$\begin{vmatrix} c_1 & 1 & 0 & 0 & \cdots \\ 1 & c_2 & 1 & 0 & \cdots \\ 0 & 1 & c_3 & 1 & \cdots \\ \vdots & \vdots & \vdots & \vdots & \ddots \end{vmatrix}=0$$

它等价于

$$c_1-\cfrac{1}{c_2-\cfrac{1}{c_3-\cfrac{1}{c_4-\cdots}}}=0$$

根据上式可以把式(8.2-56)写成如下形式:

$$1\pm\mu-\frac{\omega^2}{4\Omega^2}-\cfrac{\mu^2}{1-\cfrac{9\omega^2}{4\Omega^2}-\cfrac{\mu^2}{1-\cfrac{25\omega^2}{4\Omega^2}-\cdots}}=0$$

或

$$\frac{\omega^2}{4\Omega^2}=1\pm\mu-\cfrac{\mu^2}{1-\cfrac{9\omega^2}{4\Omega^2}-\cfrac{\mu^2}{1-\cfrac{25\omega^2}{4\Omega^2}-\cdots}}$$

上面的公式便于应用逐次近似方法来进行计算。把临界频率的近似值代入上式的右边,然后把上式右边增加一次,并代入新的临界频率的近似值,就可计算出精度更高的临界频率近似值。逐次近似方法的优点在于,它能够以任意的精度计算出不稳定区域的边界。下面介绍如何近似确定不稳定区域边界的公式。

为了确定主要不稳定区域的边界线频率方程,令行列式(8.2-56)中第一个主对角元素等于零,即

$$1\pm\mu-\frac{\omega^2}{4\Omega^2}=0$$

于是得到主要动力不稳定区域的临界频率近似计算公式

$$\omega^{*}=2\Omega\sqrt{1\pm\mu} \tag{8.2-65}$$

为了使式(8.2-65)更加精确,考虑第二次近似

$$\begin{vmatrix} 1\pm\mu-\dfrac{\omega^2}{4\Omega^2} & -\mu \\ -\mu & 1-\dfrac{9\omega^2}{4\Omega^2} \end{vmatrix}=0 \tag{8.2-66}$$

把式(8.2-65)的近似值代入上式第二个主对角元素中,得

$$\omega^{*}=2\Omega\sqrt{1\pm\mu+\frac{\mu^{2}}{8\pm 9\mu}} \tag{8.2-67}$$

式(8.2-67)根号中的最后一项是第二次近似的修正项,它随着 μ 值的增大而增大。

为了求出第二个不稳定区域,在方程(8.2-58)和方程(8.2-59)中,取前二阶行列式等于零,即

$$\begin{vmatrix} 1-\frac{\omega^{2}}{\Omega^{2}} & -\mu \\ -\mu & 1-\frac{4\omega^{2}}{\Omega^{2}} \end{vmatrix}=0 \tag{8.2-68}$$

$$\begin{vmatrix} 1 & -\mu \\ -2\mu & 1-\frac{\omega^{2}}{\Omega^{2}} \end{vmatrix}=0 \tag{8.2-69}$$

把第二个临界频率近似值 $\omega^{*}=\Omega$ 代入行列式(8.2-68)的第二个主对角元素中,则从上面两式得到第二个不稳定区域的临界频率计算公式

$$\left.\begin{aligned} \omega^{*}&=\Omega\sqrt{1+\frac{\mu^{2}}{3}} \\ \omega^{*}&=\Omega\sqrt{1-2\mu^{2}} \end{aligned}\right\} \tag{8.2-70}$$

若考虑更高阶的行列式,则可以得到更加精确的计算公式。

为了计算第三个不稳定区域,在式(8.2-56)中取二阶行列式,并且把该不稳定区域的临界频率近似值 $\omega^{*}=2\Omega/3$ 代入该二阶行列式的第一个主对角元素中,有

$$\omega^{*}=\frac{2\Omega}{3}\sqrt{1-\frac{9\mu^{2}}{8\pm 9\mu}} \tag{8.2-71}$$

当 $|\mu|<0.5$ 时,式(8.2-65)、式(8.2-70)和式(8.2-71)的精度是比较高的。从这三个公式可以看出,不稳定区域的宽度是随着区域号码的增加而迅速减小的,即

$$\frac{\Delta\omega}{\Omega}(\text{区域宽度})\propto\mu(\text{第 1 区域}),\mu^{2}(\text{第 2 区域}),\mu^{3}(\text{第 3 区域}),\cdots \tag{8.2-72}$$

图8.2-6是在参数平面 $(\mu,\omega/2\Omega)$ 上画出的前三个不稳定区域图,其中带有阴影的区域为不稳定区域,$2T$ 和 T 表示分界线对应周期解的周期。

2. 摄动法

非线性力学中的摄动法也是求解临界频率方程周期解的有效方法。为了推导方便,不失一般性,令 $\omega t=2\tau$,把马蒂厄方程(8.2-25)变成如下形式:

$$\ddot{q}+(\delta+\varepsilon\cos 2\tau)q=0 \tag{8.2-73}$$

式中:$\delta=4\Omega^{2}/\omega^{2}$,$\varepsilon=-8\mu\Omega^{2}/\omega^{2}$。这样就可以在参数平面 (δ,ε) 上确定 $q=\dot{q}=0$ 状态的稳定性。当 $\varepsilon=0$ 时,为了保证线性常系数微分方程具有周期为 π 和 2π 的解,必须令 $\delta=n^{2}(n=0,1,2,\cdots)$,对应的线性无关的特解为 $\sin n\tau$ 和 $\cos n\tau$。

当 ε 为小参数时,根据摄动法可以把 q 和参数 δ 都展开成小参数 ε 幂级数的形式,即

$$q=q_{0}+\varepsilon q_{1}+\varepsilon^{2}q_{2}+\cdots \tag{8.2-74}$$

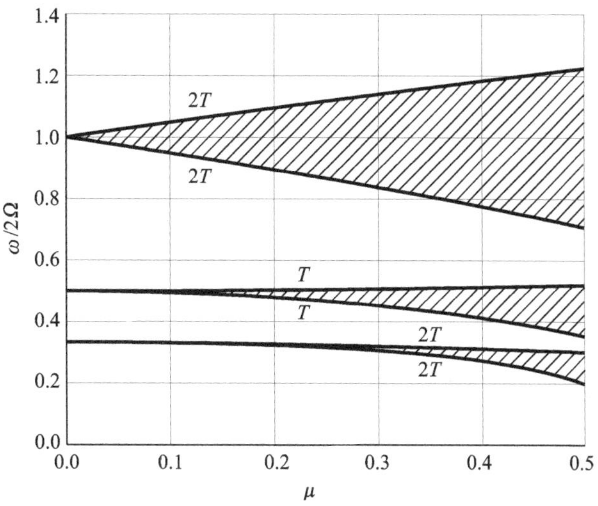

图 8.2-6　稳定图

$$\delta = n^2 + \varepsilon\delta_1 + \varepsilon^2\delta_2 + \cdots \tag{8.2-75}$$

式中:$q_0, q_1, q_2, \cdots$为周期函数。把上面两式代入式(8.2-73),令方程两端 ε 的同次幂系数对应相等,可以得到各阶近似的线性方程,即

$$\ddot{q}_0 + n^2 q_0 = 0 \tag{8.2-76a}$$

$$\ddot{q}_1 + n^2 q_1 = -(\delta_1 + \cos 2\tau)q_0 \tag{8.2-76b}$$

$$\ddot{q}_2 + n^2 q_2 = -(\delta_1 + \cos 2\tau)q_1 - \delta_2 q_0 \tag{8.2-76c}$$

$$\vdots$$

从上式可知,对于不同的 n 值,方程(8.2-76a)的两个特解始终为 $\sin n\tau$ 和 $\cos n\tau$。下面针对不同的 n 值进行讨论。

(1) $n=0$

从方程(8.2-76a)可知 $\ddot{q}_0 = 0$,因此 q_0 的周期解只有常数值。不妨令其等于 1,即 $q_0=1$,把它代入方程(8.2-76b)得到

$$\ddot{q}_1 = -(\delta_1 + \cos 2\tau) \tag{8.2-77}$$

为了避免方程(8.2-77)的解 q_1 中出现久期项,必须令 $\delta_1=0$。对方程(8.2-77)进行积分得到周期解

$$q_1 = \frac{1}{4}\cos 2\tau \tag{8.2-78}$$

把上式代入方程(8.2-76c),得到

$$\ddot{q}_2 = -\left(\delta_2 + \frac{1}{8}\right) - \frac{1}{8}\cos 4\tau \tag{8.2-79}$$

要使 q_2 为周期解,必须有 $\delta_2 = -1/8$。求解方程(8.2-79),可以得到

$$q_2 = \frac{1}{128}\cos 4\tau \tag{8.2-80}$$

因此方程(8.2-73)二次近似解为

$$q = 1 + \frac{\varepsilon}{4}\cos 2\tau + \frac{\varepsilon^2}{128}\cos 4\tau + \cdots \tag{8.2-81}$$

分界线方程为

$$\delta = -\frac{\varepsilon^2}{8} + \cdots \tag{8.2-82}$$

(2) $n=1$

此时方程(8.2-76a)有两个周期为 2π 的线性无关解 $\sin\tau$ 和 $\cos\tau$。

情况 1: $q_0=\cos\tau$,把它代入方程(8.2-76b)有

$$\ddot{q}_1 + q_1 = -(\delta_1 + \cos 2\tau)\cos\tau = \\ -\left(\delta_1 + \frac{1}{2}\right)\cos\tau - \frac{1}{2}\cos 3\tau \tag{8.2-83}$$

为了使上面方程的解中不包含久期项,必须令 $\delta_1=-1/2$,对上面的方程进行积分,得到

$$q_1 = \frac{1}{16}\cos 3\tau \tag{8.2-84}$$

把 q_1、q_0 代入方程(8.2-76c),有

$$\ddot{q}_2 + q_2 = -\left(\delta_2 + \frac{1}{32}\right)\cos\tau + \frac{1}{32}\cos 3\tau - \frac{1}{32}\cos 5\tau \tag{8.2-85}$$

周期解条件要求 $\delta_2=-1/32$,求解上面的方程得到

$$q_2 = -\frac{1}{256}\cos 3\tau + \frac{1}{768}\cos 5\tau \tag{8.2-86}$$

因此,方程(8.2-73)的周期解为

$$q = \cos\tau + \frac{\varepsilon}{16}\cos 3\tau + \frac{\varepsilon^2}{768}(-3\cos 3\tau + \cos 5\tau) + \cdots \tag{8.2-87}$$

而分界线方程为

$$\delta = 1 - \frac{\varepsilon}{2} - \frac{\varepsilon^2}{32} + \cdots \tag{8.2-88}$$

情况 2: $q_0=\sin\tau$,同样可以求得方程(8.2-73)的周期解和分界线方程

$$q = \sin\tau + \frac{\varepsilon}{16}\sin 3\tau + \frac{\varepsilon^2}{768}(3\sin 3\tau + \sin 5\tau) + \cdots \tag{8.2-89}$$

$$\delta = 1 + \frac{\varepsilon}{2} - \frac{\varepsilon^2}{32} + \cdots \tag{8.2-90}$$

(3) $n=2$

此时方程(8.2-76a)有两个周期为 π 的线性无关解 $\sin 2\tau$ 和 $\cos 2\tau$。

情况 1: $q_0=\cos 2\tau$。用与 $n=1$ 情况相同的步骤,可以求得方程(8.2-73)的周期解和分界线方程

$$q = \cos 2\tau - \frac{\varepsilon}{24}(3 - \cos 4\tau) + \frac{\varepsilon^2}{1\,536}\cos 6\tau + \cdots \tag{8.2-91}$$

$$\delta = 4 + \frac{5\varepsilon^2}{48} + \cdots \tag{8.2-92}$$

情况 2: $q_0=\sin 2\tau$,方程(8.2-73)的周期解和分界线方程为

$$q = \sin 2\tau + \frac{\varepsilon}{24}\sin 4\tau + \frac{\varepsilon^2}{1\,536}\sin 6\tau + \cdots \tag{8.2-93}$$

$$\delta = 4 - \frac{\varepsilon^2}{48} + \cdots \tag{8.2-94}$$

用傅里叶级数法和摄动法得到的临界频率方程是相同的。对于不稳定的倒立摆，$\delta<0$；当支点作上下简谐运动时，用摄动法可以选择适当的激励频率和振幅来使倒立摆作稳定的运动，见习题 8－6。

复习思考题

8－1　自激系统的特点是什么？

8－2　如何用能量的观点解释自激振动现象？

8－3　红旗在风中飘扬是自激振动现象吗？

8－4　式(8.2－56)、式(8.2－58)和式(8.2－59)收敛的含义是什么？

8－5　共振频率、自激振动频率和参数共振频率有什么不同？

习　　题

8－1　普通机械钟摆的运动是典型的自激振动。试画出机械钟摆运动的极限环。

8－2　如图 8.1 所示，两个小孩分别坐在长为 $2l$、高度为 h 的跷跷板的两端。系统的质心与支点 O 重合，系统相对支点 O 的转动惯量为 J。$\alpha=0$ 为系统的初始位置，并且系统具有初始能量。假设板与地的接触为完全弹性接触。

① 若板的轴承无摩擦，系统的周期运动是否为自激振动？画出相轨迹图。

② 若板的轴承存在干摩擦力矩 M，系统如何运动？画出相轨迹图。

③ 若板的轴承存在干摩擦力矩 M，在板与地每次接触时，小孩用足蹬地给系统输入不变的能量 ΔE。试确定使系统实现周期运动的 ΔE 值。该周期运动是否为自激振动？画出系统周期运动的相轨迹。

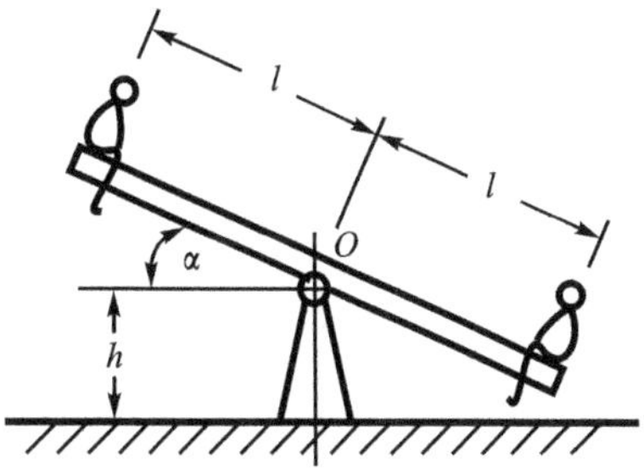

图 8.1　习题 8－2 用图

8－3　用谐波平衡法和摄动法求瑞利方程

$$\ddot{x}+\varepsilon\dot{x}(\dot{x}^2-1)+x=0$$

的近似解。

8－4　用谐波平衡法求范德波尔方程

$$\ddot{x}+\varepsilon\dot{x}(x^2-1)+\omega_0^2x=0$$

的近似解。令 $\varepsilon=0.1$，用一阶近似解画出极限环。

8－5　图 8.2 为一个单摆，它由重物 m 和无质量刚杆组成。摆支撑点的运动规律为 $y_0=A_0\sin\omega t$。系统参数为 $m=1$ kg，$l=0.5$ m，$A_0=10$ mm，$\omega=10$ rad/s。试分析单摆的稳定性，并求出第一个不稳定区间。

8－6　若把图 8.2 所示系统变成一个倒立摆，其他参数同题 8－5。求倒立摆作稳定振动的最小频率 $\omega_{\min}$。

8－7　用一根绳索把质量 $m=500$ kg 的小车与半径 $r=0.1$ m 的鼓轮在 B 点连接，如图 8.3

所示。在系统的平衡位置($x=0$)时,绳索长 $l_0=1$ m,张力 $T_0=10^3$ N,轨道与小滑轮的距离 $l=0.7$ m,绳索的横截面积 $A=10^{-4}$ m^2,绳索的弹性模量 $E=2\times10^{11}$ Pa。鼓轮的运动规律为 $\phi=\phi_0\sin\omega t$,其中 $\phi_0=0.1$ rad,$\omega=10$ rad/s。试建立小车的运动方程,并讨论小车运动稳定性。

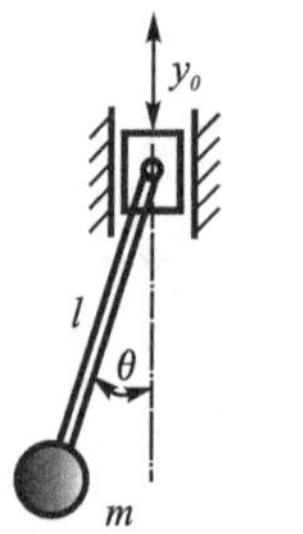

图 8.2 习题 8-5 用图

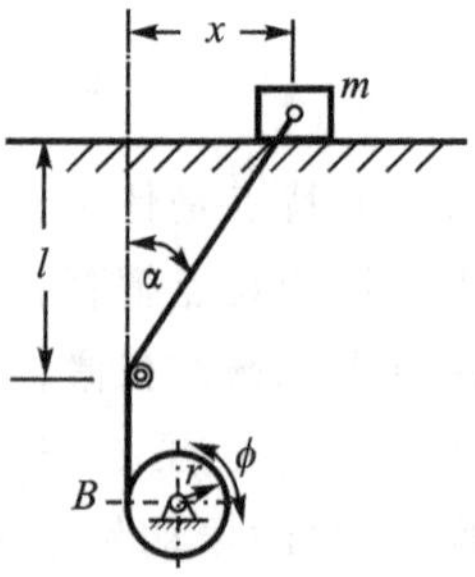

图 8.3 习题 8-7 用图

8-8 可以用下面修正的范德波尔方程描述张弛振动,即

$$\ddot{x}+\varepsilon\dot{x}(x^4-1)+x=0$$

其中用 x^4 代替了原来方程的 x^2。对于小的参数 ε,求出系统近似周期振动的幅值。

8-9 在图 8.4 所示系统中,弹簧是线弹性的。试建立系统的运动微分方程。

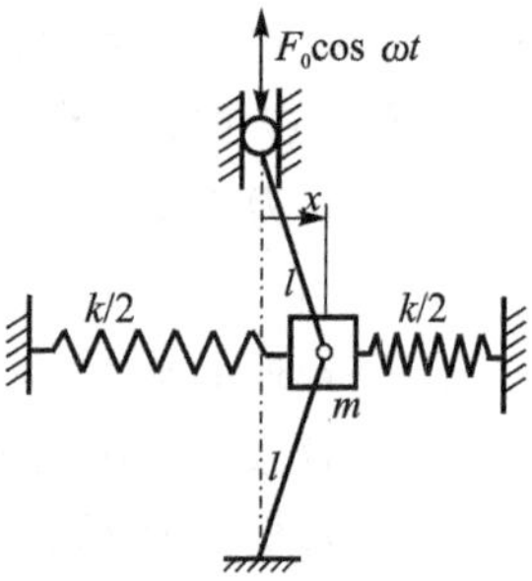

图 8.4 习题 8-9 用图

8-10 图 8.5(a)所示一质量-弹簧系统放在传送带上,传送带以匀速 v_0 运动。用 v 表示质量块和传送带之间的相对运动速度。图 8.5(b)给出了摩擦力 $F_d=-mg\mu\,\mathrm{sgn}(v)$($\mu$ 为滑动摩擦系数)与 v 的关系,从图中可以看出静止摩擦系数大于滑动摩擦系数。用 μ_R 和 μ_L 分别表示质量块向右和向左运动的滑动摩擦系数。试求质量块在传送带上运动一个周期时振幅的增量。

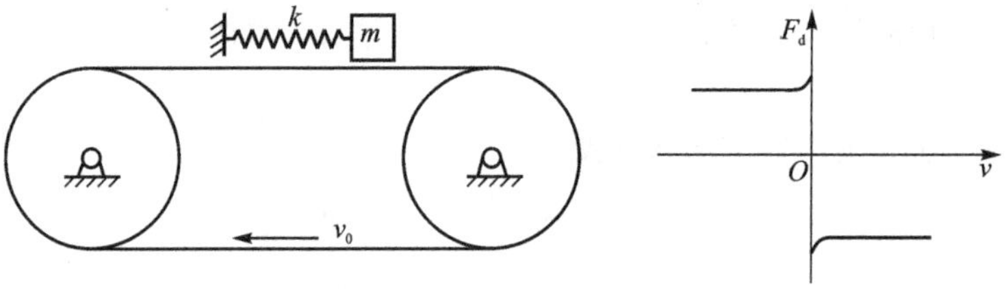

(a) 传送带上的质量-弹簧系统　　(b) F_d与v的关系

图 8.5 习题 8-10 用图

第 9 章　振动问题的稳定性理论

前面的章节对系统的振动特性及其分析方法进行了讨论。本章将讨论振动系统的稳定性问题。研究系统的运动受到初始扰动后能够不偏离甚至趋向原运动的性质和条件的理论称为**运动稳定性理论**。如果任意指定原运动的一个邻域，只要初始扰动充分小，就能够使受扰运动永不超出这个邻域，甚至趋向原运动，则称原运动是稳定的，否则是不稳定的。只有稳定的运动才是可以实现的。例如，在发射人造卫星时，由于初始扰动是不可避免的，因此只有卫星运动是稳定的，才可以保证卫星按照预定路线和预定时间进入预定的轨道。运动稳定性理论在工程中具有重要和广泛的应用。1892 年，李亚普诺夫(Liapounov)从理论上对运动稳定性的普遍问题作了严格论证和系统分析，给出了李亚普诺夫运动稳定性理论。运动稳定性一般是指李亚普诺夫意义下的运动稳定性。

本章主要介绍李亚普诺夫的稳定性理论和庞加莱轨道稳定性理论，讨论运动稳定性的判据，以及和稳定性密切相关的奇点和极限环理论。

9.1　静力稳定性

为了更加容易理解运动稳定性理论，下面先简单介绍静力稳定性问题，并通过一个简单例子说明静力稳定性判据的局限性，也就是说明研究运动稳定性的必要性。

考虑一个具有 n 个自由度的静力系统，其广义坐标列向量为 $\boldsymbol{x}=[x_1 \quad x_2 \quad \cdots \quad x_n]^{\mathrm{T}}$，广义力列向量 $\boldsymbol{Q}=[Q_1 \quad Q_2 \quad \cdots \quad Q_n]^{\mathrm{T}}$。由虚功原理可知，系统处于静平衡状态的充分必要条件是

$$\boldsymbol{Q}^{\mathrm{T}}\delta\boldsymbol{x}=\sum_{i=1}^{n}Q_i\delta x_i=0 \tag{9.1-1}$$

式中：δx_i 是满足约束条件的可能位移，或称为广义虚位移。从式(9.1-1)还可以进一步推知，静力系统处于平衡状态的充分必要条件是

$$Q_i=0 \tag{9.1-2}$$

设 $\boldsymbol{x}_0$ 是满足条件(9.1-2)的一个平衡状态。在 $\boldsymbol{x}_0$ 附近的另外一个状态 $\boldsymbol{x}_0+\delta\boldsymbol{x}$ 通常不再满足平衡条件，即系统受一个不为零的广义力 $\delta\boldsymbol{Q}=\boldsymbol{Q}(\boldsymbol{x}_0+\delta\boldsymbol{x})-\boldsymbol{Q}(\boldsymbol{x}_0)$ 的作用。直观地说，一个系统偏离平衡状态后承受的广义力若指向平衡状态，系统将趋于恢复原来的平衡状态，则称原始的平衡状态是稳定的。例如静止悬挂的物体，当它偏离平衡位置时，所受的外力是指向平衡位置，因此原来悬挂的位置是稳定的。

对于 n 个自由度的系统，若对于任意的广义虚位移 $\delta\boldsymbol{x}$，都有

$$\delta\boldsymbol{Q}^{\mathrm{T}}\delta\boldsymbol{x}=\sum_{i=1}^{n}\delta Q_i\delta x_i<0 \tag{9.1-3}$$

则称系统的原平衡状态 $\boldsymbol{x}_0$ 是稳定的，或称 $\boldsymbol{x}_0$ 是系统的稳定平衡状态。如果存在某个广义位

移增量 $\delta\boldsymbol{x}^*$,使得

$$\delta\boldsymbol{Q}^{*\mathrm{T}}\delta\boldsymbol{x}^* = \sum_{i=1}^{n}\delta Q_i^*\delta x_i^* > 0 \tag{9.1-4}$$

则称系统在平衡状态 $\boldsymbol{x}_0$ 下是不稳定的。如果存在某个广义位移增量 $\delta\boldsymbol{x}^*$,使得

$$\delta\boldsymbol{Q}^{*\mathrm{T}}\delta\boldsymbol{x}^* = \sum_{i=1}^{n}\delta Q_i^*\delta x_i^* = 0 \tag{9.1-5}$$

并且没有一个 $\delta\boldsymbol{x}$ 使式(9.1-4)成立,则称 $\boldsymbol{x}_0$ 是系统的临界状态。

若系统的广义力是有势的,用 U 表示广义力场的势能,它是广义位移 $x_1, x_2, \cdots, x_n$ 的函数,则广义力和广义位移可以用 $U(x_1, x_2, \cdots, x_n)$ 联系起来,即

$$Q_i = -\frac{\partial U}{\partial x_i} \quad (i=1,2,\cdots,n) \tag{9.1-6}$$

用 Q_i 的一阶变分来表示 Q_i 的改变量 δQ_i,于是有

$$\delta Q_i = -\sum_{j=1}^{n}\frac{\partial^2 U}{\partial x_i \partial x_j}\delta x_j \quad (i=1,2,\cdots,n) \tag{9.1-7}$$

把式(9.1-7)代入式(9.1-3)得到

$$\delta\boldsymbol{Q}^{\mathrm{T}}\delta\boldsymbol{x} = -\sum_{i=1}^{n}\sum_{j=1}^{n}\frac{\partial^2 U}{\partial x_i \partial x_j}\delta x_j \delta x_i < 0 \tag{9.1-8}$$

即

$$\sum_{i=1}^{n}\sum_{j=1}^{n}\frac{\partial^2 U}{\partial x_i \partial x_j}\delta x_j \delta x_i > 0 \tag{9.1-9}$$

上式就是用势能表示的静平衡状态稳定条件。式(9.1-9)也可以用矩阵形式表示,即

$$\delta\boldsymbol{x}^{\mathrm{T}}\boldsymbol{H}\delta\boldsymbol{x} > 0 \tag{9.1-10}$$

式中:矩阵 $\boldsymbol{H}$ 称为**海森(Hesse)矩阵**,它的元素为

$$H_{ij} = \frac{\partial^2 U}{\partial x_i \partial x_j}$$

从式(9.1-10)可知矩阵 $\boldsymbol{H}$ 是正定的,而 $\boldsymbol{H}$ 是正定的充分必要条件是,它的各阶主子行列式大于零。式(9.1-9)表示的稳定性条件可以用拉格朗日定理来表述。

定理 9.1-1(拉格朗日定理) 系统势能在状态 $\boldsymbol{x}_0$ 下有孤立极小值的充分必要条件是状态 $\boldsymbol{x}_0$ 为稳定平衡状态。

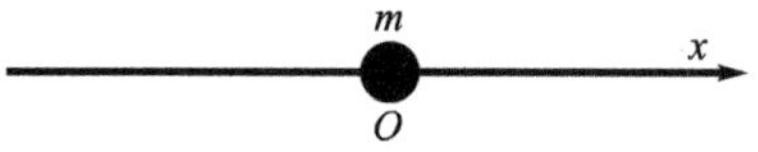

图 9.1-1 单质点系统

例 9.1-1 一个质量为 m 的质点位于 x 轴的坐标原点,见图 9.1-1。质点在 x 轴上所受的外力为

$$f(x) = \begin{cases} 0, & x = 0 \\ -2\mathrm{sgn}\,(x) + \psi(\dot{x}), & x \neq 0 \end{cases} \tag{a}$$

式中:

$$\psi(\dot{x}) = \begin{cases} -\mathrm{sgn}\,(x), & \dot{x} = 0 \\ \mathrm{sgn}\,(\dot{x}), & \dot{x} \neq 0 \end{cases}$$

由式(a)可知,原点是质点的平衡位置。试用静平衡判据判断该平衡状态的稳定性。

解:根据式(a)可知,若质点朝着离开原点的方向运动,它将受大小为1而指向原点的力的作用;若质点向着原点方向运动,它将受大小为3而指向原点的力的作用。因此在原点附近有 $\delta f\delta x < 0$,根据静力学稳定性判据式(9.1-3)可知,质点在原点的平衡状态是稳定的。

下面进一步分析质点的运动情况。设质点有一个任意小的初始位移 $\varepsilon>0$，初始速度等于零。这时作用在质点上的力为 -3，质点向着原点方向运动。当质点运动到原点时，有

$$\frac{1}{2}m\dot{x}_0^2=3\varepsilon \tag{b}$$

式中：$\dot{x}_0$ 是质点在原点的速度。当质点从原点开始继续向左运动时，作用在质点上的力为 1；当质点向左运动到最大位置 x_1 时，有 $\dot{x}_1=0$。根据能量关系，有

$$\frac{1}{2}m\dot{x}_1^2-\frac{1}{2}m\dot{x}_0^2=x_1\times 1 \tag{c}$$

因此，有 $x_1=-3\varepsilon$。同理可以分析，质点再运动到原点右边的最远位置是 $x_2=3^2\varepsilon=9\varepsilon$。如此反复运动 n 次后，质点距离原点的距离为 $3^n\varepsilon$。也就是无论质点初始位移 ε 多么小，随着质点反复运动次数的增加，质点离开原平衡位置的距离越来越远，这样的平衡状态是不稳定的，这与用静力稳定性判据得到的结论相反。之所以说用静力稳定性判据来分析质点的平衡状态得到的结论是错误的，是因为它没有考虑质点运动惯性的影响。

从此例可以看出，有必要讨论系统的运动稳定性及其判据。

9.2　李亚普诺夫稳定性理论

李亚普诺夫于 1892 年给出了动力稳定性的严格定义，提出了判别系统动力稳定性的两个定理，奠定了动力稳定性的理论基础。

9.2.1　李亚普诺夫稳定性

振动系统运动方程可以写成如下一般形式：

$$\dot{\boldsymbol{y}}=\boldsymbol{f}(\boldsymbol{y},t) \tag{9.2-1}$$

式中：$\boldsymbol{y}$ 和 $\boldsymbol{f}$ 都是 n 维状态向量，由广义坐标位移和广义坐标速度组成。设 $\boldsymbol{y}^0(t)$ 是满足初始条件 $\boldsymbol{y}(t_0)=\boldsymbol{y}_0$ 的解，对应于某一平衡状态或周期运动。设 $\boldsymbol{y}(t)$ 是微分方程(9.2-1)的另外一个解，但它和 $\boldsymbol{y}^0(t)$ 满足不同的初始条件。引入一个新的状态向量，其定义为

$$\boldsymbol{x}(t)=\boldsymbol{y}(t)-\boldsymbol{y}^0(t) \tag{9.2-2}$$

称 $\boldsymbol{x}(t)$ 为**扰动**，实际上它是方程(9.2-1)的对应不同初始条件的状态变量的改变量。把式(9.2-2)代入方程(9.2-1)，得到

$$\dot{\boldsymbol{x}}=\boldsymbol{g}(\boldsymbol{x},t) \tag{9.2-3}$$

式中：

$$\boldsymbol{g}(\boldsymbol{x},t)=\boldsymbol{f}(\boldsymbol{x}+\boldsymbol{y}^0,t)-\dot{\boldsymbol{y}}^0=\boldsymbol{f}(\boldsymbol{x}+\boldsymbol{y}^0,t)-\boldsymbol{f}(\boldsymbol{y}^0,t) \tag{9.2-4}$$

由式(9.2-4)可知，$\boldsymbol{g}(\boldsymbol{0},t)=\boldsymbol{0}$；进一步由方程(9.2-3)可知，当 $\boldsymbol{x}=\boldsymbol{0}$ 时，$\dot{\boldsymbol{x}}=\boldsymbol{0}$。方程(9.2-3)称为**扰动方程**。从式(9.2-2)和方程(9.2-3)可以看出，方程(9.2-1)的解 $\boldsymbol{y}^0(t)$ 与扰动方程(9.2-3)的零解 $\boldsymbol{x}(t)\equiv\boldsymbol{0}$ 是完全等价的，也就是运动状态 $\boldsymbol{y}^0(t)$ 的稳定性问题与平衡状态 $\boldsymbol{x}(t)\equiv\boldsymbol{0}$ 的稳定性问题是完全等价的。

李亚普诺夫稳定性定义：对于任意小的正数 ε，都存在正数 δ，只要初始扰动 $|\boldsymbol{x}(t_0)|<\delta$，对于 $t>t_0$，总有 $|\boldsymbol{x}(t)|<\varepsilon$，则称平衡状态 $\boldsymbol{x}(t)\equiv\boldsymbol{0}$ 是稳定的，或称运动状态 $\boldsymbol{y}^0(t)$ 是稳定的。若存在正数 δ_0 使 $|\boldsymbol{x}(t_0)|<\delta_0$，有

$$\lim_{t\to\infty}\boldsymbol{x}(t)=\boldsymbol{0}$$

则称 $\boldsymbol{x}(t)\equiv\boldsymbol{0}$ 是渐近稳定的,或称 $\boldsymbol{y}^0(t)$是渐近稳定的。对于不满足上述条件的,则称 $\boldsymbol{x}(t)\equiv\boldsymbol{0}$ 是不稳定的,或称 $\boldsymbol{y}^0(t)$是不稳定的。

李亚普诺夫稳定性意味着,系统的一个给定解是稳定的,当且仅当对于 $t>t_0$ 的所有时刻,从给定解的邻域出发的所有解仍然在这一给定解的邻域中。如果一个运动是渐近稳定的,则它一定是稳定的;反过来,如果一个运动状态是稳定的,它却不一定是渐近稳定的。

根据李亚普诺夫稳定性的定义,对线性单自由度系统的稳定性进行分析,可以得到结论:保守系统的平衡状态(相平面上的中心)是稳定的;耗散系统的平衡状态(相平面上的稳定焦点或结点)是渐近稳定的;负刚度系统的平衡状态(相平面上的鞍点)是不稳定的;负阻尼系统的平衡状态(相平面上的不稳定焦点或结点)是不稳定的。

9.2.2 李亚普诺夫一次近似理论

由于方程(9.2-1)的解 $\boldsymbol{y}^0(t)$与扰动方程(9.2-3)的零解 $\boldsymbol{x}(t)\equiv\boldsymbol{0}$ 的稳定性是完全等价的,因此通过讨论方程(9.2-3)零解的稳定性,就可以确定 $\boldsymbol{y}^0(t)$的稳定性。

1. 李亚普诺夫一次近似方法

下面只讨论自治系统情形,此时方程(9.2-3)变为

$$\dot{\boldsymbol{x}}=\boldsymbol{g}(\boldsymbol{x}) \tag{9.2-5}$$

式中:$\boldsymbol{g}(\boldsymbol{0})=\boldsymbol{0}$。

由于线性常系数微分方程组的数学理论是完善的,故将复杂的非线性系统近似地转化为线性系统,这是实用的分析方法。把方程(9.2-5)的右端项在 $\boldsymbol{x}=\boldsymbol{0}$ 处展开成泰勒级数,当扰动足够小时,可以略去二次以上的高阶项,即得到原系统式(9.2-5)的一阶近似方程

$$\dot{\boldsymbol{x}}=\boldsymbol{A}\boldsymbol{x} \tag{9.2-6}$$

式中:常数矩阵 $\boldsymbol{A}$ 是 $n\times n$ 的雅可比矩阵,其元素 a_{ij} 为

$$a_{ij}=\left.\frac{\partial g_i}{\partial x_j}\right|_{\boldsymbol{x}=\boldsymbol{0}}\quad(i,j=1,2,\cdots,n) \tag{9.2-7}$$

式中:g_i 和 x_j 分别为向量 $\boldsymbol{g}$ 和 $\boldsymbol{x}$ 的元素。设方程(9.2-6)的解为

$$\boldsymbol{x}=\boldsymbol{B}\mathrm{e}^{\lambda t} \tag{9.2-8}$$

式中:$\boldsymbol{B}$ 是 n 维列向量。把上式代入方程(9.2-6)中得到

$$(\boldsymbol{A}-\lambda\boldsymbol{I})\boldsymbol{B}=\boldsymbol{0} \tag{9.2-9}$$

式中:$\boldsymbol{I}$ 为单位矩阵。向量 $\boldsymbol{B}$ 非零的充分必要条件是

$$|\boldsymbol{A}-\lambda\boldsymbol{I}|=0 \tag{9.2-10}$$

上式即是矩阵 $\boldsymbol{A}$ 的特征值方程,$\boldsymbol{\lambda}$ 是矩阵 $\boldsymbol{A}$ 的特征值。线性方程(9.2-6)零解的稳定性完全取决于矩阵 $\boldsymbol{A}$ 的复特征值实部的正负。关于特征值实部的正负和方程(9.2-6)零解稳定性的关系,有如下几种情况:

① 若所有特征值的实部是负的,则线性方程(9.2-6)的零解是渐近稳定的。

② 只要有一个特征值的实部是正的,则线性方程(9.2-6)的零解是不稳定的。

③ 若有一个实部为零的特征值,而其余特征值的实部为负,则零解是稳定的,但不是渐近稳定的。

前面这些根据特征值实部的正负来判断线性方程(9.2-6)零解的稳定性的规则,不能直

接用于原系统方程(9.2-5)。关于线性系统矩阵 **A** 的特征值和原系统方程(9.2-5)零解稳定性的关系,李亚普诺夫给出如下两个重要定理:

定理 9.2-1　若方阵 **A** 的全部特征根的实部是负的,则原系统的零解是渐近稳定的。

定理 9.2-2　若方阵 **A** 至少有一个特征根的实部是正的,则原系统的零解是不稳定的。

李亚普诺夫还指出,若方阵 **A** 存在实部为零的特征根,而其余特征根的实部为负(称为临界情况),则原系统的稳定性由高次项决定。由于大量实际问题可以用一次近似描述,因此一次近似稳定性理论在工程中得到了广泛的应用。

2. 劳斯-赫尔维茨准则

以上分析表明,方阵 **A** 的全部特征根的实部为负既是一次近似方程(9.2-6)零解为渐近稳定的充分条件,也是原方程(9.2-5)零解为渐近稳定的充分条件。劳斯-赫尔维茨(Routh-Hurwitz)准则是判断方阵 **A** 的全部特征根是否位于复平面左半平面的实用方法。设特征方程(9.2-10)展开后的形式为

$$a_0\lambda^n + a_1\lambda^{n-1} + \cdots + a_{n-1}\lambda + a_n = 0 \tag{9.2-11}$$

将此方程的系数按以下规则构成 n 阶方阵 $\boldsymbol{D}$,即

① 将 $a_1, a_2, \cdots, a_n$ 依次排列成主对角线元素。

② 在第 k 行内,自对角线元素 a_k 向左的元素依次为 $a_{k+1}, a_{k+2}, \cdots, a_n$,而 a_n 以后的元素为零。自 a_k 向右的元素依次为 $a_{k-1}, a_{k-2}, \cdots, a_0$,而 a_0 以后的元素为零。

按照上面规则构成的方阵 $\boldsymbol{D}$ 为

$$\boldsymbol{D} = \begin{bmatrix} a_1 & a_0 & 0 & 0 & 0 & 0 & \cdots & 0 \\ a_3 & a_2 & a_1 & a_0 & 0 & 0 & \cdots & 0 \\ a_5 & a_4 & a_3 & a_2 & a_1 & a_0 & \cdots & 0 \\ \vdots & \vdots & \vdots & \vdots & \vdots & \vdots & & \vdots \\ 0 & 0 & 0 & 0 & 0 & 0 & \cdots & a_n \end{bmatrix}$$

下面用定理的形式给出劳斯-赫尔维茨准则。

定理 9.2-3　实系数代数方程(9.2-11)的所有根均有负实部的充分必要条件为方阵 $\boldsymbol{D}$ 的 n 个主子行列式大于零,即

$$\Delta_1 = a_1 > 0,\quad \Delta_2 = \begin{vmatrix} a_1 & a_0 \\ a_3 & a_2 \end{vmatrix} > 0, \cdots, \Delta_k = \begin{vmatrix} a_1 & a_0 & 0 & 0 & \cdots & 0 \\ a_3 & a_2 & a_1 & a_0 & \cdots & 0 \\ a_5 & a_4 & a_3 & a_2 & \cdots & 0 \\ \vdots & \vdots & \vdots & \vdots & & \vdots \\ a_{2k-1} & a_{2k-2} & a_{2k-3} & a_{2k-4} & \cdots & a_k \end{vmatrix} > 0$$

式中:$k=1,2,\cdots,n$。

例 9.2-1　试判断范德波尔方程 $\ddot{x} + \varepsilon\dot{x}(x^2 - 1) + \omega_0^2 x = 0$ 零解的稳定性。

解:将范德波尔方程变为

$$\left.\begin{aligned} \dot{x}_1 &= x_2 \\ \dot{x}_2 &= -\omega_0^2 x_1 + \varepsilon x_2(1 - x_1^2) \end{aligned}\right\} \tag{a}$$

其一次近似方程为

$$\left.\begin{aligned} \dot{x}_1 &= x_2 \\ \dot{x}_2 &= -\omega_0^2 x_1 + \varepsilon x_2 \end{aligned}\right\} \tag{b}$$

方阵 $\boldsymbol{A}$ 为

$$\boldsymbol{A}=\begin{bmatrix}0 & 1\\ -\omega_0^2 & \varepsilon\end{bmatrix}$$

方阵 $\boldsymbol{A}$ 的特征值方程为

$$|\boldsymbol{A}-\lambda\boldsymbol{I}|=\begin{vmatrix}-\lambda & 1\\ -\omega_0^2 & -\lambda+\varepsilon\end{vmatrix}=\lambda^2-\varepsilon\lambda+\omega_0^2=0 \tag{c}$$

解出特征根为

$$\lambda_{1,2}=\frac{\varepsilon}{2}\left[1\pm\sqrt{1-4(\omega_0/\varepsilon)^2}\right] \tag{d}$$

由于 $\varepsilon>0$,因此特征根具有正实部,原方程(a)的零解是不稳定的。

也可以利用劳斯-赫尔维茨准则来判断方程(a)零解的稳定性。从式(c)可知,$a_0=1$,$a_1=-\varepsilon$,$a_2=\omega_0^2$。由于 $\Delta_1=a_1<0$,因此原方程(a)的零解是不稳定的。

9.2.3 李亚普诺夫直接法

李亚普诺夫的一阶线性化方法虽然容易理解,但它涉及许多复杂的计算,有时不便于应用,因此产生了李亚普诺夫直接法。它是研究振动系统运动稳定性的定性方法。直接法不需要求解扰动方程,而是构造具有某种性质的标量函数 $v(\boldsymbol{x})$,使 $v(\boldsymbol{x})$ 与扰动方程相联系以估计扰动运动的走向,从而判断扰动方程零解的稳定性。称这样构造的函数 $v(\boldsymbol{x})$ 为**李亚普诺夫函数**。如何构造 $v(\boldsymbol{x})$ 是利用直接法判断零解稳定性的关键。对于非线性系统,可以采用能量方法构造 $v(\boldsymbol{x})$;对于线性系统,可以用李亚普诺夫代数方程来构造 $v(\boldsymbol{x})$。

由线性系统 $\dot{\boldsymbol{x}}=\boldsymbol{A}\boldsymbol{x}$ 决定的代数方程 $\boldsymbol{A}^{\mathrm{T}}\boldsymbol{P}+\boldsymbol{P}\boldsymbol{A}=-\boldsymbol{Q}$ 称为**李亚普诺夫代数方程**,其中 $\boldsymbol{P}$、$\boldsymbol{Q}$ 均为对称矩阵,$\boldsymbol{A}$ 是已知的,$\boldsymbol{Q}$ 是给定的,而 $\boldsymbol{P}$ 是待求的。如果方阵 $\boldsymbol{A}$ 的任意两个特征根之和不为零(例如 $\boldsymbol{A}$ 的所有特征根具有负实部),则对任意给定的正定矩阵 $\boldsymbol{Q}$,求解李亚普诺夫代数方程将得到唯一的正定矩阵 $\boldsymbol{P}$,进而可以为线性系统 $\dot{\boldsymbol{x}}=\boldsymbol{A}\boldsymbol{x}$ 构造一个二次型李亚普诺夫函数 $v(\boldsymbol{x})=\boldsymbol{x}^{\mathrm{T}}\boldsymbol{P}\boldsymbol{x}$。

若保守系统的势能在平衡状态处有孤立的极小值,则平衡状态是稳定的,这是著名的拉格朗日定理。可以把李亚普诺夫直接法看成是拉格朗日定理的推广。

考虑自治系统(9.2-5)。对于该自治系统,李亚普诺夫直接法包括如下3个定理:

定理 9.2-4 若在 $\boldsymbol{x}=\boldsymbol{0}$ 的邻域内存在可微函数 $v(\boldsymbol{x})>0$,它沿着系统解的导数

$$\dot{v}(\boldsymbol{x})=\frac{\partial v}{\partial \boldsymbol{x}}\cdot\boldsymbol{g}(\boldsymbol{x})=\sum_{i=1}^{n}\frac{\partial v}{\partial x_i}\dot{x}_i=w(\boldsymbol{x})\leqslant 0 \tag{9.2-12}$$

则系统的零解 $\boldsymbol{x}=\boldsymbol{0}$ 是稳定的。

式(9.2-12)中的 $v(\boldsymbol{x})=v(x_1,x_2,\cdots,x_n)$。$x_i=x_i(t)$ 是系统方程(9.2-5)的解,故称式(9.2-12)中的 $\dot{v}(\boldsymbol{x})$ 为沿着系统解的导数。

定理 9.2-5 若在 $\boldsymbol{x}=\boldsymbol{0}$ 的邻域内存在可微函数 $v(\boldsymbol{x})>0$,它沿着系统解的导数

$$\dot{v}(\boldsymbol{x})=\frac{\partial v}{\partial \boldsymbol{x}}\cdot\boldsymbol{g}(\boldsymbol{x})=\sum_{i=1}^{n}\frac{\partial v}{\partial x_i}\dot{x}_i=w(\boldsymbol{x})<0 \tag{9.2-13}$$

则系统的零解 $\boldsymbol{x}=\boldsymbol{0}$ 是渐近稳定的。

定理 9.2-6 若在 $\boldsymbol{x}=\boldsymbol{0}$ 的邻域内存在可微函数 $v(\boldsymbol{x})>0$,它沿着系统解的导数

$$\dot{v}(\boldsymbol{x})=\frac{\partial v}{\partial \boldsymbol{x}}\cdot \boldsymbol{g}(\boldsymbol{x})=\sum_{i=1}^{n}\frac{\partial v}{\partial x_i}\dot{x}_i=w(\boldsymbol{x})>0 \tag{9.2-14}$$

则系统的零解 $\boldsymbol{x}=\boldsymbol{0}$ 是不稳定的。

对于非自治系统(9.2-3)，也存在类似的定理。

定理 9.2-7 在 $\boldsymbol{x}=\boldsymbol{0}$ 的邻域内存在可微函数 $v(\boldsymbol{x},t)$ 和 $w(\boldsymbol{x})$，并且 $w(\boldsymbol{x})>0$，$v(\boldsymbol{x},t)\geqslant w(\boldsymbol{x})$。若 $v(\boldsymbol{x},t)$ 沿着系统解的导数

$$\dot{v}(\boldsymbol{x},t)=\frac{\partial v}{\partial t}+\sum_{i=1}^{n}\frac{\partial v}{\partial x_i}\dot{x}_i\leqslant 0 \tag{9.2-15}$$

则非自治系统(9.2-3)的零解 $\boldsymbol{x}=\boldsymbol{0}$ 是稳定的。

例 9.2-2 讨论如下非线性系统

$$\left.\begin{aligned}\dot{x}_1&=-x_2+ax_1^3\\ \dot{x}_2&=x_1+ax_2^3\end{aligned}\right\} \tag{a}$$

的零解的稳定性。

解：非线性方程(a)的一阶近似方程的本征方程为

$$\begin{vmatrix}-\lambda & -1\\ 1 & -\lambda\end{vmatrix}=\lambda^2+1=0 \tag{b}$$

因此一阶线性方程的特征根为

$$\lambda_{1,2}=\pm \mathrm{i} \tag{c}$$

虽然一阶近似方程的零解是稳定的，但由于两个特征根的实部都是零，因此原非线性方程(a)零解的稳定性不能由一阶近似方程零解的稳定性来确定。下面用直接方法来判定。构造一个正定的李亚普诺夫函数

$$v(x_1,x_2)=x_1^2+x_2^2 \tag{d}$$

$v(x_1,x_2)$ 沿着系统解的导数为

$$\begin{aligned}\dot{v}(x_1,x_2)=&\frac{\partial v}{\partial x_1}\dot{x}_1+\frac{\partial v}{\partial x_2}\dot{x}_2=\\ &2\dot{x}_1x_1+2\dot{x}_2x_2=\\ &2a(x_1^4+x_2^4)\end{aligned} \tag{e}$$

因此当 $a<0$ 时，$\dot{v}<0$，即 $\dot{v}$ 为负定函数，原方程的零解是渐近稳定的；当 $a=0$ 时，$\dot{v}$ 恒等于零，因此零解是稳定的；当 $a>0$ 时，$\dot{v}$ 为正定函数，零解是不稳定的。

9.3 平面动力系统的奇点

包含两个状态变量的动力学系统称做**平面动力学系统**，或简称平面系统。单自由度系统是一种特殊的平面系统。

在第 1 章中，利用相平面方法分析了单自由度系统的自由振动。相轨迹的奇点对应于系统的平衡状态，也称做相平面内的平衡点。根据相轨迹奇点的类型可以定性地分析平衡状态附近的振动稳定性。下面针对平面动力系统的一般情况，讨论奇点的分类问题。

平面动力学系统状态方程的一般形式为

$$\left.\begin{aligned}\dot{x}_1&=P(x_1,x_2)\\ \dot{x}_2&=Q(x_1,x_2)\end{aligned}\right\}\tag{9.3-1}$$

将式(9.3-1)中的两式相除,得到相轨迹的斜率方程

$$\frac{\mathrm{d}x_2}{\mathrm{d}x_1}=\frac{Q(x_1,x_2)}{P(x_1,x_2)}\tag{9.3-2}$$

相轨迹的奇点是同时使式(9.3-2)分子和分母为零的点,即奇点(x_{1s},x_{2s})满足方程

$$P(x_{1s},x_{2s})=0,\quad Q(x_{1s},x_{2s})=0\tag{9.3-3}$$

为了讨论方便,不失一般性,将直角相平面坐标系的原点移至奇点处。将函数$P(x_1,x_2)$和$Q(x_1,x_2)$在奇点(0,0)附近展开成泰勒级数,并且只取线性项,得到

$$\left.\begin{aligned}P(x_1,x_2)&=a_{11}x_1+a_{12}x_2\\ Q(x_1,x_2)&=a_{21}x_1+a_{22}x_2\end{aligned}\right\}\tag{9.3-4}$$

式中:

$$a_{1i}=\left.\frac{\partial P}{\partial x_i}\right|_{\boldsymbol{x}=\boldsymbol{0}},\quad a_{2i}=\left.\frac{\partial Q}{\partial x_i}\right|_{\boldsymbol{x}=\boldsymbol{0}}\tag{9.3-5}$$

式中:$\boldsymbol{x}=[x_1\quad x_2]^{\mathrm{T}}$,$\boldsymbol{x}=\boldsymbol{0}$表示奇点。系数$a_{ij}(i,j=1,2)$构成如下雅可比矩阵:

$$\boldsymbol{A}=\begin{bmatrix}a_{11}&a_{12}\\ a_{21}&a_{22}\end{bmatrix}$$

把式(9.3-4)代入式(9.3-1),得到线性化方程

$$\dot{\boldsymbol{x}}=\boldsymbol{A}\boldsymbol{x}\tag{9.3-6}$$

由线性代数理论可知,任何一个方阵$\boldsymbol{A}$总是和一个约当矩阵$\boldsymbol{J}$相似,并且除了约当块的排列次序外,$\boldsymbol{J}$是由$\boldsymbol{A}$唯一决定的,即

$$\boldsymbol{U}^{-1}\boldsymbol{A}\boldsymbol{U}=\boldsymbol{J}\tag{9.3-7}$$

式中:$\boldsymbol{U}$为一个非奇异矩阵,并且方阵$\boldsymbol{A}$与约当矩阵$\boldsymbol{J}$具有相同的特征值。经过这样的相似变换后,线性方程(9.3-6)变为

$$\dot{\boldsymbol{y}}=\boldsymbol{J}\boldsymbol{y}\tag{9.3-8}$$

式中:$\boldsymbol{y}=[y_1\quad y_2]^{\mathrm{T}}$,并且

$$\boldsymbol{y}=\boldsymbol{U}^{-1}\boldsymbol{x}\tag{9.3-9}$$

由于方阵$\boldsymbol{A}$与约当矩阵$\boldsymbol{J}$具有相同的特征值,因此用$\boldsymbol{x}$或$\boldsymbol{y}$来讨论系统相轨迹的奇点类型和稳定性所得的结论是相同的。用$\boldsymbol{y}$便于进行理论分析,用$\boldsymbol{x}$便于描述系统的真实状态。

9.3.1 线性系统奇点的类型

下面分3种情况讨论约当矩阵$\boldsymbol{J}$的特征值与奇点的关系。

情况1:约当矩阵$\boldsymbol{J}$有互异实特征值λ_1和λ_2,此时约当矩阵$\boldsymbol{J}$为对角阵,即

$$\boldsymbol{J}=\begin{bmatrix}\lambda_1&0\\ 0&\lambda_2\end{bmatrix}\tag{9.3-10}$$

方程(9.3-8)变为

$$\dot{y}_1=\lambda_1 y_1,\quad \dot{y}_2=\lambda_2 y_2\tag{9.3-11}$$

方程(9.3-11)的通解为

$$y_1=y_{10}\mathrm{e}^{\lambda_1 t},\quad y_2=y_{20}\mathrm{e}^{\lambda_2 t}\tag{9.3-12}$$

式中：y_{10} 和 y_{20} 为积分常数。从式(9.3－12)消掉时间 t，得到相轨迹方程

$$y_2 = y_{20}\left(\frac{y_1}{y_{10}}\right)^{\alpha} \tag{9.3-13}$$

式中：

$$\alpha = \lambda_2/\lambda_1 \tag{9.3-14}$$

当 $\alpha<0$ 时，即 λ_1 和 λ_2 一正一负时，奇点为鞍点，见图 9.3－1(a)；当 $\alpha>0$ 时，即 λ_1 和 λ_2 同为正数或同为负数时，奇点为结点。根据式(9.3－12)可知，λ_1 和 λ_2 同为负数时，奇点为稳定结点，见图 9.3－1(b)；当 λ_1 和 λ_2 同为正数时，奇点为不稳定结点，见图 9.3－1(c)。

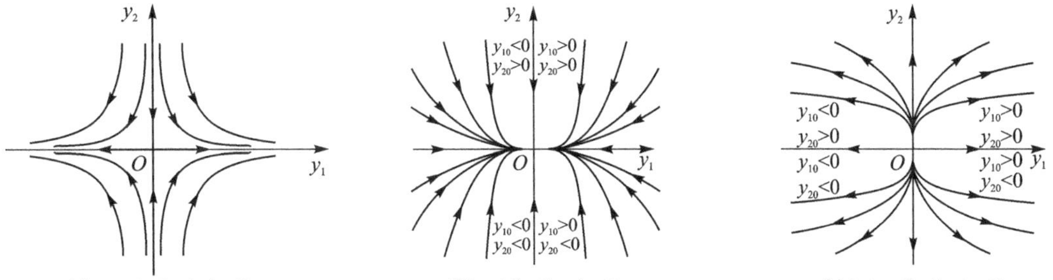

图 9.3－1　相轨迹

情况 2：约当矩阵 $\boldsymbol{J}$ 有两个实特征值，且 $\lambda_1=\lambda_2=\lambda$，这时约当矩阵 $\boldsymbol{J}$ 的形式为

$$\boldsymbol{J} = \begin{bmatrix} \lambda & 0 \\ 1 & \lambda \end{bmatrix}$$

方程(9.3－8)变成

$$\dot{y}_1 = \lambda y_1, \quad \dot{y}_2 = y_1 + \lambda y_2 \tag{9.3-15}$$

此方程的通解为

$$y_1 = y_{10}e^{\lambda t}, \quad y_2 = (y_{20} + y_{10}t)e^{\lambda t} \tag{9.3-16}$$

若将式(9.3－15)中的两个方程相除，则有

$$\frac{dy_2}{dy_1} = \frac{y_1 + \lambda y_2}{\lambda y_1} \tag{9.3-17}$$

对上式进行积分得到

$$y_2 = y_1\left(\frac{1}{\lambda}\ln y_1 + c_1\right), \quad y_1 > 0 \tag{9.3-18}$$

式中：c_1 为积分常数。从式(9.3－18)可知，奇点(0，0)为结点。根据式(9.3－16)可以判断：当 $\lambda<0$ 时，结点是稳定的，见图 9.3－2；当 $\lambda>0$ 时，结点是不稳定的。

情况 3：约当矩阵 $\boldsymbol{J}$ 有共轭复根 $\lambda_{1,2}=\sigma\pm i\omega$，此时约当矩阵 $\boldsymbol{J}$ 的形式为

$$\boldsymbol{J} = \begin{bmatrix} \sigma + i\omega & 0 \\ 0 & \sigma - i\omega \end{bmatrix}$$

方程(9.3－8)变成

$$\dot{y}_1 = \lambda y_1, \quad \dot{y}_2 = \bar{\lambda} y_2 \tag{9.3-19}$$

式中：$\lambda=\sigma+i\omega$，$\bar{\lambda}$ 是 λ 的共轭复数。由方程(9.3－19)可知，y_1 和 y_2 也是共轭的。值得指出的是，在这种情况中，矩阵 $\boldsymbol{U}$ 也是复数矩阵，但 x_1 和 x_2 却是实数。方程(9.3－19)的通解为

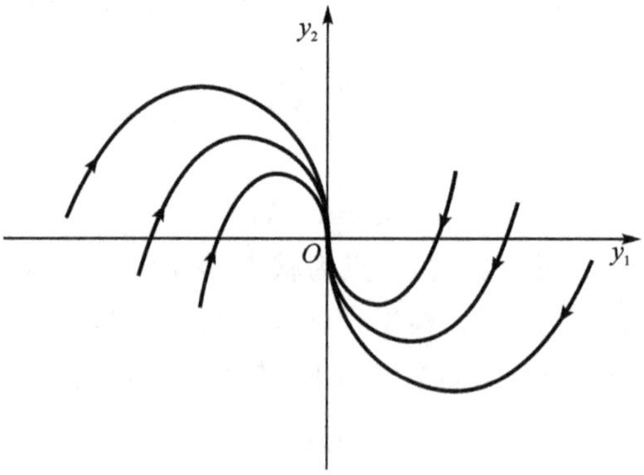

图 9.3-2　稳定结点($\lambda<0$)

$$y_1=c\mathrm{e}^{\lambda t},\quad y_2=\bar{c}\mathrm{e}^{\bar{\lambda}t}\tag{9.3-20}$$

式中:c 和 $\bar{c}$ 是一对共轭复数。令幅角 $\arg(c)=\theta$,$|c|=r$,则式(9.3-20)还可以写为

$$y_1=r\mathrm{e}^{\sigma t}\mathrm{e}^{\mathrm{i}(\omega t+\theta)},\quad y_2=r\mathrm{e}^{\sigma t}\mathrm{e}^{-\mathrm{i}(\omega t+\theta)}\tag{9.3-21}$$

令 $y_1=u_{11}+\mathrm{i}u_{12}$,$y_2=u_{21}+\mathrm{i}u_{22}$,则有

$$u_{11}=r\mathrm{e}^{\sigma t}\cos(\omega t+\theta),\quad u_{12}=r\mathrm{e}^{\sigma t}\sin(\omega t+\theta)$$

$$u_{21}=r\mathrm{e}^{\sigma t}\cos(\omega t+\theta),\quad u_{22}=-r\mathrm{e}^{\sigma t}\sin(\omega t+\theta)$$

从式(9.3-21)可以看出,相轨迹是围绕奇点的螺旋线,奇点为焦点。当 $\sigma<0$ 时,奇点为稳定焦点;当 $\sigma>0$ 时,奇点为不稳定焦点。若 $\sigma=0$,则相轨迹转化为圆,奇点为中心。对 $\sigma<0$ 的情况,图 9.3-3 给出了 y_1 和 y_2 的相轨迹图。

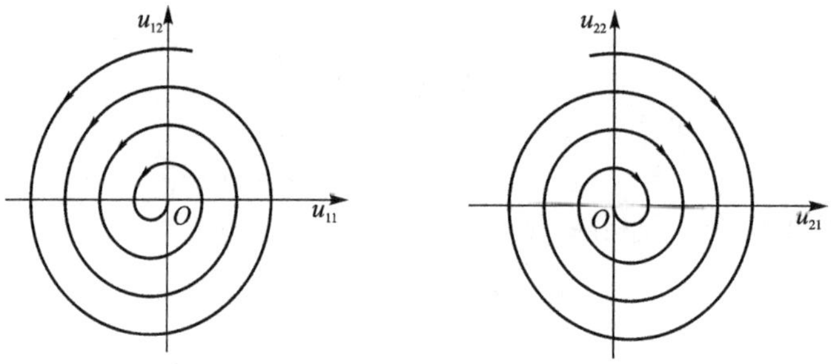

图 9.3-3　稳定焦点

9.3.2　线性系统奇点的分类规则

前面根据约当矩阵研究了线性系统奇点的类型,并画出了典型的相轨迹。线性系统(9.3-6)奇点的类型及其对应平衡状态的稳定性取决于方阵 $\boldsymbol{A}$ 的特征值。方阵 $\boldsymbol{A}$ 的特征值方程为

$$|\boldsymbol{A}-\lambda\boldsymbol{I}|=\lambda^2-p\lambda+q=0\tag{9.3-22}$$

式中:

$$p=\mathrm{tr}\,\boldsymbol{A}=a_{11}+a_{22}$$

$$q=\det\boldsymbol{A}=a_{11}a_{22}-a_{12}a_{21}$$

方程(9.3-22)的根,也就是方阵 $\boldsymbol{A}$ 的特征值为

$$\lambda_{1,2}=(p\pm\sqrt{\Delta})/2 \tag{9.3-23}$$

式中：$\Delta=p^2-4q$，并且

$$\lambda_1+\lambda_2=p,\quad \lambda_1\lambda_1=q \tag{9.3-24}$$

根据特征根实部的正负号来确定奇点稳定性的规则是：

① 两个特征根的实部小于零时，奇点是稳定的；

② 只要有一个特征根的实部大于零，奇点就是不稳定的；

③ 两个特征根的实部都等于零，奇点是稳定的。

奇点的特征由参数 p 和 Δ 确定。

① $\Delta>0$：$\lambda_{1,2}$ 为互异实根。

若 $q>0$，则 λ_1 和 λ_2 同号，奇点为结点。当 $p<0$ 时，结点稳定；当 $p>0$ 时，结点不稳定。

若 $q<0$，则 λ_1 和 λ_2 异号，奇点为鞍点。

若 $q=0$，则 $\lambda_1=0$，矩阵 $\mathbf{A}$ 奇异，相轨迹为平行直线族。

② $\Delta=0$：$\lambda_{1,2}$ 为重根。奇点为结点。当 $p<0$ 时，结点稳定；当 $p>0$ 时，结点不稳定。

③ $\Delta<0$：$\lambda_{1,2}$ 为共轭复根。

若 $p=0$，则奇点为中心。

若 $p\neq0$，则奇点为焦点。当 $p<0$ 时，焦点稳定；当 $p>0$ 时，焦点不稳定。

利用此分类规则，在参数平面(p,q)上可画出不同类型的奇点对应的不同区域，见图 9.3-4。曲线 $\Delta=0$ 在平面(p,q)上是一条抛物线，这个抛物线和 p 轴以及 q 轴的正轴部分把(p,q)平面分成若干区域。每个区域都对应一种类型奇点。只有(p,q)平面的第Ⅱ象限是稳定的，其他象限都是不稳定的。

上面讨论的奇点类型及其稳定性的分类规则都是针对线性系统的，但得到的结论却有助于分析非线性系统(9.3-1)的奇点类型。庞加莱已经证明，当 $\det\mathbf{A}\neq0$，也就是矩阵 $\mathbf{A}$ 非奇异时，线性系统(9.3-6)与原系统(9.3-1)具有相同类型的奇点。唯一例外的情况是，当 $\Delta<0$ 时，用 $p=0$ 不能完全区分中心和焦点。对于 $\det\mathbf{A}=0$ 的退化情形，必须考虑泰勒展开的高阶项，才能识别和发现原系统的奇点类型。

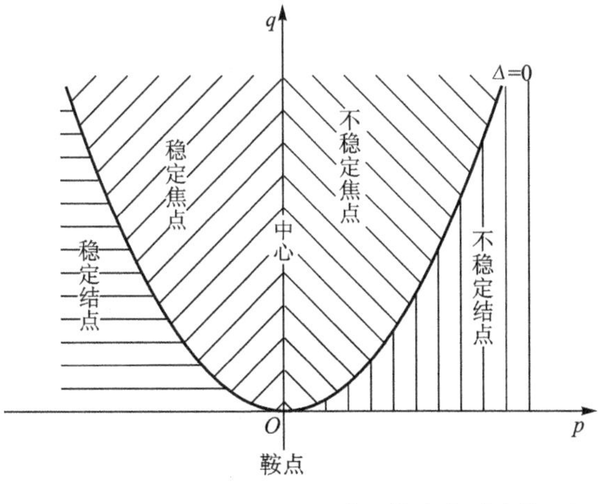

图 9.3-4　参数平面(p,q)上不同类型的奇点对应的不同区域

例 9.3-1　讨论图 9.3-5 所示单摆的奇点类型。

解：单摆的动力学方程为

$$\ddot{\theta}+(g/l)\sin\theta=0 \tag{a}$$

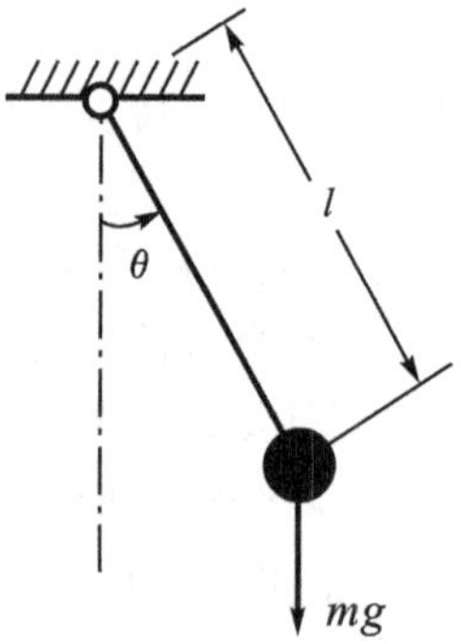

图 9.3-5 单 摆

令 $y=\dot{\theta}$,方程(a)变为

$$\left.\begin{aligned}\dot{\theta}&=y\\ \dot{y}&=-(g/l)\sin\theta\end{aligned}\right\} \tag{b}$$

式(b)中的两式相除,得到

$$\frac{\mathrm{d}y}{\mathrm{d}\theta}=-\frac{(g/l)\sin\theta}{y} \tag{c}$$

构成向量 $\boldsymbol{x}=[\theta \quad y]^{\mathrm{T}}$。令 $P(\theta,y)=y$, $Q(\theta,y)=-(g/l)\sin\theta$。根据式(9.3-5),可以得到雅可比矩阵

$$\mathbf{A}=\begin{bmatrix}0 & 1\\ -(g/l)\cos\theta_s & 0\end{bmatrix} \tag{d}$$

式中:θ_s 是奇点 $\boldsymbol{x}_s=[\theta_s \quad y_s]^{\mathrm{T}}$ 的元素。根据式(c),可以得到两个奇点 $\boldsymbol{x}_{1s}=[0 \quad 0]^{\mathrm{T}}$ 和 $\boldsymbol{x}_{2s}=[\pi \quad 0]^{\mathrm{T}}$。因此

$$p=a_{11}+a_{22}=0,\quad q=(g/l)\cos\theta_s,\quad \Delta=p^2-4q=-4(g/l)\cos\theta_s$$

由此可以得到单摆奇点的类型,见表 9.3-1。单摆运动的相轨迹见图 9.3-6。

表 9.3-1 单摆奇点的类型

奇 点	Δ	p	q	奇点类型
(0,0)	$-4(g/l)<0$	0	$g/l>0$	中心
$(\pi,0)$	$4(g/l)>0$	0	$-g/l<0$	鞍点

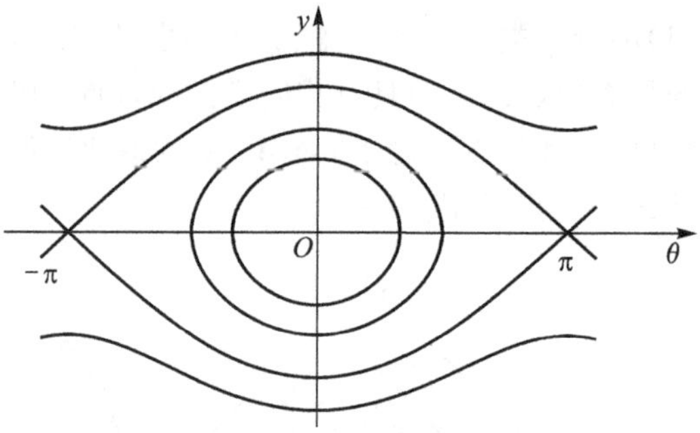

图 9.3-6 单摆运动的相轨迹

9.4 平面动力系统的极限环

相平面内的封闭相轨迹对应系统的周期运动。中心奇点周围的封闭相轨迹对应单自由度保守系统的自由振动。封闭、孤立的相轨迹称做系统的极限环,它对应非保守非线性单自由度系统的自激振动。自激振动是一种特殊的周期振动。奇点包括中心、焦点、结点和鞍点等类型,并且有稳定奇点和不稳定奇点。奇点是系统的静平衡点。奇点的稳定性决定了系统静平衡状态的稳定性。封闭相轨迹的稳定性则对应系统周期运动的稳定性。下面简单介绍平面动力系统极限环的庞加莱稳定性和存在性的一般理论。

9.4.1　极限环的稳定性

给定一个任意小的正数 ε，存在正数 δ。在初始时刻 t_0 时，系统受到干扰后的相轨迹与极限环的距离为 δ。当 $t>t_0$ 时，若 $\delta<\varepsilon$ 总是成立的，则称极限环是稳定的，否则是不稳定的。若极限环是稳定的，当 $t\to\infty$ 时，有 $\delta\to 0$，则称极限环是渐近稳定的。图 9.4-1 给出了极限环稳定性的几何含义。

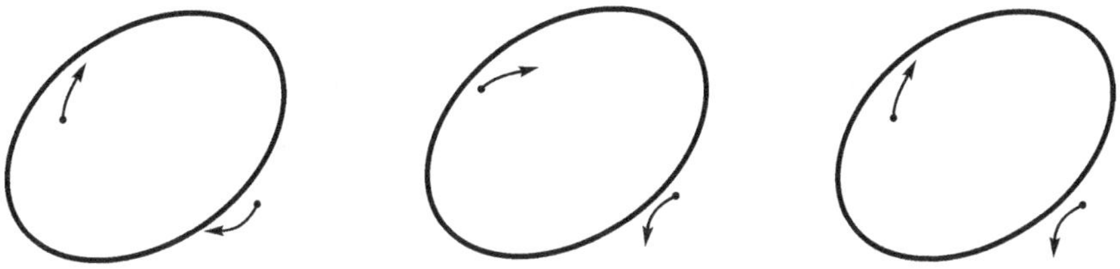

(a) 稳　定　　(b) 不稳定　　(c) 半稳定

图 9.4-1　极限环稳定性的几何含义

例 9.4-1　确定下列平面动力学系统的极限环，并讨论极限环的稳定性。

① $\dot{x}=-y+x(1-x^2-y^2)$，　$\dot{y}=x+y(1-x^2-y^2)$；

② $\dot{x}=-y-x\sqrt{x^2+y^2}\sin\dfrac{1}{\sqrt{x^2+y^2}}$，　$\dot{y}=x-y\sqrt{x^2+y^2}\sin\dfrac{1}{\sqrt{x^2+y^2}}$；

③ $\dot{x}=-y-x(1-x^2-y^2)^2$，　$\dot{y}=x-y(1-x^2-y^2)^2$。

解：① 引入极坐标

$$x=r\cos\theta,\quad y=r\sin\theta$$

可以导出

$$\dot{r}=-r(r^2-1),\quad \dot{\theta}=1 \tag{a}$$

从上式可知，$r=1$ 也就是 $x^2+y^2=1$ 对应一个周期解。对上式积分得到

$$r^2=\frac{1}{1-Ce^{-2t}},\quad \theta=t+D \tag{b}$$

式中：C、D 为积分常数。从式(b)可知，不论 $C>0$，还是 $C<0$，当 $t\to\infty$ 时，总有 $r\to 1$，因此 $r=1$ 也就是 $x^2+y^2=1$ 是一个稳定的极限环。

② 引入极坐标可以导出

$$\dot{r}=-r^2\sin\frac{1}{r},\quad \dot{\theta}=1 \tag{c}$$

对上式积分得到

$$r=\frac{1}{2\arctan(Ce^t)},\quad \theta=t+D \tag{d}$$

从式(c)可以看出，$r=1/n\pi(n=1,2,\cdots)$ 的相轨迹都是极限环，它们对应着不同性质的周期解。而具有其他 r 值的相轨迹是螺旋线，并且当 $t\to+\infty$ 时，$\theta\to+\infty$。下面根据式(c)来讨论各个极限环的稳定性。

若 r 的初值 $r_0>1/\pi$，则有 $\sin(1/r)>0$，因此，$\dot{r}<0$，r 单调地减小而趋近于 $1/\pi$。

若 $1/2\pi<r_0<1/\pi$，则有 $\sin(1/r)<0$，因此当 $t\to+\infty$ 时，$\dot{r}>0$，r 单调地增加而趋近于 $1/\pi$。

若 $1/3\pi < r_0 < 1/2\pi$,则 r 在 $1/3\pi \sim 1/2\pi$ 之间变化,此时 $\sin(1/r) > 0$,因此当 $t \to +\infty$ 时,$\dot{r} < 0$,r 单调地减小而趋近于 $1/3\pi$。

以此类推。从上面的分析可以看出,$r = 1/(2n-1)\pi (C \neq 0)$ 和 $r = 1/2n\pi (C = 0)$ 分别对应稳定和不稳定的极限环,$n = 1, 2, \cdots$。

③ 引入极坐标可以导出

$$\dot{r} = -r(r^2 - 1)^2, \quad \dot{\theta} = 1 \tag{e}$$

从上式可知,$r=1$ 是极限环。若 r 的初值 $r_0 > 1$,有 $\dot{r} < 0$,因此当 $t \to +\infty$ 时,$\theta \to +\infty$,r 单调地减少而趋近于1。若 r 的初值 $r_0 < 1$,$\dot{r} < 0$,则当 $t \to +\infty$ 时,r 单调地减小而趋近于0。这表明,当时间 t 增加时,极限环 $r=1$ 之外的螺旋线趋于该极限环,而极限环 $r=1$ 之内的螺旋线则远离该极限环。因此,极限环的一侧是稳定的,而另外一侧是不稳定的,这类极限环称为半稳定极限环,见图 9.4-1(c)。

该例题给出的极限环都是圆形的,这不能说明任何系统的极限环都是圆形的,如范德波尔方程的极限环就不是圆形的。

9.4.2 极限环存在的条件

1. 庞加莱指数

考虑如下平面动力学系统:

$$\left.\begin{aligned} \dot{x} &= P(x, y) \\ \dot{y} &= Q(x, y) \end{aligned}\right\} \tag{9.4-1}$$

式中:P、Q 为 x 和 y 的连续函数。系统(9.4-1)的相轨迹微分方程为

$$\frac{\mathrm{d}y}{\mathrm{d}x} = \frac{Q(x, y)}{P(x, y)} \tag{9.4-2}$$

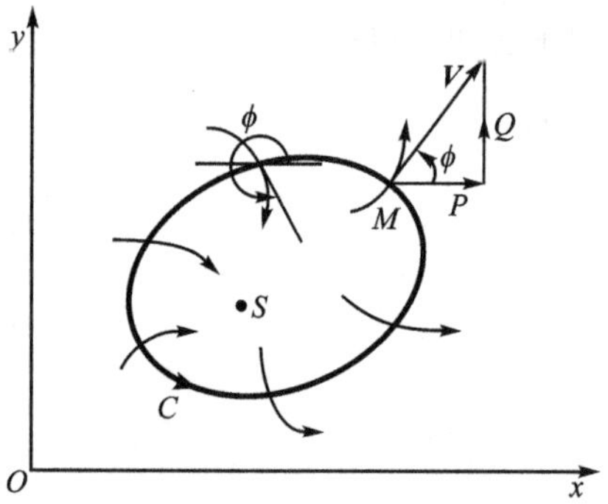

图 9.4-2 含鞍点的封闭曲线

在相平面上某一点 $M(x, y)$ 定义一个向量 $\mathbf{V}$。它的 x 方向的分量为 P,y 方向的分量为 Q,见图 9.4-2。因此相平面上向量场的奇点也就是微分方程的奇点。在向量场 (P, Q) 中,作不经过奇点的封闭曲线 C。当动点 M 沿曲线 C 逆时针环绕一周回至原处时,M 点处的向量与固定坐标轴夹角 ϕ 的变化为 2π 的整倍数 $2\pi j$。整数 j 称做封闭曲线 C 的**庞加莱指数**,记为 J_C。ϕ 的计算公式为

$$\phi = \arctan \frac{Q}{P} \tag{9.4-3}$$

因此 J_C 的计算公式为

$$J_C = \frac{1}{2\pi} \oint_C \mathrm{d}\left(\arctan \frac{Q}{P}\right) = \frac{1}{2\pi} \oint_C \frac{P\mathrm{d}Q - Q\mathrm{d}P}{P^2 + Q^2} \tag{9.4-4}$$

例 9.4-2 方程 $\mathrm{d}x/\mathrm{d}t = -x$、$\mathrm{d}y/\mathrm{d}t = y$ 的奇点为鞍点,计算包含鞍点的封闭曲线的庞加莱指数 J_C。

解:根据式(9.4-3)可知

$$\phi = \arctan \frac{Q}{P} = -\arctan \frac{y}{x} \tag{a}$$

取 C 为一圆 $x^2+y^2=r^2$。M 为 C 上的一点，OM 与 Ox 的夹角为 $\theta=\arctan\dfrac{y}{x}$，如图 9.4－3 所示。根据 J_C 的定义，有

$$J_C=\frac{1}{2\pi}\oint_C \mathrm{d}\phi=-\frac{1}{2\pi}\oint_C \mathrm{d}\theta=-1 \tag{b}$$

此例说明鞍点的庞加莱指数等于－1。下面不加证明地给出 J_C 的一些性质：

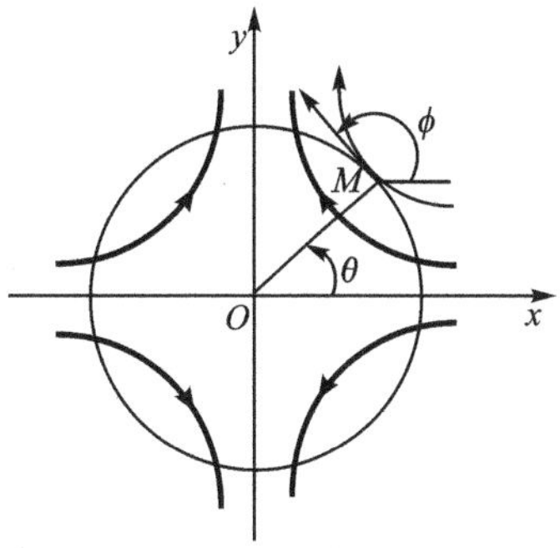

图 9.4－3　不经过奇点的封闭曲线 C

① 若 C 的内部不含奇点，则 $J_C=0$。

② 若 C 的内部包含一个奇点，则称 J_C 为该奇点的奇点指数。结点、中心和焦点的指数 $J_C=1$，鞍点的指数 $J_C=-1$。

③ 若 C 的内部包含若干个奇点，则 J_C 等于各个奇点指数的代数和。

④ 若 C 与封闭相轨迹重合，或 C 上各点向量都向外或向内，则 $J_C=1$。

值得指出的是，根据奇点指数的正负不能判断奇点是稳定的还是不稳定的，也就是说，对于稳定的焦点、结点和不稳定的焦点、结点，它们的 J_C 都等于＋1。

2. 极限环存在的必要条件

利用封闭曲线指数 J_C 的性质，庞加莱给出了极限环存在的必要条件：

① 封闭相轨迹内部至少有一个奇点。

② 封闭相轨迹内部的奇点指数的代数和为＋1。

3. 极限环存在的充分条件

有多种判断极限环存在的充分条件。这里不加证明地给出本迪克松(I. Bendixson)的两个定理。

定理 9.4－1(本迪克松定理)　设 $P(x,y)$ 和 $Q(x,y)$ 为区域 D 的一阶连续函数。设

$$\frac{\partial P(x,y)}{\partial x}+\frac{\partial Q(x,y)}{\partial y}$$

在区域 D 中不等于零，则方程(9.4－1)在 D 中没有极限环。反之，如果

$$\iint_D\left[\frac{\partial P(x,y)}{\partial x}+\frac{\partial Q(x,y)}{\partial y}\right]\mathrm{d}x\,\mathrm{d}y=0 \tag{9.4-5}$$

则 D 的边界 C 可能是极限环。式(9.4－5)是方程(9.4－1)存在极限环的必要条件。

定理 9.4－2(庞加莱-本迪克松定理)　在一个环形域(或双联通区域)D 中，方程(9.4－1)没有奇点，在域 D 的边界上的向量 $\boldsymbol{V}(P,Q)$ 永远指向 D 的内部(或外部)，则域 D 中存在极限环，见图 9.4－4。

定理 9.4－2 的含义是直观的。如果向量 $\boldsymbol{V}(P,Q)$ 永远指向 D 的内部(或外部)，当时间 t 增加(或减少)时，则通过域 D 中任意一点 $M(x_0,y_0)$ 的积分曲线永远不会离开 D。如果这条积分曲线不是螺旋线，则一定是极限环。

应用定理 9.4－2 的困难在于如何选择环形域的边界。为了克服这个困难，李亚普诺夫给出了一个简单方法：

在相平面内作以原点为中心但半径不同的两个同心圆 C_1 和 C_2，它们之间的区域为环形域 D，见图 9.4－5。将圆周上任意点沿径向的外法向量 $\boldsymbol{n}(x,y)$ 与向量场(P,Q)在该点的向

量$\boldsymbol{V}(P,Q)$作点积$\boldsymbol{n}\cdot\boldsymbol{V}$。若$\boldsymbol{n}\cdot\boldsymbol{V}<0$,则向量$\boldsymbol{V}(P,Q)$朝原点方向穿过圆周;若$\boldsymbol{n}\cdot\boldsymbol{V}>0$,则向量朝离开原点方向穿过圆周。由于$\boldsymbol{n}\cdot\boldsymbol{V}=Px+Qy$,因此$\boldsymbol{n}\cdot\boldsymbol{V}$的符号可用$Px+Qy$来判断。

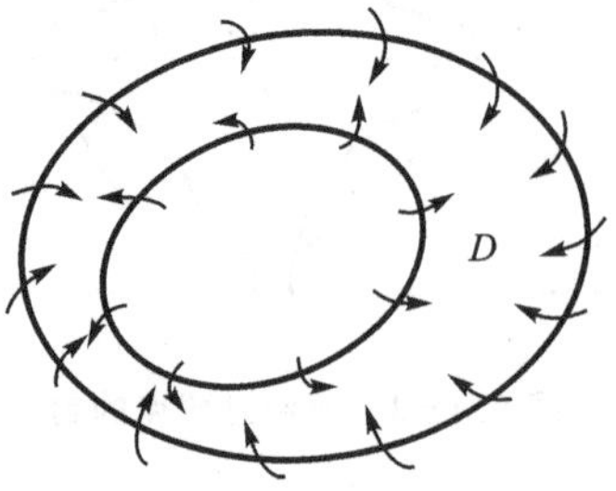

图 9.4-4 存在极限环的环形域

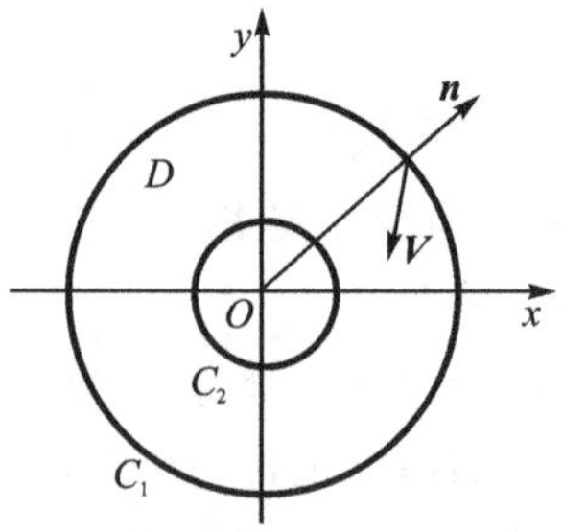

图 9.4-5 环形域

根据庞加莱-本迪克松定理,若在环形域D内方程(9.4-1)无奇点,则该方程在域D内存在稳定极限环的充分条件为

在内圆周上各点$Px+Qy>0$,在外圆周上各点$Px+Qy<0$

在域D内存在不稳定极限环的充分条件为

在内圆周上各点$Px+Qy<0$,在外圆周上各点$Px+Qy>0$

例 9.4-3 用庞加莱-本迪克松定理证明由动力学方程

$$\dot{x}=-y+x(1-x^2-y^2),\quad \dot{y}=x+y(1-x^2-y^2) \tag{a}$$

描述的平面动力系统具有稳定极限环。

解: 此方程只有一个奇点$x_s=y_s=0$,利用线性化方程的特征值判断此奇点为不稳定焦点或结点,满足庞加莱给出的极限环存在的必要条件。为证明极限环存在的充分条件也成立,对于$\delta>0$,作外圆周$C_1:x^2+y^2=1+\delta$和内圆周$C_2:x^2+y^2=1-\delta$,它们围成环形域D。圆周上各点满足

$$\left.\begin{aligned}C_1:Px+Qy&=-(x^2+y^2)(x^2+y^2-1)=-(x^2+y^2)\delta<0\\C_2:Px+Qy&=-(x^2+y^2)(x^2+y^2-1)=(x^2+y^2)\delta>0\end{aligned}\right\} \tag{b}$$

根据庞加莱-本迪克松定理,由动力学方程(a)描述的平面动力系统在域D内存在稳定的极限环,即圆周$x^2+y^2=1$。

9.5 刚硬翼段振动的稳定性

颤振(flutter)是弹性结构在均匀气流中的自激振动。常见的颤振发生在机翼上。在均匀气流中,机翼一旦因扰动发生振动就会引起附加的气动力,附加气动力通常是结构位移、速度(有时还是加速度)的函数,有些附加气动力起激励作用,有些起阻尼作用。因此,也可以把颤振理解为由于结构受到气动力、弹性力和惯性力的耦合作用而发生的不衰减的大幅度自激振动。若机翼在均匀气流中不产生振动,则没有附加气动力,也就不会产生自激振动,从这个角度而言,增加机翼刚度是解决颤振问题的方法之一。对于下面将讨论的机翼弯扭耦合颤振问题,增加扭转刚度是比较有效的方法。

对于给定的飞机结构,当飞行速度由小变大时,机翼发生的振动会由衰减的变成发散的。

也就是说，当飞行速度比较小时，扰动引起的机翼振动是衰减的；对于某一飞行速度，若机翼振动的幅值保持不变，这一飞行速度就是颤振临界速度，简称**颤振速度**。当飞行速度大于颤振速度时，扰动引起的振动是发散的，这就发生了十分危险的颤振。一般的颤振分析只限于研究微幅振动的稳定性，即结构弹性振动方程是线性的，此时用于确定颤振速度的自激振动是简谐的。

机翼上有三条线，质心线、弹性轴和气动中心线（或涡流线）。图 9.5－1 所示为用线弹簧 K_h 和扭转弹簧 K_α 支持起来的刚硬翼段或二元翼段，翼段只有沉浮和俯仰运动，K_h 模拟机翼的弯曲刚度，K_α 模拟机翼的扭转刚度。

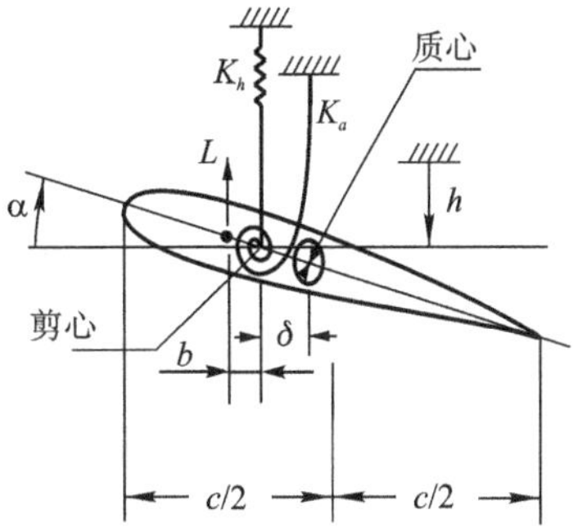

图 9.5－1　刚硬翼段系统

设翼段的质量为 m，绕质心的转动惯量为 J_0，L 为作用在气动力中心的升力，M 为气动力产生的俯仰力矩。下面分析翼段系统的稳定性。

为了描述翼段的运动，建立一个翼弦坐标 x，其坐标原点在机翼前缘，从前缘指向后缘的方向为正。选翼段剪心偏离平衡位置的垂直距离 h 和翼段绕剪心的转角 α 作为广义坐标，图 9.5－1 上标注的广义坐标方向为正。**剪心**（也称**刚心**或弯心）的含义是：平动力在该点上只能引起垂直位移而无转动；翼段上受到一个扭矩时，剪心只有转角而没有平动位移。

系统的动能函数和势能函数分别为

$$T=\frac{1}{2}m(\dot{h}+\dot{\alpha}\delta)^2+\frac{1}{2}J_0\dot{\alpha}^2 \tag{9.5-1}$$

$$U=\frac{1}{2}K_h h^2+\frac{1}{2}K_\alpha \alpha^2 \tag{9.5-2}$$

为了用拉格朗日方程建立翼段的运动方程，还需要给出气动力的虚功。在二元翼段中，处理气动力时采用了**片条**（strip）**假设**，即机翼上各剖面的气流都只是沿着翼型作二元平面流动，而不考虑气流沿着展向流动的三元效应，或局部升力系数只与局部攻角成正比，而与其他剖面无关。

气动力理论包括定常气动力理论、拟定常气动力理论和非定常气动力理论。定常气动力理论通常指的是亚声速中有限翼展机翼的普朗特（Prandtl）“升力线”理论，它是用一系列叠加的马蹄涡线代替机翼。在机翼后面延伸出去的自由涡引起下洗（downwash）速度，改变了气流的来流方向，也就是改变了几何攻角的大小，据此求出升力分布和几何攻角的关系。可以由毕奥沙瓦（Boit－Savart）定律求得下洗速度。这种理论适用于大展弦比机翼。普朗特升力线理论对后掠（swept）机翼和展弦比小于 5 的机翼是不适用的。魏斯辛格（Weissinger）方法是修改的普朗特升力线方法，它假设旋涡（vorticity）附着在 $x=c/4$ 翼弦处，此处称为**气动力中心**，而在 $x=3c/4$ 处计算下洗速度，并且满足如下边界条件：

$$\alpha+\left.\frac{\text{下洗速度}}{V}\right|_{x=3c/4}=\text{翼型斜率}\,\big|_{x=3c/4}$$

式中：V 为来流速度。魏斯辛格方法可以用来计算任意平面形状机翼，尤其是后掠机翼。值得指出的是，即使对于拟定常和非定常气流，假设旋涡附着在 $x=c/4$ 翼弦处，计算 $x=3c/4$ 处下洗速度时满足上述边界条件，都可以给出正确的总旋涡强度。

在薄机翼振动时，升力和旋涡强度都是时间的函数，在研究其气动力时需要考虑从后缘脱落下来的自由尾涡产生的诱导速度，与之相关的理论称为**非定常气动力理论**。为了简化计算，可以不计自由尾涡的影响，相应的理论称为**拟定常气动力理论**。

下面针对拟定常气动力情况进行讨论。对于抛物线和圆形弧线的翼型，总气动力 L 作用在 $x=c/4$ 翼弦处。根据拟定常假设，总气动力系数 C_L 和机翼前缘力矩系数 C_{ME} 分别为

$$C_L=\frac{\mathrm{d}C_L}{\mathrm{d}\alpha}\left[\alpha+\frac{\dot{h}}{V}+\frac{1}{V}\left(\frac{3}{4}c-x_h\right)\dot{\alpha}\right] \tag{9.5-3}$$

$$C_{ME}=-\frac{c\pi}{8V}\dot{\alpha}-\frac{1}{4}C_L \tag{9.5-4}$$

式中：不可压流中二元机翼的 $\mathrm{d}C_L/\mathrm{d}\alpha$ 的理论值为 2π，它比实验值略大，$x_h=b+c/4$ 为剪心的 x 坐标。距离前缘任意一点 x 处的力矩系数 C_{Mx} 为

$$C_{Mx}=C_{ME}+\frac{x}{c}C_L \tag{9.5-5}$$

由此得到气动力对剪心的弯矩系数为

$$C_M=C_{ME}+\left(\frac{1}{4}+\frac{b}{c}\right)C_L \tag{9.5-6}$$

把式(9.5-4)代入式(9.5-6)得

$$C_M=-\frac{c\pi}{8V}\dot{\alpha}+\frac{b}{c}C_L \tag{9.5-7}$$

单位长度翼展上的气动升力和关于剪心的力矩分别为

$$L=\frac{1}{2}\rho V^2 cC_L,\quad M=\frac{1}{2}\rho V^2 c^2 C_M \tag{9.5-8}$$

式中：ρ 为空气密度。而升力和力矩的虚功为

$$\delta W=-L\delta h+M\delta\alpha \tag{9.5-9}$$

因此，对应广义坐标 h 和 α 的广义力分别为

$$Q_h=-L,\quad Q_\alpha=M \tag{9.5-10}$$

根据拉格朗日方程可以得到翼段的振动微分方程为

$$\left.\begin{aligned} m\ddot{h}+S_\alpha\ddot{\alpha}+K_h h&=-L\\ S_\alpha\ddot{h}+J_\alpha\ddot{\alpha}+K_\alpha\alpha&=M\end{aligned}\right\} \tag{9.5-11}$$

式中：$S_\alpha=m\delta$ 为翼段对剪心的质量静矩，$J_\alpha=J_0+m\delta^2$ 为翼段对剪心的转动惯量。建议读者比较式(9.5-11)和式(3.1-2)。把式(9.5-8)代入式(9.5-11)得

$$\left.\begin{aligned} m\ddot{h}+S_\alpha\ddot{\alpha}+K_h h&=-\frac{1}{2}\rho V^2 c\,\frac{\mathrm{d}C_L}{\mathrm{d}\alpha}\left[\alpha+\frac{\dot{h}}{V}+\frac{1}{V}\left(\frac{1}{2}c-b\right)\dot{\alpha}\right]\\ S_\alpha\ddot{h}+J_\alpha\ddot{\alpha}+K_\alpha\alpha&=\frac{1}{2}\rho V^2c^2\left\{-\frac{c\pi}{8V}\dot{\alpha}+\frac{b}{c}\,\frac{\mathrm{d}C_L}{\mathrm{d}\alpha}\left[\alpha+\frac{\dot{h}}{V}+\frac{1}{V}\left(\frac{1}{2}c-b\right)\dot{\alpha}\right]\right\}\end{aligned}\right\} \tag{9.5-12}$$

上式就是翼段颤振的微分方程，它是线性自激自治振动系统，激励来自翼段本身的运动，这和基础激励产生的受迫振动是不同的。若机翼的扭转刚度比较小，可以令式(9.5-12)中 $\dot{\alpha}=0$，这样可得

$$\left.\begin{aligned} m\ddot{h}+S_\alpha\ddot{\alpha}+K_h h &= -\rho\pi V^2 c\left(\alpha+\frac{\dot{h}}{V}\right) \\ S_\alpha\ddot{h}+J_\alpha\ddot{\alpha}+K_\alpha\alpha &= \rho\pi V^2 bc\left(\alpha+\frac{\dot{h}}{V}\right) \end{aligned}\right\} \tag{9.5-13}$$

从式(9.5-12)和式(9.5-13)都可以看出，气动力为位移和速度的函数，这相当于气动力改变了结构的刚度特性和阻尼特性，致使刚度矩阵变为非对称的；阻尼也可以是负的，负阻尼向系统输入能量。

由式(9.5-12)和式(9.5-13)描述的系统运动问题，就气动力发生的原因而言属于经典颤振问题，是线性系统的动力不稳定问题。下面用劳斯-赫尔维茨判据来确定由式(9.5-13)描述的线性系统的稳定性条件。令 $h=He^{\lambda t}$，$\alpha=Ae^{\lambda t}$，由方程组(9.5-13)得

$$\left.\begin{aligned} (m\lambda^2+\rho\pi Vc\lambda+K_h)H+(S_\alpha\lambda^2+\rho\pi V^2 c)A=0 \\ (S_\alpha\lambda^2-\rho\pi Vbc\lambda)H+(J_\alpha\lambda^2+K_\alpha-\rho\pi V^2 bc)A=0 \end{aligned}\right\} \tag{9.5-14}$$

由方程(9.5-14)的系数行列式等于零可得

$$\lambda^4+\lambda^3\frac{\rho\pi Vc}{mJ_0}(J_\alpha+bS_\alpha)+\lambda^2\left[\frac{K_\alpha}{J_0}+\frac{K_hJ_\alpha}{mJ_0}-\frac{\rho\pi V^2 c}{J_0}(b+\delta)\right]+$$

$$\lambda\frac{K_\alpha\rho\pi Vc}{mJ_0}+\frac{K_h}{mJ_0}(K_\alpha-\rho\pi V^2 bc)=0 \tag{9.5-15}$$

令

$$a_1=\frac{\rho\pi Vc}{mJ_0}(J_\alpha+bS_\alpha),\quad a_2=\frac{K_\alpha}{J_0}+\frac{K_hJ_\alpha}{mJ_0}-\frac{\rho\pi V^2 c}{J_0}(b+\delta)$$

$$a_3=\frac{K_\alpha\rho\pi Vc}{mJ_0},\quad a_4=\frac{K_h}{mJ_0}(K_\alpha-\rho\pi V^2 bc)$$

根据劳斯-赫尔维茨判据，针对具有式(9.5-15)形式的特性方程的系统，其不稳定条件为

$$a_4<0,\quad a_2 \text{ 或 } a_3<0,\quad a_1<0,\quad a_3(a_1a_2-a_3)-a_4a_1^2<0$$

由 $a_4<0$ 得不稳定条件为

$$V^2\geqslant\frac{K_\alpha}{\rho\pi bc} \tag{9.5-16}$$

实际上，式(9.5-16)给出的是线性系统的静力不稳定条件，可以这样来解释：令方程(9.5-13)中的速度和加速度都等于零，即系统处于静平衡位置，这时有

$$\left.\begin{aligned} K_hh+\rho\pi V^2 c\alpha=0 \\ (K_\alpha-\rho\pi V^2 bc)\alpha=0 \end{aligned}\right\} \tag{9.5-17}$$

由式(9.5-17)的第 2 式可以得到式(9.5-16)的等式情况，而 α 可以是任意数，因此这属于静气动弹性的**扭转发散**现象，并且从式(9.5-17)的第 1 式可以看出，此时翼段是处于随遇静平衡状态，空气动力学家把这种现象称为**幅散**。由式(9.5-16)可以求得幅散风速。

由 $a_2<0$ 得不稳定条件为

$$V^2\geqslant\frac{(K_hJ_\alpha/m)+K_\alpha}{\rho\pi c(b+\delta)} \tag{9.5-18}$$

当风速是式(9.5-16)和式(9.5-18)的小者时，系统就会发生经典颤振，发生真实经典颤振的风速通常小于幅散风速。从式(9.5-16)和式(9.5-18)还可以看出，b 和 δ 越小，也就是质心(表示惯性)和剪心(表示弹性)越接近空气动力中心，临界颤振速度就越高，若质心在剪心

之前,则不会发生颤振,因此三心的相对位置是非常重要的。上述分析只适合三心具有如图9.5-1所示相对位置的情况。上述分析只适用于低频率的颤振(针对扭转刚度比较小的机翼),不适用于复杂的高频颤振。

对于非定常气动力情况,虽然方程系数中不显含 V,但可以借助西奥道生(Theodorsen)方法、$V-g$ 参数法和 $p-k$ 方法来求解颤振速度和频率。

对二元翼段而言,在风洞中做模态实验测得的频率与结构的固有频率是有区别的,风速越大,这种差别就越明显。有一种可能性,弯曲频率和扭转频率愈来愈接近,或者说扭转频率变低而弯曲频率升高,这说明线性系统两个本来彼此正交的模态越来越接近,出现了强烈的耦合现象,因此翼段从空气中吸收大量的能量而发生颤振现象,此时的系统变成了亏损系统。在理论分析时,根据定常气动力理论可以得到对应重频的颤振速度,若用拟定常气动力理论,则弯扭频率只是彼此接近,但不会相等。

复习思考题

9-1 用李亚普诺夫稳定性定义来分析线性多自由度系统的静平衡状态的稳定性。

9-2 通过分析包含中心、焦点和结点的相轨迹的几何特征,证明包含中心、焦点和结点的封闭曲线的庞加莱指数 $J_C=1$。

9-3 对于9.5节讨论的刚硬翼段系统,试分析提高扭转刚度可以预防颤振的机理。

习　题

9-1 利用李亚普诺夫稳定性理论的两种方法判断下列系统奇点(0,0)的稳定性。

① $\dot{x}_1=-(x_1-3x_2)(1-2x_1^2-4x_2^2)$, $\dot{x}_2=-(x_1+x_2)(1-2x_1^2-4x_2^2)$;

② $\dot{x}_1=-x_1^3-3x_2$, $\dot{x}_2=3x_1-5x_2^3$;

③ $\dot{x}_1=x_1^2+x_2$, $\dot{x}_2=x_1+x_2^2$;

④ $\dot{x}_1=x_1^2-x_2^2$, $\dot{x}_2=-2x_1x_2$;

⑤ $\dot{x}_1=x_2$, $\dot{x}_2=-a_1x_1-a_2x_2-(b_1x_2+b_2x_1)^2x_2$。

式中:a_1、a_2 和 b_1、b_2 为常数,并且 $a_1>0,a_2>0$。

9-2 考虑下面的系统:

$$\dot{x}_1=2(x_2+y_1)$$

$$\dot{x}_2=8(x_1+y_2^4)y_2^3$$

$$\dot{y}_1=-2[1+e^{-\beta t}(2-\sin\Omega t)]x_1-2(x_1+y_2^4)$$

$$\dot{y}_2=-2[1+e^{-\beta t}(2-\sin\Omega t)]x_2-2(x_2+y_1)$$

对于 $\Omega^2<3\beta^2,\beta>0$,用李亚普诺夫稳定性理论的直接法判断系统是稳定的。

9-3 考虑下面的系统:

$$\dot{x}=y-xf(x,y,t)$$

$$\dot{y}=-x-yf(x,y,t)$$

式中：$\forall t \geqslant t_0$，有 $f(0,0,t) \equiv 0$，并且 f 是一阶连续函数。试用李亚普诺夫稳定性理论的直接法分析系统零解的稳定性。

9-4 用劳斯-赫尔维茨判据判断下列线性系统零解的稳定性。

① $\dot{x}_1 = x_2$，　$\dot{x}_2 = x_3$，　$\dot{x}_3 = x_1$；

② $\dot{x}_1 = -x_1 - x_2$，　$\dot{x}_2 = -x_2 - x_3$，　$\dot{x}_3 = -x_3 - x_1$。

9-5 用李亚普诺夫稳定性理论的一阶近似法判断下列系统的稳定性。

① $\dot{x}_1 = e^{x_1} \sin x_2 + \sin x_1 + e^{x_3} - 1$；

$\dot{x}_2 = \sin (x_1 + x_2)$；

$\dot{x}_3 = \ln (1 + x_1 + x_3)$。

② $\dot{x}_1 = a x_1 - x_2 + x_1 x_2^2$；

$\dot{x}_2 = a x_2 - x_3 + x_1 x_2^2$；

$\dot{x}_3 = a x_3 - x_1 + x_1 x_2$。

9-6 判断下列平面线性系统奇点的类型。

① $\dot{x}_1 = 3x_1 - 2x_2$，　$\dot{x}_2 = 2x_1 + 3x_2$；

② $\dot{x}_1 = 2x_1 + x_2$，　$\dot{x}_2 = x_1 + 2x_2$；

③ $\dot{x}_1 = x_1 - x_2$，　$\dot{x}_2 = 2x_1 - x_2$；

④ $\dot{x}_1 = -x_1$，　$\dot{x}_2 = -x_2$；

⑤ $\dot{x}_1 = x_1 + 3x_2$，　$\dot{x}_2 = 5x_1 - x_2$；

⑥ $\dot{x}_1 = x_1 + 3x_2$，　$\dot{x}_2 = -6x_1 - 5x_2$。

9-7 求下列平面系统的极限环并判断稳定性。

① $\dot{x} = y - \dfrac{x}{\sqrt{x^2+y^2}}(x^2+y^2-1)$，　$\dot{y} = -x - \dfrac{x}{\sqrt{x^2+y^2}}(x^2+y^2-1)$；

② $\dot{x} = y + \dfrac{x}{\sqrt{x^2+y^2}}(x^2+y^2-1)$，　$\dot{y} = -x + \dfrac{y}{\sqrt{x^2+y^2}}(x^2+y^2-1)$；

③ $\dot{x} = -y + x(\sqrt{x^2+y^2}-1)(\sqrt{x^2+y^2}-2)$，　$\dot{y} = x + y(\sqrt{x^2+y^2}-1)(\sqrt{x^2+y^2}-2)$；

④ $\dot{x} = x + y + \dfrac{1}{3}x^2 - xy^2$，　$\dot{y} = -x + y + \dfrac{2}{3}y^2 + yx^2$。

9-8 如图 9.1(a)所示，把一个剖面置于具有均匀速度的气流当中，其升力 L 和阻力 D 与攻角 α 的关系为

$$L = L_0 \sin 2\alpha$$

$$D = D_0 - \frac{D_0}{2}\cos 2\alpha$$

把该剖面放置于图 9.1(b)所示的装置中，攻角为 $\pi/2$，并且剖面只能作上下运动。问 L_0/D_0 取何值时，系统是不稳定的。

9-9 分析系统 $\ddot{x} + \omega_0^2(x + \varepsilon x^2) = B\omega_0^2 \cos \omega t$ 的 1/2 次亚谐振动周期解的稳定性。

9-10 在图 9.2 所示的双摆系统中，两个无质量的刚性杆的长度都为 l。摆锤的质量分别为 $m_1 = 2m$ 和 $m_2 = m$，图上标出了弹性恢复力矩和阻尼力矩，阻尼系数 c 是个小数。跟随力 P 始终作用在 m_2 点并沿着杆的轴线方向。建立系统的运动微分方程并研究其零解的稳定性。(Hermann 和 Jong 曾经于 1965 年研究过此问题。)

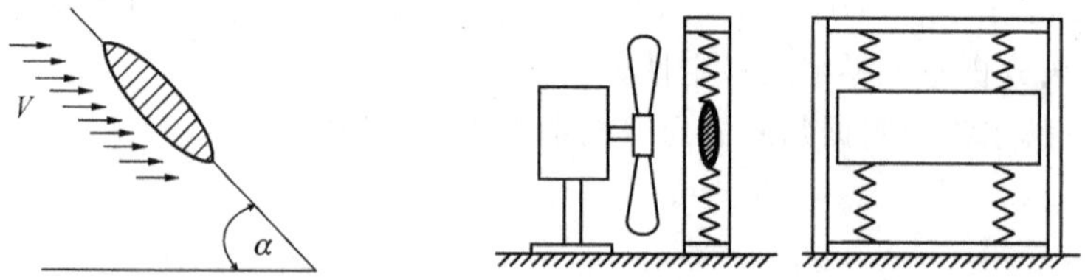

(a) 升力和阻力与攻角的关系　　(b) 实验装置

图 9.1　习题 9-8 用图

9-11　分析下面系统

$$\ddot{x}+a\dot{x}+2bx+3x^2=0,\quad a>0,\quad b>0$$

的平衡位置的稳定性。(La Salle 和 Lefschetz 于 1967 年曾经研究过此问题。)

9-12　用慢变振幅和相位方法求出下面 Lewis 调节器方程的极限环,并分析其稳定性。

$$\ddot{x}+\dot{x}(1-|x|)+x=0$$

9-13　考虑下面的系统

$$\dot{x}_1=x_2+x_1f(r^2)$$

$$\dot{x}_2=-x_1+x_2f(r^2)$$

式中:$f(r^2)=\alpha+2r^2-r^4$,$r^2=x_1^2+x_2^2$。

① 确定系统的奇点及其稳定性;

② 确定可能存在的极限环及其稳定性。

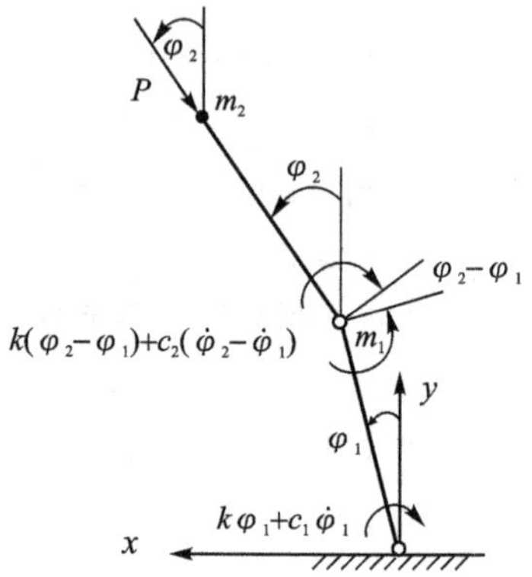

图 9.2　习题 9-10 用图

第 10 章　随机振动

在大多数振动问题中，人们关心的是预测某个系统由已知激励引起的响应。如果激励信号是确定性的，即激励信号可以由时间与位置的函数完整描述，则只须已知系统的初始状态，系统的后续特性可以完整预测，但混沌振动例外。但在自然界与工程中，还存在一大类振源，如大气湍流、喷气噪声、路面不平度以及地面振动等，它们的共同特点是随机性，即不能用确定性的时间与空间坐标的函数完整描述。这类振源称为**随机振源**，也称**随机激励**。由随机激励激起的机械或结构系统的振动称为**随机振动**。

现代随机振动理论始于 20 世纪 50 年代航空与宇航工程的 3 个问题：大气湍流引起飞机的抖振、喷气噪声引起飞行器表面结构的声疲劳以及火箭推进的运载工具中有效负载的可靠性。在随机振动理论中，激励与响应以随机过程或随机场作为数学模型。本章首先讲述随机过程的概念及其统计特征；然后用概率与统计的方法介绍线性系统对随机激励的响应，以及随机响应的模态分析方法；最后介绍随机振动的虚拟激励分析方法。

10.1　随机过程

旨在发现某种真理或效应的行动或操作称为试验。如果一个试验可以在相同的条件下重复进行；每次试验的可能结果不止一个，但能事先明确试验的所有可能结果；每次试验之前不能确定哪一个结果会出现，则具有这几种特征的试验称为**随机试验**。在随机试验中，把一次试验可能出现、也可能不出现的事件称为**随机事件**，简称事件。随机试验的每个可能出现的结果是最基本的随机事件，简称**基本事件**。任一事件均为基本事件的某种组合。在数学上，一个随机试验记为 E；基本事件记为 e；所有基本事件组成的集合称为**样本空间**，记为 S。一个基本事件就是样本空间的一个元素，任一事件均为样本空间的某一个子集。

例 10.1-1　对于一枚制作完好的骰子，掷骰子试验完全符合随机试验的几个条件，即在相同条件下掷出的骰子，可以预测正面朝上的点数为 1～6 中的某个值 N，但不能事先知道 N 的值。正面朝上的点数 $N=1,2,\cdots,6$ 为基本事件，样本空间为 $S:\{1,2,3,4,5,6\}$。任一事件如出现偶数点由 $N=2$、$N=4$ 和 $N=6$ 三个基本事件组成，则是 S 的一个子集。在试验 E 中必然会发生的事件称为**必然事件**，而不可能发生的事件称为**不可能事件**。如 $N\leqslant 6$ 与 $N>6$ 就分别是掷骰子试验的必然事件与不可能事件。

如果按照某种规则对每一基本事件 $e\in S$ 确定一个函数 $X(e)$，它是 e 的确定性函数，其“自变量”不是数，而是集合 S 中的元素，该函数的定义域为样本空间 S，则称该函数为**随机变量**，记为 X。

进一步，按某种规则指定一个时间 t 的函数 $X(t,e)$，考虑不同的 e，就可以得到一个函数族,该族函数称为**随机过程**。所以,随机过程可以看作两个变量 t 与 e 的函数,e 的定义域为样本空间,t 的定义域为某个实数集 T。对于每个特定的基本事件 e_i,$X(t,e_i)$是时间的确定性函数,称为**样本函数**,记为 $X_i(t)$。而对于每个特定的时刻 t_i,$X(t_i,e)$是一个随机变量。随机过程常记为$\{X(t),t\in T\}$;当 T 为整个时间轴时,可简记为 $X(t)$,而以 $x(t)$表示其样本函数。

以上随机过程的定义是描述式的。可以更为简捷地给出随机过程的另一定义:如果对于每一个固定的 $t_i\in T$,$X(t_i)$都是随机变量,则称 $X(t)$为随机过程;或者说,随机过程 $X(t)$是依赖于时间 t 的一族随机变量。$X(t_i)$也常常被称为随机过程 $X(t)$在 $t=t_i$ 时的状态。

例 10.1-2 考虑随机过程

$$X(t)=a\cos(\omega t+\varphi) \tag{a}$$

式中:ω 是常数,φ 是在$(0,2\pi)$上具有均匀分布的随机变量。

对于每一个固定的时刻 $t=t_1$,$X(t_1)=a\cos(\omega t_1+\varphi)$是一个随机变量,因而由式(a)确定的 $X(t)$是一个随机过程,常称为随机相位余弦波。在$(0,2\pi)$内随机地选取 φ_i,相应地获得该随机过程的一个样本函数

$$x_i(t)=a\cos(\omega t+\varphi_i),\quad \varphi_i\in(0,2\pi)$$

图 10.1-1 画出了该随机过程的 3 条样本曲线。

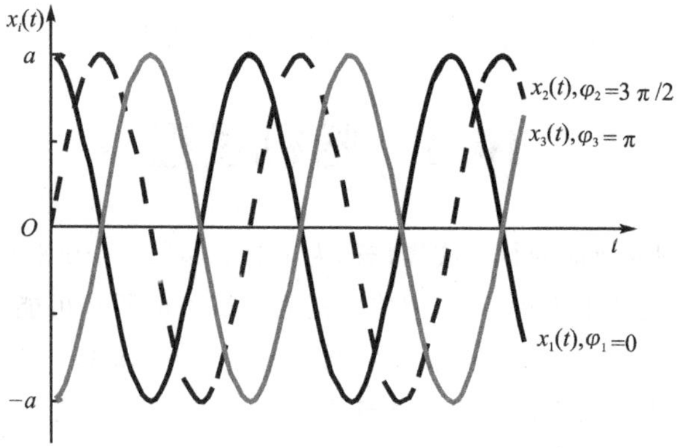

图 10.1-1 样本曲线

工程中有许多随机现象,例如地震波幅、结构物承受的风载荷、通信系统与自控系统中的电噪声都可用随机过程这一数学模型来描述,不过这些随机过程都不能像随机相位余弦波那样可以具体地用时间和随机变量的关系式来表示。其主要原因在于:自然界产生随机因素的机理是极为复杂的,因而对于这样的随机过程,只能通过分析由测量所得到的样本函数集合才能掌握它们随时间变化的统计规律。这里要特别指出,随机与复杂是两个完全不同的概念,正确理解二者的区别是非常重要的。通常,复杂波形容易被认为是随机振动,而受概率支配产生的简单波形如例 10.1-2 中的函数却常常被认为与随机无关。一个波形无论怎样复杂,只要它是确定波,其全部特性就可唯一确定。所谓随机是概率的意义,而非复杂的含义。

根据状态的类型或时间变化范围的类型,随机过程有如下的分类:

如果随机过程 $X(t)$对于任意的 $t_i\in T$,$X(t_i)$都是连续型随机变量,则该随机过程被称为

连续型随机过程；如果随机过程 $X(t)$ 对于任意的 $t_i \in T$，$X(t_i)$ 都是离散型随机变量，则该随机过程被称为离散型随机过程。

如果随机过程 $X(t)$ 的时间变化范围 T 是有限或无限区间，则该随机过程被称为连续参数随机过程；如果 T 是可列数的集合，则该随机过程被称为离散参数随机过程或随机变量序列。

10.2　随机过程的分布函数

随机过程在任一时刻的状态是随机变量，由此可以利用随机变量的统计描述方法来刻画随机过程的统计特征。设 $X(t)$ 是一随机过程，对于每一固定的 $t_1 \in T$，$X(t_1)$ 是一个随机变量，它的分布函数一般与 t_1 有关，记为

$$F_1(x_1,t_1)=P\{X(t_1)\leqslant x_1\} \tag{10.2-1}$$

式中：P 表示概率，称 $F_1(x_1,t_1)$ 为随机过程 $X(t)$ 的**一维分布函数**。如果存在二元函数 $f_1(x_1,t_1)$ 使

$$F_1(x_1,t_1)=\int_{-\infty}^{x_1} f_1(x_1,t_1)\mathrm{d}x_1 \tag{10.2-2}$$

或

$$f_1=\frac{\mathrm{d}F_1}{\mathrm{d}x_1} \tag{10.2-3}$$

成立，则称 $f_1(x_1,t_1)$ 为随机过程 $X(t)$ 的**一维概率密度**。

一维分布函数或概率密度描绘了随机过程在各个孤立时刻的统计特性，但不能反映随机过程在不同时刻状态之间的联系。为了描述随机过程 $X(t)$ 在任意两个时刻 t_1 与 t_2 状态之间的联系，引入二维随机变量 $(X(t_1),X(t_2))$ 的分布函数，它一般依赖于 t_1 与 t_2，记为

$$F_2(x_1,x_2;t_1,t_2)=P\{X(t_1)\leqslant x_1,X(t_2)\leqslant x_2\} \tag{10.2-4}$$

称之为随机过程 $X(t)$ 的二维分布函数。如果存在函数 $f_2(x_1,x_2;t_1,t_2)$ 使

$$F_2(x_1,x_2;t_1,t_2)=\int_{-\infty}^{x_1}\int_{-\infty}^{x_2} f_2(x_1,x_2;t_1,t_2)\mathrm{d}x_2\mathrm{d}x_1 \tag{10.2-5}$$

或

$$f_2=\frac{\partial^2 F_2}{\partial x_1\partial x_2} \tag{10.2-6}$$

成立，则称 $f_2(x_1,x_2;t_1,t_2)$ 为随机过程 $X(t)$ 的**二维概率密度**。下面把分布函数和概率密度的关系推广到 n 维的情况。当时间 t 取任意 n 个数值 $t_1,t_2,\cdots,t_n$ 时，n 维随机变量 $(X(t_1),X(t_2),\cdots,X(t_n))$ 的分布函数记为

$$F_n(x_1,x_2,\cdots,x_n;t_1,t_2,\cdots,t_n)=P\{X(t_1)\leqslant x_1,X(t_2)\leqslant x_2,\cdots,X(t_n)\leqslant x_n\} \tag{10.2-7}$$

称之为随机过程 $X(t)$ 的 **n 维分布函数**。如果存在函数 $f_n(x_1,x_2,\cdots,x_n;t_1,t_2,\cdots,t_n)$ 使

$$F_n(x_1,x_2,\cdots,x_n;t_1,t_2,\cdots,t_n)=\int_{-\infty}^{x_1}\int_{-\infty}^{x_2}\cdots\int_{-\infty}^{x_n} f_n(x_1,x_2,\cdots,x_n;t_1,t_2,\cdots,t_n)\mathrm{d}x_n\cdots\mathrm{d}x_2\mathrm{d}x_1 \tag{10.2-8}$$

或

$$f_n=\frac{\partial^n F_n}{\partial x_1 \partial x_2 \cdots \partial x_n} \tag{10.2-9}$$

成立,则称 $f_n(x_1,x_2,\cdots,x_n;t_1,t_2,\cdots,t_n)$ 为随机过程 $X(t)$ 的**n 维概率密度**。

n 维分布函数(或概率密度)能够近似地描述随机过程 $X(t)$ 的统计特性。n 越大,则 n 维分布函数描述随机过程的特性也就越完整。分布函数族 $\{F_1,F_2,\cdots\}$ 或概率密度族 $\{f_1,f_2,\cdots\}$ 完全确定了随机过程的全部统计特征。

在 10.1 节中根据状态的类型或时间变化范围的类型对随机过程进行了分类,然而随机过程的本质分类方法是根据其分布函数或概率密度的不同特性进行分类。常用的随机过程类型包括:

① 独立随机过程,其有限维概率密度函数可表示为若干个一维函数的乘积。

② 马尔可夫(Markov)过程,也称无后效过程。当现在的情况已经知道时,以后的一切统计特性就与过去的情况无关。

③ 独立增量过程,即在任何一组两两不相交的时间区间上,其增量都相互独立的随机过程,又称可加过程。状态离散的平稳独立增量过程是一类特殊的马尔可夫过程,泊松(Poisson)过程和布朗(Brown)运动都是它的特例。泊松过程指的是一种累计随机事件发生次数的最基本的独立增量过程。

④ 平稳随机过程。

⑤ 各态历经(ergodic)过程等。

本书主要介绍平稳随机过程与各态历经过程。这里先介绍平稳随机过程,有关各态历经过程将在 10.3 节中介绍。

一般来说,随机过程当前的状态与它过去的状态有关,且影响未来的状态。平稳随机过程的特点是其统计特征不随时间的平移而变化,或者说不随时间原点的选取而变化。平稳随机过程的严格定义是:如果对于时间 t 的 n 个数值 $t_1,t_2,\cdots,t_n$ 和任意实数 ε,随机过程 $X(t)$ 的 n 维分布函数满足

$$\begin{aligned}&F_n(x_1,x_2,\cdots,x_n;t_1,t_2,\cdots,t_n)=\\&F_n(x_1,x_2,\cdots,x_n;t_1+\varepsilon,t_2+\varepsilon,\cdots,t_n+\varepsilon)\end{aligned} \tag{10.2-10}$$

则称 $X(t)$ 为**平稳随机过程**,或称平稳过程。如果概率密度存在,则上述平稳条件等价于

$$\begin{aligned}&f_n(x_1,x_2,\cdots,x_n;t_1,t_2,\cdots,t_n)=\\&f_n(x_1,x_2,\cdots,x_n;t_1+\varepsilon,t_2+\varepsilon,\cdots,t_n+\varepsilon)\end{aligned} \tag{10.2-11}$$

在实际过程中按照式(10.2-10)来判定一个随机过程的平稳性几乎是不可能的,一般来说,对于被研究的随机过程,如果其影响环境与主要条件均不随时间变化,就可以认为它是平稳的。与平稳过程相反的是非平稳过程,随机过程处于过渡阶段,总是非平稳的。

根据定义可知概率分布函数 $F(x,t)$ 具有如下性质:

(1) 非降函数

若 $x_1<x_2$,则

$$\begin{aligned}F(x_2)-F(x_1)&=P\{X\leqslant x_2\}-P\{X\leqslant x_1\}\\&=P\{x_1<X\leqslant x_2\}\geqslant 0\end{aligned}$$

或

$$F(x_1) \leqslant F(x_2) \tag{10.2-12}$$

其中分布函数表达式中略去了时间变量。

(2) 有界性

$$0 \leqslant F(x) \leqslant 1,\quad F(-\infty)=0,\quad F(\infty)=0 \tag{10.2-13}$$

(3) 右连续性

$$F(x)=F(x+) \tag{10.2-14}$$

根据定义可知概率密度函数 $f(x,t)$具有如下性质：

(1) 与分布函数和概率的关系

$$F(x)=\int_{-\infty}^{x} f(x)\mathrm{d}x \tag{10.2-15}$$

$$P\{x_1 \leqslant X \leqslant x_2\}=\int_{x_1}^{x_2} f(x)\mathrm{d}x \tag{10.2-16}$$

其中概率密度函数表达式中也略去了时间变量。

(2) 非负性

由于分布函数 $F(x)$具有非降性，因此有

$$f(x) \geqslant 0 \tag{10.2-17}$$

(3) 规范性

$$\int_{-\infty}^{+\infty} f(x)\mathrm{d}x=1 \tag{10.2-18}$$

10.3　随机过程的数字特征

随机过程的分布函数族能够完整地刻画随机过程的统计特性，但在实际应用中要确定随机过程的分布函数族并加以分析往往是比较困难的，甚至是不可能的，因而引入随机过程的数字特征来描绘随机过程的统计特性是十分必要的。这些数字特征既能反映随机过程的特征，同时又便于测量与运算，是研究随机过程的重要工具。

10.3.1　平均值

设 $X(t)$是一个随机过程，对给定的时间 t_1，$X(t_1)$是一个随机变量，它的均值或**数学期望**一般与 t_1 有关，记为

$$\mu_X(t_1)=\mathrm{E}[X(t_1)]=\int_{-\infty}^{\infty} x_1 f_1(x_1,t_1)\mathrm{d}x_1 \tag{10.3-1}$$

式中：$f_1(x_1,t_1)$是 $X(t)$的一维概率密度。称 $\mu_X(t)$为随机过程 $X(t)$的**均值**。均值 $\mu_X(t)$表示随机过程 $X(t)$在各个时刻的摆动中心。

注意，$\mathrm{E}[X(t)]$是随机过程 $X(t)$的所有样本函数在时刻 t 的函数值的平均，通常称这种平均为**集平均**以区别于下面的时间平均概念。这里利用图 10.3-1 说明二者的区别：时刻 $t=t_1$ 时，样本函数 $x_1(t_1)$，$x_2(t_1)$，…，$x_n(t_1)$的平均值称为集平均，它表示某时刻样本函数的总集平均；而对某一样本函数 $x_k(t)$在时间轴上进行的平均称为时间平均，它是时域范围内的平均，其具体的定义见 10.3.4 小节。

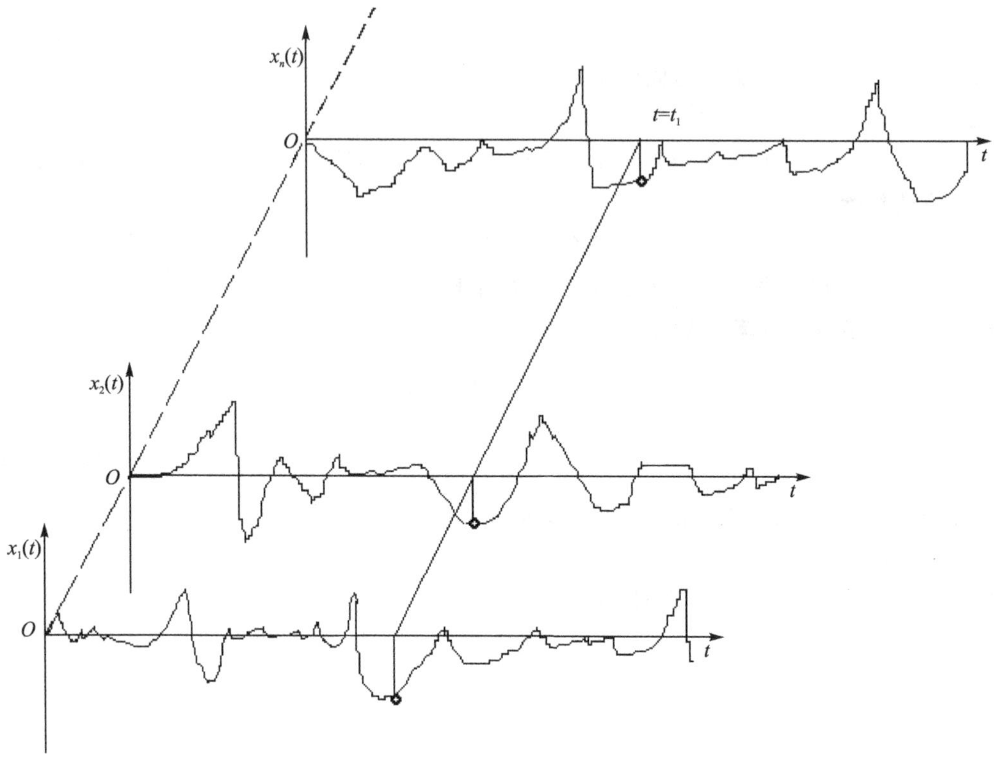

图 10.3-1　集平均与时间平均的差异

10.3.2　均方值和方差

把随机过程 $X(t)$ 的二阶原点矩记为 $\psi_X^2(t)$，即

$$\psi_X^2(t)=\mathrm{E}[X^2(t)] \tag{10.3-2}$$

称之为随机过程 $X(t)$ 的**均方值**。若 $X(t)$ 表示位移、速度或电流，则 $\psi_X^2(t)$ 与系统的势能、动能和功率成比例。二阶中心矩记为 $\sigma_X^2(t)$ 或 $\mathrm{D}[X(t)]$，即

$$\sigma_X^2(t)=\mathrm{D}[X(t)]=\mathrm{E}\{[X(t)-\mu_X(t)]^2\}=\psi_X^2-\mu_X^2 \tag{10.3-3}$$

称之为随机过程 $X(t)$ 的**方差**。称方差的平方根 $\sigma_X(t)$ 为随机过程 $X(t)$ 的**标准方差(或标准差)**，它表示随机过程 $X(t)$ 在时刻 t 对于均值 $\mu_X(t)$ 的偏离程度。对于平稳随机过程 $X(t)$，均值 μ_X 为常数，它表示静态分量，μ_X^2 表示静态分量的能量，$\sigma_X^2(t)$ 则表示动态分量的能量。

均值与方差是刻画随机过程在各个孤立时刻统计特性的重要数字特征。为了描绘随机过程在两个不同时刻状态之间的联系，需要利用二维概率密度引入新的数字特征。

10.3.3　相关函数

设 $X(t_1)$ 与 $X(t_2)$ 是随机过程 $X(t)$ 在任意两个时刻 t_1 与 t_2 时的状态，即两个随机变量，$f_2(x_1,x_2;t_1,t_2)$ 是相应的二维概率密度。称二阶原点混合矩

$$R_{XX}(t_1,t_2)=\mathrm{E}[X(t_1)X(t_2)]=\int_{-\infty}^{\infty}\int_{-\infty}^{\infty}x_1x_2f_2(x_1,x_2;t_1,t_2)\mathrm{d}x_1\mathrm{d}x_2 \tag{10.3-4}$$

为随机过程 $X(t)$的**自相关函数**,简称相关函数。在不致引起混淆的情况下,常把 $R_{XX}(t_1,t_2)$ 记为 $R_X(t_1,t_2)$。类似地,还可写出 $X(t_1)$与 $X(t_2)$的二阶中心混合矩

$$C_{XX}(t_1,t_2)=\mathrm{E}\{[X(t_1)-\mu_X(t_1)][X(t_2)-\mu_X(t_2)]\} \tag{10.3-5}$$

称之为随机过程 $X(t)$的**自协方差函数**,简称协方差函数。$C_{XX}(t_1,t_2)$也常简记为 $C_X(t_1,t_2)$。把以上的方法推广到多个随机过程,可以得到互相关函数的定义:

设有两个随机过程 $X(t)$与 $Y(t)$,$t_1,t_2,\cdots,t_n$ 和 $t'_1,t'_2,\cdots,t'_m$ 是任意两组实数,称 $n+m$ 维随机变量($X(t_1),X(t_2),\cdots,X(t_n);Y(t'_1),Y(t'_2),\cdots,Y(t'_m)$)的分布函数

$$F_{n,m}(x_1,x_2,\cdots,x_n;t_1,t_2,\cdots,t_n;y_1,y_2,\cdots,y_m;t'_1,t'_2,\cdots,t'_m)$$

为随机过程 $X(t)$与 $Y(t)$的 $n+m$ 维**联合分布函数**,相应的 $n+m$ 维联合概率密度记为

$$f_{n,m}(x_1,x_2,\cdots,x_n;t_1,t_2,\cdots,t_n;y_1,y_2,\cdots,y_m;t'_1,t'_2,\cdots,t'_m)$$

在工程应用中,感兴趣的是由 $X(t)$与 $Y(t)$的二维联合概率密度所确定的二阶原点混合矩

$$R_{XY}(t_1,t_2)=\mathrm{E}[X(t_1)Y(t_2)]=\int_{-\infty}^{\infty}\int_{-\infty}^{\infty}xyf_{1,1}(x;t_1;y;t_2)\mathrm{d}x\mathrm{d}y \tag{10.3-6}$$

称之为随机过程 $X(t)$与 $Y(t)$的**互相关函数**。同样可以定义随机过程 $X(t)$与 $Y(t)$的**互协方差函数**

$$C_{XY}(t_1,t_2)=\mathrm{E}\{[X(t_1)-\mu_X(t_1)][Y(t_2)-\mu_Y(t_2)]\} \tag{10.3-7}$$

如果对于任意的 t_1 与 t_2,随机过程 $X(t)$与 $Y(t)$的互协方差函数 $C_{XY}(t_1,t_2)=0$,则称随机过程 $X(t)$与 $Y(t)$是不相关的。

对于平稳随机过程 $X(t)$,令 $\varepsilon=-t_1$,根据式(10.2-11)有

$$f_1(x_1,t_1)=f_1(x_1,t_1+\varepsilon)=f_1(x_1,0) \tag{10.3-8}$$

这表明平稳随机过程的一维概率密度不依赖于时间,记为 $f_1(x_1)$。于是 $X(t)$的均值为常数,记为 μ_X,即

$$\mathrm{E}[X(t)]=\int_{-\infty}^{\infty}x_1f_1(x_1)\mathrm{d}x_1=\mu_X \tag{10.3-9}$$

同样,平稳随机过程 $X(t)$的均方值与方差也为常数,记为 ψ_X^2 和σ_X^2。对于二维密度函数

$$f_2(x_1,x_2;t_1,t_2)=f_2(x_1,x_2;t_1+\varepsilon,t_2+\varepsilon)=f_2(x_1,x_2;0,t_2-t_1) \tag{10.3-10}$$

这说明二维概率密度仅依赖于时间间距 $\tau=t_2-t_1$,与 t_1 和 t_2 本身无关,记为 $f_2(x_1,x_2;\tau)$。

当 $t_1=t,t_2=t+\tau$ 时,$X(t)$的自相关函数仅是 τ 的函数,即

$$R_X(\tau)=\mathrm{E}[X(t)X(t+\tau)]=\int_{-\infty}^{\infty}\int_{-\infty}^{\infty}x_1x_2f_2(x_1,x_2;\tau)\mathrm{d}x_1\mathrm{d}x_2 \tag{10.3-11}$$

协方差函数可表示为

$$C_X(\tau)=\mathrm{E}\{[X(t)-\mu_X][X(t+\tau)-\mu_X]\}=R_X(\tau)-\mu_X^2 \tag{10.3-12}$$

由以上的推导可知,平稳过程的数字特征是:均值、均方值和方差为常数,自相关函数为单变量 τ 的函数。

如果按照式(10.3-9)与式(10.3-11)确定平稳过程 $X(t)$的数字特征,就需要预先确定 $X(t)$的一族样本函数和一维、二维概率密度,这在实际中是不容易做到的。但是,平稳随机过程的统计特征与时间原点的选择无关,于是可以用在很长时间内观测得到的一个样本曲线的特征代表这个平稳随机过程的统计特征。数学上可以证明,只要满足一些较宽的条件,平稳随机过程的集平均(均值和自相关函数等)可以用其一个样本函数在整个时间轴上的平均值来代替。这样在解决实际问题时就大幅度减小了工作量。

对于平稳随机过程,根据定义可以证明自相关函数具有如下几个性质:

① $R_X(0) \geqslant 0$；

② $R_X(\tau)=R_X(-\tau)$(为时差 τ 的偶函数)；

③ $R_X(0)=\mathrm{E}[X^2]=\psi_X^2=\sigma_X^2+\mu_X^2$(时差 τ 为零时的自相关函数就是均方值)；

④ $|R_X(\tau)| \leqslant R_X(0)$；

⑤ $R_X(\infty)=\mu_X^2$(为时差 τ 的衰减函数，若随机信号中包含周期成分，则此式不成立)。

平稳随机过程 X 和 Y 互相关函数 R_{XY} 的性质如下：

① $R_{XY}(0)$不是极值(与自相关函数的第4个性质比较)；

② $R_{XY}(\tau)=R_{YX}(-\tau)$(但不是时差 τ 的偶函数，也不是奇函数)；

③ $|R_{XY}(\tau)|^2 \leqslant R_X(0)R_Y(0)$；

④ $|C_{XY}(\tau)|^2 \leqslant C_X(0)C_Y(0)=\sigma_X^2\sigma_Y^2$；

⑤ $R_{X\dot{X}}(0)=\mathrm{E}[X(t)\dot{X}(t)]=0$(平稳随机过程 X 和它的导数过程在同一时刻不相关)。

例 10.3-1 求随机相位余弦波的均值、方差和自相关函数，参见例10.1-2。

解：假设 φ 的概率密度为

$$f(\varphi)=\begin{cases}1/2\pi, & 0<\varphi<2\pi \\ 0, & \text{其他}\end{cases}$$

于是由定义

$$\mu_X(t)=\mathrm{E}[a\cos(\omega t+\varphi)]=\int_0^{2\pi} a\cos(\omega t+\varphi)\frac{1}{2\pi}\mathrm{d}\varphi=0$$

而自相关函数

$$\begin{aligned}R_X(t_1,t_2)=a^2\mathrm{E}[\cos(\omega t_1+\varphi)\cos(\omega t_2+\varphi)]=\\ a^2\int_0^{2\pi}\cos(\omega t_1+\varphi)\cos(\omega t_2+\varphi)\frac{1}{2\pi}\mathrm{d}\varphi=\\ \frac{a^2}{2}\cos\omega\tau\end{aligned}$$

式中：$\tau=t_2-t_1$，特别令 $t_2=t_1=t$ 时即得方差为

$$\sigma_X^2(t)=R_X(t,t)-\mu_X^2(t)=R_X(t,t)=\frac{a^2}{2}$$

因此，随机相位余弦波是一个平稳随机过程。

10.3.4 时间平均与各态历经过程

假设随机过程的积分是存在的。引入随机过程 $X(t)$沿时间轴的如下两种时间平均：

$$\langle X(t)\rangle=\lim_{T\to+\infty}\frac{1}{2T}\int_{-T}^{T}X(t)\mathrm{d}t \tag{10.3-13}$$

$$\langle X(t)X(t+\tau)\rangle=\lim_{T\to+\infty}\frac{1}{2T}\int_{-T}^{T}X(t)X(t+\tau)\mathrm{d}t \tag{10.3-14}$$

称$\langle X(t)\rangle$和$\langle X(t)X(t+\tau)\rangle$分别为随机过程 $X(t)$的时间均值和时间相关函数。

例 10.3-2 求例10.1-2中随机相位余弦波的时间均值与时间相关函数。

解：时间均值为

$$\langle X(t)\rangle=\lim_{T\to+\infty}\frac{1}{2T}\int_{-T}^{T}a\cos(\omega t+\varphi)\mathrm{d}t=\lim_{T\to+\infty}\frac{a\cos\varphi\sin\omega T}{\omega T}=0$$

时间相关函数为

$$\langle X(t)X(t+\tau)\rangle=\lim_{T\to+\infty}\frac{1}{2T}\int_{-T}^{T}a^2\cos(\omega t+\varphi)\cos[\omega(t+\tau)+\varphi]\mathrm{d}t=\frac{a^2}{2}\cos\omega\tau$$

由以上的计算结果和例 10.3-1 的结果可以看出

$$\mu_X=\mathrm{E}[X(t)]=\langle X(t)\rangle$$

$$R_X(\tau)=\mathrm{E}[X(t)X(t+\tau)]=\langle X(t)X(t+\tau)\rangle$$

这表明平稳随机相位余弦波的时间平均等于集平均。

上述特性并非随机相位余弦波所独有，下面引入一般概念。设 $X(t)$ 为一平稳随机过程，如果对 $X(t)$ 的所有样本函数有

$$\langle X(t)\rangle=\mathrm{E}[X(t)]=\mu_X \tag{10.3-15}$$

则称随机过程 $X(t)$ 的均值具有各态历经性（或遍历性）。同理，如果对 $X(t)$ 的所有样本函数

$$\langle X(t)X(t+\tau)\rangle=\mathrm{E}[X(t)X(t+\tau)]=R_X(\tau) \tag{10.3-16}$$

则称随机过程 $X(t)$ 的自相关函数具有各态历经性（或遍历性）。如果 $X(t)$ 的均值和自相关函数都具有各态历经性，则称 $X(t)$ 是**各态历经过程**，或者说 $X(t)$ 是各态历经的。

值得强调的是：各态历经和平稳是两个不同的概念。平稳是对全部样本函数进行总体平均时，它的统计特征（如均值）与时间无关；各态历经是对一个样本函数进行时间平均时，其统计特征与所选样本函数无关，且等于总体平均的统计特征。由此可见，各态历经一定是平稳的，这是因为对时间平均必然要求与时间参数无关。而平稳不一定是各态历经的，这是因为不同样本函数的时间平均可能不等。

10.3.5　功率谱密度与互功率谱密度

利用平稳随机过程 $X(t)$ 的自相关函数 $R_X(\tau)$，可定义**功率谱密度**（Power Spectrum Density，PSD）函数 $S_X(\omega)$，则

$$S_X(\omega)=\int_{-\infty}^{\infty}R_X(\tau)\mathrm{e}^{-\mathrm{i}\omega\tau}\mathrm{d}\tau \tag{10.3-17}$$

逆变换为

$$R_X(\tau)=\frac{1}{2\pi}\int_{-\infty}^{\infty}S_X(\omega)\mathrm{e}^{\mathrm{i}\omega\tau}\mathrm{d}\omega \tag{10.3-18}$$

$S_X(\omega)$ 为**功率谱密度函数**，通常也简称为**自谱密度**或**自谱**，它是从频率的角度描述 $X(t)$ 统计规律最主要的数字特征，其物理意义是 $X(t)$ 的平均功率关于频率的分布，其单位是幅值平方比频率。式(10.3-17)与式(10.3-18)统称**维纳-辛钦**（Wiener-Khintchine）**公式**，其本质为傅里叶变换，它描述了平稳随机过程 $X(t)$ 在时间域的统计量 $R_X(\tau)$ 与频率域统计量 $S_X(\omega)$ 的关系。平稳随机过程 $X(t)$ 不满足绝对可积条件，因此不能直接作傅里叶变换。

自谱密度 $S_X(\omega)$ 具有如下性质：

① $R_X(0)=\dfrac{1}{2\pi}\displaystyle\int_{-\infty}^{\infty}S_X(\omega)\mathrm{d}\omega=\mathrm{E}[X^2(t)]=\psi_X^2$。

在电学中，若 $X(t)$ 表示电流或电压，则其平均功率与 $\mathrm{E}[X^2(t)]$ 成正比，这也是称 S_X 为功率谱密度的理由，据此 ψ_X^2 也称为功率谱，为谱密度的积分。均方值可以看作是电流 $X(t)$ 通过 1 Ω 电阻所消耗的平均功率，功率谱密度则是它在各个频率分量上所消耗的平均功率。根据该性质可以设计模拟式功率谱分析仪：令某个样本函数 $x(t)$ 通过中心频率为 f、带宽为 Δf 的带通滤波器，求其平方和平均 $\langle x^2(t)\rangle$，除以 Δf 得到频率为 f 的功率谱密度。改变中心

频率,直到得到整个频带上功率谱密度函数。在数字式功率谱分析仪中,先测量自相关函数,再利用傅里叶变换得到功率谱。

② $S_X(\omega)=S_X(-\omega)$(偶函数)。

③ $S_X(\omega)=\int_{-\infty}^{\infty}R_X(\tau)\cos\omega\tau\,d\tau$($S_X(\omega)$为实偶函数)。

④ $S_X(\omega)\geqslant 0$(根据物理意义可推得此式)。

根据功率谱分布的频率范围,可以将随机过程分为**窄带过程**和**宽带过程**。对于窄带过程,功率谱密度函数具有尖峰特性,相关函数接近简谐振动。对于宽带过程,功率谱密度函数分布比较平坦,具有高度的随机性,相关函数衰减较快。极端宽带过程为白噪声,其功率谱密度函数为常数 S_0,频带宽为无穷大。根据式(10.3-18)可得与白噪声对应的自相关函数

$$R_X(\tau)=\frac{S_0}{2\pi}\int_{-\infty}^{\infty}e^{i\omega\tau}\,d\omega=S_0\delta(\tau) \tag{10.3-19}$$

由此可见,对于白噪声已经不存在相关性。白噪声实际上是不存在的,因为它的均方值(谱密度乘频带宽)是无穷大。

下面定义互谱密度。设 $X(t)$ 与 $Y(t)$ 是两个平稳相关的随机过程,利用互相关函数定义

$$S_{XY}(\omega)=\int_{-\infty}^{\infty}R_{XY}(\tau)e^{-i\omega\tau}\,d\tau \tag{10.3-20}$$

其逆变换为

$$R_{XY}(\tau)=\frac{1}{2\pi}\int_{-\infty}^{\infty}S_{XY}(\omega)e^{i\omega\tau}\,d\omega \tag{10.3-21}$$

称 $S_{XY}(\omega)$ 为平稳随机过程 $X(t)$ 与 $Y(t)$ 的**互功率谱密度**,简称**互谱密度**,具有如下性质:

① 由于互相关函数不是偶函数,所以 S_{XY} 是复函数。

② $S_{XY}(\omega)=S_{YX}(-\omega)=S_{YX}^*(\omega)=S_{XY}^*(-\omega)$。

式中:$S_{YX}^*(\omega)$ 是 $S_{YX}(\omega)$ 的共轭复数。上式表明 $S_{YX}(\omega)$ 和 $S_{XY}(\omega)$ 是一对共轭复数。

③ $|S_{XY}(\omega)|^2\leqslant S_X(\omega)S_Y(\omega)$。

利用该性质可以定义量纲为1的相干函数 γ:

$$0\leqslant\gamma_{XY}^2(\omega)=\frac{|S_{XY}(\omega)|^2}{S_X(\omega)S_Y(\omega)}\leqslant 1 \tag{10.3-22}$$

非平稳随机过程不具有平稳随机过程意义下的谱密度,因为谱分析本质上是用一系列正弦与(或)余弦之和表示一个随时间变化的量,而正弦与余弦本身是稳态的时间函数,其叠加还是稳态的时间函数。许多研究者曾为非平稳随机过程引入多种谱密度,如广义谱密度、渐进谱、瞬态谱、物理谱等,其中渐进谱的应用最广。

10.4 线性系统对随机激励的响应

前面几节介绍了概率密度、功率谱密度等概念,其目的是为了尽可能完整地描述一个特定随机激励的性质。在确定一个系统对随机激励的响应时,不可能期望对响应的了解比对激励的描述更加详尽。由此可见,确定一个系统对随机激励的响应时,目标是详细说明响应的谱密度(或自相关函数)和概率密度(或分布函数)与激励性质之间的关系。

10.4.1 线性系统的回顾

本节所讨论的线性系统都是指定常(时不变)线性系统。对于这种系统,输入函数 $x(t)$ 和输出(或称响应)函数 $y(t)$ 之间的动态关系可以用如下形式的常系数线性微分方程来描述,即

$$b_n \frac{d^n y}{dt^n} + b_{n-1} \frac{d^{n-1} y}{dt^{n-1}} + \cdots + b_0 y = a_m \frac{d^m x}{dt^m} + a_{m-1} \frac{d^{m-1} x}{dt^{m-1}} + \cdots + a_0 x \qquad (10.4-1)$$

式中:假定 $n>m$,$-\infty<t<+\infty$。对方程(10.4-1)进行拉普拉斯变换得

$$(b_n s^n + b_{n-1} s^{n-1} + \cdots + b_0) Y(s) = (a_m s^m + a_{m-1} s^{m-1} + \cdots + a_0) X(s) \qquad (10.4-2)$$

式中:$X(s)=\int_{-\infty}^{\infty} x(t)e^{-st}dt$,$Y(s)=\int_{-\infty}^{\infty} y(t)e^{-st}dt$,$s=\sigma+i\omega$。式(10.4-2)可简写为

$$Y(s)=H(s)X(s) \qquad (10.4-3)$$

而

$$H(s)=\frac{a_m s^m + a_{m-1} s^{m-1} + \cdots + a_0}{b_n s^n + b_{n-1} s^{n-1} + \cdots + b_0} \qquad (10.4-4)$$

式中:$H(s)$ 只与系统特性有关,$H(s)$ 为线性系统的**传递函数**。

当系统的输入为单位脉冲 $\delta(t)$ 时,相应的系统输出为脉冲响应函数 $h(t)$。因为 $\delta(t)$ 的拉普拉斯变换为 1,所以 $h(t)$ 的拉普拉斯变换 $Y_h(s)$ 为

$$Y_h(s)=\int_{-\infty}^{\infty} h(t)e^{-st}dt = H(s)\cdot 1 \qquad (10.4-5)$$

因此系统的传递函数 $H(s)$ 等于脉冲响应函数 $h(t)$ 的拉普拉斯变换,即

$$H(s)=\int_{-\infty}^{\infty} h(t)e^{-st}dt \qquad (10.4-6)$$

对式(10.4-3)进行拉普拉斯逆变换,由该变换卷积性质可得

$$y(t)=\int_0^t x(t-\tau)h(\tau)d\tau = \int_0^t h(t-\tau)x(\tau)d\tau \qquad (10.4-7)$$

由于当 $t<0$ 时,$h(t)=0$,因此上式可变为

$$y(t)=\int_{-\infty}^{\infty} x(t-\tau)h(\tau)d\tau \qquad (10.4-8)$$

响应特性还可以用脉冲响应函数 $h(t)$ 的傅里叶变换

$$H(\omega)=\int_{-\infty}^{\infty} h(t)e^{-i\omega t}dt \qquad (10.4-9)$$

来描述,$H(\omega)$ 为系统的复频响应函数。显然令 $s=i\omega$ 即可由 $H(s)$ 得到 $H(\omega)$。复频响应函数的共轭函数 $H^*(\omega)=H(-\omega)$。

10.4.2 线性系统输出的均值和自相关函数

前几节主要讨论了随机过程的统计特征,并没有涉及到系统自身特性,也就是说还没有建立输入随机过程和输出随机过程之间的关系。下面针对线性系统来讨论有关问题。

当线性系统的输入是一随机过程 $X(t)$ 时,根据杜哈梅积分可以把其输出表示为

$$Y(t)=\int_0^t X(t-\tau)h(\tau)d\tau = \int_0^t h(t-\tau)X(\tau)d\tau \qquad (10.4-10)$$

且 $Y(t)$ 也是随机过程。由于当 $t<0$ 时,$h(t)=0$,因此上式中的积分上限可以改为 $+\infty$,下限也可以改为 $-\infty$,以反映随机激励无始无终的特性。已知输入 $X(t)$ 的均值与自相关函数,下

面介绍如何确定 $Y(t)$ 的均值与自相关函数。由式(10.4-10)可以确定 $Y(t)$ 的均值为

$$\mathrm{E}[Y(t)]=\mathrm{E}\left[\int_{-\infty}^{\infty} X(t-\tau)h(\tau)\mathrm{d}\tau\right] \tag{10.4-11}$$

在有界情况下,上式中的积分与取均值的顺序可以交换,即

$$\mathrm{E}[Y(t)]=\int_{-\infty}^{\infty} \mathrm{E}[X(t-\tau)]h(\tau)\mathrm{d}\tau \tag{10.4-12}$$

如果输入 $X(t)$ 为平稳过程,那么 $\mathrm{E}[X(t-\tau)]=\mu_X$ 为常数,由式(10.4-12)可知输出的均值也为常数,即

$$\mu_Y=\mu_X\int_{-\infty}^{\infty} h(\tau)\mathrm{d}\tau \tag{10.4-13}$$

下面分析响应均值的其他表示方法。脉冲响应函数 $h(t)$ 的傅里叶变换为频响函数 $H(\omega)$,即

$$H(\omega)=\int_{-\infty}^{\infty} h(t)\mathrm{e}^{-\mathrm{i}\omega t}\mathrm{d}t \tag{10.4-14}$$

令 $\omega=0$,得

$$H(0)=\int_{-\infty}^{\infty} h(t)\mathrm{d}t \tag{10.4-15}$$

把上式代入式(10.4-13)得

$$\mu_Y=\mu_X H(0) \tag{10.4-16}$$

由此可见,响应均值等于激励均值乘以零频时的频响函数(静态响应)。下面定义输出的自相关函数:

$$\begin{aligned}
R_Y(t,t+\tau)=&\mathrm{E}[Y(t)Y(t+\tau)]=\\
&\mathrm{E}\left[\int_{-\infty}^{\infty} X(t-\tau_1)h(\tau_1)\mathrm{d}\tau_1\int_{-\infty}^{\infty} X(t+\tau-\tau_2)h(\tau_2)\mathrm{d}\tau_2\right]=\\
&\int_{-\infty}^{\infty}\int_{-\infty}^{\infty} \mathrm{E}[X(t-\tau_1)X(t+\tau-\tau_2)]h(\tau_1)h(\tau_2)\mathrm{d}\tau_1\mathrm{d}\tau_2=\\
&\int_{-\infty}^{\infty}\int_{-\infty}^{\infty} R_X(t-\tau_1,t+\tau-\tau_2)h(\tau_1)h(\tau_2)\mathrm{d}\tau_1\mathrm{d}\tau_2
\end{aligned} \tag{10.4-17}$$

当输入为平稳过程时,有 $R_X(t-\tau_1,t+\tau-\tau_2)=R_X(\tau_2-\tau_1-\tau)$,把它代入式(10.4-17)可知,输出的自相关函数仅是 τ 的函数,即

$$R_Y(\tau)=\int_{-\infty}^{\infty}\int_{-\infty}^{\infty} R_X(\tau_2-\tau_1-\tau)h(\tau_1)h(\tau_2)\mathrm{d}\tau_2\mathrm{d}\tau_1 \tag{10.4-18}$$

由式(10.4-16)与式(10.4-18)可知,当输入是平稳过程时,系统的输出也是平稳过程。严格地说,即使输入是平稳随机过程,对于具有初始条件的特定系统,考虑其过渡过程时,输出也是非平稳的。对于实际问题,通常只考虑经过一段时间以后的平稳过程。另外可以证明:当输入是各态历经过程时,输出也是各态历经的。

10.4.3 线性系统输出的谱密度

如前所述,如果输入是平稳的,则输出也是平稳的。由此可以探讨输入谱密度 $S_X(\omega)$ 与输出谱密度 $S_Y(\omega)$ 之间的关系。对式(10.4-18)进行傅里叶变换得

$$\begin{aligned}
S_Y(\omega)=&\int_{-\infty}^{\infty}\left[\int_{-\infty}^{\infty}\int_{-\infty}^{\infty} R_X(\tau_2-\tau_1-\tau)h(\tau_1)h(\tau_2)\mathrm{d}\tau_2\mathrm{d}\tau_1\right]\mathrm{e}^{-\mathrm{i}\omega\tau}\mathrm{d}\tau=\\
&\int_{-\infty}^{\infty}\int_{-\infty}^{\infty}\left[\int_{-\infty}^{\infty} R_X(\tau_2-\tau_1-\tau)\mathrm{e}^{-\mathrm{i}\omega\tau}\mathrm{d}\tau\right]h(\tau_1)h(\tau_2)\mathrm{d}\tau_2\mathrm{d}\tau_1
\end{aligned} \tag{10.4-19}$$

作变量替换 $\tau_2-\tau_1-\tau=-\tau_3$，利用性质 $R_X(-\tau)=R_X(\tau)$ 得

$$\int_{-\infty}^{\infty} R_X(\tau_2-\tau_1-\tau)e^{-i\omega\tau}d\tau=\int_{-\infty}^{\infty} R_X(-\tau_3)e^{-i\omega(\tau_3+\tau_2-\tau_1)}d\tau_3=$$

$$e^{-i\omega(\tau_2-\tau_1)}\int_{-\infty}^{\infty} R_X(\tau_3)e^{-i\omega\tau_3}d\tau_3=S_X(\omega)e^{-i\omega(\tau_2-\tau_1)} \tag{10.4-20}$$

把式(10.4－20)代入式(10.4－19)得

$$S_Y(\omega)=S_X(\omega)\int_{-\infty}^{\infty} h(\tau_1)e^{i\omega\tau_1}d\tau_1\int_{-\infty}^{\infty} h(\tau_2)e^{-i\omega\tau_2}d\tau_2=$$

$$S_X(\omega)H(-\omega)H(\omega)=|H(\omega)|^2S_X(\omega) \tag{10.4-21}$$

式中：$H(-\omega)=H^*(\omega)$ 为 $H(\omega)$ 的共轭函数。因此，系统输出的谱密度等于输入谱密度乘以频响函数模的平方或系统的功率增益因子 $|H(\omega)|^2$。系统输出的自相关函数也可用输入的谱密度表示为

$$R_Y(\tau)=\frac{1}{2\pi}\int_{-\infty}^{\infty} S_Y(\omega)e^{i\omega\tau}d\omega=\frac{1}{2\pi}\int_{-\infty}^{\infty} |H(\omega)|^2S_X(\omega)e^{i\omega\tau}d\omega \tag{10.4-22}$$

而输出的均方值可以表示为

$$\psi_Y^2=R_Y(0)=\frac{1}{2\pi}\int_{-\infty}^{\infty} |H(\omega)|^2S_X(\omega)d\omega \tag{10.4-23}$$

建议读者根据定义推出如下响应和激励的互相关函数和互谱密度函数：

$$R_{XY}(\tau)=\int_{-\infty}^{\infty} R_X(\tau-\lambda)h(\lambda)d\lambda \tag{10.4-24}$$

$$S_{XY}(\omega)=\int_{-\infty}^{\infty} R_{XY}(\tau)e^{-i\omega\tau}d\tau=H(\omega)S_X(\omega) \tag{10.4-25}$$

$$S_{YX}(\omega)=\int_{-\infty}^{\infty} R_{YX}(\tau)e^{-i\omega\tau}d\tau=H^*(\omega)S_X(\omega) \tag{10.4-26}$$

对于多输入 $\boldsymbol{X}(t)=[X_1(t),X_2(t),\cdots,X_m(t)]^T$ 和多输出系统 $\boldsymbol{Y}(t)=[Y_1(t),Y_2(t),\cdots,Y_n(t)]^T$，其谱矩阵为

$$\boldsymbol{S_Y}(\omega)=\boldsymbol{H}^*\boldsymbol{S_X}(\omega)\boldsymbol{H}^T \tag{10.4-27a}$$

$$\boldsymbol{S_{XY}}(\omega)=\boldsymbol{S_X}(\omega)\boldsymbol{H}^T \tag{10.4-27b}$$

$$\boldsymbol{S_{YX}}(\omega)=\boldsymbol{H}^*\boldsymbol{S_X}(\omega) \tag{10.4-27c}$$

由此可见，响应谱矩阵 $\boldsymbol{S_Y}$、$\boldsymbol{S_{XY}}$ 和 $\boldsymbol{S_{YX}}$ 都可以用激励谱矩阵 $\boldsymbol{S_X}$ 与频响矩阵 $\boldsymbol{H}$ 的乘积得到，而不需要积分计算。频响矩阵 $\boldsymbol{H}$ 反映了系统固有特性，是系统输入和输出之间的桥梁。由于计算方便，这些公式在工程中得到了广泛应用。但对于大型结构而言，除了要生成频响矩阵 $\boldsymbol{H}$ 之外，还要取许多频率点直接按照式(10.4－27)进行矩阵连乘，这种算法的效率很低，甚至工程上无法接受。但应用模态降阶方法和虚拟激励方法，可以解决该计算效率问题，参见 10.7 节。

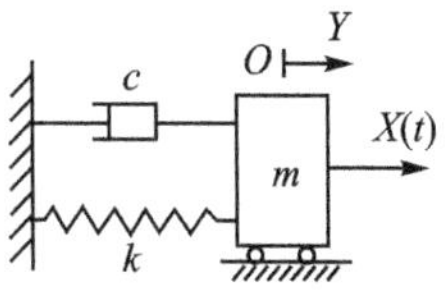

图 10.4－1　$c>0,c^2<4km$

例 10.4－1　在图 10.4－1 所示的线性系统中，设输入为白噪声 $S_X(\omega)=S_0$，求系统输出的谱密度、自相关函数和均方值。

解： 此系统的运动方程为

$$m\ddot{Y}+c\dot{Y}+kY=X(t)$$

系统的传递函数为

$$H(s)=\frac{1}{ms^2+cs+k}$$

系统的频响函数为

$$H(\omega)=\frac{1}{-m\omega^2+\mathrm{i}\omega c+k} \tag{a}$$

工程上常引入阻尼比 $\xi=\frac{c}{2\sqrt{km}}$ 和无阻尼系统固有频率 $\omega_0=\sqrt{\frac{k}{m}}$，利用这些参数可以把式(a)变成

$$H(\omega)=\frac{1/k}{1-\left(\frac{\omega}{\omega_0}\right)^2+2\mathrm{i}\xi\left(\frac{\omega}{\omega_0}\right)}$$

根据式(10.4-21)得输出的谱密度为

$$S_Y(\omega)=\frac{\frac{S_0}{k^2}}{\left[1-\left(\frac{\omega}{\omega_0}\right)^2\right]^2+\left(2\xi\frac{\omega}{\omega_0}\right)^2} \tag{b}$$

利用留数定理或查阅傅里叶变换表可得输出的自相关函数为

$$R_Y(\tau)=\frac{1}{2\pi}\int_{-\infty}^{\infty}S_Y(\omega)\mathrm{e}^{\mathrm{i}\omega\tau}\mathrm{d}\omega=$$

$$\frac{S_0\omega_0}{4k^2\xi}\mathrm{e}^{-\omega_0\xi\tau}\left(\cos\omega_0\tau\sqrt{1-\xi^2}+\frac{\xi}{\sqrt{1-\xi^2}}\sin\omega_0\tau\sqrt{1-\xi^2}\right),\quad \tau\geqslant 0 \tag{c}$$

读者可以尝试用式(10.4-18)来求自相关函数。输出的均方值为

$$\psi_Y^2=R_Y(0)=\frac{S_0\omega_0}{4k^2\xi} \tag{d}$$

在此例中，输入是宽带白噪声，而输出功率谱密度 $S_Y(\omega)$ 却是窄带响应，因此系统相当于滤波器，其通频带在系统的固有频率附近，这与在时域响应分析中得到的结论是相同的。

10.4.4 线性系统对多个随机输入的响应

以上讨论了线性系统对单一随机输入的响应，表明响应谱密度与激励谱密度之间存在比较简单的关系。多个随机激励同时作用的情况比较复杂，问题的复杂化并不在于作用力的简单增加，而在于这些随机输入之间存在互相关的可能性，只有在所有随机输入都是完全独立的情况下，互相关的影响才可忽略。与前述方法类似，这里不加证明地给出线性系统在两个随机输入 $X_1(t)$ 与 $X_2(t)$ 下的谱密度，即

$$S_Y(\omega)=|H(\omega)|^2[S_{X_1}(\omega)+S_{X_1X_2}(\omega)+S_{X_2X_1}(\omega)+S_{X_2}(\omega)] \tag{10.4-28}$$

式中：S_{X_1}、S_{X_2}、$S_{X_1X_2}$、$S_{X_2X_1}$ 分别是 $X_1(t)$ 与 $X_2(t)$ 的谱密度与互谱密度。从上式可以看出，仅仅知道作用力的谱密度还不能确定响应的谱密度，还需知道作用力的互谱密度才能完全确定响应的谱密度。只有当 $X_1(t)$ 与 $X_2(t)$ 完全不相关，即 $S_{X_1X_2}$ 与 $S_{X_2X_1}$ 为零时，输出的谱密度才是多个随机输入响应的叠加。

10.5　随机响应的模态分析方法

随机响应的模态叠加分析方法是利用模态矩阵将系统的运动方程分解成各模态坐标的控制方程，求解各模态坐标方程得到模态响应统计量，最后根据模态叠加法得到原系统响应的统计量。下面以离散线性系统为例说明随机响应的模态分析方法，有关连续系统随机响应的模态分析方法与之相似。

实际结构系统通常是连续的、非线性的，离散线性系统是实际系统经过离散化与线性化两个步骤得到的一种理想模型。对许多实际系统，当激励比较小时，离散线性系统模型在定性与定量方面都能很好地反映原系统，因此离散线性系统模型被广泛地应用。如果系统不含非比例阻尼以及陀螺元件，则可以应用实模态叠加法进行分析，否则需要应用复模态分析方法。这里只介绍实模态分析方法。

描述离散线性系统的运动方程为线性常微分方程，参见第 3 章。一个 n 自由度离散线性系统的运动方程为

$$\left.\begin{aligned}&\boldsymbol{M}\ddot{\boldsymbol{Y}}(t)+\boldsymbol{C}\dot{\boldsymbol{Y}}(t)+\boldsymbol{K}\boldsymbol{Y}(t)=\boldsymbol{X}(t)\\&\boldsymbol{Y}(t_0)=\boldsymbol{Y}_0,\quad \dot{\boldsymbol{Y}}(t_0)=\dot{\boldsymbol{Y}}_0\end{aligned}\right\}\tag{10.5-1}$$

式中：$\boldsymbol{M}$、$\boldsymbol{C}$ 和 $\boldsymbol{K}$ 分别为系统的质量矩阵、阻尼矩阵和刚度矩阵，$\boldsymbol{X}(t)$ 和 $\boldsymbol{Y}(t)$ 为 n 维矢量过程。$\boldsymbol{M}$ 和 $\boldsymbol{K}$ 为对称矩阵，瑞利阻尼矩阵可表示为质量矩阵与刚度矩阵的线性组合，即

$$\boldsymbol{C}=a\boldsymbol{M}+b\boldsymbol{K}\tag{10.5-2}$$

这里把根据模态质量归一化的模态矩阵记为

$$\boldsymbol{\Phi}=[\boldsymbol{\varphi}_1\quad \boldsymbol{\varphi}_2\quad \cdots\quad \boldsymbol{\varphi}_n]\tag{10.5-3}$$

$\boldsymbol{\Phi}$ 对 $\boldsymbol{M}$ 和 $\boldsymbol{K}$ 具有正交性，即

$$\left.\begin{aligned}&\boldsymbol{\Phi}^{\mathrm{T}}\boldsymbol{M}\boldsymbol{\Phi}=\boldsymbol{I}\\&\boldsymbol{\Phi}^{\mathrm{T}}\boldsymbol{K}\boldsymbol{\Phi}=\boldsymbol{\Omega}^2\end{aligned}\right\}\tag{10.5-4}$$

式中：$\boldsymbol{I}$ 为对角矩阵，$\boldsymbol{\Omega}^2=\mathrm{diag}[\omega_j^2]$，$j=1,2,\cdots,n$，$\lambda_j=\omega_j^2$ 为特征值。瑞利阻尼矩阵可对角化为

$$\boldsymbol{\Phi}^{\mathrm{T}}\boldsymbol{C}\boldsymbol{\Phi}=a\boldsymbol{I}+b\boldsymbol{\Omega}^2=2\boldsymbol{\xi}\boldsymbol{\Omega}\tag{10.5-5}$$

式中：$\boldsymbol{\xi}=\mathrm{diag}[\xi_j]$，$\xi_j=(a+b\omega_j^2)/2\omega_j$。作如下坐标变换：

$$\boldsymbol{Y}=\boldsymbol{\Phi}\boldsymbol{Q}\tag{10.5-6}$$

式中：$\boldsymbol{Q}$ 为模态响应矢量。把式(10.5－6)代入式(10.5－1)，再用 $\boldsymbol{\Phi}^{\mathrm{T}}$ 左乘得

$$\ddot{\boldsymbol{Q}}+2\boldsymbol{\xi}\boldsymbol{\Omega}\dot{\boldsymbol{Q}}+\boldsymbol{\Omega}^2\boldsymbol{Q}=\boldsymbol{F}\tag{10.5-7}$$

式中：模态激励矢量为

$$\boldsymbol{F}=\boldsymbol{\Phi}^{\mathrm{T}}\boldsymbol{X}\tag{10.5-8}$$

由于式(10.5－7)为解耦方程，故可以像单自由度系统一样建立模态激励与模态响应之间的关系，然后借助式(10.5－6)与式(10.5－8)建立原激励与原响应之间的关系。下面以平稳激励的稳态响应进行说明。

假定随机激励 $\boldsymbol{X}(t)$ 为平稳矢量过程，其自相关矩阵为 $\boldsymbol{R}_X(\tau+\tau_1-\tau_2)$，自谱密度矩阵为 $\boldsymbol{S}_X(\omega)$，基于变换(10.5－8)可得模态激励向量 $\boldsymbol{F}$ 的自相关矩阵与自谱密度矩阵

$$\boldsymbol{R}_F(\tau+\tau_1-\tau_2)=\boldsymbol{\Phi}^{\mathrm{T}}\boldsymbol{R}_X(\tau+\tau_1-\tau_2)\boldsymbol{\Phi}\tag{10.5-9}$$

$$\boldsymbol{S}_F(\omega)=\boldsymbol{\Phi}^{\mathrm{T}}\boldsymbol{S}_X(\omega)\boldsymbol{\Phi} \tag{10.5-10}$$

与上节推导相似,可以建立模态激励与模态响应之间的关系

$$\boldsymbol{R}_Q(\tau)=\int_{-\infty}^{\infty}\int_{-\infty}^{\infty}\boldsymbol{h}(\tau_1)\boldsymbol{R}_F(\tau+\tau_1-\tau_2)\boldsymbol{h}(\tau_2)\mathrm{d}\tau_1\mathrm{d}\tau_2 \tag{10.5-11}$$

$$\boldsymbol{S}_Q(\omega)=\boldsymbol{H}^*(\omega)\boldsymbol{S}_F(\omega)\boldsymbol{H}^{\mathrm{T}}(\omega) \tag{10.5-12}$$

式中:脉冲响应函数矩阵 $\boldsymbol{h}(\tau_1)=\mathrm{diag}[h_1\quad h_2\quad\cdots\quad h_n]$ 和关于主坐标的复频响应矩阵 $\boldsymbol{H}(\omega)=\mathrm{diag}[H_1\quad H_2\quad\cdots\quad H_n]$ 都为对角矩阵,n 是系统的自由度数,h_i 和 H_i 构成傅里叶变换对。基于变换式(10.5-6),系统响应与模态响应的相关函数与谱密度矩阵之间的关系为

$$\boldsymbol{R}_Y(\tau)=\boldsymbol{\Phi}\boldsymbol{R}_Q(\tau)\boldsymbol{\Phi}^{\mathrm{T}} \tag{10.5-13}$$

$$\boldsymbol{S}_Y(\omega)=\boldsymbol{\Phi}\boldsymbol{S}_Q(\omega)\boldsymbol{\Phi}^{\mathrm{T}} \tag{10.5-14}$$

综合式(10.5-11)~式(10.5-14),得到系统响应与激励之间的相关函数矩阵与谱密度矩阵的关系,即

$$\begin{aligned}\boldsymbol{R}_Y(\tau)&=\boldsymbol{\Phi}\int_{-\infty}^{\infty}\int_{-\infty}^{\infty}\boldsymbol{h}(\tau_1)\boldsymbol{R}_F(\tau+\tau_1-\tau_2)\boldsymbol{h}^{\mathrm{T}}(\tau_2)\mathrm{d}\tau_1\mathrm{d}\tau_2\boldsymbol{\Phi}^{\mathrm{T}}=\\&\boldsymbol{\Phi}\int_{-\infty}^{\infty}\int_{-\infty}^{\infty}\boldsymbol{h}(\tau_1)\boldsymbol{\Phi}^{\mathrm{T}}\boldsymbol{R}_X(\tau+\tau_1-\tau_2)\boldsymbol{\Phi}\boldsymbol{h}^{\mathrm{T}}(\tau_2)\mathrm{d}\tau_1\mathrm{d}\tau_2\boldsymbol{\Phi}^{\mathrm{T}}\end{aligned} \tag{10.5-15}$$

$$\begin{aligned}\boldsymbol{S}_Y(\omega)&=\boldsymbol{\Phi}\boldsymbol{H}^*(\omega)\boldsymbol{S}_F(\omega)\boldsymbol{H}^{\mathrm{T}}(\omega)\boldsymbol{\Phi}^{\mathrm{T}}=\\&\boldsymbol{\Phi}\boldsymbol{H}^*(\omega)\boldsymbol{\Phi}^{\mathrm{T}}\boldsymbol{S}_X(\omega)\boldsymbol{\Phi}\boldsymbol{H}^{\mathrm{T}}(\omega)\boldsymbol{\Phi}^{\mathrm{T}}\end{aligned} \tag{10.5-16}$$

对 $\boldsymbol{S}_Y$ 作傅里叶变换,可以得到响应的相关函数矩阵

$$\boldsymbol{R}_Y(\tau)=\frac{1}{2\pi}\int_{-\infty}^{\infty}\boldsymbol{S}_Y(\omega)\mathrm{e}^{\mathrm{i}\omega\tau}\mathrm{d}\omega \tag{10.5-17}$$

应用模态叠加法预测响应统计量还可通过另外一种途径:首先应用模态叠加法求系统的脉冲响应函数或频响函数,然后用相关分析或谱分析方法求响应统计量,其结果与上述结果完全相同,这里不再赘述。

对于大型结构,难以直接利用式(10.5-16)计算响应谱,其原因是:难以求得全部频率和模态;对于不同频率点的矩阵连乘计算效率十分低。解决该问题的一个实用方法是对系统进行降阶,同时使用虚拟激励方法,见 10.7 节。

10.6 非线性系统的随机响应

几乎所有机械系统都在某种程度上存在非线性性质。系统的非线性可以表现为非线性恢复力、非线性阻尼或非线性惯性。例如,在变形固体中,非线性恢复力来自物理非线性,即应力与应变不服从胡克定律;也可来自几何非线性,即应变与位移之间的非线性关系。此外,许多结构在承受严重载荷时会出现迟滞效应以及刚度或强度的退化,这使得恢复力成为位移的非线性多值函数,恢复力的值不仅取决于系统当时的状态,而且取决于系统响应的历史。

按照线性理论得到的结果,通常是实际系统随机响应量的一阶近似。这种近似在许多情况下是满足精度要求的;但是也有许多场合,问题的近似处理不能得到满意的结果。首先,由于随机激励的幅值往往没有物理上限,大幅响应总是可能的,虽然这种大幅响应出现的概率很小,但它密切关系到结构的破坏,而非线性效应正是在这些大幅响应中起着重要甚至是决定性的作用。另外,对于某些本质非线性现象,如跳跃、自激振动、亚谐与超谐振动、内共振、混沌

等，用线性理论预测的结果往往给出错误的结论。所以，正确分析系统中的非线性因素，选择分析方法具有重要意义。

在近 20 年中，非线性随机振动成为随机振动理论研究的重点之一。已发展了许多预测非线性随机响应的方法。其中一类是扩散过程理论，主要是 FPK(Fokker - Planck - Kolmogorov)方程；还有一类是从确定性非线性振动理论推广而来，包括等效线性化法、摄动法等。随机平均法则是上述两种方法结合的产物。此外，还有等效非线性系统法、矩函数微分方程法及各种截断方法。

应当指出，尽管目前已有多种预测非线性系统随机响应的方法，但鲜见令人满意的方法，尤其对多自由度非线性系统。

10.7　功率谱的虚拟激励分析方法

从前面几节内容可以看出，根据载荷谱来计算响应谱是随机振动工程应用的核心问题。对于多自由度系统，用传统算法难以快速而又精确地计算响应谱，这一直是把随机振动理论用于解决工程问题时无法回避的难题，直到 1994 年林家浩提出**虚拟激励方法**(Pseudo Excitation Method，PEM)后，该问题才得以解决。下面先以单自由度系统为例来介绍虚拟激励方法。考虑如下单自由度系统：

$$m\ddot{y}+c\dot{y}+ky=x(t) \tag{10.7-1}$$

式中：$x(t)$为平稳随机激励，其功率谱为 $S_x(\omega)$。平稳随机信号由大量简谐分量组成，当平稳随机激励为谱密度等于 1(幅值的平方每 Hz)的简谐激励 $e^{i\omega t}$ 时，系统的简谐响应为 $y(t)=H(\omega)e^{i\omega t}$。若构造一个虚拟激励 $\tilde{x}(t)=\sqrt{S_x(\omega)}\,e^{i\omega t}$，则由虚拟激励引起的简谐响应为 $\tilde{y}(t)=H(\omega)\sqrt{S_x(\omega)}\,e^{i\omega t}$，因此有如下关系：

$$\left.\begin{aligned}&\tilde{y}^*\tilde{y}=|\tilde{y}|^2=|H(\omega)|^2S_x=S_y\\&\tilde{x}^*\tilde{y}=\sqrt{S_x}\,e^{-i\omega t}H\sqrt{S_x}\,e^{i\omega t}=HS_x=S_{xy}\\&\tilde{y}^*\tilde{x}=\sqrt{S_x}\,H^*e^{-i\omega t}\sqrt{S_x}\,e^{i\omega t}=H^*S_x=S_{yx}\end{aligned}\right\} \tag{10.7-2}$$

把式(10.7-2)与式(10.4-21)或式(10.4-25)进行比较可知，二者是相同的，但求解的思路却截然不同。虚拟激励方法充分利用了平稳随机激励的特征，用一般简谐激励作用下系统稳态响应的求解方法求解了随机响应谱问题。对于多自由度系统，虚拟激励方法的优越性尤其显著。

如果有两类不同的虚拟响应，那么有

$$\tilde{y}_1{}^*\tilde{y}_2=H_1^*\sqrt{S_x}\,e^{-i\omega t}H_2\sqrt{S_x}\,e^{i\omega t}=H_1^*S_xH_2=S_{y_1y_2}$$
$$\tilde{y}_2{}^*\tilde{y}_1=H_2^*S_xH_1=S_{y_2y_1}$$

平稳随机过程 $\tilde{x}(t)=\sqrt{S_x(\omega)}\,e^{i\omega t}$ 的一阶导数 $\dot{\tilde{x}}(t)=i\omega\sqrt{S_x}\,e^{i\omega t}$ 和二阶导数 $\ddot{\tilde{x}}(t)=-\omega^2\sqrt{S_x}\,e^{i\omega t}$ 的功率谱密度分别为

$$\left.\begin{aligned}&S_{\dot{x}\dot{x}}=|\dot{\tilde{x}}|^2=\omega^2S_x,\quad S_{\ddot{x}\ddot{x}}=|\ddot{\tilde{x}}|^2=\omega^4S_x\\&S_{x\dot{x}}=\tilde{x}^*\dot{\tilde{x}}=i\omega S_x,\quad S_{x\ddot{x}}=\tilde{x}^*\ddot{\tilde{x}}=-\omega^2S_x,\quad S_{\dot{x}\ddot{x}}=\dot{\tilde{x}}^*\ddot{\tilde{x}}=i\omega^3S_x\end{aligned}\right\} \tag{10.7-3}$$

对于多自由度系统，功率谱矩阵的计算公式为

$$S_y = \tilde{y}^* \tilde{y}^{\mathrm{T}}, \quad S_{xy} = \tilde{x}^* \tilde{y}^{\mathrm{T}}, \quad S_{yx} = \tilde{y}^* \tilde{x}^{\mathrm{T}} \tag{10.7-4}$$

由此可见,上述虚拟激励计算方法用起来十分方便。

10.7.1 结构受多点相干平稳激励

一个工程系统所受的多点随机激励可以完全相干、部分相干或完全不相干,对于这几种情况,都可以通过对激励自谱矩阵进行特征分析而方便地构造虚拟激励。功率谱矩阵 $\boldsymbol{S}_X(\omega)$是埃尔米特(Hermite)矩阵,即它满足如下关系:

$$(\boldsymbol{S}_X)^{\mathrm{H}} = \boldsymbol{S}_X \tag{10.7-5}$$

式中:H 表示复共轭转置矩阵。埃尔米特谱矩阵 $\boldsymbol{S}_X(\omega)$的谱分解为

$$\boldsymbol{S}_X = \sum_{j=1}^{m} \mu_j \boldsymbol{\psi}_j \boldsymbol{\psi}_j^{\mathrm{H}} \tag{10.7-6}$$

式中:m 为结构所受激励的点数,特征值 μ_j 全部为实数,一般情况下特征向量 $\boldsymbol{\psi}_j$ 为复向量。特征对(μ_j,$\boldsymbol{\psi}_j$)满足如下关系:

$$\boldsymbol{S}_X \boldsymbol{\psi}_j = \mu_j \boldsymbol{\psi}_j \tag{10.7-7a}$$

$$\boldsymbol{\psi}_i^{\mathrm{H}} \boldsymbol{\psi}_j = \delta_{ij} = \begin{cases} 1 & (i=j) \\ 0 & (i \neq j) \end{cases} \tag{10.7-7b}$$

根据每个特征对(μ_j,$\boldsymbol{\psi}_j$)构造的虚拟激励为

$$\tilde{\boldsymbol{X}}_j = \boldsymbol{\psi}_j^* \sqrt{\mu_j}\, \mathrm{e}^{\mathrm{i}\omega t}, \quad j=1,2,\cdots,m \tag{10.7-8}$$

因此 $\boldsymbol{S}_X(\omega)$可以表达成

$$\boldsymbol{S}_X = \sum_{j=1}^{m} \tilde{\boldsymbol{X}}_j^* \tilde{\boldsymbol{X}}_j^{\mathrm{T}} \tag{10.7-9}$$

与虚拟激励 $\tilde{\boldsymbol{X}}_j$ 对应的虚拟响应为

$$\tilde{\boldsymbol{Y}}_j = \boldsymbol{H}\tilde{\boldsymbol{X}}_j \tag{10.7-10}$$

于是有如下结果:

$$\sum_{j=1}^{m} \tilde{\boldsymbol{Y}}_j^* \tilde{\boldsymbol{Y}}_j^{\mathrm{T}} = \boldsymbol{H}^* \left(\sum_{j=1}^{m} \tilde{\boldsymbol{X}}_j^* \tilde{\boldsymbol{X}}_j^{\mathrm{T}}\right) \boldsymbol{H}^{\mathrm{T}} = \boldsymbol{H}^* \boldsymbol{S}_X(\omega) \boldsymbol{H}^{\mathrm{T}} = \boldsymbol{S}_Y \tag{10.7-11a}$$

$$\sum_{j=1}^{m} \tilde{\boldsymbol{X}}_j^* \tilde{\boldsymbol{Y}}_j^{\mathrm{T}} = \left(\sum_{j=1}^{m} \tilde{\boldsymbol{X}}_j^* \tilde{\boldsymbol{X}}_j^{\mathrm{T}}\right) \boldsymbol{H}^{\mathrm{T}} = \boldsymbol{S}_X(\omega) \boldsymbol{H}^{\mathrm{T}} = \boldsymbol{S}_{XY} \tag{10.7-11b}$$

$$\sum_{j=1}^{m} \tilde{\boldsymbol{Y}}_j^* \tilde{\boldsymbol{X}}_j^{\mathrm{T}} = \boldsymbol{H}^* \left(\sum_{j=1}^{m} \tilde{\boldsymbol{X}}_j^* \tilde{\boldsymbol{X}}_j^{\mathrm{T}}\right) = \boldsymbol{H}^* \boldsymbol{S}_X(\omega) = \boldsymbol{S}_{YX} \tag{10.7-11c}$$

由此可见,式(10.7-11)与式(10.4-27)是完全相同的。除了位移响应之外,如果得到了另外一类虚拟响应(如应力)

$$\tilde{\boldsymbol{Z}}_j = \boldsymbol{H}_Z \tilde{\boldsymbol{X}}_j \tag{10.7-12}$$

则 $\tilde{\boldsymbol{Z}}_j$ 和 $\tilde{\boldsymbol{Y}}_j$ 之间的互谱矩阵为

$$\left.\begin{aligned} \sum_{j=1}^{m} \tilde{\boldsymbol{Y}}_j^* \tilde{\boldsymbol{Z}}_j^{\mathrm{T}} &= \boldsymbol{H}_Y^* \boldsymbol{S}_X(\omega) \boldsymbol{H}_Z^{\mathrm{T}} = \boldsymbol{S}_{YZ} \\ \sum_{j=1}^{m} \tilde{\boldsymbol{Z}}_j^* \tilde{\boldsymbol{Y}}_j^{\mathrm{T}} &= \boldsymbol{H}_Z^* \boldsymbol{S}_X(\omega) \boldsymbol{H}_Y^{\mathrm{T}} = \boldsymbol{S}_{ZY} \end{aligned}\right\} \tag{10.7-13}$$

式中:$\tilde{\boldsymbol{Y}}_j = \boldsymbol{H}_Y \tilde{\boldsymbol{X}}_j$,其与式(10.7-10)相同,只是把 $\boldsymbol{H}$ 换成了 $\boldsymbol{H}_Y$。式(10.7-11)和式(10.7-13)

的左端就是利用虚拟激励方法计算自谱和互谱的公式。除了上述用 $\boldsymbol{S}_X(\omega)$ 的特征对来构造虚拟激励方法之外，还可以对 $\boldsymbol{S}_X(\omega)$ 进行 Cholesky 分解，即

$$\boldsymbol{S}_X(\omega)=\boldsymbol{LDL}^{\mathrm{T}}=\boldsymbol{LD}^{0.5}(\boldsymbol{LD}^{0.5})^{\mathrm{T}} \tag{10.7-14}$$

其效率比求复特征向量高得多。

下面把虚拟激励方法和模态叠加方法结合起来。考虑方程(10.5-1)，当结构的自由度 n 很大时，对于多数工程问题用模态叠加法求解通常是有效的，这时只需要用前 $q(q\ll n)$ 阶特征对 $(\lambda_j,\boldsymbol{\varphi}_j)(j=1,2,\cdots,q)$ 即可。从方程(10.5-7)可以解出广义位移 $\boldsymbol{Q}$，此时的模态叠加法为

$$\boldsymbol{Y}(t)=\boldsymbol{\Phi Q}(t)=\sum_{j=1}^{q}Q_j\boldsymbol{\varphi}_j \tag{10.7-15}$$

式中：$\boldsymbol{\Phi}=[\boldsymbol{\varphi}_1\quad \boldsymbol{\varphi}_2\quad \cdots\quad \boldsymbol{\varphi}_q]$ 为模态质量归一化模态向量矩阵。下面分别用常规方法和虚拟激励方法来实现模态叠加方法。

(1) 常规方法

常规方法就是第 3 章中的模态叠加方法。广义位移为

$$Q_j=\int_{-\infty}^{+\infty}\boldsymbol{\varphi}_j^{\mathrm{T}}\boldsymbol{X}(\tau)h_j(t-\tau)\mathrm{d}\tau \tag{10.7-16}$$

将式(10.7-16)代入式(10.7-15)得

$$\boldsymbol{Y}(t)=\sum_{j=1}^{q}\boldsymbol{\varphi}_j\int_{-\infty}^{+\infty}\boldsymbol{\varphi}_j^{\mathrm{T}}\boldsymbol{X}(t-\tau)h_j(\tau)\mathrm{d}\tau \tag{10.7-17}$$

于是 $\boldsymbol{Y}(t)$ 的相关函数矩阵为

$$\begin{aligned}\boldsymbol{R}_Y(\tau)&=\mathrm{E}[\boldsymbol{Y}(t)\boldsymbol{Y}(t+\tau)^{\mathrm{T}}]=\sum_{j=1}^{q}\sum_{k=1}^{q}\boldsymbol{\varphi}_j\boldsymbol{\varphi}_k^{\mathrm{T}}\times\\&\int_{-\infty}^{+\infty}\int_{-\infty}^{+\infty}\boldsymbol{\varphi}_j^{\mathrm{T}}\mathrm{E}[\boldsymbol{X}(t-\tau_1)\boldsymbol{X}^{\mathrm{T}}(t-\tau_2+\tau)]\boldsymbol{\varphi}_k h_j(\tau_1)h_k(\tau_2)\mathrm{d}\tau_1\mathrm{d}\tau_2=\\&\sum_{j=1}^{q}\sum_{k=1}^{q}\boldsymbol{\varphi}_j\boldsymbol{\varphi}_k^{\mathrm{T}}\int_{-\infty}^{+\infty}\int_{-\infty}^{+\infty}\boldsymbol{\varphi}_j^{\mathrm{T}}\boldsymbol{R}_X(\tau+\tau_1-\tau_2)\boldsymbol{\varphi}_k h_j(\tau_1)h_k(\tau_2)\mathrm{d}\tau_1\mathrm{d}\tau_2\end{aligned} \tag{10.7-18}$$

应用维纳-辛钦关系，对上式进行傅里叶变换得

$$\boldsymbol{S}_Y(\omega)=\sum_{j=1}^{q}\sum_{k=1}^{q}\boldsymbol{\varphi}_j\boldsymbol{\varphi}_k^{\mathrm{T}}H_j^*(\omega)H_k(\omega)\boldsymbol{\varphi}_j^{\mathrm{T}}\boldsymbol{S}_X(\omega)\boldsymbol{\varphi}_k \tag{10.7-19}$$

上式中计入了所有的参振振型耦合项，故称 CQC(Complete Quadratic Combination，完全二次结合)方法。$\boldsymbol{S}_Y$ 的计算尽管比 $\boldsymbol{R}_Y$ 的计算简单得多，但对于大型复杂结构而言，即使用 q 个振型进行了降阶，式(10.7-19)的计算量还是很大。

(2) 虚拟激励法

为了简洁起见，设 $\boldsymbol{S}_X$ 的秩为 1，根据式(10.7-8)可知虚拟激励为

$$\tilde{\boldsymbol{X}}=\boldsymbol{\psi}^*\sqrt{\mu}\,\mathrm{e}^{\mathrm{i}\omega t} \tag{10.7-20}$$

虚拟广义位移为

$$\tilde{Q}_j=H_j\boldsymbol{\varphi}_j^{\mathrm{T}}\boldsymbol{\psi}^*\sqrt{\mu}\,\mathrm{e}^{\mathrm{i}\omega t} \tag{10.7-21}$$

因此虚拟响应为

$$\boldsymbol{Y}(t)=\sum_{j=1}^{q}\boldsymbol{\varphi}_j\boldsymbol{\varphi}_j^{\mathrm{T}}H_j\boldsymbol{\psi}^*\sqrt{\mu}\,\mathrm{e}^{\mathrm{i}\omega t}=\sum_{j=1}^{q}\boldsymbol{Z}_j\mathrm{e}^{\mathrm{i}\omega t} \tag{10.7-22}$$

式中：$\boldsymbol{Z}_j=\boldsymbol{\varphi}_j\boldsymbol{\varphi}_j^{\mathrm{T}}H_j\boldsymbol{\psi}^*\sqrt{\mu}$。响应功率谱矩阵为

$$S_Y(\omega)=Y^*Y^{\mathrm{T}}=\left(\sum_{j=1}^{q}Z_j^*\right)\left(\sum_{k=1}^{q}Z_k^{\mathrm{T}}\right)=$$

$$\sum_{j=1}^{q}\sum_{k=1}^{q}\boldsymbol{\varphi}_j\boldsymbol{\varphi}_k^{\mathrm{T}}[\boldsymbol{\varphi}_j^{\mathrm{T}}(\boldsymbol{\psi}\mu\boldsymbol{\psi}^{\mathrm{H}})\boldsymbol{\varphi}_k]H_j^*(\omega)H_k(\omega)=$$

$$\sum_{j=1}^{q}\sum_{k=1}^{q}\boldsymbol{\varphi}_j\boldsymbol{\varphi}_k^{\mathrm{T}}\boldsymbol{\varphi}_j^{\mathrm{T}}S_X(\omega)\boldsymbol{\varphi}_kH_j^*(\omega)H_k(\omega) \tag{10.7-23}$$

上式右端与式(10.7-19)是完全一样的,但计算效率却截然不同。下面进行简单讨论。

① 根据虚拟激励法计算统计参数时,其顺序是:先计算功率谱,再根据傅里叶变换计算相关函数,最后计算均方值。该流程的计算量是比较小的。

② 当 $S_X(\omega)$ 不是满秩矩阵,即秩 $r<m$ 时(部分相干情况),只需要处理 r 个非零虚拟激励即可。若 $r=m$,则为完全不相干或彼此独立的情况;若 $r=1$,则为完全相干的情况,此时激励谱可以写成

$$S_X(\omega)=\tilde{X}^*\tilde{X}^{\mathrm{T}} \tag{10.7-24}$$

不再需要谱分解,$\tilde{X}^*$ 就是虚拟激励。

③ 当不需要降阶时,可以直接用虚拟激励法计算由式(10.5-16)给出的功率谱。设 S_X 的秩为1,把式(10.7-24)代入式(10.5-16)得

$$S_Y(\omega)=\boldsymbol{\Phi}H^*(\omega)\boldsymbol{\Phi}^{\mathrm{T}}\tilde{X}^*\tilde{X}^{\mathrm{T}}\boldsymbol{\Phi}H^{\mathrm{T}}(\omega)\boldsymbol{\Phi}^{\mathrm{T}}=$$

$$(\boldsymbol{\Phi}H(\omega)\boldsymbol{\Phi}^{\mathrm{T}}\tilde{X})^*(\boldsymbol{\Phi}H(\omega)\boldsymbol{\Phi}^{\mathrm{T}}\tilde{X})^{\mathrm{T}}=$$

$$\left(\sum_{j=1}^{n}\boldsymbol{\varphi}_j\boldsymbol{\varphi}_j^{\mathrm{T}}H_j\boldsymbol{\psi}^*\sqrt{\mu}\,\mathrm{e}^{\mathrm{i}\omega t}\right)^*\left(\sum_{k=1}^{n}\boldsymbol{\varphi}_k\boldsymbol{\varphi}_k^{\mathrm{T}}H_k\boldsymbol{\psi}^*\sqrt{\mu}\,\mathrm{e}^{\mathrm{i}\omega t}\right) \tag{10.7-25}$$

实际上,这就是虚拟激励方法。

④ 对于非模态叠加方法的计算公式(10.4-27a),也可以用虚拟激励法进行计算。把式(10.7-24)代入式(10.4-27a)得

$$S_Y(\omega)=(H\tilde{X})^*(HX)^{\mathrm{T}} \tag{10.7-26}$$

这也是虚拟激励计算方法。值得注意的是:式(10.7-25)和式(10.7-26)中的 H 矩阵是不同的,前者是对角矩阵,并且其元素是针对模态坐标方程得到的;后者不是对角矩阵,其元素的含义为柔度影响系数,各个元素的确定方法与柔度矩阵相同。

例 10.7-1 无质量小车用弹簧与粘性阻尼器连接在两个运动支座上,如图10.7-1所

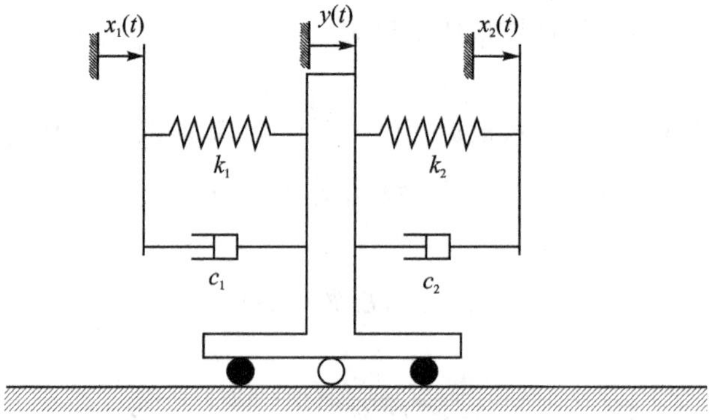

图 10.7-1 无质量小车受相位差激励

示。两支座的位移 $x_1(t)$ 与 $x_2(t)$ 的谱密度均为 S_0，但有时间差 T，即 $x_2(t)=x_1(t-T)$。试求小车位移的谱密度 $S_y(\omega)$。

解： 为了说明虚拟激励方法的高效率特点，首先给出常规求解方法。

根据功率谱密度的时移性质可以得到两支座之间的互功率谱密度为

$$S_{x_1x_2}(\omega)=S_0\mathrm{e}^{-\mathrm{i}\omega T},\quad S_{x_2x_1}(\omega)=S_0\mathrm{e}^{\mathrm{i}\omega T} \tag{a}$$

容易验证谱矩阵 $\boldsymbol{S}_{\boldsymbol{X}}(\omega)$ 的秩为 1，因此激励是完全相干的。小车的运动方程为

$$(c_1+c_2)\dot{y}+(k_1+k_2)y=k_1x_1+c_1\dot{x}_1+k_2x_2+c_2\dot{x}_2 \tag{b}$$

为确定频率响应函数，先令 $x_1=\mathrm{e}^{\mathrm{i}\omega t}$，$x_2=0$，$y=H_1(\omega)\mathrm{e}^{\mathrm{i}\omega t}$，代入运动方程(b)得

$$H_1(\omega)=\frac{k_1+\mathrm{i}c_1\omega}{k_1+k_2+\mathrm{i}(c_1+c_2)\omega} \tag{c}$$

再令 $x_1=0$，$x_2=\mathrm{e}^{\mathrm{i}\omega t}$，$y=H_2(\omega)\mathrm{e}^{\mathrm{i}\omega t}$，代入运动方程(b)得

$$H_2(\omega)=\frac{k_2+\mathrm{i}c_2\omega}{k_1+k_2+\mathrm{i}(c_1+c_2)\omega} \tag{d}$$

响应谱为

$$S_y(\omega)=\sum_{j=1}^{2}\sum_{k=1}^{2}H_j^*(\omega)H_k(\omega)S_{x_jx_k}(\omega) \tag{e}$$

把式(a)、式(c)和式(d)代入式(e)得

$$\begin{aligned}S_y(\omega)=&\frac{k_1^2+c_1^2\omega^2}{(k_1+k_2)^2+(c_1+c_2)^2\omega^2}S_0+\frac{k_2^2+c_2^2\omega^2}{(k_1+k_2)^2+(c_1+c_2)^2\omega^2}S_0+\\&\frac{(k_1-\mathrm{i}c_1\omega)(k_2+\mathrm{i}c_2\omega)}{(k_1+k_2)^2+(c_1+c_2)^2\omega^2}S_0\mathrm{e}^{-\mathrm{i}\omega T}+\frac{(k_1+\mathrm{i}c_1\omega)(k_2-\mathrm{i}c_2\omega)}{(k_1+k_2)^2+(c_1+c_2)^2\omega^2}S_0\mathrm{e}^{\mathrm{i}\omega T}\end{aligned} \tag{f}$$

整理得

$$S_y(\omega)=\frac{k_1^2+k_2^2+c_1^2\omega^2+c_2^2\omega^2+2(k_1k_2+c_1c_2\omega^2)\cos\omega T+2(k_1c_2\omega-k_2c_1\omega)\sin\omega T}{(k_1+k_2)^2+(c_1+c_2)^2\omega^2}S_0 \tag{g}$$

下面用虚拟激励法求解。因 $x_1(t)$ 的谱密度为 S_0，故相应的虚拟激励为

$$\tilde{x}_1(t)=\sqrt{S_0}\,\mathrm{e}^{\mathrm{i}\omega t} \tag{h}$$

又因 $x_2(t)=x_1(t-T)$，所以

$$\tilde{x}_2(t)=\sqrt{S_0}\,\mathrm{e}^{\mathrm{i}\omega(t-T)} \tag{i}$$

因此

$$\dot{\tilde{x}}_1(t)=\mathrm{i}\omega\sqrt{S_0}\,\mathrm{e}^{\mathrm{i}\omega t},\quad \dot{\tilde{x}}_2(t)=\mathrm{i}\omega\sqrt{S_0}\,\mathrm{e}^{\mathrm{i}\omega(t-T)} \tag{j}$$

将式(h)、式(i)和式(j)代入运动方程(b)得

$$(c_1+c_2)\dot{\tilde{y}}+(k_1+k_2)\tilde{y}=[(k_1+\mathrm{i}c_1(\omega)+(k_2+\mathrm{i}c_2\omega)\mathrm{e}^{-\mathrm{i}\omega T}]\mathrm{e}^{\mathrm{i}\omega t} \tag{k}$$

求解得

$$\tilde{y}=\frac{k_1+\mathrm{i}c_1\omega+(k_2+\mathrm{i}c_2\omega)\mathrm{e}^{-\mathrm{i}\omega T}}{k_1+k_2+\mathrm{i}\omega(c_1+c_2)}\mathrm{e}^{\mathrm{i}\omega t} \tag{l}$$

因此

$$S_y(\omega)=\tilde{y}^*\tilde{y}=$$

$$\frac{k_1^2+k_2^2+c_1^2\omega^2+c_2^2\omega^2+2(k_1k_2+c_1c_2\omega^2)\cos\omega T+2(k_1c_2\omega-k_2c_1\omega)\sin\omega T}{(k_1+k_2)^2+(c_1+c_2)^2\omega^2}S_0 \quad (\mathrm{m})$$

由此可见,用虚拟激励法求解比通常解法简单,但结果是完全相同的。

10.7.2 虚拟激励法与传统算法的比较

对于非比例阻尼情况而言,已有的其他算法都比较复杂,不易与虚拟激励法作比较。下面对比例阻尼情况进行比较。

① 传统 CQC 算法:

$$\boldsymbol{S}_{\boldsymbol{Y}}(\omega)=\sum_{j=1}^{q}\sum_{k=1}^{q}\boldsymbol{Z}_j^*\boldsymbol{Z}_k^{\mathrm{T}} \tag{10.7-27}$$

② 传统 SRSS(Square Root of the Sum of Squares,平方和开平方)算法:

$$\boldsymbol{S}_{\boldsymbol{Y}}(\omega)=\sum_{j=1}^{q}\boldsymbol{Z}_j^*\boldsymbol{Z}_j^{\mathrm{T}} \tag{10.7-28}$$

这种方法适用于参振频率为稀疏分布,且各阶阻尼比都很小的均质材料结构。而对于大部分结构(尤其是三维结构)来说,参振频率很难是稀疏分布的。

③ 虚拟激励法:

$$\boldsymbol{S}_{\boldsymbol{Y}}(\omega)=\left(\sum_{j=1}^{q}\boldsymbol{Z}_j^*\right)\left(\sum_{k=1}^{q}\boldsymbol{Z}_k^{\mathrm{T}}\right) \tag{10.7-29}$$

为了计算功率谱密度曲线及方差,需要对大量离散频点(ω_i,通常是几十至几百点)反复地计算式(10.7-27)、式(10.7-28)或式(10.7-29)。但模态和频率的计算总共只需 1 次。因此用于 $\boldsymbol{Z}_j$ 的附加计算量是很小的,可不计入比较。计算式(10.7-27)、式(10.7-28)或式(10.7-29)所需的向量乘法数分别为 q^2、q 及 1 次,每次向量乘法包含 n^2 次实数乘法。

当结构自由度为 $n=10\ 000$,总刚度阵的平均带宽为 $b=200$ 时,对它作三角化($\mathrm{LDL^T}$)分解所需的乘法次数大致为 $nb^2/2\approx2\times10^8$,相当于 2 次上述向量乘法(即 $2n^2$)。如果取 200 个频点、200 阶振型,则执行式(10.7-27)大约相当于作 400 万次 $\mathrm{LDL^T}$ 三角化,一般工程难以接受这样庞大的计算量。如按式(10.7-29)计算,将快 q^2 倍即约 10^4 倍,而所得计算结果是完全相同的,因此虚拟激励法有时也称**快速 CQC**(Fast CQC)法。按 SRSS 法计算既不准确,又比虚拟激励法多用 q 倍时间,不值得选择。

虚拟激励方法的特点可以总结如下:

对于平稳/非平稳、单点/多点、完全相干/部分相干/不相干、均匀调制/非均匀调制随机激励等问题,都一律将随机性分析转化为确定性分析,即

① 平稳随机振动分析变成简谐振动分析;

② 非平稳随机振动分析变成普通的动力响应时间历程分析。

虚拟激励法的出现,改变了随机振动计算效率低的状况,并且容易理解和实施,从而通过计算力学手段为随机振动理论的工程应用架设了一座通畅的桥梁,有力地推动了随机振动理论成果在诸多工程领域中的应用。

例 10.7-2 利用虚拟激励法推导 Kanai-Tajimi 加速度功率谱密度函数表达式。

解: 如图 10.7-2 所示,岩基的水平加速度 $\ddot{x}_0$ 为平稳随机过程,其自谱为常数 S_0。地面相对于岩基的位移为 y,地面上的结构相对于地面的位移为 x。土层的水平等效剪切刚度和阻尼分别为 k_g 和 c_g。不考虑结构对土运动规律的影响,则地面运动微分方程为

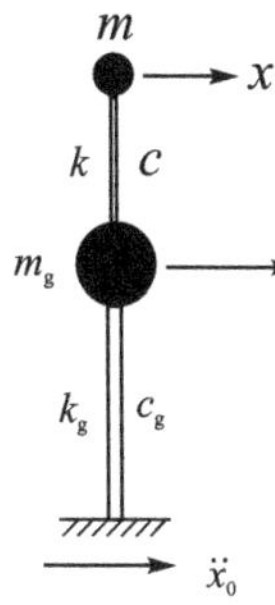

图 10.7-2　岩基、地面及结构

$$m_g\ddot{y}+c_g\dot{y}+k_g y=-m_g\ddot{x}_0$$

或

$$\ddot{y}+2\xi_g\omega_g\dot{y}+\omega_g^2 y=-\ddot{x}_0 \tag{a}$$

式中：$2\xi_g\omega_g=c_g/m_g$，$\omega_g=\sqrt{k_g/m_g}$。构造虚拟水平加速度

$$\tilde{\ddot{x}}_0(t)=\sqrt{S_0}\,\mathrm{e}^{\mathrm{i}\omega t} \tag{b}$$

把式(b)代入式(a)得

$$\tilde{\ddot{y}}+2\xi_g\omega_g\tilde{\dot{y}}+\omega_g^2\tilde{y}=-\sqrt{S_0}\,\mathrm{e}^{\mathrm{i}\omega t} \tag{c}$$

方程(c)的简谐响应或虚拟响应为

$$\tilde{y}=\frac{-\sqrt{S_0}\,\mathrm{e}^{\mathrm{i}\omega t}}{\omega_g^2-\omega^2+2\mathrm{i}\xi_g\omega_g\omega} \tag{d}$$

地面绝对虚拟位移为

$$\tilde{x}_g=\tilde{x}_0+\tilde{y} \tag{e}$$

对应的绝对加速度为

$$\tilde{\ddot{x}}_g=\tilde{\ddot{x}}_0+\tilde{\ddot{y}} \tag{f}$$

因此有

$$\tilde{\ddot{x}}_g=\left(1+\frac{\omega^2}{\omega_g^2-\omega^2+2\mathrm{i}\xi_g\omega_g\omega}\right)\sqrt{S_0}\,\mathrm{e}^{\mathrm{i}\omega t}=$$

$$\frac{\omega_g^2+2\mathrm{i}\xi_g\omega_g\omega}{\omega_g^2-\omega^2+2\mathrm{i}\xi_g\omega_g\omega}\sqrt{S_0}\,\mathrm{e}^{\mathrm{i}\omega t} \tag{g}$$

于是地面绝对加速度的自功率谱密度函数为

$$S_{\ddot{x}_g}=\tilde{\ddot{x}}_g^*\tilde{\ddot{x}}_g=\frac{\omega_g^4+4\xi_g^2\omega_g^2\omega^2}{(\omega_g^2-\omega^2)^2+4\xi_g^2\omega_g^2\omega^2}S_0 \tag{h}$$

10.8　商用软件的功率谱分析方法

在商用软件如 NASTRAN 和 ABAQUS 中，响应谱的计算方法主要是 CQC 算法，效率比较低。从 10.7 节介绍的虚拟激励法可以看出，对这些通用软件进行二次开发来实现虚拟激励法是可行的，读者可以自行尝试或参考相关的文献。

常见的随机环境包括脉动压力和噪声等。下面仅给出根据加速度谱和噪声谱，用 NASTRAN 和 ABAQUS 计算响应谱的步骤，其中包括了根据载荷谱计算响应谱的步骤。

1. 加速度谱

给定加速度谱密度，求响应谱是比较常见的工程问题。

(1) NASTRAN 方法

第 1 步　建立一独立结点，建立该结点与待施加加速度谱的结点之间的多点约束关系(MPC)，限制独立结点没有加速度激励的方向上的自由度。

第 2 步　在独立结点处创建点单元并施加大质量(通常为结构质量的 1E6 倍)。

第 3 步　在独立结点处施加大小与大质量相同、方向与加速度方向相同的力，相当于施加单位加速度，计算其频率响应(Frequency Response)。

第4步　根据频响结果(.xdb文件)、对应的subcase和已知的加速度功率谱密度,用MSC.Random进行随机响应计算,可以得到加速度、速度、位移响应谱。

上述第1步～第3步还可以用下面两步来替换:

第1步　在待施加加速度谱的结点上直接施加单位加速度。如果在施加单位加速度的自由度上存在位移约束,要释放该自由度或删除该自由度的位移约束。

第2步　计算其频率响应(Frequency Response)。

(2) ABAQUS方法

第1步　在ABAQUS/CAE中设定两个分析步Frequency和Random response,前者用于设定需要的模态数;后者表示当前工作是计算响应功率谱密度(PSD)。在Random response分析步中可以施加各种阻尼。

第2步　用菜单栏Model菜单中的Edit Keywords命令修改INP文件,定义加速度功率谱密度,单位为$m^2/(s^4\cdot Hz)$,例如:

***Material, name=Material-1**

***PSD-DEFINITION,NAME=BASE,TYPE=BASE,G=9.81**(加速度功率谱密度为输入的数据乘以G^2,G的默认值为1)

```
0       0       0
0.1     0       200
0.1     0       5000
```

***Boundary**

第3步　用Edit Keywords修改INP文件,修改Random response分析步,在初级基础primary base上施加功率谱(注意,次级基础secondary base不能用于随机响应分析)。例如:

***Random Response**

***Modal Damping**

***BASE MOTION, DOF=2**(激励的方向)

***CORRELATION,PSD=BASE,TYPE=UNCORRELATED**(非相关激励用UNCORRELATED,相关激励用CORRELATED)

1, 1.

读者可以在ABAQUS的HELP文件中查到INP文件使用的关键字的含义和数据行的格式。

2. 噪　声

噪声在工程中是常见的。已知噪声分贝为

$$L=20\lg\frac{p}{p_{\mathrm{ref}}}\tag{10.8-1}$$

式中:L为噪声,单位为分贝(dB)。p为声压,p_{ref}为参考压强,通常取2×10^{-5} Pa。由式(10.8-1)可得声压的功率谱密度为

$$\Phi=\frac{p^2}{\Delta f}=\frac{10^{L/10}p_{\mathrm{ref}}^2}{\Delta f}\tag{10.8-2}$$

由此可见,根据噪声分贝和频率范围可以得到声压的功率谱密度Φ(单位为Pa^2/Hz)。例如,若噪声为165 dB,频率范围为50～8 000 Hz,则$\Phi=1\ 591\ Pa^2/Hz$。

(1) NASTRAN 方法

第 1 步　在待施加声压功率谱的面上施加单位面载荷，计算其频率响应(Frequency Response)；

第 2 步　根据频响结果(.xdb 文件)、对应的 subcase 和声压功率谱密度，用 MSC. Random 进行随机响应分析可以得到加速度、速度和位移响应谱。

(2) ABAQUS 方法

第 1 步　在 ABAQUS/CAE 中设定两个分析步 Frequency 和 Random response，前者用于设定需要的模态数；后者表示当前工作是计算响应功率谱密度，并且在该分析步中可以施加各种阻尼。

第 2 步　用菜单栏 Model 菜单中的 Edit Keywords 命令修改 INP 文件，定义压力功率谱密度(PSD)，单位为 Pa^2/Hz。例如：

```
* Material, name=Material-1
* PSD-DEFINITION, NAME=NOISE (此处不需要 G)
    1500        0        50
    1500        0        5000
* Boundary
```

第 3 步　用 Edit Keywords 修改 INP 文件，修改 Random response 分析步，定义 DSLOAD，在受力面上施加单位压力。例如：

```
* Random Response
* Modal Damping
* Dsload
  Surf, P, 1(Surf 是用户通过 CAE 设定的受力面)
* CORRELATION,PSD=NOISE,TYPE=CORRELATED (非相关激励用 UNCORRELATED,相关激励用 CORRELATED)
1,  1.
```

当实际载荷为点载荷时，所定义的力功率谱密度(PSD)单位为 N^2/Hz，用关键字 Cload 定义集中载荷。

10.9　常用公式

当根据频响函数计算均方值等物理量时，下面的公式是有用的。

当 $H(\omega)=\dfrac{B_0}{A_0+i\omega A_1}$ 时，有

$$\int_{-\infty}^{\infty}|H(\omega)|^2\mathrm{d}\omega=\frac{\pi B_0^2}{A_0A_1} \tag{10.9-1}$$

当 $H(\omega)=\dfrac{B_0+i\omega B_1}{A_0+i\omega A_1-\omega^2A_2}$ 时，有

$$\int_{-\infty}^{\infty}|H(\omega)|^2\mathrm{d}\omega=\frac{\pi[(B_0^2/A_0)A_2+B_1^2]}{A_1A_2} \tag{10.9-2}$$

当 $H(\omega)=\dfrac{B_0+\mathrm{i}\omega B_1-\omega^2 B_2}{A_0+\mathrm{i}\omega A_1-\omega^2 A_2-\mathrm{i}\omega^3 A_3}$时,有

$$\int_{-\infty}^{\infty}|H(\omega)|^2\mathrm{d}\omega=\frac{\pi[(B_0^2/A_0)A_2A_3+A_3(B_1^2-2B_0B_2)+A_1B_2^2]}{A_1A_2A_3-A_0A_3^2} \tag{10.9-3}$$

当 $H(\omega)=\dfrac{B_0+\mathrm{i}\omega B_1-\omega^2 B_2-\mathrm{i}\omega^3 B_3}{A_0+\mathrm{i}\omega A_1-\omega^2 A_2-\mathrm{i}\omega^3 A_3+\omega^4 A_4}$时,有

$$\int_{-\infty}^{\infty}|H(\omega)|^2\mathrm{d}\omega=\frac{\pi[(B_0^2/A_0)(A_2A_3-A_1A_4)+A_3(B_1^2-2B_0B_2)]}{A_1(A_2A_3-A_1A_4)-A_0A_3^2}+\frac{\pi[A_1(B_2^2-2B_1B_3)+(B_3^2/A_4)(A_1A_2-A_0A_3]}{A_1(A_2A_3-A_1A_4)-A_0A_3^2} \tag{10.9-4}$$

复习思考题

10-1 随机振动系统的激励与响应都是随机变化的、不确定的,那么系统本身的参数是否也可以是随机变化的?

10-2 随机过程与随机变量的差别及联系是什么?

10-3 时间平均与集平均的差别及联系是什么?

10-4 自相关函数 $R_X(t_1,t_1+\tau)$中,t_1 与 τ 这两个变量的意义有什么差别?平稳过程的自相关函数与 t_1 无关,能否有一种过程的自相关函数与 τ 无关?

10-5 相关函数、功率谱密度函数的量纲分别是什么?

习　题

10-1 给定随机过程 $X(t)$,x 是任意实数,定义另一个随机过程

$$Y(t)=\begin{cases}1, & X(t)\leqslant x\\ 0, & X(t)>x\end{cases}$$

试证:$Y(t)$的均值和自相关函数分别为随机过程 $X(t)$的一维和二维分布函数。

10-2 设 $s(t)$是一周期为 T 的函数,Θ 是在$(0,T)$上具有均匀分布的随机变量,称 $X(t)=s(t+\Theta)$为随机相位周期过程。试讨论它的平稳性。

10-3 证明:随机相位周期过程(上题)是各态历经的。

10-4 下面哪些函数是谱密度的正确表达式?为什么?

① $S_1(\omega)=\dfrac{\omega^2+9}{(\omega^2+4)(\omega+1)^2}$;　　② $S_2(\omega)=\dfrac{\omega^2+1}{\omega^4+5\omega^2+6}$;

③ $S_3(\omega)=-\dfrac{\omega^2+4}{\omega^4-4\omega^2+3}$;　　④ $S_4(\omega)=\dfrac{\mathrm{e}^{-\mathrm{i}\omega^3}}{\omega^2+2}$。

10-5 已知平稳随机过程 $X(t)$的谱密度为

$$S_X(\omega)=\frac{\omega^2}{\omega^4+3\omega^2+2}$$

求 $X(t)$的均方值。

10－6　证明互谱密度与自谱密度之间有不等式

$$|S_{XY}(\omega)|^2 \leqslant S_X(\omega)S_Y(\omega)$$

10－7　RC 低通滤波器的时间常数 $K=RC>0$，它的脉冲响应函数为

$$h(t)=\begin{cases}\dfrac{1}{K}e^{-t/K} & (K>0, t\geqslant 0)\\ 0 & (t<0)\end{cases}$$

设输入是功率谱密度为 $S_X(f)=a$ 的白噪声，试求输出的功率谱密度、均方值与自相关函数。

10－8　若输入某系统的随机激励 $X(t)$ 的自功率谱密度为 $S_X(f)$，而输出的随机振动过程可表示为

$$Y(t)=X(t)-nX(t-T)+\frac{n(n-1)}{2!}X(t-2T)+\cdots+(-1)^nX(t-nT)$$

试求输出的功率谱密度。

10－9　在图 10.1 所示系统中，若 AB 杆端点受到的激励谱密度 $S_f(\omega)=S_0$，试求集中质量 m 位移响应的谱密度和均方值。已知 a、b、m、k、c 等参数，不计杆的质量。

10－10　在图 10.2 所示的振动系统中，已知 m、k、c、a 等参数。若作用在质量上的激励功率谱密度函数为 $S_F(\omega)=\dfrac{S_0\omega_0^2}{\omega^2+\omega_0^2}$，试计算质量位移的均方值。

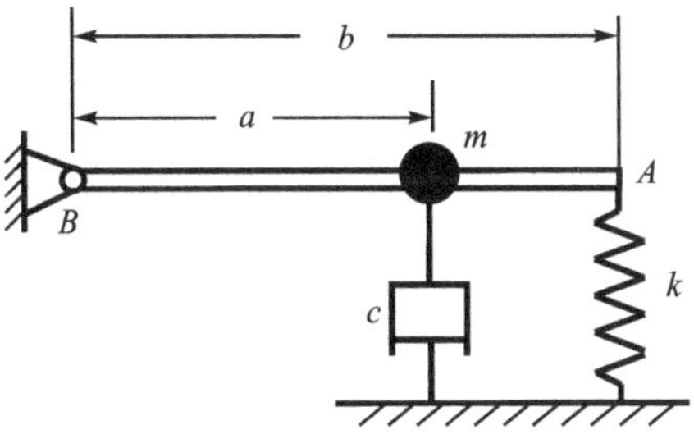

图 10.1　习题 10－9 用图

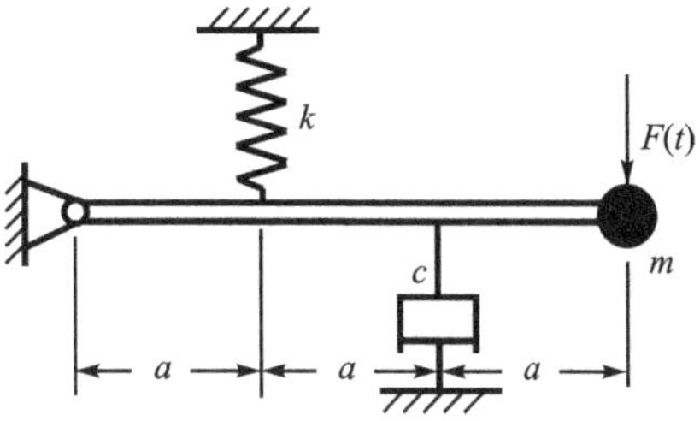

图 10.2　习题 10－10 用图

10－11　设随机变量 X 在 $(-\pi/2, \pi/2)$ 上具有均匀分布的概率密度函数

$$f_X(x)=\begin{cases}1/\pi, & |x|\leqslant \pi/2\\ 0, & |x|>\pi/2\end{cases}$$

随机变量 Y 和 X 的关系为 $y=\cos x$。求随机变量 Y 的概率密度函数。

10－12　把火箭中的某个部件简化成单自由度系统，如图 10.3 所示，阻尼比 $\xi=0.1$，$f_0=25$ Hz。已知火箭的单边加速度功率谱密度为 $G_{\ddot{y}}(\omega)=0.125\ \mathrm{g}^2/\mathrm{Hz}$。为了确保质量 m 不与油箱碰撞，试确定二者之间的间隙 δ。

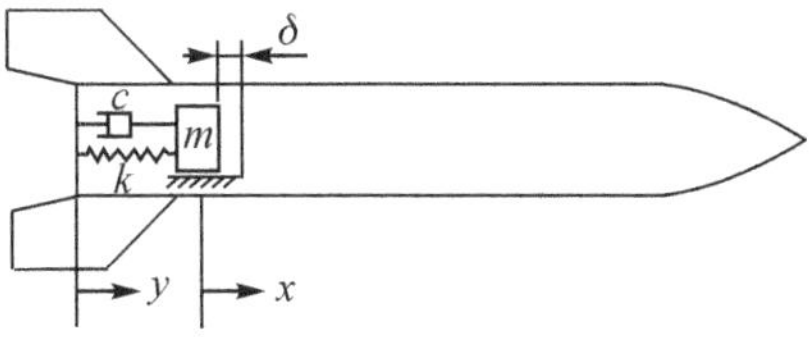

图 10.3　习题 10－12 用图

习题答案

第1章

1-2 $x = 10.44\mathrm{e}^{\mathrm{i}(\omega t + 65^\circ 30')}$，$\alpha = 35^\circ 30'$。

1-3 $x = 9.76\sin(\omega t + 1.7162)$。

1-4 $\omega_0^2 = \dfrac{4}{m\left(\dfrac{1}{4k_1} + \dfrac{1}{4k_2} + \dfrac{1}{k_3} + \dfrac{1}{k_4}\right)}$。

1-5 ① $2g/l$；② g/l。

1-6 $\omega_0^2 = \dfrac{8g}{R(9\pi - 16)}$。

1-7 $\omega_0^2 = \dfrac{4k}{3m}\left(1 + \dfrac{a}{R}\right)^2$。

1-8 $(J + m_1 r^2 + m_2 R^2)\ddot{\theta} + [r^2(k_1 + k_3) + R^2(k_2 + k_4)]\theta = 0$。

1-9 $\dfrac{m}{M} < \dfrac{1 + (3\pi/2) + e}{(3\pi/2)e}$。

1-10 $\omega_0 = 19.06\ \mathrm{rad/s}$。

1-11 $c < \dfrac{2a}{l}\sqrt{\dfrac{mk}{3}}$。

1-12 $c > \dfrac{1}{2}\sqrt{mk}$；令 $\omega_0^2 = \dfrac{k}{m}$，$\omega_\mathrm{d} = \sqrt{\omega_0^2 - \delta^2}$，$\delta = \dfrac{k}{2c}$，

$$x(t) = x_0 - a + \frac{mv_0}{c} + \mathrm{e}^{-\delta t}\left\{\left(a - \frac{mv_0}{c}\right)\cos\omega_\mathrm{d} t + \frac{1}{\omega_\mathrm{d}}\left[\left(1 - \frac{mk}{2c^2}\right)v_0 + \delta a\right]\sin\omega_\mathrm{d} t\right\}。$$

1-13 $m\ddot{x}_1 + 2kx_1 - kx_2 + \varepsilon k x_1^3 = 0$；

$m\ddot{x}_2 + kx_2 - kx_1 = 0$。

1-14 ① $k_1(1 - \cos\theta)\tan\theta + k_2\sin\theta = \dfrac{mg}{2L}$；

② $[mL^2/12 + m(L/2)^2]\ddot{\beta} + k_1 L^2(1 - \cos\beta)\sin\beta + k_2 L^2\sin\beta\cos\beta - \dfrac{L}{2}mg\cos\beta = 0$；

③ $\omega_0^2 = \dfrac{3}{m}\left[k_1\cos\theta + (k_2 - k_1)\cos 2\theta + \dfrac{mg}{2L}\sin\theta\right]$。

1-15 $\omega_0^2 = \dfrac{gr}{4R^2 + (R - r)^2}$。

1-16 $k_3 = 1.24$，$\alpha_3 = 18.1^\circ$，等效刚度系数 $k_\theta = 4.24$。

1-17 $\omega=\Omega\sqrt{\dfrac{Mb(a+b)+I_G}{Mb^2+I_G}}$。

1-18 ① $k=\dfrac{m\Omega^2}{\sqrt{6}-2}\left(1+\dfrac{a}{l}\sqrt{2}\right)$； ② $\omega^2=\dfrac{k}{M+2m}$； ③ $\omega^2=\dfrac{k(\sqrt{6}-1)-\dfrac{1}{2}m\Omega^2}{M+m}$。

第2章

2-1 $\omega_0=\sqrt{2\omega_d^2-\omega}$，$c=2m\sqrt{\omega_d^2-\omega^2}$，$\delta=2\pi\sqrt{1-\left(\dfrac{\omega}{\omega_2}\right)^2}$。

2-2 $x(t)=A\sin(\omega t+\theta)$，$A=F_0\sqrt{\dfrac{(k_1+k_2)^2+c^2\omega^2}{[k_1k_2-(k_1+k_2)m\omega^2]^2+c^2\omega^2(k_2-m\omega^2)^2}}$，

$\theta=\arctan\dfrac{-c\omega k_2^2}{[k_1k_2-(k_1+k_2)m\omega^2](k_1+k_2)+c^2\omega^2(k_2-m\omega^2)}$。

2-3 $x(t)=e^{-\delta t}(C\cos\omega_d t+D\sin\omega_d t)+A\cos(\omega t-\theta)$，其中 $\delta=c/2m$，$\omega_0=\sqrt{k/m}$，$\omega_d=\sqrt{\omega_0^2-\delta^2}$，$A=\dfrac{F_0}{\sqrt{(k-m\omega^2)^2+(c\omega)^2}}$，$\theta=\arctan\dfrac{c\omega}{k-m\omega^2}$，$C=x_0-A\cos\theta$，$D=\dfrac{1}{\omega_d}[\dot{x}_0+\delta x_0-A(\delta\cos\theta+\omega\sin\theta)]$。

2-4 $A=\dfrac{F_0}{k-m\omega^2}$。

2-5 $v=\dfrac{b\omega_0}{4\pi\xi}\sqrt{\sqrt{1+8\xi^2}-1}$，其中 $\omega_0=l\sqrt{\dfrac{k}{J}}$，$\xi=\dfrac{lc}{2\sqrt{kJ}}$。

2-6 ① $A=\dfrac{F_0}{4c}\sqrt{\dfrac{k}{m}}$；② $A=\dfrac{4F_0}{9k\sqrt{\dfrac{64c^2}{81mk}+1}}$。

2-7 $Z_d(\omega)=k\left(1-\dfrac{k}{k-m\omega^2}\right)$。

2-8 $H_d(\omega)=\dfrac{m\omega-ic}{km\omega-ic(k-m\omega^2)}$。

2-9 $x(t)=\dfrac{8F_0}{k\pi^2}\sum\limits_{n=1,3,5,\cdots}^{\infty}\dfrac{(-1)^{(n-1)/2}\sin n\omega t}{n^2[1-(n\omega/\omega_0)^2]}$，其中 $\omega_0=\sqrt{\dfrac{k}{m}}$。

2-10 $x=\dfrac{a}{4}-\dfrac{ka}{\pi}\sum\limits_{n=1}^{\infty}\dfrac{1}{n}\dfrac{\sin(n\omega t-\theta_n)}{\sqrt{[2k-m(n\omega)^2]^2+(cn\omega)^2}}$，$\theta_n=\arctan\dfrac{cn\omega}{2k-m(n\omega)^2}$。

2-11 $x(t)=\begin{cases}\dfrac{F_0}{k}(1-\cos\omega_0 t) & (0\leqslant t\leqslant t_1)\\ \dfrac{F_0}{k}\left[1-\cos\omega_0 t-\dfrac{t-t_1}{t_2-t_1}+\dfrac{\sin\omega_0(t-t_1)}{\omega_0(t_2-t_1)}\right] & (t_1\leqslant t\leqslant t_2)\\ \dfrac{F_0}{k}\left[-\cos\omega_0 t+\dfrac{\sin\omega_0(t-t_1)-\sin\omega_0(t-t_2)}{\omega_0(t_2-t_1)}\right] & (t\geqslant t_2)\end{cases}$。

2-12 $F_{max}=kA, A=\frac{g}{\omega_0^2}\sqrt{(1-\cos\omega_0 t)^2+(\omega_0 t-\sin\omega_0 t)^2}$。

2-13 $x(t)=e^{-\delta t}(C\cos\omega_d t+D\sin\omega_d t)+A\sin(\omega t-\theta)$，其中$\delta=c/2m, \omega_0=\sqrt{k/m}, \omega_d=\sqrt{\omega_0^2-\delta^2}, A=\frac{F_0}{\sqrt{(k-m\omega^2)^2+(c\omega)^2}}, \theta=\arctan\frac{c\omega}{k-m\omega^2}, C=A\sin\theta, D=\frac{A}{\omega_d}\cdot(\delta\sin\theta-\omega\cos\theta)$。

2-14 ① $x=v(t-t_0)-v\sqrt{\frac{W}{kg}}\sin\sqrt{\frac{kg}{W}}(t-t_0)$，其中$t_0=\mu W/kv$，$t$为自由端开始运动时间。

② $x=vt_1-2\xi\frac{v}{\omega_0}+\frac{v}{\omega_d}e^{-\xi\omega_0 t_1}\left[2\xi\sqrt{1-\xi^2}\cos\omega_d t_1-(1-2\xi^2)\sin\omega_d t_1\right]$，其中$t_1=t-t_0, \omega_0=\sqrt{kg/W}, \xi=2c/\sqrt{Wk/g}, \omega_d=\omega_0\sqrt{1-\xi^2}$，$c$为动摩擦力比例系数，此时$c>0$。随着时间增加，$x=vt_1$。

③ $x=vt_1+2\xi\frac{v}{\omega_0}-\frac{v}{\omega_d}e^{\xi\omega_0 t_1}\left[2\xi\sqrt{1-\xi^2}\cos\omega_d t_1+(1-2\xi^2)\sin\omega_d t_1\right]$，此时$c<0$。

振幅随着时间以指数函数增加，为线性系统的自激振动。

2-15 $t=\frac{2}{\omega_0}arctan\left(-\sqrt{\frac{4lk}{mg}}\right)$，其中$\omega_0=\sqrt{\frac{k}{m}}$。

2-16 ① $F_c=kx+m_2 g$，其中$x=\frac{F_0 m_2}{k(m_1+m_2)}(1-\cos\omega_0 t)$，$\omega_0=\sqrt{\frac{k(m_1+m_2)}{m_1 m_2}}$。

② $F_c=\frac{F_0 m_2}{m_1+m_2}+m_2 g$。

2-17 ① $\frac{F_0^2\pi^2}{2k}(i^2-j^2)$，其中$i$、$j$为正整数，并且$i>j$。

2-18 运动方程为

$$\begin{aligned}y&=-m\ddot{y}f_{11}-f_{12}(I_P\omega\Omega\alpha+I_d\ddot{\alpha})\\ \alpha&=-y\ddot{x}f_{21}-f_{22}(I_P\omega\Omega\alpha+I_d\ddot{\alpha})\end{aligned}$$

其中$I_d=\frac{I_P}{2}$，$\begin{bmatrix}f_{11}&f_{12}\\f_{21}&f_{22}\end{bmatrix}=\begin{bmatrix}\frac{l^3}{3EI}&\frac{l^2}{2EI}\\\frac{l^2}{2EI}&\frac{l}{EI}\end{bmatrix}$。

2-19 $\omega_{1,2}=\pm\omega_a, \omega_{3,4}=\Omega\pm\sqrt{\Omega^2+\omega_b^2}$，其中$\omega_a^2=\frac{k_1+k_2}{m}, \omega_b^2=\frac{k_1 l_1^2+k_2 l_2^2}{mR^2/4}$。

第3章

3-1

$$\begin{bmatrix}m_1&0&0\\0&m_2&0\\0&0&m_3\end{bmatrix}\begin{bmatrix}\ddot{x}_1\\\ddot{x}_2\\\ddot{x}_3\end{bmatrix}+\begin{bmatrix}c_1+c_2&-c_2&0\\-c_2&c_2+c_3&-c_3\\0&-c_3&c_3+c_4\end{bmatrix}\begin{bmatrix}\dot{x}_1\\\dot{x}_2\\\dot{x}_3\end{bmatrix}+\begin{bmatrix}k_1+k_2&-k_2&0\\-k_2&k_2+k_3&-k_3\\0&-k_3&k_3+k_4\end{bmatrix}\begin{bmatrix}x_1\\x_2\\x_3\end{bmatrix}=\begin{bmatrix}f_1(t)\\f_2(t)\\f_3(t)\end{bmatrix}$$。

3-2 $\omega_{\min}^2=\dfrac{k}{m},n=1$；$\omega_{\max}^2=\dfrac{11k}{2m},n=-2$。

3-3 $\omega_1=0.874\sqrt{\dfrac{k}{m}}$，$\omega_2=2.288\sqrt{\dfrac{k}{m}}$。

3-6 $\begin{bmatrix} M+m & ml \\ ml & ml^2 \end{bmatrix}\begin{bmatrix} \ddot{x} \\ \ddot{\theta} \end{bmatrix}+\begin{bmatrix} c_1+c_2 & 0 \\ 0 & 0 \end{bmatrix}\begin{bmatrix} \dot{x} \\ \dot{\theta} \end{bmatrix}+\begin{bmatrix} k_1+k_2 & 0 \\ 0 & mgl \end{bmatrix}\begin{bmatrix} x \\ \theta \end{bmatrix}=\begin{bmatrix} 0 \\ 0 \end{bmatrix}$。

3-7 $\omega_1^2=(3-\sqrt{5})g$，$\omega_2^2=(3+\sqrt{5})g$。

3-8 $Z_{\mathrm{d}}(\omega)=\dfrac{(k_1-m_1\omega^2)(k_2-m_2\omega^2)-k_2m_2\omega^2}{k_2-m_2\omega^2}$。

3-9 $H_{\mathrm{d}}(\omega)=\dfrac{k_2+k_3-m_2\omega^2+\mathrm{i}c_2\omega}{(k_1-m_1\omega^2+\mathrm{i}c_1\omega)(k_2+k_3-m_2\omega^2+\mathrm{i}c_2\omega)+k_2(k_3-m_2\omega^2+\mathrm{i}c_2\omega)}$。

3-10 $\omega_1=0.616\,7\sqrt{\dfrac{EI}{ml^3}}$，$\omega_2=2.449\,5\sqrt{\dfrac{EI}{ml^3}}$，$\omega_3=5.200\,8\sqrt{\dfrac{EI}{ml^3}}$。

3-11 $\omega_1=\sqrt{\dfrac{g}{l}},\omega_2=\sqrt{\dfrac{g}{l}+\dfrac{ka^2}{ml^2}},\omega_3=\sqrt{\dfrac{g}{l}+\dfrac{3ka^2}{ml^2}},\boldsymbol{\varphi}_1^{\mathrm{T}}=[1\quad 1\quad 1],\boldsymbol{\varphi}_2^{\mathrm{T}}=[1\quad 0\quad -1]$，$\boldsymbol{\varphi}_3^{\mathrm{T}}=[1\quad -2\quad 1]$。

3-12 ① $\omega_0=\sqrt{\dfrac{2k}{m}\cos^2\alpha+\dfrac{g}{l}\sin^2\alpha}$；② $\omega_0=\sqrt{\dfrac{2k}{m}\sin^2\alpha+\dfrac{g}{l}\cos^2\alpha}$。

3-13 $\omega_1=0$，$\omega_2=\sqrt{\dfrac{g}{l}\left(1+\dfrac{2m}{3M}\right)}$。

3-14 $\omega_1=\sqrt{\dfrac{k}{2m}}$，$\omega_2=\omega_3=\omega_4=\sqrt{\dfrac{k}{m}}$，$\omega_5=\sqrt{\dfrac{3k}{m}}$，$\boldsymbol{\varphi}_1=[1\quad 1\quad 1\quad 1\quad 0.5]^{\mathrm{T}}$，$\boldsymbol{\varphi}_2=[1\quad -1\quad 0\quad 0\quad 0]^{\mathrm{T}},\boldsymbol{\varphi}_3=[1\quad 1\quad -2\quad 0\quad 0]^{\mathrm{T}},\boldsymbol{\varphi}_4=[1\quad 1\quad 1\quad -3\quad 0]^{\mathrm{T}}$，$\boldsymbol{\varphi}_5=[1\quad 1\quad 1\quad 1\quad -2]^{\mathrm{T}}$。

3-15 ① $k=\dfrac{m_1+m_2}{2}\omega^2$；②$a=\dfrac{l}{2}$。

3-16 $\omega_1=0,\omega_2=0.765\,4\sqrt{\dfrac{k}{m}},\omega_3=1.414\,2\sqrt{\dfrac{k}{m}},\omega_4=1.847\,8\sqrt{\dfrac{k}{m}},\boldsymbol{\varphi}_1^{\mathrm{T}}=[1\quad 1\quad 1\quad 1]$，$\boldsymbol{\varphi}_2^{\mathrm{T}}=[1\quad \sqrt{2}-1\quad -\sqrt{2}+1\quad -1],\boldsymbol{\varphi}_3^{\mathrm{T}}=[1\quad -1\quad -1\quad 1],\boldsymbol{\varphi}_4^{\mathrm{T}}=[1\quad -\sqrt{2}-1\quad \sqrt{2}+1\quad -1]$。

3-17 $\begin{cases} x_1=d(0.75-0.5\cos\omega_1 t-0.25\cos\omega_2 t) \\ x_2=d(0.25-0.5\cos\omega_1 t+0.25\cos\omega_2 t) \end{cases}$，其中 $\omega_1=\sqrt{\dfrac{2k}{m}},\omega_2=2\sqrt{\dfrac{k}{m}}$。

3-18 $\omega_1=0.583\,8\sqrt{\dfrac{EI}{ml^3}},\omega_2=3.884\,3\sqrt{\dfrac{EI}{ml^3}},\boldsymbol{\varphi}_1^{\mathrm{T}}=[1\quad 3.120\,5],\boldsymbol{\varphi}_2^{\mathrm{T}}=[1\quad -0.320\,5]$，

$$\begin{cases} x_2=\dfrac{Pl^3}{EI}(2.660\,5\cos\omega_1 t+0.006\,2\cos\omega_2 t) \\ x_1=\dfrac{Pl^3}{EI}(0.852\,6\cos\omega_1 t-0.019\,3\cos\omega_2 t) \end{cases}$$
。

3-19 $\begin{bmatrix} x_1(t) \\ x_2(t) \end{bmatrix}=\dfrac{(F_1+F_2)\sin(\omega t-\theta_1)}{2\sqrt{(k-m\omega^2)^2+(c\omega)^2}}\begin{bmatrix} 1 \\ 1 \end{bmatrix}+\dfrac{(F_2-F_1)\sin(\omega t-\theta_2)}{2\sqrt{(3k-m\omega^2)^2+(3c\omega)^2}}\begin{bmatrix} -1 \\ 1 \end{bmatrix}$，其中

$$\theta_1=\arctan\frac{c\omega}{k-m\omega^2},\theta_2=\arctan\frac{3c\omega}{3k-m\omega^2}。$$

3-20 $\boldsymbol{x}=\dfrac{F_0\sin\omega t}{2k^2+(m\omega^2)^2-4mk\omega^2}[k\quad 2k-m\omega^2\quad k]^{\mathrm T}$。

3-21 ① $\omega_1=0,\omega_2=\sqrt{\dfrac{k}{m}},\omega_3=\sqrt{\dfrac{3k}{m}},\boldsymbol{\varphi}_1=\begin{bmatrix}1\\1\\1\end{bmatrix},\boldsymbol{\varphi}_2=\begin{bmatrix}1\\0\\-1\end{bmatrix},\boldsymbol{\varphi}_3=\begin{bmatrix}1\\-2\\1\end{bmatrix}$。

3-23 $\begin{bmatrix}m&0\\0&m\end{bmatrix}\begin{bmatrix}\ddot{x}\\\ddot{y}\end{bmatrix}+\begin{bmatrix}0&-2m\Omega\\2m\Omega&0\end{bmatrix}\begin{bmatrix}\dot{x}\\\dot{y}\end{bmatrix}+\begin{bmatrix}k-m\Omega^2&0\\0&k-m\Omega^2\end{bmatrix}\begin{bmatrix}x\\y\end{bmatrix}=\begin{bmatrix}0\\0\end{bmatrix}$。

第4章

4-1 $(\lambda^2\alpha^2-1)\tan\lambda=2\lambda\alpha$,其中 $\alpha=J_0/I_\mathrm{p}\rho l,\lambda=\omega l/c,c=\sqrt{G/\rho}$。

4-2 $\tan\lambda=-\lambda\dfrac{GI_\mathrm{p}}{k_0 l}$,其中 $\lambda=\omega l/c,c=\sqrt{G/\rho}$。

4-3 $(\alpha\beta\lambda^2-1)\tan\lambda=\alpha\lambda$,其中 $\alpha=T/kl,\lambda=\omega l/c,c=\sqrt{T/\rho},\beta=M/\rho l$。

4-4 $\dfrac{\partial^2 y}{\partial t^2}=g\left(\dfrac{\partial y}{\partial x}+x\dfrac{\partial^2 y}{\partial x^2}\right)$。

4-5 $\dfrac{c}{\omega}\tan\dfrac{l\omega}{c}=\dfrac{EA}{m\omega^2-k}$,其中 $c=\sqrt{E/\rho}$。

4-6 $\tan\dfrac{\omega l_1}{c}\tan\dfrac{\omega l_2}{c}=\dfrac{A_2}{A_1}$,其中 $c=\sqrt{E/\rho}$。

4-7 $\dfrac{\sin\lambda(l-a)}{\sin\lambda l}\sin\lambda a-\dfrac{\sinh\lambda(l-a)}{\sinh\lambda l}\sinh\lambda a+\dfrac{2EI\lambda^3}{k}=0$,其中 $\lambda^2=\omega\sqrt{\dfrac{\rho A}{EI}}$。

4-8 $\dfrac{\sin\lambda(l-a)}{\sin\lambda l}\sin\lambda a-\dfrac{\sinh\lambda(l-a)}{\sinh\lambda l}\sinh\lambda a-\dfrac{2\rho A}{m\lambda}=0$,其中 $\lambda^2=\omega\sqrt{\dfrac{\rho A}{EI}}$。

4-9 $\omega_i=\sqrt{\left(\dfrac{i\pi}{l}\right)^4\dfrac{EI}{\rho A}-\left(\dfrac{i\pi}{l}\right)^2\dfrac{N}{\rho A}+\dfrac{k}{\rho A}}$。

4-10 $u(x,t)=\dfrac{4P_0 l}{\pi^2 EA}\displaystyle\sum_{i=2,6,10,\cdots}^{\infty}(-1)^{\frac{i-2}{4}}\dfrac{1}{i^2}\sin\dfrac{i\pi x}{l}\cos\dfrac{ic\pi}{l}t$,其中 $c=\sqrt{E/\rho}$。

4-11

① $u(x,t)=\dfrac{8v_0 l}{\pi^2 c}\displaystyle\sum_{i=1,3,5,\cdots}^{\infty}\dfrac{1}{i^2}\sin\dfrac{i\pi x}{2l}\sin\dfrac{ic\pi}{2l}t$,其中 $c=\sqrt{E/\rho}$(下同)。

② $u(x,t)=\dfrac{4v_0 l}{\pi^2 c}\displaystyle\sum_{i=1,3,5,\cdots}^{\infty}(-1)^{\frac{i-1}{2}}\dfrac{1}{i^2}\cos\dfrac{i\pi x}{l}\sin\dfrac{ic\pi}{l}t$。

③ $u(x,t)=\dfrac{8v_0 l}{\pi^2 c}\displaystyle\sum_{i=1,3,5,\cdots}^{\infty}(-1)^{\frac{i-1}{2}}\dfrac{1}{i^2}\cos\dfrac{i\pi x}{2l}\sin\dfrac{ic\pi}{2l}t,F=-\dfrac{4v_0 EA}{\pi c}\displaystyle\sum_{i=1,3,5,\cdots}^{\infty}\dfrac{1}{i}\sin\dfrac{ic\pi}{2l}t$。

4-12 $u(x,t)=\dfrac{P_0}{\rho Al\omega^2}\left[\dfrac{\cos\dfrac{\omega}{c}(l-x)}{\cos\dfrac{\omega l}{c}}-1\right]\sin\omega t$,其中 $c=\sqrt{E/\rho}$。

4-13 $u(x,t)=Y_0\left(\cos\frac{\omega}{c}x+\tan\frac{\omega}{c}l\sin\frac{\omega}{c}x\right)\sin\omega t$,其中 $c=\sqrt{E/\rho}$。

4-14 $u(x,t)=\frac{2Pl}{\pi^2 EA}\sum_{i=1,3,5,\cdots}^{\infty}(-1)^{\frac{i-1}{2}}\frac{1}{i^2}\sin\frac{i\pi x}{l}\left(1-\cos\frac{ic\pi}{l}t\right)$。

4-15 $w(x,t)=\frac{4Pl^3}{\pi^4 EI}\sum_{i=2,6,10,\cdots}^{\infty}(-1)^{\frac{i-2}{4}}\frac{1}{i^4}\sin\frac{i\pi x}{l}\cos\omega_i t$,其中 $\omega_i=\left(\frac{i\pi}{l}\right)^2\sqrt{\frac{EI}{\rho A}}$。

4-16 $w(x,t)=\frac{2Pl^3}{\pi^4 EI}\sum_{i=1,3,5,\cdots}^{\infty}(-1)^{\frac{i-1}{2}}\frac{1}{i^4}\sin\frac{i\pi x}{l}(1-\cos\omega_i t)$,其中 $\omega_i=\left(\frac{i\pi}{l}\right)^2\sqrt{\frac{EI}{\rho A}}$。

4-17 $w(x,t)=\frac{q_0}{\rho A\omega^2}\left[\frac{\cosh\lambda\left(\frac{l}{2}-x\right)}{2\cosh\frac{\lambda l}{2}}+\frac{\cos\lambda\left(\frac{l}{2}-x\right)}{2\cos\frac{\lambda l}{2}}-1\right]\sin\omega t$,其中 $\lambda^2=\omega\sqrt{\frac{\rho A}{EI}}$。

4-18 $w\left(\frac{l}{2},t\right)=\frac{q_0\sin\omega t}{\rho A(\omega_1^2-\omega^2)}$,其中 $\omega_1=\left(\frac{\pi}{l}\right)^2\sqrt{\frac{EI}{\rho A}}$。

第5章

5-2 精确解为 $\omega_1=0.373\sqrt{\frac{k}{m}}$, $\omega_2=1.321\sqrt{\frac{k}{m}}$, $\omega_3=2.029\sqrt{\frac{k}{m}}$。

5-3 精确解为 $\omega_1=0.6167\sqrt{\frac{EI}{ml^3}}$, $\omega_2=2.4495\sqrt{\frac{EI}{ml^3}}$, $\omega_3=5.2008\sqrt{\frac{EI}{ml^3}}$。

5-4 ① $\omega^2=\frac{\frac{\pi^4}{2}+2b^2\beta}{b^2+\frac{4b}{\pi}+\frac{1}{2}}\left(\frac{EI}{\rho Al^4}\right)$;② $b=-\frac{\pi}{8}\left(1-\frac{\pi^4}{2\beta}\right)\mp\frac{1}{2}\sqrt{\frac{\pi^2}{16}\left(1-\frac{\pi^4}{2\beta}\right)^2+\frac{\pi^4}{\beta}}$,其中 $\beta=\frac{kl^3}{EI}$。

5-6 ① $\omega_1=3.5327\sqrt{\frac{EI}{\rho Al^4}}$ $\left(精确解为\ 3.5156\sqrt{\frac{EI}{\rho Al^4}}\right)$,$\omega_2=34.8069\sqrt{\frac{EI}{\rho Al^4}}$ $\left(精确解为\ 22.0336\sqrt{\frac{EI}{\rho Al^4}}\right)$;② $\omega_1=4.4721\sqrt{\frac{EI}{\rho Al^4}}$, $\omega_1=3.8056\sqrt{\frac{EI}{\rho Al^4}}$。

5-8 $\omega_1=1.0954\frac{c}{l}$,$\omega_2=2.4495\frac{c}{l}$,其中 $c=\sqrt{\frac{E}{\rho}}$。

5-9 $\omega_1=22.736\sqrt{\frac{EI}{\rho Al^4}}$, $\omega_2=81.976\sqrt{\frac{EI}{\rho Al^4}}$。

5-10 $\omega_1=0$, $\omega_2=\sqrt{\frac{k(J_1+J_2)}{J_1J_2}}$,其中 $k=\frac{GI_1I_2}{l_1I_2+l_2I_1}$;$\boldsymbol{\varphi}_1=[1\quad 1]^{\mathrm{T}}$,$\boldsymbol{\varphi}_2=\left[-\frac{J_2}{J_1}\quad 1\right]^{\mathrm{T}}$。

5-11 $\omega=\sqrt{\frac{18EI}{23ml^3}}$。

第6章

6-1 ① $x(t)=\dfrac{2(t+1)}{t^2+2t+2}$；② $x(t)=\dfrac{2(t-1)}{t^2-2t+2}$。

6-2 $\omega\approx\left(1-\dfrac{\theta_0^2}{16}\right)\sqrt{\dfrac{g}{l}}$，$T=2\pi\left(1+\dfrac{\theta_0^2}{16}\right)\sqrt{\dfrac{l}{g}}$，$6.391\sqrt{\dfrac{l}{g}}$，$6.676\sqrt{\dfrac{l}{g}}$，$7.252\sqrt{\dfrac{l}{g}}$。

6-6 $$x(t)=\begin{cases}\dot{x}_0\sqrt{\dfrac{m}{k_1}}\sin\sqrt{\dfrac{k_1}{m}}t, & 0\leqslant t\leqslant\pi\sqrt{\dfrac{m}{k_1}}\\ -\dot{x}_0\sqrt{\dfrac{m}{k_2}}\sin\left(\sqrt{\dfrac{k_2}{m}}t-\sqrt{\dfrac{k_2}{k_1}}\pi\right), & \pi\sqrt{\dfrac{m}{k_1}}<t\leqslant\pi\left(\sqrt{\dfrac{m}{k_1}}+\sqrt{\dfrac{m}{k_2}}\right)\end{cases}。$$

$$\dot{x}(t)=\begin{cases}\dot{x}_0\cos\sqrt{\dfrac{k_1}{m}}t, & 0\leqslant t\leqslant\pi\sqrt{\dfrac{m}{k_1}}\\ -\dot{x}_0\cos\left(\sqrt{\dfrac{k_2}{m}}t-\sqrt{\dfrac{k_2}{k_1}}\pi\right), & \pi\sqrt{\dfrac{m}{k_1}}<t\leqslant\pi\left(\sqrt{\dfrac{m}{k_1}}+\sqrt{\dfrac{m}{k_2}}\right)\end{cases}。$$

$\omega_0=2\sqrt{\dfrac{k_1k_2}{m(k_1+k_2)}}$。

6-7 $\omega\leqslant\sqrt{\dfrac{3g}{2l}}$ 时，$\varphi=0$ 稳定；$\omega>\sqrt{\dfrac{3g}{2l}}$ 时，$\varphi=0$ 不稳定，$\varphi=\pm\arccos\dfrac{3g}{2l\omega^2}$ 稳定。

6-9 $x=A_0+A_1\cos\omega t$；幅频特性$\left(\dfrac{B}{A_1}+\bar{\omega}^2\right)^2=1-2\varepsilon^2A_1^2$，其中$\bar{\omega}=\dfrac{\omega}{\omega_0}$，$\dfrac{B}{A_1}+\bar{\omega}^2=1+2\varepsilon A_0$；

$\varepsilon A_1\leqslant\dfrac{1}{\sqrt{2}}$。

6-10 $\left(\dfrac{F_0}{A}\right)^2=(c\omega)^2+\left[k-m\omega^2+\dfrac{k\varepsilon\omega}{A^2}\left(2-\dfrac{1}{\sqrt{1-A^2}}\right)\right]^2$。

6-15 $d_C=\dfrac{\ln 4}{\ln 3}$。

6-16 $\lambda_1=0.102$，$\lambda_2=0$，$\lambda_3=-0.202$。随着变化。

6-17 $x=A_0+A\cos\dfrac{\omega}{2}t$，$A=\sqrt{\dfrac{2B}{\varepsilon}}$，$A_0=-\dfrac{1}{2\varepsilon}\pm\dfrac{1}{2}\sqrt{\dfrac{1}{\varepsilon^2}-\dfrac{4B}{\varepsilon}}$，$\omega=2\omega_0\sqrt[4]{1-4\varepsilon B}$。

第7章

7-1 $x(t)=a\cos\left[\left(1-\dfrac{5\varepsilon a^4}{16}\right)t+\theta\right]$。

7-3 $x(t)=a\cos\varphi$，其中：$a=A_0e^{-\frac{c}{2m}t}$，$\varphi=\sqrt{\dfrac{g}{l}}\left[t+\dfrac{mA_0^2}{16c}(e^{-\frac{c}{m}t}-1)\right]+\varphi_0$。

7-4 $x=a\cos\varphi-\dfrac{\varepsilon a^3}{32}\left(1+\dfrac{21}{32}\varepsilon a^2\right)\cos 3\varphi+\dfrac{\varepsilon^2a^5}{1\,024}\cos 5\varphi$。

式中：$\dot{a}=0$，$\dot{\varphi}=\omega_0\left(1-\frac{3}{8}\varepsilon a^2-\frac{15}{256}\varepsilon^2 a^4\right)$，$\omega_0=\sqrt{g/l}$，$\varepsilon=1/6$。

7-5 $x=A\sin\varphi$。

式中：$A^4=\frac{8A_0^4 e^{2\varepsilon t}}{8-A_0^4(1-e^{2\varepsilon t})}$，$\varphi=t+\varphi_0$，稳定振幅 $A=\sqrt[4]{8}=1.68$。

7-6 $\ddot{x}-\varepsilon\left(1-\frac{a^2}{4}\right)\dot{x}+x=0$。

7-7 $A=\frac{2}{\sqrt{3}}$，$x=A\cos\tau-\frac{\sqrt{3}}{36}\varepsilon(3\sin\tau-\sin 3\tau)$，$\tau=\left(1-\frac{\varepsilon^2}{16}\right)t$。

7-8 ① $T=2g\sqrt{2A}\ \frac{(\rho+g)\sqrt{g-\rho}+(g-\rho)\sqrt{g+\rho}}{(\rho+g)^2(g-\rho)}$，$\Delta A=A\ \frac{4g\rho}{(\rho+g)^2}$。

② $\ddot{x}+\omega_0^2 x=\omega_0^2 x-\rho\,\mathrm{sgn}\,\dot{x}-g\,\mathrm{sgn}\,x$ 的解为

$$x(t)=\left(A_0-\frac{2\rho t}{\pi\omega_0}\right)\cos\left\{\omega_0 t-\frac{\omega_0}{2}\left[t+\frac{\pi\omega_0 A_0}{2\rho}\ln\left(1-\frac{2\rho t}{\pi\omega_0 A_0}\right)\right]\right\}$$

式中：$\omega_0=2\sqrt{\frac{g}{\pi A_0}}$ 是由相位变化率 $\dot{\varphi}(0)=0$ 确定的。

7-9 ① 令 $\tau=\omega t$，$x=\varepsilon y$，选系统的最大位移 C 作为小参数 ε，方程变为 $\omega^2 y''+y+\varepsilon y^2=0$。

② $x(\tau)=-C^2\left(\frac{1}{2}+\frac{C}{3}\right)+C\left(1+\frac{C}{3}+\frac{29C^2}{144}\right)\cos\tau+C^2\left(\frac{1}{6}+\frac{C}{9}\right)\cos 2\tau+\frac{C^3}{48}\cos 3\tau$。

该周期振动的对称点不在 $x=0$ 处，因此 C 不等于振幅 A。$\omega=1-5C^2/12$。

③ 振幅 $A=(x_{\max}-x_{\min})/2$，$\omega=1-\frac{5}{12}\left(A-\frac{1}{3}A^2\right)^2$。

7-10

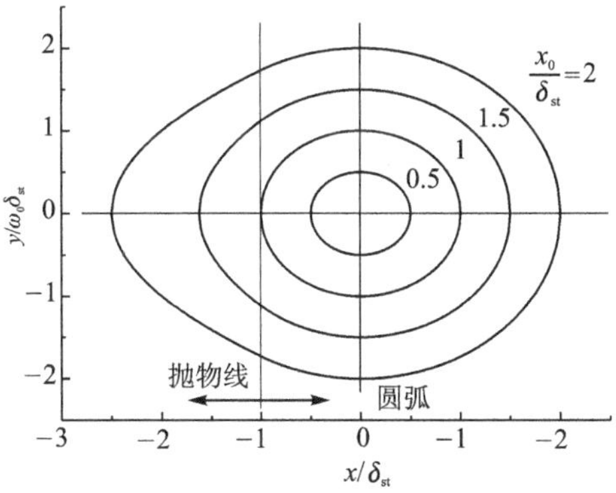

第8章

8-2 ① 否；② 衰减运动；③ $\Delta E=2M\arcsin\frac{h}{a}$，是。

8-3　$x(t)=\frac{2\sqrt{3}}{3}\sin t$。

8-5　稳定;$8.68<\omega<9.04$。

8-6　$\omega>313$ rad/s。

8-7　$\ddot{x}+\frac{1}{ml}\left(T_0+\frac{rEA}{l_0}\right)x=0$,不稳定。

8-8　$A=\sqrt[4]{8}\approx 1.68$。

8-9　$m\ddot{x}+\left(k-\frac{F_0}{l}\cos\omega t\right)x=0$。

8-10　$\Delta A=\frac{2mg(\mu_R-\mu_L)}{k}$。

第9章

9-1　① 渐进稳定,$v(x_1,x_2)=x_1^2+3x_2^2$;② 渐进稳定 $v(x_1,x_2)=x_1^2+x_2^2$;③ 不稳定,$v(x_1,x_2)=\frac{x_1^3}{3}+\frac{x_2^3}{3}+2x_1x_2$;④ 不稳定,$v(x_1,x_2)=-x_1^3+3x_1x_2^2$;⑤ 渐进稳定,$v(x_1,x_2)=a_2x_1^2+x_2^2$。

9-2　$v=[1+e^{-\beta t}(2-\sin\Omega t)](x_1^2+x_2^2)+(x_1+y_2^4)^2+(x_2+y_1)^2$,稳定。

9-3　① $\forall t\geqslant t_0$,在零解的邻域内有 $f(x,y,t)\geqslant 0$,则零解是稳定的;
② $\forall t\geqslant t_0$,在零解的邻域内有 $f(x,y,t)>\delta$,其中 $\delta>0$,则零解是渐进稳定的;
③ $\forall t\geqslant t_0$,在零解的邻域内存在点$(\bar{x},\bar{y})$使 $f(\bar{x},\bar{y},t)<0$,则零解是不稳定的。

9-4　① 不稳定;② 渐进稳定。

9-5　① 不稳定;② $a<-0.5$ 时渐进稳定;$a=-0.5$ 时不能判断;$a>-0.5$ 时不稳定。

9-6　① 不稳定焦点;② 不稳定结点;③ 中心;④ 稳定结点;⑤ 鞍点;⑥ 稳定焦点。

9-7　① 有一个稳定的极限环 $x^2+y^2=1$;② 存在不稳定极限环 $x^2+y^2=1$;③ 稳定极限环 $x^2+y^2=1$,不稳定极限环 $x^2+y^2=4$;④ 无极限环。

9-10　$\begin{bmatrix}3ml^2 & ml^2\\ ml^2 & ml^2\end{bmatrix}\begin{bmatrix}\ddot{\varphi}_1\\ \ddot{\varphi}_2\end{bmatrix}+\begin{bmatrix}c_1+c_2 & -c_2\\ -c_2 & c_2\end{bmatrix}\begin{bmatrix}\dot{\varphi}_1\\ \dot{\varphi}_2\end{bmatrix}+\begin{bmatrix}2k-Pl & Pl-k\\ -k & k\end{bmatrix}\begin{bmatrix}\varphi_1\\ \varphi_2\end{bmatrix}=\mathbf{0}$。

9-11　$\lambda_{1,2}=-\frac{a}{2}\pm\sqrt{\left(\frac{a}{2}\right)^2+2b}$ 两个特征根一正一负,原系统的奇点$(-2b/3,0)$为鞍点。

9-12　$x=a\cos\varphi,a=\frac{3\pi}{4(1-Ce^{\frac{1}{2}t})}$,该极限环 $a=3\pi/4$,即 $x^2+\dot{x}^2=a^2$ 是不稳定的。

第10章

10-5　$\frac{1}{2}(\sqrt{2}-1)$。

10-7　$S_Y(f)=\frac{a}{1+(\omega K)^2},R_Y(\tau)=\frac{a}{2K}e^{-\tau/K}\quad(\tau>0),\psi_Y^2=\frac{a}{2K}$。

10-8 $S_Y(f)=S_X(f)(2\sin \pi Tf)^{2n}$。

10-9 $S_X(\omega)=\dfrac{a^2b^2S_0}{(kb^2-ma^2\omega^2)^2+(\omega ca^2)^2}, \psi_X^2=\dfrac{S_0}{2kc}$。

10-10 $\psi_X^2=\dfrac{81\omega_0 S_0(4c+9m\omega_0)}{2k[(4c+9m\omega_0)(k+4c\omega_0)-9mk\omega_0]}$。

10-11 $f_Y(y)=\sum\limits_{i=1}^{2}\dfrac{f_X(x_i)}{-\sin x_i}=\begin{cases}\dfrac{2}{\pi\sqrt{1-y^2}}, & 0\leqslant y<1\\ 0, & y<0 \text{ 或 } y>1\end{cases}$。

10-12 $\sigma_x=2.783\ \text{mm}, \delta=3\sigma_x=8.35\ \text{mm}$。

附录 A　振动力学发展简史

公元前 1 000 多年，中国商代铜铙已有十二音律中的九律，并有五度谐和音程的概念。在战国时期，《庄子·徐无鬼》中就记载了同频率共振现象。人们对与振动相关问题的研究起源于公元前 6 世纪毕达哥拉斯(Pythagoras)的工作，他通过试验观测得到弦线振动发出的声音与弦线的长度、直径和张力的关系。意大利天文学家、力学家、哲学家伽利略(Galileo Galilei)经过实验观察和数学推算，于 1582 年得到了单摆等时性定律。荷兰数学家、天文学家、物理学家惠更斯(C. Huygens)于 1673 年发表的著作《关于钟摆的运动》，提出单摆大幅度摆动时并不具有等时性这一非线性现象，并研究了一种周期与振幅无关的等时摆。法国自然哲学家和科学家梅森(M. Mersenne)于 1623 年建立了弦振动的频率公式，梅森还比伽利略早一年发现单摆频率与摆长平方根成反比的关系。英国物理学家胡克(R. Hooke)于 1678 年发表的弹性定律和英国伟大的物理学家、数学家、天文学家牛顿(I. Newton)于 1687 年发表的运动定律为振动力学的发展奠定了基础。

在下面对振动发展史的简述中，主要是针对线性振动、非线性振动、随机振动以及振动信号采集和处理这几个方面进行的。而关于线性振动和非线性振动发展史的简介中，又分为理论研究和近似分析方法两个方面。

线性振动理论在 18 世纪迅速发展并趋于成熟。瑞士数学家、力学家欧拉(L. Euler)于 1728 年建立并求解了单摆在有阻尼介质中运动的微分方程；1739 年研究了无阻尼简谐受迫振动，并从理论上解释了共振现象；1747 年对 n 个等质量质点由等刚度弹簧连接的系统列出微分方程组并求出精确解，从而发现线性系统的振动是各阶简谐振动的叠加。法国数学家、力学家拉格朗日(J. L. Lagrange)于 1762 年建立了离散系统振动的一般理论。最早被研究的连续系统是弦线，法国数学家、力学家、哲学家达朗伯(J. le R. d'Alembert)于 1746 年发表的《弦振动研究》将他发展的偏微分方程用于弦振动研究，得到了弦的波动方程并求出行波解。瑞士数学家约翰第一·伯努利(J. Bernoulli)于 1728 年对弦的振动进行了研究，认为弦的基本振型是正弦型的，但还不知道高阶振型的性质。与约翰第一·伯努利为同一家族的瑞士数学家、力学家丹尼尔第一·伯努利(D. I. Bernoulli)于 1735 年得到了悬臂梁的振动方程，1742 年提出了弹性振动理论中的叠加原理，并用具体的振动实验进行验证。

19 世纪后期，随着工业和科学技术的发展，振动力学的应用逐渐受到重视。由于工程结构系统通常是复杂的，难以从理论上精确求得系统的动态特性，于是关于线性振动分析的各种近似方法相继问世。1873 年，英国力学家、物理学家瑞利(Lord Rayleigh)基于对系统的动能和势能的分析给出了确定基频的近似方法，称为瑞利原理；在他的两卷著名著作《声学理论》中系统总结了前人和他本人研究弹性振动的成果。1887 年瑞利首先指出弹性波中存在表面波，这对认识地震的机理有重要作用。1908 年，瑞士力学家里兹(W. Ritz)发展了瑞利原理，将其推广成为几个低阶固有频率的近似计算方法，称为瑞利-里兹法。1894 年邓克利(S. Dunkerley)分析旋转轴振动时提出一种近似计算多圆盘轴横向振动基频的简单实用方法。1904 年斯托德拉(A. Stodola)计算轴杆频率时,提出一种逐步近似方法,它是矩阵迭代方法的雏形。1902年法莫(H. Frahm)计算船主轴扭振时提出离散化的思想,后来发展成为确定轴系和梁频率的实用方法;1950年汤姆孙(W. Thomson)将这种方法发展成为矩阵形式,从而最终形成传递矩阵方法。在20世纪初期,美籍俄罗斯力学家铁木辛柯(S. P. Timoshenko)于1905年发表了论文《轴的共振现象》,首次考虑了质量分布的影响,并把瑞利原理应用于结构工程问题。在第一次世界大战期间,铁木辛柯在梁横向振动微分方程中考虑了转动惯量和剪切变形,这种模型后来被称为"铁木辛柯梁"。铁木辛柯还撰写了20余本著作,如《工程中的振动问题》和《材料力学》等。

在19世纪后期,人们开始进行非线性振动理论的研究。法国科学家庞加莱(H. Poincaré)是非线性动力学的先驱,他率先对振动分析的定性理论进行了研究,还在有限混沌意义上说明了某些系统的混沌行为,但直至庞加莱1912年去世后约60年才引起了混沌热潮。在1881—1886年发表的一系列论文中,庞加莱讨论了二阶系统奇点的分类,定义了奇点和极限环的指数,还提出了分岔概念。定性理论的一个重要方面是稳定性理论,最早的研究成果是1788年由拉格朗日建立的保守系统平衡位置的稳定性判据。庞加莱的继承人美国的伯克霍夫(G. D. Birkhoff)在1927年写了一本权威性专著《动力系统》,他严格证明了庞加莱的一些猜想。1967年美国数学家斯梅尔(S. Smale)写出一篇叫《微分动力系统》的文章,该文被举世公认为是伯克霍夫论文的继续。1879年开尔文(L. Kelvin)和泰特(W. G. Tait)考察了陀螺力和耗散力对保守系统稳定性的影响,其结论后来由切塔耶夫(H. Г. Четаев)给出严格证明。1892年,俄国数学家、力学家里李亚普诺夫(A. M. Ляпунов)从数学角度给出了运动稳定性的严格定义,并提出了研究稳定性的直接方法。

在非线性振动中,除了自由振动和受迫振动外,还存在另外一类特殊的周期振动——自激振动。1926年范德波尔研究了三极电子管回路的自激振荡现象;1932年邓哈托(J. P. den Hartog)分析了输电线的自激振动,也就是输电线的舞动;1933年贝克(J. G. Baker)的工作表明,有能源输入时干摩擦会导致自激振动。

对非线性振动的研究还使人们认识了一种新的运动形式——混沌振动。庞加莱在20世纪末已经认识到不可积系统存在复杂的运动形式,运动对初始条件具有敏感依赖性,现在称这种运动为混沌。1945年剑桥大学的卡特莱特(M. L. Cartwright)和李特伍德(J. E. Littlewood)对受迫范德波尔振子的理论状态进行的分析表明,该系统有两个具有不同周期的稳定周期解,这表明运动具有不可预测性。斯梅尔提出的马蹄映射概念可以解释卡特莱特、李特伍德的分析结果。1963年美国麻省理工学院洛伦兹(E. N. Lorenz)发表了论文《确定性非周期流》,是混沌理论的开创性工作,发现了被科学家称为"蝴蝶效应"的现象。1971年法国的Ruelle和荷兰的Takens创造了"奇怪吸引子"这个术语。1973年日本的上田(Y. Ueda)等在研究达芬方程时得到一种混乱、貌似随机且对初始条件极度敏感的振动形态。1975年李天印(T. Y. Li)和J. A. Yorke在他们的论文《周期3意味混沌》中首先提出"混沌"这一术语,并被学者接受。

在定量近似求解非线性振动方面,法国数学家、力学家、物理学家泊松(S. D. Poisson)在1830年研究单摆振动时提出了摄动法的基本思想,泊松还于1829年用分子间相互作用的理论导出弹性体的运动方程,发现弹性介质中可以传播横波和纵波。1883年林滋泰德(A. Lindstedt)解决了摄动法的久期项问题。1918年达芬(G. Duffing)在研究硬弹簧受迫振动时采用了谐波平衡法和逐次迭代法。1920年范德波尔(Van der Pol)研究电子管非线性振荡时提出了慢变系数法的基本思想。1934年克雷洛夫(H. M. Крылов)和包戈留包夫(H. H. Боголюбов)将其发展成适用于一般弱非线性系统的平均法;1947年他们又提出一种可以求任意阶近似解的渐近方法。1955年米特罗波尔斯基(Ю. А. Мигропольский)将这种方法推广到非定常系统,最终形成了KBM法。1957年斯特罗克(P. A. Sturrock)在研究电等离子体非线性效应时用两个不同尺度描述系统的解而提出多尺度方法。

前面简要介绍了关于确定性振动问题研究的历史。振动的另外一类是随机振动。1905年德国伟大的科学家爱因斯坦(A. Einstein)用力学和统计学相结合的方法研究了悬浮粒子在流体中的运动,在理论上说明了1827年布朗(A. Brown)运动产生的原因。现在所说的随机振动始于20世纪50年代中期,当时由于火箭和喷气技术的发展,在航空航天工程中提出了3个问题:大气湍流引起的飞机抖振(气流分离或湍流激起结构或部分结构的不规则振动);喷气噪声引起的飞行器表面结构的声疲劳;火箭运载工具中的有效负载的可靠性。这些问题的一个共同特点是激励的随机性。随机振动奠基人美国的S. H. Crandal于1966年对随机振动的前10年发展进行了评述;1979年E. H. Varmarcke对1966年以后随机振动的发展进行了评述;后来Crandall于1983年对20世纪70年代和80年代初的随机振动的发展进行了比较全面的综述。

在工程振动问题分析中,振动信号的采集和处理是随机振动理论应用的前提,常用的信号分析处理方法是傅里叶变换和小波变换。1807年,法国工程师傅里叶(J. B. J. Fourier)提出任一函数都能展开成三角函数的无穷级数,即傅里叶变换思想。当时这一思想并未能得到著名数学家拉格朗日、法国的拉普拉斯(P. S. Laplace)和勒让德(A. M. Legendre)的认可。自从1965年J. W. Cooley和J. W. Tukey发明了快速傅里叶变换(FFT)和计算机的迅速发展,傅里叶变换已经成为数据分析和处理的重要工具。与傅里叶变换相比,小波变换是时间(空间)和频域的局部变换,因而能够有效地从采集的振动信号中提取信息,通过伸缩和平移功能,解决了傅里叶变换不能解决的许多问题,被誉为"数学显微镜"。它的出现是调和分析发展史上的里程碑。小波变换这一创新的概念是由法国工程师J. Morlet首先提出的,当时也未能得到数学家的认可。1986年Y. Meyer偶然构造了一个真正的小波基,并与S. Mallat创立了构造小波基的统一方法——多尺度分析,给出了Mallat小波快速算法,因此小波分析才开始蓬勃发展起来,其中比利时的女数学家I. Daubechies撰写的《小波十讲》对小波发展起到了重要的推动作用。

历史的回顾表明,振动力学在其发展过程中逐渐由基础科学转化为基础科学和技术科学的结合,测试与分析技术和计算技术的进步推动了振动力学的发展。学科之间的交叉为振动力学的发展注入了新的活力。振动力学已经成为一门以物理概念为基础,以数学方法、数值计算和测试技术为工具,以解决工程振动问题为主要目标的力学分支。

附录 B　傅里叶变换性质和变换对

表 B-1　傅里叶变换的性质

性　质	原函数 $f(t)$, $f_1(t)$ 和 $f_2(t)$	象函数 $F(\omega)$, $F_1(\omega)$ 和 $F_2(\omega)$
线性	$\alpha f_1(t)+\beta f_2(t)$	$\alpha F_1(\omega)+\beta F_2(\omega)$
频移	$e^{i\omega_0 t}f(t)$	$F(\omega-\omega_0)$
时移	$f(t-\tau)$	$e^{-i\omega\tau}F(\omega)$
积分	$\int_{-\infty}^{t} f(t)dt$	$\frac{F(\omega)}{i\omega}$
时域导数	$\frac{d^n f(t)}{dt^n}$	$(i\omega)^n F(\omega)$
频域导数	$(it)^n f(t)$	$\frac{d^n F(\omega)}{d\omega^n}$
卷积	$f_1(t)*f_2(t)=\int_0^t f_1(t-\tau)f_2(\tau)d\tau$	$F_1(\omega)F_2(\omega)$

表 B-2　常用的傅里叶变换

原函数 $f(t)$	象函数 $F(\omega)$
$\delta(t)$(Dirac delta 函数)	1
$\delta(t-t_0)$(Dirac delta 函数)	$e^{-i\omega t_0}$
1	$2\pi\delta(\omega)$
$\cos\omega_0 t$	$\pi[\delta(\omega+\omega_0)+\delta(\omega-\omega_0)]$
$\sin\omega_0 t$	$i\pi[\delta(\omega+\omega_0)-\delta(\omega-\omega_0)]$
$e^{i\omega_0 t}$	$2\pi\delta(\omega-\omega_0)$
$u(t)=\begin{cases}1 & t\geq 0\\ 0 & t<0\end{cases}$	$\frac{1}{i\omega}+\pi\delta(\omega)$
$u(t)e^{i\omega_0 t}$	$\frac{1}{i(\omega-\omega_0)}$
$u(t)\cos\omega_0 t$	$\frac{i\omega}{\omega_0^2-\omega^2}$

续表 B-2

原函数 $f(t)$	象函数 $F(\omega)$
$u(t)\sin\omega_0 t$	$\dfrac{\omega_0}{\omega_0^2-\omega^2}$
$u(t-\tau)e^{i\omega_0(t-\tau)}$	$\dfrac{e^{-i\omega\tau}}{i(\omega-\omega_0)}$
$e^{-\beta\|t\|}(\beta>0)$	$\dfrac{2\beta}{\omega^2+\beta^2}$
$u(t)e^{-\beta t}(\beta>0)$	$\dfrac{1}{i\omega+\beta}$
$u(t)e^{-\beta t}\cos\omega_0 t(\beta>0)$	$\dfrac{(i\omega+\beta)}{\omega_0^2-(\omega-i\beta)^2}$
$u(t)e^{-\beta t}\sin\omega_0 t(\beta>0)$	$\dfrac{\omega_0}{\omega_0^2-(\omega-i\beta)^2}$

附录C 拉普拉斯变换性质和变换对

表 C-1 拉普拉斯变换性质

性 质	原函数 $f(t)$,$f_1(t)$和 $f_2(t)$	拉普拉斯变换 $F(s)$,$F_1(s)$和 $F_2(s)$
时移	$f(t-\tau)$	$e^{-s\tau}F(s)$
频移	$e^{at}f(t)$	$F(s-a)$
线性	$\alpha f_1(t)+\beta f_2(t)$	$\alpha F_1(s)+\beta F_2(s)$
卷积	$\int_0^t f_1(t-\tau)f_2(\tau)d\tau$	$F_1(s)F_2(s)$
时域积分	$\int_0^t f(t)dt$	$\frac{F(s)}{s}$
时域导数	$f^{(n)}(t)$ n 为正整数	$s^nF(s)-\sum_{r=0}^{n-1}s^{n-r-1}f^{(r)}(0)$
复数域积分	$\frac{f(t)}{t}$	$\int_s^{\infty}F(s)ds$
复数域导数	$t^nf(t)$	$(-1)^nF^{(n)}(s)$

表 C-2 拉普拉斯变换基本公式

原函数 $f(t)$	拉普拉斯变换 $F(s)$
$\delta(t)$(Dirac delta 函数)	1
$\delta(t-t_0)$(Dirac delta 函数)	e^{-t_0s}
1	$\frac{1}{s}$
$\frac{t^{n-1}}{(n-1)!}$	$\frac{1}{s^n}$(n 为正整数)
$\frac{1}{\sqrt{\pi t}}$	$\frac{1}{\sqrt{s}}$
e^{at}	$\frac{1}{s-a}$
$\frac{1}{(n-1)!}t^{n-1}e^{at}$	$\frac{1}{(s-a)^n}$(n 为正整数)

续表 C-2

原函数 $f(t)$	拉普拉斯变换 $F(s)$
$\frac{1}{a-b}(e^{at}-e^{bt})$	$\frac{1}{(s-a)(s-b)}$
$\frac{1}{a-b}(ae^{at}-be^{bt})$	$\frac{s}{(s-a)(s-b)}$
$\frac{1}{a}\sin at$	$\frac{1}{s^2+a^2}$
$\cos at$	$\frac{s}{s^2+a^2}$
$\frac{1}{a}\sinh at$	$\frac{1}{s^2-a^2}$
$\cosh at$	$\frac{s}{s^2-a^2}$
$\frac{1}{b}e^{at}\sin bt$	$\frac{1}{(s-a)^2+b^2}$
$e^{at}\cos bt$	$\frac{s-a}{(s-a)^2+b^2}$
$\frac{1}{\omega_d}e^{-\xi\omega_0 t}\sin\omega_d t$	$\frac{1}{s^2+2\xi\omega_0 s+\omega_0^2}$

索　　引

J

K

L

M

N

O

P

Q

R

S

T

W

参考文献

[1] 南京航空学院飞行器振动基础编写组. 飞行器振动基础. 南京:南京航空学院印刷厂,1983.

[2] 张世基,诸德超,张思骙. 振动学基础. 北京:国防工业出版社,1982.

[3] 张阿舟,诸德超,等. 实用振动工程(1) 振动理论与分析. 北京:航空工业出版社,1996.

[4] 刘延柱,陈文良,陈立群. 振动力学(面向21世纪课程教材). 北京:高等教育出版社,1998.

[5] 刘延柱,陈立群. 非线性振动. 北京:高等教育出版社,2001.

[6] Timoshenko S. Vibration Problems in Engineering. 2 nd ed. D. VAN NOSTRAND Company, Inc., 1937.

[7] 邓哈陀 J P. 机械振动学. 谈荃,译. 北京:科学出版社,1961.

[8] 诸德超. 升阶谱有限元法. 北京:国防工业出版社,1993.

[9] 许本文,焦群英. 机械振动与模态分析基础. 北京:机械工业出版社,1998.

[10] 钱伟长. 微分方程的理论及其解法. 北京:国防工业出版社,1992.

[11] 鲍洛金·符·华. 弹性体系的动力稳定性. 林砚田,等译. 北京:高等教育出版社,1960.

[12] 武际可,苏先樾. 弹性系统的稳定性. 北京:科学出版社,1994.

[13] 郑兆昌. 机械振动(中册). 北京:机械工业出版社,1986.

[14] 庞家驹. 机械振动习题集. 北京:清华大学出版社,1982.

[15] 中国大百科全书编委会. 中国大百科全书. 力学卷. 北京:中国大百科全书出版社,1985.

[16] 中国大百科全书编委会. 力学词典. 北京:中国大百科全书出版社,1990.

[17] 朱位秋. 随机振动. 北京:科学出版社,1998.

[18] 浙江大学数学系高等数学教研组. 概率论与数理统计. 北京:高等教育出版社,1987.

[19] 星谷胜. 随机振动分析. 常宝琦,译. 北京:地震出版社,1977.

[20] Robson J D. 随机振动引论. 谢世浩,译. 长沙:湖南科学技术出版社,1980.

[21] 洛伦兹 E N. 混沌运动的本质. 北京:气象出版社,1997.

[22] 龙运佳. 混沌振动研究方法与实践. 北京:清华大学出版社,1997.

[23] 陈予恕. 非线性振动系统的分叉和混沌理论. 北京:高等教育出版社,1993.

[24] Holden Arun V. Chaos. Manchester: Manchester University Press, 1986.

[25] Tse Francis S, Morse Ivan E, Hinkle Rolland T. Mechanical Vibrations Theory and Applications. 2nd ed. Allyn and Bacon, Inc., 1978.

[26] Peter Hagedorn. Nonlinear Oscillations. Oxford: Clarendon Press Oxford, 1981.

[27] Nayfeh A H, Mook D T. Nonlinear Oscillations. New Yourk: Join Wiley & Sons Inc., 1979.

[28] Bathe K J. Finite Element Procedures in Engineering Analysis. Prentice-Hall, Inc. Englishwood Cliffs, New Jersey, 1982.

[29] Meirovitch L. Elements of Vibration Analysis. McGraw-Hill Book Company, 1986.

[30] Love AEH. A Treatise on the Mathematical Theory of Elasticity. Dover Publications, INC, 1944.

[31] 闻邦椿,李以农,徐培民,等. 工程非线性振动. 北京:科学出版社,2007.

[32] 陈予恕. 非线性振动. 北京:高等教育出版社,2002.

[33] 方同,薛璞. 振动理论及应用. 西安:西北工业大学出版社,2010.

[34] Lin J H, Zhang W S, Li J J. Structural responses to arbitrarily coherent stationary random excitations. Computers & Structures, 1994,50(5): 629-633.

[35] 林家浩,张亚辉.随机振动的虚拟激励法.北京:科学出版社,2004.
[36] 何渝生.随机振动解题法及习题.重庆:重庆出版社,1984.
[37] 诸德超,邢誉峰.工程振动基础.北京:北京航空航天大学出版社,2004.
[38] 邢誉峰.工程振动基础知识要点及习题解答.北京:北京航空航天大学出版社,2007.
[39] 蒋鞠慧,尹冬梅,张雄军.阻尼材料的研究状况及进展.玻璃钢/复合材料,2010,4: 76-80.
[40] Zhu Dechao, Shi Guoqin. The defectiveness of linear structural dynamic systems. Proc. of the International Conference on Computational Engineering Mechanics, Beijing, June (1987),21-25.
[41] 石国勤,诸德超. 线性振动亏损系统的广义模态理论. 力学学报, 1989, 21(2):183-191.
[42] 胡海岩. 机械振动基础. 北京:北京航空航天大学出版社,2005.
[43] 邢誉峰. 计算固体力学原理与方法. 2版. 北京:北京航空航天大学出版社,2019.
[44] 邢誉峰, 张慧敏, 季奕. 动力学常微分方程的时间积分方法. 北京: 科学出版社, 2022.
[45] 邢誉峰, 刘波. 板壳自由振动的精确解. 北京: 科学出版社,2015.
[46] Xing Y F, Li G, Yuan Y. A review of the analytical solution methods for the eigenvalue problems of rectangular plates. International Journal of Mechanical Sciences, 2022, 221:107171.